# 《交通与数据科学丛书》编委会

交通与数据科学丛书 3

# 城市快速路交通流理论与运行管理

孙 剑 著

科 学 出 版 社

北 京

## 内 容 简 介

本书以我国城市快速路大量实际交通流检测数据为基础，研究了城市快速路交通流运行特征及其管理控制方法。主要内容包括城市快速路交通流基本特征分析、常发性独立瓶颈（汇入区、汇出区、交织区）交通流理论与失效分析、多瓶颈关联区段交通流理论及拥堵演化分析、快速路宏观交通流理论与仿真、快速路微观交通流理论与仿真、城市快速路通行能力与服务水平、城市快速路主动交通管理理论及方法、快速路运行实时安全风险预测与管理。

本书可作为交通运输领域，特别是城市快速路规划、建设、设计及运行管理领域广大科研工作者、管理人员和工程技术人员的重要参考资料，也可以作为高等院校交通工程、道路工程和交通运输专业高年级本科生和研究生的参考书。

---

**图书在版编目(CIP)数据**

城市快速路交通流理论与运行管理/孙剑著.—北京：科学出版社，2020.6
(交通与数据科学丛书：3)
ISBN 978-7-03-054702-6

Ⅰ.①城… Ⅱ.①孙… Ⅲ.①城市道路-快速路-交通流-交通管理
Ⅳ.①U495

中国版本图书馆 CIP 数据核字(2017)第 244277 号

---

责任编辑：周　炜 / 责任校对：杨聪敏
责任印制：吴兆东 / 封面设计：黄华斌

科学出版社 出版
北京东黄城根北街 16 号
邮政编码：100717
http://www.sciencep.com
北京厚诚则铭印刷科技有限公司印刷
科学出版社发行　各地新华书店经销
*
2020 年 6 月第　一　版　开本：720×1000 1/16
2024 年 9 月第三次印刷　印张：28 1/2
字数：569 000

**定价：228.00 元**
（如有印装质量问题，我社负责调换）

# 丛　书　序

交通科学在近70年来发展突飞猛进，不断拓展其外延并丰富其内涵；尤其是近20年来，智能交通、车联网、车路协同、自动驾驶等概念成为学者研究的热点问题的同时，也已成为媒体关注的热点；应用领域的专家及实践者则更加关注交通规划、土地利用、出行行为、交通控制和管理、交通政策和交通流仿真等问题的最近研究进展及对实践的潜在推动力。信息科学和大数据技术的飞速发展更以磅礴之势推动着交通科学和工程实践的发展。可以预见在不远的将来，车路协同、车联网和自动驾驶等技术的应用将根本改变人类的出行方式和对交通概念的认知。

多方式交通及支撑其运行的设施及运行管理构成了城市交通巨系统，并与时空分布极广的出行者之间形成了极其复杂的供需网络/链条。城市间的公路、航空、铁路和地铁等日益网络化、智能化，让出行日益快捷。有关城市或城市群的规划则呈现“住”从属于“行”的趋势。如此庞杂的交通系统激发了人们的想象力，使交通问题涉及面极广，吸引了来自不同学科和应用领域的学者和工程技术专家。

因此，为顺应学科发展需求，由科学出版社推出的这套《交通与数据科学丛书》将首先是“兼收并蓄”的，以反映交通科学的强交叉性及其各分支和方向的强相关性。其次，“‘数’‘理’结合”，我们推动将数据科学与传统针对交通机理性的研究有机结合。此外，该丛书更是“面向未来”的，将与日新月异的科学和技术同步发展。“兼收并蓄”“‘数’‘理’结合”和“面向未来”，将使该丛书顺应当代交通科学的发展趋势，促进立足于实际需求和工程应用的实际问题开展科研攻关与创新，进而持续推动交通科学研究成果的“顶天立地”。

该丛书内容将首先是对交通科学理论和工程实践的经典总结，同时强调经典理论和实践与大数据和现代信息技术的结合，更期待据此提出的新理论、新模型和新方法；研究对象可为道路交通、行人流、轨道交通和水运交通等，可涵盖车车和车路联网技术、自动驾驶技术、交通视频技术、交通物联网和交通规划及管理等。书稿形式可为专著、编著、译著和专题等，中英文不限。该丛书主要面向从事交通科学研究和工程应用的学者、技术专家和在读研究生等。

该丛书编委会聚集了我国一批优秀的交通科学学者和工程应用专家，基于他们的治学态度和敬业精神，相信能够实现丛书的目标并保证书稿质量。最后，上海麓通信息科技有限公司长期以来为丛书的策划和宣传做了大量工作，在此表示由衷的感谢！

张　鹏

2019 年 3 月

# 前　言

快速路是大都市交通的主骨架，承载着大量的机动化交通出行，在城市交通系统中发挥着巨大作用。作者研究团队对城市快速路交通流的研究始于 21 世纪初，彼时上海“申字形”高架快速路系统基本建成，“保高架”成为治堵的重要策略。这不仅为我们的研究创造了丰富的问题来源以及大量的实践机会，也为我们提供了连续的数据分析环境。在探究拥堵背后的交通流形成机理、演化特征及设计改善对策的过程中，我们深深地感受到，尽管交通流理论研究已有 70 余年的历史，但专门针对城市快速路交通流的研究却严重缺失；同时我国与发达国家相比，驾驶行为、设施设计、管控措施等差异使得直接借鉴国外高速公路研究成果会造成较大偏差，这促使我们专注于我国城市快速路交通流理论与运行管理研究。具体而言，本书有以下五大特点。

注重基于连续数据环境的交通流分析。本书对快速路交通流量、GPS 轨迹、车牌、事件/事故、气象等数据进行了持续的采集整理和深度分析。通过这些数据的关联分析、信息融合和知识发现，更加深刻把握快速路交通流运行规律，建立更加符合现实的理论模型。

交通流研究经验分析、解析模型与模拟仿真并重。经典的交通流理论大多以流体力学、随机过程等传统数学物理方法为基础，建立系统的解析模型。其特点是交通流模型的限制条件苛刻，虽然物理意义明确，但往往与现实交通流运行差异较大。在大量数据的支持下，本书经验分析、理论解析与模拟仿真并重。

注重各类模型的可信性。交通流研究的终极目的是为运行管理服务，因此模型的估计效果直接影响后续对策设计。在本书中，我们不以模型的“创新”为唯一目标，而是以真实快速路为对象，更加重视对真实交通流的解释能力和预测能力。

加强国内外交通流运行特征的对比分析。受限于数据获取手段及研究历史等原因，现有研究多以西方的理论体系和经验认知为参照，这不仅阻滞我国交通流理论研究发展，还可能导致对国内交通流运行认知的偏差。本书注重采用国内外，特别是中国快速路和美国高速公路交通流对比分析的方法，以增强模型的说服力，并探讨造成差异的原因。

注重基于交通流运行特征深度挖掘的主动管理。现有的对策多关注管控模型和算法设计，而忽视对实际运行特征的分析。我们认为只有通过交通流模型深度解析拥堵的致因及演化特征，才有可能提出有针对性的措施。本书的管理措施并不求面面俱到，而是旨在通过案例说明，建立在对交通流运行特征精确掌握基础上的管控措施。

本书的成果是集体研究工作的结晶，作者研究团队围绕本书的研究目标开展了大量的研究工作，发表了 30 余篇高质量的论文。虽绝大部分发表在国外期刊上，但本书的研究对象为我国城市快速路，数据来源于上海、北京等城市长期连续的自动检测，管理对策设计针对城市快速路拥堵和安全等现实交通问题。因此作者深感有必要将这些研究成果进行系统性的总结，呈现给国内的读者。在长达近 10 年的研究中，先后有 20 位硕士、博士研究生做出了直接贡献。

本书由孙剑撰写。其中，第 1 章由孙剑撰写；第 2 章由黎淘宁、李亩峰、陈大山撰写；第 3 章由张娟、赵莉、马子安、胡家琦、姜静茹撰写；第 4 章由李铁男、孙杰、张娟撰写；第 5 章由李亩峰、黎淘宁、陈大山撰写；第 6 章由蒋舜、左康、欧阳吉祥、叶颖俊、王尔根撰写；第 7 章由宋睿、蒋舜、左康、刘启远撰写；第 8 章由郑进炫、汪建兵、孙杰撰写；第 9 章由姜静茹、胡家琦撰写；第 10 章由陈大山、张硕、杨剑浩、李铁男、陈晓芸撰写；第 11 章由孙杰、李铁男、汪建兵、陈灿、吴立昱撰写。全书由孙剑统稿。感谢以上同学为本书做出的重要贡献。同时，还要感谢作者研究团队的其他成员，他们也在本书的研究工作中发挥了积极的作用，特别感谢博士研究生陈晓芸、秦国阳协助完成本书的校核工作。

感谢李克平教授、杨晓光教授、林航飞教授、杨东援教授、陈小鸿教授、吴兵教授、杨超教授等同仁对此研究工作提供的支持。特别感谢张红军教授，是他鼓励我专注于中国城市快速路交通流研究，并践行理论与实证研究并重、现象研究与机理探究并举、运行特征与管理对策关联等重要的学术研究思想。

本书研究工作得到了国家自然科学基金项目(51278362，51422812)、国家重点研发计划(2018YFB1600505)、国家科技支撑计划项目(2014BAG01B01)、教育部新世纪人才计划(NCET-13-0425)、上海市科委科研计划(16DZ1203602)、国家高技术研究发展计划(863 计划)项目(2007AA11Z245)，以及江苏省现代城市交通技术协同创新中心、上海市城乡建设与交通发展研究院等多项课题的资助，在此表示衷心的感谢。

本书注重理论知识与实践应用相结合，对城市快速路交通流理论与运行管理进行了探索，希望能为我国城市快速路安全高效运行贡献一份绵薄之力。

限于作者水平，书中难免存在不妥之处，敬请读者批评指正。

# 目　录

# 第1章 绪 论

快速路是城市交通的主骨架，承载着大量的机动化交通出行，在城市交通系统中发挥着巨大作用。因此精准掌握快速路交通流运行规律，在此基础上进行精细化调控，是保障快速路安全、高效运行的基础。本章阐述了我国快速路的发展现状，回顾了交通流研究的主要内容和发展历史，讨论了高速公路运行管理的基本策略及其对快速路运行管理的启示，最后对本书特点进行概括和总结。

## 1.1 我国快速路的发展与研究意义

快速路是指城市道路中设有中央分隔带，具有4条以上机动车道，全部或部分采用立体交叉并控制出入，供汽车以较高速度行驶的道路[1]。它作为高速公路的城市版，最早起源于20世纪40年代的美国[2]。我国快速路起步虽晚了近半个世纪，但发展迅速。90年代，北京、上海、广州等城市作为快速路实践的先驱，开始了国内城市快速路建设的探索。其后，伴随着城市化进程的不断加快，快速路的建设发展迅猛。时至今日，城市快速路在国内的中小城市已经十分普遍。据统计，我国已建成运行快速路的城市达百余座，因而对其展开系统的研究意义重大。

1. 快速路承担着大量的机动化出行

快速路在缓解城市核心区交通拥堵、提高城市路网运量、引导城市空间拓展、联系城际高速公路、保护既有中心城区等方面发挥着重要作用。快速路能占用较少的土地使用面积而承担较大的交通负荷。以上海市为例，中心城（不含外环）8%的快速路承担30%以上的车流量；北京市二环、三环、四环等主要快速路的总长度仅占北京市路网长度的8%，却承担了近50%的车流量[3]。

2. 快速路系统直接影响城市交通的整体运行

快速路系统运行的好坏直接影响着城市交通系统效率的发挥。作为供车辆以较高速度行驶的城市道路，快速路应该具有畅通、快速、舒适的优点。然而，事实并非如此，各大城市快速路拥堵频发，平均车速不断下降。例如，2014年各地交通年报统计显示，上海市早高峰快速路平均速度为38.6km/h，广州市晚高峰快速路平均速度为35.9km/h，而北京市仅为32.2km/h[4~6]。面对拥堵频发的城市快速路，如何对既有设施进行资源挖潜，发挥最大运行效率，管理方式的转变与创新非常重要。

### 3. 快速路交通事故会进一步加剧拥堵

快速路系统中存在着大量的常发性拥堵点，交通环境复杂多变，道路的安全水平也实时受到影响。据统计，上海快速路年均交通事故3万余起；并且事故发生率与通勤交通的早晚高峰重合度较高，近70%的事故发生在早晚高峰时段，事故发生时快速路平均速度约为37km/h，56%的事故发生在平均速度40km/h以下时，拥挤交通流事故占全部事故的一半以上。虽然在较低速度下，事故多体现为轻微事故，造成的直接损失较少，然而，由于事故多发生于拥堵状态，极易造成系统通行能力进一步下降，路段拥堵加剧，由此带来的社会经济损失往往更为巨大。

### 4. 快速路与高速公路交通流运行特征迥异，管控措施难以照搬

快速路与高速公路之间存在着显著差别：在设计上，快速路设计速度一般较高速公路低，线形更为复杂，加减速车道较短，汇入、汇出间隔短，无应急车道。在交通需求上，首先，快速路作为连接区域间的骨架性网络，高峰时段交通需求更为集中；其次，车辆汇入、汇出比例大，易形成密集且具有关联性的常发性拥堵瓶颈区域。这些差别造成了快速路与高速公路交通流运行的不同特征，若直接照搬高速公路的管理控制方法可能“水土不服”。国内不乏快速路匝道信号控制因运行效果不佳而纷纷拆除的案例[7~9]。

因此，在充分理解快速路交通流特性、揭示其拥堵机理的基础上，研究城市快速路系统的控制策略和方法，是解决当前城市交通拥堵问题的重要基础性工作。

## 1.2　交通流研究的内容和意义

交通流理论是用模型描述道路上车辆(或非机动车/行人)与道路设施和环境交互运行规律的基础科学，也是交通工程学的基础理论。20世纪30年代，交通流理论被提出并逐渐得到完善，其作为一门交叉性学科，引起了力学、物理、数学、系统工程和交通工程等领域众多专家学者的普遍关注，成为解释交通现象、改善交通问题和提高交通系统运行效率的理论基础。

交通流理论的研究目标是建立能正确描述实际交通一般特性的数学模型，并经过参数辨识和计算机数值模拟，揭示各种交通现象的本质，寻求控制交通流动的基本规律，最后达到提高交通系统运行效率的目的。因此，先进的交通流理论可以产生巨大的社会效益和经济效益。20世纪60年代，由于美国纽约市林肯隧道经常发生交通阻塞，市政府拟修建通往新泽西州的新隧道，但经过合理的交通

建模和分析，通过对入口交通灯的控制和管理，扩大了既有设施的通行能力，从而节省下了修筑新隧道的高昂费用[10]。因此，在当前我国有限的城市空间和既有的基础设施条件下，准确把握交通流特点并进行合理的控制干预，可以充分挖掘路网的运量潜能，提高运行效率，同时改善安全状况。另外，交通流理论也为流体力学和应用数学这样的古老学科注入了新的活力，为它们提供了更多的用武之地和发展机遇，因此，交通流理论的研究有深远的理论意义。

交通流理论研究的内容非常广泛，本书列出了国内外经典交通流理论文献中的主要研究内容，见表1.1，不同书籍涵盖的内容有所交叉，但各有侧重。一般而言，交通流理论内容包含：①交通流基本参数关系；②车辆跟驰和换道模型；③连续交通流模型；④间断交通流模型；⑤宏观交通流模型；⑥交通仿真等。另外，交通流理论还涵盖了实证分析，如振荡波分析、磁滞分析、三相交通流分析等。当然，交通流理论不仅包含机动车这一交通参与者，还应包括行人、非机动车的交通流特性等，但本书的研究对象为仅供机动车行驶的快速路，所以对此部分内容没有涉及。

**表1.1　几种经典交通流理论文献的主要研究内容**

| 序号 | 《交通流基础》[11] | 《交通流理论特征、实验方法与数值计算》[12] | 交通流理论[13] | 《交通流动力学数据、建模与仿真》[14] | 《现代交通流理论与应用》[15] |
|---|---|---|---|---|---|
| 1 | 微观交通流参数及其分布 | 交通流特征：参数关系 | 交通流特征：参数关系 | 交通流特征：参数关系 | 交通流特征：参数关系 |
| 2 | 车辆跟驰和换道理论 | 车辆跟驰和换道理论 | 车辆跟驰和换道模型 | 车辆跟驰和换道理论 | 车辆跟驰和换道理论 |
| 3 | 宏观交通流参数及其分布 | 宏观交通流模型 | 宏观交通流模型 | 宏观交通流模型 | 宏观交通流模型 |
| 4 | 建模仿真 | 建模仿真 | 建模仿真 | 建模仿真与参数标定 | 建模仿真 |
| 5 | 连续流理论与应用 | 连续交通流模型 | 连续交通流模型 | 连续交通流模型 | — |
| 6 | 间断流理论与应用 | — | 无信号交叉口理论 | — | — |
| 7 | — | — | 信号交叉口交通流 | — | — |
| 8 | 交通参数测量与统计方法 | 智能交通系统与交通检测感知技术 | — | 交通数据采集、统计、展示 | — |
| 9 | — | — | 驾驶员信息处理反应特征（驾驶员因素） | 驾驶员行为建模 | — |

续表

| 序号 | 《交通流基础》[11] | 《交通流理论：特征、实验方法与数值计算》[12] | 交通流理论[13] | 《交通流动力学数据、建模与仿真》[14] | 《现代交通流理论与应用》[15] |
|---|---|---|---|---|---|
| 10 | — | 微观交通流建模（宏观、微观模型测试与对比） | — | — | 仿真软件介绍与对比 |
| 11 | — | — | — | 元胞自动机 | 元胞自动机 |
| 12 | — | — | — | 交通流失效、状态识别、行程时间估计 | 瓶颈模拟和阻塞抑制 |
| 13 | — | — | — | 三相交通流理论 | 三相交通流理论 |
| 14 | — | — | — | 速度引导、匝道控制、动态路径选择、主动巡航等策略 | 自适应巡航控制车辆、考虑速度引导的车辆控制等策略 |
| 15 | 振荡波分析 | — | — | 稳定性分析 | — |
| 16 | 需求-供给分析 | — | — | — | — |
| 17 | 通行能力分析 | — | — | — | — |
| 18 | 排队分析 | — | — | — | — |
| 19 | — | 人-车-环境闭环系统 | — | — | — |
| 20 | — | — | 交通影响模型 | — | — |
| 21 | — | — | — | 燃油消耗和排放 | — |
| 22 | — | — | — | — | 混合交通流的宏观模型 |

本书立足于快速路这一特殊的交通设施，结合经典交通流理论的基本内容，首先基于大量数据分析快速路特殊的交通流现象，提出能描述和解释我国快速路交通流特点的理论（如早发性失效、振荡交通波和多瓶颈关联失效等）。在此基础上提出有针对性的快速路运行管理策略。因此本书的主要内容包括 8 个部分：快速路交通流特点与三参数分析；快速路独立瓶颈失效分析；快速路关联瓶颈拥堵分析；快速路宏观交通流建模与仿真；快速路微观交通流理论；快速路交通仿真理论；快速路通行能力分析与速度预测；快速路主动交通管理。

## 1.3　交通流研究历史

自 1935 年 Greenshields 等[16]提出流量-速度关系模型以来，交通流理论已经有 80 余年的发展历史。交通流模型的发展历史可以通过交通流模型族谱树状图来看[17]。图 1.1 所示为交通流模型的 4 个家族：基本参数关系模型[基本图(fundamental diagram，FD)]、微观模型、中观模型和宏观模型，以及每个家族的分支和更具体的模型。基本图将车头间距与车辆速度联系起来，车头间距与车辆速度随时间的变换方式可以被描述成微观模型、中观模型和宏观模型。微观模型区分并追踪单个车辆的行为，宏观模型则以车辆集计并认为是连续的流体，而中观模型对车辆集计的等级介于两者之间。通过交通流模型族谱可以了解交通流模型发展的现状以及不同模型之间的联系。

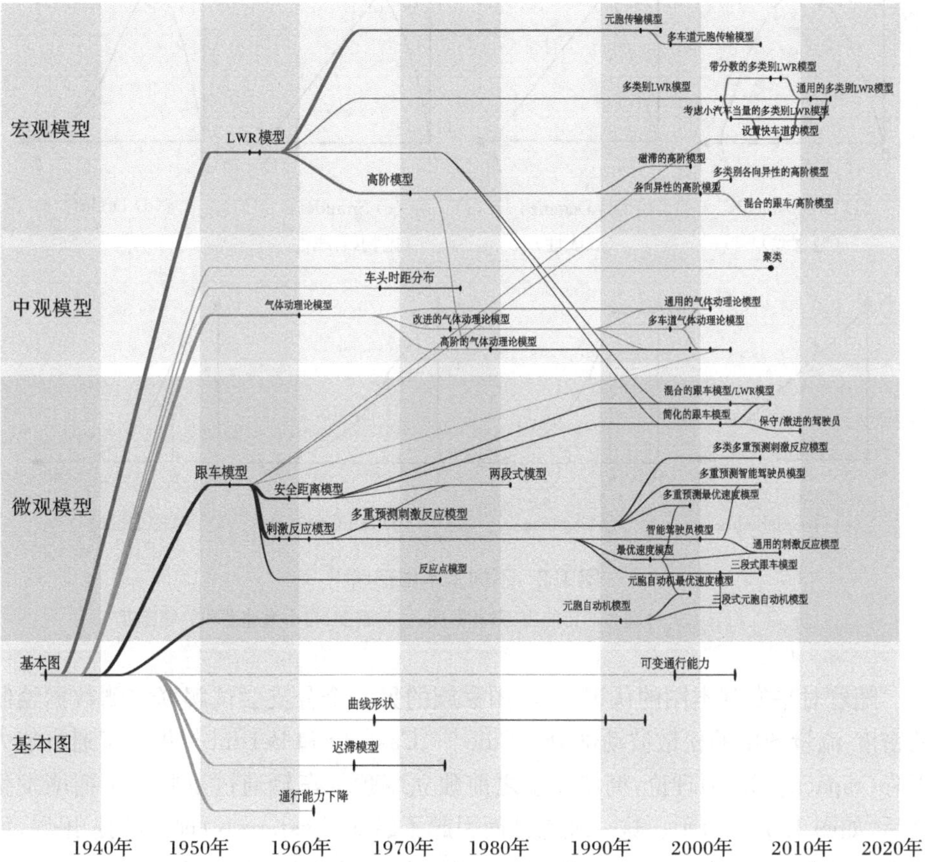


图 1.1 交通流模型族谱树状图[17]

1. 基本图

20 世纪 30 年代，交通流基本参数关系的发现开启了交通流理论研究的时代，之后所有的交通流模型都起源于这些基本关系。

关于基本图的形状，Greenshields 等[16,18]提出了密度-速度线性关系和密度-

流量抛物线关系，如图 1.2(a)、(e)所示。Greenshields 是交通流理论的创始人。此后研究人员不断提出不同形状的基本图，其中应用最广泛的是 Daganzo[19] 的三角形密度-流量图[图 1.2(b)、(f)]。Smulders[20] 的分段基本图结合了前两者：在低密度阶段采用密度-流量抛物线关系，在高密度阶段采用密度-流量线性关系[图 1.2(c)、(g)]。连续的 Drake 基本图[21] 则更为复杂，如图 1.2(d)、(h)所示。有兴趣的读者可以参照文献[22]以了解更详细的介绍。

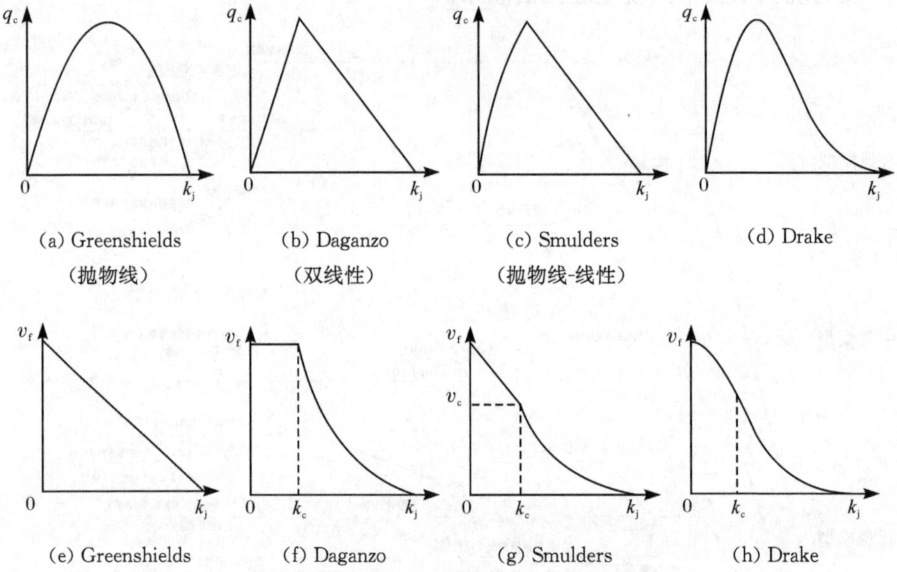


图 1.2　不同基本图形状[17]

$q_c$、$k_j$、$k_c$、$v_f$、$v_c$分别为通行能力、阻塞密度、关键密度、自由流速度和关键速度

随着对平衡基本图的认识，基本图家族的另一个分支尝试解释实测数据绘制的密度-流量图中的松散波动部分。Edie[23]、Cassidy 和 Bertini[24] 提出了通行能力下降(capacity drop)理论：拥堵发生之前独立瓶颈的车辆通过量要大于拥堵发生之后，如图 1.3(a)所示。这一理论进而引起了磁滞(hysteresis)理论的提出[25]，如图 1.3(b)所示。而 Kerner[26] 则提出一种三相交通流(3-phase fundamental relation)方法来解释基本图，如图 1.3(c)所示，这样道路的通行能力会随着时间的变化在一个宽泛的范围内变化。同样认为通行能力变化的 Chanut 和 Buisson[27] 提出了一种三维基本图(3-dimensional fundamental relation)，如图 1.3(d)所示，他们认为通行能力与车辆和驾驶员的异质性有关。

与传统交通流基本图不同，交通流宏观基本图(macroscopic fundamental diagram，MFD)关注道路网络层面上交通流三参数之间的关系和性质。实际上，最

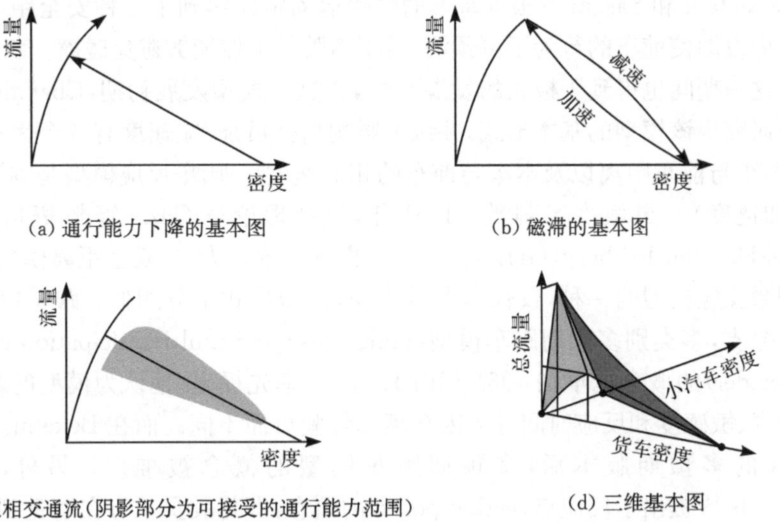


图 1.3 松散部分的基本关系[17]

优累计的 MFD 这一思想存在已久,早在 1969 年就被 Godfrey[28]提出。直到 2007 年,Daganzo[29]给出了 MFD 具体的模型并通过日本横滨的实测数据验证了其存在性与基本性质[30],MFD 由此才引发学术界的广泛关注,并逐渐成为一个新的热点研究方向。Geroliminis 和 Daganzo[30]认为,MFD 具有以下 3 个基本性质:①道路网内平均交通流量和交通密度(占有率)之间存在与 MFD 类似的抛物线关系;②网络平均流率与网络总出流之间存在稳定的线性关系;③MFD 是网络交通流的固有性质,由网络基本设施形态及交通控制决定,与交通需求无关。目前 MFD 的获取方法主要有 3 种,分别为实测法[30]、解析法[31]及仿真分析法[32]。

另外一些研究分支,如交通流失效(traffic breakdown)现象、振荡(oscillation)现象、松弛(relaxation)现象、飞镖(boomerang)效应、拥堵过反应[33,34]等交通流实证分析,也不断充实和丰富着交通流基本关系的研究。

2. 微观模型

微观模型是交通流理论族谱中最早包含动力学的家族分支。从族谱中可以看出,微观模型有着丰富的理论成果,它们都是基于驾驶员根据头车的驾驶行为进行自我调节这一假设,主要分为纵向的跟车模型和横向的换道模型,而跟车模型则是微观模型的核心。

20 世纪 50 年代,Pipes[35]根据安全跟车距离规则提出了最早的跟车模型。50 年代后期至 60 年代初期是微观模型发展的黄金时期,跟车模型的各大分支纷纷涌现并迅速发展。Newell[36,37]在 Pipes 的安全距离模型中增加了车辆反应延误。

而 Kometani 和 Sasaki[38] 根据基本的牛顿运动定律得到了一种安全距离模型，该模型假设即使前车的行为不可预测，后车驾驶员仍然能够避免碰撞。刺激-反应模型在这一期间也得到了极大的发展[29,30]，在这一模型发展初期，Chandler 等[39] 就已经研究出该模型的基本形式，并认为影响驾驶员加/减速度有 3 个因素：本车速度、本车与前车距离以及本车与前车的相对速度。刺激-反应模型基本原理是：反应（加速度）＝灵敏度×刺激。1961 年，这些理论被 Gazis 等[40] 概括在著名的 Gazis-Herman-Rothery（GHR）模型中。也有学者认为[9]，安全距离模型可以被视为刺激反应模型的一种，仅仅是假设不同，模型形式十分相似。跟车模型的另一重要分支，多类别多预期跟车模型（multi-class and multi-anticipation car-following model）的概念也早在 1961 年由 Helly[41] 率先提出，他认为模型的参数，如期望速度、敏感度和反应时间等会因车辆和驾驶员而不同。而在 Bexelius[42] 提出了 GHR 的多预期版本后，多预期跟车模型的概念被推广。另外，1963 年，Michaels[43] 提出了反应点（action point）的概念，即驾驶员只有在察觉到正在接近前车时才会采取行动改变自身驾驶状态，这一观点为 Wiedemann[44] 提出跟车模型的另一分支，即反应点模型（action point model）埋下了伏笔。早期这些丰富的研究成果为交通流理论的发展奠定了坚实的基础。

20 世纪七八十年代，由于流体力学模型是当时交通流研究的主流，跟车模型的研究成果并不多。1975 年，Wiedemann[44] 正式提出反应点模型，该模型的特点是定义了反应点阈值，当车间距较大时，车辆行驶不受前车影响，只有当速度和车间距的变化被驾驶员捕捉到时，驾驶行为才会受到影响。而 Gipps[45] 假设驾驶员以安全和限速允许的最大距离进行驾驶，重新定义了安全距离跟车模型。

20 世纪 90 年代以后，研究人员在刺激-反应模型参数的标定和检验方面做了大量工作。但 Brackstone 和 McDonald[46] 提出这类模型的参数常常是相互矛盾的。然而，90 年代中期开始，刺激-反应模型又再次成为研究热点，得出一些重要的研究成果，如最优速度模型[47]（optimal velocity model）、智能驾驶员模型[48]（intelligent driver model）。另外，在这一时期，随着计算机技术的进步，元胞自动机模型得到极大发展。元胞自动机模型通常也被认为是微观模型，尽管它们更加不同，而且元胞自动机模型在族谱中也更加年轻。元胞自动机模型在 1986 年由 Cremer 和 Ludwig[49] 提出，但正式的模型被认为是在 1992 年由 Nagel 和 Schreckenberg[50] 创建。元胞自动机模型与跟驰模型的不同主要在于空间的离散化，前者中道路通常被划分为 7.5m 长的元胞，某一时刻，每个元胞内要么存在车辆，要么不存在车辆。车辆是否移动到下游元胞由一系列的规则限定。

进入到 21 世纪以后，跟驰模型的几大家族继续开枝散叶。在安全距离跟车模型中，Lebacque 等[51] 认为 Newell 的模型与 Daganzo 基本关系离散后的宏观模型本质上是等价的，从而提出了一种 Newell 跟车模型与宏观 Lighthill-Whitham-

Richards(LWR)模型相结合的混合模型。2010年,Laval与Leclercq[52]又将其扩展,提出包括保守、激进驾驶员的跟车模型。而刺激-反应模型继续发展,产生结合三段论的加速延迟模型[53](acceleration delay model)和随机跟车模型[54](stochastic car-following model)等理论。而多类别多预期跟车模型发展迅速,考虑到部分驾驶员在行驶时可以比其他人看得更远,结合最优速度模型和智能驾驶员模型,多类别和多预期的概念被结合起来应用到模型中[55]。

3. 宏观模型

宏观模型通常将交通流看作连续的流体,不考虑独立的车辆,而是采用集计的变量,如平均密度、流量等描述交通流。宏观模型的主要分支有动力波模型、高阶模型和多车道模型。

宏观模型最早是在Lighthill、Whitham[56]与Richards[57]提出的LWR模型基础上建立起来的,该模型是一种运动波模型。由于LWR模型的简洁性,产生了许多后续研究的分支,可以说宏观模型家族体系都起源于此。

20世纪70年代初,Payne[58]从刺激-反应模型衍生出了一种等式来描述加速度与基本关系中速度的关系,并提出高阶宏观模型。因为该模型同时满足基本关系和二阶偏微分关系,所以被称为二阶模型。

20世纪90年代,宏观模型的一个重要分支元胞传输模型(cell transmission model,CTM)由Daganzo[19]提出,作为LWR模型在时间和空间上的离散化,CTM方便简洁,迅速得到更加广泛的研究与应用。1995年,Daganzo[59]提出二阶模型存在不满足各向异性的缺陷,指出这些模型中的车辆可能倒退行驶。

21世纪以后,宏观模型得到更加全面的发展。2002年,Daganzo[60]提出一种基于LWR模型的多类别多车道的CTM,并认为存在保守和激进两类驾驶员。多类别的动力波模型在过去十多年中发展迅速,它们很大限度上借鉴了其他多类别模型的发展(如微观模型、中观模型等),2002年,Wong等[61]率先提出单段的多类别运动波模型。随后大量研究[62~64]表明,采用离散的或多段的基本图可以更好地再现一些交通现象。2003年,Benzoni-Gavage和Colombo[63]、Chanut和Buisson[27]分别对不同的类别采用不同的基本图,结果表明,这种方法可以再现如图1.3(d)所示的三维基本图。2007年,Ngoduy和Liu[64]采用一种相似的方法并加入一个状态相关参数,用车辆当量换算系数来区分交通流的不同车辆组成。后来Ngoduy继续拓展该模型,加入非连续的基本关系和随机项[65,66]。另外,还有一些随机动态波模型[67,68]也采用类似的方法。最新多类别动力波模型是Nair等[69]于2012年提出的渗流模型(porous flow model),它用来描述无车道线的二维道路上混合交通流的运行,该模型允许小车辆(如自行车、摩托车等)从其他车辆之间较大的空隙中穿过。1995年,Daganzo[59]对二阶模型的批判,引发更高阶模型的快速发展,其中较为著名的有 Aw 和 Rascle[70]、Zhang[71]、Lebacque 等[51]的研究,他们在模型中加入一个速度限制项,避免了速度为负值的情况。2002 年,Aw 等[72]还提出多类别高阶模型、混合了微观观点的宏观模型等。但是高阶常伴随着模型的复杂性,因此近年来对更高阶模型的研究并不流行。

4. 中观模型

宏观模型和微观模型产生于 20 世纪 50 年代,而中观模型则较之晚十年。中观模型的建立是为了填补微观模型和宏观模型的缺口,其集计车辆的方式可以采用概率分布等方法描述,而车辆的行为规则则以单个车辆定义。中观模型包括车头时距分布模型[73,74]和聚类模型[75],最为流行的气体动力模型[76]就从其演化发展而来。气体动力模型将车辆看成在气体中运动的大量粒子,在交通流中主要描述车辆速度分布的动力特性。90 年代中期,多车道气体动力模型的出现使得气体动力模型再次出现生机,Helbing[77]、Hoogendoorn 和 Bovy[78]提出气体动力模型的一般形式。气体动力模型通常不用于仿真,但连续交通流模型常常从气体动力模型中衍生出来,例如,1999 年,Hoogendoorn[79]提出多用户多车道连续交通流模型。

综上所述,交通流理论的基本框架在 20 世纪 70 年代已经提出,在过去的 20 年中,交通流理论的所有家族都进一步开枝散叶,更多的分支理论不断出现,丰富着交通流模型族谱。

## 1.4　快速路运行管理

随着城市的发展,城市的交通问题日益突出。机动车保有量不断增加,直接导致乘车、出行拥挤,道路超负荷,平均车速下降,交通事故频发。城市快速路系统是城市的大运量快速交通走廊,是城市道路系统的主骨架。城市快速路系统运行的好坏直接影响着城市交通效率的发挥。降低车辆在快速路瓶颈路段的运行延误,提高瓶颈通行能力对于提高城市快速路系统的运行效率、减少污染和排放具有重要意义。

在美国,传统的缓解拥堵的管控措施主要分为两个方面[80]:一是对于常发性拥堵瓶颈尝试扩大通行能力,主要策略有匝道控制(ramp metering)、高占有率(high occupancy vehicle,HOV)/高收费车道(high occupancy tolling and pricing lanes,HOT)、可变信息板诱导(variable message sign,VMS)、实时出行者信息(real-time traveler information)、交通需求管理(travel demand management,TDM)、拓宽道路消除瓶颈(widening and bottleneck removal)等;二是对于非常发性拥堵[81]的主要策略有交通事件管理(traffic incident management,TIM)、工作

区管理(work zone management)、道路天气管理(road weather management)和有规划的特殊事件管理(planned special events management)等。虽然这些策略被广泛配置并实施,但是早期的管理措施各自为政,并且是被动地机械式应对已产生的交通事件[82,83],因此针对交通系统拥堵的管控效果并不理想。在借鉴丹麦、英国、德国、荷兰等欧洲国家先进的交通系统管理经验后,2009 年开始,美国也推行了主动交通管理策略的实施方案[82~84],经过几年的发展,取得了较好的效果。

主动交通管理(active traffic management)主要是指根据实时的交通状况,通过采用动态管理和控制手段对交通需求和交通设施进行管理,以提高交通流通行的效率与安全性。主动交通管理的一般方法包括匝道控制、车道管理(managed lanes)、速度引导(speed harmonization)、路肩车道通行(hard shoulder running)、可变限速控制(variable speed control)、排队警示(queue warning)、汇流点控制(junction control)、动态路径选择(dynamic re-routing)和出行者信息(traveler information)等。虽然主动交通管理的部分手段与传统的控制手段有所重叠,如匝道控制、车道管理等(图 1.4),但由于控制理念、目标和策略不同,起到的控制效果也明显不同。

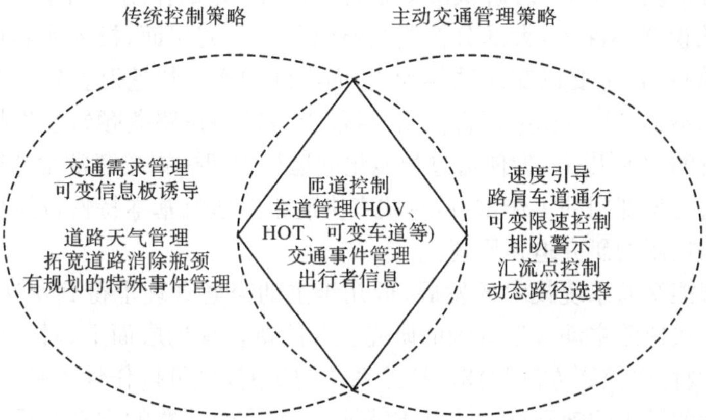


图 1.4 传统控制策略与主动交通管理策略

为了保证快速路/高速公路的日常运行,一个较为完备的快速路管理系统是由具有监视道路交通状况、支持交通管理与出行建议等功能的外场子系统、通信与控制子系统等组成。其所需的部分道路设施如图 1.5 所示,主要包括信息检测系统(如视频检测、车辆检测、气象检测、紧急电话、电子收费系统、交通探测车等)、通信系统(通信传输、移动通信等)、信息供应系统(可变信息牌、信号灯系统、可变限速标志、交通广播、路侧通信广播、地图板、公共信息查询及应急事件管理系统等)、交通管理中心等。

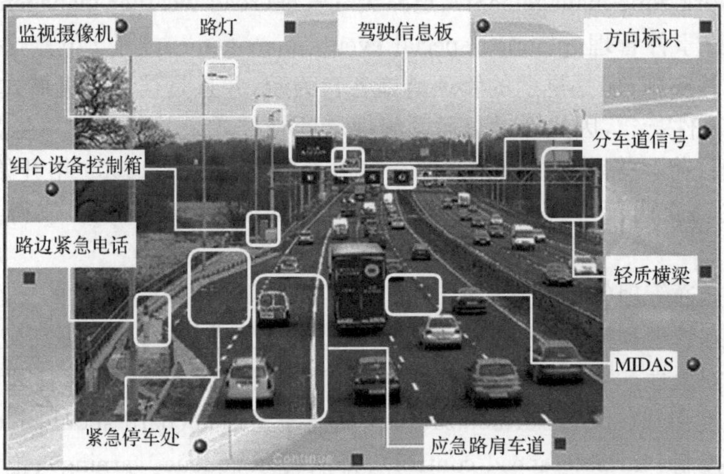


图 1.5　英国 M25 快速路主动交通管理系统

目前我国大城市的快速路系统已经建设了基于线圈的信息采集系统、基于视频的行程时间采集系统、VMS 信息发布系统、匝道控制系统、交通事件管理系统及紧急救援系统[85]等，对缓解城市交通拥堵起到一定的作用。由于对快速路交通流特征的认识并不深入，大部分控制策略仅限于研究层面，投入实际运用的控制手段十分单一，且主要以交通诱导为主，而实际中实施快速路控制但效果不佳的案例却屡见不鲜[7~9]。相关报告指出，目前上海市快速路瓶颈常发性拥挤仍占整个系统拥挤的 50%以上，如何通过智能化的运行管理措施缓解常发性瓶颈的交通拥堵是交通管理部门的工作重点，对城市快速路交通流基本特性以及城市快速路交通管理和控制的研究迫在眉睫。

随着智能交通系统技术的发展，近几年主动交通管理也得到快速发展，但目前关于城市快速路主动交通管理的研究主要停留在理论层面上，对于模型的稳定性、有效性及优先控制方法和技术缺乏系统的研究，且可操作性不强。因此，必须立足于实际的城市快速路交通流基本特征，对城市快速路的主动交通管理进行研究，提出适当的主动交通管理控制策略，并且能对其进行实际的检验和评价。本书针对城市快速路交通流基本特性，将适用于快速路的主动交通管理的多种方法相结合进行协同管控，主要包括匝道控制与速度引导联合控制、匝道与主线协同控制、快速路专用车道管理、非常态拥堵识别与主动管理、基于拥堵特征的交通安全管理等。

## 1.5 本书的特点

### 1. 连续数据环境下的交通流分析

近年来，交通流检测方法的不断发展使得利用大量数据分析快速路交通流成为可能。作者及其研究团队对快速路交通流自动检测数据进行了持续的采集整理和深度分析。以上海市快速路为例，采集了2008～2016年全路网线圈检测数据(2000余组检测断面)、2010～2014年全路网事件数据、2010～2012年浮动车GPS数据、近十年的分小时气象数据、路网几何线形数据(如车道宽度、坡度、匝道间距、转弯半径等，精确到厘米级)等。通过对这些数据的关联分析、信息融合和知识发现，研究快速路交通流运行规律，建立更加符合实际的理论模型。

### 2. 经验分析、解析模型与模拟仿真并重

传统的交通流理论大多以流体力学、随机过程等传统数学和物理方法为基础，建立系统的解析模型。其特点是交通流模型的限制条件非常苛刻，虽然物理意义明确，但往往与实际交通流运行差异较大。在大量数据的支持下，本书更加重视经验分析(empirical analysis)，包括瓶颈失效、早发性失效致因、车道选择过反应、高密度振荡、隧道磁滞现象及运行通行能力等，均是基于大量经验分析得出的结果。另外，本书以计算机仿真和人工智能等现代分析方法为研究手段，建立系统运行的模拟模型，更加重视对真实交通流的拟合效果和预测能力。

### 3. 注重模型的可信性

交通流理论研究的终极目的是为了交通系统的高效安全运行，因此模型的估计效果直接影响后续运行管理措施的实施。在本书中，无论是经验分析模型、理论解析模型还是模拟仿真模型，我们不以模型的“创新”为唯一目标，而是以现实世界的真实快速路为研究对象，且模型的标定和验证都是基于实际检测数据或观测数据。这虽然加大了研究的难度，某种程度上模型显得“简单”，但我们以模型的可信性为第一追求目标。值得欣喜的是，本书中部分模型研究成果已被国家相关规范标准(《公路通行能力手册》[86])采纳，直接用于指导工程实践。

### 4. 强调国内外交通流运行特征的对比分析

自1935年，Greenshields建立流量-密度-速度关系模型以来，交通流理论研究的历史至今已有80余年，我国在此领域的研究起步相对较晚。限于数据获取方法及研究的历史影响等，很多研究均是以西方的理论体系和经验认知为参照，这

不仅影响了我国交通流理论研究发展，还可能导致对国内交通流运行认知的偏差。本书在对部分重要交通流运行特征进行对比时，注重采用国内外特别是中国和美国快速路交通流对比分析方法，以增强模型的说服力，并探讨造成差异的原因。

5. *基于交通流运行特征深度挖掘的主动管理*

快速路管理措施包括匝道控制、动态路肩管理、拥堵预告、事件管理、速度引导等。以匝道控制为例，现有的研究大多关注控制模型和算法设计，而忽视实际运行特征的分析。北京市、上海市等大量的匝道控制失败案例表明，一方面，需要针对不同区域运行特征设计个性化的管理措施；另一方面，需要通过交通流模型深度解析拥堵的致因及演化特征，然后才有可能提出有针对性的管理措施。本书的管理措施并不求面面俱到，而是旨在通过案例说明，建立在交通流运行特征精准掌握基础上的管理措施才更有效，如基于早发性失效认知的速度引导与匝道控制一体化管理、基于失效风险的主线与匝道协同控制、基于拥堵演化特征的快速路运行风险管理等。

## 1.6 本章小结

快速路在城市交通系统中发挥着巨大作用，但快速路拥堵问题的日趋严重、对快速路交通流特点认识不全面及快速路运行管理措施的匮乏，使得针对快速路交通流特性与拥堵机理的管控措施的研究需求变得十分迫切。本书在连续数据的环境下对快速路交通流进行建模分析，并注重国内外交通流运行特征的对比分析，可以避免对国外管理经验的生搬硬套。同时，本书将经验分析、解析模型和模拟仿真相结合，强调模型的可信性，力图实现基于快速路交通流运行特征的高效主动交通管理。

## 参考文献


[1] 中华人民共和国建设部. GB/T 50280—98　城市规划基本术语标准[S]. 北京：中国建筑工业出版社，1998.

[2] 欧心泉，周乐，戴继锋，等. 城市快速路建设先决条件分析[J]. 城市交通，2012，10(1)：32－37.

[3] 关伟，何蜀燕，马继辉. HMI——城市快速路交通拥堵的一个预警指标[J]. 交通运输系统工程与信息，2008，8(5)：26－31.

[4] 上海市城乡建设和交通发展研究院. 2015 年上海市综合交通年度报告[R]. 2015.

[5] 广州市交通规划研究所. 2015 广州市交通发展年度报告[R]. 2015.

[6] 北京交通规划研究中心. 2015 北京市交通发展年度报告[R]. 2015.

[7] 黄英帅. 半岛都市报. 海信立交桥信号灯启用首日效果不理想将调整优化[EB/OL]. http://qingdao. iqilu. com/qdminsheng/2013/0529/1546208. shtml[2013-05-29].

[8] 楚天都市报. 武汉大道快速路唯一红绿灯临时设立 4 个月后拆除[EB/OL]. http://news. 163. com/12/0115/09/7NQ3VDP300014AEE. html[2012-01-15].

[9] 中国南昌新闻网. 坛子口立交桥下红绿灯形同虚设[EB/OL]. http://www. ncnews. com. cn/zt/zmnzxd/cjbh/t20120414_856011. htm[2012-04-14].

[10] Chowdhury D, Santen L, Schadschneider A. Statistical physics of vehicular traffic and some related systems[J]. Physics Reports, 2000, 329(4): 199—329.

[11] May A D. Traffic Flow Fundamentals[M]. Englewood Cliffs: Prentice Hall, 1990.

[12] Ni D. Traffic Flow Theory: Characteristics, Experimental Methods, and Numerical Techniques[M]. Amsterdam: Butterworth-Heinemann, 2015.

[13] Gerlough D L, Huber M J. Traffic flow theory[R]. Washington DC: Transportation Research Board, 1976.

[14] Treiber M, Kesting A. Traffic Flow Dynamics: Data, Models and Simulation[M]. Berlin: Springer-Verlag, 2013.

[15] 李力, 姜锐, 贾斌. 现代交通流理论与应用[M]. 北京: 清华大学出版社, 2011.

[16] Greenshields B D, Channing W, Miller H. A study of traffic capacity[C]//Highway Research Board Proceedings, Washington DC, 1935.

[17] van Wageningen-Kessels F, van Lint H, Vuik K, et al. Genealogy of traffic flow models[J]. EURO Journal on Transportation and Logistics, 2015, 4(4): 445—473.

[18] Greenshields B D, Thompson J T, Dickinson H C, et al. The photographic method of studying traffic behavior[C]//Highway Research Board Proceedings, Washington DC, 1934.

[19] Daganzo C F. The cell transmission model: A dynamic representation of highway traffic consistent with the hydrodynamic theory[J]. Transportation Research Part B: Methodological, 1994, 28(4): 269—287.

[20] Smulders S. Control of freeway traffic flow by variable speed signs[J]. Transportation Research Part B: Methodological, 1990, 24(2): 111—132.

[21] Drake J S, Schofer J L, May Jr A D. A statistical analysis of speed-density hypotheses in vehicular traffic science[J]. Highway Research Record, 1967, (154): 53—87.

[22] Li M Z F. A generic characterization of equilibrium speed-flow curves[J]. Transportation Science, 2008, 42(2): 220—235.

[23] Edie L C. Car-following and steady-state theory for non-congested traffic[J]. Operations Research, 1961, 9(1): 66—76.

[24] Cassidy M J, Bertini R L. Some traffic features at freeway bottlenecks[J]. Transportation Research Part B: Methodological, 1999, 33(1): 25—42.

[25] Newell G F. Instability in dense highway traffic: A review[C]//Proceedings of the Second

International Symposium on the Theory of Traffic Flow, London, 1965: 73－83.
[26] Kerner B S. Introduction to Modern Traffic Flow Theory and Control: The Long Road to Three-Phase Traffic Theory[M]. Berlin: Springer Science & Business Media, 2009.
[27] Chanut S, Buisson C. Macroscopic model and its numerical solution for two-flow mixed traffic with different speeds and lengths[J]. Transportation Research Record: Journal of the Transportation Research Board, 2003, (1852): 209－219.
[28] Godfrey J W. The mechanism of a road network[J]. Traffic Engineering and Control, 1969, 11(7): 323－327.
[29] Daganzo C F. Urban gridlock: Macroscopic modeling and mitigation approaches[J]. Transportation Research Part B: Methodological, 2007, 41(1): 49－62.
[30] Geroliminis N, Daganzo C F. Existence of urban-scale macroscopic fundamental diagrams: Some experimental findings[J]. Transportation Research Part B: Methodological, 2008, 42(9): 759－770.
[31] Leclercq L, Geroliminis N. Estimating MFDs in simple networks with route choice[J]. Transportation Research Part B: Methodological, 2013, 57(4): 468－484.
[32] 姬杨蓓蓓, Winnie D. 阿姆斯特丹城市道路线圈检测器布设方法研究[J]. 重庆交通大学学报(自然科学版), 2010, 29(5): 754－757.
[33] Sun J, Zhao L, Zhang H M. Mechanism of early-onset breakdown at on-ramp bottlenecks on Shanghai, China, expressways[J]. Transportation Research Record: Journal of the Transportation Research Board, 2014, 2421(1): 64－73.
[34] Sun J, Ma Z, Li Z. Some observed details of traffic flow phase transition at urban expressway off-ramp bottlenecks in Shanghai[C]//Transportation Research Board 94th Annual Meeting, Washington DC, 2015.
[35] Pipes L A. An operational analysis of traffic dynamics[J]. Journal of Applied Physics, 1953, 24(3): 274－281.
[36] Newell G F. Nonlinear effects in the dynamics of car following[J]. Operations Research, 1961, 9(2): 209－229.
[37] Newell G F. A simplified car-following theory: A lower order model[J]. Transportation Research Part B: Methodological, 2002, 36(3): 195－205.
[38] Kometani E, Sasaki T. Dynamic behaviour of traffic with a nonlinear spacing—speed relationship[C]//Proceedings of the Symposium on the Theory of Traffic Flow, New York, 1961: 105－119.
[39] Chandler R E, Herman R, Montroll E W. Traffic dynamics: Studies in car following[J]. Operations Research, 1958, 6(2): 165－184.
[40] Gazis D C, Herman R, Rothery R W. Nonlinear follow-the-leader models of traffic flow[J]. Operations Research, 1961, 9(4): 545－567.
[41] Helly W. Simulation of bottlenecks in single-lane traffic flow[C]//Proceedings of the Symposium on the Theory of Traffic Flow, New York, 1961: 207－238.

[42] Bexelius S. An extended model for car-following[J]. Transportation Research, 1968, 2(1): 13—21.

[43] Michaels R M. Perceptual factors in car following[C]//Proceedings of the 2nd International Symposium on the Theory of Road Traffic Flow, London, 1963: 44—59.

[44] Wiedemann R. Simulation des Strassenverkehrsflusses[J]. Traffic Engineering, 1975: 66—68.

[45] Gipps P G. A behavioural car-following model for computer simulation[J]. Transportation Research Part B: Methodological, 1981, 15(2): 105—111.

[46] Brackstone M, McDonald M. Car-following: A historical review[J]. Transportation Research Part F: Traffic Psychology and Behaviour, 1999, 2(4): 181—196.

[47] Bando M, Hasebe K, Nakayama A, et al. Dynamical model of traffic congestion and numerical simulation[J]. Physical Review E, 1995, 51(2): 1035.

[48] Treiber M, Hennecke A, Helbing D. Congested traffic states in empirical observations and microscopic simulations[J]. Physical Review E, 2000, 62(2): 1805.

[49] Cremer M, Ludwig J. A fast simulation model for traffic flow on the basis of boolean operations[J]. Mathematics and Computers in Simulation, 1986, 28(4): 297—303.

[50] Nagel K, Schreckenberg M. A cellular automaton model for freeway traffic[J]. Journal de Physique I, 1992, 2(12): 2221—2229.

[51] Lebacque J P, Mammar S, Salem H H. Generic second order traffic flow modelling[C]// Transportation and Traffic Theory 2007. Papers Selected for Presentation at ISTTT17 Engineering and Physical Sciences Research Council, London, 2007.

[52] Laval J A, Leclercq L. A mechanism to describe the formation and propagation of stop-and-go waves in congested freeway traffic[J]. Philosophical Transactions of the Royal Society A: Mathematical Physical and Engineering Sciences, 2010, 368(1928): 4519—4541.

[53] Kerner B S, Klenov S L. Deterministic microscopic three-phase traffic flow models[J]. Journal of Physics A: Mathematical and General, 2006, 39(8): 1775.

[54] Kerner B S, Klenov S L. A microscopic model for phase transitions in traffic flow[J]. Journal of Physics A: Mathematical and General, 2002, 35(3): L31.

[55] Ossen S, Hoogendoo S P. Multi-anticipation and heterogeneity in car-following empirics and a first exploration of their implications[C]//2006 IEEE Intelligent Transportation Systems Conference, Toronto, 2006: 1615—1620.

[56] Lighthill M J, Whitham G B. On kinematic waves. II. A theory of traffic flow on long crowded roads[J]. Proceedings of the Royal Society of London A: Mathematical, Physical and Engineering Sciences, 1955, 229(1178): 317—345.

[57] Richards P I. Shock waves on the highway[J]. Operations Research, 1956, 4(1): 42—51.

[58] Payne H J. Models of freeway traffic and control[J]. Mathematical Models of Public Systems, 1971, 28: 51—61.

[59] Daganzo C F. Requiem for second-order fluid approximations of traffic flow[J]. Transportation Research Part B: Methodological, 1995, 29(4): 277—286.

[60] Daganzo C F. A behavioral theory of multi-lane traffic flow. Part I: Long homogeneous freeway sections[J]. Transportation Research Part B: Methodological, 2002, 36(2): 131—158.

[61] Wong G C K, Wong S C. A multi-class traffic flow model—an extension of LWR model with heterogeneous drivers[J]. Transportation Research Part A: Policy and Practice, 2002, 36(9): 827—841.

[62] Bellomo N, Dogbe C. On the modeling of traffic and crowds: A survey of models, speculations, and perspectives[J]. SIAM Review, 2011, 53(3): 409—463.

[63] Benzoni-Gavage S, Colombo R M. An N-populations model for traffic flow[J]. European Journal of Applied Mathematics, 2003, 14(5): 587—612.

[64] Ngoduy D, Liu R. Multiclass first-order simulation model to explain non-linear traffic phenomena[J]. Physica A: Statistical Mechanics and Its Applications, 2007, 385(2): 667—682.

[65] Ngoduy D. Multiclass first-order modelling of traffic networks using discontinuous flow-density relationships[J]. Transportmetrica A: Transport Science, 2010, 6(2): 121—141.

[66] Ngoduy D. Multiclass first-order traffic model using stochastic fundamental diagrams[J]. Transportmetrica A: Transport Science, 2011, 7(2): 111—125.

[67] Hoogendoorn S P, van Lint H, Knoop V. Dynamic First-Order Modeling of Phase-Transition Probabilities[M]. Berlin, Heidelberg: Springer, 2009.

[68] Jabari S E, Liu H X. A stochastic model of traffic flow: Theoretical foundations[J]. Transportation Research Part B: Methodological, 2012, 46(1): 156—174.

[69] Nair R, Mahmassani H S, Millerhooks E. A porous flow model for disordered heterogeneous traffic streams[R]. Washington DC: Transportation Research Record, 2012.

[70] Aw A, Rascle M. Resurrection of "second order" models of traffic flow[J]. SIAM Journal on Applied Mathematics, 2000, 60(3): 916—938.

[71] Zhang H M. A mathematical theory of traffic hysteresis[J]. Transportation Research Part B: Methodological, 1999, 33(1): 1—23.

[72] Aw A, Klar A, Materne T, et al. Derivation of continuum traffic flow models from microscopic follow-the-leader models[J]. SIAM Journal on Applied Mathematics, 2002, 63(1): 259—278.

[73] Buckley D J. A semi-poisson model of traffic flow[J]. Transportation Science, 1968, 2(2): 107—133.

[74] Branston D. Models of single lane time headway distributions[J]. Transportation Science, 1976, 10(2): 125—148.

[75] Kühne R, Mahnke R, Lubashevsky I, et al. Probabilistic description of traffic breakdowns[J]. Physical Review E, 2002, 65(6): 066125.

[76] Prigogine I, Andrews F C. A Boltzmann-like approach for traffic flow[J]. Operations Research, 1960, 8(6): 789—797.

[77] Helbing D. Modeling multi-lane traffic flow with queuing effects[J]. Physica A: Statistical Mechanics and Its Applications, 1997, 242(1): 175—194.

[78] Hoogendoorn S P, Bovy P H L. Generic gas-kinetic traffic systems modeling with applications to vehicular traffic flow[J]. Transportation Research Part B: Methodological, 2001, 35(4): 317—336.

[79] Hoogendoorn S P. Multiclass Continuum Modelling of Multilane Traffic Flow[M]. Delft: Delft University Press, 1999.

[80] Federal Highway Administration. 2016 Urban Congestion Trends[EB/OL]. https://ops.fhwa.dot.gov/freight/freight_analysis/congestion/[2017-09-13].

[81] Federal Highway Administration. Reducing non-recurring congestion[EB/OL]. https://ops.fhwa.dot.gov/program_areas/reduce-non-cong.htm[2017-09-26].

[82] Kurzhanskiy A A, Varaiya P. Active traffic management on road networks: A macroscopic approach[J]. Philosophical Transactions of the Royal Society of London A: Mathematical, Physical and Engineering Sciences, 2010, 368(1928): 4607—4626.

[83] Mirshahi M, Obenberger J T, Fuhs C A, et al. Active traffic management: The next step in congestion management[R]. Washington DC: Federal Highway Administration, 2007.

[84] Sisiopiku V P, Sullivan A J, Fadel G. Implementing active traffic management strategies in the US[R]. Tuscaloosa: University Transportation Center for Alabama, 2009.

[85] Gan H C, Sun L J, Chen J Y, et al. Advanced traveler information system for metropolitan expressways in Shanghai, China[J]. Transportation Research Record: Journal of the Transportation Research Board, 2006, (1944): 35—40.

[86] 周荣贵，钱连德. 公路通行能力手册[M]. 北京：人民交通出版社，2017.

# 第 2 章　快速路交通流参数分析

快速路交通流参数分析是交通流理论中最基础的研究内容，也是交通流理论不断发展的基石，同时也为交通工程实践应用提供理论支撑。交通流参数包含的范围很广，主要有流量、速度、密度、车头时距、车头间距、点速度和自由流速度(free-flow speed，FFS)等。目前，我国对快速路交通流参数的研究还存在很多不足，尤其是缺少利用实测数据进行系统、全面的分析。国外虽然研究成果众多，但由于设施设计、驾驶行为及交通组成等存在差异，相关结论难以直接照搬到我国。鉴于此，本章基于上海市快速路系统的大量实测数据，对我国快速路交通流单参数特征、基本交通流参数关系模型、中国和美国基本交通流参数存在的差异等重点问题进行深入分析和探讨，以期更充分、更全面地认识我国快速路交通流运行的宏观特征和规律，为快速路的规划、设计、管理以及相关工程改善措施提供理论依据。

## 2.1 引　言

交通工程学起源于对道路交通现象的观测、调查。早在 20 世纪 30 年代，Greenshields 等一批先驱学者通过实测交通流量、地点车速等交通流基本参数，开创了交通工程学科研究的先河。在前人研究的基础上，研究人员又陆续发现并提出交通波理论、跟驰模型和中观模型等理论，逐步丰富和完善，从而形成了一套较完整的交通流理论。交通流理论作为整个交通工程学科的理论基础，是交通工程发展的基础和动力来源。后来逐步出现的交通工程分支领域——交通规划、交通设计、交通管理与控制、交通安全等，无不与之密切相连。交通流理论研究既承载着交通工程学科的过去，又引领着交通工程学科的未来。

交通流参数分析是最基础的交通流理论研究内容，反映了交通流运行的基本特性，参数的变化规律反映了交通流运行的性质。流量、密度和速度是交通流中三个最基本也是最重要的参数，代表了我们对交通流最直观的认识和感受，也被称为交通流三要素。常用参数还有车头时距、车头间距和 FFS 等。从交通工程学科的开创之初，对连续流交通参数的研究就一直是本领域研究的热点。连续流交通参数分析主要包括两个方面的内容：一是对单个参数时空分布特征的统计分析，如车头时距服从何种数学分布；二是对各参数之间存在的数学关系的分析。其中对于后者，最重要的研究内容是三要素之间的关系模型，即速度-密度模型、流量-密度模型和流量-速度模型。通过以往大量的观测和总结，研究人员已经提出了许多针对单个参数分布特征的统计结论以及三要素之间关系的数学模型。这些结论和模型是众多学者对交通流运行规律和机理的高度概括及提炼，不仅有助于加深我们对交通流本质的理解，同时也为更好地管理、控制、优化车辆运行提供了强有力的理论支撑。

尽管交通流参数的分析研究至今已有 80 多年的历史，但其仍然是交通工程研究的热点问题，特别是对于我国而言，连续流交通设施交通参数的研究仍相对落后，突出表现在理论研究成果较多，而利用实证数据进行系统、全面的分析仍然较少，对快速路交通流运行特点的认识还不够全面、深入。鉴于此，在交通信息采集方法愈加丰富和先进的今天，基于实测数据进行连续流设施交通基本参数分析工作、掌握我国快速路交通参数分布的统计特性、确定符合我国特点的标准流量-密度-速度曲线簇仍然十分迫切且具有重要意义。同时，各地区交通运行环境大不相同，中外之间三要素关系存在的差异、何种因素会对流量-密度-速度曲线关系产生影响等问题也值得深入探究。

基于此，本章将利用中国上海市快速路信息采集系统和美国加利福尼亚州 PeMS(performance measurement system)的线圈数据，力图对当前连续流交通设施中最基本的单个参数统计特性，流量、密度和速度三要素关系及其影响因素进行详细阐述。主要内容有：

(1) 单个参数分布特征的统计分析，包括 FFS 分布、流量分布及速度分布特征的统计分析。

(2) 介绍流量、密度、速度三要素关系经典模型，并基于实际数据对模型适用性进行评价，确定最优模型。

(3) 比较我国和美国快速路交通流在三要素关系模型上存在的差异，并尝试从两国交通参数不同分布特点的角度来解释产生差异的原因。

## 2.2 交通流特性研究概述

交通流参数分析也被称为交通流特性研究。经过长期的研究发展，交通流参数分析主要形成了两大研究内容：一是对单个参数的统计分析；二是对参数之间关系的研究，主要集中于对流量、密度和速度三要素之间关系模型的研究。本节将对这两方面的研究内容进行阐述。另外，鉴于三要素关系模型的重要性，对于以往较少关注的三要素关系模型影响因素，本节也将进行介绍。需要指出的是，本节内容都是针对连续流交通设施(快速路)提出的。

### 2.2.1　交通流参数概述

一门学科的持续发展常需借助于数学方法，交通工程学也是如此。在交通工程中，研究人员常借用分布模型对交通参数进行统计分析，其可以分为两类：一是以概率论中描述可数事件统计特性的离散型分布为工具，考察一段固定的时间长度或距离内到达某场所的车辆数的波动性；二是以连续型分布为工具，研究车头时距、车速、可穿越空档等连续型交通流参数的统计分布特性。在离散型参数统计中，较常使用的分布有泊松分布、二项分布及负二项分布等，而负指数分布、移位负指数分布和韦布尔分布常用于连续型参数的统计。这类分布的共同特点是形式较简单，适合于交通领域的统计分析。

除应用数学分布模型外，交通领域的学者还常对交通流交通参数进行一些简单的数学统计，其中最常见的是对流量、速度的时空分布特征进行统计。例如，分析流量随时间的变化规律，计算时变系数、周变系数、月变系数和高峰小时系数等；分析流量在路网上的分布，掌握路网的主要流向。对交通流参数进行统计分析除了可以了解相关参数的分布特性外，还可以为工程设计中的参数估计、交通流模拟及控制提供帮助。例如，分析车头时距的分布可以模拟车辆的到达规律，绘制地点车速累计频率分布曲线可以确定最高限速和最低限速，统计路网中各路段的平均速度可以为交通诱导提供依据等。

### 2.2.2　交通流三要素关系模型

交通流三要素关系模型包括速度-密度模型、流量-密度模型和流量-速度模型。自 1935 年 Greenshields 等[1]在其开创性论文《通行能力研究》(*A Study of Traffic Capacity*)中首次提出 Greenshields 模型以来，许多学者在此基础上进行了改进，后续又相继提出多种模型。在交通流三要素中，由于有流量等于密度与速度之积这一等式存在，大部分学者都是通过速度-密度模型来推导得到另外两个关系模型。本节主要介绍以往研究中较常出现的一些速度-密度模型。除了可以通过速度-密度模型进行推导外，还有一些学者直接根据实测数据得到了三要素之间的关系曲线，其中以流量-密度曲线为代表，在下面也将予以介绍。

1. 速度-密度模型

在交通流三要素关系模型中对速度-密度模型的研究最多，表 2.1 列出了常见的速度-密度模型。

表 2.1　常见的速度-密度模型

| 提出年份 | 模型名称 | 模型形式 | 模型参数 |
|---|---|---|---|
| 1935 | Greenshields 模型[1] | $v=v_{\mathrm{f}}\left(1-\frac{k}{k_{\mathrm{j}}}\right)$ | 自由流速度 $v_{\mathrm{f}}$；阻塞密度 $k_{\mathrm{j}}$ |
| 1959 | Greenberg 模型[2] | $v=v_{\mathrm{m}}\ln\frac{k_{\mathrm{j}}}{k}$ | 最佳车速 $v_{\mathrm{m}}$；阻塞密度 $k_{\mathrm{j}}$ |
| 1961 | Underwood 模型[3] | $v=v_{\mathrm{f}}\exp\left(-\frac{k}{k_{\mathrm{m}}}\right)$ | 自由流速度 $v_{\mathrm{f}}$；临界密度 $k_{\mathrm{m}}$ |
| 1961 | Newell 模型[4] | $v=v_{\mathrm{f}}\left\{1-\exp\left[-\frac{\lambda}{v_{\mathrm{f}}}\left(\frac{1}{k}-\frac{1}{k_{\mathrm{j}}}\right)\right]\right\}$ | 自由流速度 $v_{\mathrm{f}}$；阻塞密度 $k_{\mathrm{j}}$ 速度为 0 时，速度-车头间距曲线的斜率 $\lambda$ |
| 1967 | Drake 模型[5] | $v=v_{\mathrm{f}}\exp\left[-\frac{1}{2}\left(\frac{k}{k_{\mathrm{m}}}\right)^2\right]$ | 自由流速度 $v_{\mathrm{f}}$；临界密度 $k_{\mathrm{m}}$ |
| 1967 | Pipes 模型[6] | $v=v_{\mathrm{f}}\left[1-\left(\frac{k}{k_{\mathrm{j}}}\right)^n\right]$ | 自由流速度 $v_{\mathrm{f}}$；阻塞密度 $k_{\mathrm{j}}$ 参数 $n$ |
| 1995 | del Castillo 模型[7] | $v=v_{\mathrm{f}}\left\{1-\exp\left[\frac{\lvert C_{\mathrm{j}}\rvert}{v_{\mathrm{f}}}\left(1-\frac{k_{\mathrm{j}}}{k}\right)\right]\right\}$ | 自由流速度 $v_{\mathrm{f}}$；阻塞密度 $k_{\mathrm{j}}$；拥堵波速 $C_{\mathrm{j}}$ |
| 1995 | van Aerde 模型[8] | $k=\frac{1}{c_1+\frac{c_2}{v_{\mathrm{f}}-v}+c_3 v}$ $c_1=\frac{v_{\mathrm{f}}}{k_{\mathrm{j}}v_{\mathrm{m}}^2}(2v_{\mathrm{m}}-v_{\mathrm{f}})$ $c_2=\frac{v_{\mathrm{f}}}{k_{\mathrm{j}}v_{\mathrm{m}}^2}(v_{\mathrm{f}}-v_{\mathrm{m}})^2$ $c_3=\frac{1}{q_{\mathrm{c}}}-\frac{v_{\mathrm{f}}}{k_{\mathrm{j}}v_{\mathrm{m}}^2}$ | 自由流速度 $v_{\mathrm{f}}$；阻塞密度 $k_{\mathrm{j}}$；最佳车速 $v_{\mathrm{m}}$；通行能力 $q_{\mathrm{c}}$ |
| 1961 | Edie 模型[9] | $v=v_{\mathrm{f}}\exp\left(-\frac{k_{\mathrm{j}}}{k}\right),\quad k\leqslant\varphi$ $v=v_{\mathrm{m}}\ln\frac{k_{\mathrm{j}}}{k},\quad k>\varphi$ | 自由流速度 $v_{\mathrm{f}}$；阻塞密度 $k_{\mathrm{j}}$；最佳车速 $v_{\mathrm{m}}$；密度分界值 $\varphi$ |

2. 流量-密度模型

除了通过速度-密度模型推导得到相应的流量-密度模型和速度-流量模型这一方式外，1955 年，Lighthill 和 Whitham[10,11] 提出了运动波理论，用一个一阶动力学模型来描述交通流的流动。在该理论中，很重要的一个观点是：在道路的任何位置，流量都可以表达成密度的函数。基于他们对于流量-密度关系的表述，流量-密度曲线也被称为基本图。之后很多学者都对流量-密度关系进行了进一步的研究,他们直接根据实测数据得到相应曲线。最为普遍的是由 Greenshields 模型推导得到的抛物线形流量-密度曲线,如图 2.1(a)所示。20 世纪 60 年代,研究人员通过实际数据观察到当流量接近通行能力时会产生跳跃式的变化。据此 Koshi 等[12]最早提出了反 λ 形(reversed lambda shape)流量-密度曲线,如图 2.1(b)所示。从图中可以明显看到两条直线有重叠,这就意味着,在 $k_{out}$ 和 $k_m$ 之间,即使密度相同,在自由流和拥挤两种状态下对应的流量也是不同的。从反 λ 形流量-密度曲线可以看到一个现象,即通行能力下降现象[13]。后续通行能力下降现象被大量的实测数据所验证,因此,一个更为适合的反映通行能力下降现象的间断型流量-密度曲线被提出,如图 2.1(c)所示。从图中可以明显看出,拥堵前流量(通行能力)要明显大于拥堵后的消散流率。Daganzo[14]在提出 CTM 时,用到了如图 2.1(d)所示的梯形基本图,他认为此图能够简单有效地反映交通流中流速的基本关系。在图 2.1(d)中,当通行能力 $q_c$ 增加,到达两条直线的交点时,该图即可变为一个三角形的流速基本图。

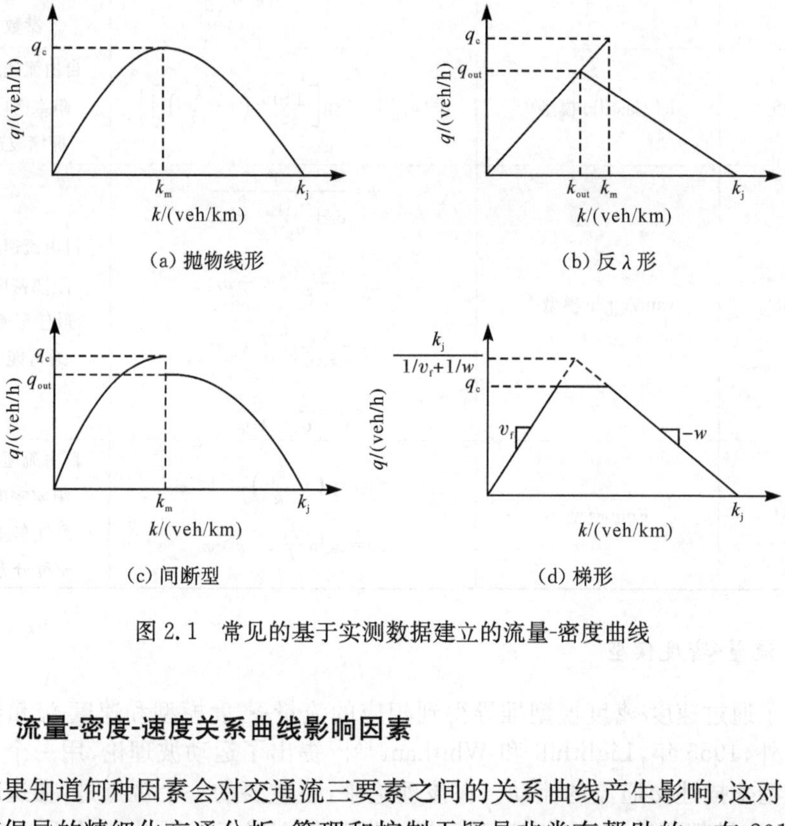


图 2.1 常见的基于实测数据建立的流量-密度曲线

### 2.2.3 流量-密度-速度关系曲线影响因素

如果知道何种因素会对交通流三要素之间的关系曲线产生影响,这对于近年来一直倡导的精细化交通分析、管理和控制无疑是非常有帮助的。在 2010 版的

HCM[15]中提到道路条件(如车道数目、车道宽度)会对基本的三参数关系曲线产生影响。Brilon 和 Ponzlet[16]通过比较多个地点的流量-速度关系曲线得出了微观驾驶行为也是影响因素这一结论。但这些结论都仅停留在宏观的理论定性层面,或是假设猜想,缺乏逻辑清晰的实际数据证明。也有一部分学者将焦点放在“非人为”的环境因素上,提出并证明了恶劣天气可以对交通流三参数关系产生一定的影响。然而,对于有着显著影响的“人为”因素,或许是由于微观行为鉴别和分析的复杂性,目前还缺乏有力的证明和研究。

## 2.3 单个参数的统计分析

本节对流量和速度这两个最基本参数的重要分布特征进行统计分析。在以往对于这两个参数的分析中,侧重于宏观方面,例如,研究流量在整个路网的分布情况,或研究流量随时间(年、月、日、小时)的变化规律。对于这些宏观方面的分析,研究人员已经做过大量研究,这里不再赘述。本节将从微观的角度分析流量和速度在整个道路横断面的分布情况,考察流量和速度在道路横断面各个车道的分布特征。事实上,国外学者在这方面已做过相关工作,但我国的研究还比较缺乏,同时这些分布性质对交通流运行影响显著。另外,以往研究中较少关注自由流速度,而根据作者的研究,我国城市快速路的自由流速度具有不一样的特点,本节将介绍这方面的研究成果。

### 2.3.1 研究地点及数据来源

在不同车道数目的道路横断面中,流量和速度的分布特征是不一样的。典型快速路的横断面类型包括两车道、三车道和四车道。为了更全面地分析流量和速度的分布特征,本书从上海市快速路筛选出两车道、三车道和四车道典型横断面各一处作为研究地点。为了排除其他干扰因素对研究结果产生影响,这些地点均需符合以下两个条件:①位于基本路段,不受上、下游入匝道、出匝道或交织区的影响或影响很小;②处于直线部分,坡度很小。

经过层层筛选,图 2.2 所示的三个地点被选为研究地点(线圈检测器编号依次为 NHNX14、NHNX11 和 NBDX17),按照车道数依次将其命名为 CN_2、CN_3 和 CN_4,图中标记了线圈检测器所处位置以及距上、下游匝道的距离。

数据部分采集了 2010 年 7 月的线圈检测器数据,包括流量、速度、占有率等指标,原始数据采集的时间间隔为 20s。对数据进行清洗,剔除异常天数据(包括数据异常、交通事故、极端天气等)。将这些数据用于 FFS 的统计分析。为了实际需要,将这部分 20s 数据集计成 5min 数据,用于车道速度分布的分析。同时,为了避免数据的冗余并使图形尽可能的简洁,从集计的 5min 数据中抽取 3 天的数据,用于分析车道流量。需要特别指出的是，上海市快速路小汽车的比例在 95%以上，可认为基本是单一交通流，因此本书没有对原始数据中的车辆数进行当量折算。

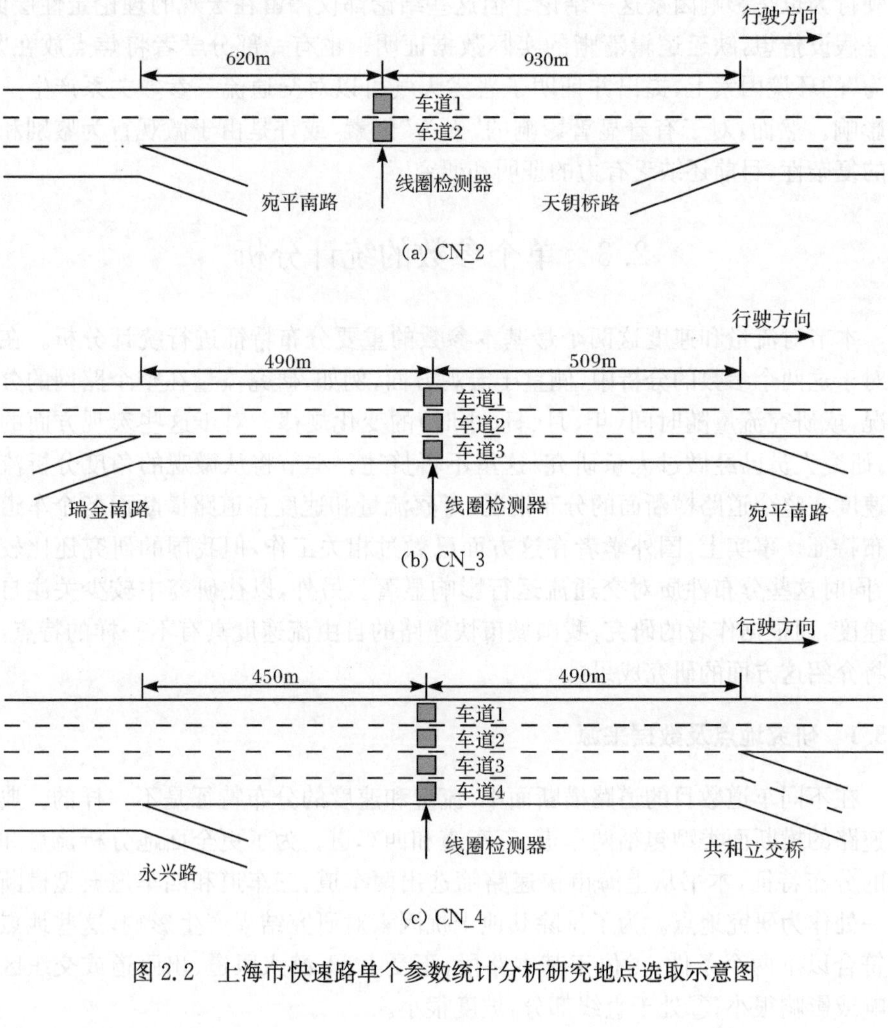


图 2.2 上海市快速路单个参数统计分析研究地点选取示意图

### 2.3.2 FFS 统计分析

选取断面车道平均流量不大于 180veh/h/ln 的自由流运行数据作为 FFS 分析的样本。为了体现 FFS 的群体特征，采用聚类分析对三个地点的 FFS 进行统计分析，结果如图 2.3 所示。

上海市快速路的限速为 80km/h。图 2.3 所示的聚类结果并不是所有速度都在 80km/h 上下小幅度波动，而是分成了几个明显的组别。CN_2 的聚类结果中，FFS 被分成了两类：类别 1 的平均速度为 75km/h，类别 2 的平均速度为 91km/h，

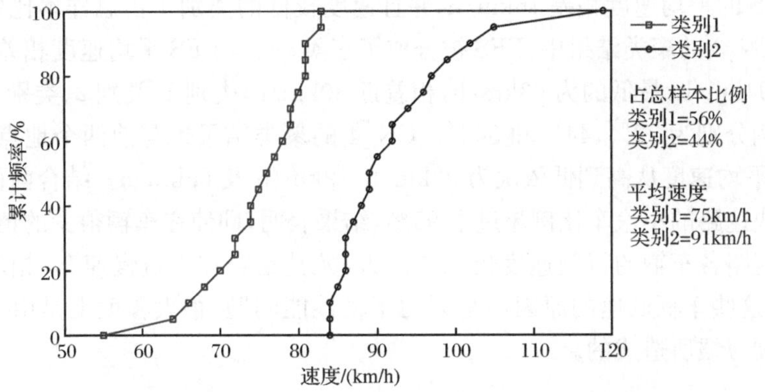


(a) CN_2

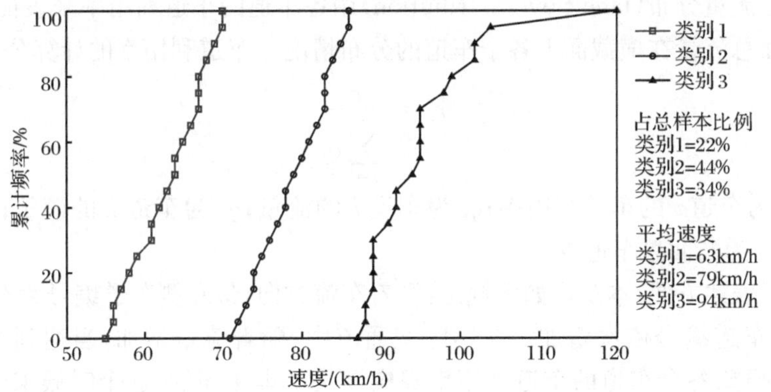


(b) CN_3

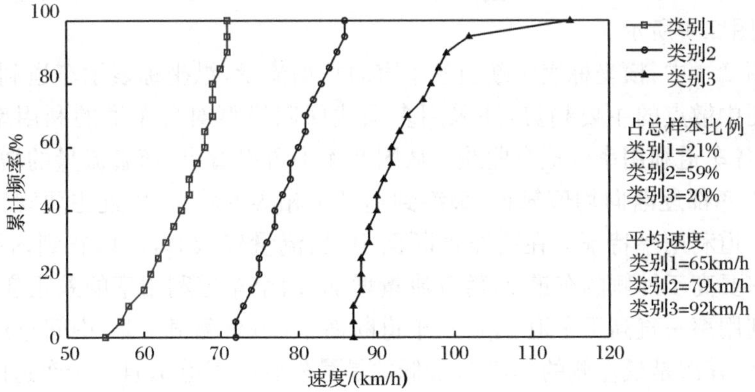


(c) CN_4

图 2.3 上海市快速路三个研究地点数据的 FFS 聚类结果

两类 FFS 的平均速度相差 16km/h，并且速度较低的类别 1 占总样本比例达到了 56%。CN_3 的聚类结果中，FFS 被分成了三类，三类 FFS 平均速度相差巨大，最高的为 94km/h，最低的为 63km/h，相差近 30km/h，类别 1、类别 2、类别 3 所占总样本比例分别为 22%、44%和 34%。CN_4 的聚类结果也与前两个地点类似，三类 FFS 平均速度从高到低依次为 92km/h、79km/h 及 65km/h。结合前面提到的上海市快速路的小汽车比例超过了 95%，结果表明，即使在车辆很少的情况下，上海市快速路各车辆的行驶速度也相差巨大，尤其是存在大量慢速车（相对于限速而言）。这些车辆低速的原因不是因为车辆性能问题，很大程度上是由于驾驶员自身驾驶习惯所造成的。

### 2.3.3 车道流量分布统计分析

车道流量分布（lane flow distribution）用各车道的车道利用率来表征，是用于考察断面总流量在横截面上各个车道的分布情况。车道利用率的计算公式如下：

$$r_i = \frac{q_i}{\sum_{j=1}^{n} q_j} \tag{2.1}$$

式中，$r_i$ 为车道 $i$ 的车道利用率；$q_i$ 为车道 $i$ 的流量；$q_j$ 为车道 $j$ 的流量；$i$、$j$ 为车道编号；$n$ 为断面总车道数。

为了表述方便，本章作如下规定：沿着车流方向，最左侧车道编号为车道 1，从左至右，车道编号依次增加。在实际交通流中，随着流量增加，当达到拥挤状态后，可以想象各个车道的车道利用率都应该是基本相同的，这个时候来讨论车道流量分布是没有什么意义的。因此，拥挤状态时的数据在车道流量分布的分析中被剔除。利用 3 天的 5min 流量数据，得到了三个研究地点的车道流量分布统计结果，如图 2.4 所示。

在图 2.4 中，横坐标表示断面各车道的平均流量，纵坐标表示车道利用率，为了突出图中散点的主要趋势，还采用多项式回归模型对各车道的利用率进行拟合，作出各车道利用率的拟合曲线。从图 2.4 中可以看出，随着流量的增加，各车道的利用率都逐渐向均值靠近，最终到达基本相等的状态，因此主要观察在低流量时的车道利用率特征。在两车道断面中，当流量较低时，可以看到内侧车道 1 的利用率要高于外侧的车道 2，随着流量增加，两个车道利用率的差距变小，但车道 1 的利用率一直高于车道 2；在三车道断面中，当车辆很少时，中间车道 2 的利用率最高，其次是最左侧的车道 1，最低的是最外侧的车道 3，且三个车道的利用率相差悬殊，利用率最高的车道 2 超过了 0.65，而最外侧的车道 3 只有不到 0.1 的利用率；在四车道断面中，最开始时可以看到利用率最高的是中间的车道 2 和车道 3，利用率均在 0.3 以上，而利用率最低的是最外侧的车道 4，利用率最初只有不

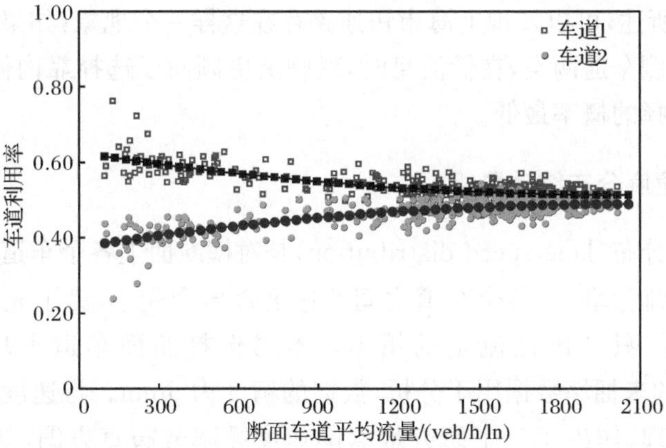


(a) CN_2

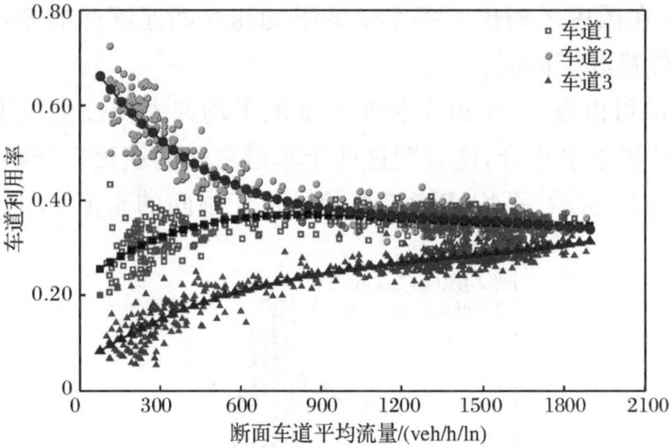


(b) CN_3

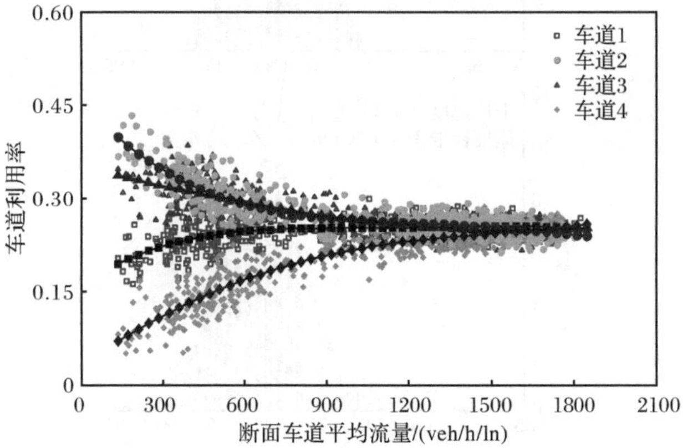


(c) CN_4

图 2.4 上海市快速路三个研究地点车道流量分布统计结果

到 0.1。综上所述,可以发现上海市快速路存在这样一个现象:如果把车道划分为外侧车道和内侧车道两类,在低流量时,驾驶员更倾向于选择靠内侧的车道,最外侧的车道被选择的概率最低。

### 2.3.4 车道速度分布统计分析

车道速度分布(lane speed distribution)是对横断面上各个车道的车速进行统计分析。随着流量增加,各个车道之间的速度差异会变小,为了充分体现各个车道的速度特征,只考虑低流量的情形。本书选择断面车道平均流量不大于 360veh/h/ln 的未拥堵数据用于分析,数据的精度为 5min。将速度数据按所属车道进行分类整理,作出了三个研究地点的速度频率分布直方图,如图 2.5 所示。图 2.5(a)、(b)、(c)分别对应两车道、三车道和四车道断面,速度数据以 1km/h 为间隔进行分组,在图中还列出了各车道的平均速度和速度标准差,并用黑粗线对平均速度所在位置进行标记。

从图 2.5(a)可以看出,车道 1 和车道 2 的平均速度及速度标准差相差不大,两个直方图的位置近乎重合,这表明这两个车道之间的速度差异很小。三车道断面统计如图 2.5(b)所示,平均速度最高的是位于中间的车道 2,且其速度标准差

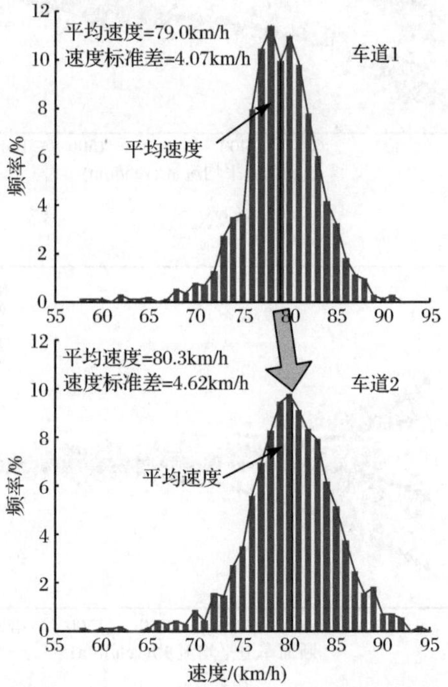


(a) CN_2

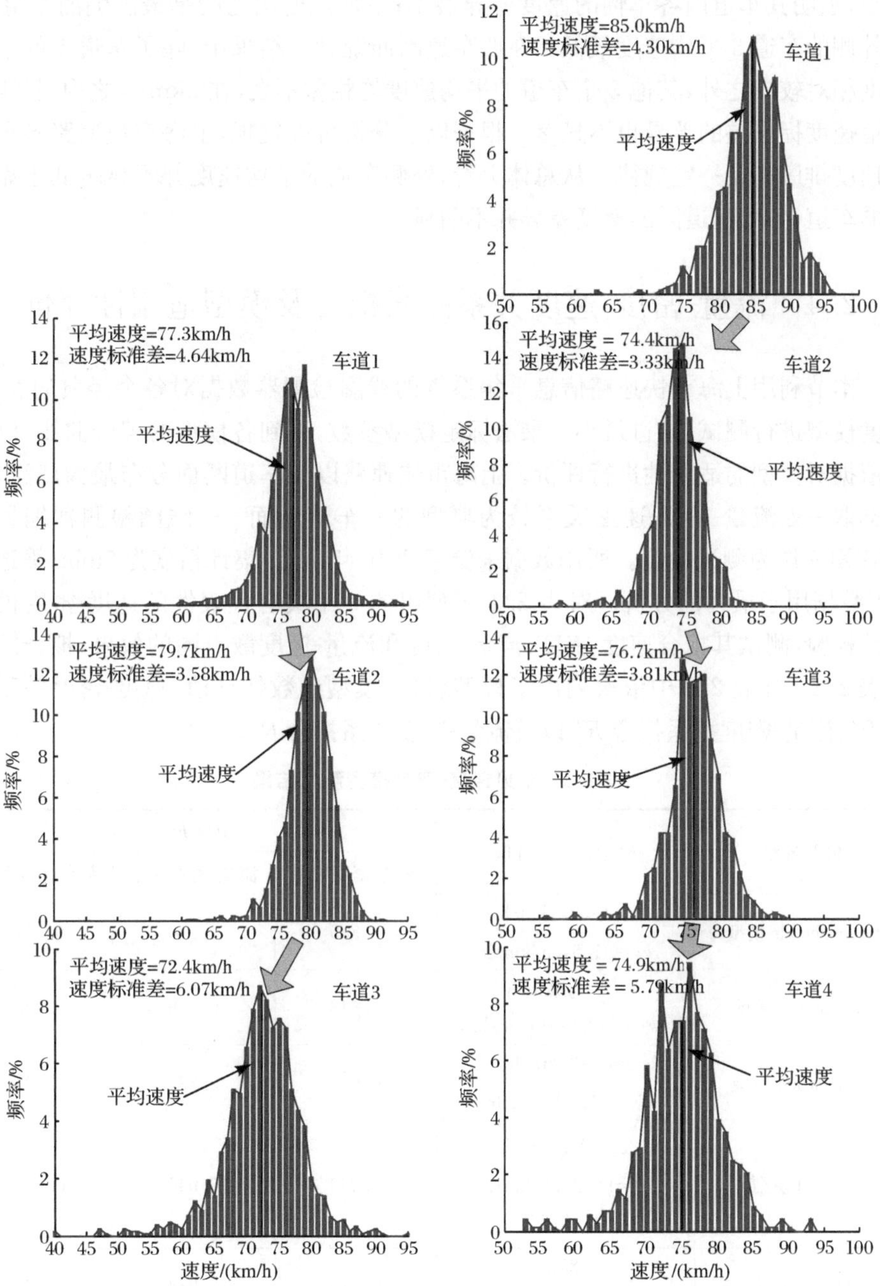


(b) CN_3　　　　(c) CN_4

图 2.5　上海市快速路三个研究地点单车道速度频率分布直方图

最小，表明其车道内各车辆的速度差异最小；平均速度次之的是最内侧的车道1，最外侧的车道3平均速度最低。在四车道断面统计的结果中，除了车道1的平均速度相对较高之外，其他3个车道的平均速度均相差不大，在2km/h之内，且4个车道速度标准差的差异也不显著。根据以上分析可以发现，上海市快速路各车道的速度排序并无一定规律。从总体上看，外侧车道的平均速度并不显著低于靠内侧的车道，各个车道间的速度差异并不明显。

## 2.4　流量-密度-速度关系曲线拟合及模型适用性评价

本节利用上海市快速路信息采集系统的线圈检测器数据对各个经典的速度-密度模型进行测试，通过最小二乘法标定模型参数，得到各模型的拟合曲线，以此为依据对模型的适用性进行评价。上海市快速路以三车道断面分布最为广泛，因此选取一处流量-密度-速度关系较为典型的三车道断面——线圈检测器编号为YABX09作为测试地点。所用数据来源于2010年7月，集计精度为5min，筛选出3天数据用于最终的分析。对表2.1所列出的9个具有代表性的速度-密度模型进行检验，测试其拟合速度-密度、流量-密度和流量-速度散点图的效果，拟合结果见表2.2。在表2.2中依次列出了模型名称、模型参数估计值、速度-密度关系拟合 $R^2$、流量-密度关系拟合 $R^2$ 以及流量-速度关系拟合 $R^2$。

**表2.2　常见速度-密度模型测试结果**

| 模型名称 | 模型参数估计值 | 拟合 $R^2$ | | |
|---|---|---|---|---|
| | | 速度-密度关系 | 流量-密度关系 | 流量-速度关系 |
| Greenshields 模型 | $v_f=92.1$km/h<br>$k_j=91.5$veh/km/ln | 0.835 | 0.916 | 0.801 |
| Greenberg 模型 | $v_m=40$km/h<br>$k_j=117.9$veh/km/ln | 0.648 | 0.766 | 0.402 |
| Underwood 模型 | $v_f=95$km/h<br>$k_m=60$veh/km/ln | 0.672 | 0.794 | 0.621 |
| Newell 模型 | $v_f=81.7$km/h<br>$k_j=92.2$veh/km/ln<br>$\lambda=5277$ | 0.869 | 0.946 | 0.814 |
| Drake 模型 | $v_f=85$km/h<br>$k_m=38.3$veh/km/ln | 0.920 | 0.928 | 0.868 |
| Pipes 模型 | $v_f=85.6$km/h<br>$k_j=86.9$veh/km/ln<br>$n=1.3$ | 0.842 | 0.934 | 0.813 |

续表

| 模型名称 | 模型参数估计值 | 拟合 $R^2$ | | |
|---|---|---|---|---|
| | | 速度-密度关系 | 流量-密度关系 | 流量-速度关系 |
| del Castillo 模型 | $v_f$=83.9km/h<br>$k_j$=109.2veh/km/ln<br>$\|C_j\|$=42.1km/h | 0.859 | 0.923 | 0.834 |
| van Aerde 模型 | $v_f$=87.9km/h<br>$k_j$=100.5veh/km/ln<br>$v_m$=51.2km/h<br>$q_c$=1952veh/h/ln | 0.934 | 0.958 | 0.872 |
| Edie 模型 | $v_f$=88.6km/h<br>$k_j$=98veh/km/ln<br>$v_m$=55.3km/h<br>$\varphi$=30.2veh/km/ln | 0.854 | 0.942 | 0.805 |

从表 2.2 可以看出，大部分模型对 3 个散点图的拟合 $R^2$ 都在 0.800 以上，拟合效果较好。具体来说，从测试结果中可以得到以下两点结论：

(1) 并不是越复杂的模型拟合效果就越好。例如，最基本的 Greenshields 模型也能达到较高的拟合精度，而较之复杂的 Pipes 模型，拟合效果也只是与 Greenshields 模型基本相当。

(2) 除了 Edie 模型是分段模型外，其他 8 个模型都是单段模型，从结果来看，分段模型的拟合效果确实优于原来两个模型(Edie 模型是由 Greenberg 模型和 Underwood 模型组成的)，但与其他大部分模型相比，其拟合结果并不如预想的那么好，由于需要人工确定分段值使得其参数标定过程更为复杂，在实际运用中，作者推荐采用形式更为简单的单段模型。

根据表 2.2 中的结果，拟合效果最佳的是 van Aerde 模型。由于 van Aerde 模型灵活性强，可以适应各种不同的交通环境。综合考虑各种因素，作者推荐采用 van Aerde 模型来确定上海市快速路交通流三要素之间的关系。图 2.6(a) 所示为 van Aerde 模型对本节测试地点 YABX09 流量-密度-速度关系的拟合结果，同时为了测试其适用性与稳定性，选择另外一处地点(线圈检测器编号为 NBDX17，即 2.3 节中四车道测试地点 CN_4)进行检验，其拟合结果如图 2.6(b) 所示。从图 2.6(b) 中可以看出，对于不同地点，van Aerde 模型也有很好的拟合效果。

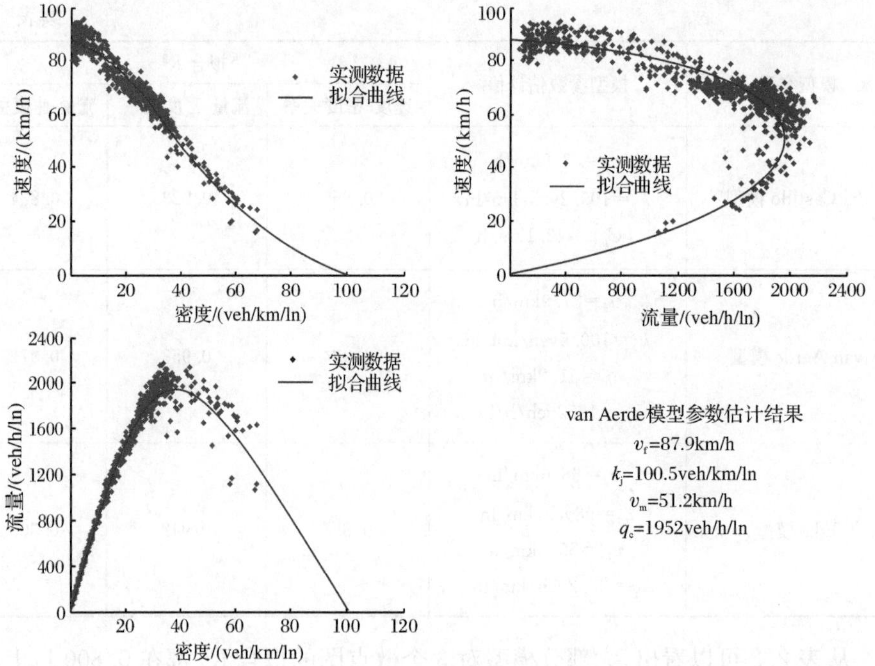


(a) YABX09

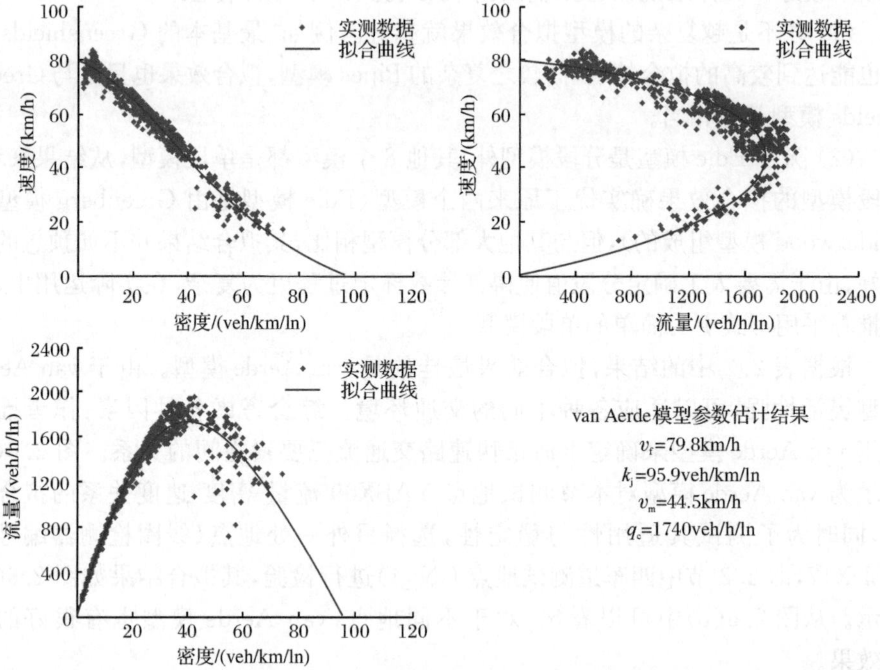


(b) NBDX17

图 2.6　van Aerde 模型对上海市快速路 YABX09 和 NBDX17 流量、密度、速度三要素关系曲线拟合结果

## 2.5 中国和美国流量-速度曲线对比及差异原因分析

如前所述，世界各国、各地区在交通发展上极不均衡，这必然造成各国在三要素关系上存在差异。如果能发现导致这些差异产生的原因，就能有针对性地实施精准的管理、控制措施来提高交通流运行效率。美国是世界上高速公路通行里程最多的国家之一，也是世界上高速公路运营、管理和控制技术最先进的国家之一，分析中国和美国在三要素关系上存在的差异，找出影响原因，将会对中国快速路管理者制定合理有效的管控措施提供极大帮助。

在三要素关系模型中，由于存在流量等于速度乘以密度这一等式，三要素关系模型实际上是存在重叠的。另外，在实际运营中，运行效率(operation productivity)是管理者最为关心的指标，而这又是通过流量和速度来联合表征的[17]。因此，在本节中，作者主要研究三要素关系中的流量-速度关系，这也是 HCM 中确定通行能力和运行效率的基本曲线关系，通过对比中国和美国流量-速度曲线来找出两国运行速度变化趋势方面存在的差异，并尝试从两国交通参数不同分布特点的角度来解释产生差异的原因。

### 2.5.1 研究地点及数据来源

本节所涉及的研究地点和数据可以分为两类：一类来自中国；另一类来自美国。中国部分的研究地点和数据与 2.3.1 节中的完全一致(包含两车道、三车道和四车道断面各一处，分别命名为 CN_2、CN_3 和 CN_4)，因此本节不再重复赘述。美国部分的研究地点为美国 Sacramento 高速公路，选取的地点除需满足 2.3.1 节中所列的两个条件外，还需满足以下两个条件：①与上海市快速路所选三个地点有着相似的匝道密度，靠近城市中心；②与上海市快速路的交通构成基本相同，大车所占比例小。

为了与上海市快速路的三个研究地点相对应，从 Sacramento 高速公路也筛选出两车道、三车道和四车道断面各一处(线圈检测器编号依次为 314625、317324 和 312236)，并按照车道数依次将其命名为 US_2、US_3 和 US_4，如图 2.7 所示，图中标记了线圈检测器所处位置以及距上、下游匝道的距离。

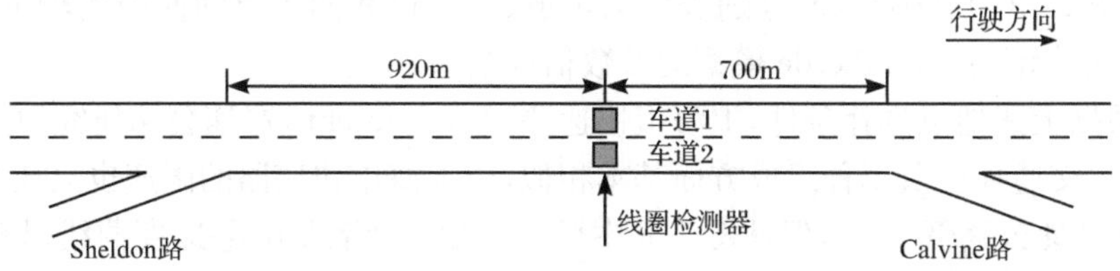


(a) US_2

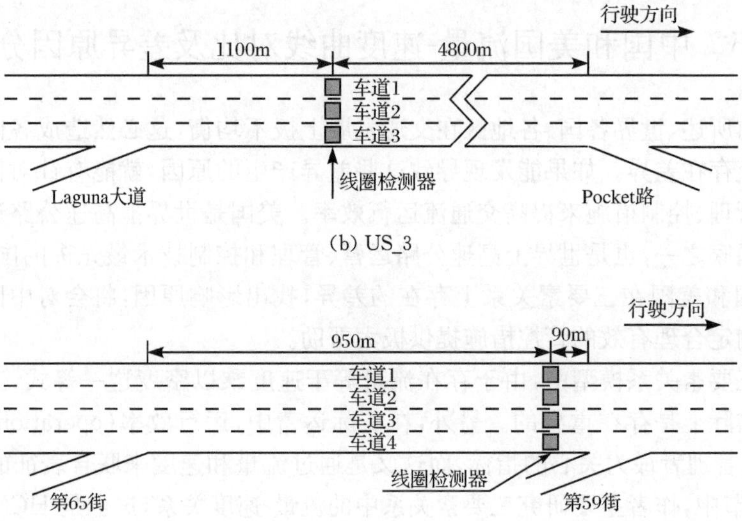


(b) US_3

(c) US_4

图 2.7　美国 Sacramento 高速公路所选对比研究地点示意图

对于 Sacramento 高速公路的三个地点，所用数据来源于美国加利福尼亚州 PeMS 系统。该系统提供的检测参数包括流量、速度及每个车道的大车比例，数据集计的时间间隔为 5min。本节从 PeMS 系统提取了一个月的数据(2012 年 11 月 24 日～12 月 24 日)用于最终的对比分析。作一个特殊说明，本书对 Sacramento 高速公路所选三个地点的大车比例进行了统计，发现其平均值为 4.5%，与上海市快速路 2%的大车比例十分接近。

### 2.5.2　中国和美国流量-速度曲线对比

本节对上海市快速路和 Sacramento 高速公路交通流的流量-速度关系进行了比较。上海市快速路和 Sacramento 高速公路的限速分别是 80km/h 和 90km/h。为了能尽可能地在整个速度区间进行全面比较，从六个研究地点各选取了 3 天不受特殊交通事件、特殊天气影响且速度分布较为分散的数据用于分析。采用 van Aerde模型对流量-速度曲线进行拟合，各地点拟合曲线的对比结果如图 2.8 所示，图 2.8(a)、(b)和(c)分别表示两车道、三车道和四车道断面的比较结果，在各图中还标注了 van Aerde 模型的参数估计结果。

根据上述地点选择条件，上海市快速路和 Sacramento 高速公路研究地点在几何布置、交通环境及车种组成方面基本相似，而上海市快速路的限速也只比 Sacramento 高速公路低 11%，但从图 2.8 中可以看出，两者的流量-速度曲线呈现出完全不一样的形状。对于两车道断面，中国的通行能力(1830veh/h/ln)与美国的通

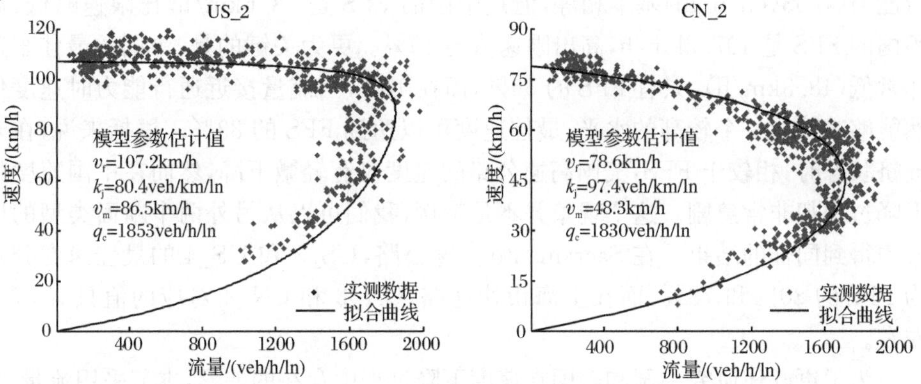


(a) 两车道

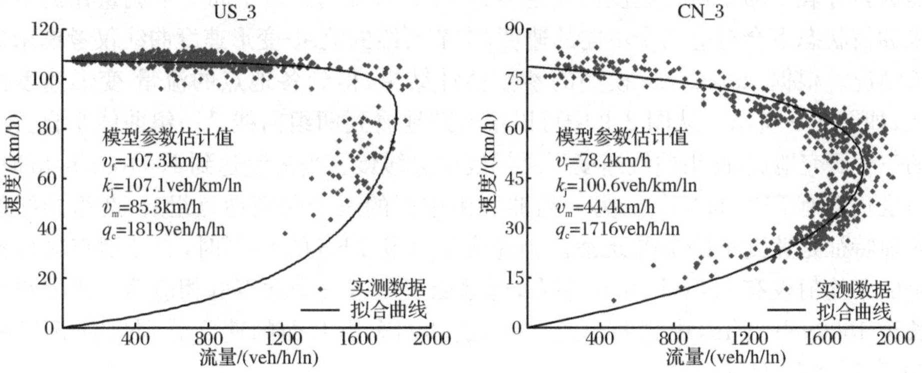


(b) 三车道

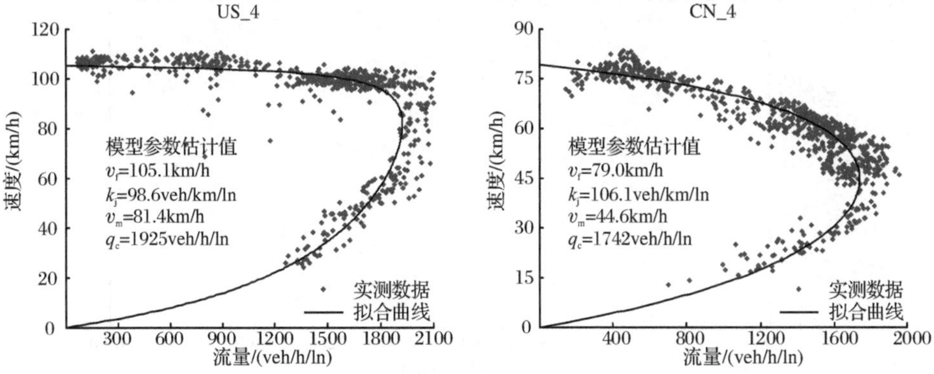


(c) 四车道

图 2.8 上海市快速路和 Sacramento 高速公路六个研究地点不同车道断面流量-速度曲线对比

行能力(1853veh/h/ln)基本相等,但是中国的 FFS 是 78.6km/h,比限速略低,而美国的 FFS 是 107.2km/h,高出限速值约 19%。更为关键的是,中国的最佳车速非常低(48.3km/h),只有 FFS 的 56%,而在美国,当流量接近通行能力时速度仍然能够维持在一个较高的水平,最佳速度可以达到 FFS 的 83%。概括来说,在未拥挤状态时,相较于 FFS,美国高速公路的速度仅有轻微下降,然而在中国速度的下降过程却非常急剧。这个现象并不是特例,我们可以从另外两个断面类型的比较中得到同样的结果。在 Sacramento 高速公路,US_3 和 US_4 的最佳速度分别为 FFS 的 80%和 78%,而在上海市快速路,CN_3 和 CN_4 对应的值只有 57%左右。

为了更好地研究中国和美国在速度下降过程中存在的差异,本节采用流量-变形速度曲线对此进一步说明。在流量-变形速度曲线中,横坐标仍然表示流量,但是纵坐标表示的不再是速度而是速度占 FFS 的比例。由于同一个流量在拥挤和未拥挤状态下会对应两个不同的速度,本节所绘的流量-变形速度曲线仅考虑未拥挤情况。根据 van Aerde 模型的参数估计结果,得到各地点的流量-变形速度曲线,如图 2.9 所示。从图 2.9 中可以很清楚地看到两组曲线。一组曲线来自美国的三个研究地点,此组曲线速度下降幅度十分缓慢。当流量达到 1600veh/h/ln 时,速度仍然有 FFS 的 95%。另一组曲线由中国的三个研究地点组成,此组曲线的明显特征是速度下降非常迅速。当速度下降到 FFS 的 95%时,三处地点对应流量的平均值仅有 600veh/h/ln 左右,远远低于美国三个地点的相应值。当流量增长至 1600veh/h/ln,中国两车道、三车道和四车道断面的速度分别只有 FFS 的 80%、71%和 74%。

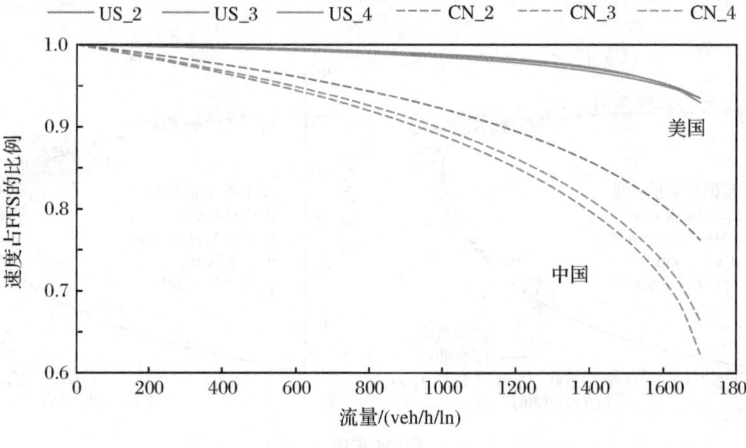


图 2.9 中国和美国流量-变形速度曲线

通过上述比较分析,可以得出中国和美国流量-速度曲线主要存在以下两处差异：①在上海市快速路，FFS 要略低于限速，而在 Sacramento 高速公路，FFS 要比限速高 19%；②更为重要的是，相比于美国，中国快速路在未拥挤状态时速度随流量的增加下降得十分迅速，当流量达到通行能力时，所对应的最佳车速非常低。这些差异表明在中国快速路车辆正以一种极低的效率在运行，这无疑是一个很严重的问题。因此下面作者尝试寻找导致中国和美国存在两种完全不同形状的流量-速度曲线的原因。

### 2.5.3 中国和美国流量-速度曲线差异原因分析

根据以往研究，在相似的设施设计条件、交通组成背景下，微观驾驶行为可以解释中国和美国流量-速度曲线存在的差异，然而，由于微观驾驶行为采集与分析工作的复杂性，这无疑会耗费大量的人力、物力。幸运的是，在交通流中，任何微观行为的变化必然会在某些宏观特征上得到反映，因此，可以通过分析交通流的宏观特征来推测那些可能的微观影响因素。本节通过分析中国和美国交通参数各自的分布特点来解释流量-速度曲线产生差异的原因。进行分析比较所选取的交通参数为车道流量分布、车道速度分布和驾驶员期望速度（driver-desired speed）。

1. 车道流量分布比较

与 2.3.3 节一样，对各个研究地点选取 3 天的未拥挤数据（同时也不受特殊交通时间、特殊天气的影响）用于最终分析，中国和美国各断面类型的车道流量分布比较结果如图 2.10 所示。

图 2.10(a)、(b)和(c)分别表示两车道、三车道和四车道断面的比较结果，在图中还采用多项式回归模型对各车道的利用率进行了拟合，作出了各车道利用率的拟合曲线。从图 2.10 中可以看出，中国和美国车道流量分布存在的一些差异。对于两车道断面，在流量较高时，中国和美国两个车道的利用率都基本相等。然

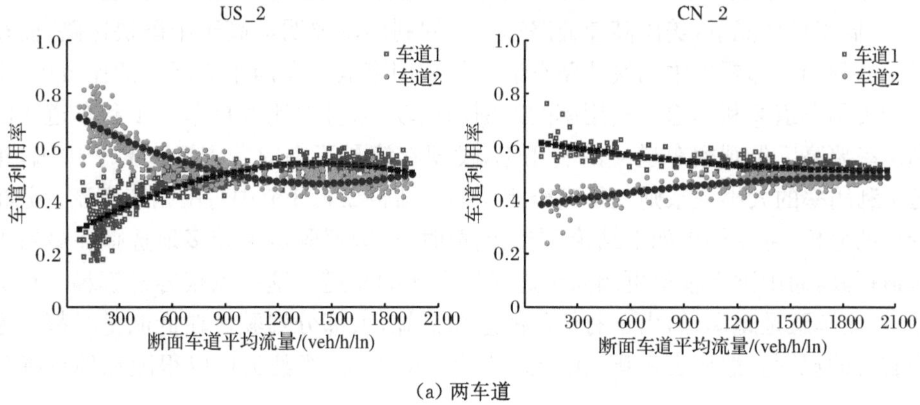


(a) 两车道

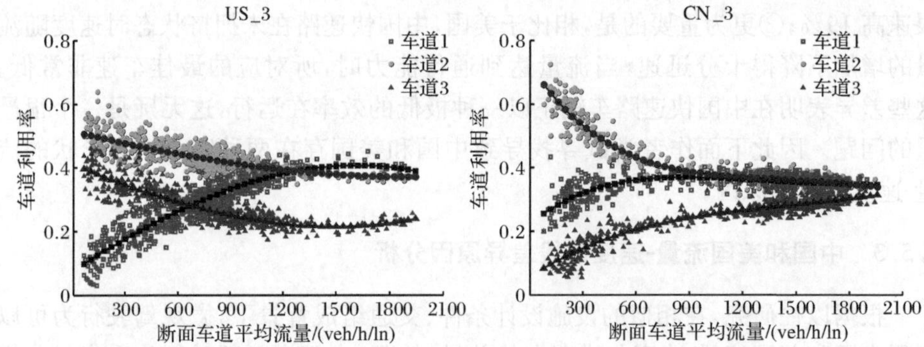


(b) 三车道

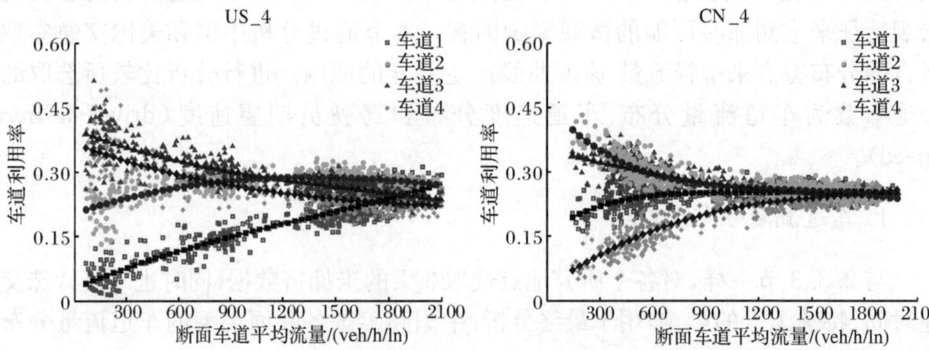


(c) 四车道

图 2.10　中国和美国六个研究地点不同车道流量分布特征比较

而在流量较低时，美国高速公路车道 2 的利用率要远高于车道 1，而在中国这种大小关系正好相反。对于三车道断面，中国和美国车道 2 的利用率相差不大。但是，在低流量情况下，美国高速公路车道 3 的利用率要明显高于中国快速路，而车道 1 的利用率却要比中国快速路车道 1 的利用率低。在四车道断面的比较中，中国和美国车道 2 和车道 3 利用率的差别都比较小，且都比各自车道 1 和车道 4 的利用率要高。但观察车道 4 的利用率，发现在流量不高时美国远远高于中国，车道 1 利用率的大小关系则又是完全相反的。结合 2.3.3 节中对中国车道流量分布特征的分析，可以得出如下结论：在低流量时，美国驾驶员会较多地选择在最右侧车道行驶，而中国驾驶员更倾向于选择靠左侧的车道。这一点很容易解释。在美国，左侧车道是超车道，由于有严厉的惩罚措施，大部分驾驶员在低流量时都会遵守右行的规则。然而在中国，由于惩罚的力度不大，驾驶员可以很随意地选择任何车道行驶。通过以上分析，发现中国和美国在车道流量分布上存在较大差异，而这些差异本质上又是由于车道选择行为不同引起的，这些行为很有可能会对交通流中的速度-密度关系产生影响。

2. 车道速度分布比较

2.3.4 节中已经对上海市快速路三个研究地点的车道速度分布特征进行阐述，为了便于比较，Sacramento 高速公路三个研究地点速度数据选取的样本量、筛选规则及数据的分组方法与 2.3.4 节保持一致(单车道流量小于 360veh/h/ln 的未拥挤 5min 集计数据，以间隔为 1km/h 对速度进行分组)。同样采取绘制速度频率分布直方图的方法，中国和美国各断面类型车道速度分布两两比较的结果如图 2.11所示，在图中还列出了各车道的平均速度和标准差，同时还用粗线标明了平均速度所在位置。

从图 2.11 可以看出，中国和美国在车道速度分布特征上主要存在两个方面的区别：①在美国，从左侧车道到右侧车道，车道平均速度是有序降低的，且相邻车道之间的速度有着明显的差异；然而在中国，各车道的平均速度是无序排列的，各车道间的速度差异很小。②在美国，靠左侧的车道速度标准差很小且远远低于靠右侧的车道，这意味着左侧车道的交通流是较为均匀的，各车辆之间速度差异

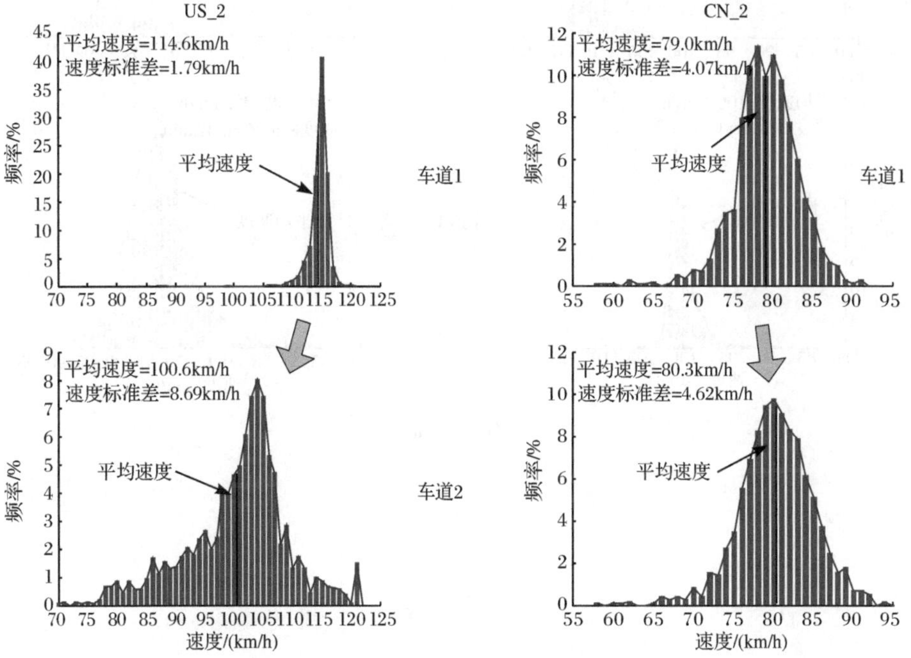


(a) 两车道

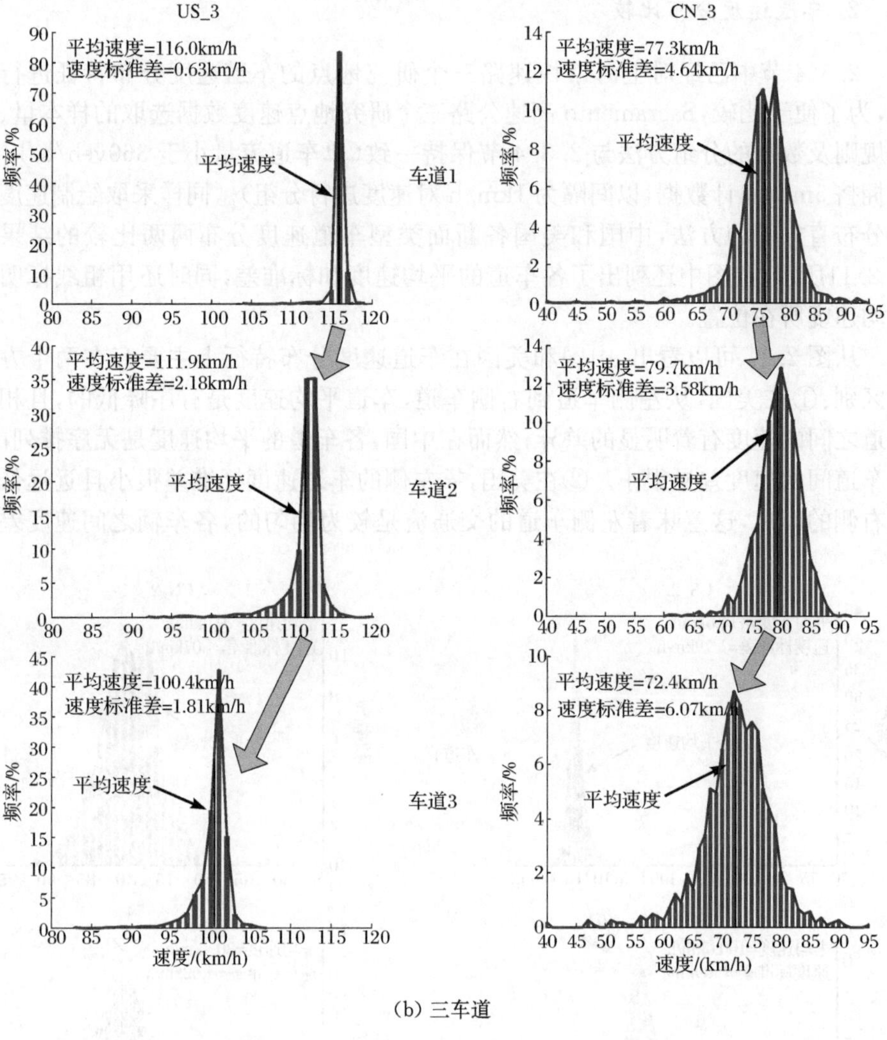
US_3
CN_3
平均速度=116.0km/h
速度标准差=0.63km/h
平均速度=77.3km/h
速度标准差=4.64km/h
车道1
平均速度=111.9km/h
速度标准差=2.18km/h
平均速度=79.7km/h
速度标准差=3.58km/h
车道2
平均速度=100.4km/h
速度标准差=1.81km/h
平均速度=72.4km/h
速度标准差=6.07km/h
车道3
平均速度
频率/%
速度/(km/h)

(b) 三车道

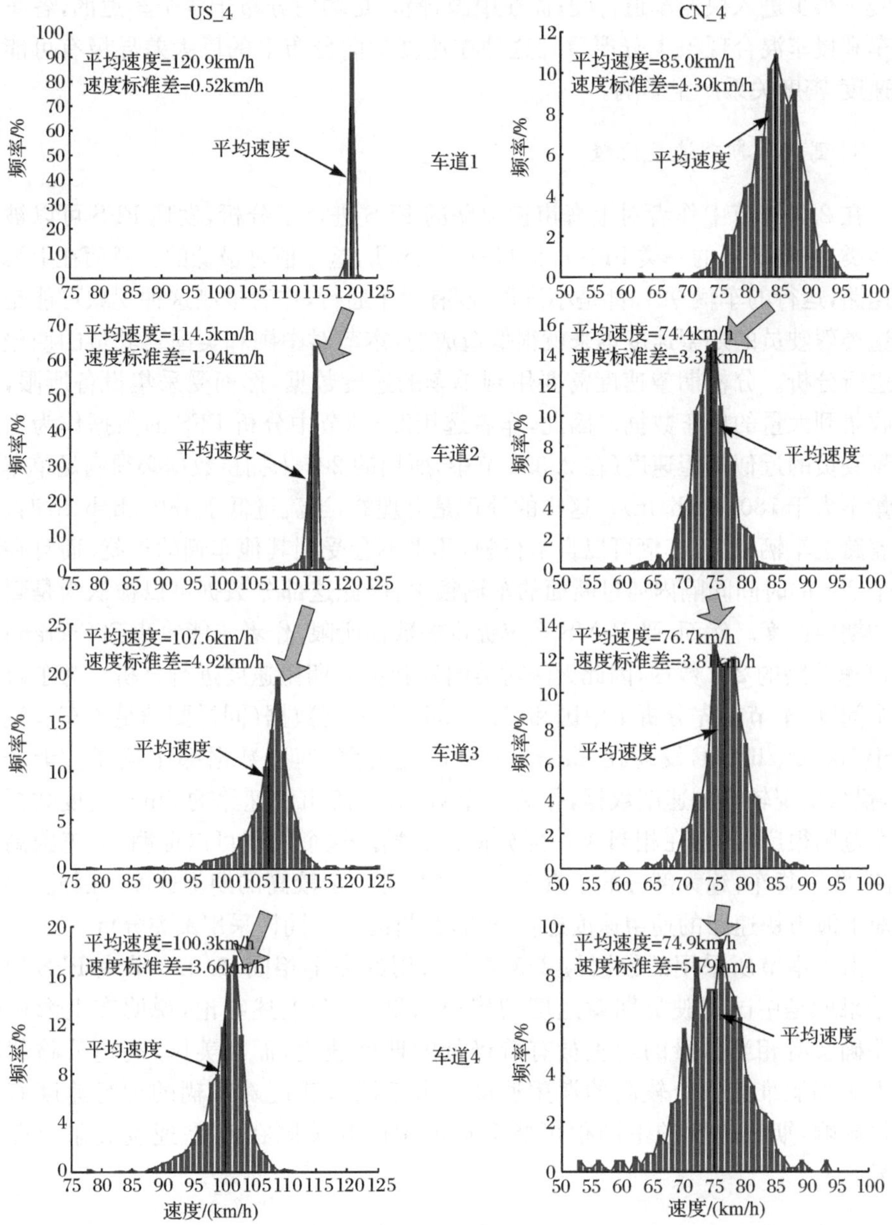


(c) 四车道

图 2.11　中国和美国分车道速度频率分布直方图比较

小;而在中国,各个车道的速度标准差都比较大。通过上述分析可知,中国和美国在驾驶行为上有重大差异:在美国,高速公路有着严格的快慢车道之分,在低流量时慢车很少进入快速车道行驶；而在中国，慢车是均匀分布于各个车道的，各车道快车和慢车混合现象十分严重。这种在速度横向分布上的巨大差异极有可能会对速度-密度关系产生影响。

3. 驾驶员期望速度比较

在 2.3.2 节中作者对上海市快速路的 FFS 进行了分析，发现 FFS 可以被聚成多类，速度最低的一类 FFS 均值只有 65km/h，这个值是极低的。然而在上海市快速路，运行的车辆 98%都是小汽车，没有货车通行，作者推测这种现象可能是由于这类驾驶员的期望速度本来就很低造成的，本节对中国和美国驾驶员的期望速度进行分析。分析期望速度需要用到单车的速度数据，然而受采集设备所限，难以收集到大量的单车数据。因此，作者选用2.3.2节中分析 FFS 的数据作为上海市驾驶员的近似期望速度(在 2.3.2 节中，所用的 20s 未拥挤数据必须满足单车道流量不大于 180veh/h/ln)。这样的处理是合理的：当流量低于 180veh/h/ln 时，意味着路上车辆很少，车辆可以自由行驶，几乎不会受到其他车辆的干扰，而且在同一个 20s 的时间间隔内通过断面的车辆很少，因此这部分数据可以被认为是驾驶员的期望速度。然而，受 PeMS 系统提供的数据所限，作者未能收集到 Sacramento 高速公路的 20s 数据，因此无法对美国驾驶员的期望速度进行分析。为了解决这个问题，本节首先分析了中国和美国 5min 的速度数据(同样要满足单车道流量低于 180veh/h/ln)，发现在 Sacramento 高速公路，速度数据都比较高且十分集中，很少出现较低的速度数据，作为一个对比，上海市快速路的 5min 速度数据则分布范围很广，且存在相当大一部分低速数据。这个发现可以证明，在美国高速公路，除了货车，绝大部分的小汽车驾驶员都有一个较高的期望速度。因此，本节只对上海市快速路的期望速度进行分析，分析的方法同样采用聚类分析。

由于本节所采用的数据与 2.3.3 节采用的完全相同，2.3.3 节中 FFS 的统计结果就是中国驾驶员期望速度的聚类结果，结合上述结论，说明在上海市快速路确实有相当数量的驾驶员有着极低的期望速度，而在美国，高速公路驾驶员大多都能维持一个较高的期望速度。由于期望速度对车辆的运行速度有着直接影响，期望速度的不同很可能会造成中国和美国在流量-速度关系上存在差异。

4. 中国和美国流量-速度曲线差异原因概括和总结

通过以上 3 个方面的分析，发现中国和美国在车道流量分布、车道速度分布及驾驶员期望速度上存在明显差异，将这 3 个方面的内容进行分析，可以得出导致中国和美国流量-速度曲线存在差异的本质原因是：在中国，存在相当大数量的保守型驾驶员，这类驾驶员不仅有着期望速度较低的特点，而且有着在低流量时倾向于选择在内侧车道行驶的车道选择偏好;在美国,驾驶员的期望速度都较高,且能严格遵守右行的规则。这个猜想在文献[18]里通过仿真实验得到了验证,受篇幅所限,不再赘述。

## 2.6 本章小结

连续流交通参数分析是交通流理论中最基础的研究内容。本章利用来自上海市快速路和美国 Sacramento 高速公路的线圈数据,对交通流交通参数分析中的一些热点问题进行了梳理,并介绍了最新研究成果。本章首先对上海市快速路两个基本的交通参数——流量和速度的相关特征进行统计分析,包括 FFS 统计分析、车道流量分布统计分析和车道速度分布统计分析;然后基于上海市快速路实际数据,对经典的速度-密度模型进行了测试,确定了符合上海市快速路流量-密度-速度关系的最优的基本参数关系模型;最后,对中国和美国的流量-速度曲线进行对比,得出两者之间存在的差异,并通过车道流量分布、车道速度分布和驾驶员期望速度 3 个方面对产生差异的原因进行了分析。

当前,世界各国交通发展日新月异,交通领域正处在一场深刻的变革中。随着车联网系统及车辆自动驾驶的不断兴起与普及,这势必会对车辆运行产生重大影响,交通参数和交通流特性也会随之发生变化,而这些都有待于交通工程领域学者进一步的研究。

### 参考文献

[1] Greenshields B D, Channing W, Miller H. A study of traffic capacity[R]. Washington DC: Highway Research Board, 1935.

[2] Greenberg H. An analysis of traffic flow[J]. Operations Research, 1959, 7(1): 79—85.

[3] Underwood R T. Speed, volume, and density relationship: Quality and theory of traffic flow[R]. New Haven: Yale Bureau of Highway Traffic, 1961.

[4] Newell G F. Nonlinear effects in the dynamics of car following[J]. Operations Research, 1961, 9(2): 209—229.

[5] Drake J S, Schofer J L, May A D. A statistical analysis of speed-density hypotheses in vehicular traffic science[J]. Highway Research Record, 1967, (154): 112—117.

[6] Pipes L A. Car following models and the fundamental diagram of road traffic[J]. Transportation Research, 1967, 1(1): 21—29.

[7] del Castillo J M, Benitez F G. On the functional form of the speed-density relationship—I: General theory[J]. Transportation Research Part B: Methodological, 1995, 29(5): 373—389.

[8] van Aerde M, Rakha H. Multivariate calibration of single regime speed-flow-density relation-

ships[C]//Proceeding of IEEE 6th Vehicle Navigation and Information Systems Conference, Washington DC, 1995: 334—341.

[9] Edie L C. Car-following and steady-state theory for noncongested traffic[J]. Operations Research, 1961, 9(1): 66—76.

[10] Lighthill M J, Whitham G B. On kinematic waves. I. Flood movement in long rivers[J]. Proceedings of the Royal Society of London A: Mathematical, Physical and Engineering Sciences, 1955, 229(1178): 281—316.

[11] Lighthill M J, Whitham G B. On kinematic waves. II. A theory of traffic flow on long crowded roads[J]. Proceedings of the Royal Society of London A: Mathematical, Physical and Engineering Sciences. 1955, 229(1178): 317—345.

[12] Koshi M, Iwasaki M, Ohkura I. Some findings and an overview on vehicular flow characteristics[C]//Proceedings of the 8th International Symposium on Transportation and Traffic Flow Theory, Toronto, 1983: 403—426.

[13] Maerivoet S, de Moor B. Traffic flow theory[J]. Physics, 2005, 1(1-2): 5—7.

[14] Daganzo C F. The cell transmission model: A dynamic representation of highway traffic consistent with the hydrodynamic theory[J]. Transportation Research Part B: Methodological, 1994, 28(4): 269—287.

[15] Transportation Research Board. Highway Capacity Manual[M]. Washington DC: National Research Council, 2010.

[16] Brilon W, Ponzlet M. Variability of speed-flow relationships on German autobahns[J]. Transportation Research Record, 1996, 1555(1): 91—98.

[17] Kurzhanskiy A A, Varaiya P. Traffic management: An outlook[J]. Economics of Transportation, 2015, 4(3): 135—146.

[18] Li Z, Sun J, Li J. Comparison of speed-flow relationships on freeways at US and China and digging into the roots of differences[C]//Presented at the 95th Annual Meeting of the Transportation Research Board, Washington DC, 2016.

# 第3章 常发性独立瓶颈交通流失效分析

如果说交叉口是间断流交通设施的拥堵节点，瓶颈(bottleneck)则是快速路等连续流交通设施的咽喉，瓶颈是导致快速路拥堵的直接诱因。统计数据表明，拥堵多发生在常发性瓶颈路段。因此，常发性独立瓶颈交通流一直是交通流理论研究的热点问题。本章利用上海市快速路信息采集系统的线圈检测器数据以及人工提取的驾驶行为视频数据对我国城市快速路常发性独立瓶颈交通流失效进行分析，包括对失效判别、失效特征、失效过程和失效机理的分析。由于不同道路设施设计对瓶颈失效规律具有显著影响，本章分别对入匝道、出匝道和交织区三类常见常发性瓶颈进行分析。

## 3.1 引 言

快速路作为市区交通的主要载体，具有大运量、高效率、快速交通服务等功能。快速路网运行效率对整个城市交通状况起着至关重要的作用。按照建设意图，快速路应该为车辆提供快速、安全和便捷的行驶环境，但快速路功能的发挥经常受到交通拥堵的制约。

快速路拥堵的直接原因通常是道路上的某一局部路段由于通行能力不足或突发事件而导致车流速度下降、车流密度增加，引起车辆排队，这种路段即为瓶颈。根据产生原因，瓶颈可分为两类：偶发性瓶颈，如交通突发事故、道路养护、慢车等造成的瓶颈；常发性瓶颈，如车道减少路段，匝道汇入区、汇出区，交织区等。由于偶发性瓶颈对交通流的干扰是突然和难以预测的，而常发性瓶颈具有周期性，常发性瓶颈规律性强，对交通运行影响严重。美国联邦公路局(Federal Highway Administration，FHWA)2013年的统计数据表明，40%的交通拥堵发生在常发性瓶颈[1]，如图3.1所示。因此，本章主要对常发性瓶颈进行分析。

对于瓶颈路段来说，由畅通交通流短时间内突变为拥挤交通流，这一现象称为瓶颈交通流失效(breakdown)①。瓶颈交通流失效包括自发失效和诱发失效，自发失效是指在一个道路瓶颈处首先发生交通失效，诱发失效是指由自发失效向上游蔓延而形成的交通失效。根据失效类型可以进一步划分常发性瓶颈。某个瓶颈位置发生失效，并且其失效完全由于该瓶颈自发引起，而在该常发性瓶颈下游

① 在不同的交通流文献中，breakdown还被译为崩溃、陡降、失稳、相变、崩塌等，本书统一使用失效。

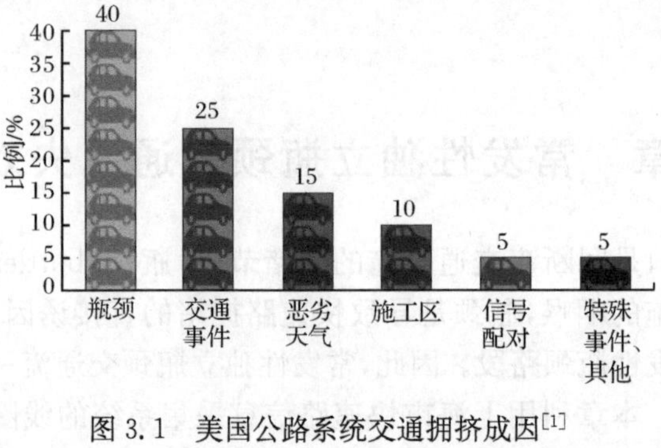


图 3.1　美国公路系统交通拥挤成因[1]

交通流仍处于畅通状态，称为独立瓶颈。一系列距离很近的瓶颈在时空范围内，自发失效、诱发失效相互关联在一起，该区段就称为多瓶颈关联阻塞区（associated congestion section among multiple bottlenecks，ACSMB）。本章着重分析常发性独立瓶颈交通流失效机理。

许多国外学者对快速路常发性独立瓶颈交通流失效特征进行了研究。通过大量的研究，已经发现许多瓶颈交通流失效特征，如通行能力下降现象[2]和失效的随机性特征[3]等，提出了三相交通流理论[4]和多车道交通行为理论等[5]相应的交通流理论，并且通过数学模型再现了瓶颈特征和失效过程[6]。对瓶颈失效的研究揭示了快速路瓶颈交通流运行规律和机理，不仅有助于有针对性地发现瓶颈失效的原因，同时也为精细化的管理和控制瓶颈处的车辆运行提供了依据。

但第 2 章的分析可以看出，我国快速路交通流运行特征与国外有着明显不同，目前很少有研究关注我国快速路常发性独立瓶颈交通流失效特征和规律，对瓶颈失效的诱因和发生、发展机理缺乏了解。出现这种情况的原因是多方面的：其一，在不同快速路设施设计、驾驶行为和交通环境条件下，瓶颈的失效特征和规律不同，研究起来较为复杂；其二，瓶颈失效研究方法以实证分析为主，需要对众多瓶颈长时间的宏观交通流运行参数和驾驶员微观驾驶行为进行观测，数据采集难度大；其三，交通拥堵现象的特征和机理对改善交通系统的作用和意义未被人们充分重视[7]。因此，在我国进行城市快速路常发性独立瓶颈交通流失效的基础性研究，分析失效形成过程的特征，解析瓶颈失效机理，对掌握瓶颈区运行规律、改善或延缓瓶颈失效严重程度、充分发挥其服务能力、提高其运行效率等方面具有重要的现实意义。同时，可以为相关部门采取交通管理与控制方法提供有力的理论支撑，还可以为交通拥堵缓解措施的提出提供更加科学的依据。

本章针对上海市快速路瓶颈失效进行分析，从失效判别、失效特征、失效过程和失效机理分析方面进行解析。所利用的数据来源于上海市快速路信息采集系统和人工提取的视频数据。考虑到道路设施设计对于瓶颈失效规律的影响，对人匝道、出匝道和交织区分别进行分析。主要内容有：

(1) 入匝道瓶颈失效分析。包括瓶颈失效判别方法，瓶颈的早发性失效特征、随机性失效特征，失效后交通拥堵在时间和空间上的扩散过程及不同交通态势下微观换道行为对瓶颈失效的影响机理分析。

(2) 出匝道瓶颈失效分析。对比高汇出比瓶颈和低汇出比瓶颈的通行能力特征，失效后在时间和空间上的蔓延和恢复规律，并且对出匝道瓶颈产生的原因进行分析。

(3) 交织区瓶颈失效分析。包括分析交织区失效前后不同交通状态下的通行能力与汇入比、汇出比的关系，以及汇入比、汇出比、车道数、不同换道行为等对失效的影响机理。

## 3.2 独立瓶颈交通流失效研究概述

快速路常发性独立瓶颈交通流失效特征集中于瓶颈失效判别、失效交通流特征、失效过程分析和失效机理分析 4 个方面。瓶颈失效判别通过提取交通流状态变化的关键点，确定瓶颈发生失效的起始位置和时刻，是分析瓶颈失效的基础。失效交通流特征反映了在瓶颈失效前后交通流运行的基本特性，包括通行能力特征、随机性特征等。失效过程分析描述了宏观交通状态或微观驾驶行为在时间和空间上的变化过程。失效机理分析解释了在失效过程中驾驶行为与宏观交通现象之间的因果关系。本章从以上 4 个方面对现有研究进行回顾。

### 3.2.1 快速路常发性瓶颈交通流失效识别方法

目前，快速路常发性瓶颈交通流失效识别方法主要有三种：变形累计曲线法、阈值法、模糊集法。

1. 变形累计曲线法

1995 年，Cassidy 和 Windover[8] 首先提出变形累计曲线法，通过在时间上平移相邻断面累计流量曲线得到相邻断面间累计车辆数(纵向偏移)和车辆延误(横向偏移)，从而确定瓶颈失效的发生时刻和位置，并可以观察到瓶颈排队的传播情况。自此以后，Bertini 等[9]、Cassidy 等[10~12]、Ahn 等[13]应用线圈数据通过相同的方法进行失效识别。在我国，王殿海等[14]和杨少辉[15]利用改进的变形累计曲线法研究了快速路瓶颈失效的发生时刻，利用人工调查的方法获取数据，但样本较少。弓晋丽和杨东援采用变形累计曲线法对上海市南北高架快速路中的一个瓶颈进行识别，但只对一个断面进行了分析，对瓶颈的影响范围无法确定[16,17]。

变形累计曲线法简单明了，可以直观地揭示瓶颈失效的传播状态，但是该方法依赖于人工识别，较费时间，且不利于大规模的计算机操作。

2. 阈值法

阈值法通过设定合理的阈值来划分瓶颈是否处于失效状态，阈值法的关键在于阈值变量的选择和阈值大小的设定，一旦设定了阈值即可通过参数对比，便捷地实现瓶颈失效的识别。

瓶颈失效前后速度的变化相对直观，在阈值法中应用广泛。Daganzo[18]指出，根据瓶颈路段交通运行状态的规律，设定速度阈值，低于该阈值即发生失效，但是该最优速度的选择具有较强的地区依赖性。Banks[19]规定速度值低于阈值(80km/h)持续 5min 或者更长时间时确认为发生瓶颈失效。而 Lorenz 和 Elefteriadou[3]则采用速度阈值 90km/h 对加拿大 401 号高速公路进行瓶颈失效识别；Brilon 等[20]采用 70km/h 的速度阈值对德国快速路瓶颈失效进行识别；Dowling 等[21]设定 72km/h 为速度阈值，对美国 101 号高速公路进行拥挤判断；Elefteriadou 等[22]分别设定 90km/h 和 80km/h 作为汇入段和交织段的速度阈值。

另外一种速度阈值的变形——速度降幅阈值法，也曾出现在之前的研究中，主要以 Dong 和 Mahmassani[23]为代表，其认为相邻两个时间间隔的速度降幅超过 16km/h 并且持续时间超过 15min 时则发生瓶颈失效。

采用参数组合或参数变形的阈值来识别瓶颈失效的研究相对较少。Hall 和 Agyemang-Duah[24]以占有率与流量的比率为指标，识别瓶颈失效的发生。Das 和 Levinson[25]提出了双占有率阈值法。他们将交通流状态分为三类：拥挤状态、非拥挤状态、中间状态。指定最小占有率高于 20%为拥挤流，最大占有率低于 20%为非拥挤流，否则为中间流。基于常发性瓶颈上、下游两个断面的占有率时间序列识别瓶颈失效的发生，下游断面处于拥挤状态超过 5min，证明瓶颈失效发生；上、下游断面均处于非拥挤状态超过 5min，证明瓶颈失效结束。Zhang 和 Levinson[26,27]利用此方法分析美国多个常发性瓶颈的流量特征。国内，邵长桥等[28]利用双阈值法(速度 40km/h、占有率 28%阈值)研究了快速路瓶颈的交通特性及通行能力双值现象，但其调查统计间隔为 10min，很难精确分析瓶颈交通状态转变的动态特性。

阈值法操作简单，便于自动化处理，只要阈值组合选择得当，即可准确判定失效的发生，但是阈值的标定需要海量的历史数据作为基础。

3. 模糊集法

Kerner[29,30]利用基于规则的模糊集理论对交通状态进行判别，在时间和空间上识别交通流状态的转变，并根据交通波理论跟踪宽幅移动阻塞流的时空传播。模糊集法规则的制定对数据依赖性很强，且对不同瓶颈其规则需要进行相应调整。

将国内外快速路或高速公路常发性瓶颈交通流失效识别方法进行总结，结果见表3.1。

**表3.1 瓶颈交通流失效识别方法**

| 识别方法 | 代表性文献 | 研究对象 | 关注重点 | 数据源及粒度 |
|---|---|---|---|---|
| 变形累计曲线法 | Cassidy 和 Windover[8] | 汇入瓶颈 | 提出变形累计曲线法 | 线圈数据 30s |
| | Cassidy 和 Bertini[10] | 汇入瓶颈 | 失效前后流量特征 | 线圈数据 30s、20s |
| | Bertini 和 Cassidy[2] | 多瓶颈路段 | 瓶颈失效的时空演化 | 线圈数据 1min |
| | Cassidy 和 Ahn[12] | 汇入瓶颈 | 交替通行特性 | 视频数据，线圈数据 20s |
| | Bertini 等[9] | 汇出瓶颈 | 排队消散特性 | 线圈数据 20s |
| | Bertini 和 Leal[31] | 车道减少瓶颈 | 失效开始时刻、结束识别；失效前后流量、速度变化；振荡的传播 | 线圈数据 20s |
| | Ahn 等[13] | 汇入、汇出瓶颈 | 排队振荡特征 | 视频数据 20s |
| | 王殿海等[14] | 汇入瓶颈 | 改进变形累计曲线法，确定交通状态转变时刻 | 视频数据 20s |
| | 弓晋丽[17] | 汇入瓶颈 | 讨论变形累计曲线法的原理 | 线圈数据 1min |
| 阈值法 | Elefteriadou 等[22] | 汇入瓶颈 | 失效概率特性 | 线圈数据 20s |
| | Persaud 等[32] | 汇入瓶颈 | 失效前后流量变化，失效概率 | 线圈数据 20s |
| | Lorenz 和 Elefteriadou[3] | 汇入瓶颈 | 通行能力定义 | 线圈数据 20s |
| | Das 和 Levinson[25] | 汇入、汇出瓶颈 | 失效开始时刻位置识别，流量变化 | 线圈数据 5min |
| | Brilon 等[20] | 车道减少瓶颈 | 随机通行能力；失效概率 | 线圈数据 5min |
| | Dowling 等[21] | 交通事件 | 交通事件的排队消散流率 | PeMS 1min |
| | Banks[19] | 常发性瓶颈 | 失效开始时刻识别；流量变化；失效前稳定流持续时间 | 线圈数据 30s、20s |
| | 邵长桥等[28] | 道路施工瓶颈 | 识别失效开始时刻，通行能力“二值”观测 | 人工处理录像数据 10min |
| | Dong 和 Mahmassani[23] | 汇入瓶颈 | 失效概率 | PeMS 5min |
| | Zhang 和 Levinson[26] | 常发性瓶颈 | 失效识别；流量变化；通行能力 | 线圈数据 30s |
| | Zhang 和 Levinson[27] | 汇入瓶颈 | 匝道控制；通行能力 | 线圈数据 30s |

续表

| 识别方法 | 代表性文献 | 研究对象 | 关注重点 | 数据源及粒度 |
|---|---|---|---|---|
| 模糊集法 | Kerner[29] | 汇入、汇出瓶颈 | 识别失效;流量特征;概率特征 | 线圈数据 1min |
| | Kerner[30] | 汇入、汇出、车道减少瓶颈 | 三相交通流理论 | 线圈数据 1min、5min |

### 3.2.2　瓶颈交通流失效特征

1. 交通流宏观参数特征

对于入匝道和车道减少路段,瓶颈失效前后的流量特征是表征瓶颈通行能力的核心指标,众多国外学者的研究均发现,高速公路常发性瓶颈失效后存在通行能力下降现象,即瓶颈失效后平均消散流率(queue discharge flow,QDF)比失效前稳定流率(pre-queue flow,PQF)低 1%～10%[25]。Cassidy 和 Bertini[11] 利用感应线圈数据,应用流量、占有率变形累计曲线等方法发现在失效之前的短时间内,流量有小幅提高,但是不稳定且每天不同。然而,Banks[19]、Dong 和 Mahmassani[23] 曾观察到 QDF 大于 PQF 的现象,但是出现的频率比较低。在出匝道瓶颈区,Cassidy 等[33] 发现出匝道车辆排队溢出到主线,从而造成主线通行能力下降,即使排队车辆被限制在最外侧车道而未驶入主线车道,主线消散流率依然与排队长度呈负相关。对于交织区瓶颈,Cassidy 和 May[34] 利用实证数据和仿真数据评估了通行能力和服务水平,指出在流量未超过 1600veh/h/ln 时交织区速度对流量变化并不敏感,因此很难建立基于速度预测的服务水平(level of service,LOS)划分界限,并且发现集中性的换道行为会对交织区通行能力造成很大影响。Bertini 和Malik[35] 使用环形检测数据分析有匝道控制措施的快速路交织区瓶颈,结果发现,当瓶颈失效时消散流率将会减小,而且汇入、汇出匝道流量会在瓶颈失效前产生波动,并据此推测瓶颈失效是由于汇入和汇出车辆的冲突导致的。

2. 失效随机性特征

大量实测数据表明,瓶颈失效并不是确定性事件,而是具有随机特征[20,23]。在快速路常发性瓶颈的交通运行特征分析中,瓶颈失效前的流率与瓶颈失效的概率是快速路通行能力分析和交通管理关注的重点。构筑瓶颈失效概率与其通行能力的关系也是当前研究的热点问题。国外一些学者基于海量的历史数据,通过统计分析,试图建立失效前流率与引发失效概率的模型,目前已有的模型主要有以下几个。

1) 简单间隔统计模型

简单间隔统计模型[3,20] 通过识别不同流量、密度或速度情况下引发失效的频率,估计在特定流量水平下的失效概率。

$$p_i = \frac{B_i}{N_i} \tag{3.1}$$

式中,$p_i$ 为在流量水平为 $i$ 时失效发生的概率;$B_i$ 为在流量水平为 $i$ 时发生失效的次数;$N_i$ 为在流量水平为 $i$ 时交通状态出现的总次数。

Brilon 等[20]将流量、密度划分为不同的水平,对每一交叉水平下的失效概率进行统计。

2) Logistic 模型

Logistic 模型规定发生失效的时间间隔概率 $p$ 为 1,而没发生失效的概率为 0[36]。构建 Logistic 模型:

$$p = \frac{e^u}{1+e^u} \tag{3.2}$$

式中,$u=a+bq$,$q$ 为流量水平,$a$ 和 $b$ 为模型的参数。

上述两个统计模型的结果均显示失效在一个流率比较大的范围内发生,并且随着流率的增加,失效的概率也在增加。Logistic 模型的结果与简单间隔统计模型[20]对概率的统计结果差异很大。

3) 负指数模型

基于上述模型的不完善性,Ramakrishnan 和 Banks[37]认为失效前时间(time to breakdown)即 PQF 持续时间实质上反映了失效概率,他们提出负指数模型,试图解释 PQF 持续时间与 PQF 的关系。经过实证分析发现,PQF 和 PQF 持续时间不相关或存在极弱的相关性。结果显示,失效在 PQF 较大范围内以等概率发生。

2009 年,Banks[19]在分析美国双子城、圣迭戈、西雅图的高速公路瓶颈时先采用线性回归系数的显著性检验,发现平均流率和 PQF 持续时间具有弱相关性,接着继续选择二项分布试图找寻负相关的程度,结果显示二者呈负相关,且相关性很低。

以上瓶颈失效概率与失效前流量的研究均以失效事件为样本,仅统计失效时间间隔的交通量,规定其为失效前最大流量,即通行能力。实际上,由于失效为随机事件,在失效前,仍存在一段时间稳定流流率大于通行能力但未失效的场景,且在相同主线流量水平下,瓶颈失效的发生与否在概率特征的指导下出现二值结果,以往的研究在瓶颈失效建模时往往忽视此类数据的作用,而实际上如何合理有效利用样本数据才是模型构筑的关键。

### 3.2.3 失效过程特征分析

为了更清晰地解释瓶颈从自由流到失效的演变过程,为瓶颈失效的机理分析提供依据,以往许多研究更关注瓶颈处交通状态变化的时空规律。其中,一部分研究注重分析交通流状态的宏观过程;另一部分研究注重分析微观交通行为对不同情况下不同位置交通流的影响。

在对快速路交通流状态宏观过程的研究中,Orosz 等[38]将交通流状态划分为自由流状态(free-flow regime)、拥堵状态(congested regime)和易激发状态(excitable ragime)。研究表明,交通流在易激发状态阶段虽然稳定但对外界干扰非常敏感,会导致振荡的形成。Yeo 和 Skabardonis[39]将交通流划分为5个阶段:自由流阶段、加速阶段、减速阶段、滑行阶段和稳定阶段,在滑行阶段,车辆以不变的速度调节其间距。郝媛[7]按流量和速度将快速路交通流分为6个状态,从宏观上描述不同状态的特征,并采用流量和速度阈值判定不同状态转变来揭示拥挤过程。此外,她还给出了发生状态转变的判别方法。上述分类都是从宏观上对交通流状态进行划分,对于某一具体阶段,如中间状态、滑行阶段或稳定阶段等微观行为特征相关的进一步研究仍很鲜见。

在对微观驾驶行为与交通流运行关系的研究中,由于不同瓶颈的道路几何设计不同,驾驶员的微观驾驶行为表现出明显的差异。因此,对于入匝道瓶颈、出匝道瓶颈和交织区瓶颈应分别进行分析。

快速路入匝道瓶颈处,主要由汇入行为引起交通流运行的变化。Daganzo[40]试图建立一个统一的定性模型,对两车道直线式入匝道瓶颈拥堵产生过程进行描述,主要包括3个步骤:①入匝道流量增加,加速车道到中间车道的汇入行为将在汇入区产生快速移动的排队并向中间车道的缓冲区发展;②当排队中车辆速度降至路肩车道速度以下,汇入区将形成一个单管道排队(single-pipe queue),接着该队列向上游发展并横跨至所有车道;③若该队列前部慢慢向前移动,那么汇入区的车道流量将从此时开始达到通行能力(此时几乎所有车道速度大致相同),而排队下游会处于小于总流量的流出状态。因此汇入区下游会在到达通行能力状态之前就检测到流出状态,并且在流量恢复之后记录流量的下降。而当该队列前端慢慢向后移动时,则结果与以上描述不同。

在快速路出匝道瓶颈处,Cassidy 等[33]发现出匝道车辆排队溢出到主线时通行能力下降,即使排队车辆被限制在最外侧车道,排队长度与消散流率依然呈负相关。Muñoz 和 Daganzo[41]认为,出匝道瓶颈失效首先出现在路肩车道。随着车辆排队向上游传播,在距出匝道2km处形成断面式拥堵。该断面上游的交通流即为先入先出(first-in-first-out,FIFO)拥堵状态,所有车道车速相近,车辆驶出比例变化对消散流率有显著影响。在FIFO下游,交通流形成非先入先出(non-FIFO)拥堵状态,不同车道车速不同,有时形成半拥堵状态,即部分车道排队,部分车道不排队,并且能够保持很长时间。

Lee 和 Cassidy[42]开展了高速公路交织区瓶颈相关的实证与理论研究,重点分析了主线-匝道换道行为引起的瓶颈消散流率的变化特征。结果发现,离开快速路流量集中在汇入匝道附近换道时，将对系统产生破坏性影响，导致瓶颈的消散流率很小，并在此基础上提出基于车辆起终点的快速路强制换道理论。

相比于国外的研究，我国对于瓶颈失效过程的实证分析较少，由于我国驾驶员的驾驶行为与其他国家差异较大，不能完全依照国外研究的结论指导工程实践。另外，交通运行情况复杂多样，以上研究仅对所选路段进行分析，并不能解释所有的交通现象。对不同特点的瓶颈，如汇入值和汇出值的比值不同，可能还有其他失效演化模式有待挖掘。

### 3.2.4 瓶颈失效致因

一些研究从宏观交通状态转变的角度解释瓶颈失效的致因。例如，Kerner[4]提出的三相交通流理论(畅通相、同步相和宽移动阻塞相)，认为交通之所以阻塞是因为发生了交通流的相变。张亚平[43]用突变理论解释交通拥挤机理，认为由非拥挤状态向拥挤状态过渡不是一个渐近过程，而是一种突变。但是，由 3.2.2 节所述的瓶颈失效具有随机性可知，在相同交通条件下失效现象可能发生也可能不发生，因此除了宏观流量等因素外，瓶颈失效很可能存在着其他方面的致因。其中，结合 3.2.3 节所述有关失效过程的研究基础，微观驾驶行为方面的影响受到较多关注。另外，相比于出匝道瓶颈和交织区瓶颈，入匝道瓶颈的失效致因受到更多关注。

在驾驶行为中，快速路入匝道瓶颈处的车辆换道行为以其对瓶颈的负面影响而受到越来越多的关注。例如，Cassidy 和 Rudjanakanoknad[44]指出，当汇入段上游路肩车道交通流密度增加到关键值时，车辆开始向快速车道换道行驶，由此引起交通流崩溃及通行能力下降，同时他们认为换道行为是引起拥堵和流出率下降的主要原因之一。Laval 和 Daganzo[45]推测这种通行能力的下降是由于换道车辆在换道过程中受加速度限制而在交通流中产生了空隙，基于此，他们建立了移动瓶颈模型。Muñoz 和 Daganzo[46]则通过模型重现了 Cassidy 和 Rudjanakanoknad[44]的观察结果以及移动瓶颈的通行能力问题。

鉴于换道行为的重要性，很多文献研究了其微观特性，尤其是换道的过渡过程。这个过程可以表述为换道车辆的跟驰模式，其目标车道后车因换道受影响并慢慢恢复等。Smith[47]率先给出一个典型过程，即受换道影响的车辆的确可以接受更小的车头时距并经过 20～30s 恢复到正常车头时距[松弛(relaxation)现象]。文献[48]、[49]也报道了相关研究，得出相似的结论，Zheng 等[50]指出换道行为诱发驾驶员行为特征发生变化，如反应时间和最小间距。Coifman 等[51]认为，换道可能引起车队额外的延误，这是由于车辆插入目标车道的时间比车辆离开车道所节约的时间长得多。

Mika 等[52]研究发现，在三车道快速路上，路肩车道的流量通常会比中央车道及中间车道的流量低，Tadaki 和 Nishinari[53]的研究也证实了这一点。这样就使路肩车道吸引一部分流量较大的内侧换道的车辆,成为内侧车道的"释放阀"。在进一步的研究中,现有的一些文献基于 Muñoz 和 Daganzo[41] 的多车道交通行为理论,假设道路上存在两类驾驶员:以 $v_f$ 行驶的"蛞蝓(slugs)车辆"和以最大速度大于 $v_f$ 行驶的"兔子(rabbits)车辆",他提出"蛞蝓"只在速度相对较慢的路肩车道上行驶,而"兔子"只在速度相对较快的中间车道行驶,根据这一理论,道路交通流状态变化(主要是每个车道车速差异显著的多管道交通流和所有车道均为相同低速流的单管道交通流之间的转换)可以有向前或者向后的扩散和蔓延。这种特征可以解释单管道排队如何在瓶颈底端稳固下来。

在出匝道瓶颈处,Muñoz 和 Daganzo[41] 及 Rudjanakanoknad[54] 认为,出匝道车辆排队溢出是造成瓶颈失效的原因。Muñoz 和 Daganzo 发现,汇入值和汇出值的比值的轻微下降会使通行能力显著提高。Rudjanakanoknad 发现,通行能力变化的机理为在失效状态下,随着汇出流量的增加,汇出行为阻碍了直行交通流,从而导致通行能力下降。

其他的失效原因还包括:瓶颈区上游主线到达流量及分布、主线与匝道流量比率、临时交通需求分布、道路几何线形,以及驾驶员在汇入段的合作行为等[4,41]。

尽管有很多关于瓶颈失效致因问题的研究,但对失效的微观认识仍显不足。大多数现有的研究采用的是线圈检测器数据,其数据精度不足以分辨和揭示其微观机理。因此,系统地分析视频轨迹数据一直具有挑战性,利用视频数据来分析单个车辆行为对瓶颈失效致因的研究也仍然有待完善。

## 3.3　入匝道和车道减少瓶颈

本节利用上海市快速路信息采集系统中的线圈数据和人工采集的高精度视频数据,从失效判别、失效特征、拥堵演化和致因分析 4 个方面研究入匝道和车道减少瓶颈的交通流失效现象[55~60]。宏观上,通过实证分析和对比分析的方法,揭示我国特有的早发性失效现象与国外研究中发现的通行能力下降现象有明显不同。微观上,挖掘横向换道行为(包括空间上的换道横向和纵向分布,以及时间上的换道频数和换道类型变化)影响早发性失效形成的机理。最后选用美国 I-405 公路入匝道瓶颈失效的轨迹数据对比分析美国公路与上海市快速路失效的异同,解释产生不同失效特征的原因。

### 3.3.1　研究地点和数据来源

根据对上海市实时交通路况的跟踪分析,本节初步选择了 11 个可能的常发性入匝道和车道减少瓶颈作为分析对象。进一步通过全路网速度时空图分析发现,由于匝道间距短,部分瓶颈的位置相对比较密集,受空间分布的影响,有的常发性瓶颈不是独立的。通过数据质量校核、剔除非典型瓶颈及非独立瓶颈，最终选择4个典型的独立瓶颈作为分析对象，分别为上海市内环快速路外圈广中路瓶颈、内环快速路内圈武宁路瓶颈、延安高架南侧虹许路瓶颈和延安高架南侧虹井路瓶颈。4个典型独立瓶颈的示意图如图3.2所示，图中$O$、$M$为加速车道起终点。

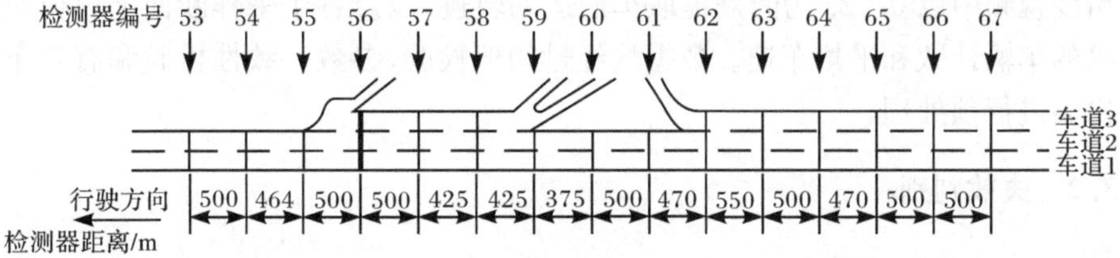


(a) 广中路瓶颈

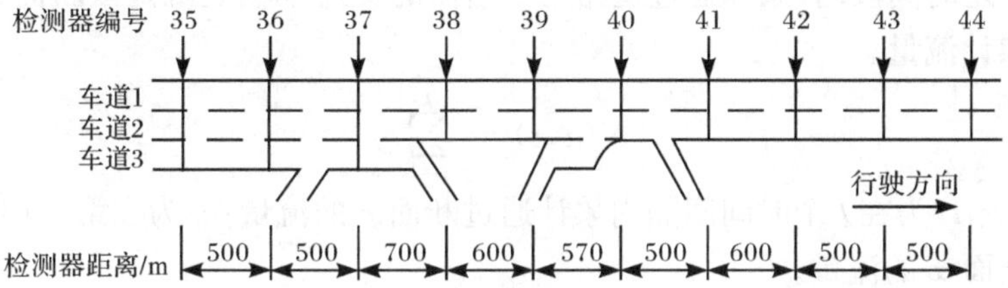


(b) 武宁路瓶颈

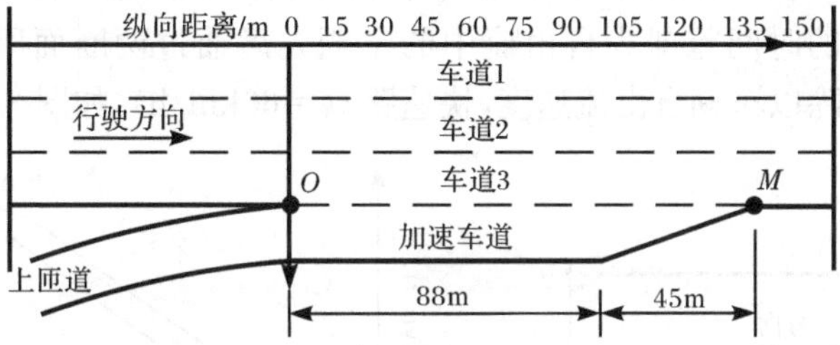


(c) 虹许路瓶颈

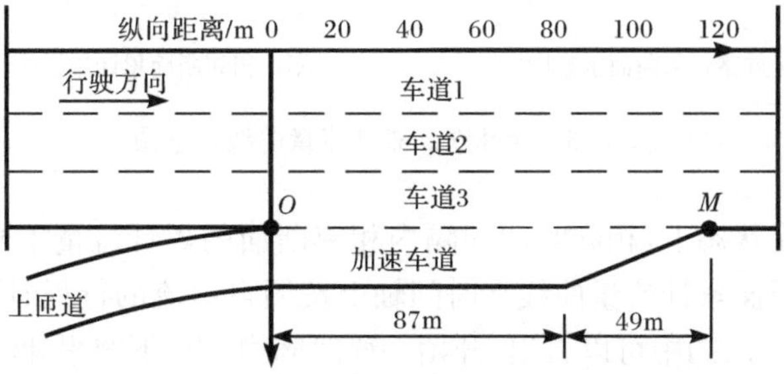


(d) 虹井路瓶颈

图 3.2 4个典型独立瓶颈几何布置示意图

本节分别采集广中路瓶颈和武宁路瓶颈处的2009年3月21～27日和9月21～27日各7天线圈检测器数据，以及虹许路瓶颈和虹井路瓶颈处10天共37h晚高峰的视频数据。线圈平均每500m布设一组，以20s为时间间隔采集快速路各个车道和匝道的通过车辆数、占有率和时间平均速度等数据。视频处理软件在高精度视频中以0.12s为间隔提取车辆运动轨迹，以及各个采样断面上单位时间间隔的车辆计数和平均车速。数据均经过阈值检验、参数一致性检验和有效车长度检验进行预处理。

### 3.3.2　失效判别

1. 变形累计曲线法

在一定时间段内，累计通过道路某一断面的交通车辆数就是该断面在该时间段内的累计流量。

$$N(x,t)=\sum_{i=1}^{t}q_i \tag{3.3}$$

式中，$N(x,t)$为在$t$个时间间隔内累计通过断面$x$的流量；$q_i$为在第$i$个时间间隔内通过断面$x$的流量。

绘制道路上断面的累计曲线可以发现以下特征：在自由流状态下，相邻两个断面在相同时间间隔内的累计流量相同，但是下游断面的累计曲线在时间上晚于上游断面，二者的时间差即为自由流中的车辆先后通过两断面所用的行程时间(相邻断面距离除以车辆自由流速度，快速路$v_f$＝60km/h)，如图3.3所示。

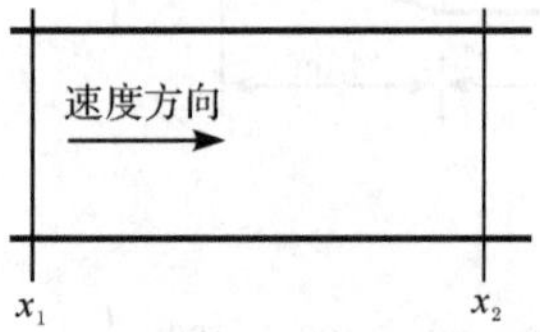

(a) 道路相邻断面示意图

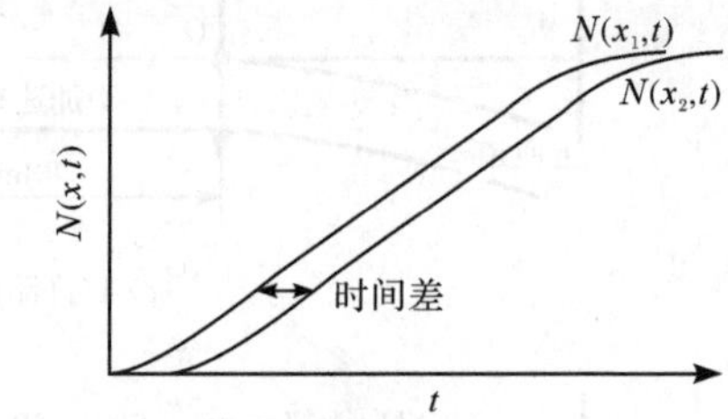

(b) 相邻断面累计流量曲线

图3.3　相邻断面累计流量曲线示意图

在非自由流状态下，相同时间间隔内相邻断面的累计流量不同，如图3.4(a)所示。将上游断面累计流量曲线在时间轴上按照自由流的行程时间进行平移，如图3.4(b)所示。从图中可以看出，开始一段时间内，上、下游累计流量曲线是重叠在一起的，这意味着该时刻之前为自由流。累计流量曲线从该时刻以后出现了分叉，说明拥堵蔓延至两断面之间，曲线间的横向差值代表车辆在两个断面间的延误;在相同的时刻,上游断面的累计流量大于下游断面的累计流量,该纵向差值就是在两个断面间的累计流量。而这个开始分叉的时刻,即被判别为分叉曲线所对应的线圈检测器位置的失效开始时刻。

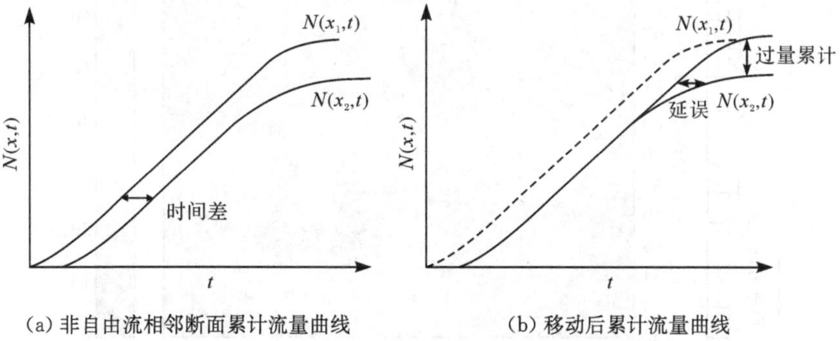


图 3.4 移动后的变形累计流量曲线示意图

变形累计流量曲线强化了每个时间间隔内的流量波动现象。如果单纯以累计流量曲线来识别瓶颈失效的开始时刻和结束时刻,则只能看出流量均值的变化趋势,而不能精确和直观地观察到流量的波动情况。因此,在每个时间间隔内,将累计流量值减去一个背景流量值,这样每个时间间隔内流量波动的转点放大,可以较精确和直观地确定瓶颈失效起止时刻。这就是变形累计流量曲线法。

$$N'(x,t) = N(x,t) - q_0 t \tag{3.4}$$

式中,$N'(x,t)$为变形累计流量;$q_0$ 为背景流量;$t$ 为距离开始点的时间间隔数。

根据 Cassidy 和 Windover[8] 的研究,$q_0$ 的取值为研究断面在分析时段流量的均值,折合为单位小时流量。变形累计速度曲线和变形累计占有率曲线的做法类似,这里不再赘述。

本节以 2009 年 9 月 27 日广中路瓶颈的失效判别为例,描述应用变形累计曲线法识别瓶颈失效的开始时刻及演化过程。首先根据广中路瓶颈路段各个检测线圈的流量加权速度,做出全天的速度等高线图(空间范围根据分析人员的经验确定)。

从图 3.5 虚线框中可以看出,在框的下边界上游车辆速度较低,下边界下游车辆速度较高,整个时间、空间范围速度分布形如漏斗,表明在矩形框的下边界处形成了瓶颈。矩形框大致描述了瓶颈失效开始时刻和结束时刻分别为 6:00、12:00,短颈位于 54 号检测线圈附近,蔓延至上游 64 号检测线圈。

为了更加清晰精确地解析瓶颈形成及蔓延过程,采用变形累计流量曲线来分析。如图 3.6 所示,相邻检测线圈间的纵向位移就是累计在相邻检测线圈间的排队车辆。为了消除背景流量的影响,各个检测线圈的背景流量 $q_0$ 选取同样的值,

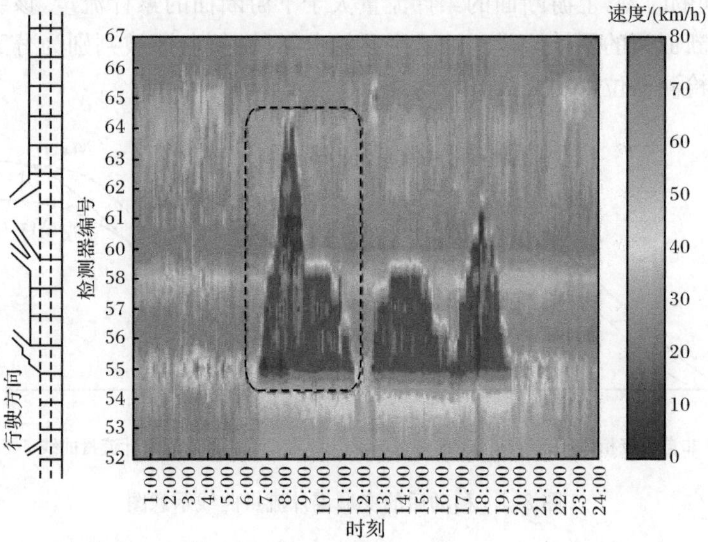


图 3.5　广中路瓶颈速度时空图

为 5904veh/h(详细计算方法参考文献[8])。

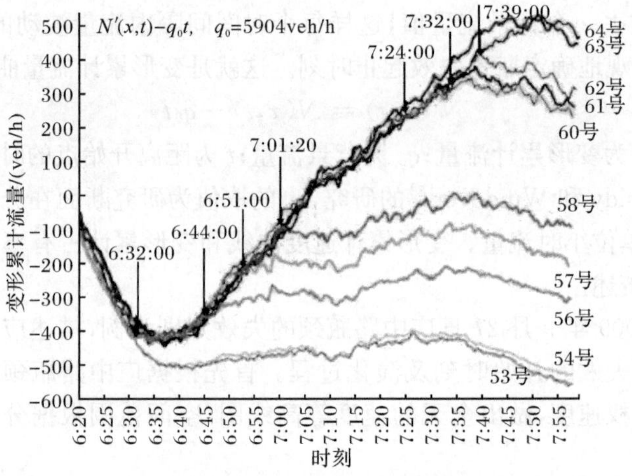


图 3.6　变形累计流量曲线

从图 3.6 可以看出，在 6:32:00 之前，各个检测线圈的变形累计流量曲线叠压在一起，表明两两检测线圈组之间没有拥堵，车辆以自由流速度行驶。在 6:32:00 时，54 号和 53 号检测线圈的变形累计流量曲线脱离整体叠压的曲线，向右侧偏折，说明在 54 号检测线圈和其上游的 56 号检测线圈之间发生了拥堵，车辆行驶于该断面对之间时产生了延误。换言之，在 6:32:00 时 54 号和 56 号检测线圈之间产生了瓶颈，车辆在两个断面之间开始排队，随着时间的推移，排队向上游传播。在6:44:00时，56 号检测线圈的变形累计流量曲线脱离整体叠压的曲线向右偏折，说明此时排队至 56 号检测线圈。与之类似，随着时间地推移，排队继续向上游传播，至 57 号、58 号、60 号、61 号、62 号检测线圈的时间分别为 6:51:00、7:01:20、7:24:00、7:32:00、7:39:00。

2. 阈值法

本节采用另外一种方法——阈值法，来识别瓶颈失效，并分析其流量变化情况。以武宁路瓶颈线圈数据为例进行失效判别。

本节采用 2019 年 9 月 21～27 日共 7 日上海市快速路感应线圈检测数据进行分析，根据 Brilon 等[20]的建议，采用 5min 集计间隔数据，并参考 Das 和 Levinson[25]的双占有率阈值对瓶颈失效识别的研究，选定连续 5min 流量平均速度低于速度阈值并且占有率高于 25%时认为瓶颈交通流发生失效。如图 3.7 所示为 2009 年 9 月 26 日武宁路瓶颈速度和密度时序图，以 50km/h 速度和 25%占有率阈值举例说明失效识别样本，由图可以看出，当天出现 2 次瓶颈失效事件，分别开始于 9:45 和 13:15。

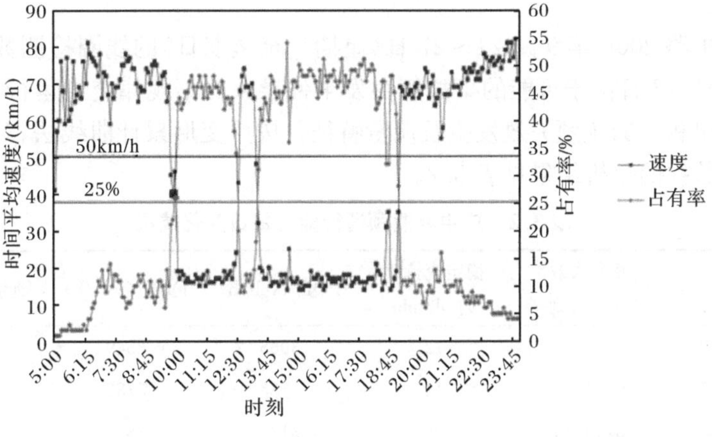


图 3.7 2019 年 9 月 26 日武宁路瓶颈速度和密度时序图

### 3.3.3 失效特征

1. 早发性失效

根据 PQF 和 QDF 的定义，通过计算瓶颈下游断面在瓶颈失效开始前流量稳定时段的小时流量，作为 PQF；瓶颈失效开始至瓶颈失效结束时间内该断面的小时流量作为 QDF。如图 3.8 所示，可以清楚地看出，在瓶颈活跃期间 54 号线圈处

累计流量 $N(54,t)$ 与累计速度 $V(54,t)$ 的变化，PQF 为 3150veh/h、QDF 为 3853veh/h，两者相差 703veh/h。

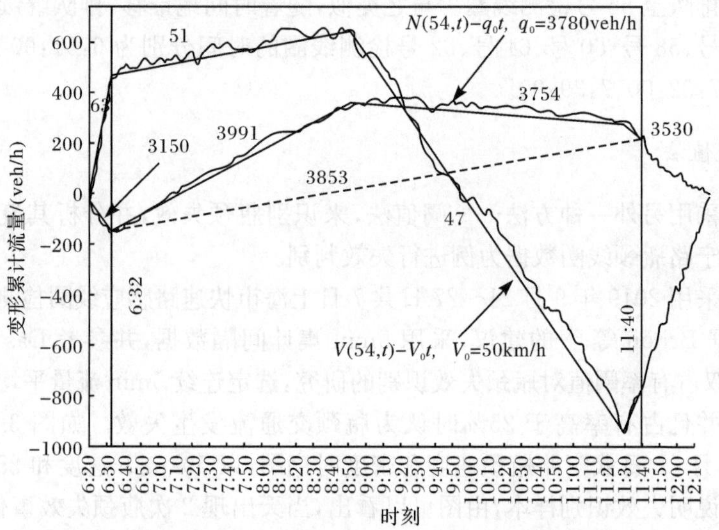


图 3.8　54 号线圈变形累计流量和速度曲线

对广中路 2009 年 9 月 21～27 日(星期一至星期日)的线圈检测数据进行分析，除 21 日、26 日由于可能的事故等突发事件导致的不规律交通运行外，其他几天均表现出相似的瓶颈失效发生及流量特征。按照变形累计曲线法，对其他几天线圈检测数据的分析结果见表 3.2。

**表 3.2　广中路瓶颈通行能力每日变化情况**

| 日期<br>(年-月-日) | 瓶颈失效<br>开始时刻 | 稳定流持续<br>时间/min | PQF/(veh/h) | QDF/(veh/h) | 流量变化率/% |
|---|---|---|---|---|---|
| 2009-09-22 | 6:26:00 | 12 | 3055 | 3549 | 16 |
| 2009-09-23 | 6:31:20 | 14 | 3583 | 3782 | 6 |
| 2009-09-24 | 6:19:40 | 9 | 3120 | 3858 | 24 |
| 2009-09-25 | 6:20:00 | 5 | 3048 | 3727 | 22 |
| 2009-09-27 | 6:32:00 | 12 | 3150 | 3853 | 22 |
| 平均值 | | 10 | 3191 | 3754 | 18 |

从表 3.2 可以看出，每日的瓶颈失效开始时刻均为 6:30 左右，QDF(54 号检测线圈的测量值)均大于 PQF(54 号检测线圈的测量值)，且变化率保持在 6%～22%。此结果显然不同于国外已有研究得到的“瓶颈失效前的最大流率通常高于瓶颈失效后的排队消散流率”[2,9～11] 的结论，而该发现在 Banks 的研究中也有

提及[19]。

从表 3.3 可以看出，每日的 QDF(41 号检测线圈的测量值)均大于 PQF(40 号检测线圈的测量值)，工作日流量增加比例比非工作日平均高出 16%，所有流量变化率平均值为 27%。

**表 3.3 武宁路瓶颈通行能力每日变化情况**

| 日期(年-月-日) | 瓶颈失效开始时刻 | 稳定流持续时间/min | PQF/(veh/h) | QDF/(veh/h) | 流量变化率/% |
|---|---|---|---|---|---|
| 2009-09-21 | 6:25:00 | 4 | 3015 | 3693 | 22 |
| 2009-09-24 | 6:31:00 | 4 | 2970 | 3878 | 31 |
| 2009-09-25 | 6:26:00 | 5 | 2652 | 3848 | 45 |
| 2009-09-26 | 7:53:00 | 19 | 3123 | 3791 | 21 |
| 2009-09-27 | 6:41:00 | 6 | 3520 | 3965 | 13 |
| 平均值 | | 8 | 3056 | 3835 | 27 |

对比该领域著名学者 Bertini 和 Banks 的研究，对同样的两车道快速路，广中路及武宁路 QDF 大于英国伦敦附近的 M4 高速公路(QDF=3340veh/h)、美国西雅图 I-405(2)高速公路(QDF=3502veh/h)，而小于美国双子城I-94(1)、I-94(2)、I-94(3)高速公路(QDF=3852veh/h，3820veh/h，3872veh/h)、美国明尼苏达的 I-494 高速公路(QDF=4430veh/h)。

从表 3.2～表 3.4 可以看出，上海市快速路的驶入匝道和车道减少路段的 QDF 低于国外其他高速公路的类似道路的 QDF，但是并没有显著差异。然而，PQF 呈现了相反的结果，上述两个瓶颈 PQF 的平均值远低于其他国家的类似道路。广中路和武宁路两个瓶颈的 QDF 平均值高于 PQF 平均值约 20%，而此现象在上海市快速路上并非偶然事件，是每日重复发生的。本书将此类常发性瓶颈失

**表 3.4 国外高速公路类似研究路段不同瓶颈 PQF 和 QDF 关系[20,31]**

| 瓶颈类别 | 瓶颈 | PQF/(veh/h) | QDF/(veh/h) | 流量变化率/% |
|---|---|---|---|---|
| 车道减少路段 | M4 | 3700 | 3340 | −10 |
| 车道减少路段 | I-494 | 5040 | 4430 | −12 |
| 交织区 | TH169 | 4192 | 4086 | −3 |
| 交织区 | I-94(1) | 3946 | 3852 | −2 |
| 交织区 | I-94(2) | 4010 | 3820 | −5 |
| 车道减少路段 | I-94(3) | 3926 | 3872 | −1 |
| 交织区 | I-405(1) | 4054 | 3952 | −3 |
| 驶入匝道 | I-405(2) | 4034 | 3502 | −13 |

效现象定义为早发性失效，是指城市快速路高频率发生的常发性瓶颈在流量未达到期望通行能力就发生失效，且 PQF 小于 QDF 的现象。

2. 随机性

常发性瓶颈失效是交通需求、驾驶行为及设施设计等多因素交互作用的结果，大量实证观测结果表明，瓶颈失效不是通行能力的确定函数，而是具有随机特征的。很多学者[15,23,26,28,37]观测到，瓶颈失效会在低于瓶颈通行能力的流量水平下发生，而在有些观测结果中，流量高于瓶颈通行能力时失效现象并未发生，即在相同的瓶颈、相同的主线流量水平下，失效事件并不是必然发生的。

许多学科领域都存在对某给定事件发生的时间进行预测的问题。研究事件发生时间的规律问题就是生存分析问题[61]。目前，已有学者[62,63]引进生存分析用于交通工程中的行人过街最大等待时间分析和通勤者出行行为特征分析。本书引入生存分析模型对快速路瓶颈失效进行建模，是因为其样本数据既考虑了失效事件样本，又考虑了样本流量大于通行能力但未发生失效的样本数据。本章所研究的瓶颈交通流失效问题可以类比成生存分析问题，即快速路主线流量的增长和主线交通保持畅通为“生存时间”。主线交通流发生瓶颈失效现象为“死亡事件”，生命时间变量为瓶颈通行能力。

根据观测对象进入或退出观察的时间差别，生存分析经常遇到的数据有完全数据(completed data)和删失数据(censored data)。本章中的完全数据是指在观测的流量下失效发生，这时记录到的“时间”信息是完整的，暂以 PQF 作为瓶颈的通行能力。因此，在模型数据输入时将 PQF 对应时间间隔的参数作为有效完全数据。删失数据是指在观测的流量下没有发生失效现象，这时记录到的“时间”信息是不完整的，这种生存时间数据称为删失数据。删失数据包含了瓶颈失效的概率性信息，因此，在生存模型中不可忽视删失数据的影响。

考虑删失数据和完全数据对瓶颈失效建立生存模型，其核心是生存函数的估计。生存函数反映了个体生存至某时间(在该时刻后经历某事件)的概率，瓶颈失效的生存函数即为在快速路主线流量增加至 $q_i$ 后瓶颈交通流仍为畅通的比例。生存函数是概率密度函数 $f(q)$的积分：

$$S(q_i) = P(Q > q_i) = \int_{q_i}^{+\infty} f(q)\mathrm{d}q \tag{3.5}$$

式中，$P(Q>q_i)$为事件$\{Q>q_i\}$发生的概率。$f(q)$函数曲线与坐标轴横轴之间的面积为 1。

$S(q_i)$的图形即为生存曲线，陡峭的生存曲线表示较低的生存率或较短的生存时间，平缓的生存曲线表示较高的生存率或较长的生存时间。生存函数参数估计中常用的分布模型有指数分布、Weibull 分布、对数正态分布等，非参数估计法包括寿命表方法和 Kaplan-Meier 法等。由于本章所采用的瓶颈失效样本分布未知，且含有删失数据，采用适用于非参数估计的 Kaplan-Meier 法，又称为乘积限(product-limit)估计法或有限乘积估计法。

Kaplan-Meier 估计式首先是通过缩减抽样方法来构造的。由于失效事件是发生在主线流量 $q$ 处，$S(q_i)$ 只会在这些流量处发生跳跃，其他流量处没有任何事件发生的信息。所以使用一个离散值，即只在具有数值的流量点处统计分布。Kaplan-Meier 估计式定义如下：

$$\hat{S}(q_i)=\begin{cases}1, & q_i<q\\ \prod\limits_{q_i<q}\left(1-\dfrac{d_i}{Y_i}\right), & q_i\geqslant q\end{cases} \tag{3.6}$$

式中，$d_i$ 为在主线流量 $q_i$ 失效的样本个体数；$Y_i$ 为在主线流量 $q_i$ 面临危险的个体数。

对于包含删失数据的瓶颈失效生存函数估计，其步骤如下：

步骤 1　将总量为 $Y$ 的样本观察值(主线流量 $q$)由小到大依次排列，秩次 $i=1,2,\cdots,n$。如遇完全数据与删失数据相同时，将删失数据排在前面。

步骤 2　列出每阶段(本例中以 15veh/h 为单位)样本总数 $Y_i$，删失样本总数 $c_i$。

步骤 3　计算每个流量水平下死亡概率 $q_c$ 及生存概率 $q_{ci}=\dfrac{d_i}{Y_i}$，$p_{ci}=1-q_{ci}$。

步骤 4　求瓶颈通行能力超过各流量水平的生存率 $S(q_i)=\prod\limits_{j=1}^{i}p_{cj}$。

步骤 5　计算生存率的标准误差：

$$\mathrm{SE}[S(q_i)]=S(q_i)\sqrt{\sum_{j=1}^{i}\frac{d_j}{Y_j(Y_j-d_j)}} \tag{3.7}$$

步骤 6　绘制生存率曲线。将各阶段均值及其对应的生存率标在直角坐标纸上，然后将各点垂直向下再水平向右连成阶梯形。

另需指明的是，乘积限估计法不需要指定分布类型，但可能存在尾部估计缺失的弊端。为了克服该弊端，本章进一步对失效样本数据(内环外线广中路、内环内线武宁路和内环外线武宁路 3 个瓶颈数据)采用常见分布函数对样本数据进行拟合，发现 Weibull 分布拟合最精确。采用最小二乘法估计分布的形状参数和尺度参数分别为 5.1716、1487.8，进而得到分布函数为

$$F(q)=\begin{cases}0, & q<0\\ 1-\exp\left[-\left(\dfrac{q}{1487.8}\right)^{5.1716}\right], & q\geqslant 0\end{cases} \tag{3.8}$$

集计广中路和武宁路的瓶颈失效数据，分别建立不考虑删失数据和考虑删失

数据的生存分析模型，得到如图 3.9 所示的累计生存曲线。可以看到，累计生存率随着通行能力的增加而逐渐下降，并非是突变过程，这也意味着在通行能力小于 1900veh/h/ln 时，失效是一个发生概率小于 1 的随机事件。

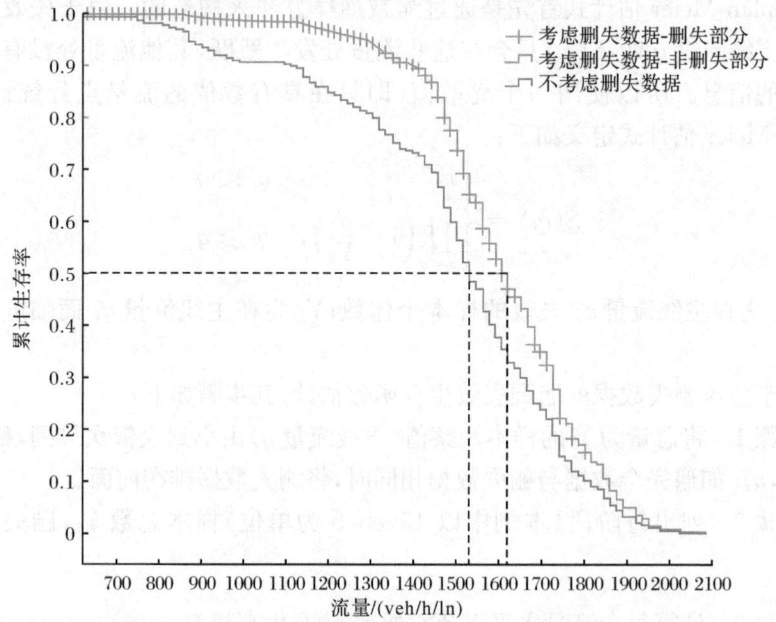


图 3.9　考虑删失数据和不考虑删失数据生存曲线对比图

根据 Lorenz 和 Elefteriadou[3] 的研究，如果选择一个失效概率阈值，那么对应于此概率的流量即为通行能力。在 0.5 的累计生存率下，不考虑删失数据和考虑删失数据的生存曲线对应的瓶颈通行能力分别为 1523veh/h/ln、1606veh/h/ln，两个曲线有明显差异。本节的生存分析模型均考虑删失数据。

考虑删失数据，对内环外线广中路、内环内线武宁路和内环外线武宁路 3 个典型路段瓶颈失效进行生存分析，结果如图 3.10 所示。从图中可以看出，在 50% 的瓶颈失效概率下，3 个瓶颈的通行能力分别为 1341veh/h/ln、1552veh/h/ln、1662veh/h/ln。3 个典型路段均由于驶入匝道车辆的汇入导致瓶颈失效，但是瓶颈道路设施设计以及由此产生的驾驶行为差异，影响失效发生的概率。内环外线广中路瓶颈由于道路线形设计缺陷，存在驶入匝道的加速车道和主线车道减少的双重作用，上游由 4 车道突变为 2 车道，交通流过于集中，导致瓶颈过早失效；内环内线武宁路瓶颈存在约 870m 的交织区，由于驶入匝道的加速车道与主线间设置的长距离隔离墩使经匝道驶入车辆与主线的汇入点延后，从而导致该路段的实际交织范围缩短至约 530m；而内环外线武宁路瓶颈交织区长约为 600m。交织程度越高，通行能力的削弱越大。本节 3 个瓶颈通行能力的差异印证了 Brilon 教授的观点:驾驶行为的差异会引起极大的道路通行能力波动。

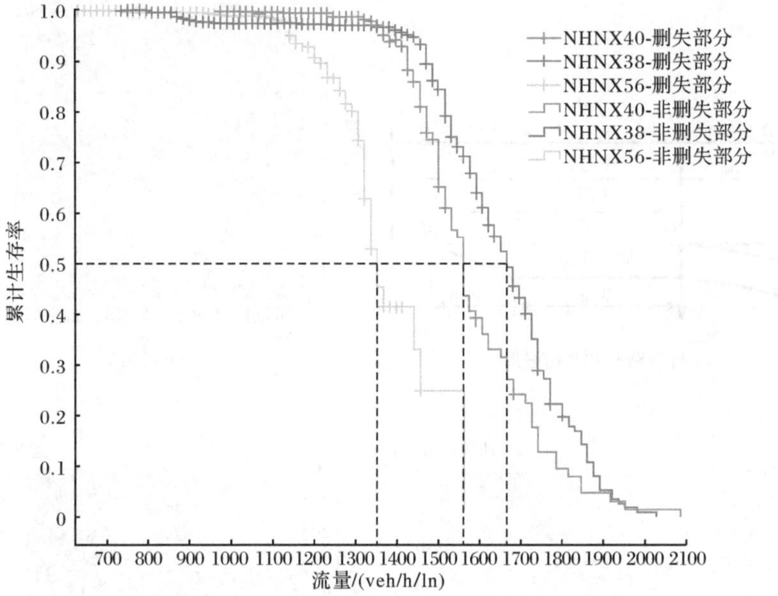


图 3.10 各瓶颈失效生存曲线对比图

本节通过 3 个典型路段瓶颈失效的生存分析,可以比较全面地得到不同主线通行能力下对应的累计生存率,对交通管理部门为已有快速路通行能力的改善或新建快速路通行能力的制定有一定的辅助作用。

### 3.3.4 拥堵演化

本节以延安高架南侧虹许路和延安高架南侧虹井路两个入匝道瓶颈视频检测数据为基础,对瓶颈区失效前后速度的时空变化特征、驾驶员微观驾驶行为特征以及以上两者的对应关系进行分析。通过宏观和微观两方面,全面而细致地描述瓶颈失效过程,为分析早发性失效致因提供依据。

1. 瓶颈区断面速度

按不同车道将不同断面速度提取出来,图 3.11 和图 3.12 所示为虹许路瓶颈和虹井路瓶颈速度变化时空分布图。

由图 3.11 和图 3.12 中 5 个状态明显变化时刻的速度分布可以看出,图 3.11(b)和图 3.12(b)所示时刻该瓶颈区域处于畅通流状态,图 3.11(c)和图 3.12(c)所示时刻速度降低首先开始于路肩车道(车道 3)和加速车道(车道 4)的汇入段尾部(瓶颈),此处为汇入段结束点,因而加速车道上此处的换道车辆要么立即实施换道

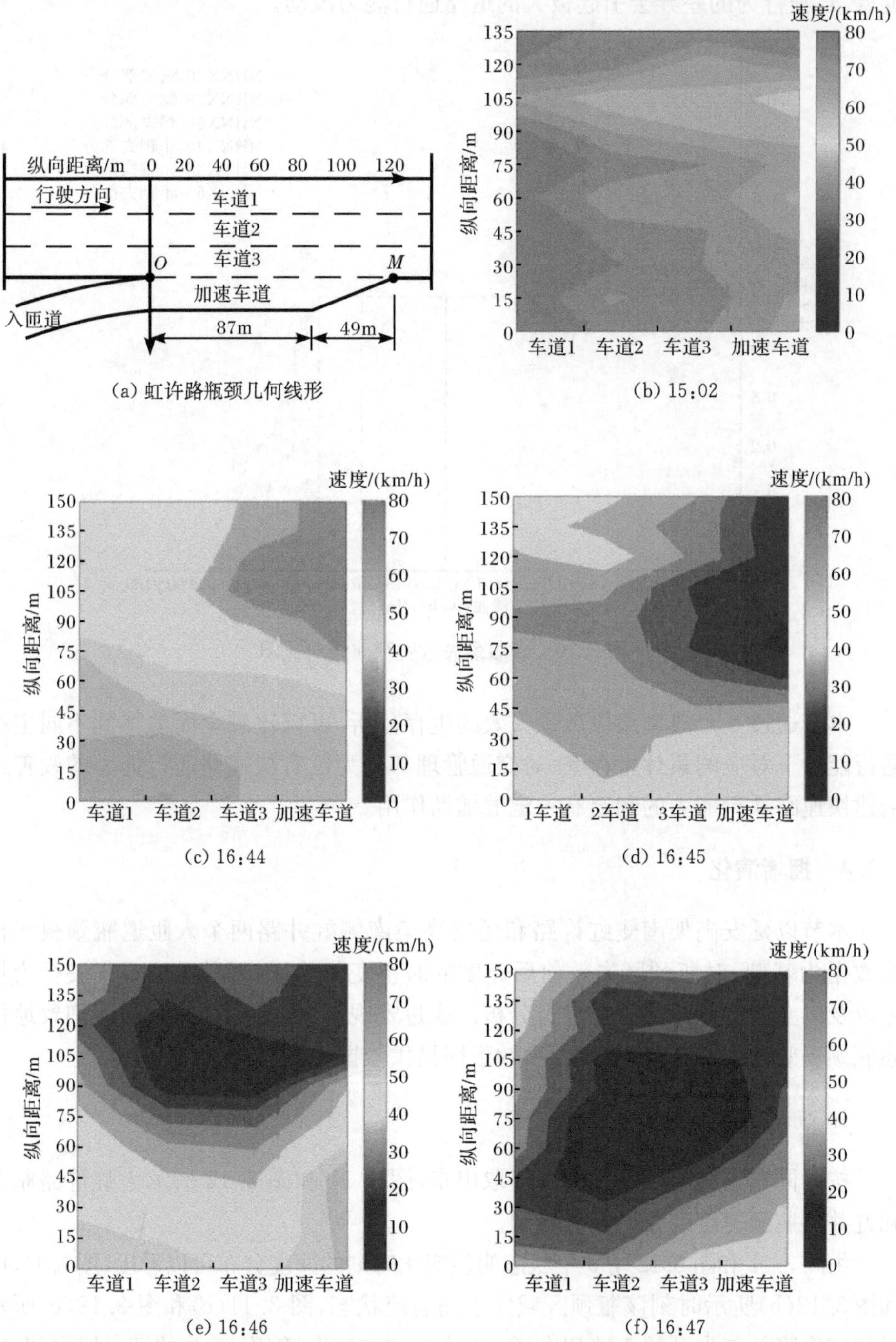


图 3.11　2012 年 11 月 6 日虹许路瓶颈各车道不同纵断面速度变化

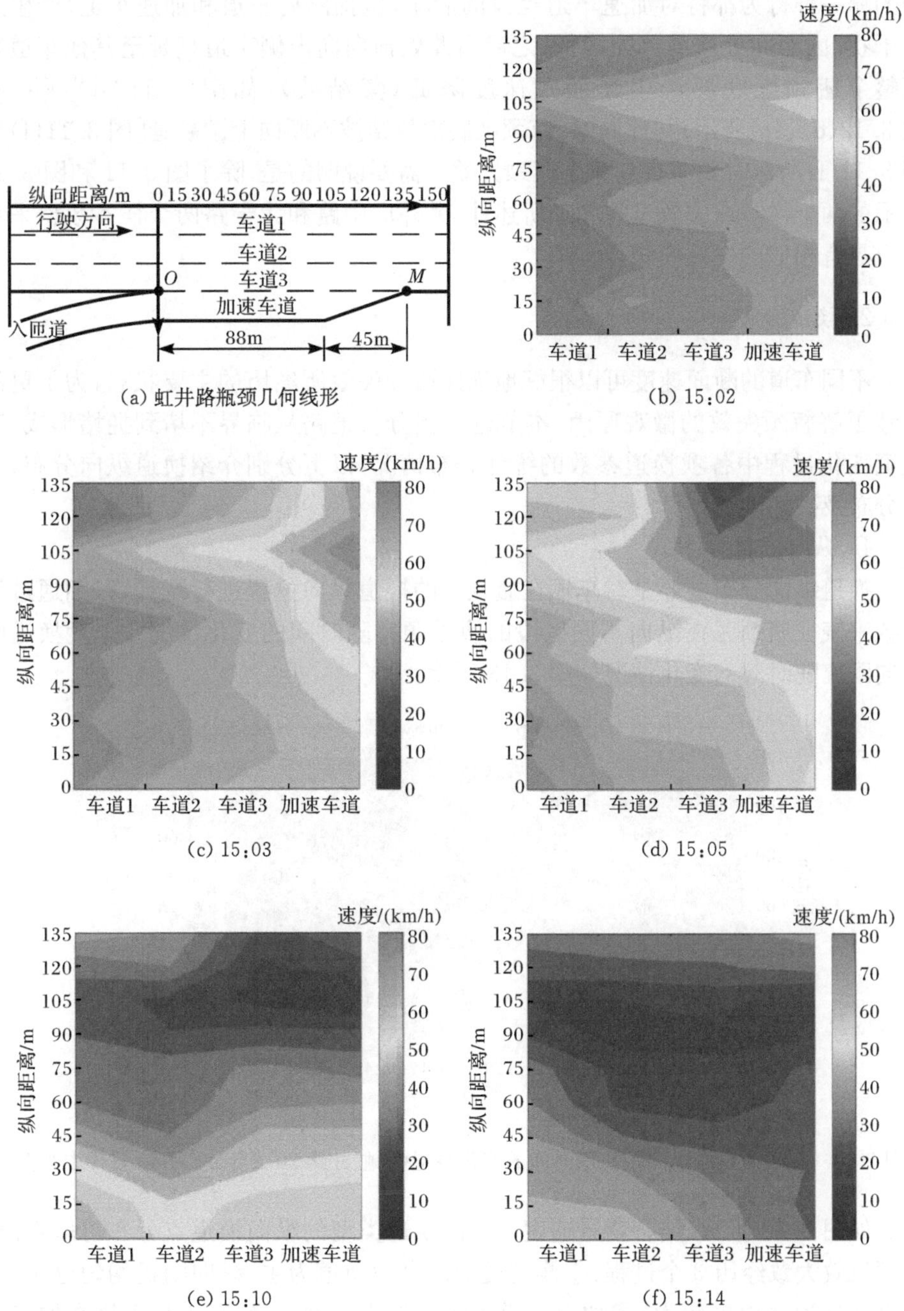


(a) 虹井路瓶颈几何线形
(b) 15:02
(c) 15:03
(d) 15:05
(e) 15:10
(f) 15:14

图 3.12 2012 年 11 月 13 日虹井路瓶颈各车道不同纵断面速度变化

(更多地表现为强迫换道),要么暂时滞留于加速车道伺机换道。无论这两种行为中的哪一种行为都将对加速车道尾段的后车(包括路肩车道和加速车道)产生速度干扰,因而此处速度首先降低;之后由此处横向向内侧车道蔓延至其他车道直至整个瓶颈区底部产生断面式速度降低(集结波),如图 3.11(d)、(e)和图 3.12(d)、(e)所示;与此同时,瓶颈区底部集结波不断向上游蔓延[图 3.11(f)和图 3.12(f)所示时刻],直到整个瓶颈失效。需要说明的是,除了图 3.11 和图 3.12 所示的两个样本点失效过程如上所述外,另外广中路和武宁路两个样本数据采集点也具有相似的失效模式。

2. 换道分布

不同车道的断面速度可以很好地描述瓶颈失效所经历的主要状态,为了更深入地了解瓶颈失效的微观原因,本节进一步分析道路从临界不堵到拥堵形成,其速度变化过程中各项换道参数的统计分布情况,以下分别介绍换道纵向分布、横向分布及破坏度统计。

1) 纵向分布

换道纵向分布主要是对车辆在瓶颈区的换道纵向位置进行统计,以期通过该参数来表征瓶颈区在纵向不同区段的换道频率随时间的变化情况。车辆换道的纵向距离随时间的变化情况如图 3.13 所示。

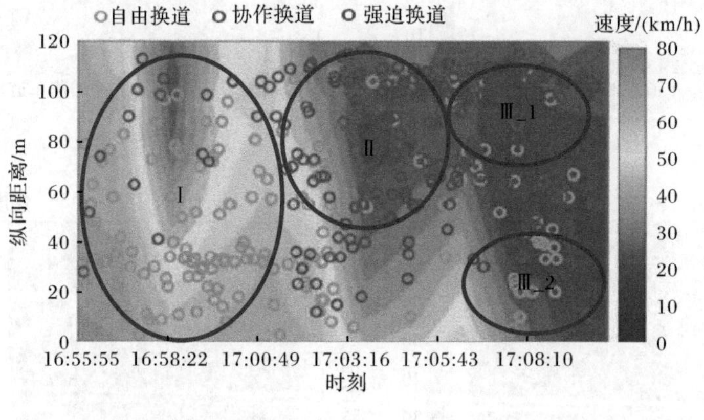


图 3.13　车辆换道的纵向距离随时间的变化情况(以虹井路 2012 年 11 月 13 日样本为例)

如图 3.13 所示,结合背景速度与不同换道类型的纵向换道点分布可以看出,瓶颈失效大致经历 3 个过程:①换道类型以自由换道为主,纵向随机均匀分布,车辆纵向换道自由度较大;②加速车道车辆被迫不断推后换道,大量车辆在加速车道末端通过强迫换道才能完成换道过程;③除了大部分车辆仍在加速车道末端强迫换道外,部分车辆提前实施换道,此时由于换道在纵向上开始得较早,使得即便在拥堵非常严重的情况下自由换道也成为可能。

采用变异系数 C.V. 对各样本纵向换道距离分布进行分析，见表 3.5。变异系数越小则数据越稳定于均值附近，由上述分析可知，4 个样本中强迫换道的换道距离均较靠后，且较为紧凑地分布在均值周围，若将加速车道汇入段分为头、中、尾三段，则强迫换道基本上都发生于汇入段的尾段。自由换道和协作换道的分布范围则较宽，尤其自由换道在整个汇入段分布都较随机。

**表 3.5 各点纵向换道距离变异系数**

| 瓶颈 | 日期（年-月-日） | 自由换道 | | 协作换道 | | 强迫换道 | |
|---|---|---|---|---|---|---|---|
| | | 平均数/次 | C.V. | 平均数/次 | C.V. | 平均数/次 | C.V. |
| 虹井路 | 2012-09-19 | 72.7 | 0.418 | 81.7 | 0.408 | 87.3 | 0.373 |
| 虹井路 | 2012-11-13 | 46.9 | 0.586 | 65.0 | 0.481 | 80.2 | 0.316 |
| 虹许路 | 2012-11-06 | 63.8 | 0.431 | 69.6 | 0.382 | 97.1 | 0.260 |
| 虹许路 | 2012-11-10 | 44.6 | 0.579 | 70.4 | 0.447 | 86.5 | 0.305 |

2) 横向分布

不同车道上的车辆在不同时段的换道需求是有区别的。以 1min 为单位，统计各瓶颈拥堵形成过程中所有换道的发起车道及目标车道，见表 3.6，绝大部分换道为向内侧车道换道（占总换道的 80%以上）。表 3.6 中，1 表示车道 1（内侧车道）；2 表示车道 2（中间车道）；3 表示车道 3（路肩车道）；4 表示车道 4（加速车道）。因而，4→3 表示从车道 4 的发起车道换道到车道 3 的目标车道，其他类同。

**表 3.6 向左侧车道换道比例** （单位：%）

| 瓶颈 | 日期（年-月-日） | 向左侧车道换道占总换道比例 | 4→3 换道比例 | 3→2 换道比例 | 2→1 换道比例 | 状态 |
|---|---|---|---|---|---|---|
| 虹井路 | 2012-09-19 | 80.64 | 75.14 | 5.50 | 0 | 畅通 |
| | | 85.40 | 77.38 | 6.95 | 1.07 | 拥堵 |
| 虹井路 | 2012-11-13 | 85.58 | 65.38 | 16.35 | 3.85 | 畅通 |
| | | 97.88 | 71.60 | 21.75 | 4.53 | 拥堵 |
| 虹许路 | 2012-11-06 | 92.86 | 75.40 | 15.08 | 2.38 | 畅通 |
| | | 97.50 | 65.00 | 22.50 | 10.00 | 拥堵 |
| 虹许路 | 2012-11-10 | 93.51 | 67.53 | 24.68 | 1.30 | 畅通 |
| | | 98.95 | 78.38 | 15.82 | 4.75 | 拥堵 |

车辆换道多数为从加速车道（车道 4）到路肩车道（车道 3）。匝道流量增加导致 4→3 的换道需求增加，随着主线流量也增大，路肩车道密度增大，4→3 换道干扰增大，单位时间内的换道数量持续减少；直到拥堵最严重时 4→3 数量减小到一

个相对稳定水平，即约为加速车道末端必须换道车辆数。拥堵形成初期其他车道换道数略有增多，到瓶颈形成稳定失效时，因车辆受到极大约束换道数量又有减少。

图 3.14 所示为拥堵形成过程中向左侧车道换道样本随时间的变化。落在车道编号 3 和 4 之间向下三角样本表示该换道为从第 4 车道(加速车道)换向第 3 车道(路肩车道)，也即向左换道，其他类同。

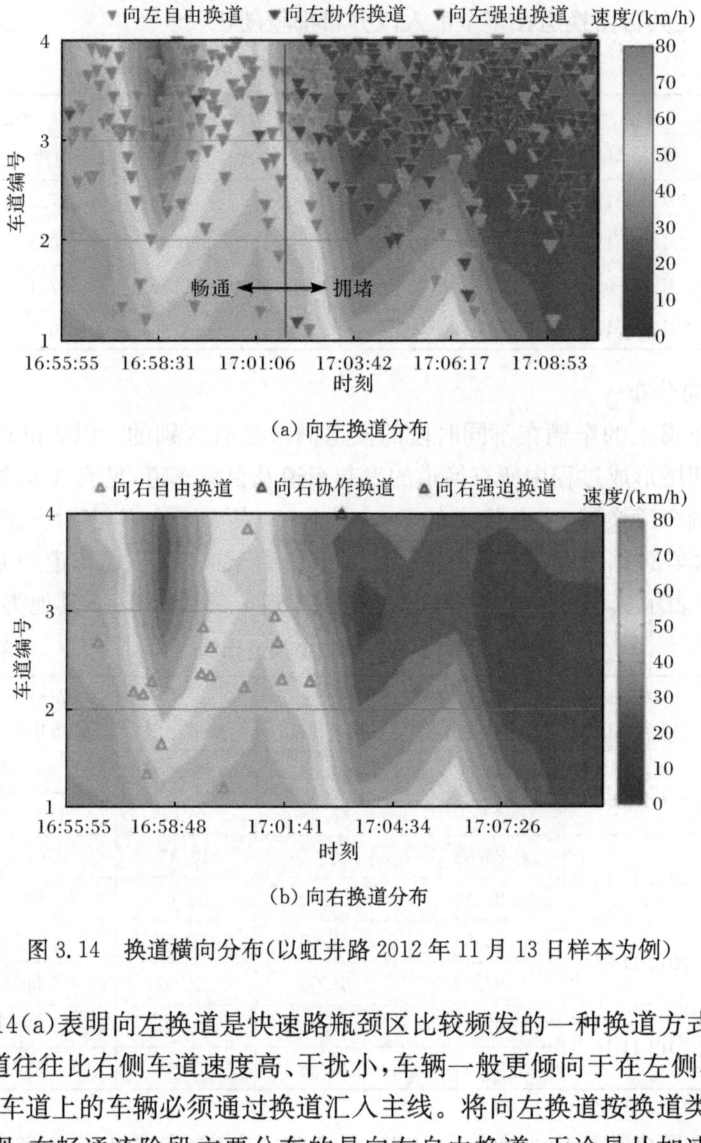


图 3.14　换道横向分布(以虹井路 2012 年 11 月 13 日样本为例)

图 3.14(a)表明向左换道是快速路瓶颈区比较频发的一种换道方式。这是由于左侧车道往往比右侧车道速度高、干扰小，车辆一般更倾向于在左侧车道运行。另外，加速车道上的车辆必须通过换道汇入主线。将向左换道按换道类型统计之后可以发现，在畅通流阶段主要分布的是向左自由换道，无论是从加速车道到路肩车道(大于 50%)还是从路肩车道到中间车道(占 6%～25%)。随着拥堵的产生和蔓延，向左换道的换道类型逐渐由自由换道向强迫换道转换。图 3.14(b)给出

了车辆向右换道的不同换道类型随时间的分布,从图中可以看出,车辆向右换道的比例显著少于向左换道的比例(不到 20%)。

3) 破坏度统计

破坏度主要是指由匝道换道行为引起的对主线交通流的影响程度,其值越高说明影响程度越大。在换道行为影响研究中,Hidas[64]指出自由换道对其前后车基本没有影响,协作换道(cooperative lane-changing,CLC)和强迫换道(forced lane-changing,FLC)则均有不同程度的影响。因而本书采用协作换道和强迫换道这两类换道次数的加权之和作为破坏度指标,计算公式如下:

$$破坏度=a\text{CLC}+b\text{FLC} \tag{3.9}$$

式中,CLC、FLC 分别为每个计算时段内协作换道和强迫换道的发生次数;$a$ 和 $b$ 分别为协作换道和强迫换道破坏程度的权重值。根据之前的研究成果,分别用平均受影响车辆数作为破坏程度的权重值,该值的获得可参考作者发表的论文[58],取 $a=1.07$,$b=1.53$,即破坏度=1.07CLC+1.53FLC。用破坏度指标对换道行为在畅通和拥堵交通流条件下的影响程度做出定量评估,如图 3.15 所示。为了统计方便,图 3.15(a)中将路段沿车辆行驶方向分为开始、中期和结束 3 个部分。

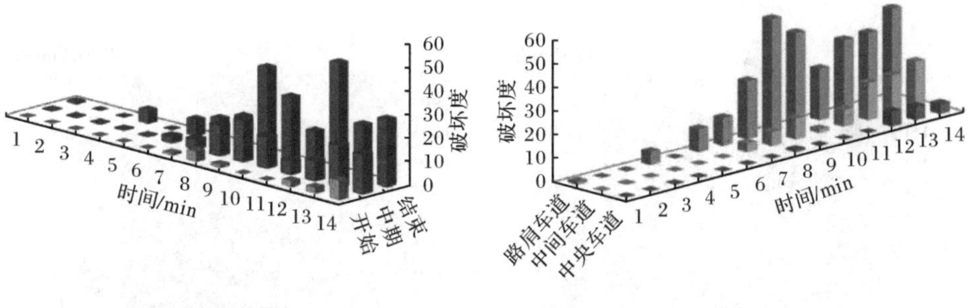

(a) 纵向分布 (b) 横向分布

图 3.15 破坏度随时间的变化(以虹井路 2012 年 11 月 13 日样本为例)

从图 3.15 可以看出,在失效过程中从匝道汇入主线的车辆对交通流运行影响最严重的时间和位置。在拥堵开始和传播过程中,高破坏度出现在汇入区末端汇入车道附近。这与上述对换道行为的分析相吻合。

4) 美国 I-405 公路数据对比

相比于上海市快速路瓶颈失效过程,国外的入匝道瓶颈一般在较高流量下发生,且存在通行能力下降现象(PQF 大于 QDF)。因此,本节采用美国加利福尼亚州洛杉矶市的 I-405 公路圣塔莫尼卡瓶颈由北向南全轨迹数据进行对比分析。由于该分析需要涵盖从畅通到失效的整个过程,且需要有微观的车辆行为数据,作者通过多方努力，在分析了美国 NGSIM 数据、法国 MOCOPO 数据后确定利用 1983 年 FHWA 组织调查的交通流轨迹数据为对比对象，该数据含有每秒的所有车辆的位置数据。圣塔莫尼卡瓶颈失效前流量 PQF 为 1830veh/h/ln。需注意该采集点是 1983 年 FHWA 采集的数据，当时的车辆性能远落后于现在的车辆性能，因此其 PQF 值稍小于近年来的美国同类入匝道的 PQF 值，但仍大于我国快速路的失效前通行能力。该瓶颈主线四车道，加速车道长 183m[图 3.16(a)]。图 3.16 为该路段的速度时空分布情况。

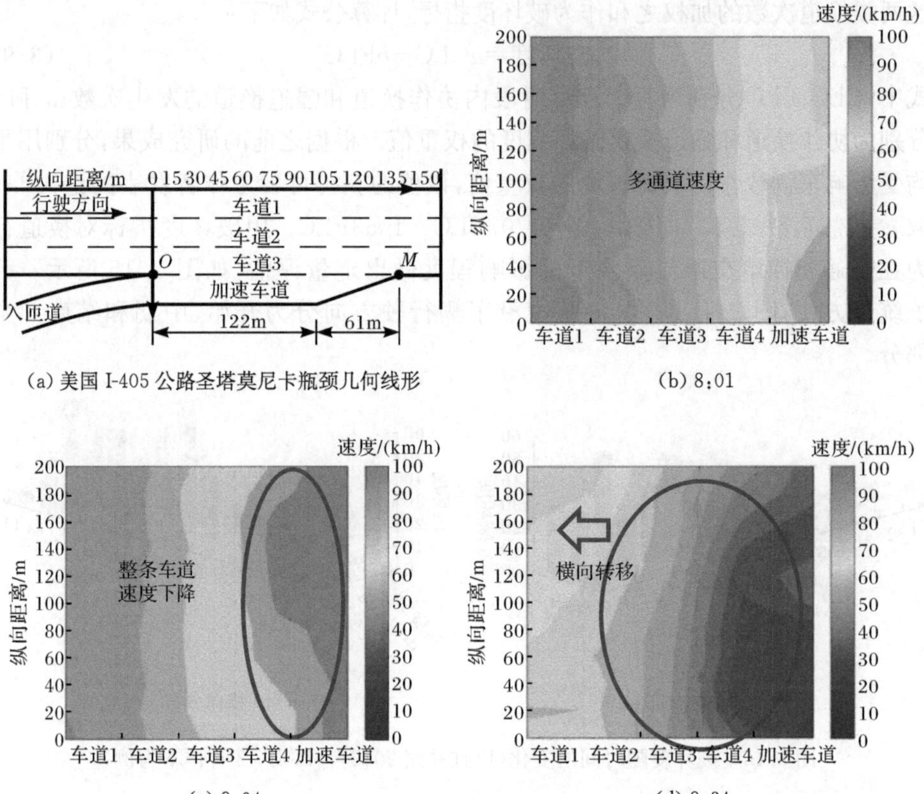


(a) 美国 I-405 公路圣塔莫尼卡瓶颈几何线形　　(b) 8:01

(c) 8:04　　(d) 8:34

图 3.16　美国圣塔莫尼卡瓶颈速度时空变化

由图 3.16 所示圣塔莫尼卡瓶颈各车道速度变化可知，速度降低(拥堵)首先开始于加速车道，且整个车道纵向速度均降低，该车道上的车辆在往主线路肩车道汇入过程中引起速度降低，在横向表现为由右侧车道向左侧车道推进，而在纵向则基本均匀分布，直到整个瓶颈发生失效。

美国圣塔莫尼卡瓶颈的失效模式可简单地描述为“先纵向后横向”，这与上海市瓶颈失效模式“先横向后纵向”有着本质区别。前者的交通拥堵主要集中在右侧三条车道,同时左侧两条车道的速度较高(50～60km/h)。在整个研究时段(超过 30min)始终保持这种两通道状态。

这种交通流运行模式的差异本质上是换道行为的差异所造成的。对圣塔莫尼卡瓶颈的换道分布进行进一步研究,结果表明,换道行为在横向或纵向均匀分布,在任何位置(如在上海市瓶颈集中换道的汇入区结束的位置)的时间点都没有明显的集中(如失效前一小段时间)。此外,相比于上海市数据在换道行为中 CLC 和 FLC 只占很小一部分(18%),平均换道破坏度为 6.6,远低于上海市的 27.4,因此对主线交通流的负面影响较小。这些差异表明,换道类型和换道位置对失效过程具有决定性的影响。图 3.17 所示为美国圣塔莫尼卡瓶颈换道行为的纵向和横向分布。

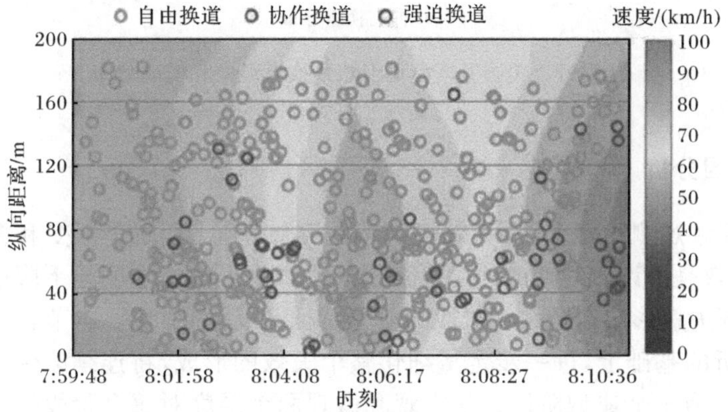


(a) 纵向换道分布

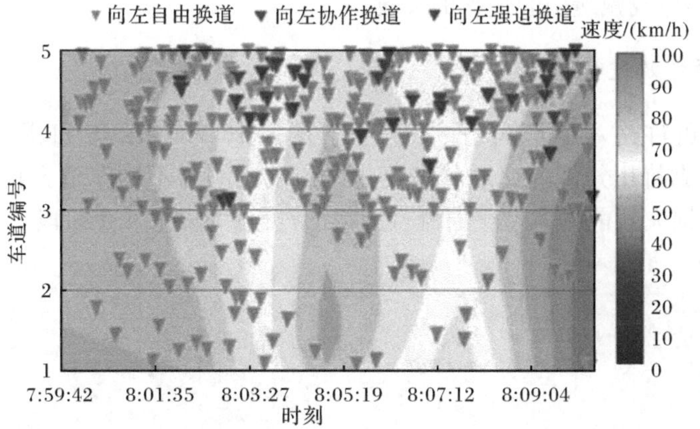


(b) 向左换道分布

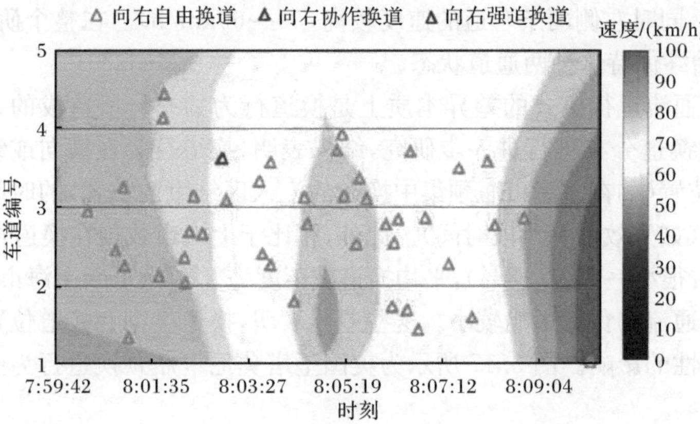


(c) 向右换道分布

图 3.17　美国圣塔莫尼卡瓶颈换道纵向和横向分布

### 3.3.5　致因分析

大量视频观测结果表明，失效过程不是突然发生的，而是渐变和振荡的。通常而言，失效是由许多短期的速度下降逐渐积累而形成一个明显下降的过程。为了更加明晰失效形成过程各个阶段的典型特征及其演化机理，本节在 3.3.4 节定量统计分析的基础上，进一步定量细化整个失效的形成，将连续渐变的失效形成过程离散化为 4 个典型阶段。从宏观和微观两个维度对每个阶段的失效特征进行分析，找出引起各阶段向最终失效恶化的重要致因，并尝试给出各阶段可能的改善措施，避免或减缓引起最终的失效。

1. 瓶颈失效过程

本节以虹许路入匝道常发性瓶颈为例，图 3.18 为 2012 年 11 月 10 日下午自发性拥堵形成前几分钟的交通状态变化。图中小圈为不同车道上正在进行换道的车辆。根据失效前的典型交通流行为特征，可分为以下 4 个阶段：

(a) 交通流不稳定　　(b) 临界状态

(c) 阻滞转移　　(d) 拥堵跟进与形成

图 3.18 瓶颈失效主要经历过程

(1) 交通流不稳定阶段。主线交通流畅通时，主线车辆随机到达瓶颈区，车速稳定，匝道汇入车辆多为自由汇入，纵向换道点自由度大，比较随机。随着流量增加，主线交通逐渐呈现出速度不稳定、分布不均匀状态(速度聚类分析发现上游到达车流速度 60km/h 与 80km/h 共存)，上游到达车流出现“群聚”现象，如图 3.18(a)所示，宏观上表现为瓶颈区域车流波动。

(2) 临界状态阶段。加速车道随机车队出现，汇入段开始产生换道约束。若加速车道上某一换道车辆恰遇上游到达的“群聚”车团，换道车辆在其前方汇入则多表现为对该车团有影响的强迫换道或协作换道。图 3.18(b)中加速车道上的换道车辆被挤到了该车道的末端，此阶段汇入车辆强迫换道数量继续增多。由于换道车辆强制实施换道，而路肩车道作为目标车道，其后车受到较大的速度干扰，直接导致路肩车道速度率先降下来，系统处于向瓶颈失效恶化的临界阶段。

(3) 阻滞转移阶段。主线上游到达车流由“随机车队”变成“密布车队”形式，尤其是路肩车道车头时距的缩小使得加速车道多数车辆不得不不断推迟换道甚至多次被迫放弃换道机会。由于车辆汇入，路肩车道的密度增大，显著高于左侧车道(车道 2 和车道 1)，受到加速车道汇入影响，路肩车道车辆为了寻求速度增益转而驶向行驶较为畅通的左侧中间车道，所以瓶颈尾段的主线上横向换道明显增多，多为路肩车道上受到阻滞的车辆向相邻的左侧车道 2 甚至车道 1 转移。

(4) 拥堵形成与跟进阶段。拥堵横向覆盖整个汇入段尾段，后续到达车辆在寻找最利于自己的车道过程中不断产生向左侧或者向右侧车道换道的需求，整个瓶颈换道交织紊乱，整个瓶颈尾段断面出现排队。纵向上，除了大部分车辆仍在加速车道末端换道外，部分车辆在加速车道前段提前实施换道，换道点位置分布出现“双峰”，导致瓶颈前中段向左、向右换道交织进行，形成紊流，并迅速向瓶颈区上游蔓延，拥堵形成。

因此，在瓶颈底端形成断面式集结波向上游传播，波速稳定或不断增大，瓶颈失效产生。这与图 3.11 所示实证数据描述的过程非常一致，即独立瓶颈典型的失效过程可概述为:失效源位于加速车道尾段,其影响在很快向左侧车道推进的同时不断向上游蔓延,以致形成稳定的失效。

2. 时空特征观察

在上述将快速路交通流失效过程划分为 4 个阶段的基础上,参照 3.3.4 节失效特性定量分析结果,本节对每个阶段的时空变化特征在宏观和微观层面作进一步的观察,以期更加清晰地认识每一失效阶段的特点及每一失效步骤的演化过程。

1) 交通流不稳定阶段

观察 1:道路车辆流量在 1400veh/h/ln,主线形成不均匀分布的车流,自由流阶段两类期望速度分别为 60km/h、80km/h 的车流由于受到干扰,速度逐渐趋于统一。其中相对稠密的部分速度受到影响并向后传播,而稀疏部分则形成较多可插入空隙。

观察 2:在第一阶段向路肩车道汇入的加速车道车辆多为自由换道,纵向上换道点的分布也比较随机,车辆汇入自由度大。如图 3.13 所示为背景速度较高的初期自由换道的纵向换道点分布。

观察 3:匝道出现随机车队,若汇入车队碰上主线到达瓶颈区的稠密车流,汇入车辆的压迫换道有所增多,在车队汇入过程中对主线目标车道产生影响,将会形成早期的瓶颈扰动。这样的扰动每次持续 30s～1min,换道次数每分钟 15～30 次,95%以上发起于加速车道上。

2) 临界状态阶段

观察 4:车流量进一步增大,瓶颈区上游速度约为 60km/h,进入瓶颈区速度逐渐降低,在瓶颈底端速度降至 40km/h,瓶颈区交通流开始受到阻滞。

观察 5:外侧的加速车道和路肩车道底端交通状态的不稳定波动达到最高潮,即达到随时可能在该点率先失效的临界状态,从图 3.11(c)及图 3.12(c)中可以明显看出加速车道和路肩车道底端断面速度在 30km/h 以下。

观察 6:发起于加速车道底端的必须换道中,强迫换道比例迅速上升,达到了 33%～49%,拥堵将率先在右侧的加速车道和路肩车道尾段引发。由于瓶颈区尾段不断有横向的向左侧车道换道行为,导致第二阶段的这种临界状态非常短,甚至可能直接过渡到下一阶段;也可能由于受到车队汇入干扰,短时间内瓶颈底端速度干扰较大,但是很快恢复到畅通状态,即短暂的临时失效。

观察 7:主线提供可自由换道的插入间隙变小(平均小于 2s),匝道到达的随机车队(同一小段时间内等待换道的车辆超过 2 辆)在寻找舒适的换道机会(自由换道或协作换道)的过程逐渐变长,1/3 以上的车辆换道实际发生在加速车道的尾段。

3）阻滞转移阶段

观察8：左侧车道（车道1和车道2）速度仍保持50～60km/h的平均速度，尤其是车道1车流比较通畅。该车道的速度增益吸引着右侧车道上较低速度的阻滞车流。这个阶段可能经历较长时间，并伴随着阻滞车流在纵向上的蔓延。

观察9：路肩车道车辆密度很大，供汇入车辆自由换道的机会越来越少，平均仅占8.17%～28.09%，64%以上的车辆需要通过强迫插入路肩车道来完成换道。

观察10：匝道上的汇入车辆很难在加速车道前段找到比较合适的汇入空间，超过84%的汇入车辆都降速行驶，直到加速车道中段和尾段才实施换道，甚至很多车辆到了加速车道末端点才不得不采取几乎停车或者强制分多步不断逼近目标车道（路肩车道）的方式以完成换道，这就造成了加速车道尾段等待汇入的滞留排队。

观察11：此阶段最重要的特征是其他非必须换道的次数明显增多，尤其表现在从右侧的路肩车道向左侧中间两车道换道，占总换道的比例最高可达22%；以及从车道2换向最左侧车道1，最高可达10%。也就是说，上一阶段在右侧两车道尾段产生的阻滞发生了向左侧的转移。由图3.15所示的破坏度评价指标可以看出阻滞转移的演化过程。

4）拥堵形成与跟进阶段

此阶段初期形成拥堵扰动，但要形成稳定的排队拥堵而不是很快消散的扰动，需要进一步的拥堵蔓延跟进。

观察12：主线流量为1600～1800veh/h/ln，没有达到瓶颈区道路通行能力2300veh/h/ln，但是实际交通流到达瓶颈区尾段时已经很难再增加负荷，由横向换道行为带来的纵向上迫使多个车道后车速度的降速干扰，使得上游若持续当前到达流量，瓶颈区势必无法承受，导致失效现象。

观察13：阻滞转移阶段中加速车道尾段出现滞留的排队汇入车辆，因而匝道上来的部分车辆会选择在加速车道前段实施换道，即便是强迫换道（因为越靠近加速车道强迫换道的概率越大）。因此此阶段纵向上换道点的位置出现双峰，车辆在加速车道前段和尾段实施换道的比例分别占28%和61%。

观察14：瓶颈下游的拥堵扰动向左侧车道及瓶颈上游传播（集结波），拥堵在1min以上，排队约100m，可以确定为一次可观测的稳定失效。

通过上述宏观和微观方面显著特征的14个细微观察，得出以下4个阶段的典型特征问题：

(1) 交通流不稳定阶段。瓶颈区主线和匝道上游到达流量增加，速度逐渐趋向统一，压迫换道有所增加。

(2) 临界状态阶段。加速车道、路肩车道尾段集中受到较大破坏。加速车道车辆汇入太迟且主线让行车辆（向左换道）少，导致车辆很容易在汇入终点强行挤入;压迫换道造成某些车存在过反应或者迟反应,很多车要利用这些空隙换道。

(3) 阻滞转移阶段。临时拥堵在最终汇入点会迅速的横向转移而不是先纵向转移。通过换道,失效干扰(速度降低)在瓶颈底端横向向左侧车道转移,同时瓶颈前中段向左、向右换道交织进行,形成紊流。

(4) 拥堵跟进与形成阶段。某些短暂的干扰向上游传播过程中,匝道汇入行为不规范,不是交替汇入,而是既在最终端,也在其他地方利用空隙汇入,造成纵向拥堵更加严重,系统很难再恢复,导致稳定的失效。

## 3.4　出匝道瓶颈

### 3.4.1　研究地点

鉴于中国快速路在瓶颈区域的交通流特征与国外差异较大,本节对出匝道瓶颈交通流特征进行分析[65]。根据对上海交通出行网实时路况的长时间观察,初步选择了 4 个常发性瓶颈失效的出匝道路段作为分析对象。首先通过数据质量校核,剔除线圈长时间故障的瓶颈。进一步通过速度时空图分析发现所选均为独立瓶颈,拥堵持续时间较长,影响的空间范围较广,可以选为研究对象。最终选择两个典型的出匝道独立瓶颈作为分析对象,如图 3.19 所示。同入匝道瓶颈,研究数据为 2009 年 9 月 21～27 日线圈数据。线圈以 20s 为时间间隔记录车辆到达数、时间平均车速和占有率。

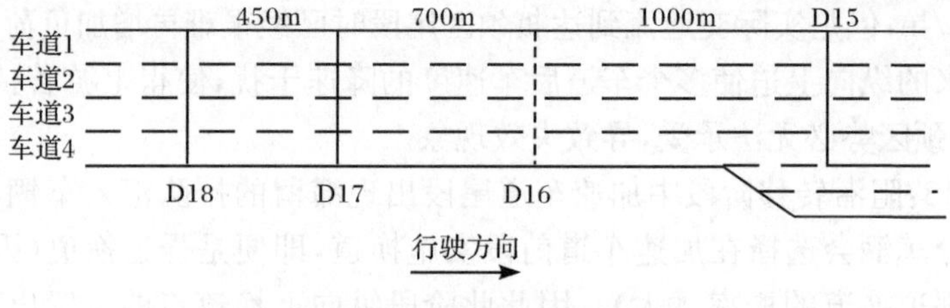


(a) 中环内线国定路出匝道瓶颈

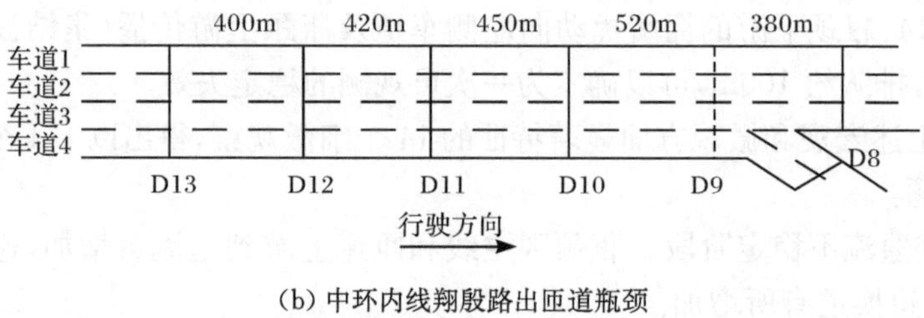


(b) 中环内线翔殷路出匝道瓶颈

图 3.19　研究地点几何线形

### 3.4.2 失效特征

上海市中环高架限速 80km/h，根据上海市可变信息板对于自由流和拥挤流的划分阈值，选用 45km/h 和 20%作为速度及占有率的阈值，通过阈值法判别拥堵发生和结束时刻。

翔殷路瓶颈和国定路瓶颈的 PQF 和 QDF 值如图 3.20 所示。从总体特征来看，平均消散流率与汇出比成反比。另外，PQF 和 QDF 的关系在两个瓶颈处有所差异。在翔殷路瓶颈处，汇出比较高，PQF 小于 QDF，这与之前在入匝道瓶颈处观测到的早发性失效现象相同，交通流在没有达到通行能力之前就发生了失效现象。国定路瓶颈汇出比较低，PQF 大于 QDF，也就是发生了通行能力下降现象。可见在出匝道瓶颈处，汇出比显著影响瓶颈的失效特征。

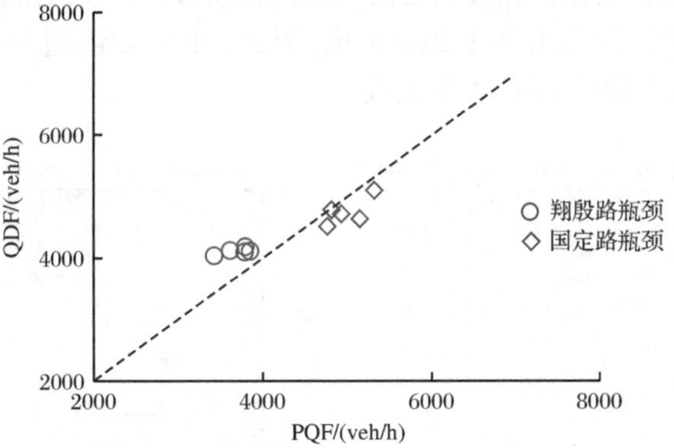


图 3.20 翔殷路瓶颈和国定路瓶颈 PQF 与 QDF 的关系

### 3.4.3 拥堵演化

由于汇出比不同的两个场景表现出不同的特征，接下来将分别详细描述两个瓶颈的拥堵演化过程。根据基本交通流理论，交通流状态可以分为自由流和拥挤流。拥堵演化过程包括瓶颈由自由流状态到拥挤流状态的转移过程以及从拥挤流状态到自由流状态的转移过程，为了更好地描述这两个转移过程，可以将以上两个状态转移过程分为 4 个阶段：开始阶段、横向转移阶段、纵向转移阶段和恢复阶段。为了便于描述，将瓶颈路段的车道分为两组：左侧车道组(left lane group，LLG)包括车道 1 和车道 2；右侧车道组(right lane group，RLG)包括车道 3 和车道 4。

1. 开始阶段

在不同出匝道瓶颈，失效开始时拥堵出现的车道组和断面有所不同。以 2009

年 9 月 25 日国定路瓶颈和 2009 年 9 月 21 日翔殷路瓶颈的线圈数据说明失效产生时的交通流时空状态。其他日期的数据见表 3.7。

图 3.21 所示为国定路瓶颈失效开始时在所有断面和车道上的速度分布。不同速度用速度等高线表示。图 3.21 展示了瓶颈从自由流转化为拥挤流的完整过程。在图 3.21(a)中，瓶颈处于自由流状态。1min 以后，如图 3.21(b)所示，D16 线圈的 LLG 形成三角形区域，这意味着瓶颈失效首先出现在出匝道上游 LLG 位置处。该现象表明在国定路瓶颈直行交通流首先发生排队。

这个现象是由于直行驾驶员的过反应作用造成的。过反应是指直行车流的驾驶员在发生瓶颈失效之前更倾向于使用 LLG 通过出匝道瓶颈来避免出匝道可能发生的拥堵，从而导致瓶颈上游 LLG 车道首先发生拥堵的异常现象。过反应现象可以通过对比不同车道组车道利用率观察到。图 3.22 所示为不同车道组流量 $Q$ 和占有率 $O$ 的关系。在失效之前的自由流阶段，LLG 的流量明显大于 RLG 的流量，分别为 1525veh/h 和 1121veh/h。因此，可以认定，过反应现象造成交通流开始在出匝道上游的 LLG 发生失效。

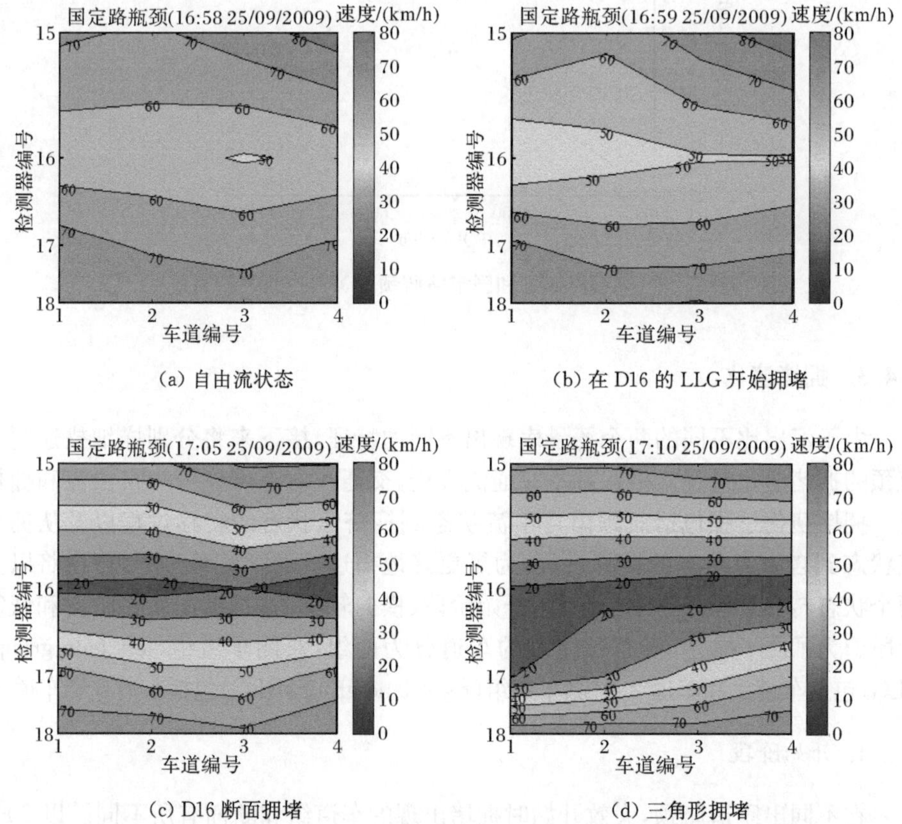


(a) 自由流状态　　(b) 在 D16 的 LLG 开始拥堵

(c) D16 断面拥堵　　(d) 三角形拥堵

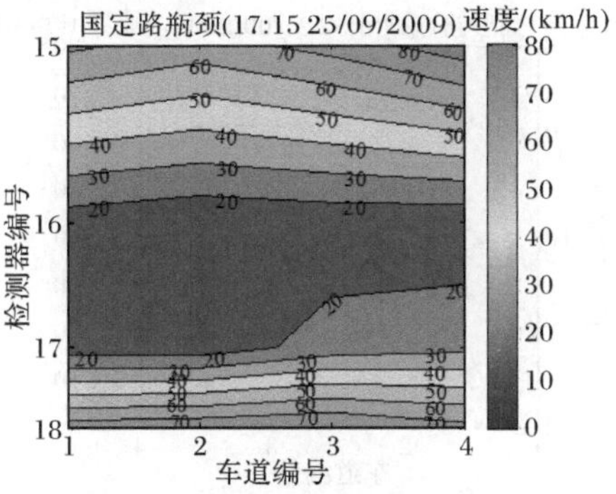


(e) 梯形拥堵

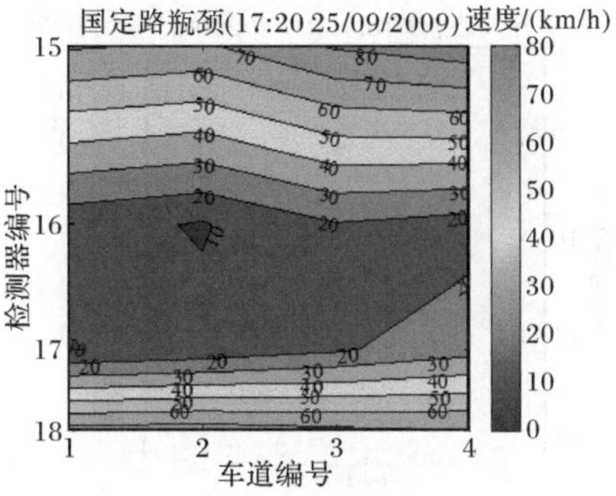


(f) 矩形拥堵

图 3.21 低汇出比瓶颈畅通至拥堵转移阶段速度分布变化

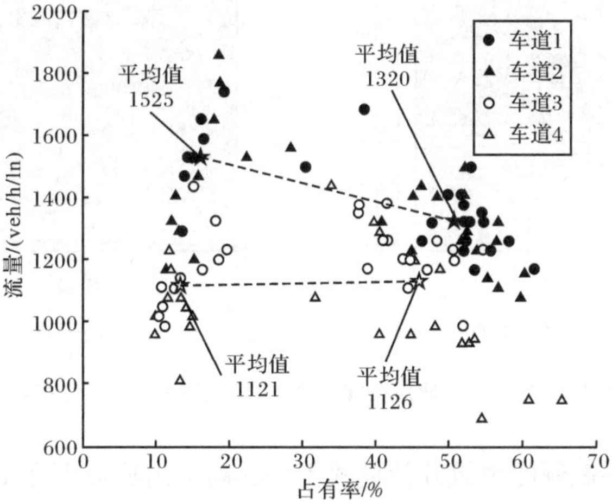


图 3.22 国定路 D9 检测器流量与占有率的关系

图 3.23 所示为翔殷路瓶颈完整的拥堵传播过程。与国定路瓶颈不同,翔殷路瓶颈失效首先出现在出匝道上游的 RLG。由于翔殷路瓶颈的汇出比高达0.8,大部分车辆从出匝道汇出。失效开始位置出现在出匝道上游 RLG 的位置。

两个瓶颈失效开始阶段的特征见表 3.7,其他时间点数据也表现出相同的规律。在国定路瓶颈,车辆汇出比较低,占有率表明经过该瓶颈的驾驶员存在过反应现象,因此失效开始形成在 LLG。在翔殷路瓶颈,汇出比较高,RLG 的占有率明显高于 LLG,因而翔殷路瓶颈失效开始于 RLG。另外,过反应现象可能在翔殷路瓶颈同样存在,但由于直行车流量有限,过反应的影响没有表现出来。

通过以上观察可以发现,交通流在出匝道瓶颈上游不同车道上存在异质性。

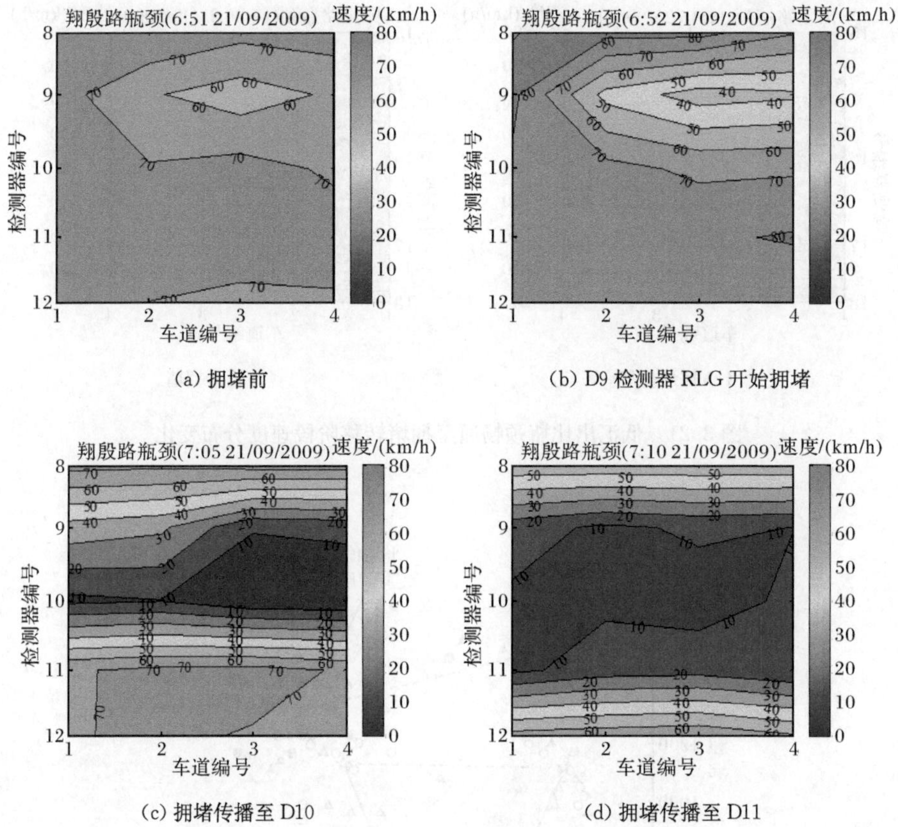


(a) 拥堵前　　(b) D9 检测器 RLG 开始拥堵

(c) 拥堵传播至 D10　　(d) 拥堵传播至 D11

图 3.23　高汇出比瓶颈畅通至拥堵转移阶段速度分布变化

汇出比不同，不同瓶颈的失效开始模式不同。高汇出比瓶颈在 RLG 首先发生失效，低汇出比瓶颈在 LLG 首先发生失效。汇出比显著影响出匝道瓶颈开始失效的位置。

**表 3.7　出匝道瓶颈失效开始阶段特征**

| 瓶颈 | 日期<br>(年-月-日) | 开始阶段 | | |
|---|---|---|---|---|
| | | 拥堵之前 LLG 稳定占有率/% | 拥堵之前 RLG 稳定占有率/% | 开始位置 |
| 国定路 | 2009-09-21 | 16 | 11 | LLG |
| | 2009-09-22 | 21 | 14 | LLG |
| | 2009-09-23 | 16 | 12 | LLG |
| | 2009-09-24 | 18 | 14 | LLG |
| | 2009-09-25 | 18 | 16 | LLG |
| | 平均值 | 18 | 13 | — |

续表

| 瓶颈 | 日期(年-月-日) | 开始阶段 | | |
|---|---|---|---|---|
| | | 拥堵之前 LLG 稳定占有率/% | 拥堵之前 RLG 稳定占有率/% | 开始位置 |
| 翔殷路 | 2009-09-21 | 5 | 15 | RLG |
| | 2009-09-22 | 7 | 17 | RLG |
| | 2009-09-23 | 6 | 13 | RLG |
| | 2009-09-24 | 4 | 15 | RLG |
| | 2009-09-25 | 6 | 15 | RLG |
| | 平均值 | 6 | 15 | — |

2. 横向转移阶段

在失效开始阶段,出匝道上游断面暂时处于半拥堵状态,随后半拥堵状态将横向转移至整个断面形成断面式拥堵,如图 3.21(b)、(c),图 3.23(b)、(c)所示。

在图 3.22 中,基于动态交通波理论[66],由于拥堵前后流量几乎相同,拥堵无法在国定路瓶颈的 RLG 向上游传播。所以 RLG 的拥堵可以认为是被 LLG 触发产生的,即横向转移阶段(lateral spread stage,LSS)。

表 3.8 显示了横向转移之前 1min 和形成断面式拥堵之后的占有率及横向转移过程持续时间。在横向转移开始之前,在开始拥堵的车道组能够观察到相似的

**表 3.8 出匝道瓶颈横向转移阶段特征**

| 瓶颈 | 日期(年-月-日) | 半拥堵阶段 | | 转移阶段 | 断面拥堵阶段 | |
|---|---|---|---|---|---|---|
| | | LLG 占有率/% | RLG 占有率/% | 时长/min | LLG 占有率/% | RLG 占有率/% |
| 国定路 | 2009-09-21 | 36 | 18 | 2 | 53 | 60 |
| | 2009-09-22 | 32 | 14 | 4 | 53 | 48 |
| | 2009-09-23 | 28 | 16 | 1 | 52 | 52 |
| | 2009-09-24 | 36 | 18 | 1 | 40 | 20 |
| | 2009-09-25 | 29 | 16 | 3 | 49 | 47 |
| | 平均值 | 32 | 16 | 2 | 49 | 45 |
| 翔殷路 | 2009-09-21 | 6 | 31 | 10 | 12 | 48 |
| | 2009-09-22 | 3 | 31 | 12 | 13 | 48 |
| | 2009-09-23 | 2 | 25 | 11 | 10 | 45 |
| | 2009-09-24 | 7 | 28 | 10 | 11 | 45 |
| | 2009-09-25 | 3 | 27 | 10 | 12 | 46 |
| | 平均值 | 4 | 28 | 11 | 12 | 46 |

占有率。具体来说，当拥堵车道占有率达到 30%时，LSS 开始。这个现象每天都能观测到，因此，可以得出结论，触发 LSS 的关键占有率为 30%。

在接下来的 LSS 中，能够观察到 LSS 的持续时间很短。在翔殷路瓶颈，LSS 平均持续 10min；在国定路瓶颈，LSS 持续时间明显缩短。在之前国外学者的研究中，同一断面的速度差异能够持续长达 40min。与之相比，更短的 LSS 时间可能表明在我国研究地点处的车辆间横向交互过程更加频繁。

此外，在 LSS 之后，国定路瓶颈各个车道的占有率趋于相同。在翔殷路瓶颈，LLG 的占有率仍然显著低于 RLG 的占有率，因为很少有直行车辆通过。但是，LLG 的车速小于瓶颈失效的阈值 45km/h，因此可以认为整个断面陷入拥堵状态。

3. 纵向转移阶段

随着车辆排队尾部向上游传播，拥堵的影响区域向上游延伸。这个过程被看做是拥堵的纵向转移阶段(longitudinal propagation stage，LPS)。从各个车道的角度看，两个瓶颈的 LPS 过程并非完全相同。

图 3.21(c)～(f)展示了国定路瓶颈 LPS。17:05[图 3.21(c)]，在 D16 检测线圈出现断面式拥堵。随着需求的增加，拥堵在 17:10 到达 D17 检测器，但是拥堵对各个车道的影响并不相同。LLG 的车辆行驶速度与上游断面的车辆一样缓慢，而 RLG 的车辆行驶速度高于 50km/h，处于自由流行驶状态。此刻，拥堵区域形如一个三角形，因此称为三角形拥堵[图 3.21(d)]。几分钟之后整个断面处于拥堵状态，但是不同车道上的车速不同，低速区域的形状像一个梯形，因此称为梯形拥堵[图 3.21(e)]。最终，整个 D17 断面完全陷入拥堵，随之形成矩形拥堵，也就是处于 FIFO 状态下。综上所述，国定路瓶颈的 LPS 没有一直纵向传播。与下游断面一样，LPS 中夹杂着 LSS，受 LSS 影响多通道状态转移为单通道状态。

在汇出比较高的翔殷路瓶颈，LPS 的模式明显不同，以翔殷路瓶颈 2009 年 9 月 21 日的拥堵演化过程为例进行说明。图 3.23(c)、(d)表明，LSS 和 LPS 没有在翔殷路瓶颈交替出现，整个断面的速度总是相同。在该瓶颈能够观察到典型的 FIFO 模式。

交通波理论广泛应用于实证分析和理论分析中。但是，在之前的研究中，同一个交通波被认为同时影响所有的车道。交通状态以一个不变的波速向上游传播。根据本节的观察，在出匝道瓶颈上游，不能忽视不同车道上的状态差异。本节的研究结果对出匝道瓶颈的交通流建模至关重要。

4. 恢复阶段

在恢复阶段，交通状态从拥堵状态转移至自由流状态，车辆排队的尾部随着交通需求的减少向下游传播，拥堵逐渐向下游消散。

在国定路瓶颈，如图 3.24 所示，拥堵状态至畅通状态的演化过程与畅通状态至拥堵状态的演化过程相反。从时间顺序上看，恢复过程依次经过了矩形拥堵、梯形拥堵和三角形拥堵。最终拥堵区域结束在 D16 断面的 LLG 位置，这正是开始阶段的拥堵位置。尽管在一些情况下，某种拥堵状态会由于交通需求的过快下降有缺失，但总的过程是不变的。

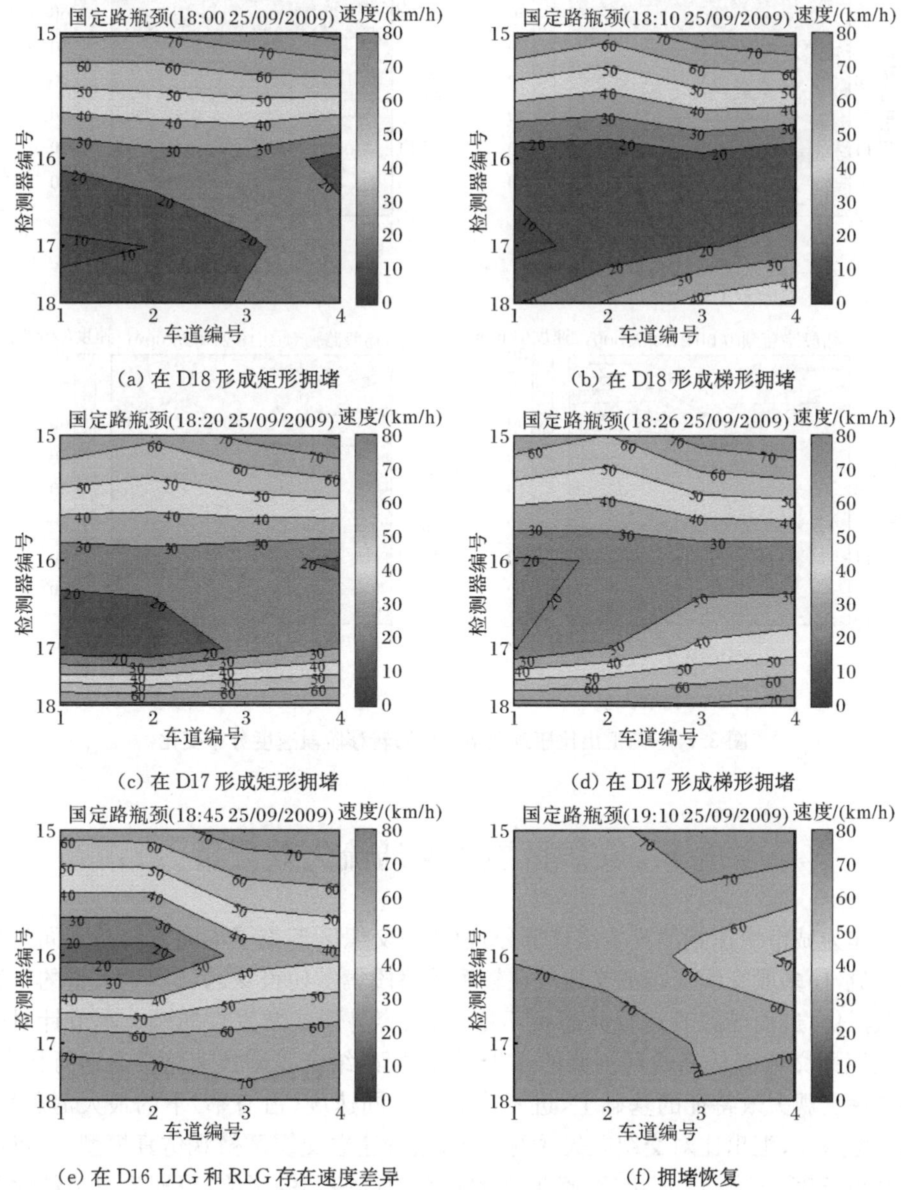


(a) 在 D18 形成矩形拥堵　(b) 在 D18 形成梯形拥堵

(c) 在 D17 形成矩形拥堵　(d) 在 D17 形成梯形拥堵

(e) 在 D16 LLG 和 RLG 存在速度差异　(f) 拥堵恢复

图 3.24　低汇出比瓶颈拥堵至畅通转移阶段速度分布变化

在另外一类瓶颈，即翔殷路瓶颈，FIFO 状态在拥堵消散的过程中始终出现，如图 3.25 所示。恢复阶段的拥堵区变化规律表明畅通至拥堵过程并非随机出现，而是由某种内在机制导致的。

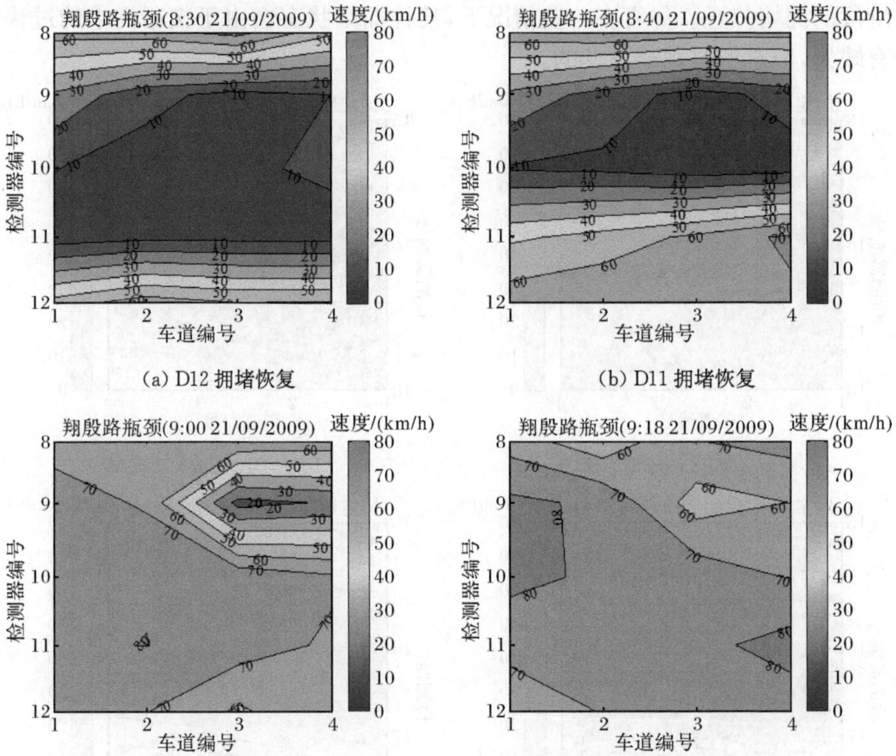


(a) D12 拥堵恢复　(b) D11 拥堵恢复

(c) D9 半拥堵状态　(d) D11 拥堵恢复

图 3.25　高汇出比瓶颈拥堵至畅通转移阶段速度分布变化

## 3.5　交织区瓶颈交通流失效分析

作为城市快速路的重要组成部分，快速路交织区汇集了不同方向与不同类型的车流，而多股交织运行的交通流在较短的路段集散使得该区域产生大量的车道变换操作，进而导致其运行状态极不稳定，很容易形成常发性瓶颈。本节针对交织区瓶颈交通流从畅通到拥堵的逐步形成过程，结合我国快速路交通运行特点，在掌握宏观失效特征的基础上，进一步分析不同速度(占有率)下的最大消散量，以及汇入比、汇出比对交织区失效的影响；通过建立交织区微观仿真模型，重点研究交织长度、汇入比、汇出比、换道类型对交织区瓶颈的影响，以期为更精细化的交织区管理控制提供理论支撑。

### 3.5.1 研究对象

根据上海市历年的交通年报统计及上海交通出行网所发布的快速路系统运行状态信息，初步选择 20 个可能的常发性交织区瓶颈作为分析对象。进一步通过速度时空图分析发现，由于城市快速路匝道间距短，部分瓶颈的位置相对比较密集，空间上独立的瓶颈在时间上经常是不独立的。通过数据质量校核、剔除非独立瓶颈，最终选择如图 3.26 所示 6 个典型的独立交织区瓶颈作为分析对象。独立瓶颈几何线形（包括检测线圈布置）如图 3.26 所示。

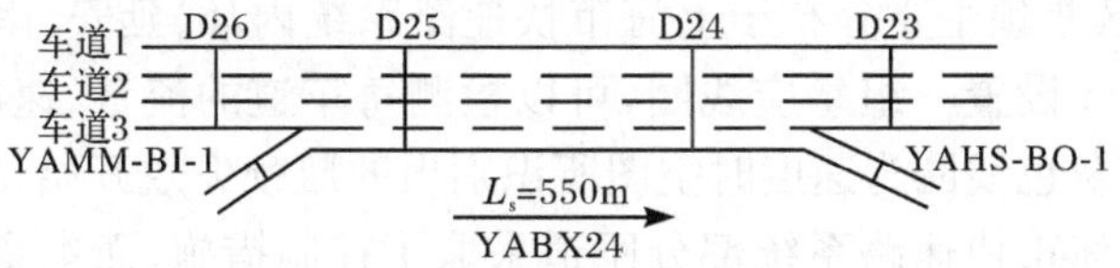


(a) 延安高架北线茂名路—华山路

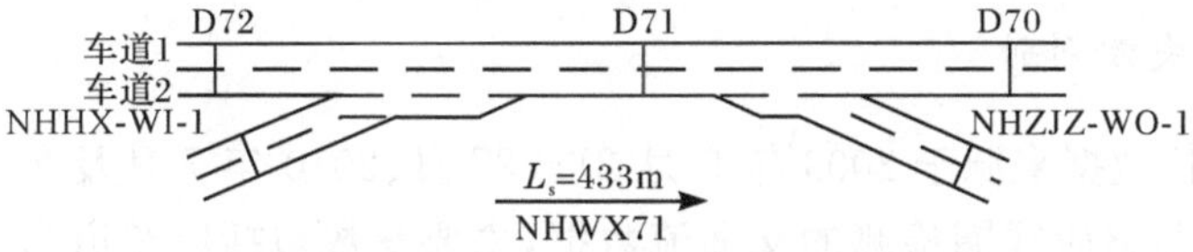


(b) 内环高架外线黄兴路—周家嘴路

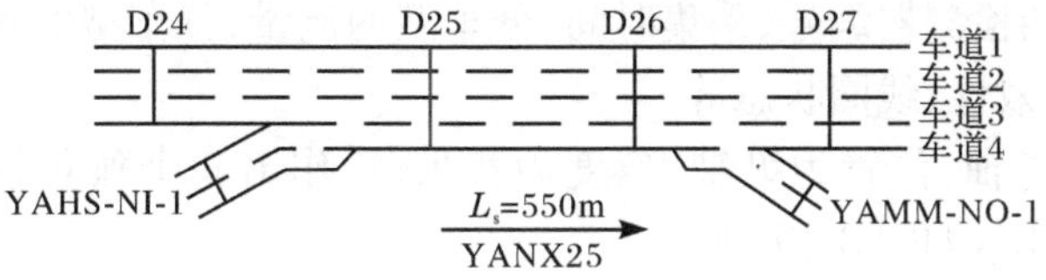


(c) 延安高架南线华山路—茂名路

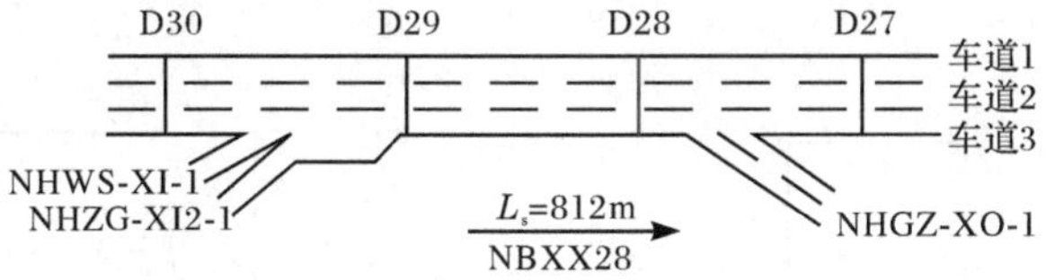


(d) 南北高架西线共和立交—广中路

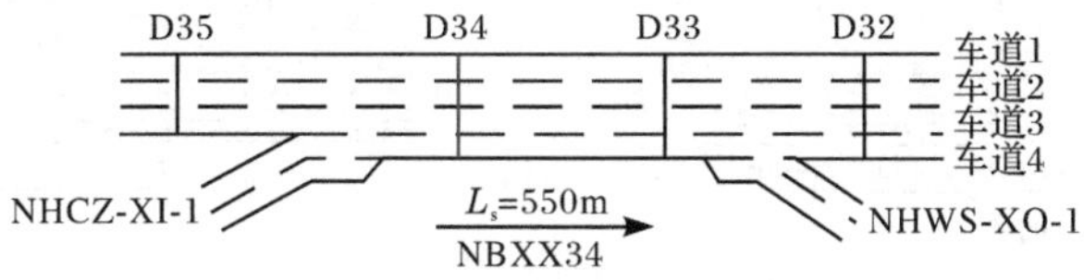


(e) 南北高架西线场中路—中环高架

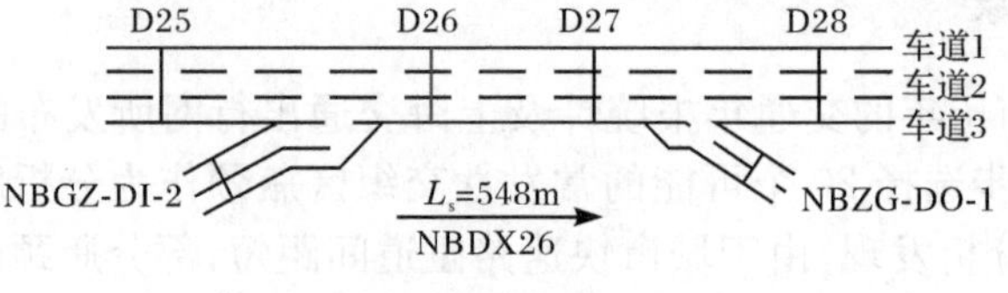


(f) 南北高架东线广中路—共和立交

图 3.26　6 个典型的独立交织区瓶颈几何线形

上述交织区瓶颈主要分布于上海市快速路系统内环、延安、南北高架等线路上，每隔约 500m 设置一组感应线圈，可以检测每车道的流量、速度、占有率等参数。图 3.26 中灰色线圈为速度时空图所识别出的瓶颈失效开始位置线圈检测器编号。目前，上海市快速路系统部分匝道采取了控制措施，而本章所选瓶颈均为未采取匝道控制措施的路段。

1. 瓶颈失效判别

本节分析数据来源于 2009 年 9 月 21～27 日、2010 年 7 月及 2011 年一年的上海市快速路感应线圈检测的交通流数据，主要参数包括以车道为基础的流量、速度、占有率等。集成时间间隔包括 20s、5min、15min 三种。主要内容包括以车道为单元的线圈检测器编号、采集时间、分车型的流量、分车型的速度、占有率、车头时距、数据有效性、线圈状态等。

以时间为横轴、位置为纵轴、速度为背景色，作出 6 个独立瓶颈的速度热力图，即速度时空图，如图 3.27 所示。

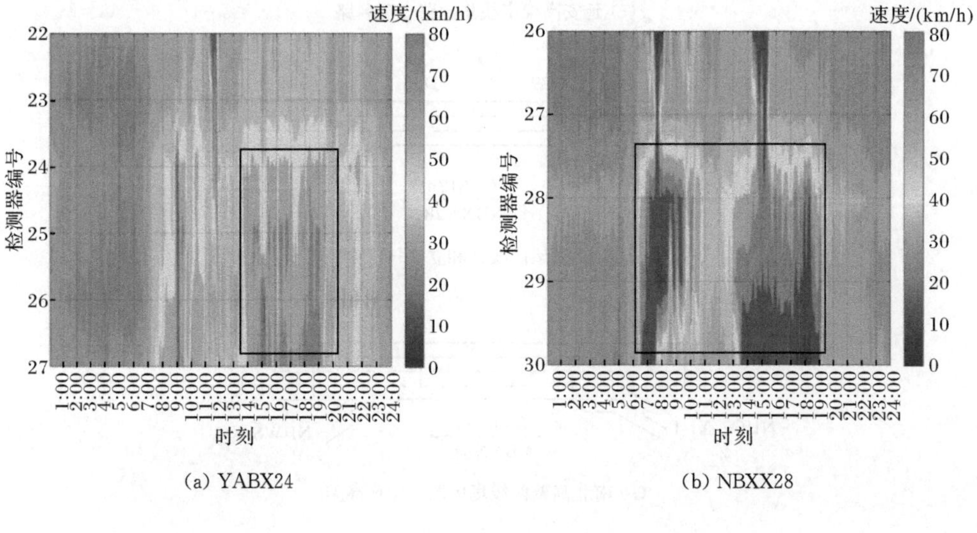


(a) YABX24　　(b) NBXX28

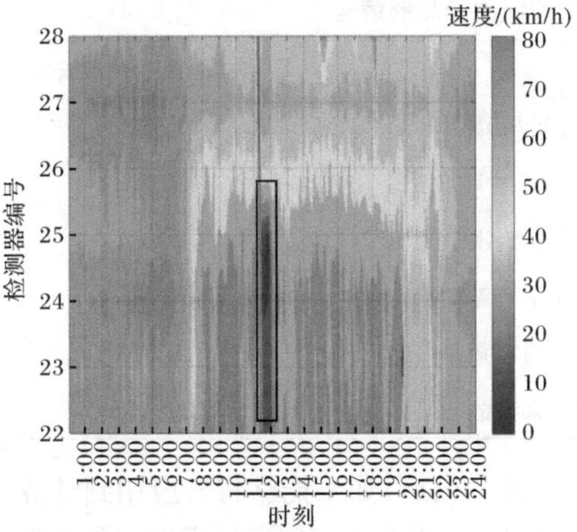


(c) YANX25

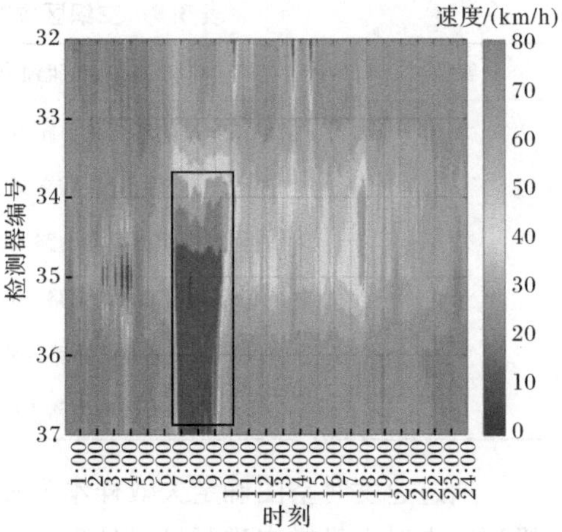


(d) NBXX34

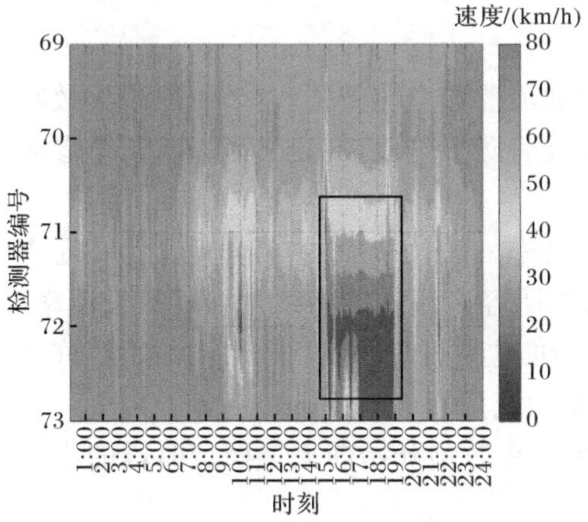


(e) NHWX71

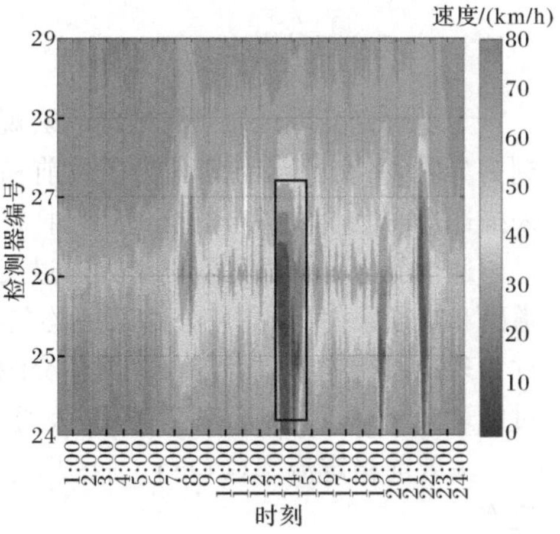


(f) NBDX26

图 3.27 6 个典型的独立交织区瓶颈速度时空图

图 3.27 所示为上海市快速路系统各典型交织区瓶颈某天的速度时空图，通过速度时空图可以明显看出，上述交织区均为典型的独立瓶颈，瓶颈上游车辆速度较低(图 3.27 中颜色较深区域)，而下游车辆保持在较高的速度水平(图 3.27 中颜色较浅区域)，整个时间、空间范围速度分布形如漏斗，表明在此处形成了瓶颈。矩形框大致描述了瓶颈失效开始时刻、结束时刻、位置及影响范围。经过统计得到各交织区失效位置线圈检测器编号见表 3.9。

**表 3.9　交织区失效开始线圈检测器编号**

| 编号 | 瓶颈位置 | 失效线圈检测器编号 |
|---|---|---|
| 1 | 延安高架北线茂名路入匝道至华山路出匝道 | YABX24 |
| 2 | 南北高架西线共和立交入口至广中路出匝道 | NBXX28 |
| 3 | 延安高架南线华山路入匝道至茂名路出匝道 | YANX25 |
| 4 | 南北高架西线场中路入匝道至中环高架出匝道 | NBXX34 |
| 5 | 内环高架外线黄兴路入匝道至周家嘴路出匝道 | NHWX71 |
| 6 | 南北高架东线广中路入匝道至共和立交出匝道 | NBDX26 |

通过速度时空图确定失效样本为独立瓶颈失效后，如果能够将其应用到计算机程序中对大量样本进行批量处理，即可采用速度-占有率双阈值法识别瓶颈失效开始时刻和结束时刻，详见 3.3.2 节。

2. 宏观交通流特征

为了研究交织区瓶颈失效前后宏观交通流参数变化特征，本节以瓶颈失效时刻为界限，将交通状态划分为失效前和失效后两个阶段，并定义了以下几个参数来描述这两个阶段各自的交通运行特征。

通行能力。交织区实际最大通过交通流率。HCM2010 中将其定义为在通常道路和交通条件下，高速公路某一均匀路段所容许通过的持续 15min 最大流率，称为理论通行能力。针对某一具体交织区，通过实测交通流数据得出的所容许通过的最大流率，称为交织区实际最大通过交通流率。

失效前稳定流率(PQF)。瓶颈下游断面在瓶颈开始前流量稳定时段的小时流率。

失效前最大流率(pre-queue maximum flow，PQMF)。瓶颈下游断面在瓶颈失效开始前的最大小时流率。

失效后平均消散流率(QDF)。瓶颈失效开始至瓶颈失效结束这段时间内该断面的平均小时流率。

拥挤消散流率(congestion discharge flow，CDF)。不同交通拥挤状态(密度)下的瓶颈消散流率。

图 3.28 所示为交通工程中最基本的流量-密度-速度三参数关系图，依次为速度-密度图[图 3.28(a)]、流量-速度图[图 3.28(b)]和流量-密度图[图 3.28(c)]。其中，流量-速度图中粗线条为速度阈值线，它将整个交通状态划分为失效前和失效后(上、下)两个部分，结合上述 5 个宏观交通流参数的定义，分别在交通流基本图中表示出它们的含义。

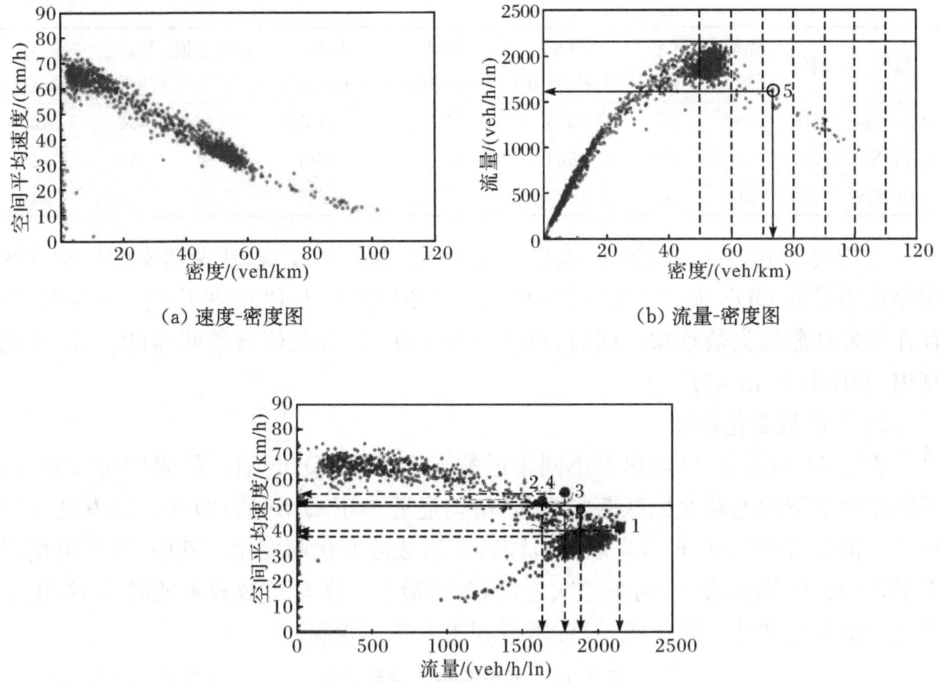


(a) 速度-密度图　(b) 流量-密度图

(c) 流量-速度图

图 3.28　宏观交通流参数示意图

1. 确定通行能力；2. 失效前稳定流率；3. 失效前最大流率；
4. 失效后平均消散流率；5. 拥挤消散流率

采用双阈值法识别瓶颈失效开始时刻和结束时刻后，进一步计算瓶颈失效前后各宏观交通流参数特征值并进行统计分析。

1) PQF、QDF 及 PQMF 分析

综合考虑各交织区瓶颈所在高架路段的限速及道路线形等条件将瓶颈失效速度阈值定为 50km/h 和 45km/h。通过对多天检测线圈数据进行分析，每个交织区均获得了大量的失效样本，满足实证分析的基本要求。表 3.10 为上述各交织区参数计算结果。

**表 3.10　参数计算结果**

| 瓶颈 | 阈值 | 样本数 | 车道数 | PQF /(veh/h/ln) | QDF /(veh/h/ln) | PQMF /(veh/h/ln) | 相对差值 /% | $V_{before}$ /(km/h) | $V_{after}$ /(km/h) |
|---|---|---|---|---|---|---|---|---|---|
| YABX24 | 45 | 99 | 4 | 1630 | 1713 | 1781 | 5.09 | 49 | 39 |
| NBXX28 | 50 | 14 | 3 | 1745 | 1859 | 1797 | 6.53 | 51 | 40 |
| YANX25 | 45 | 86 | 4 | 1510 | 1696 | 1677 | 12.32 | 49 | 37 |

续表

| 瓶颈 | 阈值 | 样本数 | 车道数 | PQF /(veh/h/ln) | QDF /(veh/h/ln) | PQMF /(veh/h/ln) | 相对差值 /% | $V_{\text{before}}$ /(km/h) | $V_{\text{after}}$ /(km/h) |
|---|---|---|---|---|---|---|---|---|---|
| NBXX34 | 50 | 59 | 3 | 1640 | 1774 | 1751 | 8.17 | 54 | 40 |
| NHWX71 | 50 | 62 | 2 | 1664 | 1770 | 1781 | 6.37 | 51 | 42 |
| NBDX26 | 50 | 102 | 3 | 1676 | 1811 | 1817 | 8.05 | 53 | 43 |

分析表 3.10 中 6 个交织区流量参数统计结果可以发现，快速路交织区独立瓶颈存在明显的 QDF 大于 PQF 的现象，6 个瓶颈 QDF 比 PQF 平均高 7%左右，即存在早发性瓶颈失效现象。同时，PQMF 与 PQF 二者取值有着明显的差异，平均高出 100veh/h/ln 左右。

2) 车道数变化规律

表 3.11 和图 3.29 给出了不同车道数下 PQF 和 QDF 值。从表中可以发现，不同车道数下快速路交织区瓶颈 PQF 值均显著小于 QDF 值，即存在早发性失效现象。但是，PQF、QDF 自身取值也随着车道数的变化而变化。其中，三车道情况下 PQF、QDF 取值最大，两车道次之，四车道最小。在车道数较多或较少时，由于存在交织车流和非交织车流，导致车道利用率并不均衡。

**表 3.11　分车道参数结果比较**　　(单位：veh/h/ln)

| 编号 | 两车道 | | 三车道 | | 四车道 | |
|---|---|---|---|---|---|---|
| | PQF | QDF | PQF | QDF | PQF | QDF |
| 1 | 1664 | 1770 | 1745 | 1859 | 1630 | 1713 |
| 2 | — | — | 1640 | 1774 | 1510 | 1696 |
| 3 | — | — | 1676 | 1811 | — | — |
| 平均值 | 1664 | 1770 | 1687 | 1815 | 1570 | 1705 |
| 均差 | — | — | 53 | 43 | 98 | 12 |

3) CDF 分析

本章中将选取行车速度作为 CDF 的划分指标，将速度划分为 45～50km/h、40～45km/h、35～40km/h、30～35km/h、25～30km/h、20～25km/h 及 20km/h 以下 7 类。表 3.12 为各瓶颈 CDF 计算结果，从表中可以发现，交织区瓶颈失效后消散流率值并不稳定，不同速度范围内消散流率不同。例如，YABX24 交织区瓶颈在整个速度变化范围内，CDF 在 1440～2022veh/h/ln 波动。图 3.30 所示为交织区瓶颈消散流率随速度变化的波动程度，可以发现每个交织区所有样本的平均值、5%位值及 95%位值服从相同的波动分布，并且当运行速度为 35～45km/h 时，交织区瓶颈的 CDF 值达到最大。掌握不同速度(占有率)下的交织区最大 CDF，是对交织区进行精细化管理控制的基础。

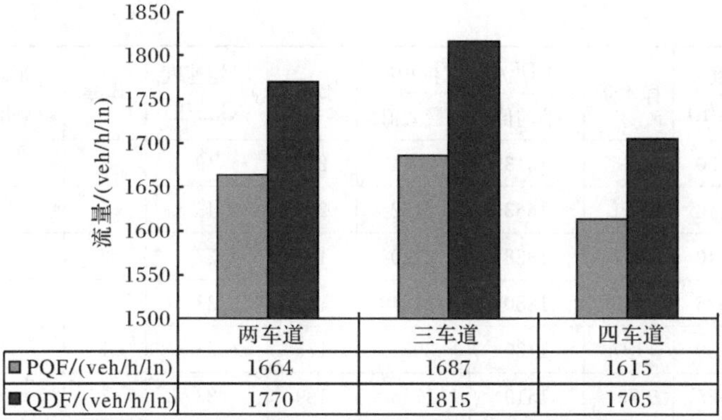


图 3.29 不同车道数 PQF 和 QDF 分布

**表 3.12 6 个典型的独立交织区瓶颈 CDF 计算结果**

| 瓶颈 | 速度/(km/h) | 样本量 | CDF/(veh/h/ln) | | 均差 | 平均速度/(km/h) | 均差 | 平均密度/(veh/km/ln) | 均差 |
|---|---|---|---|---|---|---|---|---|---|
| | | | 平均值 | 最大值 | | | | | |
| YABX24 | 45～50 | 80 | 1610 | 1896 | 196 | 48 | 2 | 32 | 4 |
| | 40～45 | 677 | 1780 | 2022 | 138 | 42 | 1 | 40 | 4 |
| | 35～40 | 924 | 1763 | 1995 | 101 | 38 | 1 | 44 | 3 |
| | 30～35 | 176 | 1648 | 1863 | 120 | 33 | 1 | 49 | 5 |
| | 25～30 | 45 | 1493 | 1680 | 96 | 28 | 2 | 59 | 6 |
| | 20～25 | 36 | 1368 | 1578 | 134 | 23 | 1 | 69 | 6 |
| | <20 | 30 | 1193 | 1440 | 163 | 17 | 3 | 80 | 8 |
| NBXX28 | 45～50 | 44 | 1742 | 2025 | 192 | 47 | 3 | 36 | 5 |
| | 40～45 | 80 | 1761 | 2085 | 221 | 42 | 1 | 41 | 6 |
| | 35～40 | 90 | 1832 | 2160 | 145 | 38 | 1 | 47 | 5 |
| | 30～35 | 64 | 1734 | 2100 | 172 | 32 | 1 | 53 | 6 |
| | 25～30 | 94 | 1631 | 1875 | 139 | 27 | 1 | 60 | 6 |
| | 20～25 | 126 | 1526 | 1770 | 107 | 22 | 1 | 73 | 7 |
| | <20 | 341 | 1051 | 1560 | 242 | 14 | 3 | 104 | 17 |
| YANX25 | 45～50 | 94 | 1467 | 1908 | 6 | 48 | 4 | 30 | 6 |
| | 40～45 | 435 | 1661 | 2013 | 4 | 42 | 1 | 38 | 4 |
| | 35～40 | 1376 | 1749 | 2058 | 3 | 37 | 1 | 45 | 3 |
| | 30～35 | 1618 | 1779 | 2031 | 3 | 33 | 1 | 51 | 3 |
| | 25～30 | 236 | 1682 | 1992 | 4 | 28 | 1 | 57 | 4 |
| | 20～25 | 75 | 1470 | 1689 | 7 | 23 | 1 | 69 | 7 |
| | <20 | 97 | 1190 | 1485 | 10 | 15 | 3 | 83 | 10 |

续表

| 瓶颈 | 速度/(km/h) | 样本量 | CDF/(veh/h/ln) | | 均差 | 平均速度/(km/h) | 均差 | 平均密度/(veh/km/ln) | 均差 |
|---|---|---|---|---|---|---|---|---|---|
| | | | 平均值 | 最大值 | | | | | |
| NBXX34 | 45～50 | 633 | 1543 | 2084 | 211 | 49 | 3 | 32 | 12 |
| | 40～45 | 351 | 1663 | 2152 | 204 | 43 | 1 | 38 | 7 |
| | 35～40 | 297 | 1838 | 2120 | 187 | 37 | 2 | 44 | 8 |
| | 30～35 | 419 | 1880 | 2124 | 159 | 33 | 1 | 50 | 6 |
| | 25～30 | 137 | 1730 | 2052 | 176 | 28 | 1 | 57 | 8 |
| | 20～25 | 75 | 1519 | 1748 | 189 | 23 | 1 | 64 | 9 |
| | ＜20 | 21 | 1247 | 1632 | 257 | 17 | 2 | 78 | 12 |
| NHWX71 | 45～50 | 11 | 1816 | 2016 | 32 | 47 | 2 | 32 | 3 |
| | 40～45 | 729 | 1867 | 2046 | 37 | 42 | 1 | 37 | 2 |
| | 35～40 | 456 | 1797 | 1986 | 38 | 39 | 1 | 38 | 2 |
| | 30～35 | 78 | 1662 | 1836 | 47 | 33 | 1 | 47 | 7 |
| | 25～30 | 79 | 1571 | 1800 | 55 | 28 | 1 | 55 | 6 |
| | 20～25 | 40 | 1366 | 1662 | 65 | 24 | 1 | 65 | 10 |
| | ＜20 | 20 | 1025 | 1548 | 83 | 17 | 4 | 83 | 15 |
| NBDX26 | 45～50 | 770 | 1658 | 1965 | 148 | 47 | 2 | 30 | 3 |
| | 40～45 | 876 | 1729 | 1935 | 101 | 43 | 1 | 34 | 2 |
| | 35～40 | 443 | 1688 | 1935 | 103 | 38 | 1 | 39 | 3 |
| | 30～35 | 342 | 1649 | 1830 | 82 | 33 | 1 | 44 | 3 |
| | 25～30 | 130 | 1548 | 1740 | 105 | 28 | 1 | 50 | 4 |
| | 20～25 | 92 | 1345 | 1518 | 124 | 22 | 1 | 59 | 7 |
| | ＜20 | 119 | 1123 | 1407 | 160 | 16 | 3 | 70 | 7 |

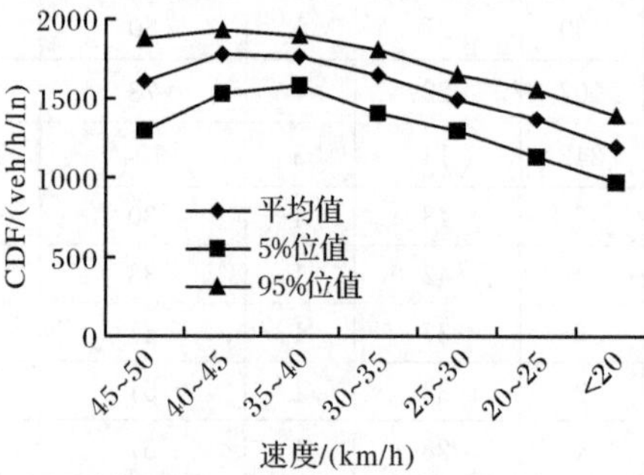


(a) YABX24

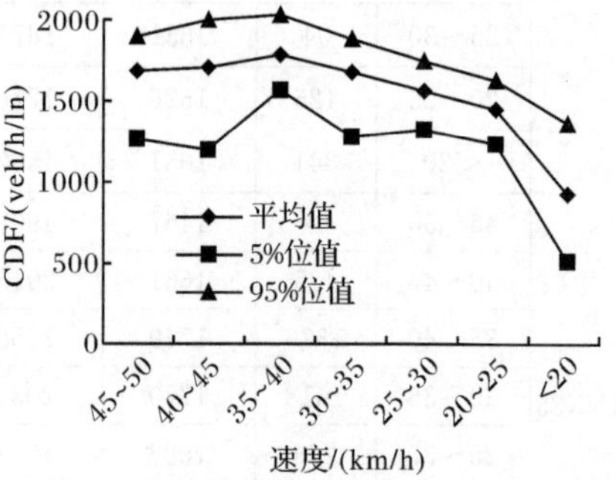


(b) NBXX28

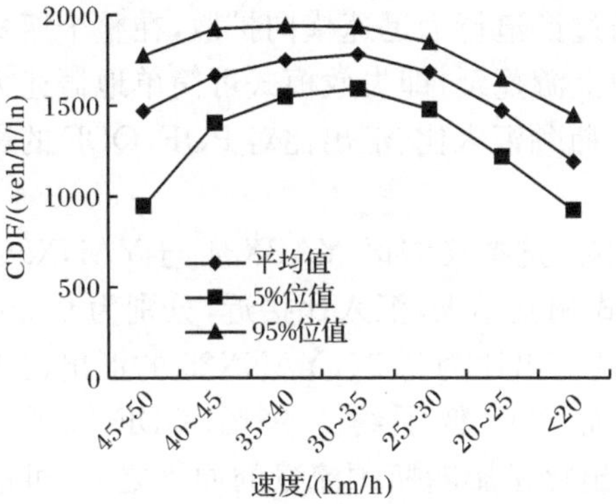

(c) YANX25

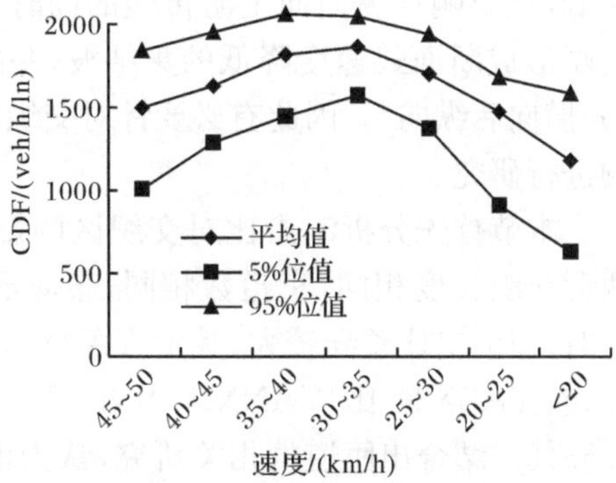

(d) NBXX34

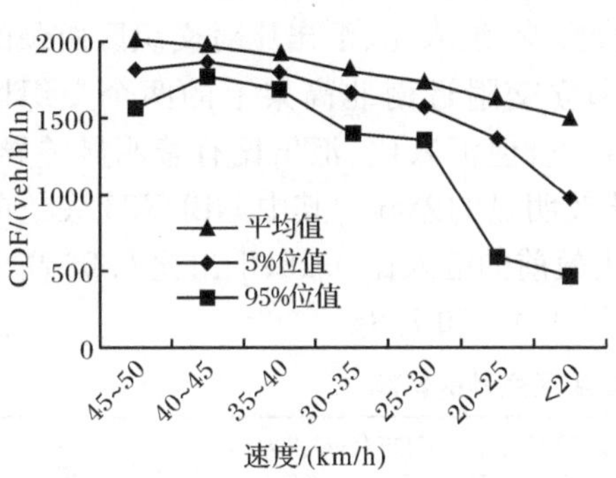

(e) NHWX71

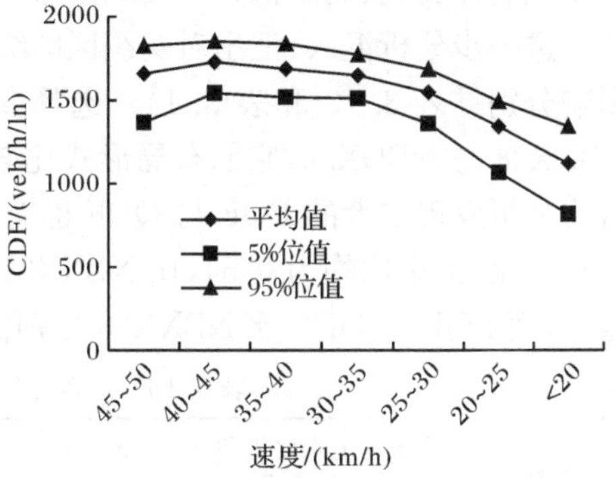

(f) NBDX26

图 3.30 各瓶颈位置不同速度下 CDF 分布曲线

### 3.5.2 交织区 PQF、QDF 与汇入、汇出行为关系

众多学者仅将瓶颈流量看作瓶颈失效的唯一致因，但 Banks[19] 认为瓶颈上游主线流量和匝道流量对瓶颈失效影响很大，因此须考察控制匝道流量对瓶颈的抑制作用。交织区入匝道车辆的汇入及主线上游车辆的汇出可能是导致交织区瓶颈失效、影响交织区通行能力的因素，汇入比、汇出比在一定程度上反映了交织区域内行车空间竞争的激烈程度。汇入比定义为汇入匝道流量占交织区总流量的比例；汇出比则为汇出匝道流量占交织区总流量的比例。

根据 3.4 节相关内容，出匝道瓶颈处消散流率随着汇出比的减小而增大。因此，出匝道瓶颈通行能力受限的原因可以大致归结为汇出行为的影响，汇出行为是限制瓶颈通行能力的主要因素。另外，通过 3.3.4 节可知，入匝道瓶颈失效的过程是首先由加速车道末端处的强迫换道（汇入）引发瓶颈底部路肩车道的速度降低，该影响在纵向向上游传递的同时通过换道行为迅速横向扩散，在整个瓶颈底端形成断面式速度降低的集结波，并向上游蔓延，即失效模式可简单地概述为“先横向后纵向”。因此有必要针对交织区瓶颈汇入比、汇出比对 PQF、QDF 的影响进行研究。

本节首先分析汇出比对交织区的影响。选择交织区 YABX24 与 YANX25，两者交织长度相同，车道数相同，布局形式相差不大，汇入比接近，分别为 0.25、0.21；但汇出比差异较大，其中 YABX24 的汇出比为 0.32，YANX25 的汇出比为 0.16，YABX24 比 YANX25 高出很多，而 PQF 低了约 1.98%，QDF 低了约 2.58%。结合出匝道的相关研究，认为汇出比是影响瓶颈流量的原因之一，可能原因是较高的汇出比表明有较多车辆从主线驶离，大量的换道行为会加剧交织区内车辆的冲突，从而降低整个交织区瓶颈的通行能力。

进一步分析汇入、汇出对交织区的综合影响，汇入比、汇出比对交织区瓶颈的影响分别见表 3.13 和表 3.14。选择共和立交附近南北高架上的两个交织区 NBXX28 与 NBDX26，它们布局形式比较接近，但汇入比、汇出比有着明显差异，对比分析发现二者的 PQF 与 QDF 也有比较明显的差异。其中 NBDX26 失效前的汇入比、汇出比均为 0.54，比 NBXX28 失效前的汇入比 0.28、汇出比 0.26 高出很多，而 PQF 和 QDF 比 NBXX28 分别低了 4.4%和 7.8%。

**表 3.13 汇入比对交织区瓶颈的影响**

| 瓶颈 | 失效前汇入比 | | PQF/(veh/h/ln) | | 失效后汇入比 | | QDF/(veh/h/ln) | | 样本量 | 车道数 |
|---|---|---|---|---|---|---|---|---|---|---|
| | 平均值 | 均差 | 平均值 | 均差 | 平均值 | 均差 | 平均值 | 均差 | | |
| YABX24 | 0.25 | 0.04 | 1710 | 171 | 0.26 | 0.02 | 1781 | 72 | 47 | 4 |
| NBXX28 | 0.28 | 0.04 | 1779 | 142 | 0.26 | 0.01 | 1973 | 72 | 5 | 3 |
| YANX25 | 0.21 | 0.03 | 1744 | 128 | 0.29 | 0.01 | 1827 | 65 | 22 | 4 |
| NBXX34 | — | — | 1709 | 177 | — | — | 1831 | 138 | 32 | 3 |
| NBDX26 | 0.54 | 0.03 | 1700 | 101 | 0.56 | 0.02 | 1819 | 83 | 32 | 3 |

**表 3.14 汇出比对交织区瓶颈的影响**

| 瓶颈 | 失效前汇出比 | | PQF/(veh/h/ln) | | 失效后汇出比 | | QDF/(veh/h/ln) | | 样本量 | 车道数 |
|---|---|---|---|---|---|---|---|---|---|---|
| | 平均值 | 均差 | 平均值 | 均差 | 平均值 | 均差 | 平均值 | 均差 | | |
| YABX24 | 0.32 | 0.04 | 1710 | 171 | 0.30 | 0.03 | 1781 | 72 | 47 | 4 |
| NBXX28 | 0.26 | 0.01 | 1779 | 142 | 0.26 | 0.01 | 1973 | 72 | 5 | 3 |
| YANX25 | 0.16 | 0.03 | 1744 | 128 | 0.21 | 0.01 | 1827 | 65 | 22 | 4 |
| NBXX34 | 0.38 | — | 1709 | 177 | 0.38 | — | 1831 | 138 | 32 | 3 |
| NBDX26 | 0.54 | 0.05 | 1700 | 101 | 0.51 | 0.04 | 1819 | 83 | 32 | 3 |

通过以上分析，可以发现汇出行为对瓶颈失效有一定的影响，交织区几何构型一致，汇入比相似时，汇出比越高，瓶颈处 PQF、QDF 越小。综合考虑汇入、汇出时，交织区几何构型一致，汇入比、汇出比都较高，瓶颈处 PQF、QDF 较小。由于数据缺失，未能单独研究汇入比对瓶颈流量的影响，但结合对交织区汇入、汇出的综合影响及入匝道的相关研究，可以认为汇出比相似时，汇入比与瓶颈流量 PQF、QDF 成反比。需要指出的是，类似的实证对比研究需要控制的变量较多，对交织区样本量有较高的要求，因此上述结论仅是一般意义的认知，若需对各个因素进行受控敏感性分析，仿真是重要的研究方法。

### 3.5.3 影响交织区瓶颈失效的因素

在 3.5.2 节的研究中，由于实测数据缺失，无法明确得知汇入比、汇出比如何影响交织区瓶颈，交织区通行能力、通行效率等参数如何随汇入比、汇出比变化。此外，交织区设施如交织长度等对瓶颈失效的影响，交织区内三种换道行为，即自由换道、协作换道、强迫换道的不同比例对瓶颈失效的影响都需要进一步研究。现有的仿真模型，如 VISSIM、AIMSUN、Paramics 等，并不能系统全面反映中国典型快速路的换道行为，因此不能直接用来进行多因素敏感性分析。此外，VISSIM 并不能选择换道行为中自由换道、协作换道、强迫换道的比例，不能进行更微观、精细化的研究。因此，本节依托 Visual Studio 开发工具，以经典跟驰模型和中国式换道行为模型为基础，建立了快速路交织区微观仿真系统，系统研究交织长度、汇入比、汇出比、换道类型对交织区瓶颈失效的影响。

#### 1. 交织区微观仿真中的跟驰模型

常用的跟驰模型大致可以分为：刺激-反应模型、安全距离模型、生理-心理模型、人工智能模型、优化速度模型和智能驾驶员模型。本章选择优化速度类模型中的速度差分模型（velocity-difference-separation model，VDSM）作为仿真原型中的跟驰模型，下面简要介绍优化速度模型。

最初由 Bando 等[67]提出的优化速度（optimal velocity，OV）模型，根据跟驰车辆与引导车辆间的车头间距可以得到每个跟驰车辆驾驶员的期望速度，而跟驰车辆的加速度则由跟驰车辆的期望加速度与实际加速度之差来决定。此模型可以描述静止车队中头车的启动过程，但是 OV 模型会产生过高的加速度及不切实际的减速度。为此 Helbing 和 Tilch[68]考虑负速度差对后车的影响，从而提出了广义力模型，其比 OV 模型更符合实际交通数据，但会产生加速度过大等问题。Jiang 等[69]同时考虑正负速度差对后车的影响，提出了全速度差（full velocity difference，FVD）模型，与广义力模型相比全速度差模型在模拟车辆运动延迟和启动波速时与实际观测结果较为符合。但 Li 和 Liu[70]在对全速度差模型的模拟仿真分析中发现，密度较低时车速会出现负值，且只有在一定条件下交通流是稳定的。在此基础上，提出了速度差分模型。

VDSM 的数学表达式如下所示：

$$\begin{aligned}\frac{\mathrm{d}v_i(t)}{\mathrm{d}t} &= k[V(\Delta x_i(t)) - V_i(t)] \\ &+ \lambda\Theta(\Delta v_i(t))\Delta v_i(t)(1+\tanh\{C_1[\Delta x_i(t)-l_\mathrm{v}]-C_2\})^3 \\ &+ \lambda\Theta(-\Delta v_i(t))\Delta v_i(t)(1-\tanh\{C_1[\Delta x_i(t)-l_\mathrm{v}]-C_2\})^3 \end{aligned} \tag{3.10}$$

式中，$x_i(t)$、$v_i(t)$、$\mathrm{d}v_i(t)/\mathrm{d}t$ 分别为第 $i$ 辆车的位置、速度和加速度，$x_i(t)$、$v_i(t)$ 均大于 0，单位分别为 m、m/s 和 $\mathrm{m/s^2}$，$t$ 为时间，s；$k$ 为敏感系数，$k>0$，$\mathrm{s^{-1}}$；$\lambda$ 为速度差的反应系数，$\lambda>0$；$l_\mathrm{v}$ 为车辆长度，通常取 5m；$\Delta x_i(t)$ 为 $t$ 时刻前车与跟驰车辆的车头间距，下标 $i$ 为车辆标号（第 $i$ 辆车跟随第 $i-1$ 辆车），$\Delta x_i(t)=x_{i-1}(t)-x_i(t)$；$\Delta v_i(t)$ 为 $t$ 时刻前车与跟驰车辆的速度差，$\Delta v_i(t)=v_{i-1}(t)-v_i(t)$；$C_1$、$C_2$ 为常数；$\Theta$ 为阶跃函数；tanh(·)为双曲正切函数；$V(\cdot)$ 为优化速度函数，是 $\Delta x_i(t)$ 的函数，其常用形式为

$$V(\Delta x_i(t)) = \frac{v_{\max}}{2}\{\tanh[\Delta x_i(t)-x_\mathrm{c}]+\tanh(x_\mathrm{c})\} \tag{3.11}$$

其中，$v_{\max}$ 为车辆的最大速度；$x_\mathrm{c}$ 为安全间距。根据换道模型的相关研究及参数标定，$k=0.41$，$\lambda=0.3$，$x_\mathrm{c}=25\mathrm{m}$，$C_1=0.13\mathrm{m^{-1}}$，$C_2=1.57$。

### 2. 交织区微观仿真中的换道模型

车辆换道行为是对车辆横向运动的描述，交织区车辆为完成汇入、汇出，需要大量换道行为，但关于换道模型的研究较少，现有的换道模型主要分为三类：基于 Gipps 的换道决策模型、基于效用理论的换道决策模型、基于其他方法的换道决策模型[71]。下面简要介绍基于 Gipps 的换道决策模型。

Gipps 是最早提出面对多个目标的换道决策模型的研究者之一，Gipps 的模型是一种基于规则的、确定的模型，驾驶员是否换道是基于一组确定的规则所决定的，这组规则评估了影响换道决策的各因素的相对重要性。

在 Gipps 的基础上，Yang 和 Koutsopoulos[72] 在模型中引入换道概率，将换道行为作为一种基于规则的概率性事件，使其更符合实际情况。

车辆换道行为包括两种：强制性(mandatory)换道和任意性(discretionary)换道。强制性换道是指具有确定的目标车道，在一定区间内必须实施换道的行为，如匝道的分流、合流车辆，交织区车辆等，此类行为的关键是存在一个最迟换道点。任意性换道是指车辆在遇到前方较慢的车辆时，为了追求更快的车速、更自由的驾驶空间而发生的变换车道行为。

本节选择了 Sun 等[73] 基于 Gipps 的换道决策模型中的概率性换道改进模型，

作为仿真原型中的换道模型。车辆换道需要符合激励标准和安全标准。之前研究中多考虑当前车辆和相关车辆在目标车道或当前车道的车头间距作为标准。然而,考虑到实际情况,目标车道上的车辆速度比较高,想要变道的车辆需要较大的间距。当车辆在目标车道上速度较小时,较小的间距也会使车辆变道。因此,固定的可接受的间距是不太合适的。因此,在此模型中,引入车头时距及不固定的可接受间距,可以更合理地模拟车道变换行为。此外,面对适当的换道条件,不同的驾驶员可能有不同的车道变换决策。因此,可以将车道变化的概率引入标准。

本书所选择的换道模型主要考虑两条换道规则:动机规则;安全规则。其中,任意性换道为概率性事件,当满足换道条件时,仅部分车辆选择换道。对于强制性换道,在满足换道条件时,车辆必然换道,即换道概率 $p=1$,且位于不同位置,最小安全时距、最小安全间距有所不同。主要包括以下三类情况:

(1) 当 $D>D_0$ 时,且

$$\begin{cases} v_i<v_f,\Delta t_{ri}>t_{sf}, & \text{动机条件,} \\ \Delta x_{ri}>x_{sf},\Delta x_{fi}>x_{sf}, & \text{安全条件,} \end{cases} \quad \text{则换道概率 } p\leqslant\rho_1$$

(2) 当 $D>D_0$ 时,且

$$\begin{cases} v_i>v_f,\Delta t_{fi}>t_{sf},\Delta t_{ri}>t_{sf}, & \text{动机条件,} \\ \Delta x_{ri}>x_{sf},\Delta x_{fi}>x_{sf}, & \text{安全条件,} \end{cases} \quad \text{则换道概率 } p\leqslant\rho_2$$

(3) 当 $D<D_0$ 时,且

$$\begin{cases} \Delta t_{ri}>t_{sf}^*, & \text{动机条件,} \\ \Delta x_{ri}>x_{sf},\Delta x_{fi}>x_{sf}, & \text{安全条件,} \end{cases} \quad \text{则换道概率 } p\leqslant\rho_3$$

式中,$D$ 为当前车到汇入点或汇出点的距离,m;$D_0$ 为临界距离,为一个常数,m;$v_i$ 为换道车辆的速度,m/s;$v_f$ 为目标车道前车速度,m/s;$\Delta t_{ri}$ 为换道车辆与目标车道后车之间的车头时距,s;$\Delta t_{fi}$ 为换道车辆与目标车道前车之间的车头时距,s;$\Delta x_{ri}$ 为换道车辆与目标车道后车之间的车头间距,m;$\Delta x_{fi}$ 为换道车辆与目标车道前车之间的车头间距,m;$t_{sf}$、$t_{sf}^*$ 为车辆换道的临界车头时距,s,但 $t_{sf}^*$ 更小,符合更严格标准的车头时距;$x_{sf}$ 为安全车头间距;$\rho_1$、$\rho_2$、$\rho_3$ 为大于 0 且小于 1 的常数,满足条件(1)、(2)、(3)时,车辆的换道概率分别为小于 $\rho_1$、$\rho_2$、$\rho_3$ 的某一值。根据换道模型的相关研究及经验值,$D_0=10\text{m}$,$t_{sf}=1.5\text{s}$,$t_{sf}^*=1.0\text{s}$,$x_{sf}=7.5\text{m}$[73]。

3. 仿真分析

在 Visual Studio 搭建仿真平台,车辆的跟驰模型和换道模型如前所示,构建典型交织区,以三车道交织区为例,如图 3.31 所示。整个交织区分为三部分:交织段上游 A、交织段 B、交织段下游 C,长度分别为 $L_A$、$L_B$、$L_C$,交织长度 $L=L_A+L_B+L_C$,交织区三条车道分别为车道 0、车道 1、车道 2,并在交织段上游 A、交织段

B、交织段下游 C 各个车道设置数据采集点。按照一定的车辆到达率规律，在交织段上游车道 1、车道 2 及入匝道输入车辆，采集相应位置的流量、速度等数据，分析仿真结果。

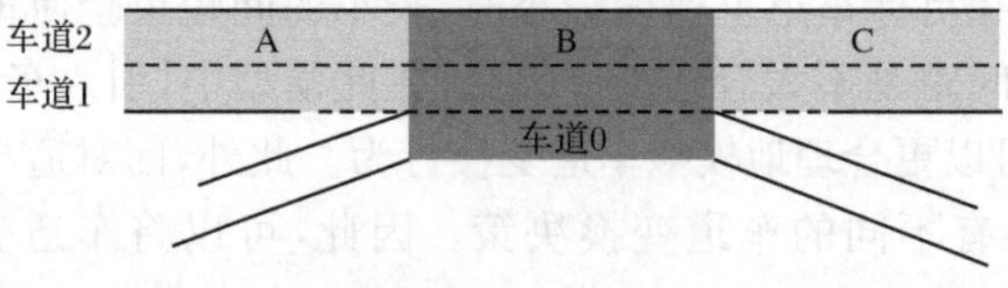


图 3.31　仿真实验三车道交织区构形图

图 3.32 是一个快速路交织区路段示意图，$L_s$ 表示交织区的长度，即 $L_B$，其包括 4 种流向的 OD 需求：快速路-快速路（A-C，FF）、快速路-匝道（A-D，FR）、匝道-快速路（B-C，RF）和匝道-匝道（B-D，RR）。汇入比定义为汇入匝道流量占交织区域总流量的比例；汇出比则为汇出匝道流量占交织区域总流量的比例。汇入比（IR）和汇出比（OR）的计算公式如下：

$$\mathrm{IR}=\frac{V_{\mathrm{RF}}}{V_{\mathrm{FR}}+V_{\mathrm{RF}}+V_{\mathrm{FF}}+V_{\mathrm{RR}}} \tag{3.12}$$

$$\mathrm{OR}=\frac{V_{\mathrm{FR}}}{V_{\mathrm{FR}}+V_{\mathrm{RF}}+V_{\mathrm{FF}}+V_{\mathrm{RR}}} \tag{3.13}$$

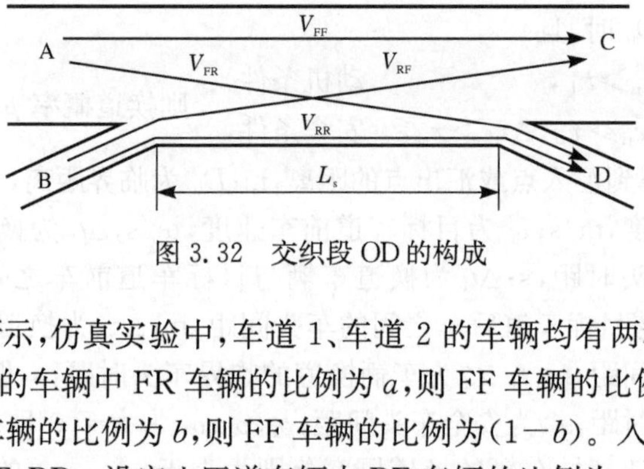


图 3.32　交织段 OD 的构成

如图 3.32 所示，仿真实验中，车道 1、车道 2 的车辆均有两种 OD 需求：FF、FR。设定车道 1 的车辆中 FR 车辆的比例为 $a$，则 FF 车辆的比例为 $(1-a)$；车道 2 的车辆中 FR 车辆的比例为 $b$，则 FF 车辆的比例为 $(1-b)$。入匝道的车辆均有两种 OD 需求：RF、RR。设定入匝道车辆中 RF 车辆的比例为 $c$，则 RR 车辆的比例为 $(1-c)$，设车道 1 输入流量为 $V_1$、车道 2 输入流量为 $V_2$、入匝道输入流量为 $V_0$，根据上述汇入比、汇出比的定义，仿真实验中：

$$V_{\mathrm{RF}}=cV_0 \tag{3.14}$$

$$V_{\mathrm{FR}}=aV_1+bV_2 \tag{3.15}$$

设定车道 1、车道 2 的车辆到达率相等，设为 $R$，单位为 veh/s，其是时间 $t$ 的分段函数，满足如下规律，如图 3.33 所示，车道 0 的车辆到达率为 0～0.8veh/s，间隔为 0.1veh/s。

$$R=\begin{cases}0.1, & t\leqslant 700\text{s}\\ 0.1+0.0004(t-700), & 700\text{s}<t<3400\text{s}\\ 1.18, & 3400\text{s}\leqslant t\leqslant 5200\text{s}\\ 1.18-0.0004(t-5200), & 5200\text{s}<t<7900\text{s}\\ 0.1, & 7900\text{s}\leqslant t\leqslant 8800\text{s}\end{cases}\tag{3.16}$$

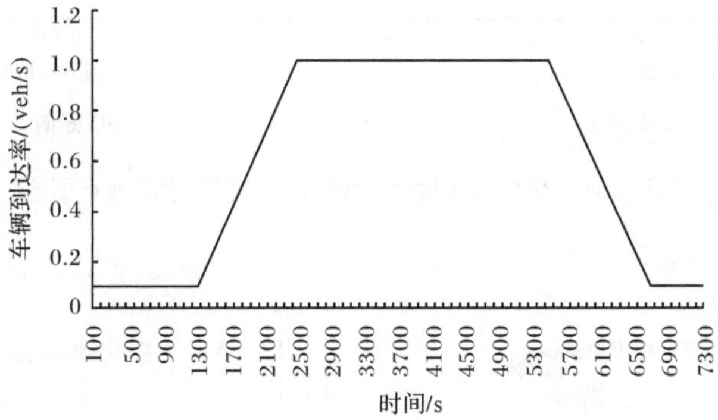


图 3.33 主线车辆到达率随时间的变化曲线

1) 交织区长度对瓶颈失效的影响

分析交织区长度对瓶颈失效的影响，需保证其他变量如汇入比、汇出比不变，设置 $a$、$b$、$c$ 分别为 40%、20%、50%（$a$、$b$、$c$ 的定义与前文一致，$a$、$b$、$c$ 保持不变，则汇入比、汇出比保持不变），交织段上游、交织段下游长度均为 200m，仅改变交织段长度 $L_B$，$L_B$ 分别为 100m、200m、300m、400m，则交织区长度 $L$ 分别为 500m、600m、700m、800m。

以交织区长度分别为 500m、600m 为例，交织区 250m 位置处车道 0、车道 1、车道 2 及断面的流量-速度散点图如图 3.34 和图 3.35 所示。

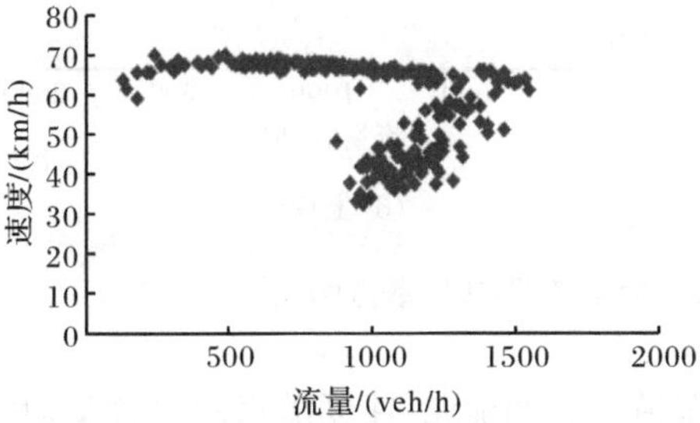


(a) 车道 0

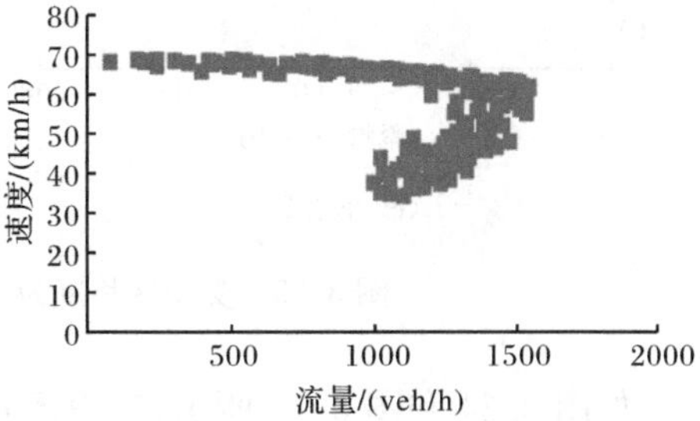


(b) 车道 1

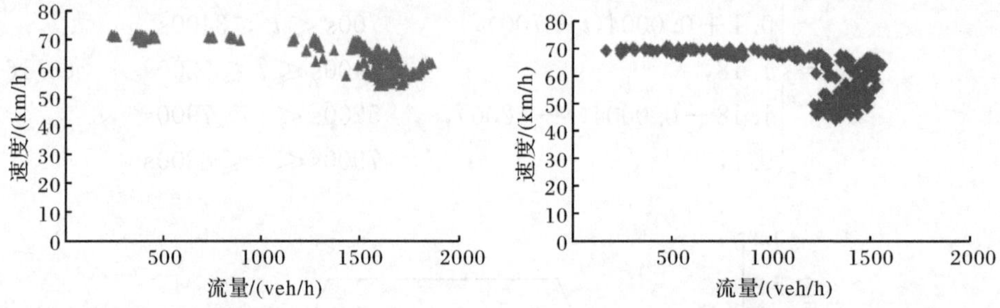


(c) 车道 2　　(d) 断面

图 3.34 交织区长度为 500m 时的流量-速度散点图

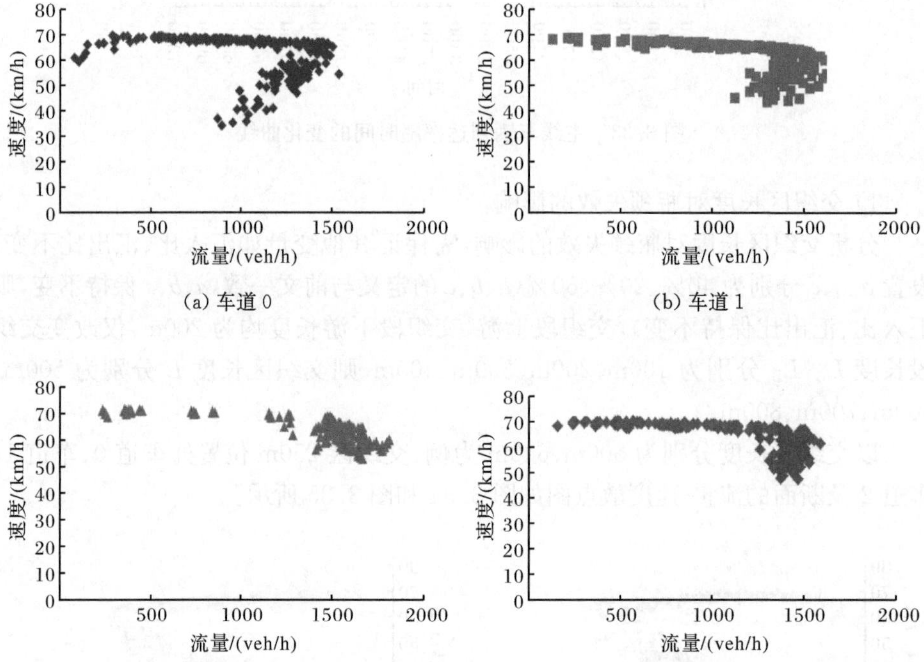


(c) 车道 2　　(d) 断面

图 3.35 交织区长度为 600m 时的流量-速度散点图

如图 3.34 和图 3.35 所示，交织区各车道及断面流量-速度散点图符合交通流规律。交织区长度对瓶颈失效过程会产生影响，对比图 3.34 和图 3.35，当交织区长度为 500m 和 600m 时，车道 0、车道 1 产生瓶颈失效现象，但可以明显看出，当交织区长度为 500m 时，车道 1 上位于 F 级以下服务水平的点较多。下面通过一组数据定量分析通行能力及失效时长等随交织区长度变化的规律，见表 3.15 和表 3.16，交织区长度变化时通行能力对比图如图 3.36 所示（注：车道 2 基本不发生失效，分析主要以车道 0、车道 1 及断面为主）。

**表 3.15　不同交织区长度下通行能力的变化**

| 交织区长度/m | 断面通行能力/(veh/h/ln) | 车道 0 通行能力/(veh/h/ln) | 车道 1 通行能力/(veh/h/ln) |
| --- | --- | --- | --- |
| 500 | 1536 | 1548 | 1584 |
| 600 | 1572 | 1524 | 1668 |
| 700 | 1584 | 1548 | 1732 |
| 800 | 1611 | 1560 | 1800 |

**表 3.16　不同交织区长度下失效时刻所占比例的变化**

| 交织区长度/m | 断面失效时刻所占比例 | 车道 0 失效时刻所占比例 | 车道 1 失效时刻所占比例 |
| --- | --- | --- | --- |
| 500 | 0.40 | 0.36 | 0.38 |
| 600 | 0.29 | 0.32 | 0.20 |
| 700 | 0.23 | 0.28 | 0.17 |
| 800 | 0.20 | 0.25 | 0.13 |

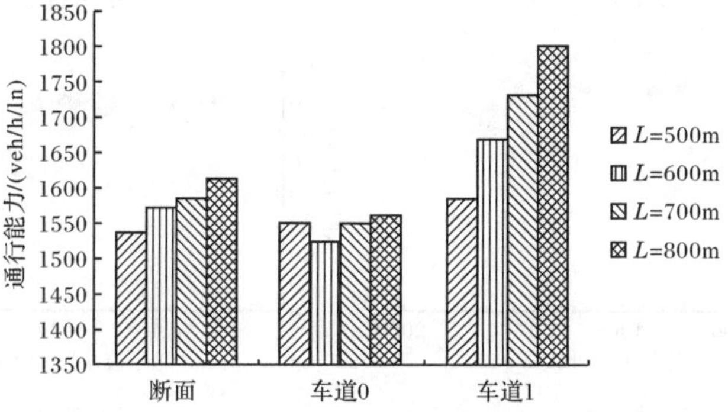


图 3.36　交织区长度变化时通行能力对比图

通过以上分析可知，当其他影响交织区瓶颈失效的因素保持不变，仅改变交织区长度时，交织区断面及单车道的通行能力均会发生变化，交织区长度越长，对交织区运行产生的正面效果越大。随着交织区长度的增加，交织区断面通行能力及各车道通行能力均表现出增强的趋势，且位于 F 级以上服务水平的时刻所占比例有相对减小的趋势。

2) 汇出比对瓶颈失效的影响

分析交织区汇出比对瓶颈失效的影响，需保证其他变量如汇入比、交织区长度不变，设置交织区长度为 500m，$b$、$c$ 分别为 20%、50%，$a$ 取 0、10%、20%、30%、

40%、50%、60%、70%。由上述的定义可知，汇出比随车道 1 的车辆中 $a$ 的变化而变化，且 $a$ 越大，汇出比越大。

以 $a$ 分别为 40%、60%为例，交织区 250m 位置处车道 0、车道 1、车道 2 及断面的流量-速度散点图如图 3.37 和图 3.38 所示。交织区各车道及断面流量-速度散点图符合交通流规律。交织区汇出比对瓶颈失效过程会产生影响。对比图 3.37 和图 3.38，当 $a$=40%、$a$=60%时，车道 0、车道 1、断面均产生瓶颈失效现象，但可以明显看出，当 $a$ 为 60%时，各车道上位于 F 级以下服务水平的点较多。下面通过一组数据定量分析通行能力及失效时刻所占比例等随汇出比变化的规律，如表 3.17、表 3.18、图 3.39所示(注：车道 2 基本不发生失效，分析主要以车道 0、车道 1 及断面为主)。

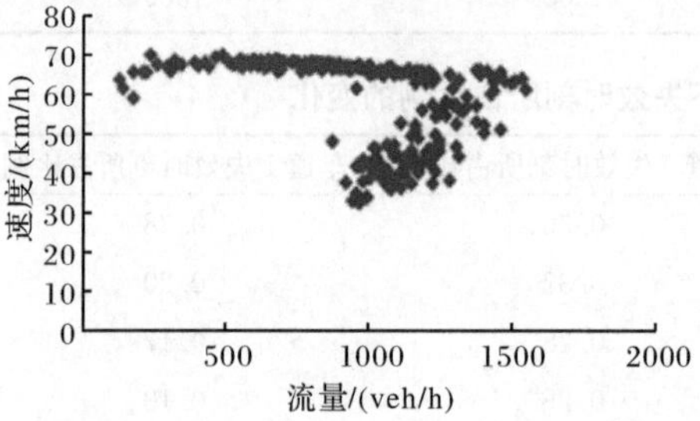


(a) 车道 0

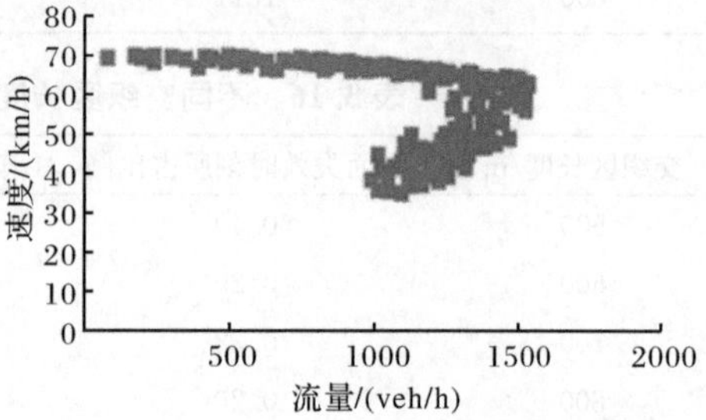


(b) 车道 1

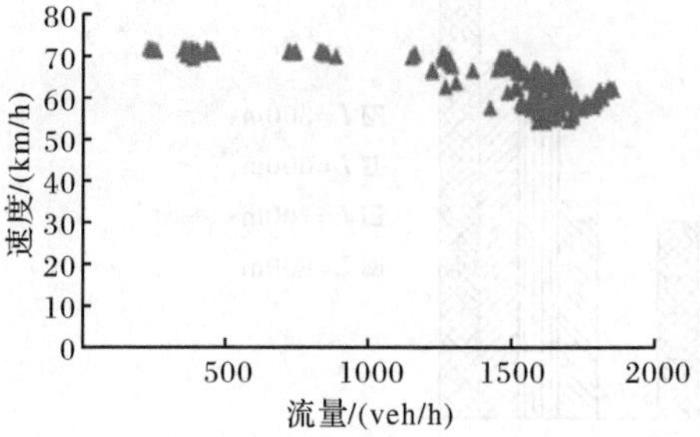


(c) 车道 2

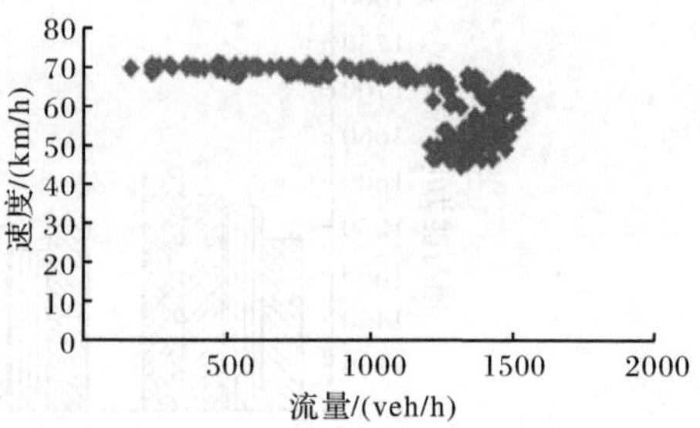


(d) 断面

图 3.37　$a$ 为 40%时的流量-速度散点图

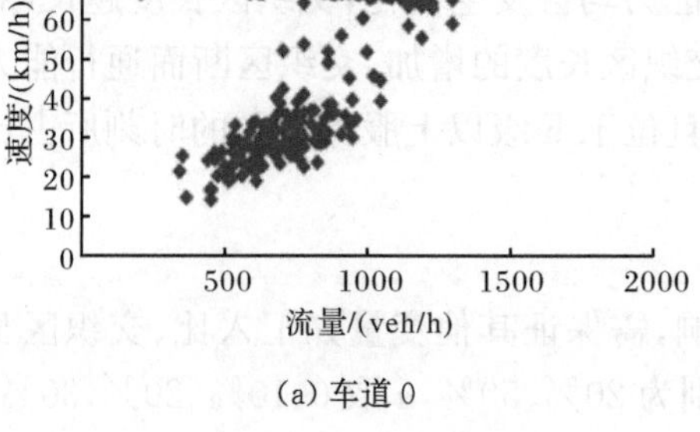


(a) 车道 0

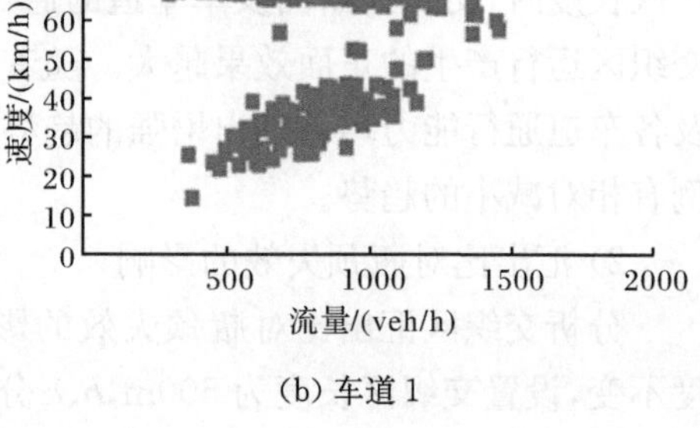


(b) 车道 1

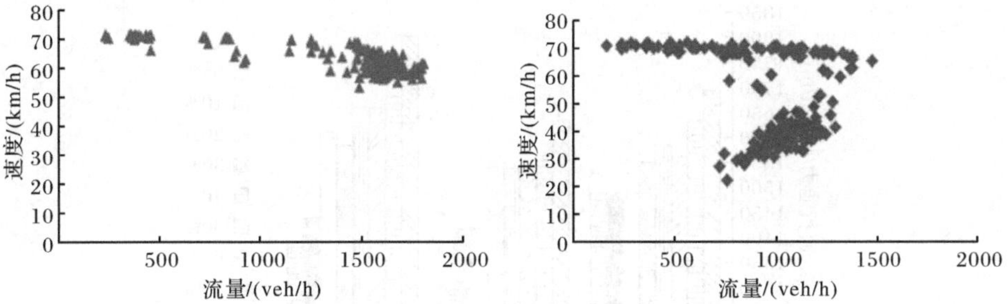


(c) 车道 2　　(d) 断面

图 3.38　$a$ 为 60%时的流量-速度散点图

**表 3.17　不同汇出比下通行能力的变化**

| $a$/% | 断面通行能力/(veh/h/ln) | 车道 0 通行能力/(veh/h/ln) | 车道 1 通行能力/(veh/h/ln) |
|---|---|---|---|
| 0 | 1692 | 1632 | 1800 |
| 10 | 1632 | 1560 | 1680 |
| 20 | 1560 | 1536 | 1656 |
| 30 | 1584 | 1536 | 1620 |
| 40 | 1548 | 1548 | 1584 |
| 50 | 1488 | 1416 | 1608 |
| 60 | 1488 | 1416 | 1440 |
| 70 | 1488 | 1380 | 1392 |

**表 3.18　不同汇出比下失效时刻所占比例的变化**

| $a$/% | 断面失效时刻所占比例 | 车道 0 失效时刻所占比例 | 车道 1 失效时刻所占比例 |
|---|---|---|---|
| 0 | 0.15 | 0.12 | 0.21 |
| 10 | 0.19 | 0.19 | 0.21 |
| 20 | 0.22 | 0.24 | 0.22 |
| 30 | 0.31 | 0.32 | 0.31 |
| 40 | 0.35 | 0.35 | 0.36 |
| 50 | 0.42 | 0.44 | 0.42 |
| 60 | 0.45 | 0.45 | 0.45 |
| 70 | 0.49 | 0.49 | 0.49 |

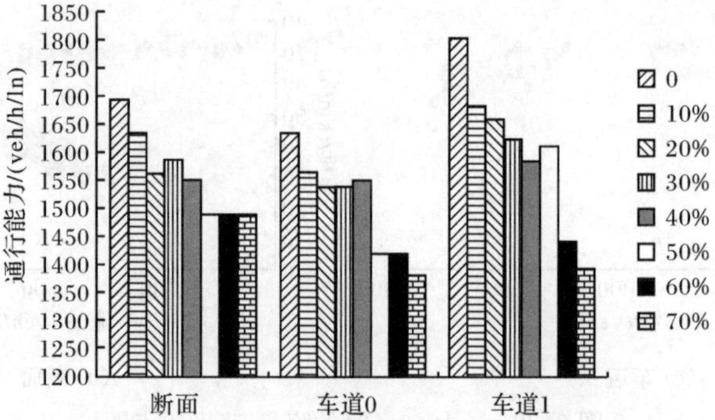


图 3.39　汇出比变化时通行能力对比图

通过以上分析可以看出，当其他影响交织区瓶颈失效的因素保持不变，仅改变交织区汇出比时，交织区断面及单车道的通行能力均会发生变化，交织区汇出比越大，对交织区的负面影响越大，交织区断面通行能力及各车道通行能力均表现出减小的趋势，且对比位于 F 级以上服务水平时刻的比例，发现汇出比越大，瓶颈失效持续的时间相对更长。

3) 汇入比对瓶颈失效的影响

分析交织区汇入比对瓶颈失效的影响，需保证其他变量如汇出比、交织区长度不变，设置交织区长度为 500m，$a$、$b$ 分别为 40%、20%，$c$ 分别取 0、10%、20%、30%、40%、50%、60%、70%。由上述定义可知，汇出比随车道 1 的车辆中 $c$ 的变化而变化，且 $c$ 越大，汇入比越大。

以 $c$ 分别为 10%、60%为例，交织区 250m 位置处车道 0、车道 1、车道 2 及断面的流量-速度散点图如图 3.40 和图 3.41 所示。

从图中可以看出，交织区各车道及断面流量-速度散点图符合交通流规律，交织区汇入比对瓶颈失效过程会产生影响。对比图 3.40 和图 3.41，当 $c=10\%$、$c=60\%$时，车道 0、车道 1、断面均产生瓶颈失效现象，但可以明显看到，当 $c$ 为 60%

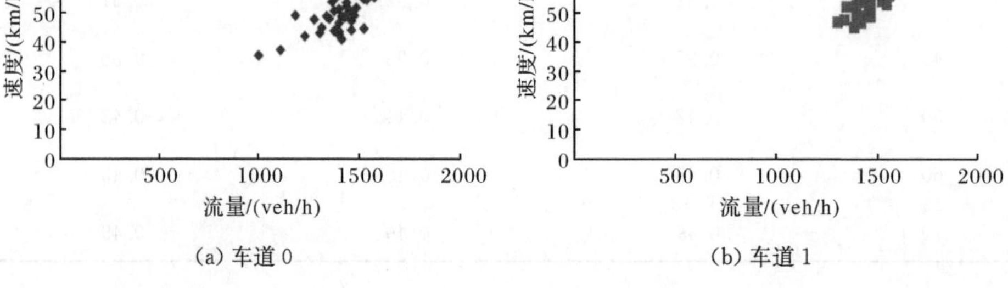


(a) 车道 0　　(b) 车道 1

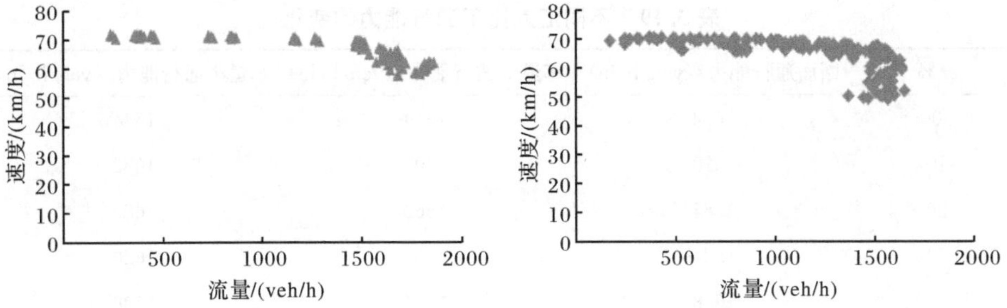


(c) 车道 2　　(d) 断面

图 3.40　$c$ 为 10%时的流量-速度散点图

时,各车道上位于 F 级以下服务水平的点较多。下面通过一组数据定量分析通行能力及失效时刻所占比例等随汇入比变化的规律,如表 3.19、表 3.20 和图 3.42 所示(注:车道 2 基本不发生失效,分析主要以车道 0、车道 1 及断面为主)。

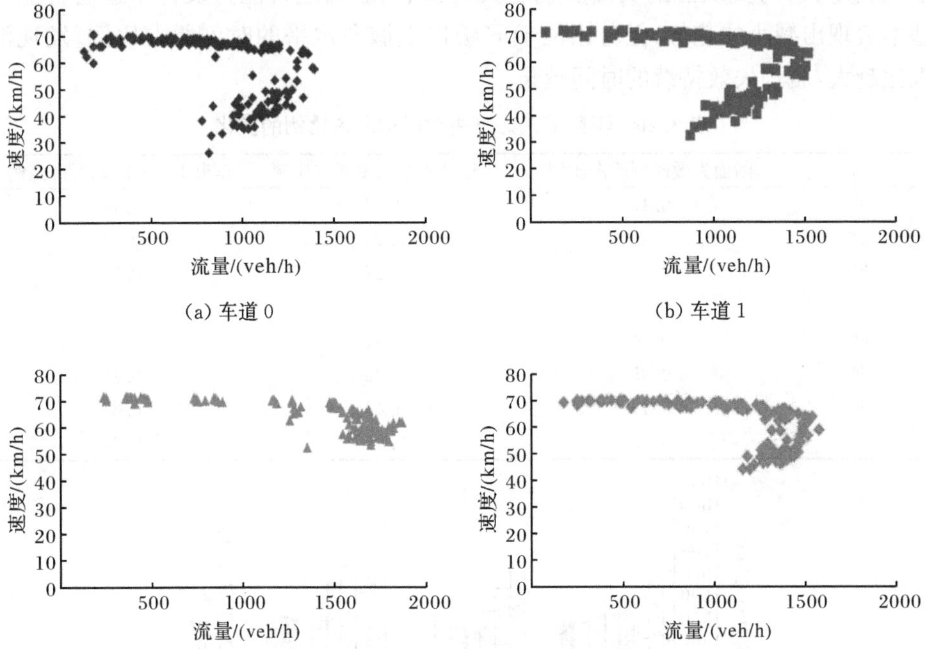


(a) 车道 0　　(b) 车道 1

(c) 车道 2　　(d) 断面

图 3.41　$c$ 为 60%时的流量-速度散点图

**表 3.19　不同汇入比下通行能力的变化**

| $c$/% | 断面通行能力/(veh/h/ln) | 车道 0 通行能力/(veh/h/ln) | 车道 1 通行能力/(veh/h/ln) |
|---|---|---|---|
| 0 | 1632 | 1644 | 1644 |
| 10 | 1620 | 1608 | 1632 |
| 20 | 1584 | 1560 | 1680 |
| 30 | 1584 | 1536 | 1620 |
| 40 | 1548 | 1524 | 1596 |
| 50 | 1536 | 1548 | 1584 |
| 60 | 1536 | 1380 | 1548 |
| 70 | 1488 | 1368 | 1524 |

通过以上分析可以看出,当其他可能影响交织区瓶颈失效的因素保持不变,仅改变交织区汇入比时,交织区断面及单车道的通行能力均会发生变化,交织区汇入比越大,对交织区的负面影响越大,交织区断面通行能力及各车道通行能力基本表现出减小的趋势,但对比位于 F 级以上服务水平的时刻所占比例,发现汇入比越大,瓶颈失效持续的时间越长。

**表 3.20　不同汇入比下失效时刻所占比例的变化**

| $c$/% | 断面失效时刻所占比例 | 车道 0 失效时刻所占比例 | 车道 1 失效时刻所占比例 |
|---|---|---|---|
| 0 | 0.10 | 0.22 | 0.10 |
| 10 | 0.13 | 0.23 | 0.13 |
| 20 | 0.17 | 0.27 | 0.18 |
| 30 | 0.20 | 0.29 | 0.21 |
| 40 | 0.30 | 0.34 | 0.30 |
| 50 | 0.35 | 0.36 | 0.36 |
| 60 | 0.44 | 0.43 | 0.39 |
| 70 | 0.45 | 0.45 | 0.45 |

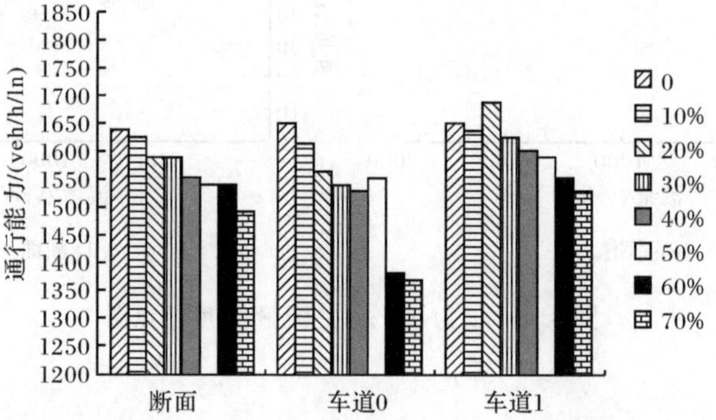


图 3.42　汇入比变化时通行能力对比图

4）换道类型对瓶颈失效的影响

分析交织区换道类型对瓶颈失效的影响，需保证其他变量如汇入比、汇出比、交织区长度不变，设置交织区长度为 500m，$a$、$b$、$c$ 分别为 40％、20％、50％，改变协作换道比例，协作换道比例分别为 0、10％、20％、30％、40％、50％、60％、70％。

以协作换道比例分别为 0、60％为例，交织区 250m 位置处车道 0、车道 1、车道 2 及断面的流量-速度散点图如图 3.43 和图 3.44 所示。

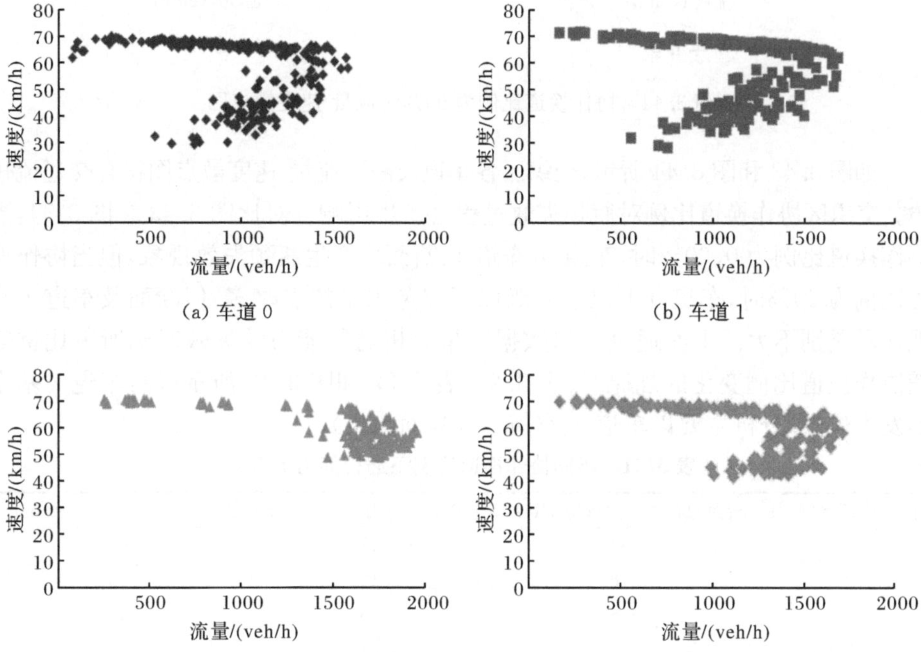


(a) 车道 0　　(b) 车道 1

(c) 车道 2　　(d) 断面

图 3.43　协作换道比例为 0 时流量-速度散点图

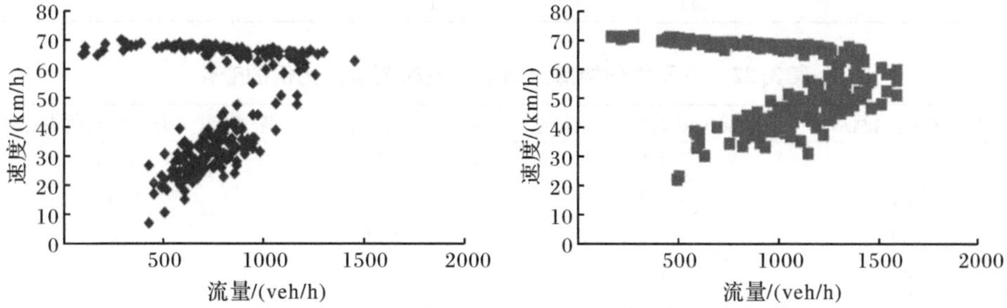


(a) 车道 0　　(b) 车道 1

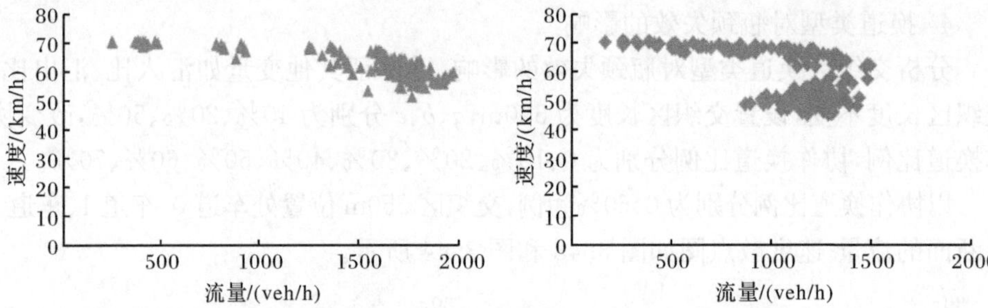


(c) 车道 2　　　　(d) 断面

图 3.44　协作换道比例为 60%时流量-速度散点图

如图 3.43 和图 3.44 所示，交织区各车道及断面流量-速度散点图符合交通流规律。交织区协作换道比例对瓶颈失效过程会产生影响。对比图 3.43 和图 3.44，当协作换道比例为 0、60%时，车道 0、车道 1、断面均产生瓶颈失效现象，但当协作换道比例为 60%时，车道 0 上位于 F 级以下服务水平的点略多，但断面及车道 1 直观显示差别不大。下面通过一组数据定量分析通行能力及失效时刻所占比例等随协作换道比例变化的规律，如表 3.21、表 3.22 和图 3.45 所示(注：车道 2 基本不发生失效，分析主要以车道 0、车道 1 及断面为主)。

**表 3.21　不同协作换道比例下通行能力的变化**

| 协作换道比例/% | 断面通行能力/(veh/h/ln) | 车道 0 通行能力/(veh/h/ln) | 车道 1 通行能力/(veh/h/ln) |
|---|---|---|---|
| 0 | 1584 | 1548 | 1632 |
| 10 | 1548 | 1512 | 1620 |
| 20 | 1548 | 1548 | 1584 |
| 30 | 1500 | 1452 | 1584 |
| 40 | 1488 | 1404 | 1572 |
| 50 | 1472 | 1464 | 1572 |
| 60 | 1464 | 1344 | 1596 |
| 70 | 1416 | 1368 | 1548 |

**表 3.22　不同协作换道比例下失效时刻所占比例的变化**

| 协作换道比例/% | 断面失效时刻所占比例 | 车道 0 失效时刻所占比例 | 车道 1 失效时刻所占比例 |
|---|---|---|---|
| 0 | 0.22 | 0.24 | 0.23 |
| 10 | 0.31 | 0.34 | 0.33 |
| 20 | 0.35 | 0.36 | 0.36 |
| 30 | 0.37 | 0.39 | 0.40 |
| 40 | 0.41 | 0.42 | 0.41 |
| 50 | 0.42 | 0.44 | 0.42 |
| 60 | 0.44 | 0.47 | 0.44 |
| 70 | 0.45 | 0.51 | 0.44 |

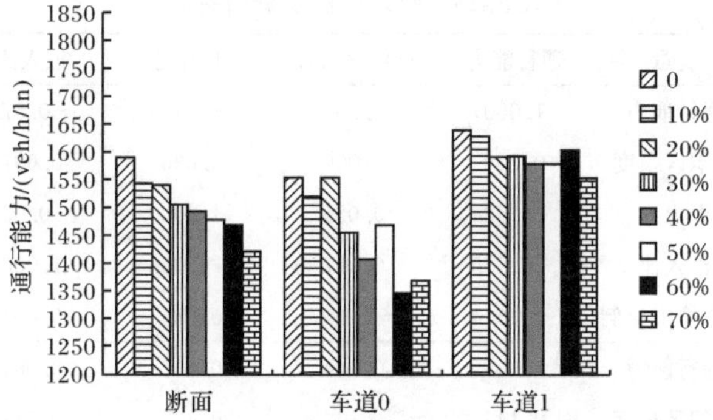


图 3.45 协作换道比例变化时通行能力对比图

通过以上分析可以看出，当其他可能影响交织区瓶颈失效的因素保持不变，仅改变交织区协作换道比例时，交织区断面及单车道的通行能力虽然存在波动，但整体表现出交织区协作换道比例越大，对交织区的负面影响越大，交织区断面通行能力及各车道通行能力减小或一致的趋势，且对比位于 F 级以上服务水平的时刻所占比例，发现协作换道所占比例越大，瓶颈失效持续的时间也越长。

4. 瓶颈失效影响因素回归分析

通过对交织区的分析，得到 4 个影响交织区瓶颈失效的因素：交织区长度、汇入比、汇出比、换道类型，本节通过 SPSS 数据分析，探究上述影响因素对交织区瓶颈失效影响的重要程度。

首先，输入数据及 4 个自变量：交织区长度、汇入比、汇出比、协作换道比例，1 个因变量：通行能力，如图 3.46 所示。表 3.23 和表 3.24 为回归分析相关性分析表和回归分析系数表。

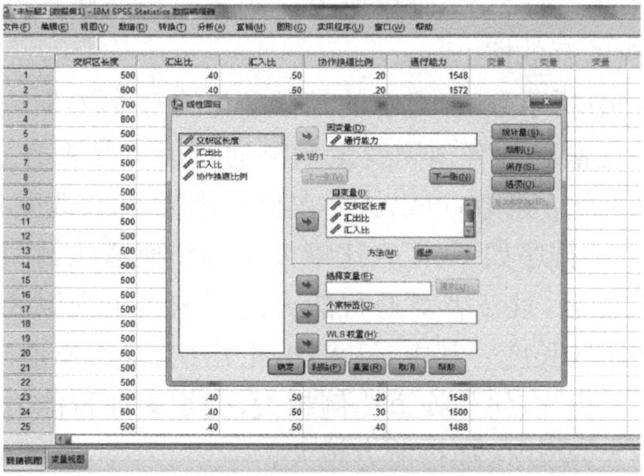

图 3.46 SPSS 多元回归输入

**表 3.23　回归分析变量相关性**

| 分析指标 | 变量 | 通行能力 | 交织区长度 | 汇出比 | 汇入比 | 协作换道比例 |
|---|---|---|---|---|---|---|
| 皮尔逊相关系数 | 通行能力 | 1.000 | 0.208 | −0.424 | −0.575 | −0.644 |
| | 交织区长度 | 0.208 | 1.000 | 0.036 | 0.097 | −0.097 |
| | 汇出比 | −0.424 | 0.036 | 1.000 | −0.035 | 0.035 |
| | 汇入比 | −0.575 | 0.097 | −0.035 | 1.000 | 0.094 |
| | 协作换道比例 | −0.644 | −0.097 | 0.035 | 0.094 | 1.000 |
| 显著性（单侧） | 通行能力 | — | 0.144 | 0.012 | 0.001 | 0.000 |
| | 交织区长度 | 0.144 | — | 0.427 | 0.311 | 0.311 |
| | 汇出比 | 0.012 | 0.427 | — | 0.430 | 0.430 |
| | 汇入比 | 0.001 | 0.311 | 0.430 | — | 0.318 |
| | 协作换道比例 | 0.000 | 0.311 | 0.430 | 0.318 | — |

**表 3.24　回归分析系数**

| 变量 | 非标准化系数 | | 标准化系数 | $T$ 值 | 显著性 | 共线性统计 | |
|---|---|---|---|---|---|---|---|
| | 系数 | 标准差 | | | | 容许值 | 方差膨胀因子 |
| 常数项 | 1690.410 | 33.036 | — | 51.169 | 0.000 | — | — |
| 协作换道比例 | −232.700 | 26.638 | −0.554 | −8.736 | 0.000 | 0.978 | 1.023 |
| 汇入比 | −235.700 | 26.638 | −0.560 | −8.833 | 0.000 | 0.978 | 1.023 |
| 汇出比 | −204.227 | 29.676 | −0.433 | −6.882 | 0.000 | 0.995 | 1.005 |
| 交织区长度 | 0.196 | 0.055 | 0.224 | 3.534 | 0.002 | 0.977 | 1.023 |

表 3.23 为相关矩阵表，第一列显示其他变量与通行能力的相关性，从表中可以看出，交织区长度、汇出比、汇入比、协作换道比例与通行能力都是显著相关。但交织区长度、汇出比、汇入比、协作换道比例之间相关性较小，排除了共线性问题，保证了回归分析的有效性。

表 3.24 为回归分析系数表，显示的是标准化的 $\beta$ 系数，对应于每个自变量的 $t$ 值和 Sig. 值表明该变量对所有预测变量预测通行能力是否有显著贡献。根据各自变量所对应的标准化 $\beta$ 系数，可以认为在相同情况下，仅改变各影响因素中的一个，对通行能力影响的排序如下：汇入比略大于协作换道比例和汇出比，三者对通行能力的影响比较显著，且三者对通行能力的影响大于交织区长度，即对于瓶颈失效的影响大于交织区长度。其中，汇入比、汇出比、协作换道比例对交织区产生负面影响，汇入比、汇出比、协作换道比例越大，交织区通行能力越小，越易发生失效。交织区长度越大，交织区通行能力越大。

### 3.5.4 小结

通过本节对交织区的分析可知，影响交织区瓶颈失效的因素主要包括交织区长度、汇入比、汇出比、换道类型等。其中，交织区长度越大，交织区瓶颈通行能力越大，且断面及各车道瓶颈失效时长均会变短。交织区汇入比、汇出比及协作换道比例越大，交织区通行能力越小，断面及各车道瓶颈失效时长均会变长。采用SPSS软件分析了4个因素对通行能力影响的重要程度，得到结论：交织区长度、汇入比、汇出比、协作换道比例中，汇入比是最重要的影响因素，交织区长度是最不重要的影响因素。

## 3.6 本章小结

本章首先对入匝道及车道减少瓶颈进行了分析，包括失效判别方法、失效特征、拥堵演化及致因分析等，其中该类瓶颈的早发性失效特征与国外同类瓶颈特征迥异；进一步对出匝道瓶颈进行了研究，发现不同汇出比对出匝道瓶颈交通流运行影响有显著差异，由于出匝道引起的车道选择过反应现象值得进一步研究探讨；最后对快速路交织区失效特征进行了探究，重点利用微观仿真模型，对不同汇入、汇出行为对失效的影响进行了分析。结果表明，与交织区长度、车道数等相比，汇入、汇出行为对快速路通行能力及失效有更显著的影响。

## 参考文献

[1] FHWA. Traffic congestion and reliability trends and advanced strategies for congestion mitigation[R]. Washington DC：Federal Highway Administration，2013.

[2] Bertini R L，Cassidy M J. Some observed queue discharge features at a freeway bottleneck downstream of a merge[J]. Transportation Research Part A：Policy and Practice，2002，36(8)：683－697.

[3] Lorenz M R，Elefteriadou L. Defining freeway capacity as function of breakdown probability[J]. Transportation Research Record：Journal of the Transportation Research Board，2001，1776(1)：43－51.

[4] Kerner B S. Theory of breakdown phenomenon at highway bottlenecks[J]. Transportation Research Record：Journal of the Transportation Research Board，2000，1710(1)：136－144.

[5] Daganzo C F. A behavioral theory of multi-lane traffic flow. Part I：Long homogeneous freeway sections[J]. Transportation Research Part B：Methodological，2002，36(2)：131－158.

[6] Treiber M，Kesting A. Evidence of convective instability in congested traffic flow：A systematic empirical and theoretical investigation[J]. Transportation Research Part B：Methodologi-

cal,2011,45(9):1362－1377.

[7] 郝媛. 交通流随机性特征及 Breakdown 概率模型研究[D]. 上海:同济大学,2009.

[8] Cassidy M J, Windover J R. Methodology for assessing dynamics of freeway traffic flow[J]. Transportation Research Record: Journal of the Transportation Research Board, 1995, (1484):73－79.

[9] Bertini R L, Lindgren R V, Helbing D, et al. The German autobahn: An ITS test bed for examining dynamic traffic flow phenomena[C]//8th IEEE International Conference on Intelligent Transportation Systems, Vienna, 2005:443－448.

[10] Cassidy M J, Bertini R L. Some traffic features at freeway bottlenecks[J]. Transportation Research Part B: Methodological, 1999, 33(1):25－42.

[11] Cassidy M J, Bertini R L. Observations at a freeway bottleneck[C]//Proceedings of the Fourteenth International Symposium on Transportation and Traffic Theory, Jerusalem, 1999:107－146.

[12] Cassidy M J, Ahn S. Driver turn-taking behavior in congested freeway merges[J]. Transportation Research Record: Journal of the Transportation Research Board, 2005, 1934(1): 140－147.

[13] Ahn S, Laval J, Cassidy M J. Merging and diverging effects on freeway traffic oscillations: Theory and Observation[J]. Transportation Research Record: Journal of the Transportation Research Board, 2010, (1301):1－8.

[14] 王殿海,董斌,杨少辉,等. 城市快速路交通状态转变时刻确定方法研究[J]. 公路交通科技,2007,24(4):117－120.

[15] 杨少辉. 城市快速路系统交通瓶颈形成、扩散特性与控制方法研究[D]. 长春:吉林大学,2006.

[16] 弓晋丽,杨东援. 基于检测线圈数据的道路交通瓶颈分析[J]. 公路交通科技,2010,27(7): 118－122.

[17] 弓晋丽. 城市快速路拥堵瓶颈及态势的识别与分析[D]. 上海:同济大学,2010.

[18] Daganzo C F. Fundamentals of transportation and traffic operations[M]. Oxford: Pergamon, 1997.

[19] Banks J H. Flow breakdown at freeway bottlenecks: Evidence from automated flow analysis[J]. Transportation Research Record: Journal of the Transportation Research Board, 2009, (2099):14－21.

[20] Brilon W, Geistefeldt J, Regler M. Reliability of freeway traffic flow: A stochastic concept of capacity[C]//Proceedings of the 16th International Symposium of Transportation and Traffic Theory, Baltimore, 2005.

[21] Dowling R, Skabardonis A, Reinke D. Predicting the impacts of ITS on freeway queue discharge flow variability[J]. Transportation Research Record: Journal of the Transportation Research Board, 2008, (2047):49－56.

[22] Elefteriadou L, Roess R P, McShane W R. Probabilistic nature of breakdown at freeway

merge junctions[J]. Transportation Research Record: Journal of the Transportation Research Board, 1995, (1484): 80—89.

[23] Dong J, Mahmassani H S. Predicting flow breakdown probability and duration in stochastic network models: Impact on travel time reliability[J]. Transportation Research Record: Journal of the Transportation Research Board, 2011, (4311): 203—212.

[24] Hall F, Agyemang-Duah K. Freeway capacity drop and the definition of capacity[J]. Transportation Research Record: Journal of the Transportation Research Board, 1991, (1320): 91—98.

[25] Das S, Levinson D. Queuing and statistical analysis of freeway bottleneck formation[J]. Journal of Transportation Engineering, 2004, 130(6): 787—795.

[26] Zhang L, Levinson D. Some properties of flows at freeway bottlenecks[J]. Transportation Research Record: Journal of the Transportation Research Board, 2004, (1883): 122-131.

[27] Zhang L, Levinson D. Ramp metering and freeway bottleneck capacity[J]. Transportation Research Part A: Policy and Practice, 2010, 44(4): 218—235.

[28] 邵长桥,张智勇,荣建. 快速路瓶颈路段交通特性分析[J]. 北京工业大学学报, 2009, 35(3): 354—358.

[29] Kerner B S. Empirical macroscopic features of spatial-temporal traffic patterns at highway bottlenecks[J]. Physical Review E, 2002, 65(4): 46138.

[30] Kerner B S. Three-phase traffic theory and highway capacity[J]. Physica A: Statistical Mechanics and Its Applications, 2004, 333(1): 379—440.

[31] Bertini R L, Leal M T. Empirical study of traffic features at a freeway lane drop[J]. Journal of Transportation Engineering, 2005, 131(6): 397—407.

[32] Persaud B, Yagar S, Brownlee R. Exploration of the breakdown phenomenon in freeway traffic[J]. Transportation Research Record: Journal of the Transportation Research Board, 1998, (1634): 64—69.

[33] Cassidy M J, Anani S B, Haigwood J M. Study of freeway traffic near an off-ramp[J]. Transportation Research Part A: Policy and Practice, 2002, 36(6): 563—572.

[34] Cassidy M J, May A D. Proposed analytical technique for estimating capacity and level of service of major freeway weaving sections[J]. Transportation Research Record: Journal of the Transportation Research Board, 1991, (1320): 99—109.

[35] Bertini R L, Malik S. Observed dynamic traffic features on a freeway section with merges and divers[J]. Transportation Research Record: Journal of the Transportation Research Board, 2004, (1867): 25—35.

[36] Cox D R. The regression analysis of binary sequences[J]. Journal of the Royal Statistical Society Series B: Methodological, 1958, 20(2): 215—242.

[37] Ramakrishnan V, Banks J H. Relationship between mean flow rate and probability of breakdown at freeway bottlenecks[C]//Transportation Research Board 85th Annual Meeting, Washington DC, 2006.

[38] Orosz G, Wilson R E, Szalai R, et al. Exciting traffic jams: Nonlinear phenomena behind

traffic jam formation on highways[J]. Physical Review E,2009,80(4):046205.

[39] Yeo H,Skabardonis A. Understanding stop-and-go traffic in view of asymmetric traffic theory[M]. Boston:Springer,2009.

[40] Daganzo C F. A behavioral theory of multi-lane traffic flow. Part II:Merges and the onset of congestion[J]. Transportation Research Part B:Methodological,2002,36(2):159—169.

[41] Muñoz J C,Daganzo C F. The bottleneck mechanism of a freeway diverge[J]. Transportation Research Part A:Policy and Practice,2002,36(6):483—505.

[42] Lee J H,Cassidy M J. An empirical and theoretical study of freeway weave bottlenecks[R]. Los Angeles:California PATH Research Report,2009.

[43] 张亚平. 快速路基本路段交通流特性和通行能力研究[D]. 哈尔滨:哈尔滨工业大学,2005.

[44] Cassidy M J,Rudjanakanoknad J. Increasing the capacity of an isolated merge by metering its on-ramp[J]. Transportation Research Part B:Methodological,2005,39(10):896—913.

[45] Laval J A,Daganzo C F. Lane-changing in traffic streams[J]. Transportation Research Part B:Methodological,2006,40(3):251—264.

[46] Muñnoz J C,Daganzo C F. Moving bottlenecks:A theory grounded on experimental observation[C]//Proceedings of the 15th International Symposium on Transportation and Traffic Theory,Adelaide,2002:441—461.

[47] Smith S A. Freeway data collection for studying vehicle interactions-appendices H and I[R]. Washington DC:Federal Highway Administration,1985.

[48] Wang C,Coifman B. The effect of lane-change maneuvers on a simplified car-following theory[J]. IEEE Transactions on Intelligent Transportation Systems,2008,9(3):523—535.

[49] Ma T,Ahn S. Comparisons of speed-spacing relations under general car following versus lane changing[J]. Transportation Research Record:Journal of the Transportation Research Board,2008,2088(1):138—147.

[50] Zheng Z,Ahn S,Chen D,et al. The effects of lane-changing on the immediate follower:Anticipation,relaxation,and change in driver characteristics[J]. Transportation Research Part C:Emerging Technologies,2013,26(11):367—379.

[51] Coifman B,Mishalani R,Wang C. A pilot study into the impacts of lane change maneuvers on congested freeway segment delays[J]. Transportation Research Record:Journal of the Transportation Research Board,2006,(1952):150—159.

[52] Mika H S,Kreer J,Yuan L. Dual mode behavior of freeway traffic[J]. Highway Research Record,1969,279(1):1—12.

[53] Tadaki S,Nishinari K. Observation of congested two-lane traffic caucused by a tunnel[J]. Journal of the Physical Society of Japan,2002,71(1):2326—2334.

[54] Rudjanakanoknad J. Capacity change mechanism of a diverge bottleneck[J]. Transportation Research Record:Journal of the Transportation Research Board,2012,(2278):21—30.

[55] Sun J,Zhang J,Zhang H M. Investigation of the early-onset breakdown phenomenon at urban expressway bottlenecks in Shanghai[J]. Transportmetrica B:Transport Dynamics,

2014,2(3):215－228.

[56] 孙剑,张娟. 城市快速路常发性瓶颈交通流失效生存分析模型[J]. 同济大学学报(自然科学版),2013,41(4):530－535.

[57] Zhao L,Sun J,Zhang H M. Observations and analysis of multistep approaching lane changing behavior at two expressway merge bottlenecks in Shanghai[J]. Transportation Research Record:Journal of the Transportation Research Board,2013,(2395):73－82.

[58] Sun J,Zhao L,Zhang H. Mechanism of early-onset breakdown at on-ramp bottlenecks on Shanghai,China,expressways[J]. Transportation Research Record:Journal of the Transportation Research Board,2014,(2421):64－73.

[59] 张娟. 城市快速路瓶颈交通流 Breakdown 特征实证研究[D]. 上海:同济大学,2013.

[60] 赵莉. 城市快速路入匝道瓶颈交通流失效机理研究[D]. 上海:同济大学,2013.

[61] 彭非,王伟. 生存分析[M]. 北京:中国人民大学出版社,2004.

[62] Sun J,Liu G X,Li K P,et al. Survival analysis on pedestrian's maximum waiting time at signalized intersections[C]//Transportation Research Board 89th Annual Meeting,Washington DC,2010.

[63] 陈团生. 通勤者出行行为特征与分析方法研究[D]. 北京:北京交通大学,2007.

[64] Hidas P. Modelling vehicle interactions in microscopic simulation of merging and weaving[J]. Transportation Research Part C:Emerging Technologies,2005,13(1):37－62.

[65] Sun J,Ma Z,Li Z. Some observed details of traffic flow phase transition at urban expressway off-ramp bottlenecks in Shanghai[C]//Transportation Research Board 94th Annual Meeting,Washington DC,2015.

[66] Newell G F. A simplified theory of kinematic waves in highway traffic,parts I-III[J]. Transportation Research Part B:Methodological,1993,27(4):281－287.

[67] Bando M,Hasebe K,Nakayama A,et al. Dynamical model of traffic congestion and numerical simulation[J]. Physical Review E,1995,51(2):1035－1042.

[68] Helbing D,Tilch B. Generalized force model of traffic dynamics[J]. Physical Review E,1998,58(1):133－138.

[69] Jiang R,Wu Q S,Zhu Z J. Full velocity difference model for a car-following theory[J]. Physical Review E,2001,64(1):017101.

[70] Li Z,Liu Y. A velocity-difference-separation model for car-following theory[J]. Chinese Physics,2006,15(7):1570.

[71] 蒋舜. 城市快速路匝道汇入区交通流建模与仿真[D]. 上海:同济大学,2016.

[72] Yang Q,Koutsopoulos H N. A microscopic traffic simulator for evaluation of dynamic traffic management systems[J]. Transportation Research Part C:Emerging Technologies,1996,4(3):113－129.

[73] Sun J,Li Z,Sun J. Study on traffic characteristics for a typical expressway on-ramp bottleneck considering various merging behaviors[J]. Physica A:Statistical Mechanics and Its Applications,2015,440(12):57－67.

# 第 4 章　常发性多瓶颈交通流失效及振荡分析

第 3 章对快速路典型瓶颈交通流失效现象及其诱因进行了分析，研究对象均为单个独立瓶颈。然而，在城市快速路系统中，受道路红线、匝道布设及出行时空分布等因素影响，各个瓶颈间往往存在强关联性。在这种多瓶颈间的相互影响下，任一瓶颈发生拥堵都可能引起多个瓶颈的关联阻塞。针对这样的多瓶颈关联区域，一方面要基于实地数据了解区域中的关键拥堵点（拥堵诱发点），以期进行有针对性的瓶颈控制管理措施；另一方面一旦形成拥堵及高风险的振荡（走走停停）现象，需要解析交通波在穿越多瓶颈区域时，在不同的基础设施布置下产生怎样的耦合反应，从而实现精准化的控制管理。

本章首先针对多个常发性瓶颈失效互相关联的情境，引入定量风险评估理论，构建模型，评估区域内的关键风险点。其次，考虑道路基础设施布局，对多瓶颈区域内的交通振荡特性进行分析，剖析其动态交通特征。

## 4.1　引　　言

图 4.1 所示为快速路中一个典型的多瓶颈关联阻塞区。在长约 3km 的路段上分布着 4 个出入匝道，由于车辆的汇入、汇出需求造成的交织行为，以及出匝道通行能力的限制，该区域存在多个自发性的常发瓶颈。在典型的工作日高峰时段，存在如图 4.1 所示的关联阻塞。传统的独立瓶颈在时空范围内的影响通常为漏斗形。而在关联阻塞区中，同一瓶颈可能发生自发拥堵和诱发拥堵，这二者又相互关联，因此形成复杂的拥堵态势，并显现为非规则的拥堵演化。区别于传统的独立瓶颈失效分析，多瓶颈关联拥堵所面临的问题如下：

(1) 如何确定每个瓶颈是自发失效还是诱发失效（上游拥堵蔓延造成的失效）？每个瓶颈失效的危害（对车辆行驶的影响程度）有多大？哪个瓶颈才是真正拥堵的最大发起者？

(2) 在关联瓶颈区域内的拥挤交通流中存在怎样的振荡传播特性？这类高风险的走走停停的振荡传播，与潜在的汇入、汇出瓶颈存在哪些相互作用？在此过程中具有怎样的微观特性？

针对这两类问题，本章首先引入定量风险评估理论，通过拥堵波和消散波的传播特性计算失效事件的概率与后果，定量探寻在多瓶颈关联场景下各个瓶颈的危害程度；其次，基于高频率的感应线圈数据，从实证角度分析多瓶颈区域内的振荡传播特性。

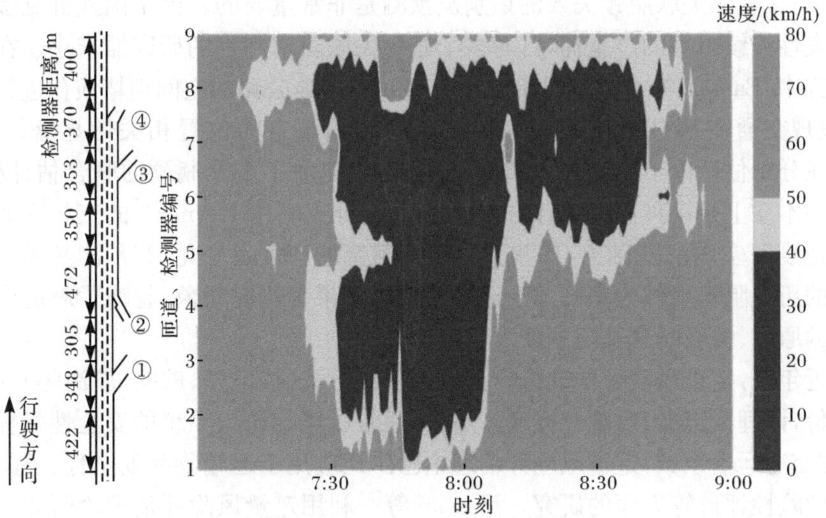


图 4.1 南北高架快速路多瓶颈关联阻塞区示意图(2009 年 9 月 24 日)

## 4.2 多瓶颈交通流关联失效风险分析

如上所述,在了解由多个瓶颈互相作用造成的失效和拥堵情景时,首要任务是了解该区域内各个瓶颈的危害程度。定量风险评估理论为上述问题的解决提供了方法,本节将日常交通运行中任意一个时间间隔内瓶颈发生失效(自发失效或诱发失效)事件看做一次风险,该理论认为风险=概率×后果,对于瓶颈而言,失效概率及交通流被阻滞程度表征了风险的大小。按照定量风险评估理论,多瓶颈关联阻塞区问题转化为在长期的交通运行中:

(1) 每个瓶颈自发失效概率多大?诱发失效概率多大?

(2) 如何定义阻塞的严重程度?每个瓶颈引起的阻塞严重程度如何?

(3) 每个瓶颈每天的失效风险多大?其诱发的关联阻塞区每天的风险多大?

上述问题的解决可以为规划阶段改善措施的应用和运行阶段相关的管理控制措施(如瓶颈拥堵改善排序、多匝道协调控制及路径诱导措施等)提供合理的依据。

### 4.2.1 多瓶颈交通流研究现状及定量风险评估理论的应用

由于我国城市快速路系统存在匝道出入口间距小、进出匝道辅路通行能力有限和驾驶行为不规范等问题,瓶颈交通流一旦失效可能会引起多个瓶颈关联阻塞,而关联阻塞又是诱发城市交通大范围、长时间拥堵乃至系统瘫痪的关键因素。因此,对多瓶颈关联瓶颈失效的识别及预测是非常重要的。由于国外鲜见多个瓶颈常发性连续阻塞的严重拥堵,对多个瓶颈关联阻塞判别的研究需求小。在少量的研究中,Bassan 等[1]对美国弗吉尼亚州 I-66 高速公路的空间拥堵演化进行了研究,发现交通流从自由流突变为拥挤流的时刻与空间位置相关性显著。Inano 等[2]在分别估计单个瓶颈失效概率的基础上,建立了多个瓶颈的联合估计模型,该模型本质上是一种回归统计方法。Davidsson[3]利用 Kerner[4]的三相交通流理论在速度时空图的基础上,预测了长距离阻塞的产生及变化,其预测基础仍是以海量的历史阻塞事件为基础。上述方法仅以结果为研究对象,忽略了对造成关联阻塞的原因、关联时刻及阻塞严重程度的分析。

近年来,定量风险评估理论广泛应用于大系统(核电站、航空、航海等)的安全性评价,该理论定义,风险=概率×后果,通常以风险作为系统的安全性指标。目前,在交通运输领域,定量风险评估理论已广泛应用于运输物品安全性、道路隧道火灾危险性评价等方面的研究。Hassan 等[5]利用定量风险评估理论研究铁路运输氨的影响,分析不同行驶速度下氨对轨道沿线的影响随距离的变化规律。Meng 和 Qu[6]在模型中利用不确定性参数对道路隧道火灾进行定量风险评估。Meng 等[7]研究分析新加坡加冷快速路隧道交通流量和大车率对定量风险评估模型的影响。另外,Tu 等[8]应用风险评估技术对高速公路行程时间建立可靠性模型。本节引入定量风险评估理论,将瓶颈交通流失效看做一次风险,建立定量风险评估模型,从失效概率和后果两个方面综合测评多瓶颈关联阻塞区交通运行效果。

### 4.2.2　定量风险评估模型

风险涉及两方面因素:事故发生的概率及由此导致的潜在后果。本章采用定量风险评估理论,用风险=概率×后果来评估风险。按照图 4.2 的流程对城市快速路多瓶颈失效及可能的关联阻塞进行研究。

步骤 1　瓶颈失效事件识别。

根据上海市快速路交通状态参数阈值划分标准,采用流量平均速度和占有率双参数阈值对瓶颈失效的开始时刻及结束时刻进行判断。根据 Brilon 等[9]的建议,采用 5min 集计间隔数据。本章定义瓶颈交通流的平均速度低于 45km/h、占有率高于 25%并稳定持续 15min 为发生了失效事件;同理,定义瓶颈交通流平均速度高于 45km/h 或占有率低于 25%并稳定持续 15min 为失效事件结束。一次失效事件覆盖的时间跨度内各个时间间隔均处于失效状态。记录一日(由于 0:00～5:00 上海市快速路经常实施道路养护工作,本章分析采用的时间段为 5:00～24:00)中各个瓶颈每 5min 集计间隔的失效状态。

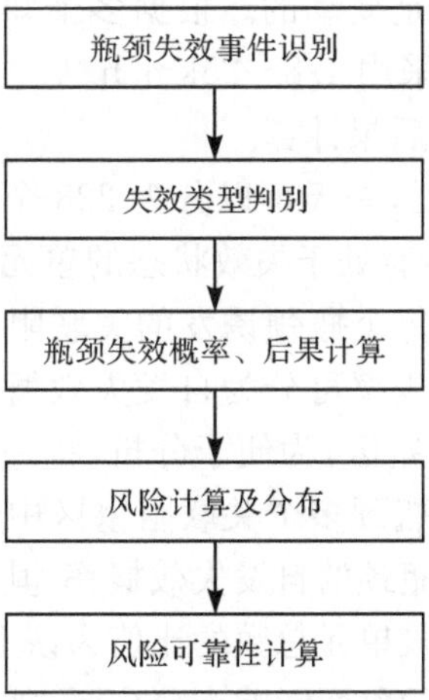


图 4.2　风险评估流程

步骤 2　失效类型判别。

研究路段中各个瓶颈失效状态随时间的变化是现象,其本质是不同的。由于下游瓶颈失效产生的排队向上游传播导致的瓶颈失效为诱发失效;而在瓶颈位置最先发生的失效为自发失效。在多瓶颈关联阻塞情况下,同一时刻,各个瓶颈的失效本质会有不同;同一瓶颈,不同时间段内失效的本质也有所差别。本章根据交通波理论,判别失效的类型,进而确定各个瓶颈的关联阻塞区。

选择下游某个瓶颈的一次自发失效(该瓶颈下游畅通)事件,从失效开始时刻起,以一定的波速范围值计算,判断上游瓶颈相关的失效开始时刻是否位于排队集结波传播带内,若在,则判定该上游瓶颈失效为诱发失效。

例如,下游瓶颈 a 在 $t_a$ 时刻自发失效,若上游瓶颈 b 的失效开始时刻 $t_b$ 在 $\left[t_a+\frac{d_{a,b}}{v_{\max}}, t_a+\frac{d_{a,b}}{v_{\min}}\right]$内(其中,$d_{a,b}$为两个瓶颈间的距离;$v_{\min}$为最小排队集结波速;$v_{\max}$为最大排队集结波速),那么瓶颈 b 以 $t_b$ 时刻为起点的失效为诱发失效。

根据上述原则判断上游瓶颈的失效类型,直至出现瓶颈失效开始时刻未落入排队集结波传播带的现象出现为止。此时,识别到的所有诱发失效瓶颈和下游的自发失效瓶颈构成了一个关联阻塞区。

而关联阻塞区还需要确定其中各个瓶颈关联失效结束时刻,其判断标准依然基于排队消散传播规律,选择关联阻塞区中最早失效结束时刻对应的瓶颈作为基准,按照最大消散波速倒推其上游瓶颈的关联失效结束时刻;按照最小消散波速推算其下游瓶颈的关联失效结束时刻。至此,可以精确识别一个关联阻塞区的时空范围,通常该范围为沿行驶方向上呈倒金字塔形。

国内外相关研究表明,瓶颈发生失效,产生排队,向上游传播,波速并不是恒定的，同理，排队消散波速也是变动的。根据多个知名学者[10~12]的研究结果，本章排队传播速度和消散波速采用 4.8～25km/h。

步骤 3　瓶颈失效概率、后果计算。

以 5min 为最小时间单元，一天可以分为 228 个单元，对于一个瓶颈，每个单元的失效状态是概率事件，所有处于失效状态的单元个数与单元总数的比值可定义为该瓶颈总的失效概率。每个瓶颈诱发的关联阻塞区均包括自发失效瓶颈和诱发失效瓶颈，相应地，失效概率可分为自发失效概率和诱发失效概率。一天中相同瓶颈会诱发多个关联阻塞区，为便于分析，将一天中相同瓶颈诱发的关联阻塞区汇总到一起。自发失效瓶颈多个关联阻塞区中自发失效单元的总数与总分析时段单元总数的比值是该瓶颈的自发失效概率，其上游瓶颈由该瓶颈诱发导致的失效单元总数与总分析时段单元总数的比值为该上游瓶颈的诱发失效概率。

多瓶颈关联失效所带来的负面影响十分广泛，如行驶延误、燃油消耗增加、排放增加等。本章选取驾驶员感受最直接的行驶延误作为瓶颈失效影响程度的测度指标[13]，包括关联阻塞区时间、空间范围受影响车辆数与损失车小时。

失效风险发生后，瓶颈 $i$ 在某个关联阻塞区中失效时间为 $[t_s, t_e]$ 的损失车小时（vehicle hours delayed，VHD）的计算公式如下：

$$\mathrm{VHD} = \sum_{t=t_s}^{t_e}\left\{\frac{d_{i,i-1}}{[v_i(t)+v_{i-1}(t)]/2} - \frac{d_{i,i-1}}{v_{\exp}}\right\}Q_i(t) \tag{4.1}$$

式中，VHD 为损失车小时，veh · h；$d_{i,i-1}$ 为从瓶颈 $i$ 到其上游瓶颈 $i-1$ 的距离，km；$v_i(t)$ 为 $t$ 时刻瓶颈 $i$ 的车速，km/h；$v_{i-1}(t)$ 为 $t$ 时刻瓶颈 $i-1$ 的车速，km/h；$v_{\exp}$ 为车辆的期望速度，根据上海市快速路设计车速，选择 80km/h；$Q_i(t)$ 为 $t$ 时刻通过瓶颈 $i$ 的车辆数，veh/h/ln。

一天中，一个瓶颈被相同下游瓶颈诱发而导致的失效影响程度的总和为该瓶颈在该下游瓶颈诱发的关联阻塞区的后果。

步骤 4　风险计算及分布。

根据定量风险评估理论：风险＝概率×后果。一个关联阻塞区由区段内各个瓶颈诱发的多个关联阻塞区构成，而每个瓶颈关联阻塞区均包括自发失效瓶颈和诱发失效瓶颈。自发失效瓶颈的失效概率与其 VHD 相乘得到该自发失效瓶颈的风险；同理，诱发失效瓶颈的失效概率与其 VHD 相乘得到该诱发失效瓶颈的风险。自发失效瓶颈风险与其引发的各个诱发失效瓶颈风险的和为该自发失效瓶颈的关联阻塞区风险。计算公式如下：

$$R_{\mathrm{sp}_i} = P_i \times \mathrm{VHD}_i \tag{4.2}$$

$$R_{\mathrm{in}_i} = \sum_{j=1}^{n}(P_j \times \mathrm{VHD}_j) \tag{4.3}$$

$$R_i = R_{\mathrm{sp}_i} + R_{\mathrm{in}_i} \tag{4.4}$$

式中,$R_{sp_i}$ 为瓶颈 $i$ 的自发失效瓶颈风险;$P_i$ 为瓶颈 $i$ 的自发失效概率;$VHD_i$ 为瓶颈 $i$ 自发失效的后果,veh · h;$R_{in_i}$ 为瓶颈 $i$ 引发的诱发失效瓶颈风险;$P_j$ 为诱发瓶颈 $j$ 的诱发失效概率;$VHD_j$ 为诱发瓶颈 $j$ 诱发失效的后果,veh · h;$R_i$ 为瓶颈 $i$ 的关联阻塞区风险度,veh · h。

将多天的风险度结果用分布函数拟合,获得其分布规律,为其可靠性评价做准备。

步骤 5 风险可靠性计算。

通常快速路系统是按照期望交通需求规划设计的,假设交通需求和交通服务设施的供给是不变的。然而每天的交通需求和交通服务是波动的,上述瓶颈关联阻塞区的运行风险也不例外。快速路管理者更关注由于交通拥堵造成的延误、期望的运行风险;而出行者更重视如何方便快捷的到达目的地,以及在出行中遭遇某种风险水平的概率。由于时效性要求的提高,可靠性多次被用于交通运输服务领域经济活动的评价指标。多瓶颈关联阻塞区运行风险反映了快速路多发性拥堵区段交通运行状态的概率以及其对行驶车辆造成的影响程度,利用可靠性来评价其长期的运行风险规律和波动性,不仅为管理者进行交通监测、制定相应改善措施提供基础数据,也为出行者了解交通运行状态和选择路径提供方便可靠的辅助决策功能。

目前,行程时间可靠性评价指标主要有缓冲时间(buffer time,BT)、缓冲时间指标(buffer time index,BTI)[14]、计划行程时间(planning time,PT)、计划行程时间指标(planning time index,PTI)[15]、$P(T_{ave}+T_{ATV})$、$P(T_{ave}-T_{DTR})$[16]、TT85-TT15、TT80-TT20、TT70-TT30[17]等,其中,$T_{ave}$、$T_{ATV}$ 和 $T_{DTR}$ 分别为平均行程时间、可接受的行程时间和期望行程时间;TTxx 表示百分之 xx 位行程时间。以 95%位计划行程时间来评价路网可靠性应用比较广泛,其中,95%反映了 2 倍的行程时间正态分布的标准差;另有解释,20 个工作日中有一天出现延误情况。而管理者还需了解路网运行状况的相对值,其多采用 95%位行程时间或自由流计划行程时间指标,并可进一步对比不同路网的交通运行状态。

本章根据高速公路网络行程时间可靠性的研究,选择 95%位的风险度作为道路使用者对其可靠性的评价指标,而瓶颈关联阻塞区风险包括概率和后果,可以直接与其他快速路区段的运行风险进行对比。因此,该指标可为管理者监测道路运行状况、开发具有交通拥挤预防和疏解功能的快速路交通管理系统提供基础数据支持。

$$PR_i = R_i 95 \tag{4.5}$$

式中,$PR_i$ 为瓶颈 $i$ 的关联阻塞区的风险度可靠性指标;$R_i 95$ 为 95%位瓶颈 $i$ 的关联阻塞区的风险度。

### 4.2.3　实例分析

本章选取上海市南北高架东线徐家汇驶出匝道至延安东路立交桥出匝道段作为研究对象，如图 4.3 所示。南北高架快速路位于上海市中心，贯穿中心区南北，承担了很大的交通流量。研究路段分布着 4 个出入匝道，8 组检测线圈，由于交通需求很大，以及各组检测线圈间距较小，每组检测线圈位置均为潜在的瓶颈，为统一起见，瓶颈以线圈检测器编号命名。分析数据来源于 2010 年 3 月 1～15 日和 7 月 1～30 日 45 天的感应线圈检测数据，检测参数包括以车道为基础的流量、点速度、占有率，每 20s 系统记录一次数据，通过数据质量校核，剔除不良数据和非工作日交通流数据，最后选择 32 天数据进行分析，数据的时间间隔根据 Brilon 的研究建议，采用 5min 间隔数据。

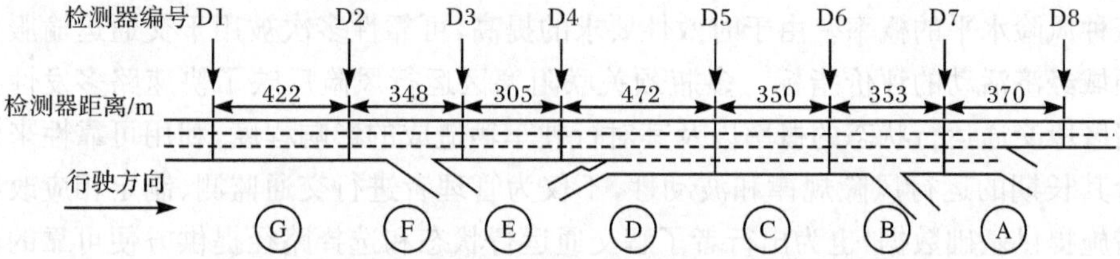


图 4.3　南北高架东线徐家汇驶出匝道至延安东路立交桥出匝道段示意图

本节采用定量风险评估模型分析研究路段多瓶颈的关联效应，为方便起见，以 2010 年 7 月 24 日为例说明研究路段多瓶颈关联阻塞区的识别过程及风险的计算。

步骤 1　瓶颈失效事件识别。

图 4.4 为各瓶颈失效时空图及匝道段示意图，每个封闭的矩形框代表对应的瓶颈断面作用的拥挤区域时间及空间范围。

步骤 2　失效类型识别。

步骤 2.1　关联阻塞区开始时刻判断。

如图 4.5 所示，下游瓶颈 D8 在 8:45 开始失效，根据波速范围计算至 D7 的排队传播带为[8:45＋0.37/21×60，8:45＋0.37/4.8×60]（D8 与 D7 之间的距离为 370m），化简为[8:45，8:50]，如图 4.5 所示浅灰色三角形的底角，而 D7 瓶颈在 8:45发生失效事件，正好落入传播带中，因此判定 D7 瓶颈该次失效为 D8 诱发的失效。继续对上游瓶颈判断，D6 瓶颈也为诱发失效，如图 4.5 深灰色传播带所示。判断 D5 瓶颈失效类型时，传播带位于[8:50，8:55]，而 D5 瓶颈失效开始时刻为 9:05，未落入传播带中，因此，判断结束，识别到的由 D8 瓶颈自发失效导致的关联阻塞区包含 D8、D7、D6 瓶颈，开始时刻分别为 8:45、8:45、8:50。

步骤 2.2　关联阻塞区结束时刻计算。

上述流程中识别到的关联阻塞区中瓶颈失效的最早结束时刻为瓶颈 D6，以该

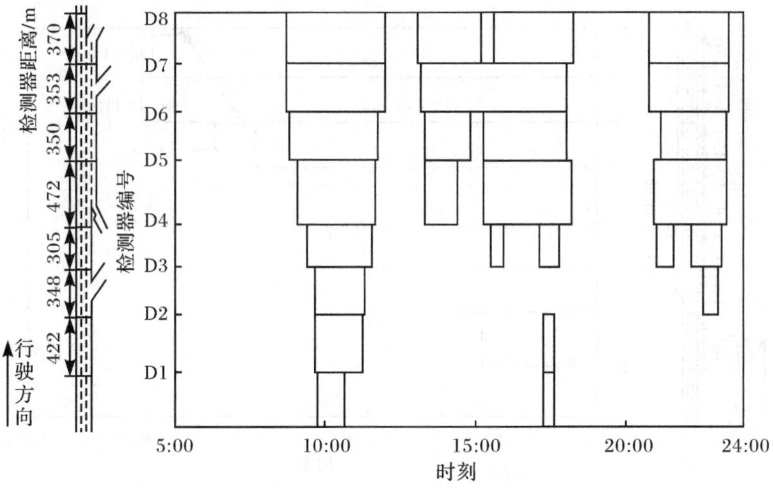


图 4.4 各瓶颈失效时空图及匝道段示意图

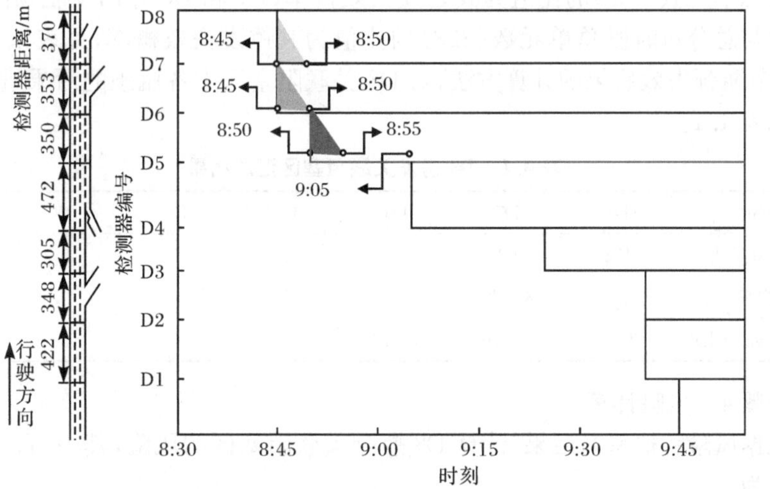


图 4.5 关联阻塞区开始时刻判断

时刻为基准,按照最小排队消散波速对其下游瓶颈的关联失效结束时刻进行计算。如图 4.6 所示,D7 瓶颈的关联失效结束时刻为 11:45+0.353/4.8×60≈11:50(D6 与 D7 之间的距离为 353m),同理计算 D8 瓶颈的关联失效结束时刻为 11:55。至此,可以完整地识别出 D8 诱发的一个关联阻塞区。

步骤 3 瓶颈失效概率、后果计算。

根据以上识别程序,将一天(2010 年 7 月 24 日)中 D8 诱发的所有关联阻塞区汇总,其自发瓶颈为 D8,诱发瓶颈为 D7 和 D6。D8 瓶颈自发失效的单元数与总分

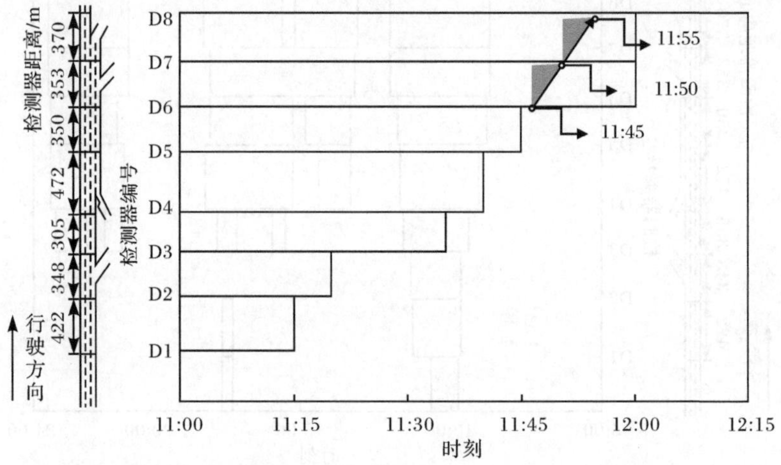


图 4.6　关联阻塞区结束时刻计算

析时段总单元数(228)的比值为其自发失效概率；D7 和 D6 等诱发瓶颈的失效单元总数与总分析时段总单元数(228)的比值为其诱发失效概率，见表 4.1。根据 4.2.2 节瓶颈失效后果的计算方法，对 D8 关联阻塞区中各瓶颈的后果进行计算，结果见表 4.1。

**表 4.1　D8 诱发关联阻塞区汇总结果**

| 瓶颈 | D8 | D7 | D6 | D5 | D4 | D3 | D2 |
|---|---|---|---|---|---|---|---|
| 失效单元数 | 128 | 93 | 35 | 0 | 0 | 0 | 0 |
| 失效概率/% | 56.14 | 40.79 | 15.35 | 0 | 0 | 0 | 0 |
| 后果/(veh · h) | 131.30 | 99.19 | 40.74 | 0 | 0 | 0 | 0 |

步骤 4　风险计算。

根据风险＝概率×后果，计算 D8 瓶颈关联阻塞区的风险，其中，自发失效瓶颈风险为

$$R_{\mathrm{sp}_{\mathrm{D8}}} = P_{\mathrm{D8}}\mathrm{VHD}_{\mathrm{D8}} = 56.14\% \times 131.30 = 73.71(\mathrm{veh} \cdot \mathrm{h}) \tag{4.6}$$

诱发失效瓶颈风险为

$$R_{\mathrm{in}_{\mathrm{D8}}} = \sum_{j=\mathrm{D7}}^{\mathrm{D6}} (P_j \mathrm{VHD}_j) = 40.79\% \times 99.19 + 15.35\% \times 40.74 = 46.71(\mathrm{veh} \cdot \mathrm{h}) \tag{4.7}$$

D8 瓶颈关联阻塞区风险度为

$$R_{\mathrm{D8}} = R_{\mathrm{sp}_{\mathrm{D8}}} + R_{\mathrm{in}_{\mathrm{D8}}} = 73.71 + 46.71 = 120.42(\mathrm{veh} \cdot \mathrm{h}) \tag{4.8}$$

根据上述识别计算过程对研究路段其他瓶颈诱发的关联阻塞区的风险度进行计算，汇总统计的关联阻塞区情况如图 4.7 所示，同种颜色的圆环和圆弧箭头

构成了该圆环代表的瓶颈诱发的关联阻塞区。以 D8 瓶颈诱发的关联阻塞区为例,D8 圆环上方数字(56.14%,131.3veh · h)代表 D8 的自发失效概率为 56.14%,而其对车辆造成的平均延误为 131.3veh · h;D8 指向 D7 的圆弧箭头上方数字(40.79%,99.19veh · h)代表 D7 被 D8 诱发失效概率是 40.79%,而 D7 对车辆造成的平均延误为 99.19veh · h。

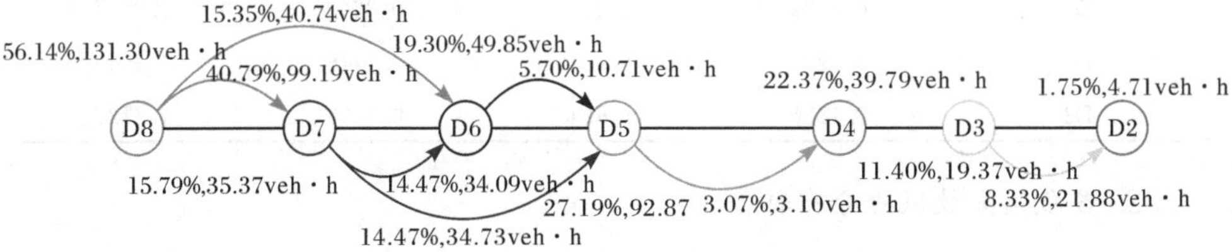


图 4.7 各瓶颈诱发的关联阻塞区示意图(2010 年 7 月 24 日)

### 1. 多瓶颈失效概率分布特征

在多瓶颈关联阻塞区中,各个瓶颈失效的概率特征是城市快速路系统交通运行的基础数据,既可以为管理者宏观掌握城市交通运行,尤其是多瓶颈关联阻塞区的运行特点及规律提供客观依据,又可以为城市交通基础模型的建立及完善提供可靠参数。而在本书后续研究中,多瓶颈关联阻塞演化的微观模型的构建将是研究重点,多瓶颈失效概率分布特征以及各瓶颈自发失效概率与不考虑关联阻塞效应的失效概率的具体差异,对此类模型的精度和准确度具有重要影响。

本节利用多天的数据,对各瓶颈在不考虑关联阻塞效应下的失效概率和其自发失效概率进行常见分布(正态分布、对数分布、对数正态分布、Weibull 分布等)拟合,通过分析发现两种失效概率均符合正态分布、对数正态分布和 Weibull 分布,而 Weibull 分布拟合精度最高,其估计的尺度参数 $\beta$ 和形状参数 $\alpha$ 见表 4.2。除瓶颈 D8 外,其余瓶颈在不考虑关联阻塞效应下的失效概率均高于其自发失效概率,而 D8 瓶颈处于基本分析单元的最下游,根据基本分析单元的定义,D8 的下游为畅通状态,因此,D8 的失效均为自发失效,两种失效概率的分布是相同的。

**表 4.2 两种失效概率的 Weibull 分布拟合参数**

| 关联阻塞区 | 失效概率 Weibull 分布参数(不考虑关联阻塞效应) | | 自发失效概率 Weibull 分布参数 | |
|---|---|---|---|---|
| | $\beta$ | $\alpha$ | $\beta$ | $\alpha$ |
| D8 | 0.6702 | 7.6201 | 0.6702 | 7.6201 |
| D7 | 0.6121 | 5.7488 | 0.4624 | 2.3647 |
| D6 | 0.5541 | 4.3206 | 0.3922 | 2.1034 |

续表

| 关联阻塞区 | 失效概率 Weibull 分布参数（不考虑关联阻塞效应） | | 自发失效概率 Weibull 分布参数 | |
|---|---|---|---|---|
| | $\beta$ | $\alpha$ | $\beta$ | $\alpha$ |
| D5 | 0.5827 | 5.0261 | 0.4332 | 2.7653 |
| D4 | 0.3522 | 2.2576 | 0.3340 | 1.9657 |
| D3 | 0.2231 | 1.7291 | 0.1748 | 1.3529 |
| D2 | 0.1856 | 1.8195 | 0.1256 | 1.3727 |

2. 多瓶颈失效风险分布特征

多瓶颈失效风险是综合考虑概率和失效对道路影响程度的结果。风险运行规律特征与失效概率特征具有同等价值，尤其在多瓶颈关联阻塞演化的微观模型验证以及在改善措施的模拟仿真中，风险分布对措施的有效性起到了关键的校验作用。多瓶颈失效风险分布规律为瓶颈关联阻塞区风险度的可靠性评价奠定了基础。

本节利用多天的数据，对各瓶颈的风险度进行常见分布（正态分布、对数分布、对数正态分布、Weibull 分布）拟合，通过分析发现 Weibull 分布拟合精度最高，其估计的尺度参数 $\beta$ 和形状参数 $\alpha$ 见表 4.3。

**表 4.3 风险度 Weibull 分布拟合参数**

| 关联阻塞区 | Weibull 分布参数 | |
|---|---|---|
| | $\beta$ | $\alpha$ |
| D8 | 153.5740 | 2.2100 |
| D7 | 62.8556 | 0.9936 |
| D6 | 58.8229 | 0.8969 |
| D5 | 63.4201 | 1.1123 |
| D4 | 23.1635 | 0.8374 |
| D3 | 6.4562 | 0.6034 |
| D2 | 4.5541 | 0.6323 |

在英国，用参考出行中最末 10％的行程时间来反映平均延误，并将其作为交通拥堵的评价指标[17]。而在美国，2003 年分别提出 PT、PTI[14]，BT、BTI[15] 等指标，并一直用来评价交通拥堵。行程时间可靠性在概率方面反映了交通的运行状态，而多瓶颈关联阻塞区运行风险不仅从概率角度反映瓶颈失效的规律特征，而且增加了对交通影响的后果，其可靠性以全新的视角诠释了关联阻塞区的交通服务水平。类比于行程时间可靠性，本节选择 95％位的风险度作为瓶颈关联阻塞区

运行风险可靠性指标,以最末5%的风险度来反映车辆的平均延误。实例研究区段中各瓶颈关联阻塞区运行风险度的可靠性,见表4.4。

**表4.4 各瓶颈诱发的关联阻塞区风险度可靠性指标** (单位:veh·h)

| 指标 | D8 | D7 | D6 | D5 | D4 | D3 | D2 |
|---|---|---|---|---|---|---|---|
| 期望风险度 | 135.628 | 63.031 | 52.147 | 58.928 | 25.351 | 8.212 | 6.66 |
| 中位风险度 | 123.61 | 36.72 | 31.57 | 44.09 | 17.47 | 2.54 | 1.61 |
| PR | 227.07 | 207.61 | 142.98 | 160.42 | 102.72 | 19.22 | 38.82 |

从表4.4可以看出,实例研究路段中各瓶颈关联阻塞区的中位风险度均低于期望风险度,说明风险度大于期望风险度的交通运行情况较多,Weibull分布的概率密度函数为正偏斜(左偏)的偏峰分布,如图4.8所示。而风险度可靠性指标PR远高于期望风险度,用5%的最高运行风险来反映交通运行的平均延误。

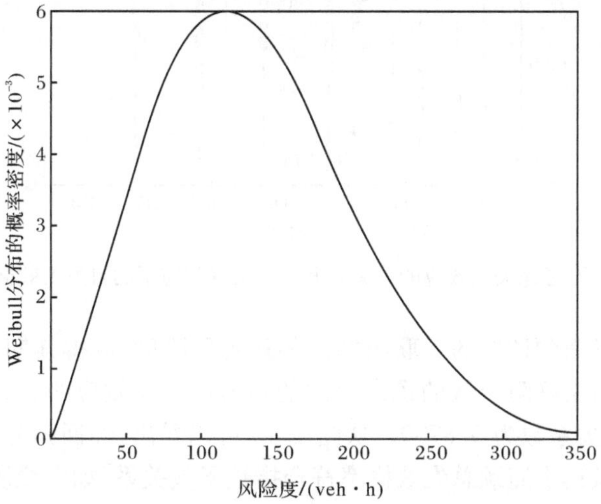


图4.8 瓶颈D8关联阻塞区风险度概率密度

3. 结果分析

本节引入风险理论,研究多个瓶颈间的关联效应,从本质上确定瓶颈失效的类型,分析其失效概率。其中在关联效应下,各瓶颈的自发失效概率和不考虑关联的总失效概率,在上面的分析中可以清晰地看出,各瓶颈的这两种概率具有较大差异,为详细地、量化地对比两者之间的差异,采用箱形图来说明,如图4.9所示。除瓶颈D8外,其他各瓶颈的自发失效概率的最大值均小于不考虑关联效应的总失效概率值,并且自发失效概率的分布范围(最小值至最大值的范围)比不考虑关联效应的总失效概率的分布范围广泛(D2、D3瓶颈例外),且向低概率值方向扩散。除瓶颈 D8 外，其他各瓶颈的自发失效概率的中位数均比不考虑关联效应的总失效概率低，类似的结果也出现在上四分位数和下四分位数方面。而 D8 瓶颈位于基本分析单元的最下游，根据基本分析单元的定义，D8 的下游为畅通状态，因此，D8 的失效均为自发失效，两种失效概率的分布是相同的。

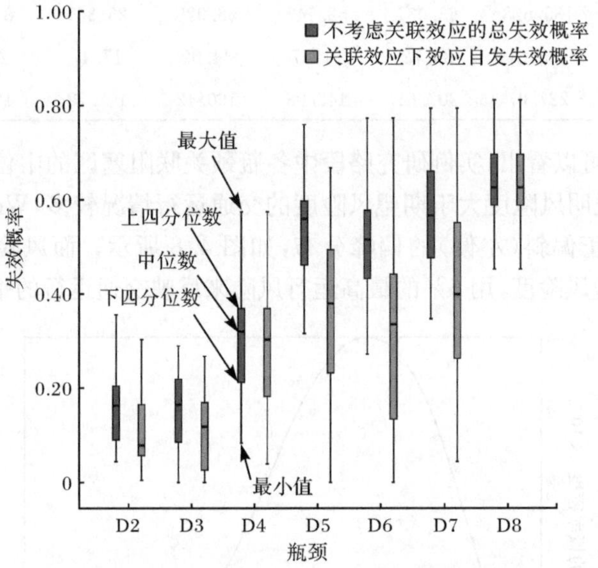


图 4.9　不考虑关联效应的总失效概率与关联效应下的自发失效概率对比

根据多天各瓶颈诱发的关联阻塞区的运行风险度，获得其期望风险度，分析该期望风险度与关联阻塞区的诱发瓶颈的不考虑关联效应的总失效概率的线性相关性，得出相关系数为 0.8780。从图 4.10 可以看出，经回归分析，关联阻塞区运行风险度与其诱发瓶颈总失效概率符合指数函数关系，如实线所示。在不考虑多瓶颈关联阻塞效应的情况下，各瓶颈的总失效概率与其对道路的影响程度的乘积作为该瓶颈的独立风险。各瓶颈的独立风险与总失效概率也呈正相关，并且也符合指数函数关系，如虚线所示。然而，两条曲线呈现较大的差异，并且在相同的总失效概率下，瓶颈的关联阻塞区的期望风险度低于其独立风险，说明在多瓶颈关联阻塞情况下，瓶颈失效带来的行车风险比直观视觉中的风险低。

各瓶颈的独立风险的均值与该瓶颈自发失效诱发的关联阻塞区的期望运行风险度对比，如图 4.11 所示。从图中可以看出，研究路段中 7 个瓶颈的独立风险的大小顺序与瓶颈诱发关联阻塞区的期望运行风险度的顺序不一致，在 D7 和 D6 瓶颈，独立风险和期望风险度呈现出完全相反的数量关系，在 D3 和 D2 瓶颈也存在类似现象。

通过本节的分析证明，运行风险度可以作为快速路系统运行状态的一个指

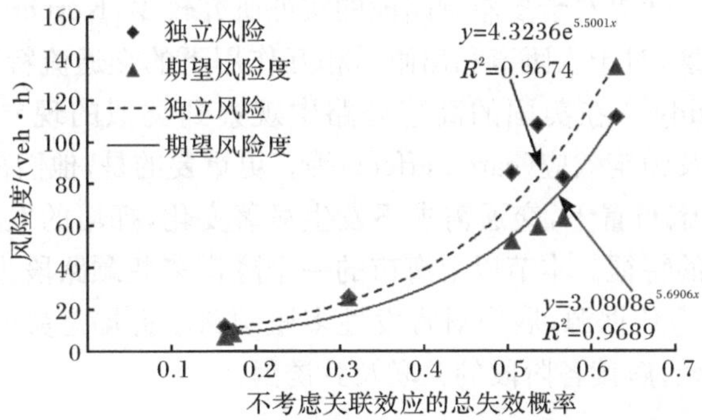


图 4.10　关联阻塞区运行风险度与其诱发瓶颈总失效概率关系

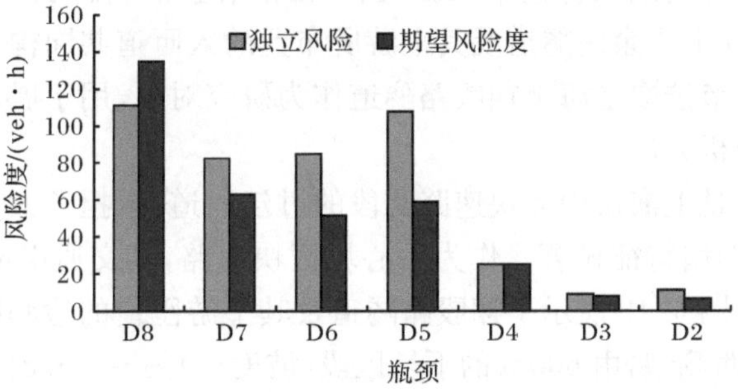


图 4.11　单瓶颈独立风险(不考虑关联阻塞效应)与期望风险度对比

标。对于管理者,改善措施的选择既可以基于不考虑关联效应的单瓶颈总失效概率,又可以基于多瓶颈关联下的瓶颈关联阻塞区运行风险度。由于期望风险度与其诱发瓶颈的不考虑关联效应的总失效概率呈正相关,将快速路系统运行风险降低的缓解措施作用于关联阻塞区期望风险度最大的瓶颈位置,会产生显著的效果。本节的定量风险评估模型及结论可以为其提供理论依据和数据支持。

## 4.3　城市快速路多瓶颈路段交通流特性分析

一个多瓶颈路段常由若干个相对距离较近的瓶颈组成。在轻微拥堵的情况下,它们表现为互相独立的瓶颈;在高需求场景下,排队传播会致使瓶颈间的拥堵互相关联,进而由于交通流的相互作用产生更复杂的拥堵特征。这一拥堵的发展过程在宏观上体现为若干个阶段。然而,在实际的交通管理过程中,交通管理人员所面对的往往是时间上连续的交通状态记录数据,无法直观地对整个拥堵过程进行分解,更无法探寻拥堵的致因。这就要求交通工程研究人员能够从整体的拥堵态势考虑,以微观的视角对拥堵进行详细剖析,从而重现拥堵的发展过程,寻求有效的控制手段。学界对于多瓶颈路段的实证研究较少，Kerner[18]基于德国高速公路的多瓶颈场景，对于入匝道和出匝道相互作用下的交通流特征进行了实证分析。Kim 和 Cassidy[19]在美国的高速公路中观察到类似的现象，包括收缩效应(pinch effect)以及锁定效应(catch effect)等。更重要的是，他们都共同提出了：在已知的多瓶颈设施布置下，交通需求不发生显著变化，拥堵的发生和传播具有复杂但重复和稳定的特征。本节以上海市的一个隧道多瓶颈路段为案例，以线圈所提供的历史信息为数据源，展现对常发性多瓶颈路段拥堵态势的微观分析过程，推导时空逻辑联系，解读各阶段的关联及其诱因。

### 4.3.1　研究对象

常见的多瓶颈场景组合包括入匝道、出匝道、隧道的排列。上海市被黄浦江穿城而过，黄浦江上十余座隧道及其上游所布置的入匝道共同构成了一种常见的多瓶颈区域。本节选取上海市翔殷路隧道作为研究对象，用于展示对多瓶颈路段的微观交通流分析方法。

翔殷路隧道是上海市中环快速路北段的过江通道，承担了大量的日常通勤交通，常发性交通拥堵特征显著。作为中心城区快速路，其交通组成中 98%以上为小型乘用车辆。图 4.12 展示了翔殷路隧道及其上游匝道的检测线圈布置。隧道总长约 2km，从西侧起，由 600m 的下坡区段(坡度−4%～−3.8%)，300m 的缓坡区域(坡度−0.5%)和 1100m 的上坡区域组成(坡度 4%)。入匝道布置在隧道下坡区段上游约 100m 处。场景中的监测线圈提供了一分钟间隔的交通流信息(包括流量、速度和占有率)。其中，南线的入匝道为单车道，北线的入匝道为双车道。本节以隧道南线的多瓶颈拥堵状态作为具体的分析案例对象。

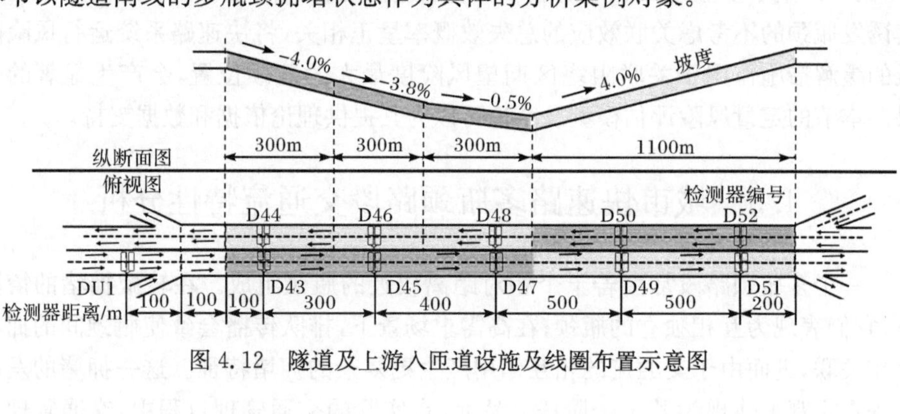


图 4.12　隧道及上游入匝道设施及线圈布置示意图

### 4.3.2　交通流实证现象

图 4.13 所示为翔殷路隧道一个典型的早高峰拥堵情形(2013 年 7 月 1 日上

午 6:30～7:35)。图左侧为现场线圈布置的简图,右侧色条对应了图中的颜色,表征对应位置的速度情况。以 40km/h 为界定拥堵与否的速度阈值,大于 50km/h 表征的即为自由流状态,40～50km/h 表征交通流处于较为拥堵和拥堵的状态,小于 20km/h,即处于极为拥堵的状态。

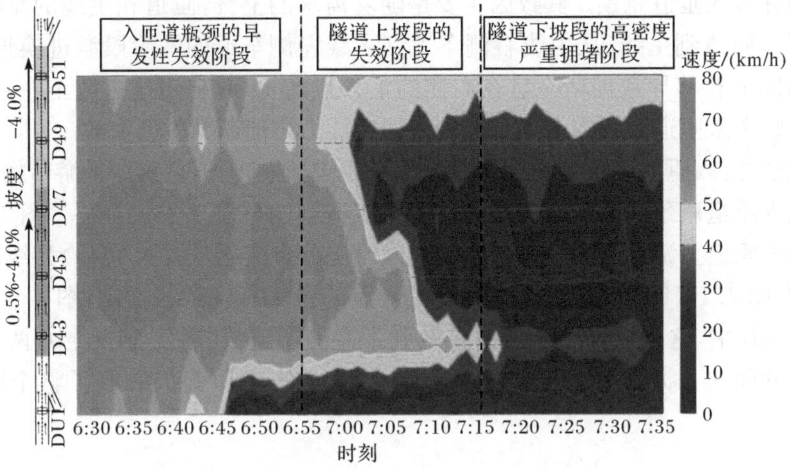


图 4.13 上海市翔殷路隧道典型早高峰拥堵情形

这一拥堵图展现了该多瓶颈路段的整体拥堵态势,可以很明显地发现拥堵区域在整个过程中是动态发展的。入匝道部分首先发生了拥堵,隧道的上坡段部分紧接着进入拥堵状态。排队从上坡段向上游传播后连接了隧道和入匝道两个瓶颈。更重要的是,在这个排队蔓延的过程中,隧道的下坡段出现了一个显著的高密度严重拥堵区域,并持续直至拥堵结束。基于该直观的观测,可以初步将整个多瓶颈区域的拥堵过程分为三个子阶段:入匝道瓶颈的早发性失效阶段;隧道上坡段的失效阶段;隧道下坡段的高密度严重拥堵阶段。之后对各阶段交通流指标及阶段间的关联进行观测和解读。

1. 阶段一(6:30～6:55)——入匝道瓶颈的早发性失效阶段

如图 4.13 中所示,在 6:40 之前,整个研究区域一直保持着畅通的交通状态。在 6:40～6:45,入匝道处出现了轻微的速度下降。入匝道最终在 6:47 完全失效,进入拥堵状态。这一从自由流到拥堵流的转变十分迅速,并且展现出如下交通流特征:

观察一:该失效发生在较低的交通需求下。

PQF 仅达到约 1350veh/h/ln 时(观测期内的 PQF 均值为 1362veh/h/ln),入匝道就开始失效。与此同时,QDF 能够达到约 1550veh/h/ln(观测期内的 QDF

均值为 1538veh/h/ln)。这里考虑到交通流在早高峰期间的快速升高,本节使用失效前三分钟的流量量化 PQF;考虑到阶段二期间下游的瓶颈限制,使用失效后十分钟的流量量化 QDF。

这种失效现象被称为早发性失效,在本书第 3 章中给出了详细的分析,常见于我国许多入匝道瓶颈。其致因主要是随着需求的上升,匝道和主线的车辆会共同表现从匝道到主线、从主线右侧车道到主线左侧车道的两阶段激进换道行为。这一横向的转移导致拥堵一旦在右侧的汇入点产生,就会迅速扩散至左侧车道,并导致整个入匝道瓶颈在未达到其最大通行能力之前断面就已失效。

观察二:入匝道瓶颈处的拥堵首先从汇入点横向转移,之后向上游传播。

该入匝道瓶颈处的交通拥堵时空演化有典型的早发性失效特征。图 4.14 所示为该入匝道上游车道失效过程中的速度时空分布变化。图 4.14(a)为线圈布置的简图;图 4.14(b)中,仅有右侧靠近汇入点的区域有轻微的扰动;图 4.14(c)和图 4.14(d)中,这一低速区域横向扩散到了左侧车道;在图 4.14(e)中,两个车道的拥堵共同向上游传播。仅仅在 4min 内,微小的扰动就扩散成了整个断面的拥堵。

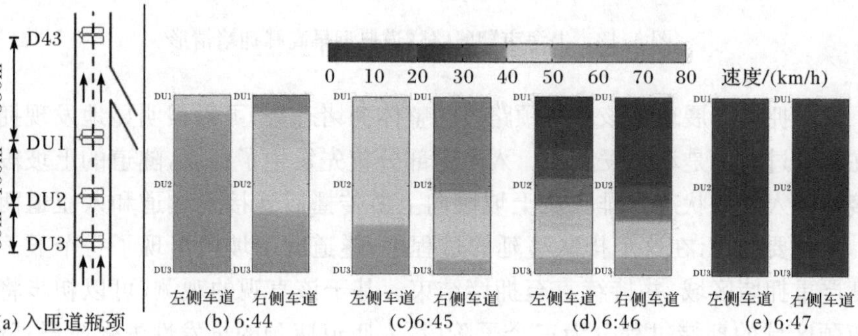

图 4.14　入匝道上游车道失效过程速度时空分布

这一现象是早发性失效的一个显著特征。如前所述,车道间大量的强迫性换道行为导致拥堵显著的横向转移,并使得入匝道在到达通行能力前失效。

2. 阶段二(6:55～7:15)——隧道上坡段的失效阶段

观察三:在入匝道瓶颈失效之后,隧道上坡段紧接着发生失效。

如图 4.13 所示,隧道上坡段在 7:03 进入拥堵状态。由于瓶颈特性的不同,该处的交通流失效特征与入匝道处有着明显的差异。

观察四:该失效发生在隧道上坡段,而非隧道下游的出匝道。

事实上,该阶段有两个潜在的失效瓶颈:一是隧道的上坡段;二是隧道下游的出匝道。然而,在整个瓶颈失效过程中,出匝道的交通流运行速度始终高于上坡段，并未进入拥堵状态。因此，首先可以断定，隧道的上坡段是该阶段的失效瓶颈。

观察五：隧道上坡段的PQF略高于QDF。

隧道上坡段的失效在PQF达到约1450veh/h/ln（观测期内PQF均值为1448veh/h/ln）时发生。失效发生后，QDF略微下降（观测期内QDF均值为1432veh/h/ln）。这一特征不同于阶段一的入匝道瓶颈，更符合常规的瓶颈失效交通流特征。

更重要的是，由于上坡段的PQF明显低于入匝道的PQF（1550veh/h/ln）。一旦入匝道发生了失效，并输出高流量的车流，由于这时的需求远大于隧道上坡段的通行能力，此处的失效就会作为结果发生。

观察六：驾驶员跟驰行为的变化导致隧道上坡段失效的发生。

隧道上坡段的失效有两个潜在的因素：驾驶员跟驰行为的改变；驾驶员换道行为的改变。在这个场景中，跟驰行为的改变是导致失效发生的主要致因。在隧道上坡段，车辆的速度更低，车头时距更长。表4.5所示为隧道上坡段与其他区段速度、车头时距的差异比较。配对样本 $t$ 检验（paired-sample $t$-test）拒绝了两样本的差值来自于零均值正态分布的假设，样本之间都存在显著的差异（对于D47/D49的速度样本、D45/D49的速度样本、D47/D49的车头时距样本、D45/D9的车头时距样本，显著量分别是1.000/1.000/0.969/1.000>0.05）。

**表4.5 隧道上坡段与其他区段速度、车头时距的差异比较**

| 参数 | 隧道下坡段 | 隧道中段 | 隧道上坡段 |
|---|---|---|---|
| 速度均值/(km/h) | 65.0 | 62.6 | 47.3 |
| 与隧道上坡段的相对速度差/% | 27.2 | 24.4 | — |
| 车头时距均值/s | 2.29 | 2.30 | 2.49 |
| 与隧道上坡段的相对车头时距差/% | 8.7 | 8.3 | — |

图4.15所示为各个线圈处内外车道的流量、速度分布。从图中可以看出，两个车道的速度展现了很强的同质性。另一方面，车道间的流量比例也保持相对稳定，外侧车道的流量稍大于内侧车道。也就是说，在整个隧道中，驾驶员的换道动机相对较小，换道行为较少。

### 3. 阶段三(7:15～7:35)——隧道下坡段的高密度严重拥堵阶段

当上坡段的排队向上传播至隧道下坡段时，下坡段会形成一段严重的拥堵区域。该高密度、低速的严重拥堵区域持续至整个多瓶颈区域拥堵结束。相较于此前两个阶段的瓶颈，它的通过能力更低，并最终成为限制整个多瓶颈区域通行效率的关键。

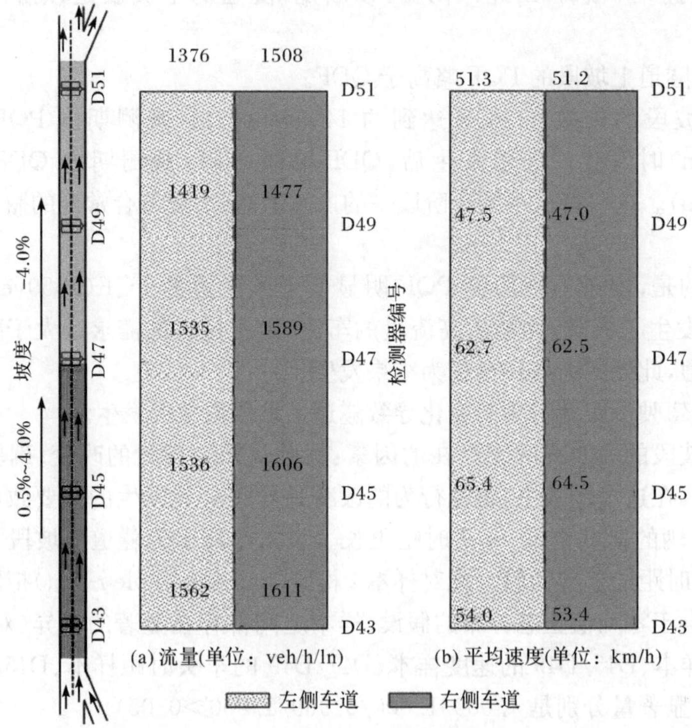


图 4.15　入匝道上游车道失效过程速度时空分布

观察七：该拥堵密度高，情况严重。

当下游的排队传播至隧道下坡段时，该区域的交通流密度迅速上升至约 50veh/km/ln(观测期内交通流密度的均值为 54veh/km/ln)，成为一个严重的拥堵点。

观察八：该拥堵的允许通行能力很低。

在进入严重拥堵状况后，下坡段的车辆流量迅速由 1550veh/h/ln(观测期内流量的均值为 1541veh/h/ln)左右降低至 1200veh/h/ln(观测期内流量的均值为 1217veh/h/ln)左右，远远低于入匝道和上坡段的通行能力。因此，隧道的下坡段为限制该多瓶颈路段通行能力的关键。

## 4.3.3　现象讨论和分析

4.3.2 节提供了对该隧道多瓶颈区域的多个角度的观察。基于这些观察，可以对该多瓶颈区域的拥堵过程进行研究。

该多瓶颈区域内的入匝道瓶颈表现出典型的早发性失效现象。这一现象的致因是整个入匝道断面短时间内大量强迫性的换道行为。入匝道瓶颈因而在需求快速上升的过程中，尚未到达通行能力就提前失效，从而成为整个多瓶颈区域首先发生失效的地点。

在入匝道瓶颈发生失效后，其流出量仍继续上升。当这股高流量的车流到达隧道的上坡段时，由于跟驰行为的变化导致隧道上坡段发生失效。

隧道上坡段失效后的低速会向上游传播，当这一排队经过隧道的下坡段时，形成一个高密度的严重拥堵区域，并持续至整个多瓶颈区域的拥堵结束。这一现象很可能与入匝道以及隧道上坡段两瓶颈的互相作用相关。本节开头所提到的收锁效应，使得严重拥堵在轻微拥堵区域中形成；另一方面，锁定效应使严重拥堵常保持在入匝道瓶颈的附近。这两个效应的产生都与交通流中的扰动相关。在案例场景中，下坡段驾驶员的驾驶异质性是交通流扰动的一个高概率的潜在致因。尤其是当从入匝道瓶颈处驶出的高速车流在下坡段遭遇下游排队时，这种异质性及其所导致的交通扰动就会表现得更明显。其作用结果就是收锁效应和锁定效应，并导致该区域持续性严重拥堵的产生。

图 4.16 所示为上海市翔殷路隧道多瓶颈区域的拥堵阶段、交通流特征及其成因：①在上游需求量上升的过程中，入匝道瓶颈处首先在 PQF 达到 1350veh/h/ln 左右时发生早发性失效。瓶颈失效后，入匝道处的流出量仍继续上升。②入匝道处的 QDF 可达到约 1550veh/h/ln，远大于隧道上坡段瓶颈的通行能力（1450veh/h/ln）。因此，在入匝道瓶颈的失效过后，隧道上坡段也会发生瓶颈失效。③隧道上坡段失效后，排队向上游传播的过程中在隧道的下坡段形成一段高密度的严重拥堵区域，并保持直至整个多瓶颈区域的拥堵结束。最终，这个隧道多瓶颈区域的通过量被该严重拥堵限制，通行能力仅能达到约 1200veh/h/ln。

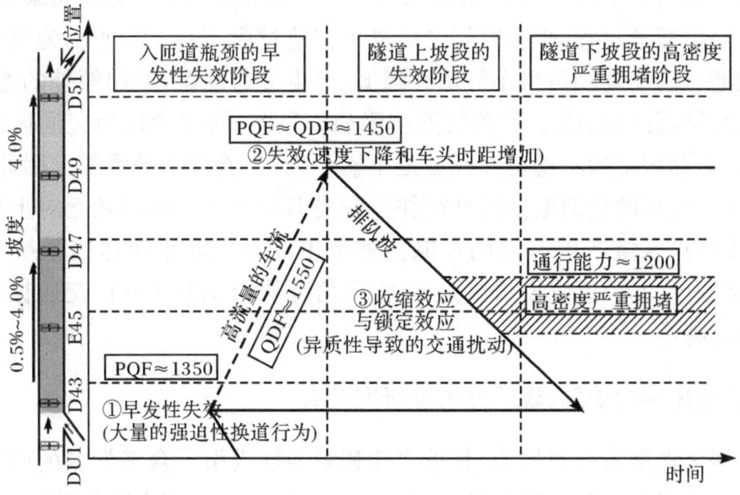


图 4.16 上海市翔殷路隧道多瓶颈区域交通动态（单位：veh/h/ln）

图 4.17 进一步展示了多线圈的交通累计量时变变形曲线，该方法被广泛应用于交通流分析领域，其使用方法可参考文献[20]。这些曲线展示了车辆在隧道中的空间分布，两条曲线的纵向距离表征了两个相邻线圈之间的累计车辆。可以发现，图 4.16 与图 4.17 所展现的三个阶段以及流量特征高度吻合，进一步验证了前述的分析结果。

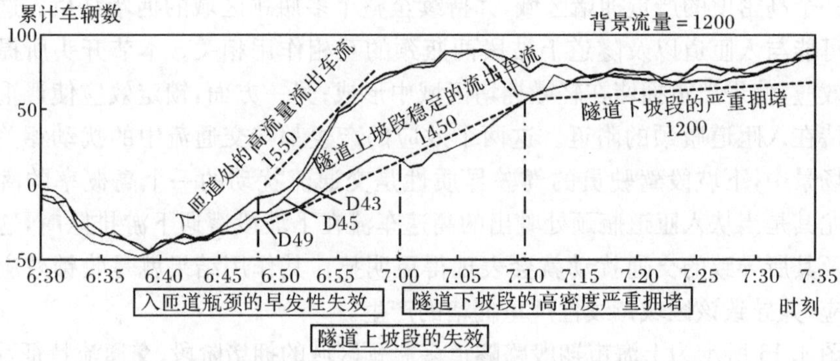


图 4.17　多线圈交通累计量时变变形曲线(单位：veh/h/ln)

基于上述观察和讨论，可以全面地了解多瓶颈区域的交通流拥堵特征。基于此，交通管理者能够对区域实施更有针对性的交通管理措施。

## 4.4　城市快速路多瓶颈路段交通振荡特性分析

在拥挤交通流中经常可见交通振荡，可称为“走走停停”交通现象，振荡中的车辆通常经历减速过程，短暂时间之后进入加速过程，图 4.18 所示为典型的振荡现象。交通振荡使驾驶员乘车舒适性降低，产生交通延误，增加额外的燃油消耗，加重空气污染，并且造成了潜在的安全隐患。目前，研究者认为交通振荡是由车辆的换道、车辆跟驰的不稳定性或者是车辆合流、分流行为导致的。因此，在多瓶颈路段，这种微观的交通振荡特性往往存在更多的变异。如果缺乏对上述影响的了解，便无法对区域实施有效的控制。本节主要以上海市快速路系统为研究对象，基于高频度(20s)感应线圈数据，以实证角度从宏观方面分析交通振荡在多瓶颈区域内的特性。

### 4.4.1　交通振荡的识别、现状分析及研究难点

交通振荡伴随着交通拥堵，其重要性和复杂性吸引了众多学者的研究。长期以来研究人员不断地开发理论模型、分析实际数据，以验证交通振荡的特性、确定振荡的影响因素，而上述研究的基础是对交通振荡现象的确定和识别。

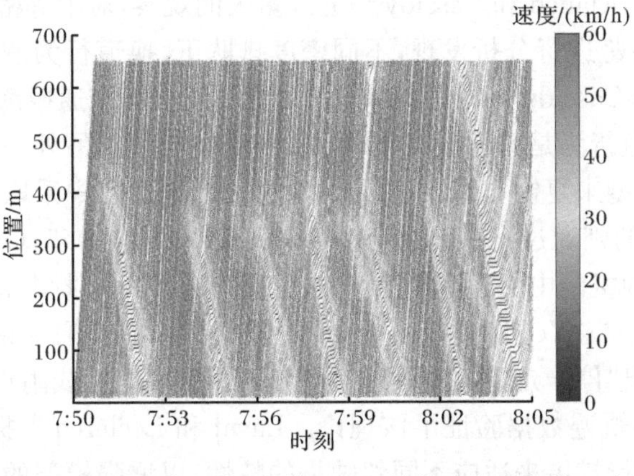


图 4.18 典型的振荡现象示意图(美国 101 号高速公路车道 1 时空轨迹图)

对于交通振荡的识别主要分为宏观视角和微观视角。宏观上,以地感线圈小间隔采样数据为基础,以断面、车道为集合分析流量、速度的振荡,研究不同集合尺度下振荡振幅的相互关系,从而确定振荡的诱因和整体特性。微观上,以视频检测单车速度、轨迹数据为基础,以单车道为研究范围,根据单车轨迹数据精细化分析识别振荡的诱因。

目前广泛采用的振荡分析方法主要有三种:累计移动序列法、小波变换法、频率谱分析法。累计移动序列法由 Mauch 和 Cassidy[21] 开发,主要基于长期累计值与近期均值比较的思想,即累计的交通量与分析时刻距离移动时间步长的累计值均值的差主要适用于宏观数据的分析,结果精度与移动时间步长密切相关。该方法原理简单,操作方便,效果直观。小波变换法是利用数学函数将连续时间序列数据变换成各种尺度的组件。速度的突变会导致基于小波的能量分布中出现尖锐的高峰,基于此特性就可识别车辆开始扰动时刻、跟踪振荡波。该方法主要适用于微观单车轨迹数据的分析,对数据的要求较高。Zheng 等[22] 通过下一代仿真(next generation simulation,NGSIM)数据对美国 I-80 公路和 101 号高速公路车辆轨迹进行分析发现,交通振荡的诱因与路段线形关系很大,并通过跟踪振荡轨迹发现,振荡会使激进的驾驶员激进程度降低,保守的驾驶员保守程度提高。频率谱分析法源于信号处理技术,首先对数据去除趋势化,然后应用快速傅里叶变换,以便识别振荡的时间间隔,在频率谱图中找到频率最高的范围就是振荡的周期所在。Li 等[23] 通过频率谱分析法对美国 I-405 北线和 I-5 北线进行分析,均识别到了振荡的周期和振幅。

现象分析方面,1999 年,Smilowitz 等[24] 在单车道交通设施上观察到交通振荡现象。Rehborn 和 Kerner[25]、Mauch 和 Cassidy[21]、Ahn 和 Cassidy[26] 通过实证研究证明了在多车道快速路上交通振荡的形成和发展主要是驾驶员换道行为诱发的。特别地，Mauch 和 Cassidy[21] 通过多天的观察，对中等密度排队和高密度排队下的交通振荡进行分析发现，不同密度排队下，换道行为诱发的振荡率有显著差异。Ahn 和 Cassidy[26] 利用单车轨迹数据分析多个交通振荡形成和发展的实例，研究表明换道行为是交通振荡形成的主要影响因素。另外一些学者提出可以通过车辆跟驰模型来复制交通振荡，有的通过在减速过程中采取概率性的车头时距来实现[27]，有的则通过概率性反应时间来实现[28]。2009 年，Orosz 等[29] 定义了一种机制，在这种机制中交通流是稳定的，但是对外界的干扰非常敏感，以此来促使交通振荡的形成。Yeo 和 Skabardonis[30] 提出不对称交通理论，并定义了 5 种交通状态，其提出“停一走”现象可能在拥挤交通的减速曲线附近，并通过作图和可视化检测车辆轨迹数据验证了该理论。Laval 和 Leclercq[31] 提出对 Newell 的车辆跟驰模型进行扩展来适应不同驾驶员的特性，以增强模型的物理意义。还有学者认为，交通振荡不只是车辆跟驰、换道的结果，还与车辆的合流、分流行为等有非常密切的关系。Ahn[32] 提出一阶运动波模型，通过检测线圈数据和视频数据分析验证了拥堵主线和匝道的合流处导致振荡传播超越匝道后，振幅被削弱，削弱倍数与汇入率相关；驶出匝道附近的分流行为导致振荡传播超越匝道后，振幅被放大，放大倍数与分流率相关。

目前对于我国城市快速路系统，道路线形设计仍有不合理之处，由此引发的交通拥堵情况重复出现，而鲜见利用实际数据对交通振荡现象的分析。本节基于上海市快速路感应线圈数据，采用累计移动序列法对典型拥堵路段交通振荡现象进行研究，分析其动态交通特征并在研究过程中解决以下问题：上海市快速路与国外的振荡特征（传播速度、振幅等）是否存在差异；采用累计移动序列法时移动时间步长如何选择；移动时间步长，背景车速，汇入、汇出匝道等因素对振荡振幅的影响。

本节在对上海市中环快速路翔殷路和内环快速路广中路进行震荡分析的基础上，与国外研究进行对比，并对移动时间步长的选择进行敏感性分析，再对振荡振幅的影响因素进行研究。

### 4.4.2 研究对象

本节分析数据来源于 2009 年 9 月 21～27 日上海市快速路感应线圈检测数据，检测参数包括交通量、平均车速、占有率，数据记录间隔为 20s。本书分析路段有两部分：一部分是长约 3.4km 的中环快速路翔殷路；另一部分是长约 7.2km 的内环快速路广中路，如图 4.19 所示。

翔殷路位于上海市中环快速路内圈，研究路段包括 9 个感应线圈，均为双检测线圈，线圈检测断面间距约 400m。该路段连接翔殷路隧道，在工作日早高峰去往翔殷路隧道方向的交通量比较大，在 D8、D9 检测线圈位置之间重复出现瓶颈。

广中路位于上海市内环快速路系统外圈，每隔约 500m 设置一组感应线圈。广中路位于上海市连接东西交通通道上，承担了很大的交通压力，而在 D55 检测线圈处车道数量减少，形成了物理瓶颈，每天早晚高峰车辆在此处形成排队并向上游传播。D55 检测线圈位于车道数量过渡位置，车辆在此处密集变道，可能会引起较大的流量检测误差，因此在后面的交通流量振荡分析中，没有利用该检测线圈数据。而 D59 检测线圈通过数据质量校核确认为无效检测器，因此，D59 检测线圈的数据也不予以使用。

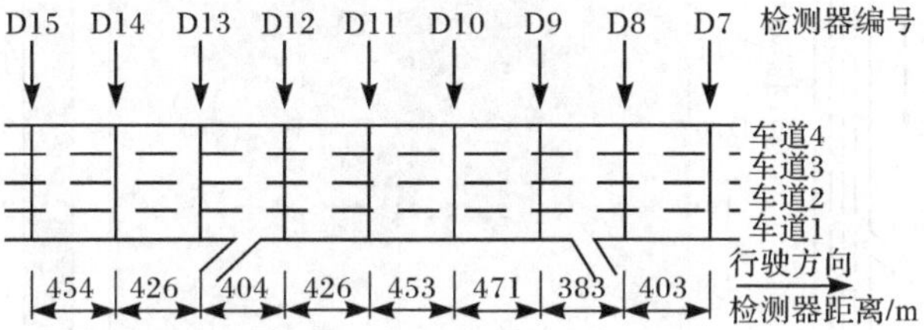


(a) 翔殷路

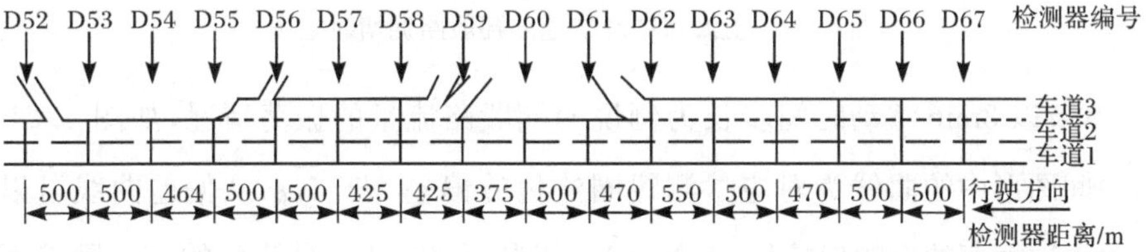


(b) 广中路

图 4.19 上海市中环快速路翔殷路和内环快速路广中路示意图

因此以中环快速路翔殷路、内环快速路广中路为例分析交通振荡的过程以及振荡特性的影响因素。

### 4.4.3 典型路段交通振荡分析

本节采用累计移动序列法，通过计算长期累计流量值与距离当前时刻移动时间步长的累计值的均值的偏差得到偏差曲线。$N-\overline{N}_{2t_0}=N(t)-[N(t+t_0)+N(t-t_0)]/2$。其中，$N-\overline{N}_{2t_0}$ 为偏差；$N(t)$ 为 $t$ 时刻的累计流量值；$t_0$ 为移动时间步长。

#### 1. 中环快速路翔殷路交通振荡

本节以 2009 年 9 月 23 日中环快速路翔殷路为例来说明瓶颈区域交通振荡的

特点。首先，根据每个检测断面的时间平均速度，将车辆拥堵的时间、空间范围可视化，如图 4.20 所示。图中虚线矩形框所示为交通振荡的时间和空间范围(8:00～8:40，D9～D13 检测线圈)。

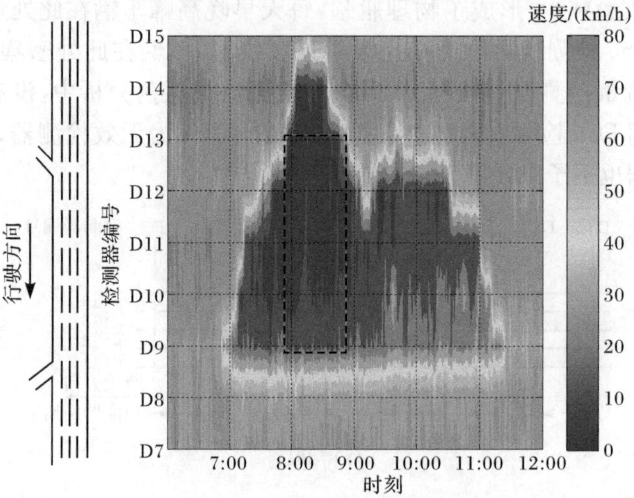


图 4.20　上海市中环快速路翔殷路拥堵时空图

本节以 3min 移动时间步长为例说明翔殷路流量的振荡情况，如图 4.21 所示，中间图形中的曲线为对应检测线圈流量的偏差 $N-\overline{N}_6$，从偏差曲线可以看出，每一次振荡的振幅保持稳定，$N-\overline{N}_6$ 不超过 36veh。带箭头的直线跟踪振荡的运动，可以看出，振荡产生于排队交通流的下游，自下游向上游传播，与车辆行驶方向相反；各条带箭头的直线近似平行，说明流量振荡波的传播速度近似为常数，该路段中振荡波速为 21.3km/h。根据 Ahn 等[33]的计算方法，以流量偏差的均方根误差(root mean squared errors，RMSE)来代表流量振荡的大小，即振幅的大小。$\mathrm{RMSE}=\left[\sum_{t=0}^{n}[N(t)-\overline{N}(t)]^2/n\right]^{1/2}$，$n$ 为分析时段观测点的个数。图 4.21 中右侧折线图表示各检测线圈的振幅，可以看出，随着振荡波向上游传播，振幅逐渐增大，而在 D12 和 D13 检测线圈之间存在驶入匝道，导致振荡波传播超越此处后振幅下降，该结果验证了 Ahn 等[33]的结论，即振荡传播超越排队的驶入匝道将会削弱振荡振幅；而 D11 检测线圈的道路设施设计和数据采集标准与其上游 D10 检测线圈、下游 D12 检测线圈保持一致，图 4.21 中结果显示，D11 检测线圈的 RMSE 比 D10 检测线圈小，与 Ahn 等[33]的结论相悖，此处为误差所致。

2. 内环快速路广中路交通振荡

本节以 2009 年 9 月 21 日内环快速路广中路为例来说明瓶颈区域交通振荡的

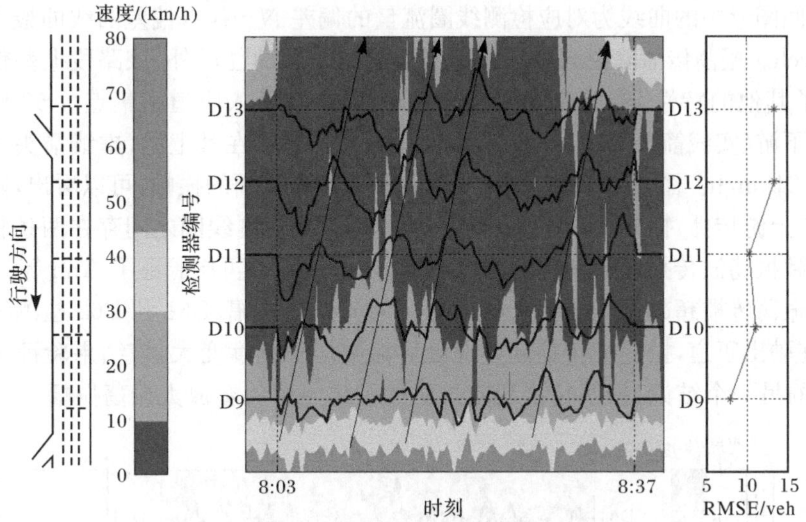


图 4.21 上海市中环快速路翔殷路流量振荡图

特点。首先，根据每个检测断面的时间平均速度，将车辆拥堵的时间、空间范围可视化，如图 4.22 所示。图中虚线矩形框所示为交通振荡的时间和空间范围(7:40～8:50，D56～D64)检测线圈，其中不包含 D59 检测线圈，D59 检测线圈经过数据质量校核为无效检测器。

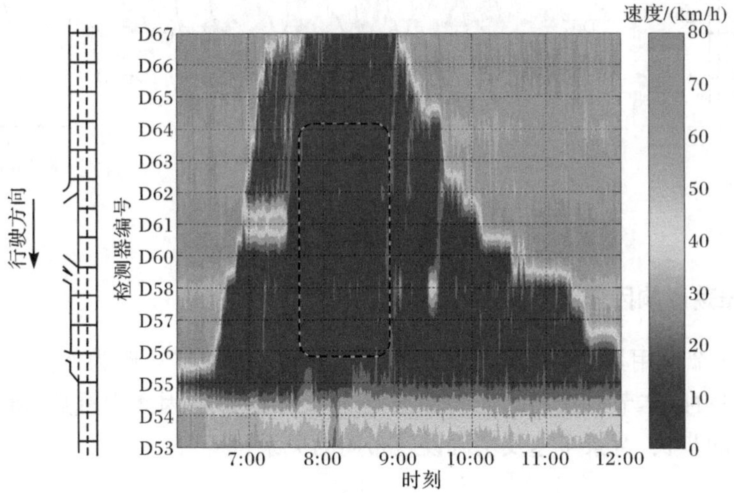


图 4.22 上海市中环快速路广中路拥挤时空图

本节以 2min 移动时间步长为例说明广中路流量的振荡情况，如图 4.23 所示，中间图形中的曲线为对应检测线圈流量的偏差 $N-\overline{N}_4$，偏差曲线的最大振幅为 41veh。振荡传播除了与中环快速路翔殷路相同的性质外，该路段振荡传播还显示了其他的特性，传播速度明显分为两部分：在驶入匝道密集点(D59 检测线圈)的下游(实线箭头直线所示)传播速度为 22km/h，在其上游(虚线箭头直线所示)为 24km/h。图 4.23 中右侧折线图表示各检测线圈的振幅，可以看出，随着振荡波向上游传播，振幅逐渐增大，而在 D58 和 D60 检测线圈之间存在两条驶入匝道，导致振荡波传播超越此处后振幅下降显著，该结果再次验证了 Ahn 等[33]的结论，即振荡传播超越排队的驶入匝道将会削弱振荡振幅；D61 和 D62 检测线圈之间存在驶出匝道，振荡波传播超越此处后振幅增长幅度变大，该结果验证了 Ahn 等[33]的另一个结论，振荡传播超越排队的驶出匝道将会放大振荡振幅。

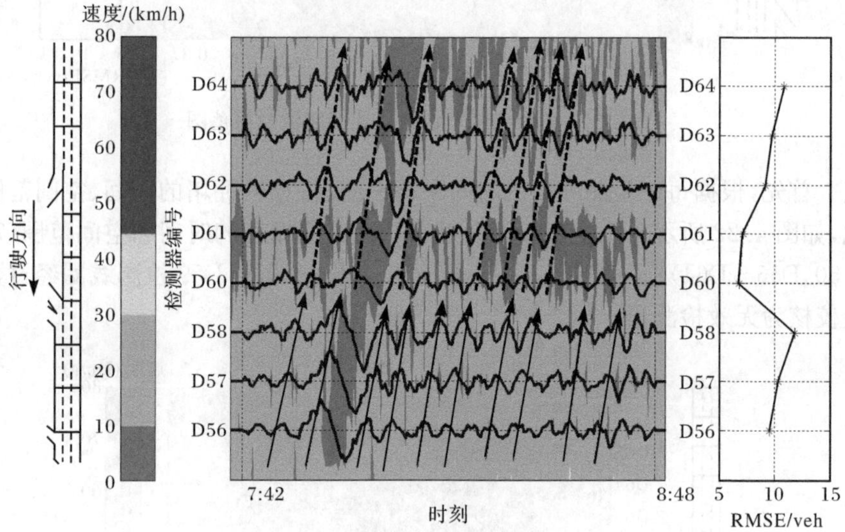


图 4.23　广中路流量振荡图

### 4.4.4　振荡影响因素及其关系

4.4.3 节采用累计移动序列法以中环翔殷路和内环广中路为例分析了流量振荡的基本特性，本节以振荡的强弱和振幅 RMSE 的影响因素为重点，研究 RMSE 与移动时间步长、背景车速及基础设施布局的关系。

1. RMSE 与移动时间步长的关系

为研究 RMSE 与移动时间步长的关系，本节分别采用 2min、3min、5min、8min 和 10min 移动时间步长计算流量的偏差，得到各检测线圈在不同移动时间步长下的 RMSE,如图 4.24 所示。

图 4.24(a)所示的翔殷路每个检测线圈的 RMSE 与移动时间步长的相关系数保持在 0.9642～0.9998,高度相关。图 4.24(b)所示的广中路每个检测线圈的 RMSE 与移动时间步长的相关系数保持在 0.9822～0.9994,同样高度相关。因此,RMSE 随着移动时间步长的增大而增大,两者显著正相关。

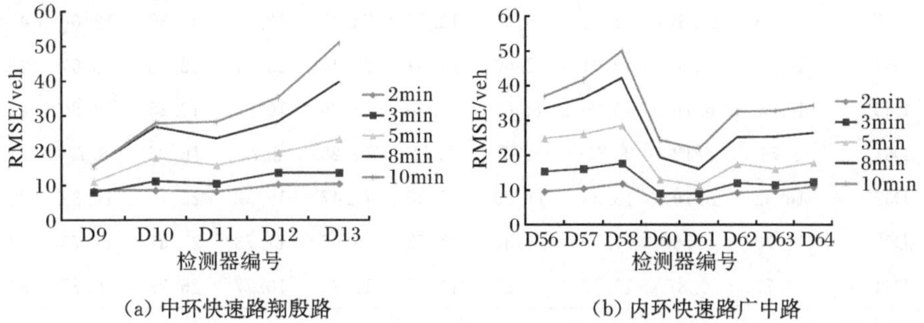


图 4.24 不同移动时间步长下 RMSE 变化曲线

另外,在 Ahn 等[33]的研究中,采用 2.5min 的移动时间步长计算得到的汇入区振荡振幅为 9.3～20.0,汇出区的振荡振幅为 22.5～41.8。与本节研究结果对比可知,上海市快速路上的振荡振幅相对较小。

2. RMSE 与背景车速的关系

为研究交通振荡中 RMSE 与宏观交通流参数的关系,本节将各个线圈在分析时段内的平均速度作为背景车速,研究 RMSE 与背景车速的相关程度,见表 4.6 和表 4.7。

**表 4.6 上海市中环快速路翔殷路 RMSE 与背景车速的关系**

| 检测器编号 | 2min | | 3min | | 5min | | 8min | | 10min | |
|---|---|---|---|---|---|---|---|---|---|---|
| | 背景车速/(km/h) | RMSE/veh | 背景车速/(km/h) | RMSE/veh | 背景车速/(km/h) | RMSE/veh | 背景车速/(km/h) | RMSE/veh | 背景车速/(km/h) | RMSE/veh |
| D9 | 15.96 | 8.53 | 15.96 | 8.00 | 15.96 | 10.89 | 15.96 | 15.53 | 15.96 | 15.49 |
| D10 | 10.42 | 8.44 | 10.42 | 11.17 | 10.42 | 17.82 | 10.42 | 26.64 | 10.42 | 27.74 |
| D11 | 7.02 | 8.03 | 7.02 | 10.35 | 7.02 | 15.61 | 7.02 | 23.32 | 7.02 | 28.00 |
| D12 | 6.77 | 10.21 | 6.77 | 13.59 | 6.77 | 19.24 | 6.77 | 28.32 | 6.77 | 35.02 |
| D13 | 6.79 | 10.30 | 6.79 | 13.49 | 6.79 | 23.20 | 6.79 | 39.70 | 6.79 | 51.06 |
| 相关系数 | −0.46 | | −0.84 | | −0.80 | | −0.74 | | −0.78 | |

表 4.7　上海市内环快速路广中路 RMSE 与背景车速的关系

| 检测器编号 | 2min | | 3min | | 5min | | 8min | | 10min | |
|---|---|---|---|---|---|---|---|---|---|---|
| | 背景车速/(km/h) | RMSE/veh | 背景车速/(km/h) | RMSE/veh | 背景车速/(km/h) | RMSE/veh | 背景车速/(km/h) | RMSE/veh | 背景车速/(km/h) | RMSE/veh |
| D56 | 14.28 | 9.53 | 14.28 | 15.23 | 14.28 | 24.74 | 14.28 | 33.32 | 14.28 | 36.74 |
| D57 | 12.68 | 10.39 | 12.68 | 16.03 | 12.68 | 25.90 | 12.68 | 36.30 | 12.68 | 41.63 |
| D58 | 13.61 | 11.87 | 13.61 | 17.60 | 13.61 | 28.46 | 13.61 | 42.13 | 13.61 | 49.97 |
| D60 | 10.86 | 6.78 | 10.86 | 8.97 | 10.86 | 13.09 | 10.86 | 19.25 | 10.86 | 24.20 |
| D61 | 8.74 | 7.12 | 8.74 | 8.97 | 8.74 | 11.25 | 8.74 | 16.06 | 8.74 | 21.70 |
| D62 | 16.32 | 9.19 | 16.32 | 11.90 | 16.32 | 17.47 | 16.32 | 25.10 | 16.32 | 32.49 |
| D63 | 11.73 | 9.76 | 11.73 | 11.37 | 11.73 | 16.05 | 11.73 | 25.31 | 11.73 | 32.70 |
| D64 | 10.77 | 10.87 | 10.77 | 12.25 | 10.77 | 17.74 | 10.77 | 26.26 | 10.77 | 34.15 |
| 相关系数 | 0.43 | | 0.56 | | 0.57 | | 0.55 | | 0.54 | |

从表 4.6 所示中环快速路翔殷路可以看出，不同的移动时间步长下，RMSE 与背景车速的相关程度不同，移动时间步长 2min 时，两者相关系数不到 0.5，在其他移动时间步长下，相关系数为 0.74～0.84，而所有移动时间步长下，两者均为负相关。从表 4.7 所示内环快速路广中路可以看出，不同移动时间步长下，RMSE 与背景车速的相关系数为 0.43～0.57，相关性不显著，但是，该路段不同于中环快速路翔殷路，RMSE 与背景车速均呈正相关。两个路段 RMSE 与背景车速相关程度的正负说明了交通振荡与瓶颈路段的位置有关。

3. RMSE 与基础设施布局的关系

通过 4.4.3 节典型路段交通振荡分析可知，交通振荡源于排队下游，以逐渐增大的振幅向上游传播，在振荡传播过程中遇到驶入匝道将会削弱振荡振幅(中环快速路翔殷路振荡结果)，而遇到驶出匝道将会放大振荡振幅(内环快速路广中路振荡结果)。该结果验证了 Ahn 等[33] 的结论，说明该结论对于我国快速路交通流也是适用的。

从上述分析 RMSE 与移动时间步长、背景车速和基础设施布局的关系中可以看出，交通振荡与瓶颈路段的位置密切相关，其 RMSE 与道路的基础设施布局密切相关。综合考虑 RMSE 与背景车速的相关性，本书推荐采用两者相关程度较高的移动时间步长 2min、3min 来分析交通振荡，该结论与 Li 等[23] 频率谱分析的推荐值(2.5～5min)一致。

通过上海市快速路系统地面感应线圈数据，采用累计移动序列法，本节分析了典型瓶颈路段的交通流量振荡情况，主要研究结论有以下几点：振荡源于排队下游，自下游向上游传播，波速保持在 20～25km/h；振荡振幅 RMSE 与移动时间步长强正相关，与国外研究对比，振幅相对较小；振荡振幅 RMSE 与背景车速在不同的移动时间步长下相关性不一致，并且振荡振幅与瓶颈路段位置相关；振荡波向上游传播时，遇到驶入匝道将会削弱振荡振幅，而遇到驶出匝道将会放大振荡振幅，与国外研究结果一致。

## 4.5 本章小结

本章首先针对快速路多瓶颈关联失效，构建定量风险评估模型，从风险理论的角度识别瓶颈失效的内部原因，并采用 95%位风险度作为瓶颈关联阻塞区可靠性指标；然后对比关联阻塞区期望风险度与各个瓶颈独立风险关系、关联阻塞区期望风险度与其诱发瓶颈总失效概率的关系，研究关联阻塞区风险度这个全新的量化路网拥堵指标与瓶颈基本特性的关联；另外，以上海市翔殷路隧道多瓶颈路段为例，研究了多瓶颈路段交通流微观分析方法，分析多瓶颈路段的拥堵源及其致因；最后，本章对多瓶颈路段的交通振荡特性进行分析，采用累计移动序列法计算中环翔殷路和内环广中路的振荡特征，对振荡振幅的影响因素进行研究，并与国外研究进行对比。

## 参考文献

[1] Bassan S, Faghri A, Polus A. Experimental investigation of spatial breakdown evolution on congested freeways[J]. Civil Engineering and Environmental Systems, 2007, 24(4): 261－274.

[2] Inano A, Nakamura H, Utsumi T. An analysis on the stochastic characteristics of breakdown on expressway sections including several bottlenecks[J]. Expressways and Automobiles, Express Highway Research Foundation of Japan, 2008, 52(1): 19－29.

[3] Davidsson F. Predicting extreme congestion and tunnel closure using three-phase traffic theory[C]//16th ITS World Congress and Exhibition on Intelligent Transport Systems and Services, Stockholm, 2009.

[4] Kerner B. Theory of breakdown phenomenon at highway bottlenecks[J]. Transportation Research Record: Journal of the Transportation Research Board, 2000, (1710): 136－144.

[5] Hassan C R, Puvaneswaran B, Aziz A R, et al. Quantitative risk assessment for the transport of ammonia by rail[J]. Process Safety Progress, 2010, 29(1): 60－63.

[6] Meng Q, Qu X. Quantitative risk assessment model for fire in road tunnels with parameter uncertainty[C]//4th International Workshop on Reliable Engineering Computing, Singapore, 2010.

[7] Meng Q, Qu X, Yong K T, et al. QRA model-based risk impact analysis of traffic flow in urban road tunnels[J]. Risk Analysis, 2011, 31(12): 1872－1882.

[8] Tu H, Li H, van Lint H, et al. Modeling travel time reliability of freeways using risk assessment techniques[J]. Transportation Research Part A: Policy and Practice, 2012, 46(10): 1528—1540.

[9] Brilon W, Geistefeldt J, Regler M. Reliability of freeway traffic flow: A stochastic concept of capacity[C]//Proceedings of the 16th International Symposium on Transportation and Traffic Theory, College Park, 2005.

[10] Bertini R L, Leal M T. Empirical study of traffic features at a freeway lane drop[J]. Journal of Transportation Engineering, 2005, 131(6): 397—407.

[11] Bertini R L, Lindgren R V, Helbing D, et al. The German autobahn: An ITS test bed for examining dynamic traffic flow phenomena[C]//Proceedings of 2005 IEEE Intelligent Transportation Systems Conference, Vienna, 2005.

[12] Coifman B A, Wang Y. Average velocity of waves propagating through congested freeway traffic[C]//Proceedings of the 16th International Symposium on Transportation and Traffic Theory, College Park, 2005.

[13] Ni D, Wang H. Trajectory reconstruction for travel time estimation[J]. Journal of Intelligent Transportation Systems, 2008, 12(3): 113—125.

[14] Lomax T, Margiotta R. Selecting travel reliability measures[R]. College Station: Texas Transportation Institute, 2003.

[15] FHWA. Travel time reliability: Making it there on time, all the time[R]. Washington DC: Federal Highway Administration, 2006.

[16] Matsumoto Y, Suzuki T, Matsui H, et al. Analysis of route choice behavior and consciousness for travel time information on expressway[C]//15th World Congress on Intelligent Transport Systems and ITS America's 2008 Annual Meeting, New York, 2008.

[17] Wakabayashi H. Travel Time Reliability Indices for Highway Users and Operators[M]. New York: Springer, 2012.

[18] Kerner B S. Empirical macroscopic features of spatial-temporal traffic patterns at highway bottlenecks[J]. Physical Review E, 2002, 65(4): 046138.

[19] Kim K, Cassidy M J. A capacity-increasing mechanism in freeway traffic[J]. Transportation Research Part B: Methodological, 2012, 46(9): 1260—1272.

[20] Cassidy M J, Rudjanakanoknad J. Increasing the capacity of an isolated merge by metering its on-ramp[J]. Transportation Research Part B: Methodological, 2005, 39(10): 896—913.

[21] Mauch M J, Cassidy M. Freeway traffic oscillations: Observations and Predictions[C]//Proceedings of the 15th International Symposium on Transportation and Traffic Theory, Adelaide, 2002: 653—673.

[22] Zheng Z D, Ahn S, Chen D J, et al. Freeway traffic oscillations: Microscopic analysis of formations and propagations using wavelet transform[J]. Procedia-Social and Behavioral Sciences, 2011, 17: 702—716.

[23] Li X P, Peng F, Ouyang Y F. Measurement and estimation of traffic oscillation properties[J].

Transportation Research Part B:Methodological,2010,44(1):1—14.

[24] Smilowitz K R,Daganzo C F,Cassidy M J,et al. Some observations of highway traffic in long queues[J]. Transportation Research Record:Journal of the Transportation Research Board,1999,(1678):225—233.

[25] Rehborn H,Kerner B S. Experimental features and characteristics of traffic jams[J]. Physical Review E,1996,53(2):1297—1300.

[26] Ahn S,Cassidy M J. Freeway traffic oscillations and vehicle lane-change maneuvers[C]//17th International Symposium on Transportation and Traffic Theory,London,2007.

[27] del Castillo J M. Propagation of perturbations in dense traffic flow:A model and its implications[J]. Transportation Research Part B:Methodological,2001,35(4):367—389.

[28] Kim T,Zhang H M. A stochastic wave propagation model[J]. Transportation Research Part B:Methodological,2008,42(7-8):619—634.

[29] Orosz G,Wilson R E,Szalai R,et al. Exciting traffic jams:Nonlinear phenomena behind traffic jam formation on highways[J]. Physical Review E,2009,80(4):46205.

[30] Yeo H,Skabardonis A. Understanding stop-and-go traffic in view of asymmetric traffic theory[C]//17th International Symposium on Transportation and Traffic Theory,Hong Kong,2009.

[31] Laval J A,Leclercq L. A mechanism to describe the formation and propagation of stop-and-go waves in congested freeway traffic[J]. Philosophical Transactions of the Royal Society A:Mathematical,Physical and Engineering Sciences,2010,368(1928):4519—4541.

[32] Ahn S. Formation and Spatial Evolution of Traffic Oscillations[D]. Berkeley:University of California,2005.

[33] Ahn S,Laval J,Cassidy M J. Merging and diverging effects on freeway traffic oscillations:Theory and observation[J]. Transportation Research Record:Journal of the Transportation Research Board,2010,(1301):1—8.

# 第5章　快速路宏观交通流建模与仿真

交通仿真技术作为快速路管理控制策略制定与效果评价的方法，引起人们的广泛关注。在交通仿真中，宏观交通流仿真是指采用宏观交通流模型模拟车流的运动，其采用流量、速度和密度等宏观集计交通参数来描述系统的运行状态，是一种数值模拟方法。与中观、微观交通流仿真相比，宏观交通流仿真具有参数个数少、易于标定、计算速度快、应用简单和成本低等优点，在快速路仿真中显示出巨大的潜力。虽然目前对于宏观交通流模型的研究已取得重大进展，但将宏观交通流模型应用到实际仿真场景中的仍然较少。并且国内外针对快速路多用户（如不同期望速度、不同车型等）、多车道交通流并存的场景搭建宏观模型并实现高精度仿真等问题，仍缺乏系统化、精细化的方法。因此，本章在系统介绍宏观交通流模型基本原理与体系框架的基础上，针对快速路实际的运行特点，试图构建能更加准确描述快速路交通流运行特征的宏观交通流模型，包括对经典宏观交通流仿真模型的高精度标定方法研究以及构建一种考虑多用户、多车道特征的新宏观交通流仿真模型。

## 5.1　引　　言

自从1955年Lighthill和Whitham[1,2]及Richards[3]提出了历史性的Lighthill-Whitham-Richards模型后，宏观交通流模型就成为了一种兼具理论性和实用性的热门研究。经过60多年的发展，宏观交通流模型的理论体系日趋完备，其实用性也得到了很大提高。

宏观交通流模型一般将交通流视为由大量车辆组成的可压缩的连续流体，车流运行状态由流量、密度、速度等集计变量来表示，它们之间在时间和空间上满足一定的数学关系。与此同时，这些变量对应于实际交通监控中所采集的交通流参数，使得模型计算与实际运行之间可以建立直观的联系。因而基于宏观交通流模型的交通仿真能直观地反映整个路网的服务水平，诊断实际运行中存在的问题。

根据研究对象范围的不同，交通仿真可以分为宏观交通仿真（多车）、中观交通仿真（车队）和微观交通仿真（单车）。中观交通仿真和微观交通仿真技术已经得到广泛应用，目前已有众多仿真软件（如VISSIM、TransModeler和Paramics等）。而宏观交通仿真采用宏观交通流模型（应用较多的如CTM、METANET等）模拟车流的运动，是一种状态变量在时间和空间上传递演变的数值计算，宏观交通流模型本身就是一种建模与仿真方法，其巨大的应用潜力亟待开发。

目前我国快速路运行特征与国外快速路或高速公路存在显著差异。在宏观交通流基本图上突出表现为在单车道通行能力基本相等的情况下，我国的最佳速度只有 FFS 的 65%，而在美国，最佳速度可以达到 FFS 的 83%。究其原因是由于车辆期望速度差异、车道分布差异等造成的。

基于此，本章在详细介绍宏观交通流模型基本原理与发展现状的基础上，利用上海市快速路信息采集系统的线圈数据，首先以广中路瓶颈路段为例，详细介绍对于复杂瓶颈路段的高精度宏观交通流仿真方法，然后针对快速路交通流的期望速度和车道偏好差异，提出一种考虑多用户、多车道特征的混合交通流模型。主要内容包括：

(1) 以广中路瓶颈路段为例，从交通运行规律、道路结构特点（出匝道、入匝道等）等角度出发，以经典的 CTM 为基础，提出一种拓展的 CTM 仿真模型。并且介绍一种自动的参数混合标定方法，从而实现高精度宏观交通流仿真。

(2) 结合多用户对多车道交通流运行的影响特征，以多车道 CTM 为基础，进行新参数引入、基本图修改、增加换道类型三方面的改进，构建了一个考虑多用户影响的多车道 CTM，即多车道元胞传输模型（multi-user-functional multi-lane cell transmission model，MUF-MLCTM），并分别建立虚拟场景和瑞金南路入匝道至宛平南路出匝道路段实际场景，对模型的合理性和有效性进行验证。

## 5.2 宏观交通流研究概述

按照所建模型交通流是否均匀宏观交通流模型可以分为宏观交通流模型和混合交通流的宏观模型[4]。由于混合交通流的宏观模型是在宏观交通流模型的基础上发展而来的，本节对两者分别进行详细介绍。

### 5.2.1 宏观交通流模型

当从一个较高的位置观察车辆运动时，车辆运动看起来与流体很像。宏观交通流模型的建立正是基于这一想法。宏观交通流模型将车流比拟为流体，并借用流体力学的基本思想，引入了在 $x$ 位置 $t$ 时刻的车流密度 $\rho(x,t)$ 和平均速度 $v(x,t)$ 的概念，由此建立关于密度和速度关系的偏微分方程，通过求解方程就可以得到交通动力学行为。宏观交通流模型根据偏微分方程中偏导数的最高阶数可以分为一阶模型和高阶模型（二阶及二阶以上）。同时，为了便于使用计算机进行数值计算，更方便地应用到实际仿真中，学者又相继对宏观交通流模型进行了离散化。

1. 一阶模型

Lighthill 和 Whitham[1,2] 及 Richards[3] 提出了第一个宏观交通流模型，被称为 Lighthill-Whitham-Richards 模型，也称为运动波模型，这是最简单也是最经典的宏观交通流模型，很多后续提出的新模型都以此为基础。Lighthill-Whitham-Richards 模型中包含一个关于车辆守恒的偏微分方程，由于在守恒方程中包含两个变量，方程不封闭，为了解决这一问题，Lighthill-Whitham-Richards 模型假设在道路的任何位置，流量都可以表达成密度的函数，并基于这一表达在模型中引入了速度和密度之间的平衡速度-密度关系，从而可以联立两个方程对模型进行求解。Lighthill-Whitham-Richards 模型的控制方程如下：

$$\frac{\partial q}{\partial x}+\frac{\partial k}{\partial t}=0$$
$$q(x,t)=Q[k(x,t)]$$
$$q=kv \tag{5.1}$$

式中，$q$ 为流量；$k$ 为密度；$x$ 为距离；$t$ 为时间；$(x,t)$ 为定义的时空坐标；$Q[k(x,t)]$ 为流量关于密度的函数。

Lighthill-Whitham-Richards 模型能够很好地描述许多基本的交通现象，如交通激波的形成、拥堵和排队消散等。鉴于 Lighthill-Whitham-Richards 模型的简单实用性，引发了人们极大的研究兴趣，后续学者在此领域展开了大量的研究。

2. 高阶模型

一些学者认为，在 Lighthill-Whitham-Richards 模型中，车辆速度始终为平衡速度，因此不能模拟各类非平衡交通现象，如时走时停等。因此，研究者提出了高阶模型。高阶模型是指偏微分方程中偏导数的最高阶数大于或等于 2，目前研究的热点是二阶模型。

最具开创性的工作是 1971 年 Payne[5] 提出的第一个二阶模型，该模型用一个关于速度的动力学偏微分方程取代了 Lighthill-Whitham-Richards 模型中的平衡速度-密度关系，被称为 Payne 模型，其控制方程为

$$\frac{\partial q}{\partial x}+\frac{\partial k}{\partial t}=0$$
$$\frac{\partial v}{\partial t}=v\frac{\partial v}{\partial x}+\frac{v(k)}{\tau}-\frac{v}{\rho\tau}\frac{\partial q}{\partial x}$$
$$q=kv \tag{5.2}$$

式中，$\tau$ 为车辆速度调整的反应时间。

Payne 模型允许速度偏离平衡速度，因此可以描述非平衡交通现象。因为 Payne 模型中含有一个密度的偏导数项，被称为密度梯度模型。此后，Papageorgiou[6]在动力学方程中考虑出匝道和入匝道的影响；Kühne[7]在动力学方程中加入黏性项；Michalopoulos 等[8]在模型中将松弛时间表达成随密度单调递增的函数，对 Payne 的模型进行了改进。

然而，1995 年 Daganzo[9]对密度梯度模型进行了批判，他通过理论推导，证明加入的动力学方程可能会导致加速度为负值。针对 Daganzo 对密度梯度模型的批判，Aw 和 Rascle[10]、Zhang[11]、Jiang 等[12,13]通过微观宏观联系，分别相继提出了速度梯度模型。理论证明，在该类模型中不会再出现大于宏观车流速度的特征速度，从而能够解决速度为负的问题。除了密度梯度模型和速度梯度模型，Berg 和 Woods[14]还提出更高阶、更复杂的动力学方程，但模型的实际应用意义不大。从理论上来说，高阶模型考虑了交通流中更多的细节问题，但是模型形式也变得更为复杂，因此，相较于一阶模型，高阶模型在实际仿真中的应用相对来说还较少。

3. 离散化的宏观交通流模型

为了便于使用计算机进行数值计算，必须将模型中的偏微分方程变换为差分方程，即将模型在时间、空间离散化。CTM 和 METANET 模型是目前应用最为广泛的两个离散化宏观交通流模型。CTM 是由 Daganzo[15~17]提出的，它是将 Lighthill-Whitham-Richards 模型采用 Godunov 离散格式在时间、空间离散化后的简化版本。CTM 是最为重要的宏观交通流模型之一，也是在实际仿真中应用最广泛的宏观交通流模型。

CTM 将路段划分为元胞的离散化方法为后续大量离散化宏观交通流模型所借鉴。METANET 模型则是由 Papageorgiou 等将 Payne 模型经时间、空间离散化并加以改进后得来的，模型同样采用了 CTM 中路段元胞化的离散方法[18,19]。与 CTM 不同，由于 METANET 模型是由高阶模型离散化后得到的，在模型中速度不再根据平衡速度-密度关系得到，而是与上、下游元胞的状态有着密切联系，所以，除了密度外，速度也是 METANET 模型的状态变量。

虽然高阶元胞化宏观模型可以获得更加复杂的动态特性，但模型仿真的难度与时间成本也随之增加。CTM 也能够表达交通流中的大部分典型动力学特性，如激波、拥堵形成与消散以及多路段组合节点动态演化规律等，且十分简单易用，因此，后续有大量针对 CTM 进行扩展与改进的研究，以使模型能够更多地反映实际交通现象。由于本章提出的模型也源于 CTM，下面对 CTM 扩展与改进的研究进行介绍。

针对 CTM 中存在的速度瞬时突变问题，Daganzo[20]提出了迟滞元胞传输模型(lagged cell transmission model，LCTM)，模型中加入了一个速度传递的延迟时间，使得速度的变化更符合实际。Szeto[21]在 LCTM 的发送函数及接收函数中各加入了一个密度限制项，提出了改进的迟滞元胞传输模型（enhanced lagged cell transmission model，ELCTM），以防止密度过低或过高而出现不合理状态的元胞。Muñoz 等[22]考虑相邻元胞间不同的状态组合，将 CTM 分段线性化，得到了状态选择元胞传输模型（state switching model，SSM）。Sumalee 等[23]基于 Muñoz 等提出的 5 种状态，定义了一组随机项来表征各状态发生的概率，然后将元胞密度表达成这 5 种可能状态对应密度的期望值，形成了随机元胞传输模型（stochastic cell transmission model，SCTM）。除了模型结构的改进外，还有大量学者对 CTM 中的三角形基本图进行了修改。Jin 等[24]提出通行能力下降的动态交通波理论，从数学上证明了拥堵状态的发送能力受限的合理性。Lebacque[25]、Leclercq 等[26]和 Monamy 等[27]也均提出将发送函数在拥堵状态的发送能力进行限制，以使模型能够反映通行能力下降现象。

综上所述，从实际应用的角度考虑，目前宏观交通流模型发展的重点不再是提出更高阶、更复杂的模型，而是对现有一些经典模型进行扩展与修改，以使模型的仿真结果更加符合实际交通现象。因此，本章也遵循这一思路，在现有经典模型的基础上基于实际需求进行考虑与分析，进而对宏观交通流模型进行创新。

### 5.2.2 混合交通流的宏观模型

为了更准确地模拟实际的混合交通流，研究者对宏观模型进行了扩展，即发展了混合交通流的宏观模型。总体来说，目前对于混合交通流建模的研究还相对较少。混合交通流的宏观模型主要可以分为两类：多车道宏观模型和多车种宏观模型。

1. *多车道宏观模型*

多车道宏观模型是对每条车道建立控制方程，并且在方程中考虑车辆换道行为的影响。多车道宏观模型的实质是将原有的控制方程按照车道数细分为多个子方程，并在控制方程中增加了换道影响项。在这些模型中具有开创性和代表意义的有：1971 年，Munjal 和 Pipes[28]以 Lighthill-Whitham-Richards 模型为基础，建立了两车道宏观模型，被称为 Munjal-Pipes 模型；1984 年，Michalopoulos 等[29]提出第一个多车道高阶 Payne 模型。除此之外，学者也对多车道宏观模型的离散化进行了研究。Laval 和 Daganzo[30]较早提出了一种离散化的多车道 Lighthill-Whitham-Richards 模型，其实质为多车道 CTM。与此类似的还有 Roncoli 等[31]在 2015 年提出的一种面向未来自动驾驶环境的一阶多车道宏观模型，实质上也是多车道 CTM。鉴于 CTM 的简单实用性，因此在多车道宏观模型中，多车道 CTM 也得到了广泛关注与应用。

在多车道宏观模型中，最重要的就是考虑车辆换道行为。最具代表性也是最常见的是密度差模型,此类模型认为各车道的密度是围绕着一个密度平衡值进行随机波动的,并将相邻车道的换道量表示为车道之间的密度差或加权密度差的函数。Gazis 等[32]是最早进行密度差模型研究的研究者之一。Michalopoulos 等[29]对密度差模型进行了扩展与补充。除了密度差模型外,速度差模型也较具代表性,Laval 和 Daganzo[30]在他们所提出的多车道宏观模型中就根据相邻车道平均速度的差来得到换道量。除了以上两种较常使用的模型外,学者还提出了各种各样的方法来确定车辆的车道选择和换道行为。一部分研究者认为,车辆换道可能与路网上某个具体位置的车道流量分布有关。例如,Knoop 等[33]研究了在拥挤和非拥挤两种状态下,各车道密度与断面平均密度的统计关系;Duret 等[34]利用法国一处三车道公路的实际数据,证明了各车道的车道利用率与断面总流量之间存在简单的线性关系。而在最近的研究中,有学者提出可以通过 Logit 离散选择模型来确定车辆对车道的选择行为。例如,Farhi 等[35]基于车道流量平衡状态,建立了一个 Logit 模型来对断面流量进行分配。Shiomi 等[36]也采用 Logit 模型来确定各车道的流量,他们所提出的车道效用函数考虑两个方面:一是违反靠左行驶规则所需付出的代价;二是各车道当前的速度。总的来说,宏观换道行为或车道选择行为建模的未来发展方向应该从需求出发,通过从实际交通现象或实际交通流数据中寻找规律得到。

2. *多车种宏观模型*

多车种宏观模型是对每一个车种建立控制方程,同时考虑不同车种之间的相互影响。很显然,在多车种宏观模型中,不同车种之间的相互作用是通过速度-密度函数来体现的,多车种宏观模型的本质就是研究不同车辆混合时的速度-密度函数。

按照对速度-密度函数考虑的不同,多车种宏观模型大致可以分为等速度模型、等空间模型和等间距模型三类。等速度模型假定给定不同车种的比例时存在一个临界密度,当车流密度大于临界密度时,不同车种的速度相等。此类模型具有代表性的是 Chanut-Buisson 模型[37]、Zhang-Jin 模型[38]和 Logghe-Immers 模型[39],其均是针对两车种的情形。Wong 等[40]以及 Zhu 和 Wu[41]提出的模型中,速度仅是车辆总密度的函数,在这些模型中,不同种类车辆长度需相等,这类模型被称为等空间模型。Benzoni-Gavage 和 Colombo[42]提出了另外一类模型,与等空间模型相比,Benzoni-Gavage 等提出的模型考虑了不同种车辆长度的影响。该模型假定每种车的速度取决于混合交通流的平均间距,因此被称为等间距模型。

如果要对每条车道上的每种车建立控制方程,则既要考虑车辆换道,又要考虑同一车道上不同车种之间的相互作用,其控制方程往往会十分复杂,因此现有的宏观模型研究极少同时考虑多车种和多车道。

### 5.2.3　宏观交通流模型参数标定

一个仿真模型在实际应用之前，必须对模型的参数进行校准和验证，这个过程称为参数标定。参数标定包括标定方法、目标函数和优化算法。相对于大量针对宏观交通流建模的研究，现有对模型参数标定的研究还较少。

参数标定方法主要分为两种：一种是独立寻优；另一种是全局寻优。对于前者，当不同路段采用不同参数时，未知参数过多，此时通常采用最小二乘法利用实际数据对基本图中的参数进行统计估计。如 Grewal 和 Payne[43]、Muñoz 等[22]和 Sumalee 等[23]。由于独立寻优时每个参数通过独立回归得到，参数的标定结果是局部最优，但组合起来很难达到整体最优。相反的，全局优化标定对所有元胞采用相同的基本图参数，以整个研究路段的模拟误差作为目标函数，则更具有全局最优性和可调节性，因此本章采用整体优化标定。在目标函数方面，一般均是以速度或流量的匹配程度作为评价指标；而在优化算法方面，鉴于优化问题的多维性及非线性，大多数研究者选择的是如遗传算法之类的高级优化算法。表 5.1 对宏观交通流模型参数整体优化标定的相关文献从标定方法、目标函数和优化算法进行了归纳总结。

**表 5.1　宏观交通流模型参数整体优化标定相关文献**

| 研究内容 | 研究方法 | 相关文献 |
|---|---|---|
| 标定方法 | 全局寻优、单独寻优、分步寻优 | Muñoz 等[44]、Frejo 等[45]、Poole 和 Kotsialos[46]、Spiliopoulou 等[47] |
| 目标函数 | 以流量、速度的匹配作为目标函数 | Papageorgiou 等[48]、Ban 等[49]、Ngoduy 和 Maher[50]、Spiliopoulou 等[47] |
| 优化算法 | 最小二乘法、Nelder-Mead 法、遗传算法、交叉熵法 | Muñoz 等[44]、Ngoduy 和 Maher[50]、Poole 和 Kotsialos[46]、Spiliopoulou 等[47] |

## 5.3　快速路瓶颈路段建模与参数标定

宏观交通流模型相较于微观交通流模型在运算方面具有很大优势，但是前者的仿真精度却常常容易被忽视。特别是在处理一些复杂的交通环境，如出匝道、入匝道、车道减少等瓶颈路段时，尤其要注意是否需要特殊的处理方法，以保证仿真的精度。本节以上海市快速路内环快速路广中路瓶颈路段为例，基于宏观仿真模型 CTM 的基本原理和该路段的交通流特征，从入匝道接入方式、双通行能力基本图等详细介绍特殊场景的建模处理方法[51]。另外，由于模型参数取值直接反映路段的交通特征，取值的优劣直接影响仿真精度的好坏，所以本节也详细介绍了一种单纯形法与遗传算法相结合的多目标参数混合标定方法。

### 5.3.1 宏观交通流建模

1. 经典的 CTM

CTM 最早由 Daganzo 于 1994 年提出，它由连续的 Lighthill-Whitham-Richards 模型在时间和空间上进行离散，并经过简化得到，是最经典、应用最广泛的一阶宏观交通流模型。

1) 基本路段

如图 5.1(a)所示，在 CTM 中，首先需要将路段离散为一系列的元胞，假定第 $i$ 个元胞的长度为 $L_i$（本节中 $L_i$ 不一定等长），其中 $i$ 为元胞的编号，数值按行车方向递增。同样，时间也要进行离散化，假定离散化的仿真步长为 $T$，$k$ 表示第 $k$ 个仿真步长，$k=0,1,2,\cdots,K$，其中 $K$ 为最大仿真步长。在 CTM 中，密度是元胞的状态变量，符号为 $\rho_i(k)$，它表示的是 $kT$ 时刻元胞 $i$ 内的总车辆数与元胞 $i$ 内车道数 $\lambda_i$ 和元胞长度 $L_i$ 乘积的比值。元胞状态根据车辆守恒方程进行更新，如式(5.3)所示：

$$\rho_i(k+1)=\rho_i(k)+\frac{T}{L_i\lambda_i}[q_{i-1}(k)-q_i(k)] \tag{5.3}$$

式中，$q_i(k)$ 为在 $[kT,k(T+1)]$ 时间内，从元胞 $i$ 离开流入到元胞 $i+1$ 的流量。CTM 采用最大发送—最大接收原则来确定两个元胞之间的流量 $q_i(k)$，如式(5.4)所示：

$$q_i(k)=\min\{S_i(k),R_{i+1}(k)\} \tag{5.4}$$

式中，$S_i(k)$ 为在 $[kT,k(T+1)]$ 时间内，元胞 $i$ 能够向下游发送的最大流量；$R_{i+1}(k)$ 为在 $[kT,k(T+1)]$ 时间内，元胞 $i+1$ 能够接收上游元胞流出的最大流量。

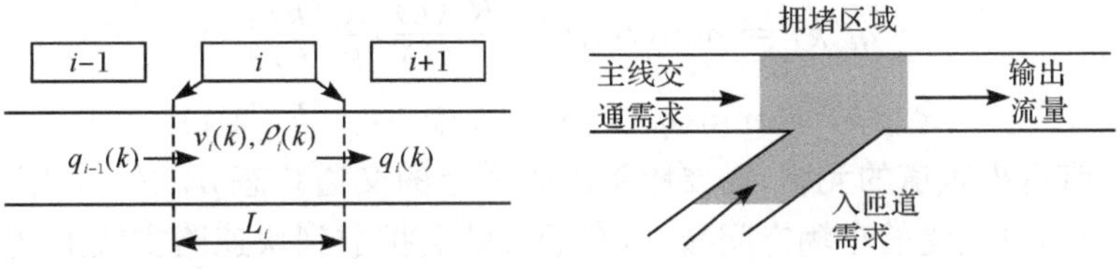


(a) 快速路基本路段离散化 (b) 入匝道汇入

图 5.1 快速路基本路段离散化和入匝道汇入示意图

对于快速路基本路段，发送量 $S_i(k)$[发送函数(sending function)]和接收量 $R_{i+1}(k)$[接收函数(receiving function)]是通过三角形或梯形基本图确定的，如

图 5.2所示。为了对发送函数和接收函数进行更清楚地说明，图 5.2 将三角形或梯形基本图分解为发送部分和接收部分两个子图。

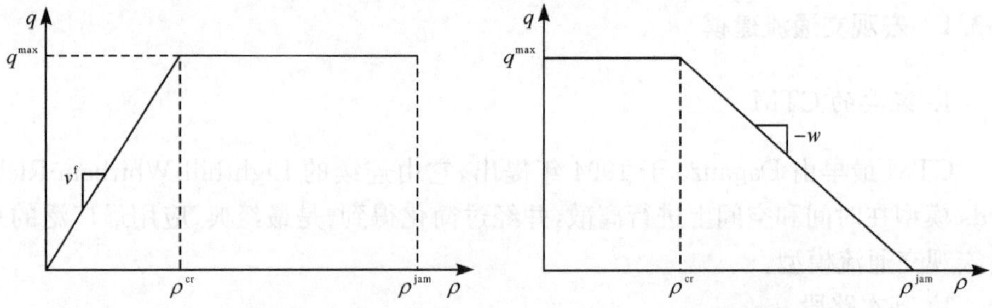


(a) 发送部分　　(b) 接收部分

图 5.2　CTM 中基本图发送部分和接收部分示意图

根据图 5.2，发送函数 $S_i(k)$和接收函数 $R_i(k)$的计算公式如下：

$$S_i(k) = \min\{v_i^f \rho_i(k)\lambda_i, q_i^{max}\lambda_i\} \tag{5.5}$$

$$R_i(k) = \min\{w_i[\rho_i^{jam} - \rho_i(k)]\lambda_i, q_i^{max}\lambda_i\} \tag{5.6}$$

式中，$v_i^f$ 为元胞 $i$ 的自由流速度；$q_i^{max}$ 为元胞 $i$ 内单车道的通行能力；$w_i$ 为元胞 $i$ 的阻塞波速；$\rho_i^{jam}$ 为元胞 $i$ 的阻塞密度。需要注意的是，本章各基本路段元胞采用统一的基本图，即对于各基本路段这 4 个参数取相同的值。

通过式(5.3)～式(5.6)，可以不断更新元胞的状态变量，而元胞内的平均速度可根据式 $v_i(k)=q_i(k)/[\lambda_i\rho_i(k)]$计算得到。

2) 存在出匝道、入匝道路段

除了基本路段，CTM 还对路段中存在出匝道、入匝道的情况进行说明。CTM 将出匝道当做道路分流进行处理。假设下游路段存在两个分流口，编号分别为 1、2，在$[kT, k(T+1)]$时间内的分流率分别为 $\beta_1(k)$和 $\beta_2(k)$，$\beta_2(k)=1-\beta_1(k)$，则上游元胞总的流出量可以根据式(5.7)和式(5.8)进行计算：

$$q_i(k) = \min\left\{S_{i-1}(k), \frac{R_1(k)}{\beta_1(k)}, \frac{R_2(k)}{\beta_2(k)}\right\} \tag{5.7}$$

$$R_{off}(k) = \min\{q_i^{max}\lambda_i, w_{off}[\rho_{off}^{jam} - \rho_{off}(k)]\lambda_{off}\} \tag{5.8}$$

对于带有出匝道的元胞，需要跟踪出匝道上的交通状态 $\rho_{off}(k)$。当匝道发生拥堵时，匝道可接受的车辆空间减少，车辆排队会扩散到快速路主线上，引发大范围内的拥堵。由于出匝道仅涉及车辆接收，需要计算匝道的可接收车辆数 $R_{off}(k)$，同时需要增加两个待标定的参数匝道阻塞波速 $w_{off}$和匝道阻塞密度 $\rho_{off}^{jam}$。

CTM 将入匝道当做道路合流进行处理。假设上游有两股车流，编号分别为 1、2，在$[kT, k(T+1)]$时间内的汇入率分别为 $p_1(k)$和 $p_2(k)$，$p_2(k)=1-p_1(k)$，则上游两个元胞的流出量可以按照式(5.9)进行计算：

$$\begin{cases} q_1(k) = S_1(k), \\ q_2(k) = S_2(k), \end{cases} \quad S_1(k) + S_2(k) < R_i(k) \tag{5.9a}$$

$$\begin{cases} q_1(k) = \text{mid}\{S_1(k), R_i(k) - S_2(k), R_i(k)p_1(k)\}, \\ q_2(k) = \text{mid}\{S_2(k), R_i(k) - S_1(k), R_i(k)p_2(k)\}, \end{cases} \quad S_1(k) + S_2(k) < R_i(k) \tag{5.9b}$$

$$p_1(k) = \frac{r_{\text{m}}(k)}{r_{\text{m}}(k) + q_i(k)} \tag{5.10}$$

式中，$r_{\text{m}}(k)$为匝道检测线圈实际测量通过的车辆数。

式(5.3)～式(5.10)构成了完整的CTM。需要指出的是，为了保证运算的稳定性，CTM选取的仿真步长$T$必须满足CFL(Courant-Friedrichs-Lewy)收敛条件，即

$$T \leqslant \min_i \frac{L_i}{v_i^{\text{f}}} \tag{5.11}$$

在实际应用过程中应根据实际的道路条件和交通流特征，对模型进行有效的调整和改进，尽可能地提高仿真精度。同时，由于宏观交通流模型较微观交通流模型简单，对其进行原理性的改动和实验也较为容易，使因地制宜地进行交通建模成为可能。通常对模型的改进可以考虑以下几个方面：模型所采用的基本图，出、入匝道接入方式(分离、汇入方式)，元胞间传输方式等。下面就以基本图调整方法和入匝道接入方法为例对CTM进行改进，本书称之为拓展的CTM。

### 2. 基本图调整方法

20世纪90年代，动态交通瓶颈的双通行(dual capacity)能力现象被发现，随后在世界各地不断有关于双通行能力的研究。在美国等西方国家，双通行能力多以通行能力下降的形式出现，即瓶颈失效后通行能力降低。而本书前面的章节也已经介绍过，上海市快速路交通瓶颈普遍存在早发性失效现象，即拥堵后的流量大于拥堵前的流量。无论中外差异如何，一个基本的事实是当拥堵发生时，通行能力会发生变化，即在基本图中会出现PQF和QDF两个通行能力。因此，本章从双通行能力现象入手改进CTM所用的三角形或梯形基本图：一方面是由于任何一种宏观交通流模型，其本质都是对交通流运行规律与机理的阐述，这是从观测到的实际现象改进对基本图的认识；另一方面，宏观交通流模型优劣的评价标准也正是其是否能够准确地反映所模拟交通流的运行特点，改进后的模型可以更好地捕捉和重现双通行能力现象。改进后的基本图称为双通行能力基本图。

本书中的双通行能力基本图可以从通行能力下降的动态波理论中衍生，其严格数学证明过程参见文献[24]。本书着重实际应用，不再赘述证明过程。

在双通行能力基本图中，拥堵前后的通行能力分别用PQF和QDF表示，其

发送函数和接收函数可以定义为

$$\begin{cases} S_i(k) = \min\{v_i^{\mathrm{f}}\rho_i(k)\lambda_i, \mathrm{PQF}_i\lambda_i\}, \\ R_i(k) = \min\{w_i[\rho_i^{\mathrm{jam}} - \rho_i(k)]\lambda_i, \mathrm{PQF}_i\lambda_i\}, \end{cases} \quad v_i^{\mathrm{f}}\rho_i(k) < \mathrm{PQF}_i \tag{5.12a}$$

$$\begin{cases} S_i(k) = \min\{v_i^{\mathrm{f}}\rho_i(k)\lambda_i, \mathrm{QDF}_i\lambda_i\}, \\ R_i(k) = \min\{w_i[\rho_i^{\mathrm{jam}} - \rho_i(k)]\lambda_i, \mathrm{QDF}_i\lambda_i\}, \end{cases} \quad v_i^{\mathrm{f}}\rho_i(k) \geqslant \mathrm{PQF}_i \tag{5.12b}$$

式中，$\mathrm{PQF}_i$、$\mathrm{QDF}_i$ 分别为第 $i$ 个元胞在拥堵前、拥堵后的最大流量。另外，$\mathrm{PQF}_i$ 并不一定大于 $\mathrm{QDF}_i$，其取值大小由模型标定的结果确定。因此，从理论上来说，双通行能力基本图既适用于瓶颈通行能力下降现象，又适用于早发性失效现象。

3. 入匝道接入方法

经典的 CTM 在描述入匝道车辆在拥堵情况下的汇入问题时，汇入率 $p_1(k)$ 一般由匝道上的交通需求与匝道和主线总需求的比值确定，如式(5.10)所示。作者认为该方法存在三个缺陷：①产生虚假的交通需求。当拥堵发生时，快速路主线和入匝道上都会排队，单位时间内通过线圈的车辆数 $r_{\mathrm{m}}(k)$ 减少，但是此时匝道上汇入主线的交通需求却很大，而经典的 CTM 却忽略了入匝道可能的排队情况，采用 $r_{\mathrm{m}}(k)$ 作为交通需求，造成需求量比真实值低。②导致车辆数不守恒。因为没有对匝道的状态进行跟踪，每个时间步长内汇入失败的车辆无法累计便无故“消失”了，车辆总数的不守恒会造成较大误差。③汇入规则失真。因为匝道上的车辆速度更低，并且要寻找主路车辆空隙伺机进入主路。在这种情况下，按照“交通需求”的比例分配汇入车辆的规则，会造成不真实的汇入规则。

为了弥补这些缺陷，本书做出如下调整：

$$\rho_{\mathrm{on}}(k+1) = \rho_{\mathrm{on}}(k) + \frac{T}{L_{\mathrm{on}}\lambda_{\mathrm{on}}}[r_{\mathrm{m}}(k) - q_{\mathrm{on}}(k)] \tag{5.13}$$

$$r_{\mathrm{s}}(k) = \min\{v_{\mathrm{on}}^{\mathrm{f}}\rho_{\mathrm{on}}(k)\lambda_{\mathrm{on}}, v_{\mathrm{on}}^{\mathrm{f}}\rho_{\mathrm{on}}^{\mathrm{cr}}\lambda_{\mathrm{on}}\} \tag{5.14}$$

$$\begin{cases} q_{\mathrm{on}}(k) = r_{\mathrm{s}}(k), \\ q_i(k) = S_{i-1}(k), \end{cases} \quad S_{i-1}(k) + r_{\mathrm{s}}(k) < R_i(k) \tag{5.15}$$

$$\begin{cases} q_{\mathrm{on}}(k) = S_{i-1}(k), \\ q_i(k) = R_i(k) - S_{i-1}(k), \end{cases} \quad S_{i-1}(k) + r_{\mathrm{s}}(k) \geqslant R_i(k) \text{ 且 } \rho_{\mathrm{on}}(k) < \rho_{\mathrm{on}}^{\mathrm{cr}} \tag{5.16}$$

$$\begin{cases} q_{\mathrm{on}}(k) = \mathrm{mid}\{S_{i-1}(k), R_i(k) - r_i(k), p(k)R_i(k)\}, \\ q_i(k) = \mathrm{mid}\{r_{\mathrm{m}}(k), R_i(k) - S_{i-1}(k), [1 - p(k)]R_i(k)\}, \end{cases}$$
$$S_{i-1}(k) + r_{\mathrm{s}}(k) \geqslant R_i(k) \text{ 且 } \rho_{\mathrm{on}}(k) < \rho_{\mathrm{on}}^{\mathrm{cr}} \tag{5.17}$$

为了跟踪入匝道的交通状态，计算真实的交通需求并且保证车辆守恒，本节增加了两个状态变量：入匝道密度 $\rho_{\mathrm{on}}(k)$ 和汇入车辆需求 $r_{\mathrm{s}}(k)$，计算方法可参照式(5.13)和式(5.14)，同时也增加了 $v_{\mathrm{on}}^{\mathrm{f}}$ 和 $\rho_{\mathrm{on}}^{\mathrm{cr}}$ 这两个待标定参数。为了制定更加实际的汇入规则，本书认为：当下游可接收的车辆数大于入匝道和上游主路的总交通需求时，匝道和主线上游通过的车辆数分别等于各自的交通需求，如式(5.15)所示；当下游可接收的车辆数小于入匝道和上游主路的总交通需求而匝道未发生拥堵时，主线车流享有绝对优先权，即主线车辆先通过，匝道上开始排队，计算方法如式(5.16)所示；当下游可接收的车辆数小于入匝道和上游主路的总交通需求且匝道亦发生拥堵时，匝道和主线上游可通过的车辆数，按照各自的交通需求比例划分下游元胞可接受车辆数，如式(5.17)所示。

本节对瓶颈引发点，即带有入匝道的元胞，采用双通行能力基本图，而对其他路段采用统一的三角形或梯形基本图。为了简化描述，不区分不同基本路段的元胞差异，因此拓展的 CTM 中共有 9 个参数，可表示为 $v_{\mathrm{f}}$、$w$、$\rho_{\mathrm{J}}$、$\rho_{\mathrm{off}}^{\mathrm{jam}}$、$w_{\mathrm{off}}$、PQF、QDF、$v_{\mathrm{on}}^{\mathrm{f}}$和 $\rho_{\mathrm{on}}^{\mathrm{cr}}$。

### 5.3.2 参数标定方法与评价指标

宏观模型的仿真精度很大限度上取决于参数的取值，不同的参数取值会使模型仿真结果产生很大差异。为了得到理想的参数，寻优算法和目标函数的选取尤其重要。不同的寻优算法各有其优缺点，单一的目标函数会影响标定结果产生定向的侧重，而非线性的参数优化任务往往会耗费大量的时间和精力。为了解决这些问题，本节介绍一种结合不同寻优算法和目标函数的混合参数标定方法和流程，以实现参数标定的自动化、准确化和快速化。

1. 标定方法

首先比较两种常用于宏观模型参数标定的寻优算法——单纯形法(Nelder-Mead method)和遗传算法(genetic algorithm)的优点、缺点及适用性。

单纯形法是目前应用最为广泛的多维非限制的函数优化算法之一。单纯形法的一个显著优点是该算法仅需一个或两个核查方程，因此它通常能够很快地使目标函数明显下降。但是由于它缺乏边界条件限制，有时会给出不合理的标定结果。然而该方法非常依赖于初始值和算法参数的设置，因此多用几组不同初始值进行尝试是一种较为有效的解决方法。

遗传算法是一种通过模拟自然进化过程，在限制的空间内搜索最优解的方法。遗传算法的主要优点是其在搜索复杂解空间时的灵活性，因为它的随机特性，更容易避免将最优解的搜索限制在一个较小的范围内。然而，由于每一次的迭代过程都需要与种群数量相当的目标函数核查方程，计算成本较高，迭代速度较慢。为了得到最优的标定结果，采用相同的目标函数和边界条件进行多次平行计算是一种可行的方法。

在很多研究中[46,47,52]，参数标定经常采用实际数据与仿真偏差平方和最小作为目标函数，如下所示：

$$J_0=\sqrt{\frac{1}{KN}\sum_{i=1}^{N}\sum_{k=1}^{K}\left[S_s(i,k)-S_r(i,k)\right]^2} \tag{5.18}$$

式中，$S_s(i,k)$、$S_r(i,k)$分别为元胞$i$在时间步长$kT$的仿真速度与实测速度；$N$为元胞总数；$k$为总仿真步长。

但是$J_0$仅仅采用了速度作为统计变量，可能会导致仿真的流量和密度与实际产生较大误差。本节基于不同的目的提出了两个不同的目标方程。

1) $J_1$同时考虑速度和流量的仿真精度

$$J_1=\sqrt{\frac{1}{KN}\sum_{i=1}^{N}\left(\sum_{k=1}^{K}\left\{\left[\mathrm{SS}_s(i,k)-\mathrm{SS}_r(i,k)\right]^2+\left[\mathrm{SF}_s(i,k)-\mathrm{SF}_r(i,k)\right]^2\right\}\right)} \tag{5.19}$$

式中，$\mathrm{SS}_s(i,k)$、$\mathrm{SS}_r(i,k)$分别为元胞$i$在时间步长$kT$的仿真速度与实测速度标准化后的值；$\mathrm{SF}_s(i,k)$、$\mathrm{SF}_r(i,k)$分别为元胞$i$在时间步长$kT$的仿真流量与实测流量标准化后的值。因为速度与流量的量纲不同，所以需要将其标准化。以速度标准化为例，$\mathrm{SS}_s(i,k)=\dfrac{S_s(i,k)-S_s\text{的平均值}}{S_s\text{的标准差}}$。

2) $J_2$可以衡量拥堵区域的时空匹配程度

$$J_2=\sum_{i=1}^{N}\left\{\sum_{k=1}^{K}\left[\mathrm{BS}_s(i,k)\vee \mathrm{BS}_r(i,k)\right]/\left[\mathrm{BS}_s(i,k)\wedge \mathrm{BS}_r(i,k)\right]\right\} \tag{5.20}$$

式中，$\mathrm{BS}(i,k)$为基于速度$S(i,k)$的二进制变量，根据$S(i,k)$与速度阈值$V_{\mathrm{th}}$的大小进行比较来判断是否发生拥堵：若$S(i,k)\leqslant V_{\mathrm{th}}$，$\mathrm{BS}(i,k)=1$；否则$\mathrm{BS}(i,k)=0$。本书$V_{\mathrm{th}}$取45km/h。

2. 评价指标

本节中评价仿真模型精确度的指标是由Ban等[53]提出的，常用于评价微观仿真的精度。

1) 流量误差指标GEH

$$\mathrm{GEH}=\sqrt{\frac{(F_s-F_r)^2}{(F_s+F_r)^2}} \tag{5.21}$$

式中，$F_s$、$F_r$分别为仿真流量和真实流量，最终GEH采用所有可选值的85分位数，该值越小越好。

2) 速度误差指标DevS

$$\mathrm{DevS}=\frac{1}{KN}\sqrt{\sum_{i=1}^{N}\sum_{k=1}^{K}\frac{\left[S_s(i,k)-S_r(i,k)\right]^2}{S_r(i,k)}} \tag{5.22}$$

速度误差是以平均比例的形式出现，取值范围为0～1，该值越小越好。

3) 瓶颈区域匹配指标 $C_1$

$$C_1=\frac{\sum_{i=1}^{N}\left\{\sum_{k=1}^{K}[\mathrm{BS_s}(i,k)\wedge \mathrm{BS_r}(i,k)](x_{i+1}-x_i)\right\}}{\sum_{i=1}^{N}\left\{\sum_{k=1}^{K}[\mathrm{BS_s}(i,k)\vee \mathrm{BS_r}(i,k)](x_{i+1}-x_i)\right\}} \tag{5.23}$$

式中，$x_{i+1}-x_i$ 为相邻线圈的距离；$C_1$ 的取值范围为 0～1，越接近于 1 越好。

4) 瓶颈区域匹配与速度差异指标 $C_2$

$$C_2=1-\frac{2\sum_{i=1}^{N}\left\{\sum_{k=1}^{K}[\mathrm{BS_s}(i,k)\vee \mathrm{BS_r}(i,k)]\,|S_s(i,k)-S_r(i,k)|\,(x_{i+1}-x_i)\right\}}{\sum_{i=1}^{N}\left\{\sum_{k=1}^{K}[\mathrm{BS_s}(i,k)\vee \mathrm{BS_r}(i,k)]\,|S_s(i,k)+S_r(i,k)|\,(x_{i+1}-x_i)\right\}} \tag{5.24}$$

式中，$C_2$ 的取值范围为 0～1，越接近于 0 越好。

基于大量的研究和仿真结果发现，$C_1$ 相对容易接近 1，而 $C_2$ 却更为严格，调节起来更为困难。这里建议满足如下标准时才可认定仿真结果较优：$C_1>0.75$，$C_2>0.65$，GEH$<5$，DevS$<20\%$。

基于以上讨论，本节建议采用如下参数标定流程：

步骤 1　在可能的参数取值范围内，尽量等间距的挑选组合出几组参数值。

步骤 2　以 $J_1$ 为目标函数，分别以这几组参数值做初始值，利用单纯形法分别进行优化标定，得到的初步结果记为 EV1。

步骤 3　排除 EV1 中不合理的参数组合，如超出参数的取值范围或单纯形法目标函数不收敛等。在每组满足条件的 EV1 中，围绕每个参数扩宽一些范围，组成较小的参数限制范围组合。

步骤 4　对每个限制范围组合，以 $J_2$ 为目标函数，采用遗传算法，平行运行几次，如 5 次，其中 $J_2$ 最小的参数组合记为 EV2。

步骤 5　将每个 EV2 代入模型中，采用实际数据运行仿真，并计算它们的评价指标，综合指标最好的 EV2 作为最终的参数优化结果。

### 5.3.3 实验与评价

为了验证拓展的 CTM 和混合标定算法的效果，利用上海市快速路常发性拥堵路段的实际数据设计了三个场景进行对比验证。从仿真精度、拥堵预测、速度时空匹配、双通行能力现象重现、计算荷载和标定时间等方面对模型及标定方法进行对比检验。

#### 1. 实验地点与数据

本节采用的实验地点是上海市内环快速路广中路入匝道下游段瓶颈及其上

游拥堵蔓延范围，如图 5.3 所示。该路段包括两个入匝道、一个出匝道和一个车道减少段，总长度约 5km，被分为 12 个元胞，每个元胞长约 400m。入匝道设置在元胞的上游边界，出匝道设置在下游边界。车道情况、元胞划分方法、出匝道、入匝道位置和线圈位置（黑色圆点）等如图 5.3 所示。

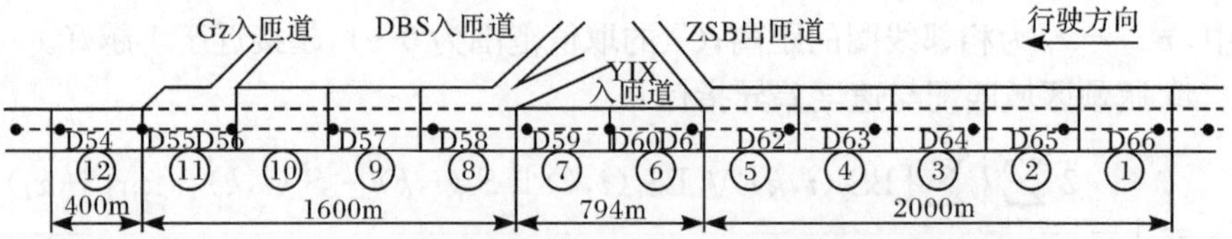


图 5.3　广中路入匝道瓶颈路段元胞划分及线圈布设

图 5.4 所示为 2009 年 9 月 27 日上海市广中路早高峰速度等高线图。从图中可以看出，瓶颈失效发生于 6:30，结束于 11:30，排队始发于线圈 D55 处，并且蔓延至线圈 D64。

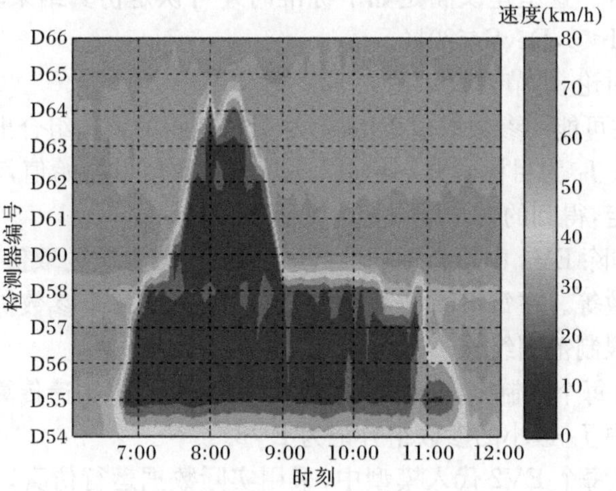


图 5.4　2009 年 9 月 27 日上海市广中路早高峰速度等高线图

本节采用时间间隔为 20s 的双线圈数据，可统计车辆数、占有率和时间平均速度等参数，数据来源于上海市快速路信息采集系统。另外，线圈 D59 损坏，线圈 D55 流量统计不准确，但速度数据可用。

2. 实验场景设置

本节设置了三个实验场景来对比检验拓展的 CTM 的仿真效果和参数优化方法的标定效果。

1) 场景一:经典的 CTM 与遗传算法

在经典的 CTM 中,有 6 个参数待标定 $v_f$、$Q_{max}$、$\rho_J$、$w$、$\rho_{off}^{jam}$、$Q_{off}$。参数标定方法采用遗传算法,以 $J_0$ 为目标函数。遗传算法的种群数量为 500,精英率为0.01,交叉概率为 0.8,变异率为 0.1,最大迭代次数为 100,计算停止的条件是费用方程收敛或达到最大的迭代次数。设置 10 组不同的初始边界,并且初始边界较大,根据每次运行的结果缩小边界范围,直至得到可能的最优参数组合。

2) 场景二:经典的 CTM 与混合标定算法

采用与场景一相同的模型,但是标定方法采用混合标定算法,即先采用单纯形法以 $J_1$ 为目标函数,再采用遗传算法以 $J_2$ 为目标函数。设定的单纯形法的最大迭代次数为 500 次,计算停止的条件是费用方程收敛或达到最大的迭代次数。将 10 组初始参数值代入单纯形法运行,再根据得到的合理的参数组合设置较窄的参数边界,代入遗传算法中运行。遗传算法的参数设置与场景一相同。

3) 场景三:拓展的 CTM 与混合标定算法

相较于场景二,场景三采用的模型是拓展的 CTM,包括 9 个参数:$v_f$、$w$、$\rho_J$、$\rho_{off}^{jam}$、$w_{off}$、PQF、QDF、$v_{on}^f$ 和 $\rho_{on}^{cr}$。参数标定方法和过程与场景二相同。

3. 实验结果对比与评价

1) 标定及仿真结果

在三个场景下对广中路进行模拟得到不同的参数标定结果,见表 5.2。

表 5.2 不同场景下的参数优化结果

| 场景 | 模型参数 | | | | | | | | | |
|---|---|---|---|---|---|---|---|---|---|---|
| | $v_f$ /(km/h) | $Q_{max}$ /(veh/h/ln) | $w$ /(km/h) | $\rho_J$ /(veh/km) | $\rho_{off}^{jam}$ /(veh/km) | $w_{off}$ /(km/h) | PQF /(veh/h/ln) | QDF /(veh/h/ln) | $v_{on}^f$ /(km/h) | $\rho_{on}^{cr}$ /(veh/km) |
| 场景一 | 69.45 | 1965.5 | 12.13 | 188.2 | 228.98 | 7.97 | — | — | — | — |
| 场景二 | 68.10 | 1929.5 | 11.90 | 192.5 | 228.10 | 7.70 | — | — | — | — |
| 场景三 | 67.20 | — | 17.20 | 150.2 | 233.90 | 8.80 | 1951.30 | 2153.60 | 54.72 | 39.90 |

这里需要说明的是,估计的模型参数虽然具有物理意义,但它们只是一定程度上反映整个路段综合交通特性,并且能够使模型给出较好仿真结果的参数,其取值的大小并不等同于某个具体元胞实际的交通物理量。例如,场景一、场景二中的 $Q_{max}$ 以及场景三中的 PQF 和 QDF,其取值远大于该处真实的通行能力(约1650veh/h/ln)。虽然看起来不甚合理,但是多项研究[22,44]已经表明,$Q_{max}$ 的取值应该大于观测到的最大流量,假如用观测值作为模型参数,会使模型低估快速路

真实的通行能力。

2) 混合标定方法的效果

为了检验混合标定方法的效果，本节从计算荷载、标定时间和仿真精度等方面对比场景一和场景二。表 5.3 给出了场景一和场景二在标定过程中的一些表现。可以看出，尽管场景二用了两种标定算法，但是其总的函数检验次数（计算荷载）和总耗时都要比场景一中的标定方法少。

**表 5.3　场景一和场景二中标定方法的表现**

<table>
<tr><td>项目</td><td>场景一</td><td colspan="2">场景二</td></tr>
<tr><td></td><td>遗传算法，$J_0$</td><td>单纯形算法，$J_1$</td><td>遗传算法，$J_2$</td></tr>
<tr><td>费用方程收敛图像</td><td>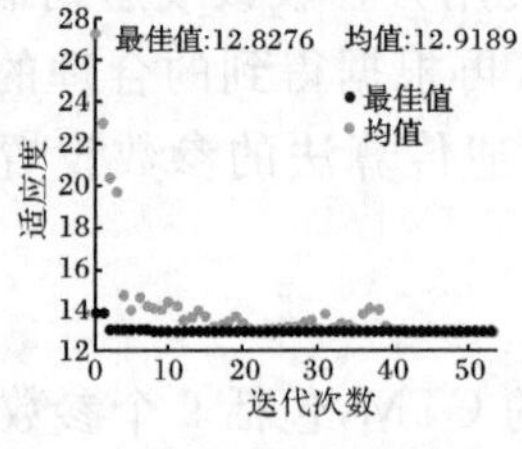
</td><td>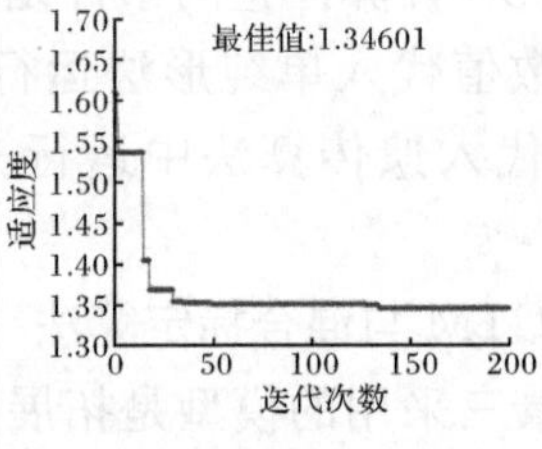
</td><td>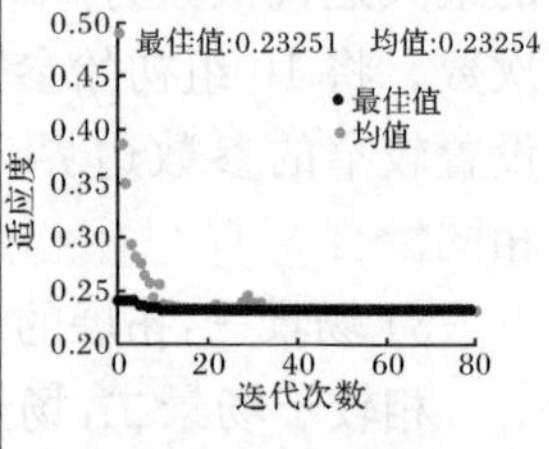
</td></tr>
<tr><td>总迭代次数</td><td>2650</td><td>2042</td><td>1785</td></tr>
<tr><td rowspan="2">总函数检验次数</td><td rowspan="2">1325000</td><td>3165</td><td>892500</td></tr>
<tr><td colspan="2">3165＋892500＝895665</td></tr>
<tr><td>标定总耗时/min</td><td>332.6</td><td colspan="2">235.3</td></tr>
</table>

表 5.4 和表 5.5 给出了各个场景下的仿真精度。可以看出，场景二比场景一的结果略好，虽然差异并不明显。表 5.6 给出了量化的指标来衡量，也可以看出场景二标定出的参数结果优于场景一。不同场景下的 SCM 如图 5.5 所示。

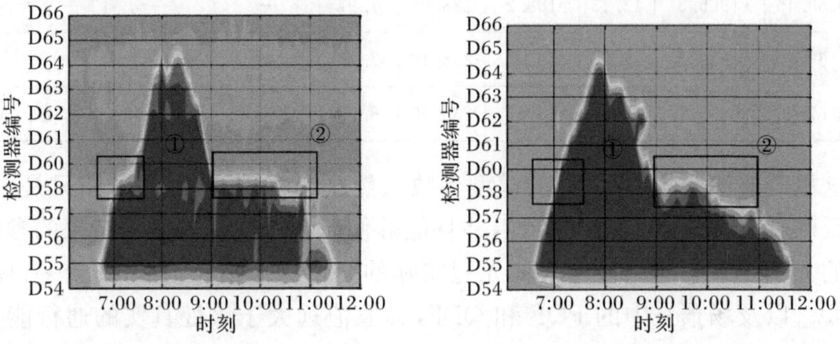


(a) 实测　　(b) 场景一

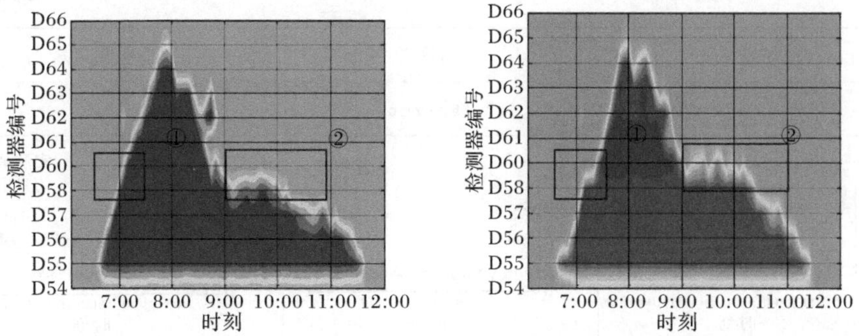


(c) 场景二　　(d) 场景三

图 5.5 不同场景下的 SCM

**表 5.4 不同场景下仿真和实测速度时间序列**

| 场景一 | 场景二 | 场景三 |
|---|---|---|
| 线圈 D64 | | |
| 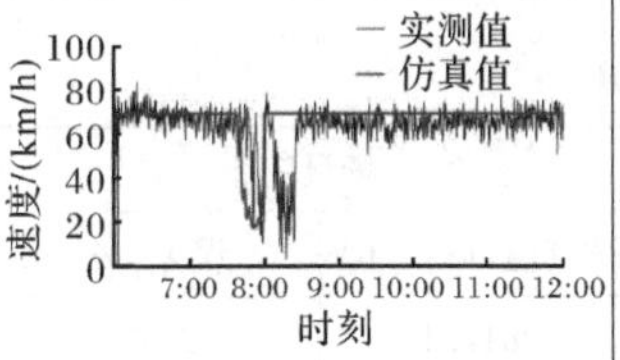  | 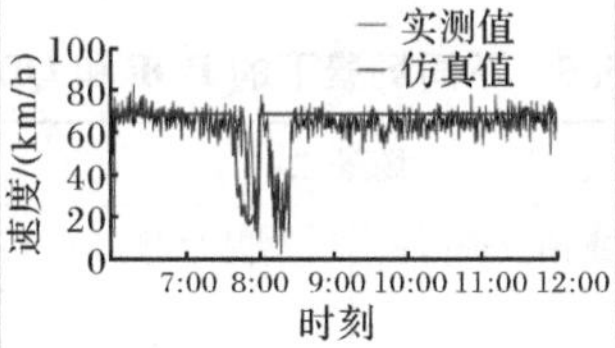  | 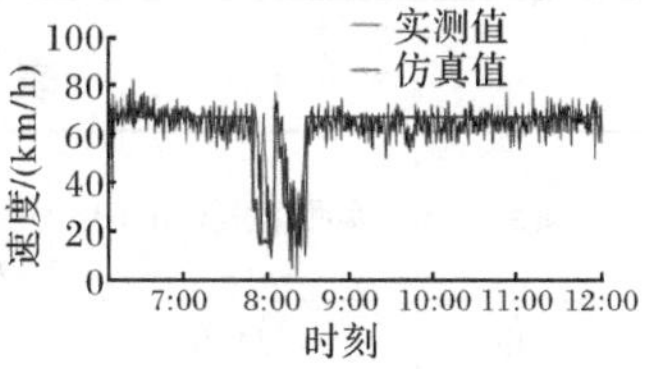  |
| 线圈 D61 | | |
| 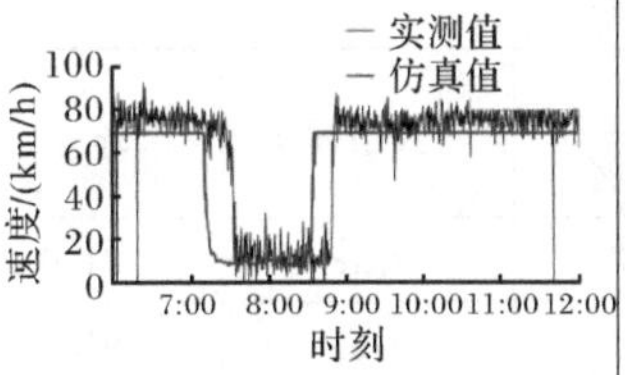  | 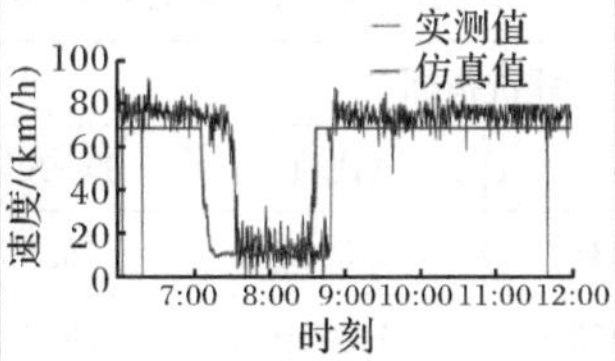  | 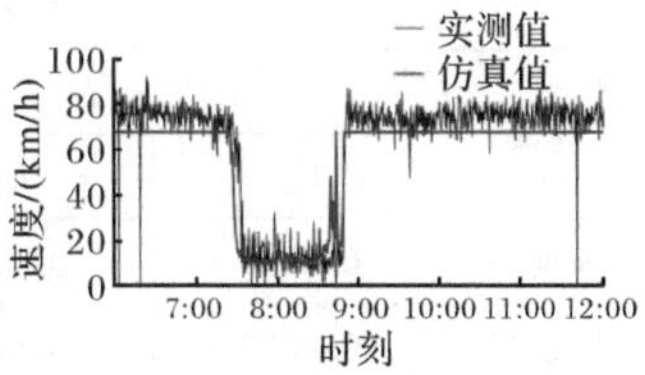  |
| 线圈 D58 | | |
| 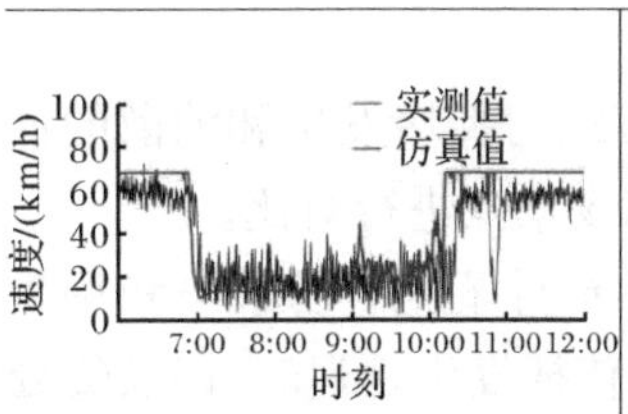  | 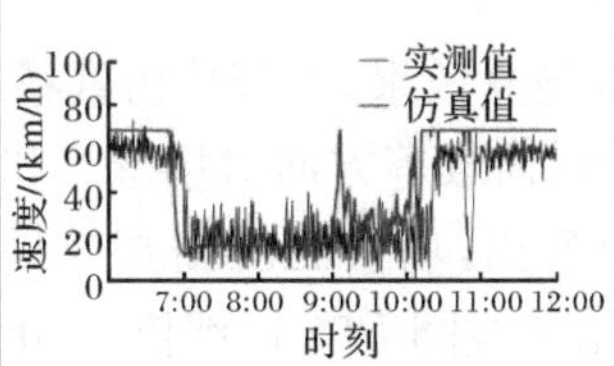  | 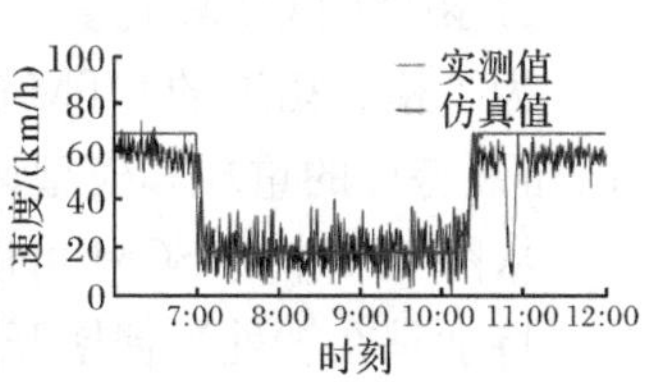  |

续表

<table>
<tr><th>场景一</th><th>场景二</th><th>场景三</th></tr>
<tr><td colspan="3">线圈 D56</td></tr>
<tr>
<td>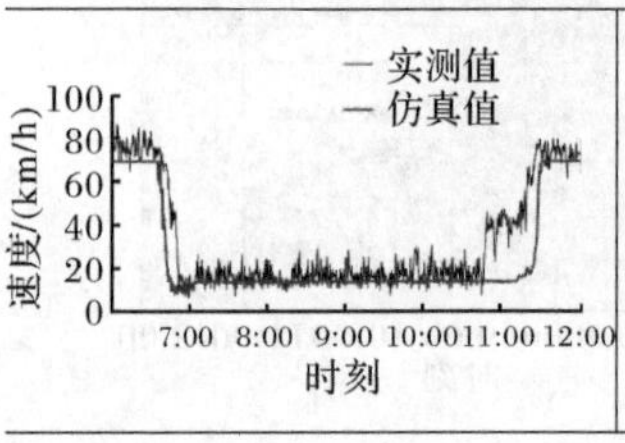</td>
<td>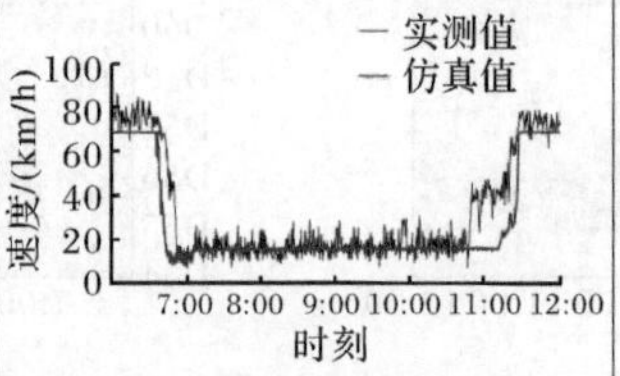</td>
<td>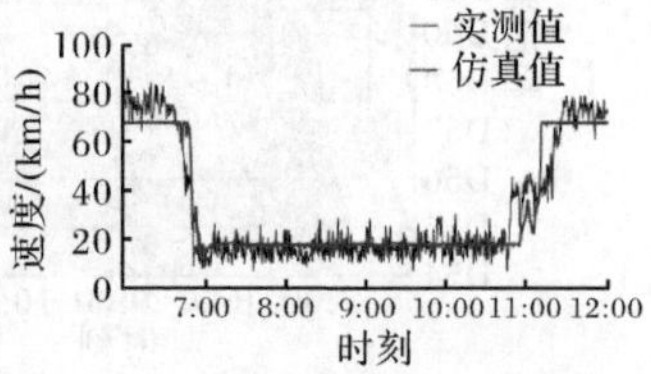</td>
</tr>
<tr><td colspan="3">线圈 D55</td></tr>
<tr>
<td>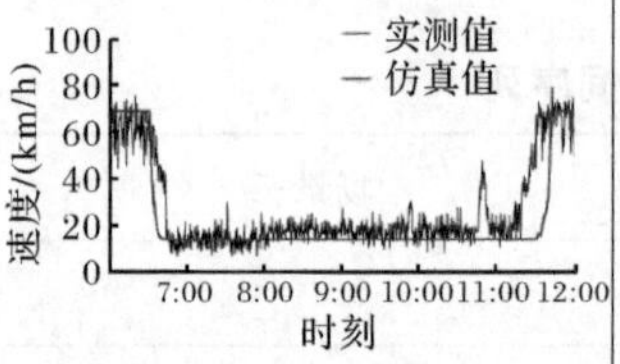</td>
<td>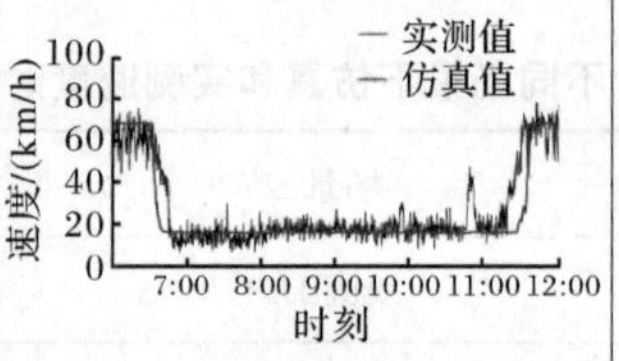</td>
<td>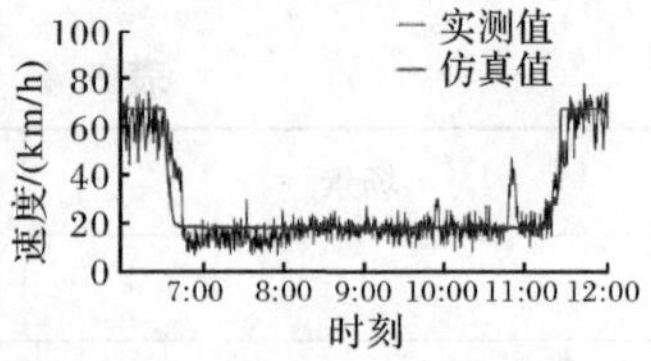</td>
</tr>
</table>

**表 5.5　不同场景下的 PQF 和 QDF**

| 项目 | 实测值/(veh/h) | 场景二 | | 场景三 | |
|---|---|---|---|---|---|
| | | 仿真值/(veh/h) | 误差/% | 仿真值/(veh/h) | 误差/% |
| PQF | 3439 | 3339.1 | −2.90 | 3517.1 | 2.27 |
| QDF | 3723 | 3459.3 | −7.08 | 3868.1 | 3.90 |

**表 5.6　不同场景下的模型表现指标**

| 场景 | 评价指标 | | | | 计算指标/s | $J_0$ |
|---|---|---|---|---|---|---|
| | $C_1$ | $C_2$ | GEH | Dev$S$/% | | |
| 场景一 | 0.8289 | 0.4835 | 5.6534 | 18.380 | 3.48 | 12.7100 |
| 场景二 | 0.8322 | 0.5050 | 5.5810 | 18.645 | 3.51 | 13.9602 |
| 场景三 | 0.8968 | 0.7374 | 4.4297 | 12.490 | 5.76 | 10.4183 |

3) 拓展的 CTM 仿真结果

为了检验拓展的 CTM 的仿真效果，本节从仿真精度、对拥堵发生和消散的捕捉、瓶颈特征的重现和模型计算荷载等方面对场景二和场景三进行对比。

从图 5.5 中的 SCM 可以看出，场景三的仿真效果要明显优于场景一和场景二。特别是在①处当拥堵开始从线圈 D58 向线圈 D60 传播发生延迟时，以及②处当拥堵在线圈 D60 处消散而线圈 D58 仍处于拥堵时，场景三对该现象有非常好的捕捉，而其余两者均表现不佳。这也证明了本章所提出的入匝道也会发生排队和消散，而这会快速路主线起到一定的调节作用这一观点。

表 5.4 列出了不同场景下仿真和实测速度时间序列，可以明显地看出，场景三可以更准确地预测速度下降和回升的时刻，而场景二的表现相对较差。

表 5.5 列出了场景二和场景三模拟出的 PQF 和 QDF 值，可以看出场景三的仿真值更加接近实测值，说明拓展的 CTM 能够重现广中路的早发性失效现象。从表 5.6 列出的各项评价指标可以看出，对于场景三，各项指标都能很好地满足精确仿真的条件。而其余两个场景在拥堵区域匹配、拥堵区域速度匹配、流量模拟等方面没有达到精度要求，虽然速度指标达到要求，但其精度仍比场景三相差很多。另外，虽然拓展的 CTM 增加了三个参数并且为了跟踪入匝道的状态需要更多地计算空间，使得计算时间变长，但考虑到宏观模型的简便性，其计算时间仍然在可接受的范围内。

综上所述，虽然混合标定算法用了两种优化算法，但是其标定过程总计算次数更少，计算时间更短，并且寻找到最优解的能力也更强。与经典的 CTM 相比，拓展的 CTM 增加了三个参数，使得其在仿真精度、拥堵预测、速度时空匹配和双通行能力重现方面都有更优的表现。

## 5.4 基于 CTM 的多车道多用户宏观交通流仿真

本书第 2 章利用上海市快速路信息采集系统线圈数据，对交通流参数特征进行了分析，并对一些热点问题和新发现进行了探讨。这些发现为本节多车道多用户宏观交通流模型的设计提供了思路。第 2 章指出上海市快速路存在一类多用户影响——快、慢车混行导致交通运行效率低下的现象，基于此，本节建立了考虑多用户影响的 MUF-MLCTM。

本节首先对多车道 CTM 进行详细介绍。在其基础上引入一个重要参数——慢车等效干扰，以使其能够反映慢车的车道选择行为对车道运行速度的影响。慢车等效干扰改变了基本图的发送函数部分，并且这一参数对速度的影响通过慢车的换道偏好选择行为反映出来，从而可以得到 MUF-MLCTM。然后利用虚拟仿真实验对模型的合理性与可行性进行检验。最后，利用上海市内环高架快速路外圈瑞金南路入匝道至宛平南路出匝道路段实际线圈数据，对 MUF-MLCTM 进行参数标定，并将实际流量、速度数据与仿真数据进行比较，对模型的实用性与模拟能力进行验证。

### 5.4.1 多车道 CTM

实际上多车道 CTM 也是传统 CTM 的拓展，其对每一条车道都建立一个控制方程，整个系统状态的更新除了要考虑纵向流入量、流出量外，还要对车流的横向移动，即换道进行考虑。不过多车道 CTM 的离散化要比 CTM 更为细致，因此模型相关术语与方程的表达也会与 CTM 略有不同，下面以图 5.6 所示为例，对多车道 CTM 的离散化及相关变量进行说明。

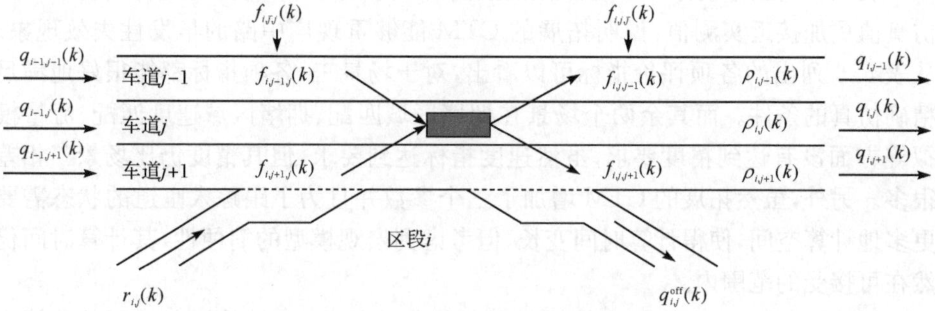


图 5.6　多车道 CTM 离散化及变量说明

1. 基本定义与变量说明

多车道 CTM 首先要将路段离散为多个区段，而每个区段内又包括多个车道。用变量 $i$ 来表示区段编号，$i=1,2,\cdots,I$；$j$ 为车道编号，$j=1,2,\cdots,J$。这样路网就从空间上被离散化为多个区段-车道单元，为了表述方便，以下都用区段 $i$ 车道 $j$ 的说法指代区段 $i$ 内第 $j$ 条车道所表示的离散单元。同样将仿真步长设为表示第 $k$ 个仿真步长。对图 5.6 中的变量说明如下：

密度 $\rho_{i,j}(k)$：表示在 $kT$ 时刻，区段 $i$ 车道 $j$ 内的车辆数与区段长度 $L_i$ 的比值。

纵向传递流量 $q_{i,j}(k)$：表示在$(kT,k(T+1)]$时间内，沿着车道 $j$，从区段 $i$ 车道 $j$ 离开进入区段 $i$ 车道 $j+1$ 的流量。

横向换道流量 $f_{i,j,\bar{j}}(k)$：表示在$(kT,k(T+1)]$时间内，从区段 $i$ 车道 $j$ 离开进入区段 $i$ 车道 $\bar{j}$ ($\bar{j}=j\pm1$) 的换道流量，车辆换道后仍然保持在原有区段内。

入匝道汇入量 $r_{i,j}(k)$：表示在$(kT,k(T+1)]$时间内，从位于区段 $i$ 车道 $j$ 的入匝道汇入到主线的流量。

出匝道驶离量 $q_{i,j}^{\text{off}}(k)$：表示在$(kT,k(T+1)]$时间内，从位于区段 $i$ 车道 $j$ 的出匝道驶离主线的流量，它是通过汇出率进行确定的。

本节重点关注的是在多车道模型中考虑不同用户对交通运行的影响，因此对出匝道、入匝道进行简化处理。$r_{i,j}(k)$在模型中是外部输入，可通过在相应位置设置线圈检测器测得。$q_{i,j}^{\text{off}}(k)$则根据出匝道所处位置（区段、车道）及汇出率确定，如式(5.25)所示：

$$q_{i,j}^{\text{off}}(k) = r_{i,j}(k) q_{i,j}(k) \tag{5.25}$$

注意，当遇到出匝道空间不足或入匝道需求量过高的情况时，分别按照式(5.7)～式(5.9)确定相应汇出量和汇入量。

有了上述定义，则系统状态变量 $\rho_{i,j}(k)$ 根据如式(5.26)所示的守恒方程进行更新：

$$\begin{aligned}\rho_{i,j}(k+1) = \rho_{i,j}(k) + \frac{T}{L_i}[&q_{i-1,j}(k) + r_{i,j}(k) - q_{i,j}(k) - q_{i,j}^{\text{off}}(k) + f_{i,j+1,j}(k) \\ &+ f_{i,j-1,j}(k) - f_{i,j,j+1}(k) - f_{i,j,j-1}(k)]\end{aligned} \tag{5.26}$$

2. 横向换道

对于多车道CTM，在确定纵向传递流量之前，需要对横向换道流量进行计算。本节假设车辆先完成横向换道，然后向下游传递，接下来首先对横向换道流量进行说明。

大部分多车道宏观模型认为，车辆换道的动机是为了追求更快的速度或更大的行驶空间，因此通常都以密度差为变量来构建换道函数。本书也采取相同的做法。需要说明的是，模型中考虑的换道量为净换道量，即车辆只会从高密度的车道向相邻的低密度车道换道，而低密度车道往高密度车道的换道量为0。最终换道流量取决于两个方面：一是当前车道的换道需求量；二是目标车道所能接收的流量。当前车道的换道需求量为

$$D_{i,j,\bar{j}}(k) = \mu \frac{\rho_{i,j}(k) - \rho_{i,\bar{j}}(k)}{\rho_{i,j}(k) + \rho_{i,\bar{j}}(k)} \frac{L_i}{T} \rho_{i,j}(k) \tag{5.27}$$

式中，$D_{i,j,\bar{j}}(k)$为从车道 $j$ 向车道 $\bar{j}$ 换道的换道需求量，该值是与密度有关的换道强度系数，取值范围为[0,1]。

而目标车道所能接收的流量同样采用接收函数来确定，即

$$R_{i,\bar{j}}(k+1) = \min\{w_{i,\bar{j}}[\rho_{i,\bar{j}}^{\text{jam}} - \rho_{i,\bar{j}}(k)], q_{i,\bar{j}}^{\max}\} \tag{5.28}$$

考虑到目标车道有可能不够同时容纳来自两旁车道的换道需求，因此需要按照两旁车道的需求比例来分配换道流量，则最终的换道量根据式(5.29)进行确定。

$$\begin{aligned} f_{i,j-1,j}(k) &= \min\left[1, \frac{R_{i,j}(k)}{D_{i,j-1,j}(k) + D_{i,j+1,j}(k)}\right] D_{i,j-1,j}(k) \\ f_{i,j+1,j}(k) &= \min\left[1, \frac{R_{i,j}(k)}{D_{i,j-1,j}(k) + D_{i,j+1,j}(k)}\right] D_{i,j+1,j}(k) \end{aligned} \tag{5.29}$$

3. 纵向换道

纵向传递流量的计算同样采用最大发送-最大接收规则，由于存在横向换道，

发送函数和接收函数也会受到影响。在发送函数中，由于可能有车辆从该车道流出，该车道的发送量可能会相应减少；而在接收函数中，则存在相邻车道车辆流入该车道的情况，致使该车道能接收的流量变少。基于以上分析，在多车道 CTM 中，发送量和接收量的计算公式如下：

$$\begin{aligned}Q_{i,j}^{S}(k) &= \min\Big\{S_{i,j}(k), \frac{L_i}{T}\rho_{i,j}(k) + [f_{i,j+1,j}(k) + f_{i,j-1,j}(k) \\ &\quad - f_{i,j,j+1}(k) - f_{i,j,j-1}(k)]\Big\} \\ Q_{i+1,j}^{R}(k) &= R_{i+1,j}(k) + [f_{i+1,j,j+1}(k) + f_{i,j,j-1}(k) - f_{i,j+1,j}(k) - f_{i,j-1,j}(k)]\end{aligned} \tag{5.30}$$

式中，$Q_{i,j}^{S}(k)$为在$(kT, k(T+1)]$时间内，区段 $i$ 车道 $j$ 能向下游发送的最大流量；$Q_{i+1,j}^{R}(k)$为在$(kT, k(T+1)]$时间内，区段 $i$ 车道 $j$ 能接收来自上游区段的最大流量。

根据最大发送-最大接收规则，则最终纵向流量 $q_{i,j}(k)$的计算公式为

$$q_{i,j}(k) = \min[Q_{i,j}^{S}(k), Q_{i+1,j}^{R}(k)] \tag{5.31}$$

横向换道流量和纵向传递流量确定后，即可代入式(5.26)对区段-车道离散单元的状态进行更新。

### 5.4.2 MUF-MLCTM 构建

一般来说，要建立一个完整的多用户多车道模型，必须考虑以下方面：每种用户的状态变量；每种用户的换道需求量；每种用户的基本图；每种用户的流量。

为满足上述要求，通常模型的控制方程和参数的数量会随着用户数量成倍增加，此时模型将会非常复杂。即使能够建立这样的模型，对实际应用也没有意义。因此作者提出在多车道 CTM 的基础上嵌入多用户的影响，即构建 MUF-MLCTM，以使模型既能同时反映多用户和多车道两方面的特征，也能具备较高的实际应用价值。

#### 1. 建模思路及新参数引入

根据第 2 章的分析结果，本节认为我国城市快速路车辆运行速度(下降过快)无法达到理想状态(运行速度随流量的增加基本不变或下降缓慢)的根本原因是慢车占用了原本专属于快车行驶的空间，不同用户混行严重，互相干扰，导致快车不能发挥其潜在的最大运行效率，直接反映在整体运行速度随流量增加而迅速折减上。

MUF-MLCTM 中的多用户具体是指在车流中存在多类不同期望速度的驾驶员，即快车、慢车驾驶员。出于实际考虑，本节并不区分驾驶员具体分为哪几种类型、各类型驾驶员的数量具体是多少，而是将多类驾驶员的作用集计化，进行综合

统筹，将交通流分为快车、慢车，从整体角度考虑它们对各车道速度的综合影响。基于此，MUF-MLCTM 引入了一个新的参数：慢车等效干扰，符号为 $\phi_{i,j}(k)$，表示区段 $i$ 车道 $j$ 在$(kT,k(T+1)]$时间内的慢车等效干扰。慢车等效干扰在本质上反映了慢车混入与分布对车道运行速度的影响程度。为了简化变量以利于后续模型的建立，将慢车等效干扰定义为慢车在横断面各个车道分布的比例。根据这个定义，显然在任意仿真步长 $k$ 内，对于任意区段 $i$，都有如下公式成立：

$$\sum_{j=1}^{J}\phi_{i,j}(k)=1 \tag{5.32}$$

式(5.32)表示对任意区段，各车道的慢车等效干扰之和为 1。鉴于慢车等效干扰在 MUF-MLCTM 中的重要性，对该变量进行特别说明如下：本节没有考虑慢车的绝对数量，是因为慢车等效干扰是通过速度-密度函数来发挥作用的。而在速度-密度函数中，除了慢车等效干扰外还存在其他参数，如最大自由流速度和最小自由流速度等，最终的实际速度是通过这些参数综合确定的。也就是说，在同样密度条件下，对于不同车流，如第 2 章提到的我国上海市快速路和美国 Sacramento 城市高速公路，即使慢车等效干扰相同，计算出来的车道运行速度也可能不一样。或者可以说，对于慢车数量的考虑，是通过速度-密度函数中除慢车等效干扰以外的其他参数来间接体现的。因此，本节所提出的慢车等效干扰的定义已经足够表达慢车对车道运行速度的影响。

基于慢车等效干扰的定义可知，慢车等效干扰必须符合以下 4 个条件：

(1) 取值范围为[0,1]。

(2) 当车道没有慢车混入时，取最低值 0。

(3) 当慢车都集中于车道 $j$ 时，此时车道 $j$ 的慢车等效干扰取最高值 1。

(4) 在相同密度条件下，慢车等效干扰高的车道，其运行速度不能高于慢车等效干扰低的车道。

关于慢车等效干扰的确定，可以通过对实际数据的分析得到，也可以构造相关计算公式。而本节在利用实际数据进行仿真时，慢车等效干扰是通过参数标定得到的。

### 2. MUF-MLCTM 中的基本图

传统的 CTM 和多车道 CTM 都采用三角形基本图，而 MUF-MLCTM 对此进行了修改。本节假设在交通流处于拥堵状态后，所有车辆以同样的速度行驶，事实上大部分的多车种宏观模型都是这样认为的，因此 MUF-MLCTM 中所用基本图的接收部分与三角形基本图保持一致。而对发送部分，三角形基本图中认为车辆在未拥堵时都以自由流速度运行，MUF-MLCTM 则假设车道的运行速度与慢车等效干扰和密度均存在联系。基于 5.4.1 节的分析，在设计 MUF-MLCTM

的速度-密度函数时(仅针对未拥堵情形)有如下原则：

(1) 随着慢车等效干扰升高,车道运行速度呈下降趋势。

(2) 假定最高自由流速度为 $v^{fmax}$(全部为快车),最低自由流速度为 $v^{fmin}$(全部为慢车),显然交通流的发送速度位于由这两个值组成的区间$[v^{fmin}, v^{fmax}]$内,且发送速度是在这个区间内关于慢车等效干扰的一个不严格单调递减函数。

(3) 本节认为当慢车比例达到一个值时,快车受到慢车的干扰达到极限,此时快车只能采取和慢车同样的行驶速度。由此定义了一个慢车等效干扰阈值的概念,符号为 $\phi^0$,当慢车等效干扰达到此阈值时,发送速度为 $v^{fmin}$,此后即使当慢车等效干扰增加,发送速度仍保持此值不再降低。

根据上述原则,本节采取的速度-密度函数为

$$v[\rho_{i,j}(k),\phi_{i,j}(k)]=\begin{cases} v^{fmax}-(v^{fmax}-v^{fmin})\dfrac{\phi_{i,j}(k)}{\phi^0}\dfrac{\rho_{i,j}(k)}{\rho^{cr}}, & 0\leqslant\phi_{i,j}(k)\leqslant\phi^0 \\ v^{fmin}, & \phi_{i,j}(k)>\phi^0 \end{cases} \tag{5.33}$$

根据式(5.33),MUF-MLCTM 基本图如图 5.7 所示。图 5.7(a)是基本图的发送部分,图 5.7(b)基本图的接收部分。

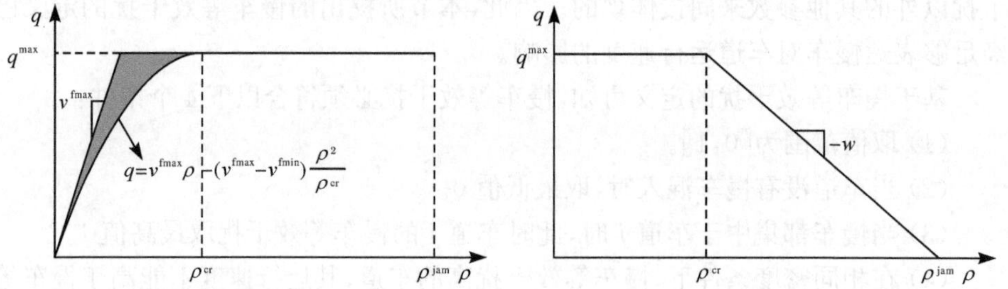


图 5.7　MUF-MLCTM 模型基本图

从图 5.7 可以看出,MUF-MLCTM 所采用基本图的接收部分与传统的 CTM 中所用三角形基本图(图 5.2)完全一致。但在发送函数的表达上,在三角形基本图的前段中,发送函数是一条与密度成正比的直线,而 MUF-MLCTM 由于考虑了慢车的干扰,发送函数在原有直线的基础上扩充为一个区域,如图 5.7(a)中的灰色区域所示。

3. MUF-MLCTM 构建

基于上述分析,下面对 MUF-MLCTM 的具体形式与数学表达进行说明。为了简化表述,在多车道 CTM 已经介绍的概念和定义在此不再赘述。MUF-MLCTM 采

用与多车道CTM相同的离散化方法,系统状态更新方程也如式(5.26)所示。

1) 横向换道流量

针对由快车和慢车构成的混合交通流,MUF-MLCTM存在两类换道:常规换道和车道偏好换道。

(1) 常规换道。

常规换道与多车道CTM考虑的换道一致,换道的动机都是为了追求更快的速度或更大的行驶空间。本节假定这一类换道只存在于快车中,因此这类换道不会改变区段-车道离散单元的慢车等效干扰。同样采用密度差函数,在常规换道中,换道需求量 $D^1_{i,j,\bar{j}}(k)$ 的计算公式为

$$D^1_{i,j,\bar{j}}(k) = \mu_1 \frac{\rho_{i,j}(k) - \rho_{i,\bar{j}}(k)}{\rho_{i,j}(k) + \rho_{i,\bar{j}}(k)} \frac{L_i}{T} \rho_{i,j}(k) \tag{5.34}$$

式中,$\mu_1$ 为与密度有关的换道强度系数,取值范围为[0,1]。

(2) 车道偏好换道。

本节认为慢车的换道动机不是为了追求更快的速度或行驶空间,而是慢车存在固定的车道选择偏好。因此定义了一类新的换道类型,即车道偏好换道,这类换道只存在于慢车中,并且这类换道会使区段-车道离散单元的慢车等效干扰发生变化。假设在 $kT$ 时刻,对于区段 $i$ 车道 $j$,存在一个下一仿真步长内期望的或是预先设定的慢车等效干扰值,记为 $\phi^{\text{set},J}_{i,j}(k+1)$,注意该参数与断面车道数 $J$ 有关,则区段 $i$ 车道 $j$ 慢车等效干扰的期望调整量 $\Delta\phi_{i,j}(k)$ 为

$$\Delta\phi_{i,j}(k) = \phi^{\text{set},J}_{i,j}(k+1) - \phi_{i,j}(k) \tag{5.35}$$

根据慢车等效干扰的期望调整量 $\Delta\phi_{i,j}(k)$,区段 $i$ 车道 $j$ 在$(kT, k(T+1)]$时间内的需求调整流量 $D^2_{i,j}(k)$ 为

$$D^2_{i,j}(k) = \mu_2 \Delta\phi_{i,j}(k) \frac{L_i}{T} \rho_{i,j}(k) \tag{5.36}$$

式中,$\mu_2$ 为与慢车等效干扰有关的强度系数。

式(5.36)计算得到的 $D^2_{i,j}(k)$可以为正,也可以为负。若 $D^2_{i,j}(k)$为正,说明车辆需要从相邻车道流入车道 $j$;若 $D^2_{i,j}(k)$为负,说明车辆需要从车道 $j$ 流出到相邻车道。

有了常规换道和车道偏好换道这两类换道的需求量后,总的需求量为两者之和。为了后续表达方便,假定在车道偏好换道中,车道$j+1$ 和车道 $j-1$ 的需求调整流量 $D^2_{i,j+1}(k)$、$D^2_{i,j-1}(k)$都为负,且均流入到车道 $j$,则根据目标车道所允许的接收量,最终换道量的计算公式为

$$f_{i,j-1,j}(k) = \min\left[1, \frac{R_{i,j}(k)}{D^1_{i,j-1,j}(k) + |D^2_{i,j-1}(k)| + D^1_{i,j+1,j}(k) + |D^2_{i,j+1}(k)|}\right] \times [D^1_{i,j-1,j}(k) + |D^2_{i,j-1}(k)|] \tag{5.37a}$$

$$f_{i,j+1,j}(k) = \min\left[1, \frac{R_{i,j}(k)}{D^1_{i,j-1,j}(k) + \left|D^2_{i,j-1}(k)\right| + D^1_{i,j+1,j}(k) + \left|D^2_{i,j+1}(k)\right|}\right] \times \left[D^1_{i,j+1,j}(k) + \left|D^2_{i,j+1}(k)\right|\right] \tag{5.37b}$$

横向换道流量计算完成后,需要对慢车等效干扰及时进行更新。以上述设定的情形为例,区段 $i$ 车道 $j+1$ 的更新如式(5.38)所示:

$$\phi_{i,j+1}(k+1) = \phi_{i,j+1}(k) + \min\left[1, \frac{R_{i,j}(k)}{D^1_{i,j-1,j}(k) + \left|D^2_{i,j-1}(k)\right| + D^1_{i,j+1,j}(k) + \left|D^2_{i,j+1}(k)\right|}\right] \times \Delta\phi_{i,j+1}(k) \tag{5.38}$$

2) 纵向传递流量

在 MUF-MLCTM 中,接收函数与多车道 CTM 完全一致,只是发送函数有所区别。根据 MUF-MLCTM 采用的基本图,相应的发送函数为

$$S_{i,j} = \min\{v[\rho_{i,j}(k), \phi_{i,j}(k+1)]\rho_{i,j}(k), q^{\max}_{i,j}\} \tag{5.39}$$

基于上述的发送函数和接收函数,上游最大发送量 $Q^S_{i,j}(k)$和下游最大接收量 $Q^R_{i+1,j}(k)$通过式(5.30)计算。

根据最大发送-最大接收规则,最终纵向流量代入式(5.31)。至此,可以将相关变量代入式(5.26),完成系统状态的更新。

需要说明的是,MUF-MLCTM 主要关注的是快速路主线的慢车混行现象,而不对出匝道、入匝道作过多研究,因此 MUF-MLCTM 对出匝道、入匝道的处理也和多车道 CTM 一样,在这里不再重复介绍。

MUF-MLCTM 是在多车道 CTM 的基础上扩展而来的,其本质上是多车道模型,因此模型中的大多数方程和规则与多车道 CTM 一致,两者主要区别如下:

(1) MUF-MLCTM 引入了一个新的参数——慢车等效干扰,用来表征车辆的混行行为及各车道的混行程度,为量化快车、慢车混行对车道运行速度的影响提供了工具。

(2) 区别于多车道 CTM 中的三角形基本图,MUF-MLCTM 采用了新的基本图。新的基本图与三角形基本图相比,最显著的变化就是将发送部分的直线扩展为一个区域,丰富了模型对于发送速度的选择,使模型对速度的模拟更符合实际。

(3) MUF-MLCTM 设置了一类新的换道行为——车道偏好换道,用来描述交通流中某些驾驶者存在的特定车道选择偏好现象,从而使模型能更准确地描述快速路车流中实际存在的换道行为。

### 5.4.3 仿真实验

为了验证模型的合理性与有效性,本节设计了两个仿真实验:第一个是虚拟仿真实验,在一个虚拟路网环境下设置不同水平的慢车等效干扰,分别运行仿真,对 MUF-MLCTM 的合理性与可行性进行检验;第二个仿真实验以上海市内环高

架快速路外圈瑞金南路入匝道至宛平南路出匝道路段为测试地点，利用实际线圈数据进行仿真模拟。在对 MUF-MLCTM 进行参数标定后，通过将实际流量、速度数据与模型经标定后得到的仿真数据进行比较，对模型的有效性和模拟能力进行验证。

1. 虚拟仿真实验

MUF-MLCTM 从本质上描述了快车、慢车混合车流中车辆的换道行为，也从机理上解释了车流的传播规律，因此，MUF-MLCTM 能够衡量快车、慢车混行对交通运行效率的影响。为了对模型的可行性进行检验，首先进行了一个虚拟的仿真实验。

1) 仿真数据与参数设置

本节所用的虚拟仿真路网如图 5.8 所示。将该路网离散化为 11 个区段，分别命名为 S1、S2、……、S11，每个区段的长度均为 500m，包含一个出匝道和一个入匝道，分别位于路段 S3 下游和 S9 上游处。该路网主线全部为三车道，行驶方向为从左向右。为了表述方便，按照行驶方向从左至右(由内侧往外侧)将车道分别编号为 1、2、3。

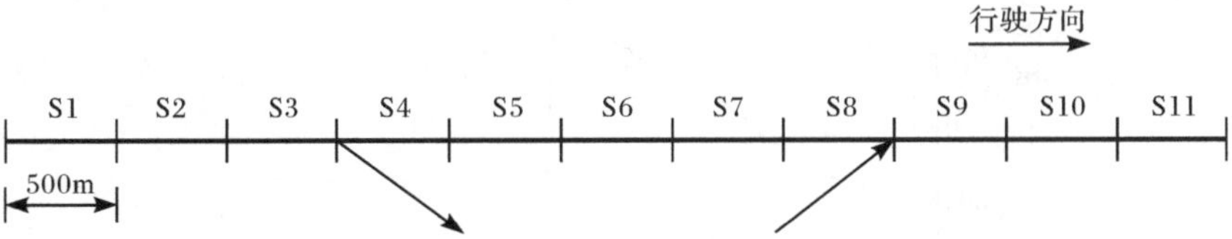


图 5.8 虚拟仿真路网示意图

首先对本节的虚拟仿真实验进行如下说明。

(1) MUF-MLCTM 允许每个区段-车道离散单元拥有独立的基本图，但实际的宏观模型一般都采取所有区段-车道离散单元共用一个基本图的做法，这既是为了减少模型参数，简化标定过程，同时也可以防止出现过度标定(over parametrization)或过度拟合(over fitting)的问题。过度标定是指模型参数可能很好地符合标定时采用的数据，但对于另外一组数据的拟合效果却很差。因此，在这里也假设所有区段-车道离散单元都采用同一个基本图。

(2) 在实际情况中，车流应该是稳定的，可以认为对于路网中的每一条车道，慢车的比例较为固定且不会随时间和位置发生太大变化。因此，在本节的虚拟实验中，假定在任何时刻，对于任意一条车道上的所有区段-车道离散单元，期望或设定的慢车等效干扰是一个定值，即对于任意区段 $i$ 和仿真时刻 $kT$，$\phi_{i,j}^{\text{set},J}=\phi_j^{\text{set},J}$ 恒成立。

(3) 本虚拟仿真实验主要是对主线的交通状态进行研究，因此在这里对出匝道、入匝道进行简化考虑。本节假设出匝道的分流比例和入匝道的需求量始终为一个固定值，同时不考虑出匝道的拥堵可能，即认为所有流出到出匝道的需求量都能被满足。同时为了使路网能够产生拥堵的效果，本节假设最后一个区段 S11 流入到下游的流量是受限制的，在这种情况下模型不再考虑区段 S11 下游的交通状态，仅简单设定：在每个仿真步长内，区段 S11 向下游发送的流量只有 65%能够被满足。

下面对虚拟仿真实验的外部输入进行说明，具体如下：

(1) 上游输入流量(单位：veh/h/ln)。假设上游三个车道的输入流量相等，且各车道在各仿真步长的输入流量在区间[50,2100]内通过随机数产生。为了更加接近真实情况，将这些随机数从小到大进行排序，以产生出流量激增的效果。上游输入流量的时变曲线如图 5.9 所示，三个车道的输入流量均采用该图形所示流量。

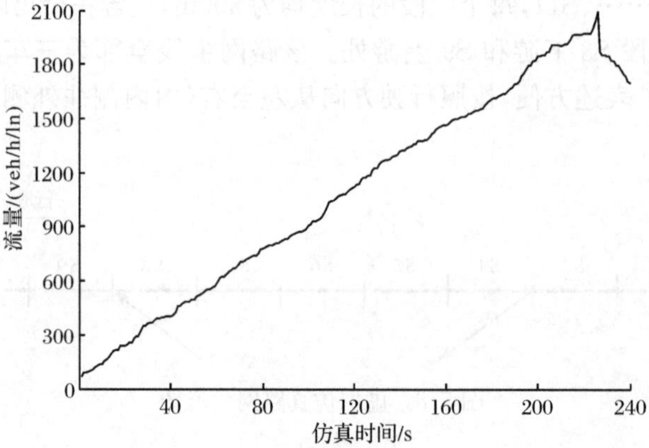


图 5.9　虚拟仿真实验主线上游输入流量的时变曲线

(2) 各区段-车道离散单元的初始密度(单位：veh/km)。在区间[3,20]内通过随机数产生。

(3) 各区段-车道离散单元的初始慢车等效干扰。通过随机数产生。

(4) 出匝道汇出率。始终为固定值 0.1。

(5) 入匝道汇入需求量(单位：veh/h/ln)。始终为固定值 100。

(6) 出匝道密度、主线下游各区段-车道离散单元的密度(单位：veh/km)。由于在实验中假设出匝道一直处于畅通状态，且对主线最后一个区段的流出量进行了限制而不考虑主线下游的交通状态，所以模型中不再需要此类输入。

虚拟仿真实验中模型各参数设定值见表 5.7。在设置参数时参考了上海市快速路交通流的相关特征。例如，上海市快速路平均通行能力约为 1900veh/h/ln，阻塞密度一般在 120veh/h/ln 以上。同时，为了使车辆间速度差异变大，体现交通流中多用户(不同期望速度)的特点将最大自由流速度和最小自由流速度分别设为100km/h和60km/h。

**表5.7 虚拟仿真实验中MUF-MLCTM参数设定值**

| 参数名称 | 设定值 | 参数名称 | 设定值 | 参数名称 | 设定值 |
|---|---|---|---|---|---|
| $T$/s | 15 | $K$ | 240 | $\phi^0$ | 0.4 |
| $\phi_1^{set,3}$ | 0.3 | $\phi_2^{set,3}$ | 0.3 | $\phi_3^{set,3}$ | 0.4 |
| $\mu_1$ | 0.2 | $\mu_2$ | 0.8 | $v^{fmax}$/(km/h) | 100 |
| $v^{fmin}$/(km/h) | 60 | $q^{max}$/(veh/h/ln) | 1900 | $\rho^{max}$/(km/h) | 137 |
| $w$/(km/h) | 18 | — | — | — | — |

2) 仿真结果分析

上述模型的输入和参数确定后,即可对MUF-MLCTM进行仿真测试。由于MUF-MLCTM主要为了测试慢车混入对运行效率的影响,在这部分仅采用绘制流量-速度曲线的方式对仿真结果进行分析。由于实验中区段较多,本节只选择位于中间的区段S6,对其仿真结果进行展示。区段S6的流量-速度散点图如图5.10所示。

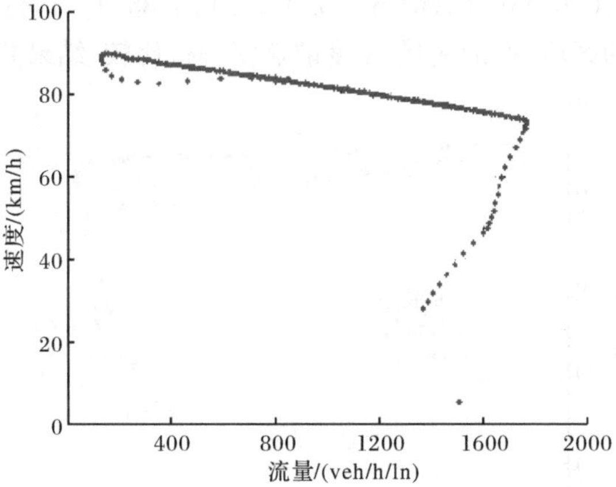


图5.10 区段S6流量-速度散点图

图5.10中的流量和速度均是区段S6中各车道的平均值。注意到在图5.10中的低流量部分存在个别相对独立的散点,这些点是模型在最初计算时得到的。由于初始状态对后续状态迭代会产生影响,模型在前期计算的结果是不稳定的。另外,从图5.10中可以看出,图中散点排列的比较规律且集中,几乎呈直线趋势,并且拥堵与非拥堵两种状态之间的过渡较为突兀,缺乏渐变性。这些问题主要是由模型的外部输入引起的,由于主线上游的输入平稳(图5.9),导致模型仿真得到

的结果也呈现出明显的规律。如果采用实际的交通需求,且增加仿真时长,模型得到的流量-速度散点图的分布会分散一些,状态转换也不会那么突兀,更符合实际情况。虽然虚拟仿真实验存在上述问题,但实验结果还是可以反映模型特性和交通流的一般规律:运行速度随着流量的增加呈下降趋势,在流量过大而超过道路通行能力时会出现失效拥堵现象,此时通过的车辆数和运行速度急剧下降。图 5.10 中的结果基本符合交通流运行的规律,证明 MUF-MLCTM 确实是可行的。

图 5.10 的一个显著特点是速度在未拥堵时随着流量的增加下降得较为迅速,这与上海市快速路所呈现的特点(参见 2.5.2 节)非常相似。在模型中对运行效率影响最大的参数是各车道的期望慢车等效干扰,上述仿真实验中三个车道的期望慢车等效干扰分别设定为 0.3、0.3 和 0.4,说明慢车在内侧车道和快车混行的现象十分严重(与上海市快速路的运行特点相同),由此得到了速度随流量增加迅速下降的结果。为了进一步说明这一点,对模型的模拟能力和参数敏感性进行分析,本节又设置了两组不同水平的期望慢车等效干扰进行仿真测试对比,这两组数据的期望慢车等效干扰分为[0.3,0.3,0.4]、[0.2,0.2,0.6]和[0.05,0.1,0.85]。为了表述方便,将以上三组参数分别称为严重混行([0.3,0.3,0.4])、中等混行([0.2,0.2,0.6])和轻微混行([0.05,0.1,0.85])。运行仿真,将这三组不同混行水平得到的区段 S6 的流量-速度散点图进行比较,结果如图 5.11 所示。

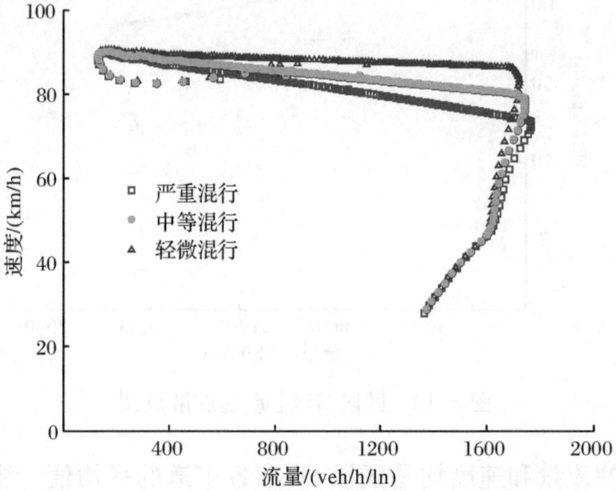


图 5.11 区段 S6 不同混行程度下流量-速度散点图比较

由图 5.11 可知,当交通流处于未拥挤状态时,在不同混行程度下,虽然通行能力相差不大(约为 1800veh/h/ln),流量-速度散点图却呈现出不同的特点。在严重混行条件下,速度随流量增加急剧下降,当达到通行能力时,速度从 90km/h

下降到 70km/h 左右，下降幅度达到了 22%；在中等混行条件下，速度也有所下降，但下降的幅度没有严重混行时严重，速度从 90km/h 下降到 80km/h，下降的幅度约为 11%；而在轻微混行条件下，不仅自由流速度有所提高，而且车流在到达通行能力时速度只有轻微的下降，约为 90km/h，这基本与前两种混行水平的最高运行速度相等。综上所述，MUF-MLCTM 能够展现出快车、慢车混行对交通流运行效率造成的影响，仿真出不同形状的流量-速度曲线，而慢车等效干扰这一参数概念也能够合理地反映慢车分布对速度的影响。同时，MUF-MLCTM 仿真结果也能为城市快速路管理者提供科学有力的决策依据。

2. 实际场景仿真建模

为了进一步验证模型对实际道路和数据的适应性及模拟能力，本节利用实际线圈数据对 MUF-MLCTM 进行了参数标定，并将实际流量、速度数据与模型经标定后得到的仿真数据进行比较。

1) 实验地点及数据

选取上海市内环高架快速路外圈瑞金南路入匝道至宛平南路出匝道路段作为测试地点，路网结构如图 5.12 所示。该路段包括一个入匝道和一个出匝道，出匝道上游为三车道，出匝道下游变为两车道，全长共 2400m。主线上设置了 8 个线圈检测器(见图 5.12 中黑色圆点，包含一个主线上游检测器和一个主线下游检测器，编号为 8～15)，图 5.12 对主线线圈检测器的编号进行了标注。为了与线圈位置相匹配，将该路段离散化为 6 个区段，每个区段的长度相等，均为 400m，在图 5.12 中分别用 S1、S2、…、S6 表示，入匝道位于 S2 上边缘，出匝道位于 S4 下边缘。为了表述方便，规定车道编号按照行车方向从左至右递增，即最内侧车道的编号为 1，由内而外车道编号依次递增，如图 5.12 所示。

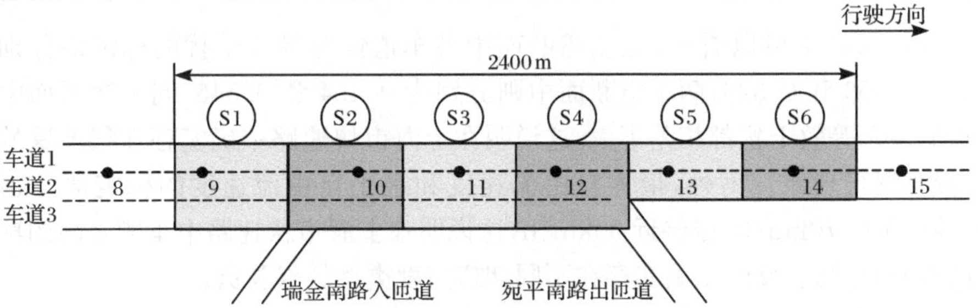


图 5.12 模型参数标定研究地点示意图

所用数据来源于上海市快速路信息采集系统，原始线圈数据采集的精度为 20s，提供的指标包括各车道的流量、速度和占有率等。在模型标定中，用主线检测线圈和入匝道检测线圈为模型提供外部流量输入。在图 5.12 所示的路网中，由于出匝道直接和上游区段 4 车道 3 离散单元相接，在仿真中将出匝道作为一个简单的区段-车道离散单元进行考虑。为了能获得一个较完整的流量区间和速度区间，本节选择 2011 年 9 月 8 日早上 6:00 到 9:00 的数据对模型进行参数标定。

2）模型标定结果

如 5.4.2 节所述，在 MUF-MLCTM 中允许不同区段-车道离散单元设置不同的基本图，但这样会使模型参数过多并可能产生过度标定的问题，因此在这里设定所有区段-车道单元采用同一个基本图。由于在路网中存在出匝道，在计算纵向传递流量时需要先计算出匝道的接收量，所以模型还需要对出匝道的最大密度 $\rho^{\max,\mathrm{off}}$ 和阻塞波速 $w^{\mathrm{off}}$ 进行标定。考虑到 CFL 收敛条件的限制，仿真步长设置为 $T=5\mathrm{s}$。另外，对各车道期望慢车等效干扰的考虑与 5.4.2 节一致，均认为是固定值 $\phi_J^{\mathrm{set},J}$。

模型参数标定要考虑目标函数和优化算法两个方面的问题。在本例中，选取的目标函数同时考虑了流量和速度两个方面的误差，参见式(5.19)。为了简化计算，仅选择遗传算法对目标函数进行最优化求解。采用 Matlab 软件中遗传算法工具箱，设置种群数为 20，最大进化代数为 200，其他参数采用默认值。模型参数的标定结果见表 5.8。

**表 5.8　瑞金南路入匝道至宛平南路出匝道路段 MUF-MLCTM 参数设定值**

| 参数名称 | 设定值 | 参数名称 | 设定值 | 参数名称 | 设定值 |
|---|---|---|---|---|---|
| $\phi^0$ | 0.36 | $\phi_1^{\mathrm{set},2}$ | 0.454 | $\phi_2^{\mathrm{set},2}$ | 0.546 |
| $\phi_1^{\mathrm{set},3}$ | 0.315 | $\phi_2^{\mathrm{set},3}$ | 0.359 | $\phi_3^{\mathrm{set},3}$ | 0.326 |
| $\mu_1$ | 0.289 | $\mu_2$ | 0.06 | $v^{\mathrm{fmax}}/(\mathrm{km/h})$ | 96.7 |
| $v^{\mathrm{fmin}}/(\mathrm{km/h})$ | 70 | $q^{\max}/(\mathrm{veh/h})$ | 2054 | $\rho^{\max}/(\mathrm{km/h})$ | 197.5 |
| $w/(\mathrm{km/h})$ | 10.1 | $\rho_{\mathrm{off}}^{\max}/(\mathrm{veh/km})$ | 188.1 | $w^{\mathrm{off}}/(\mathrm{km/h})$ | 18.6 |

从表 5.8 中可以看出，三车道断面中各车道慢车等效干扰的标定值分别为 0.315、0.359 和 0.326，两车道断面中则分别为 0.454 和 0.546，同一横断面中各车道的慢车等效干扰都相差不大，这说明在上海市快速路中确实存在很严重的快车、慢车混行现象。另外，最大自由流速度和最小自由流速度的标定值分别为 96.7km/h和 70km/h，相差近 30km/h，这说明在上海市快速路中车辆之间的期望速度差异非常大，反映了确实存在不同期望速度类型的驾驶员。

为了更直观地表达模型的拟合效果，下面将实际数据的流量、速度时变曲线与 MUF-MLCTM 模型经参数标定后得到的流量、速度时变曲线进行比较，分别如图 5.13 和图 5.14 所示。由于原始数据波动比较大，本例对实际数据和仿真数据均进行了集计，图 5.13 和图 5.14 所示的速度和流量都是 1min 的集计值，其中灰线代表模型仿真结果，黑线代表实际数据，在图 5.13 中绘出了主线所有区段车道离散单元的比较结果。从图 5.13 中可以看到，在各区段车道离散单元中，虽然实际流量数据波动较大，但是图中灰线和黑线均能够较好的贴合。

在以往一些关于 CTM 参数标定的文章中，大部分研究者都发现 CTM 对速度的模拟“比较迟钝”，即模型仿真得到的速度很容易瞬时突变，缺乏渐变的过程，这一点在 Spiliopoulou 等[47] 的文章中已经提到过。然而在图 5.14 中却发现 MUF-MLCTM 对速度的模拟效果超出了作者的预期。在图 5.14 中，各区段-车道离散单元的实际速度都有一段逐渐下降的曲线，而 MUF-MLCTM 则很好地模拟了这种速度下降趋势。并且在大部分区段车道离散单元中，仿真数据的时变曲线和实际数据的时变曲线拟合效果较为理想。其原因是 MUF-MLCTM 将传统的三角形基本图的直线部分扩展为一个区域，丰富了模型对发送速度的选择，从而使模型对速度能够达到更好的拟合效果，这也是 MUF-MLCTM 很重要的一个优势。

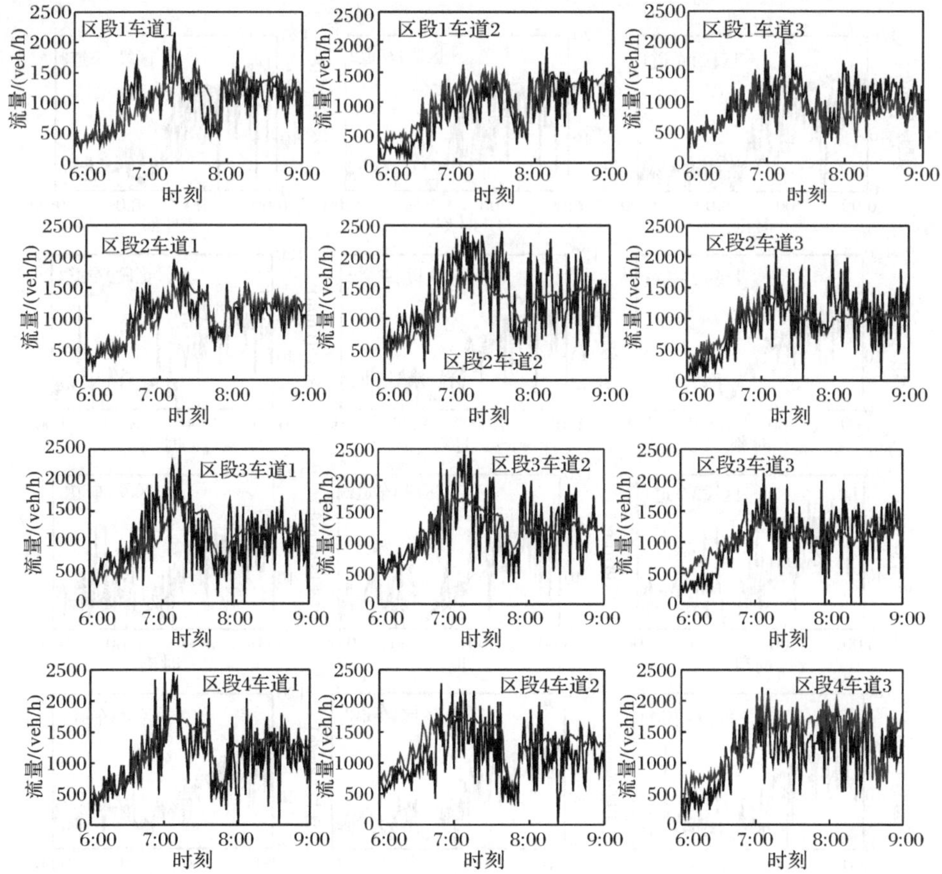

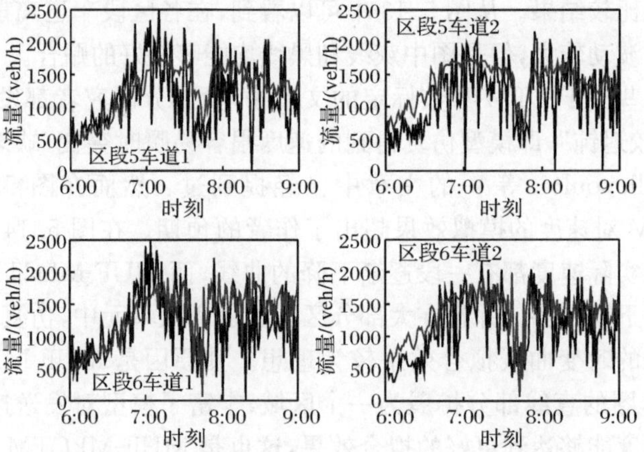


图 5.13　实际流量数据(黑线)与模型经参数标定所得仿真结果(灰线)的比较

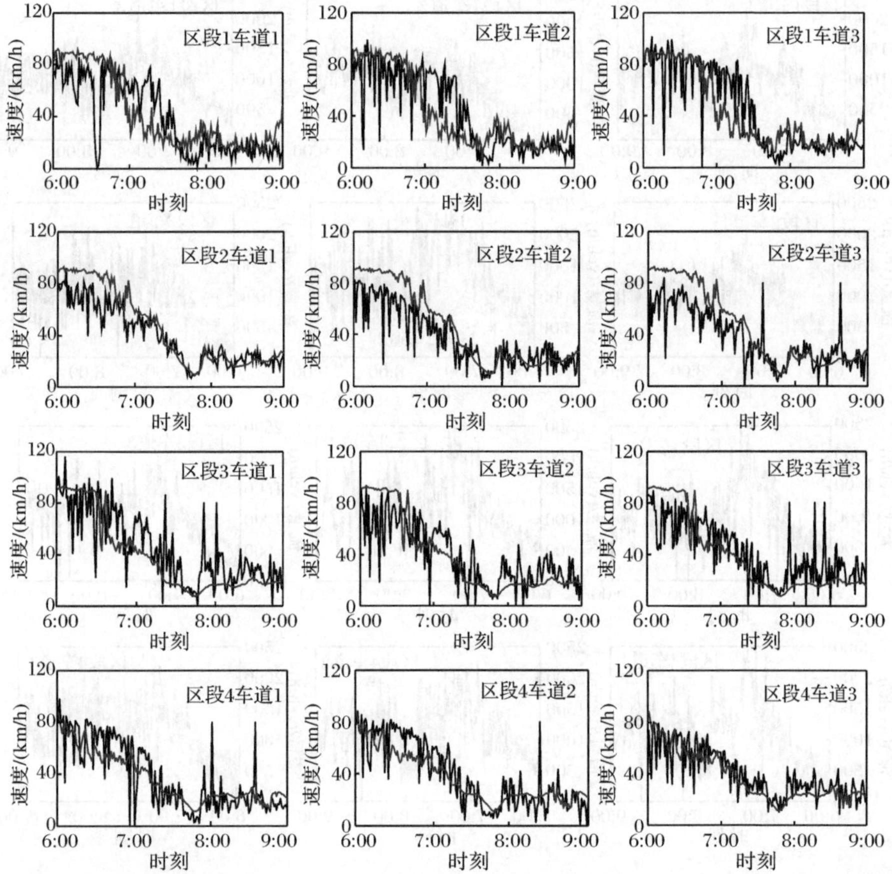

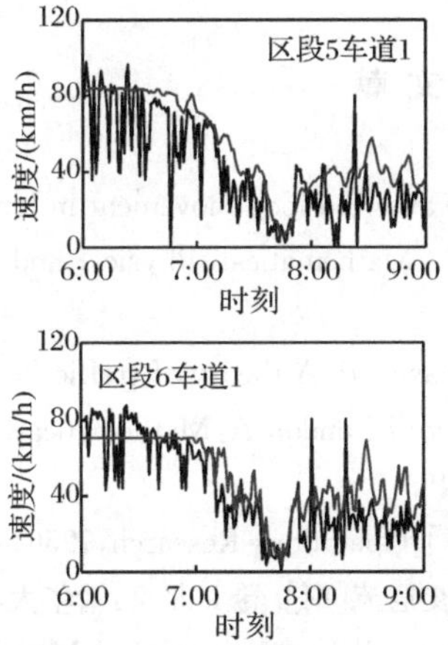


图 5.14 实际速度数据(黑线)与模型经参数标定所得仿真结果(灰线)的比较

基于上述分析结果,可知 MUF-MLCTM 在流量和速度两个方面都能够取得较好的拟合效果,而流量和速度又是交通流中最重要的两个参数,因而可以认为本节提出的 MUF-MLCTM 能较好地应用于实际仿真中,即证明了 MUF-MLCTM 的合理性与准确性。

虚拟仿真实验的研究结果表明,MUF-MLCTM 能有效揭示快车、慢车混行对交通流运行效率造成的影响,仿真出不同形状的流量-速度曲线,慢车等效干扰这一概念也能合理地反映慢车分布对速度的影响。实际路段仿真结果与实际数据进行了比较,表明 MUF-MLCTM 能模拟出与实际情况基本接近的流量-速度时变曲线,证明了 MUF-MLCTM 对实际的交通流仿真具有适用性和有效性。

## 5.5 本章小结

本章在详细介绍宏观交通流模型基本原理与发展现状的基础上,主要从两个方面提出了两种宏观交通流建模的改进方法。首先,以广中路瓶颈路段为例,从其交通运行规律、早发性失效现象及道路结构特点等出发,以经典的 CTM 为基础,提出一种拓展的 CTM 仿真模型,并介绍一种自动的参数混合标定方法,从而实现高精度的仿真。其次,结合多用户对多车道交通流运行的影响特征,以多车道 CTM 为基础,进行了新参数(慢车等效干扰)引入、基本图修改、增加换道类型三方面的改进,构建了一个考虑多用户影响的多车道 CTM,即 MUF-MLCTM,并采用虚拟场景实验和实际场景实验相结合的方法,对模型的合理性和有效性进行了验证。

## 参考文献

[1] Lighthill M J, Whitham G B. On kinematic waves. I. Flood movement in long rivers[J]. Proceedings of the Royal Society of London A: Mathematical, Physical and Engineering Sciences, 1955, 229(1178): 281—316.

[2] Lighthill M J, Whitham G B. On kinematic waves. II. A theory of traffic flow on long crowded roads[J]. Proceedings of the Royal Society of London A: Mathematical, Physical and Engineering Sciences, 1955, 229(1178): 317—345.

[3] Richards P I. Shock waves on the highway[J]. Operations Research, 1956, 4(1): 42—51.

[4] 李力，等. 现代交通流理论与应用：高速公路交通流[M]. 卷 I. 北京：清华大学出版社，2011.

[5] Payne H J. Models of freeway traffic and control[J]. Mathematical Models of Public Systems, 1971, 28: 51—61.

[6] Papageorgiou M. A hierarchical control system for freeway traffic[J]. Transportation Research Part B: Methodological, 1983, 17(3): 251—261.

[7] Kühne R D. Macroscopic freeway model for dense traffic-stop-start waves and incident detection[C]//Proceedings of the 9th International Symposium on Transportation and Traffic Theory, Delft, 1984: 21—42.

[8] Michalopoulos P G, Yi P, Lyrintzis A S. Continuum modelling of traffic dynamics for congested freeways[J]. Transportation Research Part B: Methodological, 1993, 27(4): 315—332.

[9] Daganzo C F. Requiem for second-order fluid approximations of traffic flow[J]. Transportation Research Part B: Methodological, 1995, 29(4): 277—286.

[10] Aw A, Rascle M. Resurrection of "second order" models of traffic flow[J]. SIAM Journal on Applied Mathematics, 2000, 60(3): 916—938.

[11] Zhang H M. A non-equilibrium traffic model devoid of gas-like behavior[J]. Transportation Research Part B: Methodological, 2002, 36(3): 275—290.

[12] Jiang R, Wu Q S, Zhu Z J. A new continuum model for traffic flow and numerical tests[J]. Transportation Research Part B: Methodological, 2002, 36(5): 405—419.

[13] Jiang R, Wu Q S, Zhu Z J. A new dynamics model for traffic flow[J]. Chinese Science Bulletin, 2001, 46(4): 345—348.

[14] Berg P, Woods A. Traveling waves in an optimal velocity model of freeway traffic[J]. Physical Review E, 2001, 63(3): 036107.

[15] Daganzo C F. The cell transmission model: A dynamic representation of highway traffic consistent with the hydrodynamic theory[J]. Transportation Research Part B: Methodological, 1994, 28(4): 269—287.

[16] Daganzo C F. The cell transmission model, part II: Network traffic[J]. Transportation Research Part B: Methodological, 1995, 29(2): 79—93.

[17] Daganzo C F. A finite difference approximation of the kinematic wave model of traffic flow[J].

Transportation Research Part B: Methodological, 1995, 29(4): 261—276.

[18] Messner A, Papageorgiou M. METANET: A macroscopic simulation program for motorway networks[J]. Traffic Engineering and Control, 1990, 31(8-9): 466—470.

[19] Papageorgiou M, Papamichail I, Messmer A, et al. Traffic Simulation with Metanet[M]. New York: Springer, 2010.

[20] Daganzo C F. The lagged cell transmission model[M]//Ceder A. Transportation and Traffic Theory. New York: Pergamon-Elsevier, 1999.

[21] Szeto W Y. Enhanced lagged cell-transmission model for dynamic traffic assignment[J]. Transportation Research Record: Journal of the Transportation Research Board, 2008, 2085(1): 76—85.

[22] Muñoz L, Sun X, Sun D, et al. Methodological calibration of the cell transmission model[C]// Proceedings of 2004 IEEE American Control Conference, Boston, 2004: 798—803.

[23] Sumalee A, Zhong R X, Pan T L, et al. Stochastic cell transmission model(SCTM): A stochastic dynamic traffic model for traffic state surveillance and assignment[J]. Transportation Research Part B: Methodological, 2011, 45(3): 507—533.

[24] Jin W L, Gan Q J, Lebacque J P. A kinematic wave theory of capacity drop[J]. Transportation Research Part B: Methodological, 2015, 81: 316—329.

[25] Lebacque J. Two-phase bounded-acceleration traffic flow model: Analytical solutions and applications[J]. Transportation Research Record: Journal of the Transportation Research Board, 2003, (1852): 220—230.

[26] Leclercq L, Laval J A, Chiabaut N. Capacity drops at merges: An endogenous model[J]. Transportation Research Part B: Methodological, 2011, 45(9): 1302—1313.

[27] Monamy T, Haj-Salem H, Lebacque J P. A macroscopic node model related to capacity drop[J]. Procedia-Social and Behavioral Sciences, 2012, 54: 1388—1396.

[28] Munjal P K, Pipes L A. Propagation of on-ramp density perturbations on unidirectional two and three-lane freeways[J]. Transportation Research, 1971, 5(4): 241—255.

[29] Michalopoulos P G, Beskos D E, Yamauchi Y. Multilane traffic flow dynamics: Some macroscopic considerations[J]. Transportation Research Part B: Methodological, 1984, 18(4-5): 377—395.

[30] Laval J A, Daganzo C F. Lane-changing in traffic streams[J]. Transportation Research Part B: Methodological, 2006, 40(3): 251—264.

[31] Roncoli C, Papageorgiou M, Papamichail I. Traffic flow optimisation in presence of vehicle automation and communication systems-part I: A first-order multi-lane model for motorway traffic[J]. Transportation Research Part C: Emerging Technologies, 2015, 57: 241—259.

[32] Gazis D C, Herman R, Weiss G H. Density oscillations between lanes of a multilane highway[J]. Operations Research, 1962, 10(5): 658—667.

[33] Knoop V L, Duret A, Buisson C, et al. Lane distribution of traffic near merging zones influence of variable speed limits[C]//International IEEE Conference on Intelligent Transporta-

tion Systems, Madeira Island, 2010: 485—490.

[34] Duret A, Ahn S, Buisson C. Lane flow distribution on a three-lane freeway: General features and the effects of traffic controls[J]. Transportation Research Part C: Emerging Technologies, 2012, 24: 157—167.

[35] Farhi N, Haj-Salem H, Khoshyaran M, et al. The logit lane assignment model: First results[J]. arXiv preprint arXiv: 1302. 0142, 2013.

[36] Shiomi Y, Taniguchi T, Uno N, et al. Multilane first-order traffic flow model with endogenous representation of lane-flow equilibrium[J]. Transportation Research Part C: Emerging Technologies, 2015, 59: 198—215.

[37] Chanut S, Buisson C. Macroscopic model and its numerical solution for two-flow mixed traffic with different speeds and lengths[J]. Transportation Research Record: Journal of the Transportation Research Board, 2003, 1852(1): 209—219.

[38] Zhang H, Jin W. Kinematic wave traffic flow model for mixed traffic[J]. Transportation Research Record: Journal of the Transportation Research Board, 2002, 1802(1): 197—204.

[39] Logghe S, Immers L H. Multi-class kinematic wave theory of traffic flow[J]. Transportation Research Part B: Methodological, 2008, 42(6): 523—541.

[40] Wong G C K, Wong S C. A multi-class traffic flow model—an extension of LWR model with heterogeneous drivers[J]. Transportation Research Part A: Policy and Practice, 2002, 36(9): 827—841.

[41] Zhu Z, Wu T. Two-phase fluids model for freeway traffic flow and its application to simulate evolution of solitons in traffic[J]. Journal of Transportation Engineering, 2003, 129(1): 51—56.

[42] Benzoni-Gavage S, Colombo R M. An N-populations model for traffic flow[J]. European Journal of Applied Mathematics, 2003, 14(5): 587—612.

[43] Grewal M S, Payne H J. Identification of parameters in a freeway traffic model[J]. IEEE Transactions on Systems, Man, and Cybernetics, 1976, (3): 176—185.

[44] Muñoz L, Sun X, Horowitz R, et al. Piecewise-linearized cell transmission model and parameter calibration methodology[J]. Transportation Research Record: Journal of the Transportation Research Board, 2006, 1965(1): 183—191.

[45] Frejo J R D, Camacho E F, Horowitz R. A parameter identification algorithm for the METANET model with a limited number of loop detectors[C]//International IEEE Conference on Decision and Control, Maui, 2012: 6983—6988.

[46] Poole A J, Kotsialos A. METANET model validation using a genetic algorithm[J]. IFAC Proceedings Volumes, 2012, 45(24): 7—12.

[47] Spiliopoulou A, Kontorinaki M, Papageorgiou M, et al. Macroscopic traffic flow model validation at congested freeway off-ramp areas[J]. Transportation Research Part C: Emerging Technologies, 2014, 41: 18—29.

[48] Papageorgiou M, Blosseville J M, Hadj-Salem H. Macroscopic modelling of traffic flow on

the boulevard périphérique in Paris[J]. Transportation Research Part B: Methodological, 1989,23(1):29—47.

[49] Ban X J, Chu L, Benouar H. Bottleneck identification and calibration for corridor management planning[J]. Transportation Research Record: Journal of the Transportation Research Board, 2007, (1999): 40—53.

[50] Ngoduy D, Maher M J. Calibration of second order traffic models using continuous cross entropy method[J]. Transportation Research Part C: Emerging Technologies, 2012, 24(24): 102—121.

[51] 李宙峰. 城市快速路宏观交通流建模与仿真[D]. 上海:同济大学,2016.

[52] Spiliopoulou A, Papamichail I, Papageorgiou M, et al. Macroscopic traffic flow model calibration using different optimization algorithms[J]. Transportation Research Procedia, 2015, 6: 144—157.

[53] Ban X J, Chu L, Benouar H. Bottleneck identification and calibration for corridor management planning[J]. Transportation Research Record: Journal of the Transportation Research Board, 2007, 1999(1): 40—53.

# 第 6 章　快速路微观交通流模型

微观交通流模型是对单个车辆驾驶行为进行描述的数学模型，其核心是跟驰模型和换道模型。针对由连续出入匝道构成的城市快速路系统，研究人员对车辆在主线的跟驰行为研究较多，而对匝道车辆跟驰行为则关注较少。另外，对于由换道动机、目标车道选择、间隙选择及换道执行组成的换道行为模型，国内外研究多关注于主线及匝道间隙选择模型，而对主线换道动机模型的研究较少。由于我国汇入行为多为压迫式汇入，对主线车流的影响巨大，也是快速路发生拥堵的关键原因，所以需要更多关注车辆的汇入类型模型。本章基于我国上海市和美国 NGSIM 数据中车辆的实际运行轨迹数据，提取表征跟驰和换道行为的特征参数，分析影响匝道车辆跟驰行为、主线车辆换道动机及匝道车辆汇入类型的因素，建立受侧向影响的跟驰行为模型、基于 Logistic 回归的换道动机模型，以及基于离散选择模型和决策树的匝道车辆的汇入类型模型。

## 6.1 引　　言

城市快速路是由汇入区、汇出区及基本路段组成的系统，而汇入区、汇出区往往是系统的常发性瓶颈。前人研究指出，常发性瓶颈是匝道车流与主线车流高度交互作用所导致的[1]。因此，快速路微观交通流建模的核心及难点是常发性瓶颈区驾驶行为建模，而匝道汇入区是其中的典型代表，因此本章以汇入区微观交通流建模为例，介绍快速路微观交通流理论。

对于一个快速路匝道汇入区而言，从车道功能上可分为主线车道和匝道(加速车道)；从微观驾驶行为上可分为跟驰行为和换道行为，其两两组合就有主线车辆的跟驰行为、匝道车辆的跟驰行为、主线车辆的换道行为和匝道车辆的汇入行为 4 种方式。

就跟驰行为而言，对主线车辆的研究较多也较为成熟，因此本章不再赘述；而对匝道车辆的研究却较少，且若直接套用主线车辆的跟驰行为模型将显著影响模型精度。其原因是影响主线车辆跟驰行为的因素都来源于当前车道，但匝道上车辆的驾驶员不但需要跟随当前车道前车的行驶路线，还要控制与周围车辆和道路设施之间的相对位置以及寻找合适的机会汇入主线，其跟驰行为明显受主线相邻车道车辆的影响。

就换道行为而言，换道的过程主要包括 4 个步骤：步骤 1 产生换道动机；步骤 2

选择目标车道；步骤 3 选择插车间隙；步骤 4 执行换道。换道行为建模主要针对前 3 个步骤。就步骤 1 而言，匝道车辆因其必须要在有限的区域内汇入主线，因此车辆一进入汇入区就有明确的换道动机，即汇入主线，而主线车辆的换道属于自主性换道，产生换道动机的原因很多，可能是驾驶员有车道偏好，也可能是对当前的驾驶环境不满意等，现有模型对这方面的研究较少。此外，现有仿真模型大部分基于简单的规则或用阈值来确定换道动机，与实际的驾驶行为存在明显的差异，因此需要对主线车辆的换道动机做详细的研究；就步骤 2 而言，匝道车辆有明确的目标车道，即与匝道相邻的主线车道，对主线车辆，处于最内侧车道的车辆只能向外侧车道换道，通过对处于其他车道的车辆实际数据分析可得，有 80%以上选择了向右侧车道换道[2]，因此对匝道汇入区其研究意义不大，本章也不作讨论；就步骤 3 而言，国内外相关研究较多也较为成熟，本章不再赘述。

对于换道行为而言，还有一种模型是对换道类型进行建模。本书第 3 章汇入区瓶颈交通运行特征研究表明，匝道车辆的压迫性换道间隙选择模型是导致瓶颈早发性失效的重要致因，因此本章还将讨论匝道车辆的汇入类型模型的建立。

综上所述，本章将围绕匝道车辆的跟驰模型、主线车辆的换道动机模型及匝道车辆的汇入类型模型展开。

## 6.2 微观交通流模型概述

### 6.2.1 跟驰模型

车辆跟驰行为是对车辆纵向运动的描述，研究在限制超车的单车道上，前导车一系列连续的运动状态变化所引起跟随车辆的相应反应，能够通过分析车辆个体行为来理解宏观交通流特性，是联系驾驶员微观行为与交通流宏观现象之间的桥梁，也是微观交通流模型中最重要的组成部分。

车辆跟驰行为作为最基础的交通流理论的分支，早在 19 世纪 50 年代就开始了这方面的研究，至今已取得了一系列研究成果，并有诸多综述文章[3~8]。本节从建模方法和影响因素两方面考虑，首先回顾迄今为止车辆跟驰行为的主要研究成果。

#### 1. 跟驰模型分类

在过去的几十年中，跟驰行为的建模研究有丰硕的成果，主要可分为刺激-反应模型、安全距离模型、生理-心理模型、人工智能模型、优化速度模型和智能驾驶员模型。

1) 刺激-反应模型

刺激-反应模型是描述驾驶环境中各种外来刺激对驾驶行为的影响。Gazis-Herman-Rothery 模型是这类模型中最重要的一种，也是研究最多的跟驰模型。其最初是由 Chandler 等[9]和 Herman 等[10]所建立的线性模型。通过对敏感性系数不断的改进，Gazis 等[11]提出了一个非线性的跟驰模型，即 Gazis-Herman-Rothery 模型的通用形式。该模型假设后车的加速度与前后两车之间的速度差成正比，与前后两车间的距离成反比，模型公式如下：

$$a_{n+1}(t+T)=cv_{n+1}^{m}(t+T)\frac{\Delta v(t)}{\Delta x^{l}(t)} \tag{6.1}$$

式中，$a_{n+1}(t+T)$为 $t+T$ 时刻第 $n+1$ 辆车的加速度，m/s$^2$；$v_{n+1}^{m}(t+T)$为 $t+T$ 时刻第 $n+1$ 辆车的速度，m/s；$\Delta v(t)$为 $t$ 时刻第 $n$ 辆车与第 $n+1$ 辆车之间的速度差，m/s；$\Delta x^{l}(t)$为 $t$ 时刻第 $n$ 辆车与第 $n+1$ 辆车之间的距离，m；$T$ 为反应时间，s；$c$、$m$、$l$ 为待定常数。

该类模型反映了车辆跟驰行驶的制约性、延迟性及传递性，形式简单，物理意义明确。但当跟驰车辆与引导车辆的速度相等时，两车的车头间距对加速度不产生影响。

2) 安全距离模型

Gazis-Herman-Rothery 模型假设驾驶员是通过感知与引导车辆之间的速度差来作出反应的，而安全距离模型则是假设驾驶员通过感知与引导车辆之间的车头间距来作出反应。首先提出这一模型的是 Kometani 和 Sasaki[12]，他们提出跟驰车辆需要与引导车辆保持最小安全距离。在安全距离模型中，使用最广的是 Gipps[13]所提出的模型。该模型认为，跟驰车辆应该以当引导车辆突然制动时其也能安全停下来的速度行驶。Gipps 模型包括两种驾驶状态：自由行驶和跟驰行驶。驾驶员以这两种驾驶状态中较小的速度行驶，其模型为

$$v_n(t+T)=\min\begin{cases} v_n(t)+2.5\tilde{a}_nT\left(1-\dfrac{v_n(t)}{\tilde{v}_n}\right)\sqrt{0.025+\dfrac{v_n(t)}{\tilde{v}_n}} \\ \tilde{b}_nT+\sqrt{\tilde{b}_n^2T^2-\tilde{b}_n\left\{2[x_n(t)-x_{n-1}(t)-S_{n-1}]-v_n(t)T-\dfrac{v_{n-1}^2(t)}{\hat{b}}\right\}} \end{cases} \tag{6.2}$$

式中，$\tilde{a}_n$ 为跟驰车辆的期望加速度；$\tilde{b}_n$ 为跟驰车辆的期望减速度；$S_{n-1}$为引导车辆的车身长度与安全距离之和；$\hat{b}$ 为跟驰车辆所估计的引导车辆的减速度；$\tilde{v}_n$ 为跟驰车辆的期望速度。

该类模型物理意义明确，能反映拥堵状态下反复起步—停车的过程，但在现实生活中，跟驰车辆的驾驶员往往不满足于以安全距离来跟随引导车辆，导致模型所描述的情况与实际情况存在差异。

3) 生理-心理模型

随着交通心理学的发展,研究人员将更多驾驶员的因素引入模型中,使模型更符合实际情形,其中最著名的是 Wiedemann[14] 所提出的生理-心理模型。该模型中,Wiedemann 引入了感知阈值这一概念,其定义为驾驶员可以感知并且会作出反应的刺激的最小值。感知阈值是跟随车辆与引导车辆之间的速度差和车头间距的函数。当车头间距很小时驾驶员会变得警觉,而当车头间距较大时驾驶员有更多的自由来选择。Wiedemann 模型也是微观仿真软件 VISSIM 所用的跟驰行为模型。

能反映驾驶员的生理和心理因素,使模型更接近实际情况是该模型最大的优点,但因其参数较多且对各参数阈值的调查困难导致该模型通用性较差。

4) 人工智能模型

人工智能是对人的意识、思维信息过程的模拟,可以有效描述数学模型所难以表达的驾驶行为特征,因此也成为近年来跟驰行为建模研究的热点之一。模糊逻辑就是最值得关注的一类。其用预设的模糊规则将驾驶员的感知划分为几个有重叠的模糊集,可以更好地反映驾驶员在现实的跟驰过程中经常面临的认知和感知的不确定性。最早使用这种模糊模型的是 Kikuchi 和 Chakroborty[15]。

5) 优化速度模型

由 Bando 等[16] 提出的优化速度模型本质上与 Gazis-Herman-Rothery 模型具有相同的形式。优化速度模型假设,根据跟驰车辆与引导车辆间的车头间距可以得到每个跟驰车辆驾驶员的期望速度,而跟驰车辆的加速度则由跟驰车辆的期望加速度与实际加速度之差来决定。

6) 智能驾驶员模型

由 Treiber 等[17] 提出的智能驾驶员模型对跟驰模型的研究也有十分重要的作用。该模型由两部分构成:自由状态下的加速趋势和避免碰撞的减速趋势。其改进模型人类驾驶员模型(human driver model,HDM)[18] 考虑了驾驶员的延迟、不精确性等影响因素,使模型更好地拟合了驾驶员的特性。

2. 影响跟驰行为的因素

在上述各类跟驰模型中,跟驰车辆在某一时刻的驾驶行为只受当前时刻或者之前某一时刻当前车道前一辆引导车辆刺激的影响,但这显然与实际情况不同。因此,学者建立了一系列改进模型以使其更符合真实的跟驰行为。

1) 记忆效应

Lee[19] 首先将记忆效应引入线性的 Gazis-Herman-Rothery 模型中。记忆效应是指驾驶员所作出的反应取决于一段时间的刺激,而非某一时刻的刺激。在模型中,这一效应可以储存跟驰过程中跟驰车辆与引导车辆间速度差的信息,其形式如式(6.3)所示：

$$a_n(t+T)=\int_0^t M(t-s)\left[v_{n-1}(s)-v_n(s)\right]\mathrm{d}s \tag{6.3}$$

式中，$M(\cdot)$为记忆函数，表示驾驶员对驾驶过程中所收集信息的处理方式；$s$ 为驾驶员对前一阶段驾驶情况的记忆时间。

2) 前方车辆的影响

上述所有的模型都认为跟驰车辆仅对来自于最近的前引导车辆的刺激会作出反应，而在实际情况下，驾驶员很可能会通过观察前方多辆车的情况来调整他们的驾驶行为。Herman 和 Rothery[20] 首先将多辆前导车的刺激引入跟驰模型中，其假设驾驶员跟随前多辆引导车辆，并在线性的 Gazis-Herman-Rothery 模型中引入对多辆前引导车辆的敏感性系数，其数学表达式为

$$a_n(t+T)=\sum_{i=1}^{m}\alpha_i\left[v_{n-i}(t)-v_n(t)\right] \tag{6.4}$$

式中，$\alpha_i$ 为前方第 $i$ 辆引导车辆的敏感性系数；$v_{n-i}(t)$为前方第 $i$ 辆引导车辆的速度。该模型基于这样一个假设，即驾驶员能精准地感知自身与多辆前引导车辆的速度差。由于实际的驾驶环境十分复杂，驾驶员需要对来自多种信息源的信息进行处理，无法对多辆前引导车辆的运动状态进行精准的判断，只能是对前方交通状态的预估。金盛和王殿海[21] 以全速度差模型为基础，在其中引入前方道路的交通流密度作为表征交通状态的参数，其表达式为

$$a_n(t)=\alpha\left\{(1-p)v_n^*\left[\Delta x_n(t)\right]+pv_n^*\left[\frac{1}{m}\sum_{i=1}^{m}\Delta x_{n-i}(t)\right]-v_n\right\}+\gamma\Delta v_n(t) \tag{6.5}$$

式中，$\dfrac{1}{m}\sum\limits_{i=1}^{m}\Delta x_{n-i}(t)$ 为前 $m$ 辆车的平均车头间距，即前方交通流密度的倒数；$p$ 为前方交通状态的影响因子，$p$ 值越大，驾驶员对前方交通状态的感知程度越高；$\alpha$ 为驾驶员对车头间距刺激的敏感性系数；$\gamma$ 为驾驶员对相对速度刺激的敏感性系数。

3) 后方车辆的影响

除了跟驰车辆的前引导车辆外，其后车也会对其跟驰行为产生影响。Herman 等[10] 在研究跟驰模型的稳定性时就将后车的影响加入线性的 Gazis-Herman-Rothery 模型中，其表达式为

$$a_n(t+T)=c_1\left[v_{n-1}(t)-v_n(t)\right]+c_2\left[v_n(t)-v_{n+1}(t)\right] \tag{6.6}$$

式中，$v_{n+1}(t)$为跟驰车辆的后车在 $t$ 时刻的速度；$c_1$、$c_2$ 为敏感性系数。虽然 Herman 早在 1959 年就提出了考虑后车的跟驰模型，但这方面的研究并没有得到关注。直到 Bando 等[16] 提出了优化速度模型后，考虑后车的跟驰模型才得到了发展[22~26]。

4) 周围环境的影响

传统的跟驰行为将研究对象划定在限制超车的单车道上,但在现实生活中更多的是多车道的情况,而且往往还伴随着超车、换道等行为。研究表明[27,28],周围的环境(如相邻车道车辆和视觉干扰等)也会对车辆的跟驰行为产生显著影响。在匝道汇入区,驾驶员不但需要调整车辆速度来适应匝道的曲率和高程,而且还要寻找合适的时机汇入主线。因此,在建立匝道车辆的跟驰模型时,只考虑单车道影响因素的传统跟驰模型已经无法准确描述这种复杂的驾驶行为,也需要考虑周围环境的影响。

Sarvi 等[29]建立了拥挤状态出匝道车辆的跟驰模型。研究发现,匝道上车辆与主线上前后车辆之间的相对速度差及车头间距都对匝道上车辆的跟驰行为有重要影响,因此以刺激-反应关系式为基础,建立了考虑主线车辆影响的匝道车辆的跟驰行为模型。

Kou 和 Machemehl[30]认为,除了 Sarvi 等[29]所考虑的匝道车辆与主线前后车辆之间的相对速度差及车头间距外,车辆在加速车道上的位置,以及匝道车辆与匝道前车的相对速度差和车头间距也会影响匝道车辆的跟驰行为。

到目前为止,对于匝道上车辆的研究主要集中在汇入模型上,对匝道车辆跟驰行为的研究较少。虽然 Sarvi 等[29]以及 Kou 和 Machemehl[30]都将主线车辆的影响引入模型,但 Kou 和 Machemehl 只是提出上述因素有影响,并没有解释选择这些因素的原因,Sarvi 等用图像展示了这些因素对加速度的影响,但并未解释只选择这些因素而不考虑其他因素的原因。

此外,Sarvi 等[29]建立的最好的线性模型 $R^2$ 为 0.36、非线性模型 $R^2$ 为 0.49,拟合效果不是十分理想,同时也没有给出不考虑主线车辆影响的模型的拟合效果,因此不知加入的这些影响因素是否合理和有效。Kou 和Machemehl[30]所建立的最好的模型 $R^2$ 不到 0.4,且也存在与 Sarvi 等相同的问题。因此找到影响匝道车辆跟驰行为的因素并建立合理有效的跟驰模型尤为关键。

### 6.2.2 换道模型

车辆跟驰行为是对车辆纵向运动的描述,而车辆换道行为则是对车辆横向运动的描述。虽然跟驰行为已经被广泛研究了几十年,但近年来换道行为才受到关注。

1. 换道决策模型的分类

1) 基于 Gipps 模型的换道决策模型

Gipps[31]是最早提出面对多个目标的换道决策模型的研究者之一,该模型考虑了城市道路中的多个场景,而驾驶员需要遵守两个规则:保持期望车速;在正确的转向车道上。驾驶员是否换道是基于一组确定的规则所决定的，这组规则对影响换道决策的各因素的相对重要性进行了评估，因此 Gipps 的模型是一种基于规则的、确定的模型。

在 Gipps 的基础上，Yang 和 Koutsopoulos[32] 将模型延伸到快速路上。虽然该模型也是基于规则的模型，但与 Gipps 将换道决策作为一个确定的过程不同，Yang 和 Koutsopoulos 在模型中引入换道概率，使其更符合实际情况。

Kesting 等[33] 用加速度来评估换道可能带来的优势与劣势，但其也与 Gipps 模型类似，主要受两条换道规则的控制：安全规则；动机规则。

2）基于效用理论的换道决策模型

Ahmed 等[34] 用效用理论来建立换道决策模型，驾驶员在 $t$ 时刻的换道效用如式(6.7)所示：

$$U_{tn}=\gamma^{\mathrm{T}}X_{tn}+v_n+\varepsilon_{tn} \tag{6.7}$$

式中，$U_{tn}$ 为驾驶员 $n$ 在 $t$ 时刻的效用；$X_{tn}$ 为由解释变量组成的向量；$\gamma$ 为未知参数向量；$v_n$ 为基于个人的随机项；$\varepsilon_{tn}$ 为随机项。

驾驶员 $n$ 换道的条件概率为

$$\begin{aligned}&Pr(\{J_{1n},J_{2n},\cdots,J_{tn},\cdots,J_{T_nn}\}\mid v_n)\\&=\prod_{t=1}^{T_n}Pr(J_{tn}\mid v_n)\\&=\prod_{t=1}^{T_n}Pr_t(L\mid v_n)^{\delta_{tn}^L}Pr_t(R\mid v_n)^{\delta_{tn}^R}Pr_t(C\mid v_n)^{\delta_{tn}^C}\end{aligned} \tag{6.8}$$

式中，$J_{tn}\in\{L,R,C\}$，$L$ 为向左侧车道换道，$R$ 为向右侧车道换道，$C$ 为继续在当前车道上行驶。

$$\delta_{tn}^L=\begin{cases}1, & \text{驾驶员 } n \text{ 在 } t \text{ 时刻向左侧车道换道}\\0, & \text{其他}\end{cases} \tag{6.9}$$

$\delta_{tn}^R$ 与 $\delta_{tn}^C$ 的定义与 $\delta_{tn}^L$ 类似。

似然函数的计算公式为

$$L^*=\prod_{n=1}^{N}\int_{-\infty}^{+\infty}\Big[\prod_{t=1}^{T_n}Pr_t(L\mid v_n)^{\delta_{tn}^L}Pr_t(R\mid v_n)^{\delta_{tn}^R}Pr_t(C\mid v_n)^{\delta_{tn}^C}\Big]f(v_n)\mathrm{d}v_n \tag{6.10}$$

式中，$f(v_n)$ 为 $v_n$ 的分布；$N$ 为样本量。

3）基于其他方法的换道决策模型

除了上述方法外，还有基于元胞自动机的换道决策模型[35~39]、基于马尔可夫过程的换道决策模型[40~44]、基于模糊逻辑的换道决策模型[45~49]、基于神经网络的换道决策模型[50]和基于博弈论的换道决策模型[51,52]等。

到目前为止，对换道决策行为的建模主要基于 Gipps 模型及效用理论。Gipps模型是基于规则的模型，虽然简单明了，但对换道动机的判断容易过严或过松，导致结果与实际情况存在较大差异。而基于效用理论的决策模型则大多用于目标车道的选择，或者是换道需求与目标车道选择在同一个模型之中。但作者认为，驾驶员是出于对当前车道驾驶环境的不满而产生了换道动机，再进一步与相邻车道的驾驶环境进行比较，若相邻车道的驾驶环境优于当前车道，则选定了目标车道再接着判断换道间隙，但若相邻车道的驾驶环境与当前车道相差不大，驾驶员很有可能不进行换道，因此换道动机的产生与目标车道的选择应该是两个独立的步骤，需要分开建模，而基于效用函数建模的思想值得借鉴。

2. 影响自主性换道动机的因素

换道行为通常被分为两类：强制性换道(mandatory lane changing，MLC)和自主性换道(discretionary lane changing，DLC)。强制性换道是指为了到达预定的目标而采取的换道行为，如交叉口转向、通过出匝道离开快速路等；自主性换道则主要是为了获得更快的速度或更好的驾驶环境。强制性换道的换道意图明确，因此本节不做深入探讨，仅对自主性换道的换道动机进行研究。

1986 年，Gipps[31]建立了用于微观交通仿真的城市道路换道决策结构框架，车辆是否换道主要取决于以下几个因素：换道是否安全、能否避免碰撞；障碍的位置；是否有专用车道；驾驶员的转向需求；是否存在重型车；是否能提高车速。

1998 年，美国联邦公路署开发了 CROSIM[53]，其综合了用于城市道路的 NETSIM 以及用于高速公路的 FRESIM。NETSIM 中自主性换道的动机是由当前车辆的实际速度以及当前车辆与当前车道前车的车头间距所共同决定的，该模型认为当当前车辆的速度小于给定阈值的一半或当前车辆与当前车道前车的车头间距小于阈值时，车辆产生换道动机。FRESIM 中自主性换道的动机由一个不可忍受的速度极限值决定，当当前车辆的速度低于该极限值时，驾驶员便产生换道动机。

1996 年，Yang 和 Koutsopoulos 基于 Gipps 模型提出了 MITSIM[32]，该模型认为换道动机的产生需要由当前车道的交通状况和目标车道的交通状况共同决定。在该模型中，当当前车辆的速度小于期望速度，且相邻车道有较好的驾驶环境时，车辆会产生自主性换道的动机。

现有自主性换道的动机大部分是为了获得更高的行驶速度、超越或避开前方的慢车或重型车、避免受交织区车辆的影响等，其考虑的因素主要有：当前车辆的速度、当前车辆的期望速度、当前车辆与当前车道前车的车头间距和相对速度、下游是否有重型车或慢车，以及当前车辆与目标车道前车的车头间距和相对速度等。作者认为，首先影响换道动机的因素应该仅来源于当前车道，目标车道的驾驶环境所影响的是目标车道的选择。其次，上述因素可分为两类：一类是车辆本身和车辆间的运动属性，如速度、间距和速度差等；另一类是外部的车辆属性，如重型车和慢车。但在现有的自主性换道动机的研究中均没有考虑当前车辆的位置属性（如车道偏好、所处瓶颈区内的纵向位置等），而在匝道汇入区或交织区，该属性对车辆的换道动机是有显著影响的，因此研究时需要考虑这一因素。

3. 汇入类型模型

驶入匝道瓶颈汇入行为是强制性换道行为，而间隙接受模型是最早被用来建立这类换道行为的模型[32,54～56]。在这类模型中，驾驶员汇入或换道与否取决于换道车辆与目标车道前车和后车之间的间隙，如果间隙大于可接受的间隙，则进行汇入或换道，反之则继续在当前车道行驶。其中，可接受间隙为一些解释变量的函数。

离散选择模型也被用于建立换道模型。其中最常见的是二项 Logit 模型[57,58]，它是根据效用最大化理论所建立的，汇入效用作为解释变量的函数影响着驾驶员的换道行为。此外，McFadden 提出了多项逻辑回归（multinomial logit model，MNL），使模型从二项选择变为了多项选择。但 Logit 模型假设随机效用部分无法观测，并且服从 Gumbel 分布、各选择肢之间相互独立，这与实际情况不完全相符。为了克服这一不足，Daly 和 Zachary、Williams、Ben-Akiva 和 Lerman、McFadden等提出了巢式 Logit（nested logit，NL）模型[59]。

间隙接受模型和离散选择模型都是参数化的方法，所得出的结果均为解释变量的函数。近年来，机器学习被引入到换道行为的建模中，如遗传模糊方法[60]、贝叶斯分类[61]等。这类方法是非参数化方法，且不需要假设分布形式。

本章基于离散选择模型和决策树模型对汇入类型进行建模。

## 6.3　快速路匝道跟驰模型建模

正如本章引言中提到的，匝道车辆的跟驰模型与传统的单车道跟驰模型不同，其还受相邻车道车辆的影响，因此传统单车道的跟驰模型已无法准确描述这种情形，需重新建立符合匝道车辆跟驰行为的模型[62]。

### 6.3.1　数据采集及提取

1. 研究对象

本节所建立的跟驰模型是以上海市延安路高架自西向东车流方向上的虹许路入匝道为研究对象。虹许路瓶颈是由入匝道汇入主线所构成的常发性瓶颈，其主线三车道，匝道两车道，匝道为平行式汇入主线。图 6.1 给出了虹许路入匝道瓶颈的道路几何线形。

图 6.1 虹许路实地几何线形

2. 车辆轨迹、特征参数及跟驰样本提取

本节采用日本名古屋大学开发的视频处理软件 George 2.0 来提取时间序列的车辆行驶全轨迹数据，并通过程序处理得到可能影响匝道车辆跟驰行为的 17 个特征变量。各变量的示意图及说明如图 6.2 和表 6.1 所示。其中，LC 为当前换道车辆；PE 为当前车道引导车辆；LG 为目标车道后车；LD 为目标车道前车。

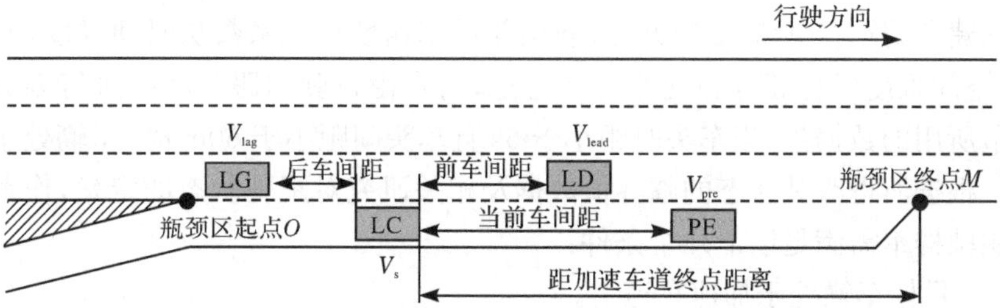


图 6.2 影响匝道车辆跟驰行为的变量示意图

**表 6.1 影响匝道车辆跟驰行为的变量说明**

| 指标 | 变量名及计算公式 | 单位 |
| --- | --- | --- |
| 距加速车道终点距离 | $D=L_{acc}-Y_s$ | m |
| 跟驰车辆速度 | $V_s$ | m/s |
| 引导车辆速度 | $V_{pre}$ | |
| 相邻车道前车速度 | $V_{lead}$ | |
| 相邻车道后车速度 | $V_{lag}$ | |

续表

| 指标 | 变量名及计算公式 | 单位 |
|---|---|---|
| 相邻车道前后车间距 | $S_{gap}=Y_{lead}-Y_{lag}$ | m |
| 跟驰车辆与引导车辆间距 | $S_{pre}=Y_{pre}-Y_s$ | |
| 跟驰车辆与相邻车道前车间距 | $S_{lead}=Y_{lead}-Y_s$ | |
| 跟驰车辆与相邻车道后车间距 | $S_{lag}=Y_s-Y_{lag}$ | |
| 相邻车道前后车时距 | $T_{gap}=\frac{S_{gap}}{V_{lag}}$ | s |
| 跟驰车辆与引导车辆时距 | $T_{pre}=\frac{S_{pre}}{V_s}$ | |
| 跟驰车辆与相邻车道前车时距 | $T_{lead}=\frac{S_{lead}}{V_s}$ | |
| 跟驰车辆与相邻车道后车时距 | $T_{lag}=\frac{S_{lag}}{V_{lag}}$ | |
| 相邻车道前后车相对速度差 | $\Delta V_{gap}=V_{lead}-V_{lag}$ | m/s |
| 跟驰车辆与引导车辆相对速度差 | $\Delta V_{pre}=V_{pre}-V_s$ | |
| 跟驰车辆与相邻车道前车相对速度差 | $\Delta V_{lead}=V_{lead}-V_s$ | |
| 跟驰车辆与相邻车道后车相对速度差 | $\Delta V_{lag}=V_s-V_{lag}$ | |

注：$L_{acc}$为加速车道总长度；$Y_s$、$Y_{pre}$、$Y_{lead}$、$Y_{lag}$分别为跟驰车辆、当前车道引导车辆、相邻车道前车和相邻车道后车的纵向位置坐标。

对跟驰行为进行建模，首先需要对自由行驶状态和跟驰状态进行划分。本节根据陆建和姜军[63]所提出的方法，利用前后车速度相关系数从时间维度（时间间隔）和空间维度（跟驰距离）两个方面考虑，对自由行驶与跟驰状态进行划分。对于本节所用的数据集，当车头时距小于 6s 且车头间距小于 60m 时，车辆处于跟驰状态。根据所得跟驰状态的临界值数据及相关研究对跟驰状态的定义，作者所采集的跟驰样本需满足以下几个条件：

(1) 目标车辆处于加速车道上。

(2) 剔除车辆汇入主线前 5 帧（0.12s×5＝0.6s）的数据，因为当车辆开始执行换道时，其受间隙接受行为的影响，而非跟驰行为。

(3) 剔除路肩车道前车缺失的数据，同时，因为本章研究的重点是受侧向影响的跟驰模型，所以也剔除主线前车或车后缺失的数据。

(4) 跟驰车辆及引导车辆的速度均不为 0。

(5) 跟驰车辆及引导车辆的车头时距小于 6s，且车头间距小于 60m。

(6) 车辆处于跟驰状态的时长大于 41 帧（0.12s×41＝4.92s）。

根据上述要求，本节共提取了 11204 行有效的跟驰状态数据。

### 6.3.2 跟驰行为建模

在传统的跟驰模型中，刺激仅来源于前导车，随着研究的发展，刺激来源被扩大，如考虑前多辆车和后随车，但这些刺激始终都仅限于当前车道。而影响匝道车辆跟驰行为的因素来源更广，传统的跟驰模型已无法准确描述，但传统模型的建模思想依旧适用。鉴于 Gazis-Herman-Rothery 模型是最核心的刺激-反应模型，物理含义明确，表达式简单，因此本节基于 Gazis-Herman-Rothery 模型的形式对匝道车辆的跟驰行为进行建模。

1. 重要变量筛选

由表 6.1 可知，影响匝道车辆跟驰行为的因素有 17 个，若把这些影响因素全部考虑在内显然会导致模型过于复杂，因此在建模之前，需要先选出最重要的影响因素，以便用最少、最合理的变量来得到令人满意的结果。

本节采用随机森林的方法来选择重要变量。该方法来源于分类树算法，是 2001 年由 Breiman[64] 提出的一种集成的机器学习方法，因其与其他传统的变量选取方法(如逻辑回归、决策树等)相比，具有可以快速处理大规模输入变量、不需要考虑变量间的多元共线性问题、鲁棒性好及不需要预留数据进行交叉验证等优势，被广泛地用来评价变量的重要度。

本节以表 6.1 中的 17 个变量为刺激因素，跟驰车辆的加速度为反应结果，用随机森林的方法对影响因素的重要度进行排序，结果如图 6.3 所示。

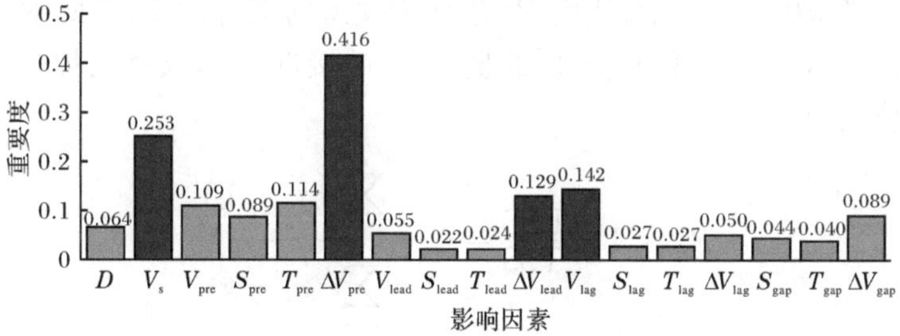


图 6.3 影响匝道车辆跟驰行为的因素重要度

图 6.3 纵坐标表示去除某项变量后精确性的减少量，由此可知，重要度排在前 4 位的变量按其重要度由高到低的顺序排列依次是：跟驰车辆与引导车辆速度差($\Delta V_{pre}$)、跟驰车辆速度($V_s$)、相邻车道后车速度($V_{lag}$)及跟驰车辆与相邻车道前车速度差($\Delta V_{lead}$)。在这 4 个变量中有 2 个($V_s$ 和 $\Delta V_{pre}$)来自于当前车道跟驰车辆和引导车辆的刺激，而其余 2 个($V_{lag}$ 和 $\Delta V_{lead}$)则来自于横向其他车道车辆的刺激，这一结果也证实了作者之前认为主线车辆对加速车道车辆的跟驰行为有显著

影响的设想,因此在跟驰模型的构建中需要将这些侧向刺激考虑在内。

2. 跟驰模型构建

根据刺激-反应模型的基本形式,并参考经典 Gazis-Herman-Rothery 模型的架构,本节将由随机森林筛选所得到的 4 个关键变量($V_s$、$\Delta V_{pre}$、$V_{lag}$ 和 $\Delta V_{lead}$)以式(6.11)的形式代入模型中:

$$a_s(t+T)=c_0+c_1V_s^{m_1}(t)\Delta V_{pre}(t)+c_2V_{lag}^{m_2}(t)\Delta V_{lead}(t) \tag{6.11}$$

式中,$a_s(t+T)$为跟驰车辆在 $t+T$ 时刻的加速度;$c_0$、$c_1$、$c_2$、$m_1$、$m_2$ 为待估参数;其余变量的意义同表 6.1。

式(6.11)左侧为跟驰车辆对刺激的反应结果,以加速度表示;式(6.11)右侧为各刺激所构成的函数,第一项 $c_0$ 表示模型中未考虑变量的影响以及随机误差;第二项表示受当前车道车辆运行状况的影响,$\Delta V_{pre}$为刺激,$V_s$ 为该刺激的敏感性系数,因为跟驰车辆与引导车辆之间的相对运动状况主要取决于跟驰车辆本身;第三项表示受相邻车道车辆运行状况的影响,$\Delta V_{lead}$为刺激,$V_{lag}$为该刺激的敏感性系数,因为跟驰车辆在处于跟驰状态的同时要找机会汇入主线,与主线相邻车道前车的相对运动状况是主要的刺激,但为了要确保安全汇入,主线相邻车道后车的速度是敏感性系数。

3. 评价指标

1) $R^2$

在回归模型中,常用拟合优度 $R^2$ 来评价模型的拟合优度,因此本节将 $R^2$ 作为一个评价指标。$R^2$ 是属于[0,1]的量,该值越接近于 1,模型的拟合效果越好,它的计算公式为

$$R^2=1-\frac{\mathrm{RSS}}{\mathrm{TSS}}=1-\frac{\sum_{i=1}^{n}(a_i-\hat{a}_i)^2}{\sum_{i=1}^{n}(a_i-\bar{a})^2} \tag{6.12}$$

式中,RSS 为残差平方和;TSS 为总平方和;$a_i$ 为样本 $i$ 的实际值;$\hat{a}_i$ 为样本 $i$ 的预测值;$\bar{a}$ 为所有样本实际值的平均值。

2) Ossen 指标

Ossen[65] 提出了一个同时考虑车辆速度和车头间距的指标,在本节中将其简称为 Ossen 指标,该指标相对于单独用车辆速度或车头间距来评价实际和预测的行驶轨迹之间的差异而言更具有综合性,也更合理。Ossen 指标的值越小,表示轨迹的拟合情况越好。具体表达式如下:

$$\varepsilon_{\text{model}}\left[v_n^{\text{sim}}(\beta),\Delta x_{n-1,n}^{\text{sim}}(\beta)\mid\tau_n\right]$$
$$=\frac{\sqrt{\sum_t\left[\Delta x_{n-1,n}^{\text{obs}}(t)-\Delta x_{n-1,n}^{\text{sim}}(t,\beta)\right]^2}}{\sqrt{\sum_t\left[\Delta x_{n-1,n}^{\text{obs}}(t)\right]^2}+\sqrt{\sum_t\left[\Delta x_{n-1,n}^{\text{sim}}(t,\beta)\right]^2}}+\frac{1}{2}\frac{\sqrt{\sum_t\left[v_n^{\text{obs}}(t)-v_n^{\text{sim}}(t,\beta)\right]^2}}{\sqrt{\sum_t\left[v_n^{\text{obs}}(t)\right]^2}+\sqrt{\sum_t\left[v_n^{\text{sim}}(t,\beta)\right]^2}} \tag{6.13}$$

式中，$\Delta x_{n-1,n}^{\text{obs}}(t)$为跟驰车辆与引导车辆在 $t$ 时刻的实际车头间距；$\Delta x_{n-1,n}^{\text{sim}}(t,\beta)$为跟驰车辆与引导车辆在 $t$ 时刻根据所用参数组合 $\beta$ 得到的预测车头间距；$v_n^{\text{obs}}(t)$为跟驰车辆在 $t$ 时刻的实际速度；$v_n^{\text{sim}}(t,\beta)$为跟驰车辆在 $t$ 时刻根据所用参数组合 $\beta$ 得到的预测速度。

4. 结果分析

1) 模型标定

通过试算法确定 1.44s 为最佳反应时间，用遗传算法对考虑侧向影响的跟驰模型进行标定，其结果如式(6.14)所示：

$$a_{\text{s}}(t+1.44)=-0.102+0.678V_{\text{s}}^{-0.724}(t)\Delta V_{\text{pre}}(t)+0.025V_{\text{lag}}^{0.745}(t)\Delta V_{\text{lead}}(t) \tag{6.14}$$

由模型的标定结果可知，式(6.14)右侧第二项的系数为正，表示当引导车辆的速度大于跟驰车辆的速度时，跟驰车辆会加速行驶，反之则以较小的加速度或减速行驶，这是因为跟驰车辆要与引导车辆之间保持一个相对安全的跟车距离，跟驰车辆对其的敏感度与跟驰车辆本身的速度有关，速度越小越敏感；式(6.14)右侧第三项的系数也为正，表示当相邻车道前车的速度大于跟驰车辆的速度时跟驰车辆会加速行驶，反之则以较小的加速度或减速行驶，这可能是因为跟驰车辆在跟驰的同时也要寻找合适的机会汇入主线，所以与主线上相邻车道前车之间也要保持一个合适的距离，跟驰车辆对其的敏感度与主线相邻车道后车的速度有关，主线相邻车道后车的速度越小越敏感。

2) 结果对比

用 $R^2$ 和 Ossen 指标来比较传统 Gazis-Herman-Rothery 模型和考虑侧向影响的 Gazis-Herman-Rothery 模型的有效性，结果见表 6.2。

**表 6.2 不同模型的评价指标结果**

| 模型 | $R^2$ | | Ossen 指标 | |
|---|---|---|---|---|
| | 无侧向影响 | 有侧向影响 | 无侧向影响 | 有侧向影响 |
| Gazis-Herman-Rothery | 0.337 | 0.560 | 0.1431 | 0.1243 |

由表 6.2 可见,无论是 $R^2$ 还是 Ossen 指标,引入侧向影响以后,模型的拟合效果都有所提高,其中 $R^2$ 提高了 66.17%,而 Ossen 指标则降低了 13.14%。由此可以认为,匝道上车辆的跟驰行为的确还受到主线上相邻车道车辆的影响。

此外,该模型的 $R^2$ 是 0.537,该结果虽然不是十分令人满意,但比 Sarvi 等[29]的模型结果要好(线性模型的最优结果为 0.360,非线性模型的最优结果为 0.490)。而且该模型中涉及的变量仅有 4 个,少于 Sarvi 模型中的 6 个。

## 6.4　快速路主线换道动机模型建模

现有研究多关注换道模型中的目标车道选择模型和可接受间隙模型,对换道动机模型的研究较少,有的学者更是将换道动机模型和目标车道选择模型融合在一起,这样的做法与实际情况不完全相符,并不是目标车道的驾驶环境较好或者优于当前车道的驾驶环境驾驶员就会进行换道,匝道汇入区有其特殊性,类似于车道属性之类的特性会直接影响换道动机的产生,因此需要建立符合匝道汇入区驾驶行为特性的换道动机模型,本节也将围绕此展开讨论。

### 6.4.1　数据采集及提取

1. 研究对象

在研究换道模型时,使用我国上海市虹许路匝道汇入区(简称 SH)和美国 101 号高速公路洛杉矶交织区(简称 LA)的数据,研究所用的视频时长均为 15min。其中,上海市虹许路匝道汇入区共有 3 条主线车道和 1 条加速车道,加速车道长约 133m,车辆的速度主要集中在 70km/h 以下,涵盖了从自由流到拥堵的过程,实际流量为 1317veh/15min;而洛杉矶交织区共有 5 条主线车道和 1 条加速车道,加速车道长约 212m,车辆的速度主要集中在 50km/h 以下,基本处于拥堵状态,实际流量为 2004veh/15min。这两个瓶颈的几何条件如图 6.4 所示:

图 6.4 给出了瓶颈区的基本道路设施结构,$OM$ 为加速车道段,$O$ 点为加速车道初始端,$M$ 点为加速车道尾端。本节研究范围在 $O$ 到 $M$ 之间。在后续的分析中,$O$ 点为坐标原点。

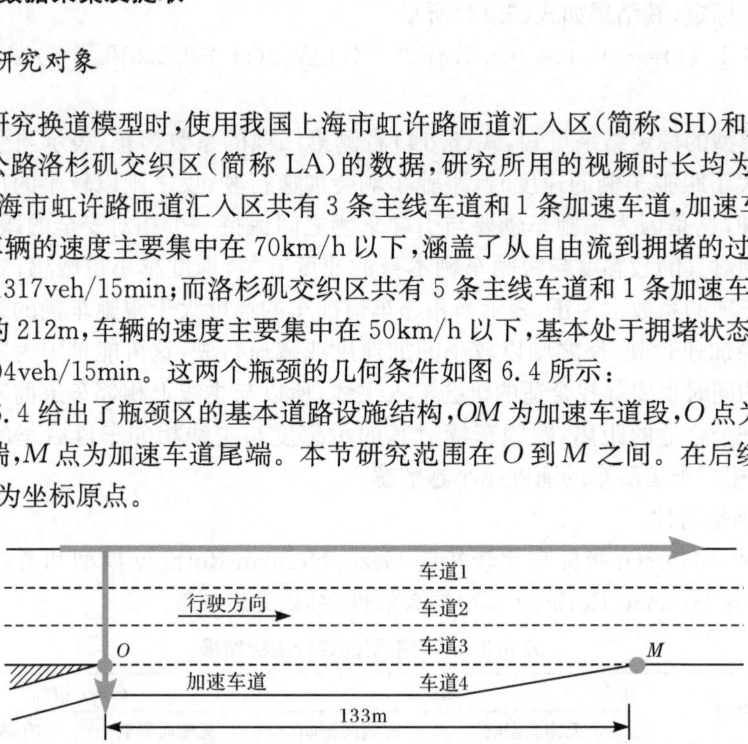


(a) 上海市虹许路瓶颈

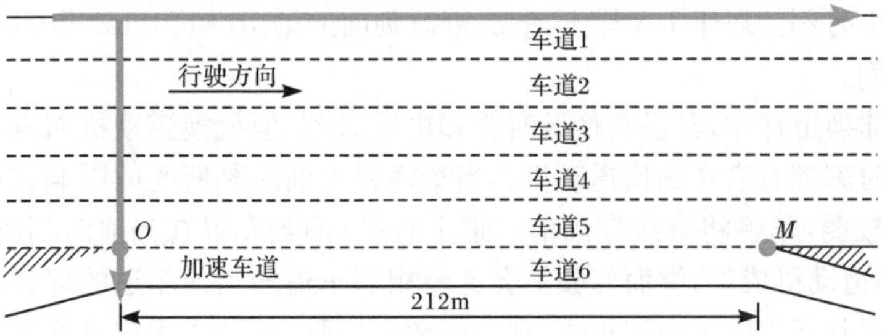


(b) 美国 101 号高速公路洛杉矶瓶颈

图 6.4 两个瓶颈的几何线形

在换道模型所使用的数据集中，SH 的数据为跟驰行为建模中所使用的数据集，在所使用的轨迹集中，SH 车辆轨迹的更新步长为 0.12s，LA 车辆轨迹的更新步长为 0.1s。

2. 换道过程中关键时刻定义

与跟驰行为不同，车辆在换道的过程中有几个关键时刻值得注意，分别是换道时刻、决策时刻和动机时刻，如图 6.5 所示。其中，LC 为当前换道车辆；PE 为当前车道引导车辆；LG 为相邻车道后车；LD 为相邻车道前车。关键时刻的定义如下所述。

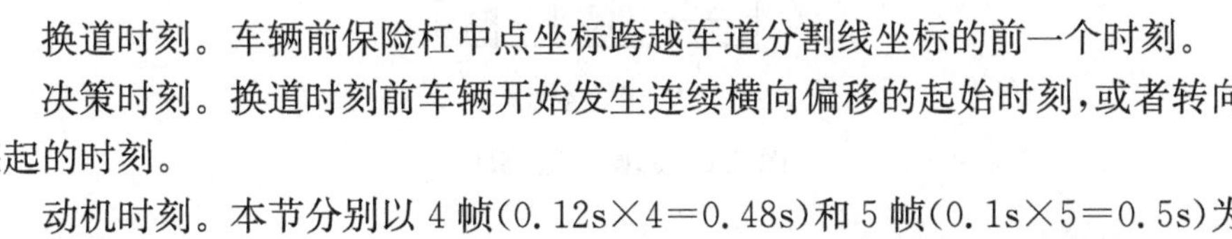


图 6.5 换道过程中的各关键时刻

换道时刻。车辆前保险杠中点坐标跨越车道分割线坐标的前一个时刻。

决策时刻。换道时刻前车辆开始发生连续横向偏移的起始时刻，或者转向灯亮起的时刻。

动机时刻。本节分别以 4 帧(0.12s×4=0.48s)和 5 帧(0.1s×5=0.5s)为时间间隔，对 SH 和 LA 的数据提取了决策时刻前 0～2s 的样本进行模型构建，得到各模型的系数及最终预测结果的差异不显著；又考虑到不同车速下车辆运动状态的变化程度不同，因此本节结合车辆的速度来确定动机时刻。对于 SH 样本，车辆速度分布范围较广，需分段定义动机产生时刻。当决策时刻车辆的速度大于 40km/h 时，取决策时刻前的第 8 帧(0.12s×8=0.96s)作为动机产生时刻；当决策时刻车辆的速度≤40km/h 时，取决策时刻前的第 16 帧(0.12s×16=1.92s)作为动机产生时刻。对于 LA 样本,取决策时刻前的第 10 帧(0.1s×10=1s)作为动机产生时刻。

对于非换道样本,其没有换道时刻和决策时刻,但就换道动机而言,每个驾驶员在每个时刻都有潜在的换道动机。当车辆在当前时刻所受的影响较小时,换道动机相对较弱,车辆将继续在当前车道上行驶;而当车辆在当前时刻所受的影响较大时,换道动机成熟,继而驾驶员会比较相邻车道与当前车道的驾驶环境,若相邻车道的驾驶环境优于当期车道,则换道动机增强,驾驶员确定目标车道,并选择合适的间隙执行换道;相反则换道动机减弱,车辆继续在当前车道行驶。因此,本节将非换道样本在行驶过程中的某一随机时刻作为动机时刻。

3. 影响换道行为的因素

匝道汇入区的主线相对于一般多车道路段而言是一个特殊的区域,因为会有匝道车辆汇入主线,对主线的车流产生一定的影响。在该特殊的区域内,其换道动机也会与一般路段不同,如车道偏好和提前换道。以下从横、纵两个维度分析影响换道动机的因素。

1) 车道属性

这里的起始车道是指动机产生时刻车辆所处的车道,换道百分比是指该车道换道的样本数占换道总样本数的百分比。SH 和 LA 的情况分别如图 6.6 和图 6.7 所示。

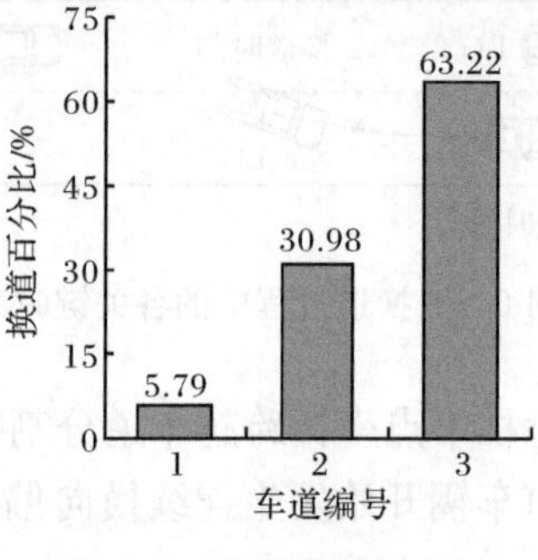


图 6.6 起始车道(SH)

图 6.6 所示为上海市虹许路瓶颈的实际数据,从图中可以看出,车道间换道数量的差异巨大,中央车道(车道 1)换道数量最少,仅占换道总数的 5.79%,路肩车道(车道 3)换道数量最多,约为中央车道的 10.92 倍,中间车道(车道 2)的 2.04 倍。

图 6.7 所示为洛杉矶交织区的实际数据,从图中可以看出,车道 4 和车道 5 之间的换道数量接近,相差 4.02%,但与中间车道和内侧车道的差异较大,同样最内

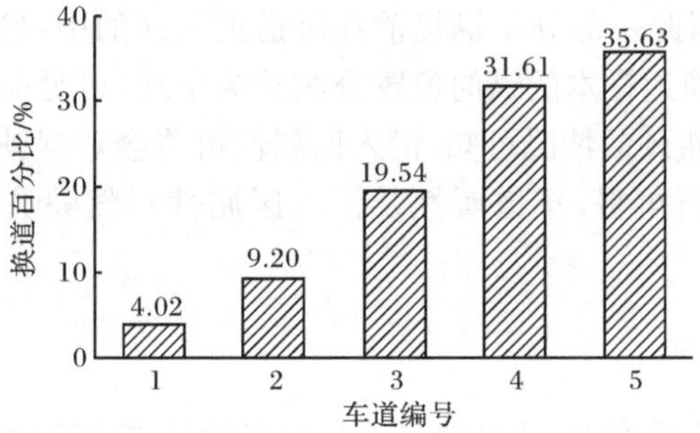


图 6.7　起始车道(LA)

侧车道换道数量最少，最外侧车道换道数量最多，车道 5 的换道数量分别约为车道 1、车道 2、车道 3 的 8.86 倍、3.87 倍和 1.82 倍。

综合分析两个样本集可以发现，无论是在 SH 还是在 LA，车道属性对换道行为都有明显的影响。其原因是在类似匝道汇入区和交织区这样的路段上，外侧车辆受汇入和交织车辆的影响较大，而内侧车辆所受的影响较小，因此在外侧车道上行驶的车辆换道的可能性更大。

2) 汇入区属性

汇入区属性对换道动机的影响可体现在换道车辆所处的纵向位置上，因此本节以车辆所处的纵向位置为研究对象进行分析。这里的纵向位置是指动机产生时刻车辆在研究区域内的纵坐标，换道百分比是指在各分段上换道样本数占换道总样本数的百分比。因为 SH 的瓶颈区范围与 LA 不同，所以本节都将其标准化(纵坐标除以瓶颈区长度)后再进行研究，结果如图 6.8 所示。

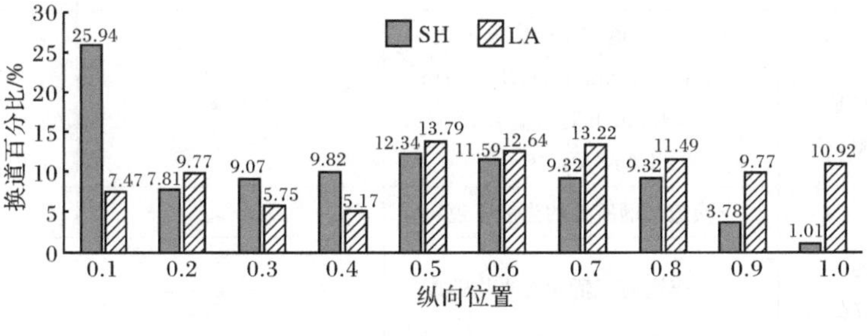


图 6.8　换道纵向位置分布

由图 6.8 可以发现，SH 的换道样本受汇入区属性的影响较大，在汇入区前 10％的路段上有 25.94％的换道样本，其可能原因是驾驶员知道或已看到前方是匝道汇入区，为了避免受匝道车辆汇入的干扰而提前换道。另外，汇入区中段，也就是 40％～60％的区域也集中了 23.93％的换道车辆，其原因可能是前方就是匝道汇入区的尾端，所有之前没有汇入主线的车辆都会集中到尾端进行汇入，对主线车流影响较大，因此一部分车辆提前在匝道汇入区的中段进行换道，以降低受影响程度。而 LA 换道样本的纵向位置分布较为平均，可见受汇入区属性影响不大。综合分析两个瓶颈的情况可知，汇入区属性可能会对驾驶员的换道动机产生影响。基于上述分析可得，车道属性及汇入区属性对驾驶员的换道动机会产生影响。

4. 特征参数提取

在多数换道动机模型中，动机的产生只与车辆的当前速度有关，但经 6.4.1 节证实，动机的产生还与车辆所处的位置有关。因此除了车辆的速度、所处位置外，本节还考虑了其他一些影响车辆换道动机的因素，具体见表 6.3[66]。

**表 6.3 影响匝道车辆换道动机的变量说明**

| 指标含义 | | 变量名及计算公式 | 单位 |
|---|---|---|---|
| 换道车辆所处的位置 | 换道车辆所处的当前车道 | $L_i$ | — |
| | 换道车辆所处的纵向位置 | $Y=\frac{Y_s}{L_{acc}}$ | — |
| 换道车辆自身的运动状态 | 换道车辆的速度 | $V_s$ | m/s |
| | 换道车辆的加速度 | $A_s$ | $m/s^2$ |
| | 换道车辆持续减速帧数（加速度小于 0 的帧数） | $E_{dec}$ | — |
| 与当前车道前车的相对运动状态 | 与当前车道前车的车头间距 | $S_{pre}=Y_{pre}-Y_s-L_{pre}$ | m |
| | 与当前车道前车的车头时距 | $T_{pre}=\frac{S_{pre}}{V_s}$ | s |
| | 与当前车道前车的速度差 | $\Delta V_{pre}=V_{pre}-V_s$ | m/s |
| 受外部刺激的影响 | 受当前车道前车的影响帧数<br>SH：$V_s<40$km/h 时，$S_{pre}<7$m<br>$V_s\geqslant 40$km/h 时，$S_{pre}<20$m<br>LA：$S_{pre}<10$m | $E_{pre}$ | — |
| | 换道车辆所处的当前车道 | $E_{back}$ | — |
| 下游的交通状况 | 当前车道前三辆车的平均速度 | $V_{ave}=\sum_{i=1}^{3}V_{prei}$ | m/s |
| 与下游交通状况的相对状态 | 当前车道前三辆车的平均速度与换道车辆的速度差 | $\Delta V_{ave}=V_{ave}-V_s$ | m/s |

其中，$L_{pre}$ 为当前车道前车的车身长度；根据王殿海和金盛[7] 的研究，前车与当前车辆距离越远影响越小，在实际建模中考虑前 3 辆车的影响即可，因此对换道车辆所处的纵向位置和换道车辆的速度而言，本节以前方 3 辆车的运动状态来表征下游的交通状况。

5. 换道样本采集

根据 6.4.1 节的方法确定换道车辆和非换道车辆的动机时刻,并提取动机时刻各车辆所对应的特征值。选择各特征值均非空的样本作为研究样本,非换道样本通过随机选取的方式使其在数量上基本与换道样本保持一致。两个瓶颈各车道换道和非换道样本量的情况见表 6.4 和表 6.5。

**表 6.4 数据采集样本信息**(SH)

| 样本类型 | 所处车道 | | | 合计 |
|---|---|---|---|---|
| | 1 | 2 | 3 | |
| 换道样本 | 21 | 123 | 249 | 393 |
| 非换道样本 | 164 | 137 | 87 | 388 |
| 合计 | 185 | 260 | 336 | 781 |

**表 6.5 数据采集样本信息**(LA)

| 样本类型 | 所处车道 | | | | | 合计 |
|---|---|---|---|---|---|---|
| | 1 | 2 | 3 | 4 | 5 | |
| 换道样本 | 7 | 16 | 34 | 52 | 61 | 170 |
| 非换道样本 | 39 | 45 | 25 | 37 | 33 | 179 |
| 合计 | 46 | 61 | 59 | 89 | 94 | 349 |

## 6.4.2 换道行为建模

1. 换道模型构建

目前大多数车辆换道动机模型都是基于规则的,基于规则的模型虽然简单易操作,但其必须满足所有的预设条件才能产生换道动机,与实际情况存在差异。作者利用 Logistic 回归的方法对换道动机进行建模,其操作简单,且易于理解。

将所有可能的影响换道动机的因素(表 6.3)考虑在内,建立基于 Logistic 回归的换道动机模型如式(6.15)所示。

$$P = 1 - \frac{1}{1 + \exp\left(\sum_{i=1}^{12} \alpha_i \beta_i + c\right)} \tag{6.15}$$

式中,$\beta_i$ 为所有可能影响换道动机的因素;$\alpha_i$ 为各影响因素所对应的系数;$c$ 为常数项。

2. 模型标定

分别用 SH 和 LA 的数据对式(6.15)进行标定,结果如下。

SH:

$$P = 1 - \frac{1}{1 + \mathrm{e}^{-3.056L_1 - 1.246L_2 - 0.012Y - 0.009E_{\mathrm{dec}} - 0.454T_{\mathrm{pre}} - 0.078V_{\mathrm{ave}} - 0.082\Delta V_{\mathrm{ave}} + 2.495}} \tag{6.16}$$

LA:

$$P = 1 - \frac{1}{1 + \mathrm{e}^{-2.290L_1 - 1.635L_2 - 0.243L_3 - 0.061L_4 - 0.021S_{\mathrm{pre}} - 0.057\Delta V_{\mathrm{pre}} + 0.086V_{\mathrm{ave}} - 0.627}} \tag{6.17}$$

由式(6.16)可知,对于 SH 而言,影响驾驶员换道动机的因素为:换道车辆所处的当前车道($L_i$)、换道车辆所处的纵向位置($Y$)、换道车辆减速持续帧数($E_{\mathrm{dec}}$)、与当前车道前车的车头时距($T_{\mathrm{pre}}$)、当前车道前三辆车的平均速度($V_{\mathrm{ave}}$)及当前车道前三辆车平均速度与换道车辆的速度差($\Delta V_{\mathrm{ave}}$)。就横向起始车道而言,处于中央车道车辆的换道概率最低,处于路肩车道车辆的换道概率最高,这是因为路肩车道受匝道车辆汇入影响较大,所以车辆换道概率高,而内侧车道车辆受外部干扰小,因此换道概率低;就纵向位置而言,越靠近汇入区前端,换道概率越高,是因为驾驶员知道该区域为匝道汇入区,为减小受匝道车辆汇入的干扰而选择提前换道;减速持续时间越长,换道概率越低,其原因可能是当车辆处于持续减速的状态时,说明整个研究区域的交通流状况相似,因此便无换道的必要性;与当前车道前车的车头时距越大,换道概率越低,即当前车辆与前车离得较远,或当前车辆的行驶速度较低,使其有较大的自由行驶权,从而换道概率低;当前车道前三辆车平均速度越大,换道概率越低,下游三辆车是驾驶员所能有效观测的最远距离,下游三辆车的平均速度大,说明下游的路况较好,从而换道概率低;当前车道前三辆车平均速度与换道车辆速度差越大,换道概率越低,即当前车辆的行驶速度比下游平均车速要低,车辆有较大的自由行驶权,因此换道概率低。

由式(6.17)可知,对于 LA 而言,影响驾驶员换道动机的因素为:换道车辆所处的当前车道($L_i$)、与当前车道前车的车头间距($S_{\mathrm{pre}}$)、与当前车道前车的速度差($\Delta V_{\mathrm{pre}}$)及当前车道前三辆车的平均速度($V_{\mathrm{ave}}$)。对于横向起始车道,车道 1 换道概率最低,车道 5 换道概率最高,原因与 SH 所分析的一致,内侧车道所受的干扰较小,因此换道概率低,而外侧车道所受的干扰较大,因此换道概率高;与当前车道前车的车头间距越大,换道概率越低,即前方有较好的行驶环境,从而换道概率低;与当前车道前车的速度差越大,换道概率越低,即当前车辆的速度相对较低,还有空间加速行驶,因此换道概率低;当前车道前三辆车平均速度越大,换道概率越高,其原因可能是美国人开车较为理智,当前方整体速度较大时,速度较慢的车辆会主动换道以给后方车辆更好的行驶环境。

### 3. 精度分析

#### 1) 混淆矩阵

用混淆矩阵对模型的预测精度进行评价，结果见表 6.6 和表 6.7。

表 6.6 模型预测结果(SH)

| 已观测 | 已预测 | | |
|---|---|---|---|
| | 非换道 | 换道 | 灵敏度/% |
| 非换道 | 284 | 104 | 73.20 |
| 换道 | 103 | 290 | 73.80 |
| 总计百分比/% | 49.55 | 50.45 | 73.50 |

表 6.7 模型预测结果(LA)

| 已观测 | 已预测 | | |
|---|---|---|---|
| | 非换道 | 换道 | 灵敏度/% |
| 非换道 | 133 | 46 | 74.30 |
| 换道 | 44 | 126 | 74.12 |
| 总计百分比/% | 50.72 | 49.28 | 74.21 |

由表 6.6 和表 6.7 可以发现，无论是 SH 还是 LA，无论是对非换道行为的预测还是对换道行为的预测，基于 Logistic 回归的预测精度都达到 70%以上，且两类样本的预测精度也很平衡，SH 两类样本间预测精度的差异为 0.6%，而 LA 仅为 0.2%。

#### 2) 受试者工作特征曲线

除了混淆矩阵外，模型的有效性还能用受试者工作特征曲线(receiver operating characteristic curve，ROC)来验证[67]。ROC 是以灵敏度为纵坐标，1－特异性为横坐标来绘制曲线的，纵坐标表示将一个接受的状态预测为接受状态的概率，而横坐标表示将拒绝的状态预测为接受状态的概率。通常可以用 ROC 下的面积来评价模型的准确性，面积越接近 1，说明模型越有效。当 ROC 下的面积小于 0.5 时，说明模型不符合实际情况；当 ROC 下的面积等于 0.5 时，说明诊断方法完全不起作用；当 ROC 下的面积为 0.5～0.7 时，说明模型的准确性较低；当 ROC 下的面积为 0.7～0.9 时，说明模型有一定的准确性；当 ROC 下的面积大于 0.9 时，说明模型的准确性较高。本节所得的模型在 ROC 下的面积分别如图 6.9 和图 6.10所示。

由图 6.9 和图 6.10 可知，SH 和 LA 的基于 Logistic 回归所建立的换道动机模型，其结果在 ROC 下的面积分别为 0.826 和 0.793，因此作者认为该模型是有效的。

4. 模型修正

虽然上述模型将对换道动机有显著影响的因素以效用的方式整合在一起,比简单的基于规则的换道动机模型更为合理,但直接用概率阈值将研究对象分为有换道动机和没有换道动机两类,从某种程度上忽略了驾驶员的性格特征。

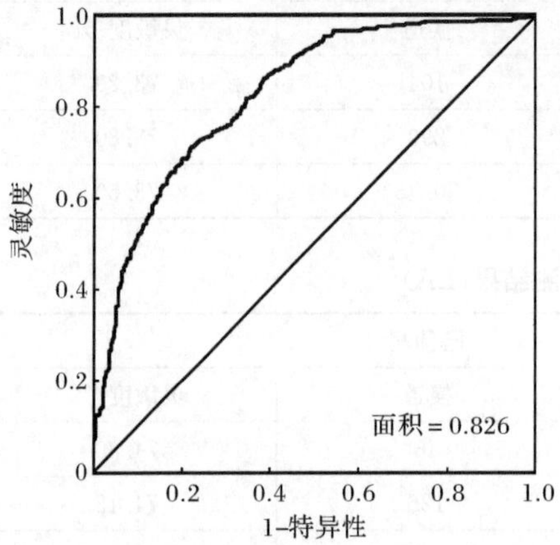


图 6.9　ROC(SH)

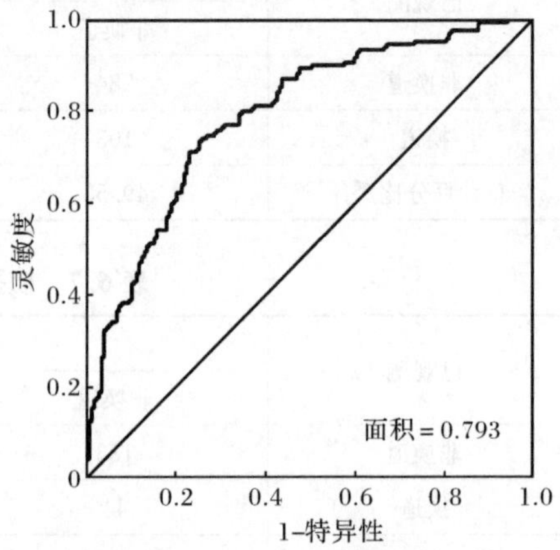


图 6.10　ROC(LA)

人与人之间的性格是有差异的,这种差异会导致不同的人在对待同一件事情上的态度和行为不同,这也导致模型结果与实际情况存在差异。例如,在某一概率值小于阈值的情况下,模型判断为没有换道动机,也就没有之后的目标车道和间隙选择的过程,但事实上,部分激进的驾驶员可能已经产生了换道动机,甚至还找到了目标车道和可插车间隙并执行了换道,这就导致结果与实际情况存在差异;又如,在某一概率值大于阈值的情况下,模型判断为有换道动机,那就会接着执行后续的步骤,但对部分温和的驾驶员或驾驶新手而言,可能根本就没有产生换道动机,当然也不会进行后续目标车道和间隙的选择,只是继续留在当前车道上行驶,这也导致了结果与实际情况存在差异。因此,本节引入了一个修正的概率公式来使模型更符合实际情况,具体的表达式为

$$P' = \begin{cases} P, & P < \lambda \\ 1, & P \geqslant \lambda \end{cases} \tag{6.18}$$

式中,$P'$为修正的概率值;$P$ 为由 Logistic 回归所得到的概率值;$\lambda$ 为概率阈值,可用于 Logistic 回归中划分两类样本的切割值。当 $P<\lambda$,即换道动机较弱的时候,其产生换道动机的概率等于其 Logistic 回归所得的概率值;当 $P\geqslant\lambda$ 时,便认为驾驶员产生了换道动机。

# 6.5 快速匝道汇入类型建模

对上海市的典型驶入匝道瓶颈研究表明，快速路汇入行为，特别是压迫式汇入，是导致驶入匝道瓶颈早发性失效的关键诱因。因此对个体车辆汇入行为的研究及建模能从微观层面上分析瓶颈失效的机理，并为开发高精度微观仿真模型及设计实施相应的管理措施进而实现高效汇入提供理论和应用指导。

## 6.5.1 数据采集及提取

1. 研究对象

本节所研究的驶入匝道瓶颈是由于驶入匝道汇入引起上游拥堵而下游保持畅通状态的独立瓶颈。通过大规模现场勘察，选择基本能以垂直角度拍摄研究路段，且能覆盖整个汇入区的瓶颈作为研究对象，最终选择了上海市延安高架自西向东车流方向上，虹井路及其相邻的下游虹许路这两个独立瓶颈作为分析对象(该瓶颈两侧均有 30 层高的楼房便于拍摄)。两处均为由驶入匝道汇入主线所构成的常发性瓶颈，相距 1912m，主线为三车道，匝道为两车道。图 6.11 分别给出了两个瓶颈的相对位置，以及虹井路和虹许路驶入匝道瓶颈的道路几何线形。从图中可以看出，两个瓶颈几何线形及尺寸基本一致，且处于同一快速路相邻路段，因此其汇入行为基本一致，样本数据可以合并处理。

2. 汇入类型定义

Hidas[55] 根据换道过程中前后车的相对位置和车头间距，把换道行为分为自由换道、协作换道及压迫换道三种类型。其具体定义如下：

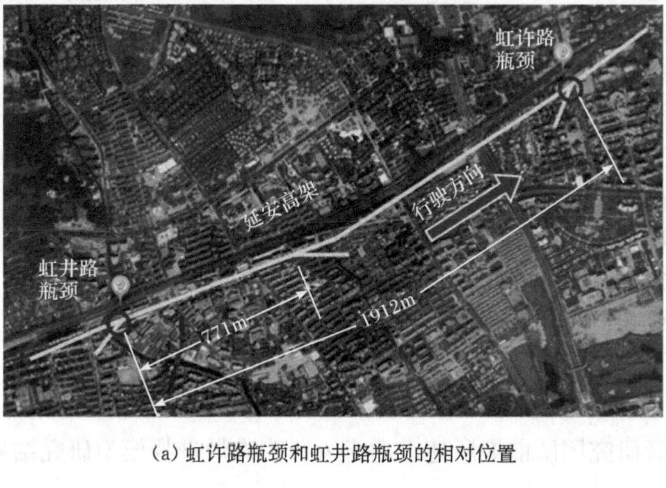


(a) 虹许路瓶颈和虹井路瓶颈的相对位置

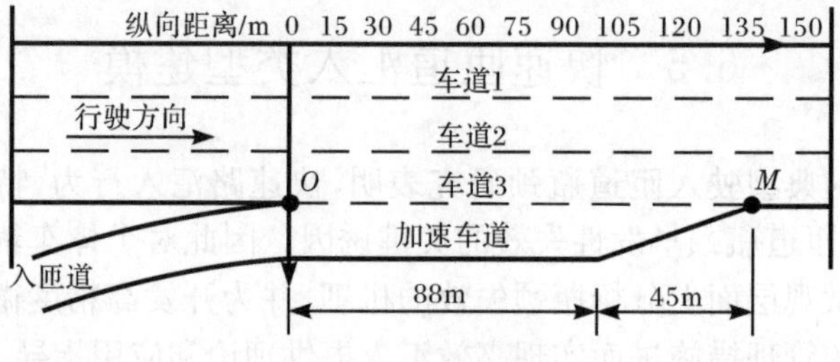


(b) 虹许路瓶颈

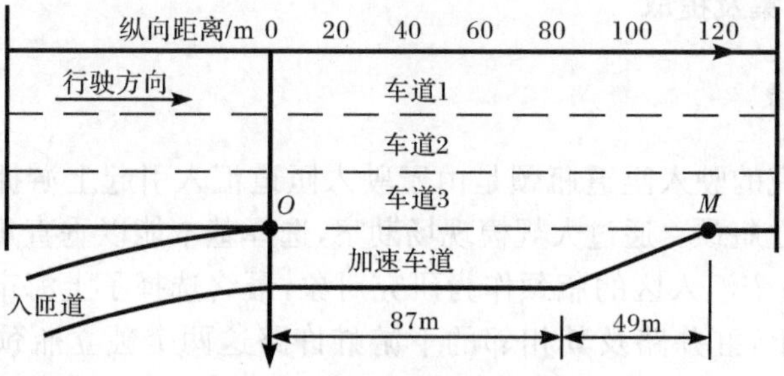


(c) 虹井路瓶颈

图 6.11 虹许路瓶颈和虹井路瓶颈的道路几何线形

自由换道(normal lane changing,NLC)。车辆在汇入过程中对目标车道后车几乎没有影响,其换道过程中前后车车间距离没有明显变化。

协作换道(cooperative lane changing,CLC)。车辆在进入目标车道之前,目标车道后车已经提前开始有意识减速让出更大的车头间距,目标车辆插入后间距开始缩小,即后车主动协作式地让出空间给目标车辆进入。

压迫换道(forced lane changing,FLC)。这类汇入在换道点(车辆开始进入目标车道时刻)前后的间距有明显变化,汇入前目标车道前后车间距保持不变或者减小,目标车辆进入后间距开始明显变大,表明汇入车辆强制插入目标车道较小间隙,迫使目标车道后车为了避免发生碰撞而骤然减速以拉开间距。

协作换道与压迫换道都会对目标车道车辆产生影响,可将这两种换道行为进行合并,统称为非自由汇入(non-normal lane changing,NNLC);自由汇入与非自由汇入可统称为成功汇入(successful lane changing,SLC)。

本节还定义了非成功汇入(unsuccessful lane changing,USLC),是指有汇入动作却没有成功汇入的样本;在汇入之前有一段压线行驶时间的样本。

3. 特征参数提取

根据作者研究团队前期所建立的汇入行为离散选择模型研究结果[68,69],每个样本最多涉及 4 辆车[汇入车辆(LC)、当前车道前车(PE)、目标车道前车(LD)和目标车道后车(LG)]及 9 个因素，本节的数据采集要求与其相同，各关键参数变量及参数说明如图 6.12 及表 6.8 所示。

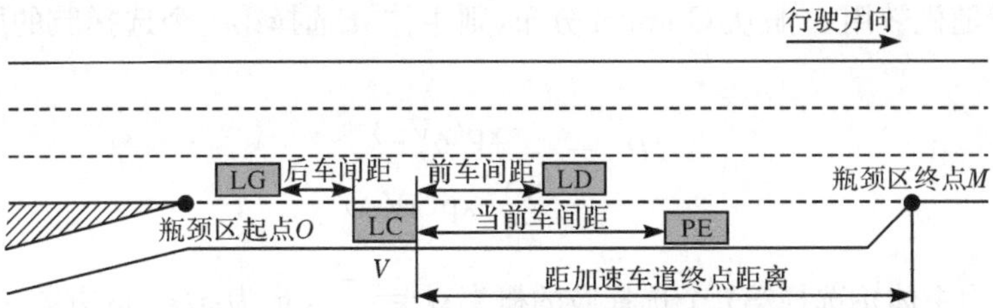


图 6.12　关键车辆的位置关系及重要变量

**表 6.8　汇入行为变量**

| 变量名 | 含义 | 单位 |
|---|---|---|
| TC | 快速路入匝道瓶颈交通状态(1-自由流，2-转变(自由流→拥挤)，3-拥挤) | — |
| $D$ | 汇入时刻汇入车辆距加速车道终点距离 | m |
| $V$ | 汇入时刻汇入车辆速度 | km/h |
| $T_{\mathrm{lead}}$ | 汇入时刻汇入车辆与目标车道前车的车头时距 | s |
| $T_{\mathrm{lag}}$ | 汇入时刻汇入车辆与目标车道后车的车头时距 | s |
| $T_{\mathrm{pre}}$ | 汇入时刻汇入车辆与当前车道前车的车头时距 | s |
| $S_{\mathrm{lead}}$ | 汇入时刻汇入车辆与目标车道前车的车头间距 | m |
| $S_{\mathrm{lag}}$ | 汇入时刻汇入车辆与目标车道后车的车头间距 | m |
| $S_{\mathrm{pre}}$ | 汇入时刻汇入车辆与当前车道前车的车头间距 | m |

### 6.5.2　汇入类型的离散选择模型

离散模型的开发和研究始于 20 世纪 60 年代初期，到了 70 年代后，McFadden 才将其推入实用化阶段。其基本思想是：以随机效用最大化理论为基础，把选择肢效用分为两部分：一部分是由可观测变量确定的效用确定项；一部分是由不可观测变量确定的效用随机项，决策者总是选择在他看来总效用最大的那个选择肢。

1. MNL 模型构建

1) 方法概述

MNL 是离散选择模型中应用最广泛的模型之一，不仅因为它可以解决非连续的选择问题，而且因为它易于求解。其假设公式中 $V_{in}$ 和 $\varepsilon_{ni}$ 相互独立且服从相同分布。

$$f(\varepsilon_1,\varepsilon_2,\cdots,\varepsilon_n)=\prod_{i=1}^{n}g(\varepsilon_i) \tag{6.19}$$

$$g(\varepsilon_i)=\exp(-e^{-\varepsilon_i}) \tag{6.20}$$

假设随机效用 $\varepsilon_{ni}$ 服从 Gumbel 分布，则主体 $n$ 选择第 $i$ 个选择肢的概率就可表示为

$$P_{in}=\frac{\exp(\lambda V_{in})}{\sum_{j=1}^{J}\exp(\lambda V_{jn})} \tag{6.21}$$

式中，$P_{in}$ 为主体 $n$ 选择第 $i$ 个选择肢的概率；$\lambda^2=\frac{\pi^2}{6\delta^2}$，$\delta^2$ 为 $g(\varepsilon_i)$ 的方差。在 MNL 模型中，效用函数一般为如下所示的线性形式。

$$P_{in}=\frac{\exp(\lambda V_{in})}{\sum_{j=1}^{J}\exp(\lambda V_{jn})}=\frac{1}{\sum_{j=1}^{J}\exp\left[\sum_{k=1}^{K}\lambda\theta_k(X_{jnk}-X_{ink})\right]} \tag{6.22}$$

2) 模型构建

本节建立两个 MNL 模型：一个不引入非成功汇入作为选择肢的模型（模型 1）和一个引入非成功汇入选择肢的模型（模型 2）。对于模型 1，选择肢为自由汇入、协作汇入、压迫汇入；对于模型 2，选择肢为自由汇入、协作汇入、压迫汇入和非成功汇入。模型结构如图 6.13 所示。

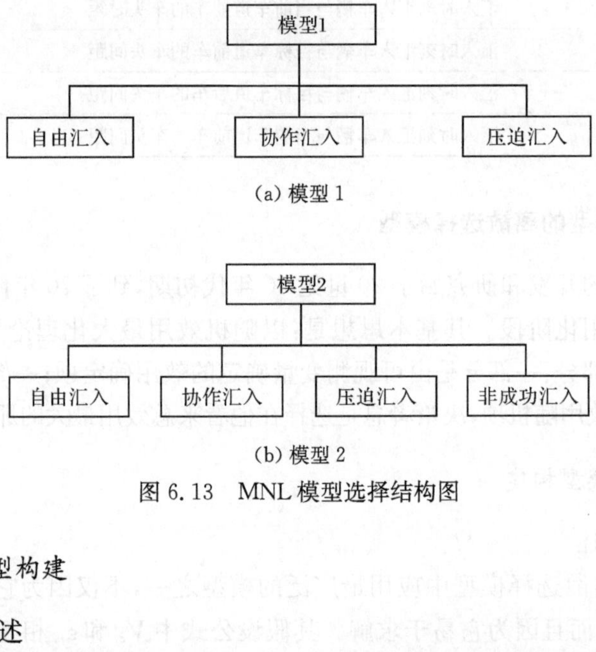

(b) 模型 2

图 6.13　MNL 模型选择结构图

2. NL 模型构建

1) 方法概述

MNL 模型的选择肢之间需满足不相关选项间的独立性（independence of irrelevant alternatives,IIA)特性,但在多数现实情况下,这个特性是不能满足的,于是提出 NL 模型。NL 模型是将选择肢按树状结构分层表示,在每一层中应用 Logit 模型的问题。

设 $i$ 为上层选择肢,$j$ 为下层选择肢,$P_{jin}$ 为 $i$、$j$ 同时选择概率,$P_{j/in}$ 为上层选择 $i$ 的情况下选择 $j$ 的条件概率,$P_{in}$ 为上层选择 $i$ 的概率,$V_{j/in}$ 为上层选择 $i$ 的情况下选择 $j$ 的确定效用,$V_{in}$ 为上层选择 $i$ 的效用确定项,$V_{in}^*$ 为合成效用项。$\lambda_1$、$\lambda_2$ 分别为只与下层有关的效用的概率项的方差相对应的参数。

$$P_{jin} = P_{j/in}P_{in} = \frac{\exp(\lambda_1 V_{j/in})}{\sum\limits_j \exp(\lambda_1 V_{j/in})} \frac{\exp[\lambda_2(V_{in} + V_{in}^*)]}{\sum\limits_j \exp[\lambda_2(V_{in} + V_{in}^*)]} \tag{6.23}$$

假设随机项服从广义极值分布(generalized extreme value,GEV)分布:

$$f(\varepsilon_n) = \exp\left[-\sum_{k=1}^{K}\left(\sum_{j\in B_k} \mathrm{e}^{-\varepsilon_n/\theta}\right)^{\theta}\right] \tag{6.24}$$

包含值系数 $\theta=\frac{\lambda_2}{\lambda_1}$ 是描述子集中所有选项的未观察到的效用之间的相互独立程度。$\theta$ 值越大表明其独立性越好。如果 $\theta=0$,则说明子集内选项之间具有很高的替代性;如果 $\theta=1$,则表示子集内选项之间完全独立。

式(6.23)可以写为

$$P_i = \frac{\exp[\lambda_2(V_i + V_i^*)]}{\sum\limits_i \exp[\lambda_2(V_i + V_i^*)]} \tag{6.25}$$

这里 $\lambda_2$ 是与 $\varepsilon_i^*$ 的方差$(\delta_1^2+\delta_2^2)$相对应的参数:

$$\lambda_2^2 = \frac{\pi^2}{6(\lambda_1^2 + \lambda_2^2)} = \frac{\lambda_1^2}{1 + 6(\delta_2^2/\pi^2)\lambda_1^2} \tag{6.26}$$

将 $\theta=\frac{\lambda_2}{\lambda_1}$ 代入式(6.26)可得

$$\theta^2 = \frac{1}{1 + 6(\delta_2^2/\pi^2)\lambda_1^2} \tag{6.27}$$

由式(6.25)和式(6.27)可知,$\lambda_1>0$、$\lambda_2>0$,$\theta$ 必须介于(0,1)才能保证效用的最大化。

2) 模型构建

本节共建立 3 个不同选择肢和决策层级的 NL 模型。模型 3 的选择肢为自由汇入、协作汇入、压迫汇入,驾驶员在汇入时首先做出自由汇入或非自由汇入的决策,在非自由汇入的选择下继续做出协作汇入或压迫汇入的决策,共两层决策;模型 4 的选择肢为自由汇入、协作汇入、压迫汇入、非成功汇入,驾驶员在汇入前首先做出是否汇入的第一层决策,在成功汇入的选择下继续做出自由汇入、协作汇入、压迫汇入的决策,共两层决策;模型 5 的选择肢为自由汇入、协作汇入、压迫汇入、非成功汇入，驾驶员在汇入前首先做出是否汇入的第一层决策，在成功汇入的选择下继续做出自由汇入或非自由汇入的决策，接着在非自由汇入的选择下做出协作汇入或压迫汇入的决策，共三层决策。模型结构如图 6.14 所示。

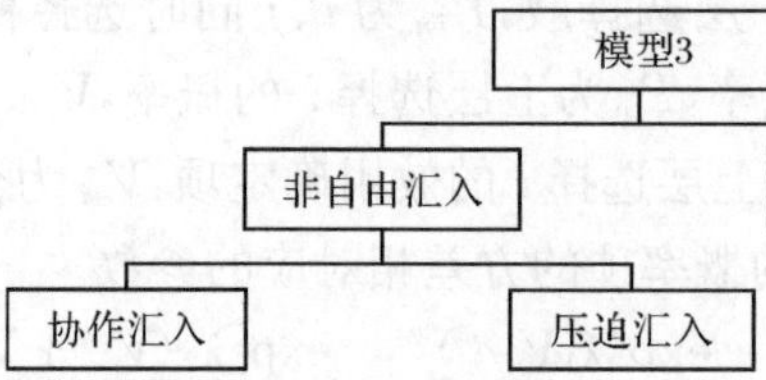


(a) 模型 3

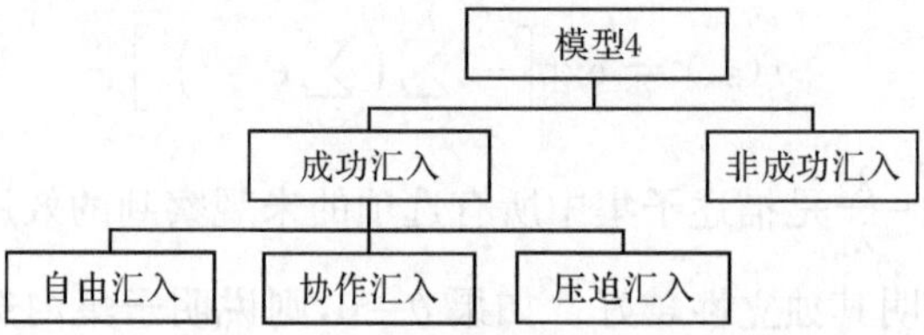


(b) 模型 4

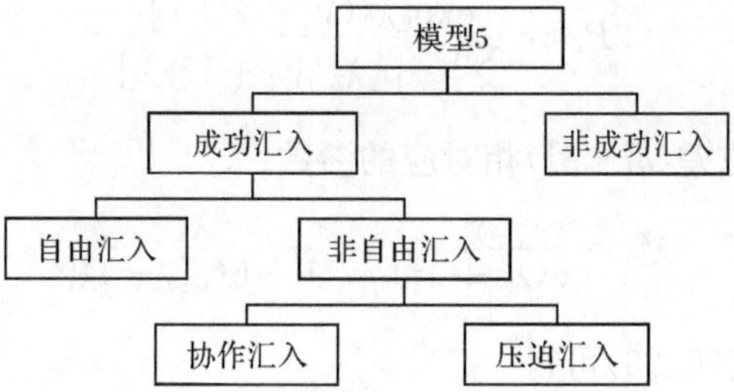


(c) 模型 5

图 6.14 NL 模型选择结构图

3. 结果分析

1) MNL 模型标定及结果分析

模型 1 及模型 2 的标定结果见表 6.9。模型 1 以压迫汇入为参照类，建立自由汇入决策模型时，目标车道前车及后车的车头时距（$T_{\text{lead}}$，$T_{\text{lag}}$）为显著性变量，符号为正，即随着目标车道前车及后车的车头时距（$T_{\text{lead}}$，$T_{\text{lag}}$）的增加，驾驶员更倾向于选择自由汇入；以压迫汇入为参照类，建立协作汇入决策模型时，目标车道后车的车头时距（$T_{\text{lag}}$）及瓶颈交通状态（自由流）为显著性变量，符号为正，即随着目标车道后车的车头时距($T_{lag}$)的增加,相较于压迫汇入,驾驶员更倾向于选择自由汇入,且自由流状态下驾驶员更易选择协作汇入而非压迫汇入。

**表 6.9 模型 1 和模型 2 的标定结果**

| 模型种类 | 变量 | 参数 | 标准差 | $Z$ | Sig. | 置信区间下限 | 置信区间上限 |
|---|---|---|---|---|---|---|---|
| 模型 1 3 项 Logit 模型(参考水平:压迫汇入) | $T_{lag}$ | 1.20243 | 1.38331 | −0.02 | 0.0233 | −5.03052 | 4.92894 |
| | $V$ | 1.11514 | 0.63665 | 1.75 | 0.0798 | −0.13267 | 2.36294 |
| | $S_{lag}$ | 0.47445 | 0.37216 | −1.27 | 0.0224 | −1.20386 | 0.25497 |
| | 交通状态(自由流) | −0.98599 | 0.26798 | −3.68 | 0.0002 | −1.51122 | −0.46075 |
| | 交通状态(转变) | −1.11273 | 0.41104 | −2.71 | 0.0068 | −1.91836 | −0.30710 |
| 模型 2 4 项 Logit 模型(参考水平:非成功汇入) | $D$ | −0.08337 | 0.04280 | −1.95 | 0.0514 | −0.16726 | 0.00052 |
| | $T_{lag}$ | 3.82052 | 2.95701 | 1.29 | 0.0121 | −1.97511 | 9.61615 |
| | $T_{precede}$ | 2.99281 | 1.19893 | 2.50 | 0.0126 | 0.64294 | 5.34267 |
| | $V$ | −2.51849 | 0.33004 | −7.63 | 0.0000 | −3.16536 | −1.87162 |
| | $S_{lag}$ | 1.36746 | 0.29789 | 4.59 | 0.0000 | 0.78361 | 1.95132 |
| | $S_{precede}$ | 0.70446 | 0.12819 | −5.50 | 0.0000 | −0.95570 | −0.45321 |
| | 交通状态(自由流) | −1.10399 | 0.29047 | −3.80 | 0.0001 | −1.67330 | −0.53467 |
| | 常数(自由) | −3.42199 | 0.87225 | −3.92 | 0.0001 | −5.13158 | −1.71241 |
| | 常数(协作) | −5.81696 | 1.05387 | −5.52 | 0.0000 | −7.88250 | −3.75142 |

模型 2 以非成功汇入为参照类,建立自由汇入决策模型时,目标车道前、后车的车头时距($T_{lead}$,$T_{lag}$)为显著性变量;以非成功汇入为参照类,建立协作汇入决策模型时,目标车道后车的车头时距($T_{lag}$)及瓶颈交通状态(自由流)为显著性变量;以非成功汇入为参照类,建立压迫汇入决策模型时,目标车道后车的车头间距($S_{lag}$)及瓶颈交通状态(自由流状态)为显著性变量。综上变量可知,在车头时距与间距较大,瓶颈交通流较为畅通时刻,非成功汇入发生频率较低。

两个模型的性能指标见表 6.10。

**表 6.10 模型 1 和模型 2 的性能指标**

| 模型种类 | −2 倍对数似然函数值 | 约束对数似然函数值 | McFadden 系数 | 修正系数 |
|---|---|---|---|---|
| 模型 1 | −203.32214 | −216.7407 | 0.2743 | 0.2480 |
| 模型 2 | −365.72515 | −502.9661 | 0.3094 | 0.2961 |

模型 1 的 McFadden 系数为 0.2743,修正系数为 0.2480,表示模型 1 拟合优度较好。加入非成功汇入数据的模型 2 的 McFadden 系数为 0.3094,修正系数为 0.2961,表示模型 2 拟合优度在模型 1 的基础上有所提升。

利用模型 1 和模型 2 进行预测，结果见表 6.11。

**表 6.11　模型 1 和模型 2 的预测正确率**

| 模型 | 样本 | 自由汇入 | 协作汇入 | 压迫汇入 | 非成功汇入 | 预测正确率/% |
|---|---|---|---|---|---|---|
| 模型 1 | 观测值 | 57 | 36 | 136 | — | — |
| | 预测值 | 38 | 1 | 118 | — | 68.7 |
| 模型 2 | 观测值 | 57 | 36 | 136 | 187 | — |
| | 预测值 | 34 | 1 | 115 | 141 | 69.2 |

由表 6.11 可以看出，模型 1 的预测正确率为 68.7%，模型效果良好；模型 2 的预测正确率为 69.2%，模型效果良好。

从模型的各项指标来看，首先模型的各项指标初步符合精度要求，并且加入新选择肢的模型 2 相对于模型 1 的拟合优度和预测正确率都有所提升。

2) NL 模型标定及结果分析

模型 3、模型 4 和模型 5 的标定结果见表 6.12。三个模型的性能指标见表 6.13。

**表 6.12　模型 3、模型 4、模型 5 的标定结果**

| 模型种类 | 变量 | 参数 | 标准差 | $Z$ | Sig. | 置信区间下限 | 置信区间上限 |
|---|---|---|---|---|---|---|---|
| 模型 3<br>2 层 3 项 NL 模型（参考水平：压迫汇入） | $V$ | −2.11485 | 1.69064 | −1.25 | 0.0211 | −5.42844 | 1.19875 |
| | $T_{lag}$ | 5.19520 | 2.90562 | −2.57 | 0.0101 | −16.7700 | −3.62040 |
| | $S_{lag}$ | 3.14022 | 0.21963 | −0.64 | 0.0232 | −0.57068 | 0.29024 |
| | 交通状态（自由流） | −4.47903 | 2.14902 | −0.32 | 0.0016 | −32.21060 | 23.25253 |
| | 交通状态（转变） | −1.53930 | 0.50212 | −3.07 | 0.0022 | −2.52343 | −0.55517 |
| 模型 4<br>2 层 4 项 NL 模型（参考水平：非成功汇入） | $D$ | −0.09285 | 0.04657 | −1.99 | 0.0462 | −0.18413 | −0.00158 |
| | $T_{lead}$ | 6.95838 | 1.16574 | 5.97 | 0.0000 | 4.67357 | 9.24319 |
| | $T_{lag}$ | 3.83867 | 2.01390 | 1.91 | 0.0566 | −0.10850 | 7.78584 |
| | $T_{precede}$ | 3.02434 | 0.95813 | 3.16 | 0.0016 | 1.14644 | 4.90224 |
| | $V$ | −2.12461 | 0.20804 | −10.21 | 0.0000 | −2.53237 | −1.71686 |
| | $S_{lead}$ | 0.57409 | 0.31079 | 1.85 | 0.0647 | −0.03506 | 1.18323 |
| | $S_{lag}$ | 1.83450 | 0.21598 | 8.49 | 0.0000 | 1.41119 | 2.25782 |
| | $S_{precede}$ | 1.26841 | 0.13731 | −9.24 | 0.000 0 | −1.53754 | −0.99929 |
| | 交通状态（自由流） | −0.92439 | 0.26593 | −3.48 | 0.0005 | −1.44560 | −0.40319 |
| | 交通状态（转变） | 0.23881 | 0.14141 | 1.69 | 0.0913 | −0.03835 | 0.51596 |
| | 常数（自由） | −3.38702 | 0.73094 | −4.63 | 0.0000 | −4.81963 | −1.95440 |
| | 常数（协作） | −5.71550 | 0.80087 | −7.14 | 0.0000 | −7.28518 | −4.14582 |
| | 常数（压迫） | 0.92062 | 0.42040 | 2.19 | 0.0285 | 0.09665 | 1.74459 |

续表

| 模型种类 | 变量 | 参数 | 标准差 | $Z$ | Sig. | 置信区间下限 | 置信区间上限 |
|---|---|---|---|---|---|---|---|
| 模型 5<br>3 层 4 项 NL 模型（参考水平：非成功汇入） | $T_{lag}$ | 0.24510 | 0.49235 | 0.10 | 0.0014 | −4.63982 | 5.13003 |
| | $V$ | −1.26433 | 0.24970 | −5.06 | 0.0000 | −1.75374 | −0.77493 |
| | $S_{lag}$ | 2.34963 | 0.32985 | 7.12 | 0.0000 | 1.70312 | 2.99613 |
| | $S_{precede}$ | −1.00625 | 0.16050 | −6.27 | 0.0000 | −1.32082 | −0.69169 |
| | 交通状态(自由流) | −0.93475 | 0.26047 | −3.59 | 0.0003 | −1.44527 | −0.42424 |
| | 交通状态(转变) | −1.48356 | 0.37419 | −3.96 | 0.0001 | −2.21695 | −0.75017 |

**表 6.13 模型 3、模型 4、模型 5 的性能指标**

| 模型 | −2 倍对数似然函数值 | 约束对数似然函数值 | McFadden 系数 | 修正函数 | $\theta$ |
|---|---|---|---|---|---|
| 模型 3 | −118.40754 | −277.95202 | 0.4260 | 0.4136 | 0.49 |
| | | | | | 0.60 |
| 模型 4 | −252.97766 | −539.93144 | 0.5115 | 0.5079 | 2.46 |
| | | | | | 2.60 |
| 模型 5 | −347.32591 | −566.30125 | 0.3867 | 0.3757 | 1.60 |
| | | | | | 1.66 |
| | | | | | 1.55 |
| | | | | | 1.39 |
| | | | | | 1.56 |

模型 3 的 McFadden 系数为 0.4260，修正系数为 0.4136，表示模型 3 拟合优度较好。加入非成功汇入数据的模型 4 的 McFadden 系数为 0.5115，修正系数为 0.5079，表示模型 4 拟合优度在模型 3 的基础上有所提升。加入非成功汇入数据的 3 层模型 5 的 McFadden 系数为 0.3867，修正系数为 0.3757。

利用模型 3、模型 4、模型 5 进行预测，预测结果分类见表 6.14。

**表 6.14 模型 3、模型 4、模型 5 的预测正确率**

| 模型种类 | 样本 | 自由汇入 | 协作汇入 | 压迫汇入 | 非成功汇入 | 预测正确率/% |
|---|---|---|---|---|---|---|
| 模型 3 | 观测值 | 57 | 36 | 136 | — | — |
| | 预测值 | 40 | 1 | 128 | — | 73.4 |
| 模型 4 | 观测值 | 57 | 36 | 136 | 187 | — |
| | 预测值 | 36 | 0 | 115 | 143 | 70.3 |
| 模型 5 | 观测值 | 57 | 36 | 136 | 187 | — |
| | 预测值 | 34 | 0 | 109 | 121 | 60.8 |

可以看出,模型 3 的预测正确率为 73.4%,模型效果良好;模型 4 的预测正确率为 70.3%;模型效果良好;模型 5 的预测正确率为 60.8%,模型效果较好。

同时,由表 6.14 可见,3 个模型协作汇入的预测正确率远低于自由汇入、压迫汇入、非成功汇入的预测正确率,在给定的 36 组协作汇入数据中,模型 3 准确预测 1 个样本,模型 4、模型 5 均未能准确预测协作汇入。与表 6.11 对比可以发现,使用 MNL 回归的模型 1、模型 2 也存在相同的问题,都表征了使用离散选择模型对协作汇入的回归预测均存在拟合精度较差的情况,初步分析有以下三个原因:①对协作汇入影响较大的因素,如目标车道后车的车头间距和车头时距($T_{lag}$, $S_{lag}$)等变量所产生的效用并不一定呈线性分布,而目前离散选择模型仅能将各变量线性化进行回归,造成效用评估不准确,影响协作汇入的预测正确率;②由第 5 章的混淆矩阵可以看出,协作汇入数据大多被错误划入压迫汇入中,这表明协作汇入与压迫汇入的划分界限有待进一步确定,目前 9 个变量不足以准确地划分协作汇入和压迫汇入,需要其他因素参与决策判定,如目标车道后车与汇入主车的减速时刻时间差等特征指标;③协作汇入与压迫汇入之间的决策和影响并不存在递增关系,即试图以变量的参数线性变化来描述协作汇入至压迫汇入转变的离散选择模型存在天然性不足。

3) 模型对比分析

由表 6.15 可知,McFadden 系数为 0.5115 的模型 4 是拟合优度最好的模型,其次是 McFadden 系数为 0.4260 的模型 3,模型 1 的拟合优度最低。采用两层 NL 建模的模型 3、模型 4 相较于采用 MNL 建模的模型 1、模型 2 的拟合优度有着平均 20%的提高,这说明建模方法对预测准确性有明显的影响;模型 3 具有最高的预测正确率(73.4%),其次是模型 4,而模型 1、模型 2 具有最低的预测正确率。采用两层 NL 建模的模型 3、模型 4 相较于采用 MNL 建模的模型 1、模型 2 的预测正确率也有着平均 5%的提高,同样证实了采用不同建模方式对预测准确性有明显影响。

**表 6.15　模型 1～模型 5 结果对比**

| 指标 | 模型 1 | 模型 2 | 模型 3 | 模型 4 | 模型 5 |
|---|---|---|---|---|---|
| McFadden 系数 | 0.2743 | 0.3094 | 0.4260 | 0.5115 | 0.3867 |
| 预测正确率/% | 68.7 | 69.2 | 73.4 | 70.3 | 60.8 |
| $\theta$ | — | — | 0.49<br>0.60 | 2.46<br>2.60 | 1.60<br>1.66<br>1.55<br>1.39<br>1.56 |

评估检验结果表明，与 MNL 模型 1、模型 2 相比，NL 模型 3、模型 4、模型 5 有更好的预测精度和更多的显著因素。因此，相较于 MNL，NL 建模方式是分析快速路入匝道瓶颈换道行为更好的选择。

基于 NL 的 $\theta$ 必须介于(0,1)才能保证效用的最大化，在 NL 模型中，仅有模型 3 的 $\theta$ 值大于 0 同时小于 1，而模型 4 和模型 5 的 $\theta$ 值均大于 1。因此，模型 4 和模型 5 的模型结构不符合模型推导的要求，只有模型 3 满足要求，可以用来描述汇入过程。因此，模型 3 是用于描述在匝道瓶颈汇入行为最合适的模型。

拥有较高 McFadden 系数及预测正确率的模型 3 是 2 层 NL 模型，该模型表明在快速路入匝道瓶颈汇入行为上，驾驶员倾向于进行两次决策。换句话说，驾驶员首先经过几次尝试，判定他能否正常迅速的汇入(NLC，NNLC)，如果驾驶员在汇入时不能进行自由换道，那么他将会做出另一个决策(CLC，FLC)。否则，他会放弃汇入，并等待下一次汇入的机会。

从表 6.9 和表 6.12 中可以发现，目标车道后车的车头时距与车头间距($T_{\mathrm{lag}}$，$S_{\mathrm{lag}}$)、快速路入匝道瓶颈的交通状态(自由流、转变)和换道车辆速度在每个 Logit 模型里均表现显著。结果表明，入匝道瓶颈的交通状态是显著性最高的几个变量。通过录像观察发现，当入匝道瓶颈的交通状态从自由流转变为拥堵的条件下，在加速车道的车辆尝试汇入的位置与时间晚于自由流状态，以避免拥堵，在这个过程中产生大量压迫汇入行为。目标车道后车的车头时距和车头间距及汇入车辆的速度也是显著性最高的几个变量，意味着目标车道后车与汇入车辆有着交互影响。

对于最佳拟合模型 3，当汇入车辆的速度参数为负，系数的绝对值大于 1 时，表明随着换道车辆速度的增加，NLC 和 FLC 数量明显下降。目标车道后车的车头时距与车头间距的参数为正，系数的绝对值大于 1，这表明随着时间间隙或空间间隙减小，FLC 增加，NLC 减少。此外，匝道瓶颈的交通状态(自由流、转变)也会对 FLC 产生负面影响。

同时以其他时间采集的视频数据样本作为检验数据集，共 84 组汇入数据用于评估最优模型 3 的精度。实验结果表明，模型 3 具有 67.9%的预测正确率。

### 6.5.3 汇入类型的决策树模型

1. 模型构建

1) 方法概述

分类与回归树(classification and regression trees，CART)是 1984 年 Breiman 等[70]提出的一种决策树分类方法。其采用二分递归分割的技术，将当前的样本集划分为两个子样本集，也就是说，CART 所生成的决策树每个非叶节点都有两个分支,是结构简单的二叉树,这样可以有效地处理缺失数据。CART 以 Gini 系数的减少量为测度指标,选取使 Gini 系数减少量最大的属性为最佳特征变量,对训练样本数据集进行分组,构造二叉决策树。Gini 系数的数学定义为

$$\mathrm{Gini}(T)=1-\sum_{i=1}^{k}p_i^2 \tag{6.28}$$

式中,$T$ 为未被分组的训练样本数据集;$k$ 为类别变量的个数;$p_i$ 为类别 $i$ 在 $T$ 中出现的概率。Gini 系数越小,样本的纯度就越高,划分效果也越好。若 $T$ 被划分为 $T_1$、$T_2$,那么此时的 Gini 系数为

$$\mathrm{Gini}(T)=\frac{S_1}{S}\mathrm{Gini}(T_1)+\frac{S_2}{S}\mathrm{Gini}(T_2) \tag{6.29}$$

式中,$S$ 为 $T$ 中的样本个数;$S_1$、$S_2$ 分别为 $T_1$、$T_2$ 中的样本个数。由式(6.28)和式(6.29)易得,将样本数据集分为两组后与原来的 Gini 系数相比,其减少量为

$$\Delta\mathrm{Gini}(T)=\mathrm{Gini}(T)-\left[\frac{S_1}{S}\mathrm{Gini}(T_1)+\frac{S_2}{S}\mathrm{Gini}(T_2)\right] \tag{6.30}$$

Gini 系数的减少量说明将样本数据集分组后,两组子样本数据集类别变量取值异质性相加总和比分组前样本数据集类别变量取值异质性减少,即分组后样本类别变量尽量趋于相同类别值,其纯度增加。通过反复计算保证决策树的每个节点均取 Gini 系数减少量最大的特征变量,最终构建的是最理想的二叉决策树。CART 生成最终分类树的过程包括生长和修剪两个过程。

2) 生成过程

CART 的生长过程是通过选择测试变量反复划分训练样本数据集的过程。关键在于如何获取测试变量,即从给定的众多特征变量中选取最佳分组变量和从该分组变量的不同取值中选取最佳分割点。

本节共涉及 9 个特征变量,设为 $X(1)$、$X(2)$、…、$X(9)$。首先,检查所有形如 $X(1)<C$ 的分化,这里 $C$ 是一个常数,变化范围是 $X(1)$的最小值到最大值,所有 $X(1)<C$ 的值被分化到左边,其余被分化到右边。通过变化 $C$ 值检查所有可能的分化,根据 Gini 系数选择其中最好的一个。在找到 $X(1)$的最优分化后,以同样的方式确定 $X(2)$、$X(3)$、…、$X(9)$的最优分化,这样就得到 9 种不同的分化。然后再用同样的评价准则,也就是 Gini 系数,从这些分化中挑选出一个最好的分化。接着再利用二叉树的结构,从根节点开始,在上述分组条件下对训练样本集进行分组,在生成的每个左右子样本集上重复上述分组过程,直到无法继续该过程时子样本集成为叶节点为止,这时完成生成树。

除了生成树外,还要为树上的节点标上类别。因考虑到每个节点都可能成为叶节点,CART 算法对每个节点都分配类别,其方法为

$$\frac{C(j\mid i)p(i)N_i(t)}{C(i\mid j)p(j)N_j(t)}>\frac{N_i}{N_j} \tag{6.31}$$

式中，$p(i)$、$p(j)$分别为类 $i$、$j$ 的先验概率；$N_i$、$N_j$ 分别为训练集中类 $i$、$j$ 的样本个数；$N_i(t)$、$N_j(t)$分别为节点 $t$ 的数据集中类 $i$、$j$ 的样本个数；$C(j|i)$为误分类成本，表示实际上属于 $i$ 类却被错分成 $j$ 类的概率；$C(i|j)$表示实际上属于 $j$ 类却被错分成 $i$ 类的概率。若式(6.31)对除类 $i$ 外的所有类 $j$ 都成立，则将 $t$ 节点标记为类 $i$。

3) 修剪过程

对所生成的树进行修剪可以控制树的复杂程度，避免其过于复杂和庞大，与此同时，还可以解决过度拟合的问题。常用剪枝方法有预剪枝(pre-pruning)和后剪枝(post-pruning)两种。本节将两种方法相结合进行修剪。

预剪枝是在树生长完全前，按照某种标准停止树的生长，其优点是算法相对简单、效率高等。本节中对树的深度不进行限制。根据本节的样本量大小，规定对于自由、非自由分类来说，父节点中至少需包括 4 个样本、子节点中至少需包括 3 个样本，同时设定 3 个标准差为剪枝标准；对于自由汇入、非自由汇入、非成功分类来说，父节点中至少需包括 5 个样本、子节点中至少需包括 4 个样本，同时设定 2 个标准差为剪枝标准；对于成功、非成功分类来说，父节点中至少需包括 6 个样本、子节点中至少需包括 5 个样本，同时设定 2 个标准差为剪枝标准。

后剪枝是对一棵生长完全的树，通过某种标准剪掉某些枝干。由于后剪枝基于树的全局信息，通常优于预剪枝。当前主要的后剪枝方法有代价复杂度剪枝(cost complexity pruning，CCP)、错误率降低剪枝(reduced error pruning，REP)、悲观剪枝(pessimistic error pruning，PEP)和最小误差剪枝(minimum error pruning，MEP)等，本节采用 CCP 法。CCP 法包括两步：①按照某种启发规则，得到树 $T_{\max}$的参数族$\{T_0, T_1, \cdots, T_L\}$；②按照树的错误率的估计，在参数族中选择最佳树 $T_i$。第一步的基本思想是，树 $T_{i+1}$是由树 $T_i$ 剪掉对每个叶节点的错误率有最小 $\delta$ 值的节点。第二步根据预测错误率作为选择最佳树的标准，其主要有两种方法：一种基于交叉验证(cross validation)，另一种基于独立的剪枝集，本节采用第一种方法。对给定树 $T_i$ 子树 $T_{it}$，定义每个叶节点的错误率的平均增长为

$$\delta = \frac{e_{\mathrm{p}} - e_{\mathrm{n}}}{|N| T_{it} - 1} \tag{6.32}$$

式中，$e_{\mathrm{p}}$ 为将子树剪枝为叶节点后的错误分类率；$e_{\mathrm{n}}$ 为树 $T_i$ 的错误分类率；$|N| T_{it}$为子树 $T_{it}$下属的叶节点的个数。该方法是先将训练集 $R$ 划分成 $V$ 个子集 $R^1, R^2, \cdots, R^V$，分别从 $R\text{-}R^1, R\text{-}R^2, \cdots, R\text{-}R^V$ 构造出决策树 $T^1, T^2, \cdots, T^V$，再由式(6.32)得到 $V$ 个不同的参数族 $T^1(\delta), T^2(\delta), \cdots, T^V(\delta)$，接着通过计算原序列中 $\delta_i$ 与 $\delta_{i+1}$ 的几何平均 $\delta_i^{\mathrm{av}}$，继而对交叉验证的每重训练，选出小于 $\delta_i^{\mathrm{av}}$ 的最大 $\delta_j$ 值的树作为原序中树 $T_i$ 的估计，这些树的错误的平均估计作为序列中树 $T_i$ 的错误估计。

2. 结果分析

1) 自由汇入、非自由汇入分类

首先对自由汇入、非自由汇入行为进行分类。该分类方法涉及自由汇入样本 57 条、非自由汇入样本 172 条，总计 229 条，按照训练：检验＝1：1 的比例用 CART 算法进行分类。最后所生成的树深度为 3 层，共有 7 个节点，其中 4 个为叶节点，父节点中至少包含 45 个样本、子节点中至少包含 9 个样本。其所生成的树及具体分类结果如图 6.15 及表 6.16 所示。

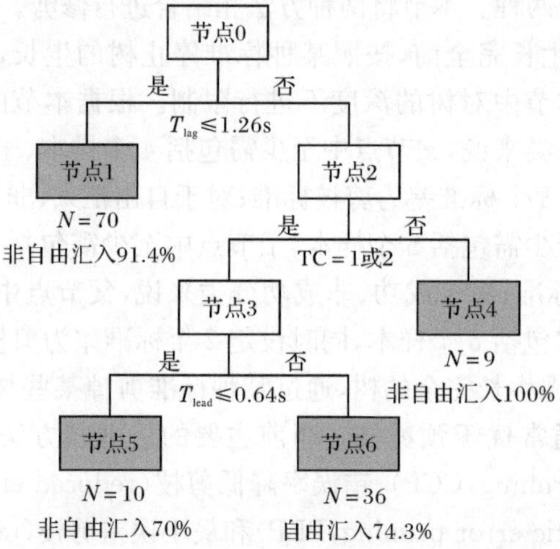


图 6.15　自由汇入、非自由汇入的分类树

如图 6.15 所示，对于自由汇入、非自由汇入行为的分类来说，所生成的决策树是十分简洁的。其所涉及的关键变量共有 3 个，依次是：汇入车辆与目标车道后车的车头时距、瓶颈交通状态和汇入车辆与目标车道前车的车头时距。由图 6.13 也可以发现，汇入类型是自由的还是非自由的，主要取决于目标车道的相关状态：与目标车辆前后车的车头时距越大，自由汇入的可能性越高；瓶颈交通流越拥挤，非自由汇入的概率越大。

表 6.16　自由汇入、非自由汇入分类结果

| 数据集 | 已观测 | 已预测 | | |
|---|---|---|---|---|
| | | 自由汇入 | 非自由汇入 | 正确百分比/% |
| 训练集 | 自由汇入 | 26 | 9 | 74.3 |
| | 非自由汇入 | 9 | 80 | 89.9 |
| | 总计百分比/% | 28.2 | 71.8 | 85.5 |

续表

| 数据集 | 已观测 | 已预测 | | |
|---|---|---|---|---|
| | | 自由汇入 | 非自由汇入 | 正确百分比/% |
| 检验集 | 自由汇入 | 16 | 6 | 72.7 |
| | 非自由汇入 | 9 | 74 | 89.2 |
| | 总计百分比/% | 23.8 | 76.2 | 85.7 |

虽然模型简单，但其预测精度较高。由表 6.16 可以看出，该模型对于非自由汇入的预测精度较高，可达到近 90%，对于自由汇入的预测精度相对较低，但总体精度也能达到 85%以上。检验数据的精度趋势与训练数据的精度趋势相同，且检验数据的总体精度略高于训练数据，说明其可转移性较强，可见 CART 算法用于该分类情况较为合适。

2) 自由汇入、非自由汇入、非成功汇入分类

在上述分类的基础上，加入非成功汇入，对自由汇入、非自由汇入、非成功汇入行为进行分类，研究其结果的变化情况。该分类方法共涉及自由汇入样本 57 条、非自由汇入样本 172 条，非成功汇入样本 187 条，总计 416 条，将样本按照训练∶检验=1∶1 的比例用 CART 算法进行分类。最后所生成的树深度为 4 层，共有 13 个节点。其中 7 个为叶节点，父节点中至少包含 43 个样本、子节点中至少包含 6 个样本。其所生成的树及具体分类结果如图 6.16 及表 6.17 所示。

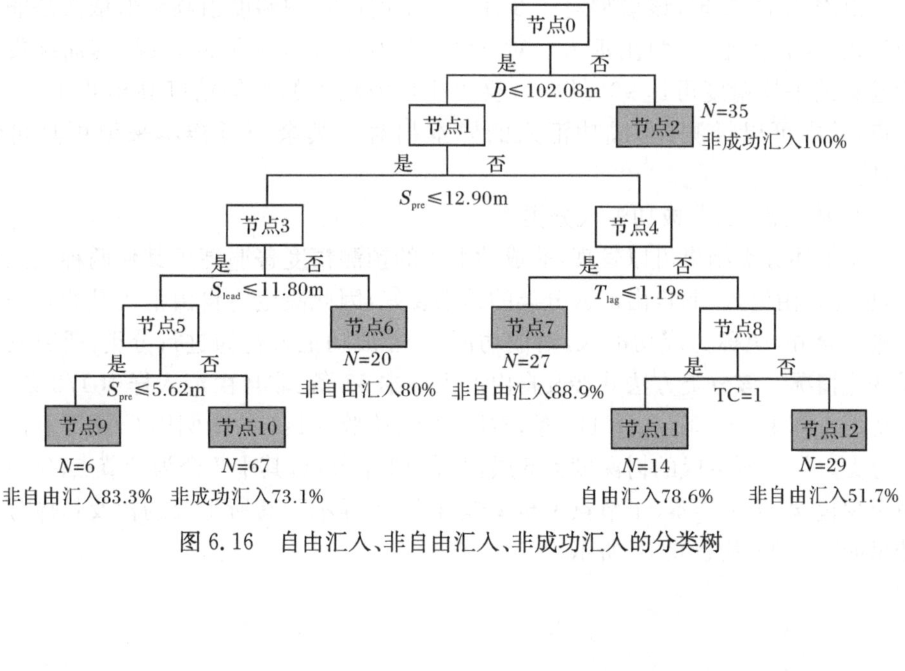


图 6.16 自由汇入、非自由汇入、非成功汇入的分类树

**表 6.17 自由汇入、非自由汇入、非成功汇入分类结果**

| 数据集 | 已观测 | 已预测 | | | |
|---|---|---|---|---|---|
| | | 自由汇入 | 非自由汇入 | 非成功汇入 | 正确百分比/% |
| 训练集 | 自由汇入 | 11 | 17 | 4 | 34.4 |
| | 非自由汇入 | 3 | 60 | 14 | 77.9 |
| | 非成功汇入 | 0 | 5 | 84 | 94.4 |
| | 总计百分比/% | 7.1 | 41.4 | 51.5 | 78.3 |
| 检验集 | 自由汇入 | 7 | 14 | 4 | 28.0 |
| | 非自由汇入 | 3 | 72 | 20 | 75.8 |
| | 非成功汇入 | 1 | 11 | 86 | 87.8 |
| | 总计百分比/% | 5.0 | 44.5 | 50.5 | 75.7 |

如图 6.16 所示，对于自由汇入、非自由汇入、非成功汇入行为的分类来说，所生成的决策树相对复杂。其所涉及的关键变量共有 5 个，分别为距加速车道终点距离、汇入车辆与当前车道前车的车头间距、汇入车辆与目标车道前车的车头间距、汇入车辆与目标车道后车的车头时距和瓶颈交通状态。该种分类的关键变量与 6.5.2 节有所不同，汇入车辆与当前车道前车的车头间距也是一个重要因素，且先后被判断了两次。与此同时，距加速车道终点距离这一变量也引入模型，且是判断非成功汇入的首要条件。由此可以发现，是否成功汇入与当前车道的状况密切相关。

由表 6.17 发现，该模型对于 3 种汇入情况的预测精度由高到低依次是非成功汇入、非自由汇入、自由汇入。对于精度最高的非成功汇入来说，其训练集和检验集的平均精度可达 90%以上，要比非自由汇入的平均精度高出约 15 个百分点，从中可以推测，非成功汇入的样本相对于其余两类样本来说更具可识别性。

3) 成功汇入、非成功汇入分类

从上述分类结果可以发现，非成功汇入的预测精度普遍高于其他两种汇入情况，也比自由汇入、非自由汇入分类的结果要好，因此决定将自由汇入及非自由汇入进行合并，统称为成功汇入，对成功汇入、非成功汇入行为进行分类，研究其结果变化情况。该分类方法共涉及自由汇入样本 57 条、非自由汇入样本 172 条、非成功汇入样本 187 条，总计 416 条，按照训练:检验＝1:1 的比例用 CART 算法进行分类。最后所生成的树深度为 6 层，共有 13 个节点，其中 7 个为叶节点，父节点中至少包含 47 个样本、子节点中至少包含 10 个样本。其所生成的树及具体分类结果如图 6.17 及表 6.18 所示。

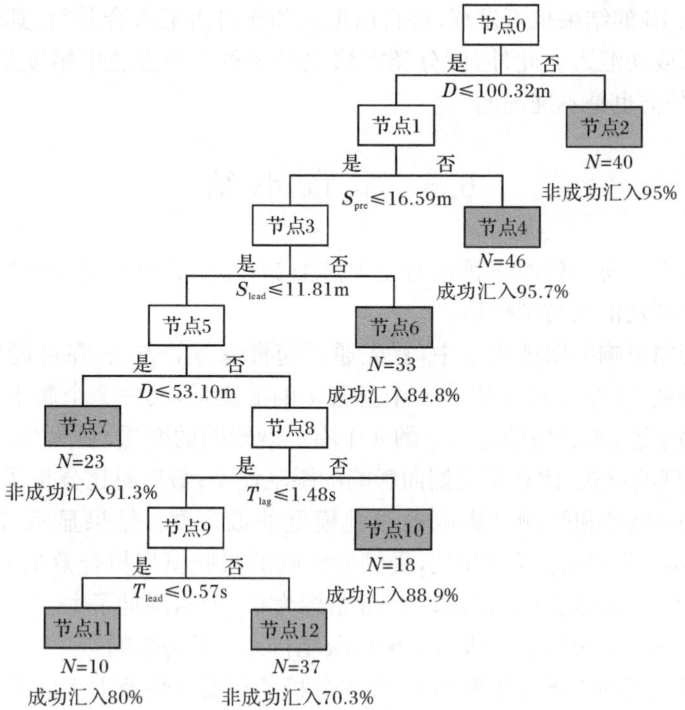


图 6.17 成功汇入、非成功汇入的分类树

**表 6.18 成功汇入、非成功汇入分类结果**

| 数据集 | 已观测 | 已预测 | | |
|---|---|---|---|---|
| | | 成功汇入 | 非成功汇入 | 正确百分比/% |
| 训练集 | 成功汇入 | 96 | 15 | 86.5 |
| | 非成功汇入 | 11 | 85 | 88.5 |
| | 总计百分比/% | 51.7 | 48.3 | 87.4 |
| 检验集 | 成功汇入 | 99 | 19 | 83.9 |
| | 非成功汇入 | 8 | 83 | 91.2 |
| | 总计百分比/% | 51.2 | 48.8 | 87.1 |

如图 6.17 所示，对于成功汇入、非成功汇入行为的分类来说，所生成的决策树层数最多，除最后一层外，每层都只判断出一种分类。其所涉及的关键变量有 5 个，与自由汇入、非自由汇入、非成功汇入分类不同的是，其多了汇入车辆与目标车道前车车头时距，但少了瓶颈交通状态。结合 2）节点 8 的判断条件以及 1）和 3）所涉及的变量发现，瓶颈交通流状态是判断自由汇入、非自由汇入行为的一个关键因素，对非成功换道来说则影响不大。

由表 6.18 的结果也可发现，将自由汇入和非自由汇入合并后，其预测精度还是略低于非成功汇入。此外，该分类方法也是 3 种分类方法中精度最高的，但与此同时，其分类也是不准确的。

## 6.6 本章小结

本章基于时间序列的车辆运行全轨迹数据，建立了受侧向影响的跟驰模型、换道动机模型及汇入类型模型。

在受侧向影响的跟驰模型中，首先通过随机森林的方法，在可能影响匝道车辆跟驰行为的 17 个变量中得到 4 个显著影响的变量，其中 2 个属于当前车道，2 个属于相邻车道；再利用筛选出来的 4 个有显著影响的变量，参照 Gazis-Herman-Rothery 模型的形式，建立了受侧向影响的跟驰模型；最后对比分析了 Gazis-Herman-Rothery 模型和受侧向影响的跟驰模型的拟合度。结果显示，其与传统的 Gazis-Herman-Rothery 模型相比，受侧向影响的跟驰模型拟合效果明显提高，其中 $R^2$ 为 0.560，提高了 66.17%，Ossen 指标为 0.1243，降低了 13.14%，说明相邻车道车辆的运行状况确实对匝道车辆的跟驰行为有显著影响。

在主线车辆的换道动机模型中，首先分析了车道属性及汇入区属性对换道动机的影响，结果显示，无论是上海市还是洛杉矶，外侧车道车辆的换道强度和换道比例明显比内侧车道高，且在上海市，汇入区本身对车辆的换道动机也有影响；在该结果的基础上，将车道属性等可能影响车辆换道动机的因素考虑在内，建立了基于 Logistic 回归的换道动机模型，并对模型结果进行分析。模型显示了较高的预测精度(SH 为 73.5%，LA 为 74.21%)及较好的拟合效果(SH 和 LA 在 ROC 曲线下的面积分别为 0.826 和 0.793)。

在匝道车辆的汇入类型模型中，分别利用离散选择模型和决策树建立了汇入类型的预测模型。在离散选择模型中，针对四类汇入类型(NLC、CLC、FLC、USLC)构建了两个不同的 MNL 模型及三个不同层次的 NL 模型，对比模型结果发现，相较于 MNL 模型，NL 模型更适合快速路入匝道瓶颈的汇入行为。另外，NL 模型的层次数量并不与模型最终精度呈正相关，而合理的层数划分是构建汇入行为的一项重要因素。在决策树模型中，针对三类汇入类型(NLC、NNLC、USLC)建立了三个不同分类的模型，结果表明，3 种分类训练集与检验集的准确率均达到 75%以上，其中成功汇入、非成功汇入的分类精度最高。另外，目标车道的状况是影响自由汇入与非自由汇入的关键因素，而对非成功汇入的判断来说，当前车道的状况对其影响较大。

# 参考文献


[1] Cassidy M J, Rudjanakanoknad J. Increasing the capacity of an isolated merge by metering its on-ramp[J]. Transportation Research Part B: Methodological, 2005, 39(10): 896－913.

[2] 赵莉. 城市快速路入匝道瓶颈交通流失效机理研究[D]. 上海:同济大学, 2013.

[3] Brackstone M, McDonald M. Car-following: A historical review[J]. Transportation Research Part F: Traffic Psycho-logy and Behaviour, 1999, 2(4): 181－196.

[4] Olstam J J, Tapani A. Comparison of car-following models[R]. Stockholm: Swedish National Road and Transport Research Institute, 2004.

[5] Panwai S, Dia H. Comparative evaluation of microscopic car-following behavior[J]. IEEE Transactions on Intelligent Transportation Systems, 2005, 6(3): 314－325.

[6] Toledo T. Driving behaviour: Models and challenges[J]. Transport Reviews, 2007, 27(1): 65－84.

[7] 王殿海, 金盛. 车辆跟驰行为建模的回顾与展望[J]. 中国公路学报, 2012, 25(1): 115－127.

[8] Saifuzzaman M, Zheng Z. Incorporating human-factors in car-following models: A review of recent developments and research needs [J]. Transportation Research Part C: Emerging Technologies, 2014, 48: 379－403.

[9] Chandler R E, Herman R, Montroll E W. Traffic dynamics: Studies in car following[J]. Operations Research, 1958, 6(2): 165－184.

[10] Herman R, Montroll E W, Potts R B, et al. Traffic dynamics: Analysis of stability in car following[J]. Operations Research, 1959, 7(1): 86－106.

[11] Gazis D C, Herman R, Rothery R W. Nonlinear follow-the-leader models of traffic flow[J]. Operations Research, 1961, 9(4): 545－567.

[12] Kometani E, Sasaki T. Dynamic behaviour of traffic with a non-linear spacing-speed relationship[C]//Proceedings of the Symposium on Theory of Traffic Flow, New York, 1959: 105－119.

[13] Gipps P G. A behavioural car-following model for computer simulation[J]. Transportation Research Part B: Methodological, 1981, 15(2): 105－111.

[14] Wiedemann R. Simulation des Strassenverkehrsflusses[C]//Proceedings of the Schriftenreihe des tnstituts fir Verkehrswesen der Universitiit Karlsruhe, Karlsruhe, 1974.

[15] Kikuchi S, Chakroborty P. Car-following model based on fuzzy inference system[J]. Transportation Research Record: Journal of the Transportation Research Board, 1992, (1365): 82－91.

[16] Bando M, Hasebe K, Nakayama A, et al. Dynamical model of traffic congestion and numerical simulation[J]. Physical Review E, 1995, 51(2): 1035.

[17] Treiber M, Hennecke A, Helbing D. Congested traffic states in empirical observations and microscopic simulations[J]. Physical review E, 2000, 62(2): 1805.

[18] Treiber M, Kesting A, Helbing D. Delays, inaccuracies and anticipation in microscopic traffic models[J]. Physica A: Statistical Mechanics and Its Applications, 2006, 360(1): 71－88.

[19] Lee G. A generalization of linear car-following theory[J]. Operations Research, 1966, 14(4):595—606.

[20] Herman R, Rothery R W. Car following and steady-state flow[C]//Proceedings of the 2nd International Symposium on the Theory of Traffic Flow, Paris, 1965.

[21] 金盛,王殿海. 考虑前方交通状态的车辆跟驰模型与数值仿真[J]. 北京工业大学学报, 2012,(8):1236—1241.

[22] Yang D, Jin P, Pu Y, et al. Safe distance car-following model including backward-looking and its stability analysis[J]. The European Physical Journal B: Condensed Matter and Complex Systems, 2013, 86(3):92.

[23] Nakayama A, Sugiyama Y, Hasebe K. Effect of looking at the car that follows in an optimal velocity model of traffic flow[J]. Physical Review E, 2001, 65(1):016112.

[24] Hasebe K, Nakayama A, Sugiyama Y. Dynamical model of a cooperative driving system for freeway traffic[J]. Physical Review E, 2003, 68(2):026102.

[25] Ge H X, Zhu H B, Dai S Q. Effect of looking backward on traffic flow in a cooperative driving car following model[J]. The European Physical Journal B: Condensed Matter and Complex Systems, 2006, 54(4):503—507.

[26] Sun D H, Liao X Y, Peng G H. Effect of looking backward on traffic flow in an extended multiple car-following model[J]. Physica A: Statistical Mechanics and Its Applications, 2011, 390(4):631—635.

[27] Muhrer E, Vollrath M. The effect of visual and cognitive distraction on driver's anticipation in a simulated car following scenario[J]. Transportation Research Part F: Traffic Psychology and Behaviour, 2011, 14(6):555—566.

[28] van Winsum W. The human element in car following models[J]. Transportation Research Part F: Traffic Psychology and Behaviour, 1999, 2(4):207—211.

[29] Sarvi M, Ceder A, Kuwahara M. Modeling of freeway ramp merging process observed during traffic congestion[C]//Proceedings of the 15th International Symposium on Transportation and Traffic Theory, Adelaide, 2002:483—502.

[30] Kou C C, Machemehl R B. Modeling vehicle acceleration deceleration behavior during merge maneuvers[J]. Canadian Journal of Civil Engineering, 1997, 24(3):350—358.

[31] Gipps P G. A model for the structure of lane-changing decisions[J]. Transportation Research Part B: Methodological, 1986, 20(5):403—414.

[32] Yang Q, Koutsopoulos H N. A microscopic traffic simulator for evaluation of dynamic traffic management systems[J]. Transportation Research Part C: Emerging Technologies, 1996, 4(3):113—129.

[33] Kesting A, Treiber M, Helbing D. General lane-changing model MOBIL for car-following models[J]. Transportation Research Record: Journal of the Transportation Research Board, 2007, 1999(1):86—94.

[34] Ahmed K L, Ben-Akiva M, Koutsopoulos H, et al. Models of freeway lane changing and gap

acceptance behavior[J]. Transportation and Traffic Theory, 1996, 13: 501—515.

[35] Nagatani T. Self-organization and phase transition in traffic-flow model of a two-lane roadway[J]. Journal of Physics A: Mathematical and General, 1993, 26(17): L781.

[36] Nagatani T. Traffic jam and shock formation in stochastic traffic-flow model of a two-lane roadway[J]. Journal of the Physical Society of Japan, 1994, 63(1): 52—58.

[37] Rickert M, Nagel K, Schreckenberg M, et al. Two lane traffic simulations using cellular automata[J]. Physica A: Statistical Mechanics and Its Applications, 1996, 231(4): 534—550.

[38] Wagner P, Nagel K, Wolf D E. Realistic multi-lane traffic rules for cellular automata[J]. Physica A: Statistical Mechanics and Its Applications, 1997, 234(3-4): 687—698.

[39] Nagel K, Wolf D E, Wagner P, et al. Two-lane traffic rules for cellular automata: A systematic approach[J]. Physical Review E, 1998, 58(2): 1425.

[40] Worrall R D, Bullen A G, Gur Y. An elementary stochastic model of lane-changing on a multilane highway[J]. Highway Research Record, 1970, 308: 1-12.

[41] Pentland A, Liu A. Modeling and prediction of human behavior[J]. Neural Computation, 1999, 11(1): 229—242.

[42] Sheu J B, Ritchie S G. Stochastic modeling and real-time prediction of vehicular lane-changing behavior[J]. Transportation Research Part B: Methodological, 2001, 35(7): 695—716.

[43] Toledo T, Katz R. State dependence in lane-changing models[J]. Transportation Research Record: Journal of the Transportation Research Board, 2009, (2124): 81—88.

[44] Singh K, Li B. Estimation of traffic densities for multilane roadways using a markov model approach[J]. IEEE Transactions on Industrial Electronics, 2012, 59(11): 4369—4376.

[45] McDonald M, Wu J, Brackstone M. Development of a fuzzy logic based microscopic motorway simulation model[C]//IEEE Conference on Intelligent Transportation System, Boston, 1997: 82—87.

[46] Brackstone M, McDonald M, Wu J. Lane changing on the motorway: Factors affecting its occurrence, and their implications[C]//9th International Conference on Road Transport Information and Control, London, 1998: 160—164.

[47] Das S, Bowles B A, Houghland C R, et al. Microscopic simulations of freeway traffic flow [C]//Proceedings of the 3rd Annual Simulation Symposium, San Diego, 1999: 79—84.

[48] Wu J, Brackstone M, McDonald M. Fuzzy sets and systems for a motorway microscopic simulation model[J]. Fuzzy Sets and Systems, 2000, 116(1): 65—76.

[49] Moridpour S, Rose G, Sarvi M. Modelling the heavy vehicle drivers' lane changing decision under heavy traffic conditions[J]. Road & Transport Research: A Journal of Australian and New Zealand Research and Practice, 2009, 18(4): 49.

[50] Hunt J G, Lyons G D. Modelling dual carriageway lane changing using neural networks[J]. Transportation Research Part C: Emerging Technologies, 1994, 2(4): 231—245.

[51] Kita H. A merging-giveway interaction model of cars in a merging section: A game theoretic analysis[J]. Transportation Research Part A: Policy and Practice, 1999, 33(3): 305—312.

[52] Kita H, Tanimoto K, Fukuyama K. A game theoretic analysis of merging-giveway interaction: A joint estimation model[C]//Proceedings of the 15th International Symposium on Transportation and Traffic Theory, Adelaide, 2002: 503－518.
[53] Mehood A. Integrated Simulation Model for Driver Behavior Using System Dynamic[D]. Waterloo: University of Waterloo, 2003.
[54] Ahmed K I. Modeling Drivers' Acceleration and Lane Changing Behavior[D]. Cambridge: Massachusetts Institute of Technology, 1999.
[55] Hidas P. Modelling vehicle interactions in microscopic simulation of merging and weaving[J]. Transportation Research Part C: Emerging Technologies, 2005, 13(1): 37－62.
[56] Toledo T, Koutsopoulos H N, Ben-Akiva M. Integrated driving behavior modeling[J]. Transportation Research Part C: Emerging Technologies, 2007, 15(2): 96－112.
[57] Kita H. Effects of merging lane length on the merging behavior at expressway on-ramps[C]//Proceeding of 12th International Symposium on the Theory of Traffic Flow and Transportation, Berkeley, 1993: 37－51.
[58] Meng Q, Weng J. Cellular automata model for work zone traffic[J]. Transportation Research Record: Journal of the Transportation Research Board, 2010, (2188): 131－139.
[59] 陆化普. 交通规划理论与方法[M]. 北京：人民交通出版社，1998.
[60] Hou Y, Edara P, Sun C. A genetic fuzzy system for modeling mandatory lane changing[C]//15th IEEE Conference on Intelligent Transportation Systems, Anchorage, 2012: 1044－1048.
[61] Hou Y, Edara P, Sun C. Modeling mandatory lane changing using bayes classifier and decision trees[J]. IEEE Transactions on Intelligent Transportation Systems, 2014, 15(2): 647－655.
[62] 蒋舜. 城市快速路匝道汇入区交通流建模与仿真[D]. 上海：同济大学，2016.
[63] 陆建，姜军. 城市道路驾驶人跟驰行为研究[M]. 北京：科学出版社，2013.
[64] Breiman L. Random forests[J]. Machine Learning, 2001, 45(1): 5－32.
[65] Ossen S. Longitudinal Driving Behavior: Theory and Empirics[D]. Delft: Delft University of Technology, 2008.
[66] Ye Y, Sun J, Jiang S. Modeling car-following behaviors on a merging section in an expressway on-ramp bottleneck[C]//Proceedings of the 16th Cota International Conference of Transportation Professionals, Shanghai, 2016: 2348－2365.
[67] McNeil B J, Hanley J A. Statistical approaches to the analysis of receiver operating characteristic(ROC) curves[J]. Medical Decision Making, 1984, 4(2): 137－150.
[68] Sun J, Ouyang J, Yang J. Modeling and analysis of merging behavior at expressway on-ramp bottlenecks[J]. Transportation Research Record: Journal of the Transportation Research Board, 2014, (2421): 74－81.
[69] 孙剑，蒋舜，欧阳吉祥. 城市快速路驶入匝道瓶颈车辆汇入行为[J]. 同济大学学报(自然科学版)，2015, 43(4): 549－554.
[70] Breiman L, Friedman J, Stone C J, et al. Classification and Regression Trees[M]. Boca Raton: CRC Press, 1984.

# 第 7 章　快速路微观交通流仿真

由于国内外驾驶行为存在较大差异，现有仿真软件(如 VISSIM、TransModeler 等)在缺省参数下很难准确再现我国快速路的实际交通流运行特征。本章将从两个方面介绍如何提高快速路微观交通仿真的可信度。第一种是对现有仿真软件中的模型参数进行校正，包括校正流程、方法及高精度仿真评价标准；第二种是利用第 6 章建立的微观交通流模型，研发新的仿真系统，本章介绍了 ORBSIM (on-ramp bottleneck simulation)快速路匝道汇入区微观交通仿真原型系统的模块构成及仿真流程，并结合实际案例验证系统的有效性。

## 7.1 引　　言

微观交通仿真是以单个车辆为对象，通过仿真模型模拟在不同的道路和交通条件下车辆在路网上的运行状态，在描述和评价路网交通流状况方面具有传统数学模型无法比拟的优越性。目前常用的微观交通仿真软件包括 Caliper 公司开发的 TransModeler、PTV 公司开发的 VISSIM、TSS 公司开发的 AIMSUN2 (advanced interactive microscopic simulator for urban and non-urban networks)及 Quadstone 公司开发的 PARAMICS(parallel microscopic simulation)等。

匝道汇入区主要有跟驰和换道这两种驾驶行为，描述这两种驾驶行为的模型是决定类似于匝道汇入区这种瓶颈仿真结果的关键[1]。然而，现有的微观仿真软件都是针对国外交通流特性开发的，国外的交通特性又与我国的交通特性存在一定差异，因此在缺省参数设置的情况下往往不能反映我国交通的实际情况。图 7.1 给出了 2009 年 9 月 27 日上海市延安路高架广中路入匝道瓶颈实测的速度时空图，以及利用微观仿真软件 VISSIM 和 TransModeler 的缺省值仿真出的速度时空图。

根据图 7.1 的对比结果可知，VISSIM 仿真软件虽然仿真出了瓶颈出现及消散的过程，但在影响范围、影响时间和车辆速度上都与实际情况存在明显差异，而 TransModeler 仿真软件则根本没有仿真出瓶颈情形，在仿真时段内，仿真区域一直处于畅通的状态。因此，若要利用国外的仿真软件模拟和再现我国的交通流特性，首先需要对驾驶行为模型的参数进行校正，这是保证交通仿真模型有效的前提。

除了对现有仿真软件的模型参数进行校正外，构建符合我国驾驶行为的模型

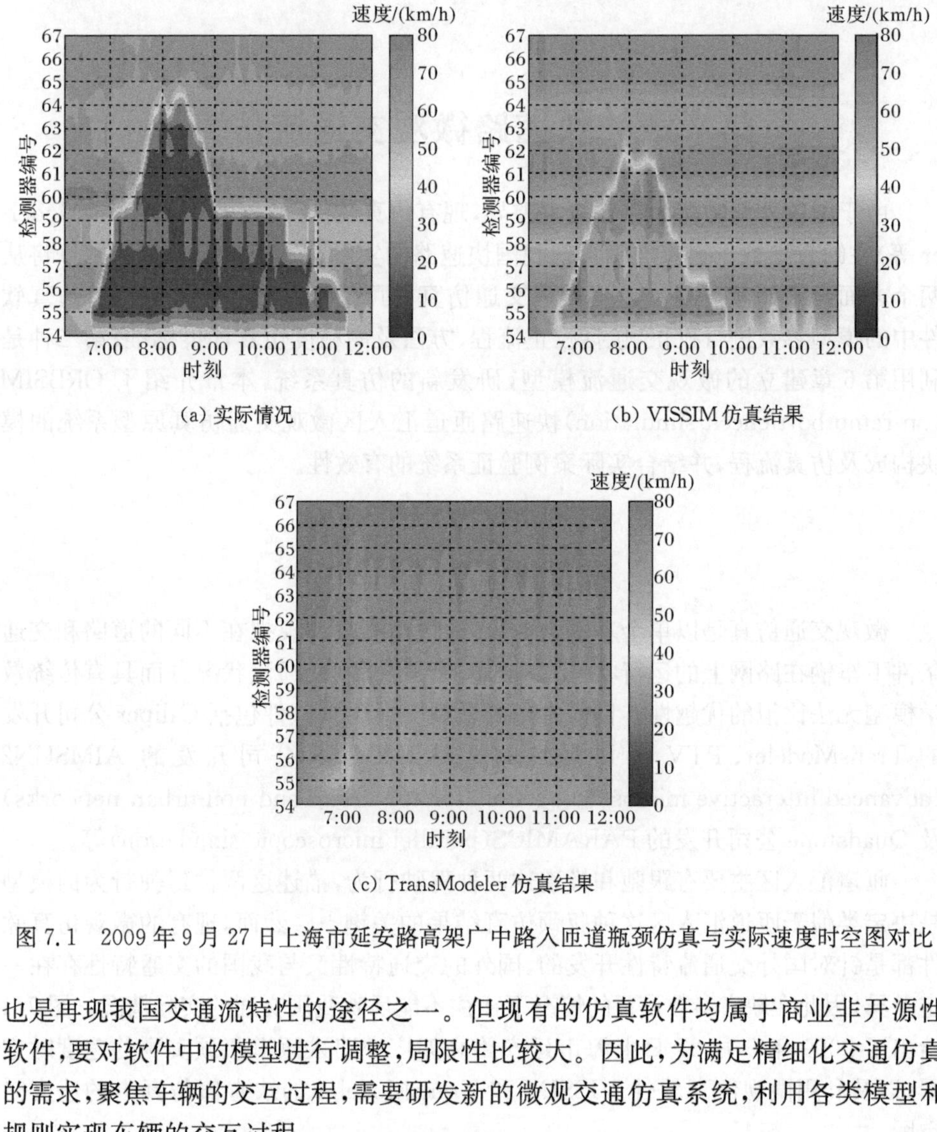


图 7.1　2009 年 9 月 27 日上海市延安路高架广中路入匝道瓶颈仿真与实际速度时空图对比

也是再现我国交通流特性的途径之一。但现有的仿真软件均属于商业非开源性软件,要对软件中的模型进行调整,局限性比较大。因此,为满足精细化交通仿真的需求,聚焦车辆的交互过程,需要研发新的微观交通仿真系统,利用各类模型和规则实现车辆的交互过程。

综上所述,本章从对现有的仿真软件进行模型参数标定以及研发新的微观交通仿真系统两方面入手,以期更好地模拟和再现我国城市快速路交通流运行特性。

## 7.2　微观交通流仿真模型参数标定

现有的仿真软件在默认的参数值设置下并不能很好地再现实际交通流现象,

因此在运用仿真软件进行交通流仿真之前,需要针对我国城市路网的实际交通调查结果,对相关参数进行校正。其目的是提高仿真模型的精度,使仿真结果更真实、更准确。

本节介绍了模型校正流程以及精度评价指标体系,并对模型校正结果进行了分析评价。

### 7.2.1 研究对象

本节选取广中路瓶颈为对象进行研究。广中路瓶颈位于上海市内环快速路外线的广中路入匝道下游处,由于该处从三条车道减少为两条车道,导致供需严重不平衡而形成瓶颈。在瓶颈上游附近,为求得更高的车速,车辆的换道行为较为冒险与激进,频繁换道使得交通流不稳定,容易受到扰动而拥堵。总体来看,该瓶颈是十分典型的城市快速路入匝道瓶颈,其交通流演变特征及驾驶行为与其他快速路理论上不会有很大差别,具有一定的代表性。

图 7.2 是广中路瓶颈的示意图,能直观地了解各个入匝道的位置及瓶颈范围的线圈检测器编号,瓶颈位于线圈 NHWX55 附近。在长 7km 的分析路段上,大约每隔 500m 设线圈检测器,能够获取的数据包括每条车道的流量、速度、占有率。要更进一步地确定瓶颈拥堵的时空范围,需要根据广中路瓶颈路段的各个检测断面的流量加权速度(间隔 5min),做出全天的速度等高线图(图 7.3),初始空间范围根据实际的拥堵范围确定。图 7.3 中数据为 2009 年 9 月 27 日的检测数据,其中 59 号线圈检测器数据缺失。

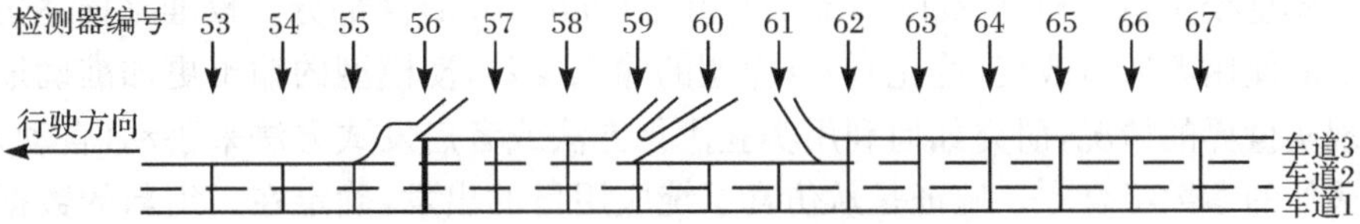


图 7.2 内环外线广中路瓶颈示意图

图 7.3 中横轴代表时刻,从 0:00 至 24:00;纵轴为检测器编号,从 52 号至 67 号检测线圈;图 7.3 中的不同灰度代表通过检测线圈的车辆的流量加权速度,右侧灰度条中可以找到对应车速,用以反映快速路瓶颈范围内拥堵的时空演化过程,从中可以粗略判断瓶颈失效的开始时间和结束时间。从图 7.3 可看出,2009 年 9 月27 日出现了两次瓶颈失效,持续时间分别为 6:30～11:30、12:30～20:00。由于下午的瓶颈失效时间较长,选择第一次瓶颈失效进行研究。结合线圈位置可以看出,55 号线圈附近速度首先下降,逐渐向上游蔓延,之后从上游逐渐消散,最后 55 号线圈附近的速度也恢复至自由流车速。54 号线圈及下游线圈所测速度保持在 40km/h 以上,由此可判断出 54 号线圈处于瓶颈下游,且其下游始终处于畅通

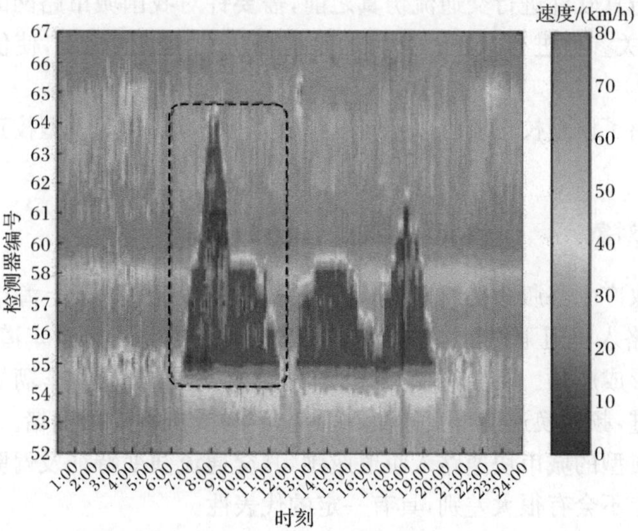


图 7.3 2009 年 9 月 27 日广中路瓶颈全天速度等高线图

状态，符合独立瓶颈的条件。排队最长蔓延到 65 号线圈附近，为了能够更清晰地反映拥堵的蔓延范围，最终确定瓶颈的空间研究范围为 54～67 号线圈，时间范围为 6:00～12:00。

## 7.2.2 模型校正流程及精度评价标准

模型校正包括校准(calibration)与验证(validation)两部分。校准是描述仿真系统的使用者通过改变(优化)仿真模型的输入参数，使模型的输出更加准确地接近现实世界的情况，研究如何利用实验优化方法或者启发式方法来手动(自动)寻找最佳的参数组合[2]。验证是从仿真系统应用目的出发，确定在一组新的数据条件下仿真系统是否在若干选定指标上都能在一定水平上代表现实世界的交通运行特征。

从方法论上划分，微观仿真模型的校正方法有两类：第一类是根据交通工程师的经验和对交通现象机理的把握，通过对实测数据的分析建模，直接设定相关参数(或输入)进行验证，可称为直接法；第二类是利用统计软件工具或计算机，从统计学上对不同参数取值对仿真结果的影响进行分析，以提高仿真结果与实测情况的相似性为目标，对参数取值进行优化，然后再对优化后的参数进行验证，可称之为间接法。本节介绍的校正方法中以第二类方法为主。

组成交通仿真系统的核心模型中(跟驰、换道、路径变换等)含有许多模型参数，需要校准的仿真参数一般包括交通流特性参数、驾驶行为参数等。交通流特性参数，如车速分布、交通流量、车辆组成等均可通过实测数据获得，而驾驶行为参数则很难通过观测直接获取，因此是模型校正的重点。

基于对常发性瓶颈的形成过程的理解和交通流特性的研究，针对快速路瓶颈的仿真模型是否达到精细化的评判标准不仅要求单个地点、某一时段平均流量、速度的匹配，更重要的是能够再现瓶颈拥堵的时空演变过程，并且能够反映瓶颈的早发性失效特征。这就需要提出新的评价指标体系，能够精细化的衡量仿真模型的精度。同时，为了弥补现有模型校正方法复杂、耗时长、技术要求高的缺陷，作者提出了更为简单有效的微观仿真模型校正流程，以期推动快速路微观仿真的科学化应用。

1. 校正参数范围

Sun 等[3]在早发性失效瓶颈的研究中曾对合流瓶颈失效的机理做过阐述：当主线和入匝道交通流量上升时，换道行为（尤其是压迫式换道行为）随之增加，从而先在加速车道或外侧车道引发瓶颈，接着拥堵蔓延至其他车道并向上游传播。由于频繁的换道行为，导致在达到瓶颈通行能力之前形成拥堵，从而产生早发性失效。由此可见，决定跟车行为和换道行为的驾驶行为参数，是模型校正的关键。

本节以 VISSIM 为例，介绍校正参数范围及其物理意义，包括驾驶行为中的跟车模型和换道模型参数。其他仿真模型（TransModeler、AIMSUN、CORSIM、PARAMICS 等）可参考校正参数的物理意义选择类似的参数。

1) 跟车模型

VISSIM 采用的是生理-心理跟车模型，对于机动车交通，生理-心理跟车模型分为两种：Wiedemann 74 模型和 Wiedemann 99 模型。前者主要适用于城市内部道路交通，后者主要适用于城际道路（高速公路）交通。这里研究的内环快速路属于后者，采用 Wiedemann 99 模型，其中包括 10 个参数（CC0～CC9）。跟车模型的调整界面及默认参数如图 7.4 所示。

另外，前视距离和后视距离也纳入了校正范围。需要说明的是，CC4 和 CC5 两个参数的绝对值相同，CC4 为负数，用于前后车速度差为负数的情况；CC5 为正数，用于前后车速度差为正数的情况，为简便起见，用 CC45 来代表这两个参数。由于持续走神的时间和概率难以估计，在实际中出现很少，本模型不予考虑。

2) 换道模型

VISSIM 中有两种车道变换的类型：必要车道变换（用于到达下一个路径的路段连接器）和自由车道变换（用于获得更大的行驶空间或更高的行驶速度）。对于前者，用户可以根据需要定义相对激进的换道行为。

在自由车道变换时，VISSIM 会检测新车道上与跟随车辆的期望安全距离，这个安全距离取决于前方被超车车辆和希望变换车道超车车辆的行驶速度，改变期望安全距离（用于车辆的跟车行为）可以影响自由车道变换。在必要车道变换中，

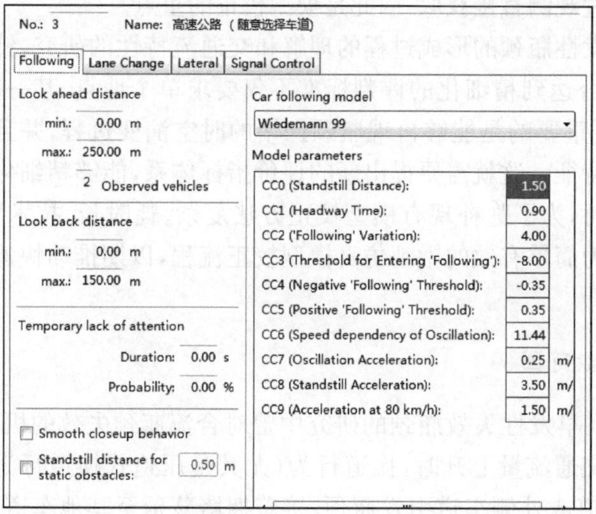


图 7.4　VISSIM 中 Wiedemann 99 跟车模型参数

驾驶行为参数包括超车车辆和目标车道上被超车车辆的最大减速度、可接受(最小)减速度及减速度随距离的变化率。在可接受减速度与最大减速度之间,车辆与下一路段连接器的距离越近,其减速度越大。

VISSIM 换道模型参数的调整界面如图 7.5 所示。在以上两种车道变换情况下,当驾驶员试图变换车道时,首先需要在目标车道上寻找合适的车头时距,受到

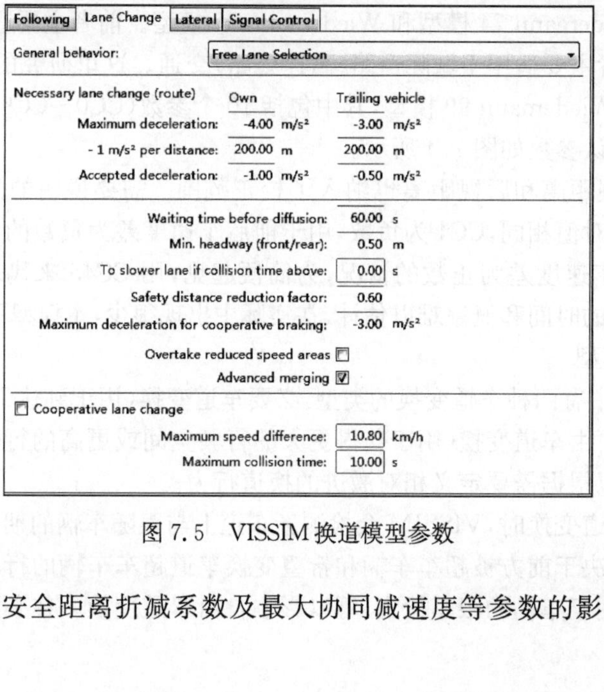


图 7.5　VISSIM 换道模型参数

最小车头间距、安全距离折减系数及最大协同减速度等参数的影响。如果激活

“提前换道”选项,车辆会提前寻找机会变道,更加符合实际情况。将“合作的换道”的两个参数,即最大速度差和最大冲突时间也纳入校正范围。

为保证模型的准确性,将以上所有影响换道行为的参数都纳入校正范围。同时,为了避免校正过程中对参数合理取值的扭曲,应该基于参数的实际物理意义确定其合理的变化范围。以上跟车模型和换道模型的参数缺省值及建议取值范围见表 7.1。

**表 7.1 VISSIM 模型驾驶行为参数**

| 模型 | 参数 | | 含义 | 缺省值 | 建议取值范围 |
|---|---|---|---|---|---|
| 跟车模型 | CC0 | | 平均停车间距/m | 1.50 | 0.5～2.5 |
| | CC1 | | 期望车头时距/s | 0.90 | 0.7～1.7 |
| | CC2 | | 跟驰随机振荡距离/m | 4.00 | 2～8 |
| | CC3 | | 进入跟驰状态的阈值 | −8.00 | −10～−5 |
| | CC4 | | 消极跟驰状态的阈值 | −0.35 | −1.05～−0.05 |
| | CC5 | | 积极跟驰状态的阈值 | 0.35 | 0.05～1.05 |
| | CC6 | | 车速振动 | 11.44 | 0～20 |
| | CC7 | | 加速度波动幅度/($m/s^2$) | 0.25 | 0.1～2.1 |
| | CC8 | | 停车时的加速度/($m/s^2$) | 3.50 | 2～3.5 |
| | CC9 | | 80km/h 车速时的加速度/($m/s^2$) | 1.50 | 0.5～2 |
| | MaxF | | 最大前视距离/m | 0 | 0～50 |
| | MinF | | 最小前视距离/m | 250 | 150～300 |
| | Ocar | | 观察到的车辆 | 2 | 1～6 |
| | MaxB | | 最大后视距离/m | 0 | 0～30 |
| | MinB | | 最小后视距离/m | 150 | 150～300 |
| | 持续时间 | | 暂时走神持续时间/s | 0 | 不作研究 |
| | 概率 | | 暂时走神概率/% | 0 | |
| 换道模型 | Own | MaxD | 最大减速度/($m/s^2$) | −4 | −9～−4 |
| | | Ddis | 减速度降 $1m/s^2$ 的距离/m | 200 | 50～200 |
| | | MinD | 可接受的减速度/($m/s^2$) | −1 | −3～−1 |
| | Trailing | MaxD | 最大减速度/($m/s^2$) | −3 | −9～−3 |
| | | Ddis | 减速度降 $1m/s^2$ 的距离/m | 200 | 50～200 |
| | | MinD | 可接受的减速度/($m/s^2$) | −0.5 | −3～−0.5 |
| | TimeD | | 消失前的等待时间/s | 60 | 30～120 |
| | Hw | | 最小车头间距(前/后)/m | 0.5 | 0.2～1.2 |
| | Safety | | 安全距离折减系数 | 0.6 | 0.1～0.6 |
| | MaxCD | | 协调刹车的最大减速度/($m/s^2$) | −3 | −9～−3 |
| | MaxSD | | 最大速度差值/(km/h) | 10.8 | 5～20 |
| | MaxCT | | 最大冲突时间/s | 10 | 5～20 |

2. 模型精度评价指标

评价一个瓶颈仿真模型的精确度，需要考虑其整体路段的流量、速度，以及拥堵的时空演变过程。根据已有研究，选择 4 个评价指标来衡量仿真模型的精度，分别是 $C_1$、$C_2$、GEH 和 Dev$S$，均基于实际与仿真流量、速度矩阵的运算得到。其中，GEH 和 Dev$S$ 分别用以评价瓶颈区域整体上的流量、速度匹配程度，$C_1$ 和 $C_2$ 分别用以评价拥堵的时空范围匹配程度及拥堵区域的速度匹配。

1) GEH 和 Dev$S$

GEH 旨在比较两组流量数据的匹配程度，其值越小越好，是一个经验性指标。其表达式如下：

$$\mathrm{GEH}(i,t)=\sqrt{\frac{[E(i,t)-V(i,t)]^2}{[E(i,t)+V(i,t)]/2}} \tag{7.1}$$

式中，$E$ 为仿真模型的流量矩阵；$V$ 为实际测得的流量矩阵；$i$ 为线圈检测器编号；$t$ 为时刻。本节取矩阵中的 85%分位值作为 GEH 评价指标。

Dev$S$ 表示速度相对误差，由相对误差矩阵算出，本节对矩阵的所有值排序后去掉了其中 15%较差的结果，并取其余 85%数据的平均值作为 Dev$S$ 指标。

2) $C_1$ 和 $C_2$

$C_1$ 是一个表征瓶颈范围匹配的指标，反映实际与仿真在瓶颈范围(时间和空间上)的匹配程度，$C_1$ 越大则匹配程度越高。若 $C_1=1$，则意味着实际与仿真的瓶颈区域是完全匹配的。其表达式如下：

$$C_1=\frac{\sum_{i=1}^{N}\left(\left\{\sum_{t=1}^{T}[\mathrm{BS_s}(i,t)\wedge \mathrm{BS_r}(i,t)]\right\}(-x_i)\right)}{\sum_{i=1}^{N}\left(\left\{\sum_{t=1}^{T}[\mathrm{BS_s}(i,t)\wedge \mathrm{BS_r}(i,t)]\right\}(x_{i+1}-x_i)\right)} \tag{7.2}$$

$C_2$ 不仅反映瓶颈范围的匹配，还反映实际速度的匹配程度。当 $C_2=1$ 时，实际与仿真的瓶颈区域和速度是完全匹配的。其表达式如下：

$$C_2=1-\frac{2\sum_{i=1}^{N}\left\{\sum_{t=1}^{T}\{[\mathrm{BS_s}(i,t)\vee \mathrm{BS_r}(i,t)]\,|S_s(i,t)-S_r(i,t)|\}(x_{i+1}-x_i)\right\}}{\sum_{i=1}^{N}\left\{\sum_{t=1}^{T}\{[\mathrm{BS_s}(i,t)\vee \mathrm{BS_r}(i,t)][S_s(i,t)+S_r(i,t)]\}(x_{i+1}-x_i)\right\}} \tag{7.3}$$

式中，$S(i,t)$为检测器 $i$ 在时刻 $t$ 的速度值；$\mathrm{BS}(i,t)$为基于 $S(i,t)$的一个二元矩阵：

$$\mathrm{BS}(i,t)=1,\quad \text{if}\quad S(i,t)\leqslant V_{\mathrm{th}},\quad 否则\quad \mathrm{BS}(i,t)=0 \tag{7.4}$$

其中，阈值 $V_{\mathrm{th}}$可以根据实际情况设置，这里令 $V_{\mathrm{th}}=45\mathrm{km/h}$。

$\mathrm{BS}(i,t)$是一个 0-1 矩阵，表示在某一时间和空间位置是否处于拥堵状态。这样就把判断的标准转换为数字，从而可以量化模型对实际的拟合程度。$BS_s(i,t) \wedge BS_r(i,t)$代表交集，$BS_s(i,t) \vee BS_r(i,t)$代表并集，$x_{i+1}-x_i$ 代表两个线圈之间的距离，近似为 500m。

这里需要针对以上 4 个评价指标进行说明：对于 $C_1$ 和 $C_2$ 来说，$C_2$ 是更为严苛的指标。具体来说，$C_2$ 是在 $C_1$ 的瓶颈区域匹配的基础上，进一步需要速度的匹配才能达到较大的数值。GEH 是针对流量进行评价的，$C_2$ 和 Dev$S$ 都是针对速度进行评价的，$C_2$ 相对于 Dev$S$ 是更加严格的指标。

本节推荐的仿真模型评价指标标准如下：

(1) $C_1>0.85$。

(2) $C_2>0.65$。

(3) GEH$<5$。

(4) Dev$S<15\%$。

3. 模型校正流程

1) 参数筛选

上述内容确定了仿真模型中影响驾驶行为的 26 个参数，但并非所有参数都会对仿真运行结果产生显著的影响。换言之，其中一部分参数的取值不同不会引起评价指标的显著变化，应该被剔除以缩小需要校正的参数范围。筛选出的对模型影响显著的参数称为敏感参数，此实验称为敏感性分析实验。

参数筛选采用的方法是方差分析法。方差分析是应用广泛的实验数据统计分析方法，实质是检验多个变量均值的一致性。以 VISSIM 为例，每一次仿真可以看成是一次实验，不同的随机种子引起的不同仿真结果可以看成是实验的随机误差，而改变一个参数后引起的不同仿真结果可以看成是系统误差。方差分析就是通过检验这几组评价指标是否具有一致性，从而判断参数对模型是否影响显著。如果每次只改变一个参数的取值，则采用单因素方差分析。这里选择 $p<0.05$ 为标准衡量指标是否显著。需要注意的是，应调整好每个参数变化的步长及范围，控制实验次数及耗时，同时不要脱离参数的实际物理意义。

本例从 26 个参数中筛选出 8 个敏感参数，分别为 CC0、CC1、CC2、CC45、可接受的减速度、安全折减系数、协调刹车的最大减速度、最大速度差值。

2) 校准实验

筛选出对评价指标影响显著的参数后，需要研究哪些参数组合使评价指标最优。校准实验采用正交实验法设计实验方案。如果将驾驶行为参数视为因素，参数的不同取值视为水平，寻找参数的最优组合就成为如何在多因素多水平的组合中找到使实验指标最优的因素取值问题。

假设每个参数取 6 个水平，若对全部参数组合实验，需要做 $8^6$ 次实验，然而实际上不可能在有限的时间内完成如此多次实验。正交实验就是根据正交性从全面实验中挑选出部分有代表性的点进行实验，这些有代表性的点具备了“均匀分散，齐整可比”的特点，是一种高效、快速、经济的实验设计方法。

各因素的水平确定后，可利用 SPSS 生成正交实验表。本例中，8 因素 6 水平正交实验需要 64 组。因此，只需要按照正交实验表修改 VISSIM 模型中对应的参数再运行仿真即可；每一组实验设置 3 个随机种子，输出检测器的速度、流量数据取平均值后，计算评价指标并绘制速度等高线图。可先从运行出的 64 组评价指标中初步筛选出指标较好的几组，再观察对应的速度等高线图，筛选更加符合实际的图形，最后综合衡量参数取值的实际意义后确定最优的参数组合。

3) 模型验证

校准后的模型应当通过验证，通常采用同一瓶颈不同日期或时段的线圈数据验证模型的精度。

4) 可转移性测试

除了同一地点不同日期或时段数据的检验外，模型在不同瓶颈的可转移性测试也十分必要。

### 7.2.3 校准结果分析

1. VISSIM

表 7.2 列出了 VISSIM 校准参数的缺省值和推荐值，从图 7.6 的速度等高线图可对比校准前后模型再现的瓶颈拥堵的时空演变过程；PQF 和 QDF 指标表明校准模型能够模拟瓶颈的双通行能力现象。图 7.7 对比了模型校准前后的 4 个评价指标，校准后的模型精度显著提高，评价指标全部满足要求，能够较准确地反映瓶颈实际的运行情况。

**表 7.2 VISSIM 校准参数的缺省值及推荐值**

| 参数值 | 参数 | | | | | | | |
|---|---|---|---|---|---|---|---|---|
| | CC0/m | CC1/s | CC2/m | CC45 | MinD /($m/s^2$) | Safety | MaxCD /($m/s^2$) | MaxSD /(km/h) |
| 缺省值 | 1.5 | 0.9 | 4 | ±0.35 | −0.5 | 0.6 | −3 | 10.8 |
| 推荐值 | 1.7 | 1.1 | 2 | ±0.95 | −2.0 | 0.2 | −6 | 20.0 |

通过对比校准前后的参数取值，可以发现使用推荐值时仿真模型中的跟车距离更大，换道行为更加频繁和激进。

2. TransModeler

除了对 VISSIM 的精细化校准外，本节还尝试对 TransModeler 的跟车模型、换道模型的部分参数进行校准。其中，跟车模型中包括 8 个参数，有关加速度和

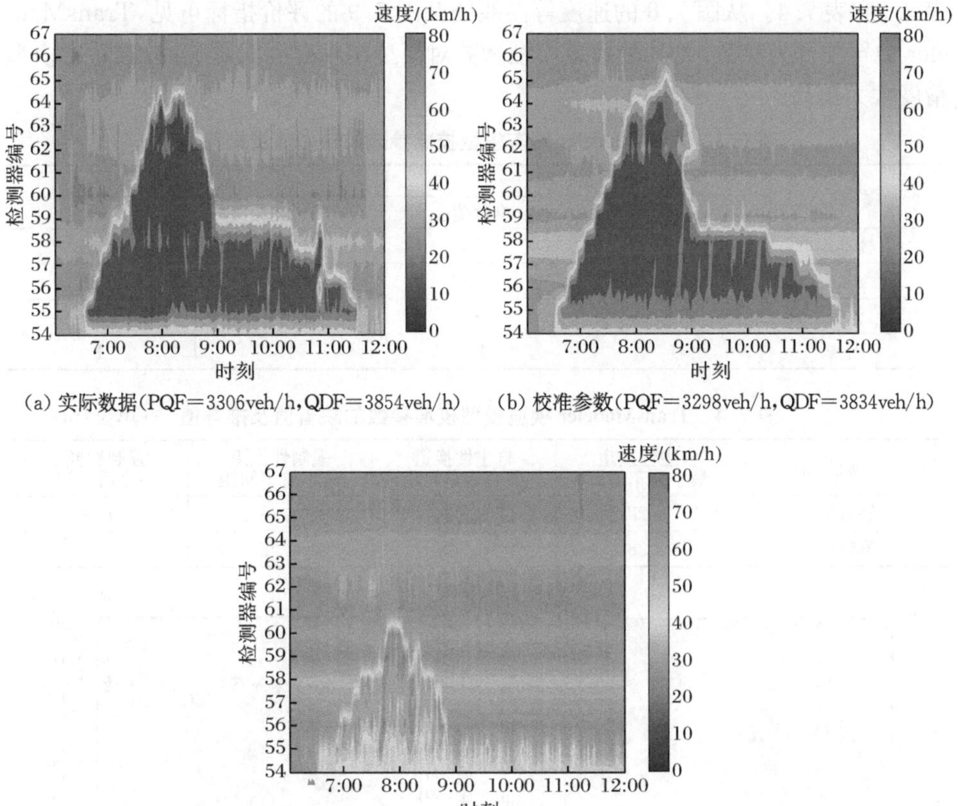


(a) 实际数据(PQF=3306veh/h,QDF=3854veh/h) (b) 校准参数(PQF=3298veh/h,QDF=3834veh/h)

(c) 缺省参数(PQF=4080veh/h,QDF=3893veh/h)

图 7.6 2009 年 9 月 27 日广中路瓶颈实际、校准前后 VISSIM 仿真模型速度等高线图

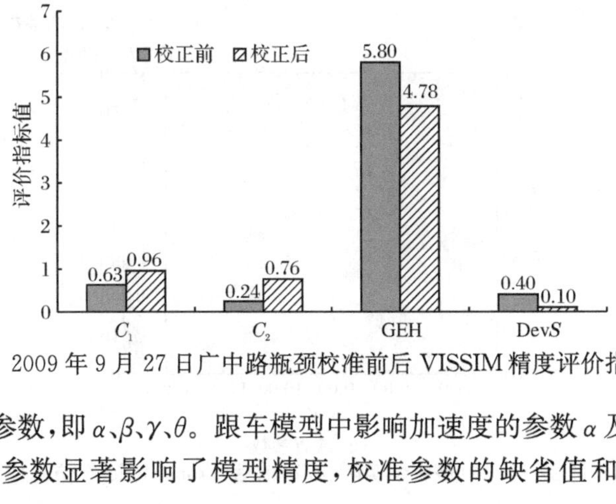


图 7.7 2009 年 9 月 27 日广中路瓶颈校准前后 VISSIM 精度评价指标对比

减速度各 4 个参数,即 $\alpha$、$\beta$、$\gamma$、$\theta$。跟车模型中影响加速度的参数 $\alpha$ 及换道模型中的 4 个 Minimum 参数显著影响了模型精度,校准参数的缺省值和推荐值分别见

表 7.3和表 7.4。从图 7.8 的速度等高线图及图 7.9 的评价指标可见，TransModeler 中驾驶行为参数，尤其是换道模型参数对模型精度有巨大影响，校准后的模型精度大大提高。

**表 7.3　TransModeler 跟车模型校准参数的缺省值及推荐值**

| 参数 | 加速阶段 | | 减速阶段 | |
|---|---|---|---|---|
| | 缺省值 | 推荐值 | 缺省值 | 推荐值 |
| $\alpha$(校准) | 2.81 | 1.55 | 4.65 | 4.65 |
| $\beta$ | −1.67 | −1.67 | 1.08 | 1.08 |
| $\gamma$ | 0.89 | 0.89 | 1.65 | 1.65 |
| $\theta$ | 1 | 1 | 1 | 1 |

**表 7.4　TransModeler 换道模型校准参数的缺省值及推荐值**　（单位：m）

| 项目 | 自主性换道最小前车间距 | 自主性换道最小后车间距 | 强制性换道最小前车间距 | 强制性换道最小后车间距 |
|---|---|---|---|---|
| 缺省值 | 3.28 | 4.92 | 3.28 | 4.92 |
| 推荐值 | 4.28 | 5.92 | 4.28 | 5.92 |

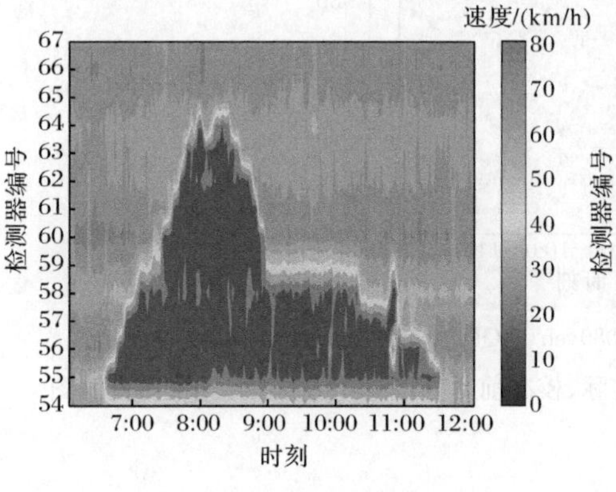


(a) 实际数据

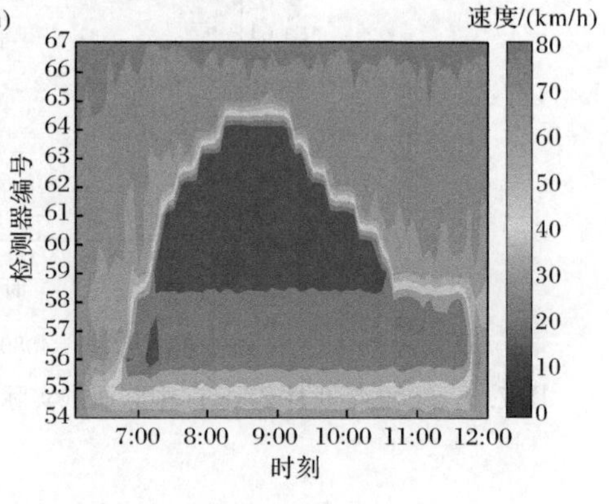


(b) 校准参数

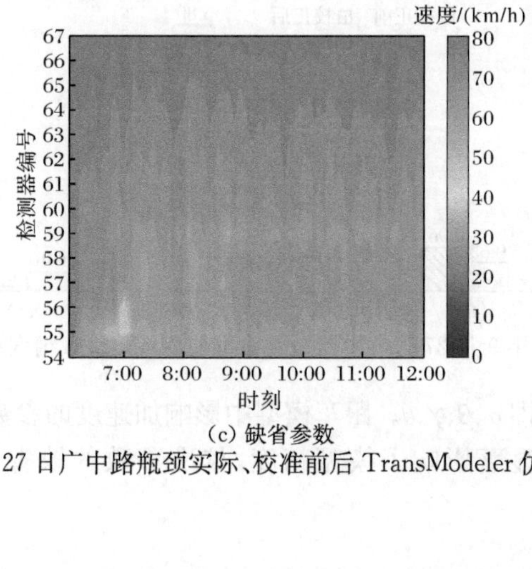


(c) 缺省参数

图 7.8　2009 年 9 月 27 日广中路瓶颈实际、校准前后 TransModeler 仿真模型速度等高线图

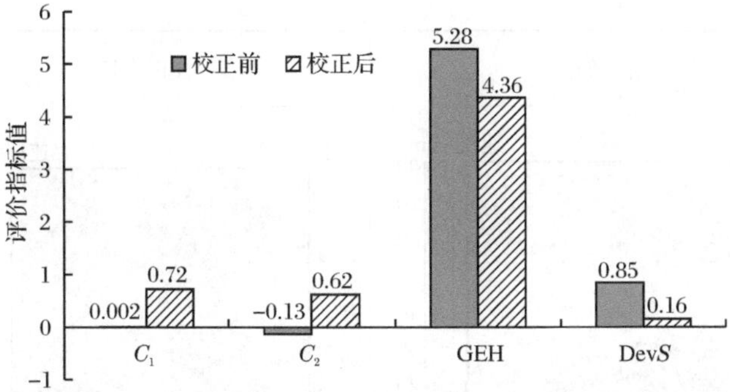


图 7.9　2009 年 9 月 27 日广中路瓶颈校准前后 TransModeler 仿真模型评价指标对比

### 7.2.4　模型验证

校准好的仿真模型需要通过改变车辆输入数据来验证其有效性。仍以 VISSIM 为例，采用广中路瓶颈 2009 年 9 月 24 日，2010 年 2 月 25 日、2 月 26 日、2 月 28 日 4 天的线圈数据对模型进行验证。

时空范围的选择按照 7.2 节介绍的流程确定。车辆以 5min 为间隔输入，模型中检测器数据以 5min 为间隔输出。模型输出数据与实际数据的速度等高线图以及模型精度评价参数见表 7.5。根据 7.2.2 节列出的评价标准，模型满足精度要求，基本能够反映以上 4 个不同时段的拥堵时空演变过程，验证结果令人满意。

表 7.5　广中路瓶颈模型验证结果

| 日期和时间 | 实际数据 | 校正模型 | 评价指标 | |
|---|---|---|---|---|
| 2009 年 9 月 24 日 6:00～13:00 | 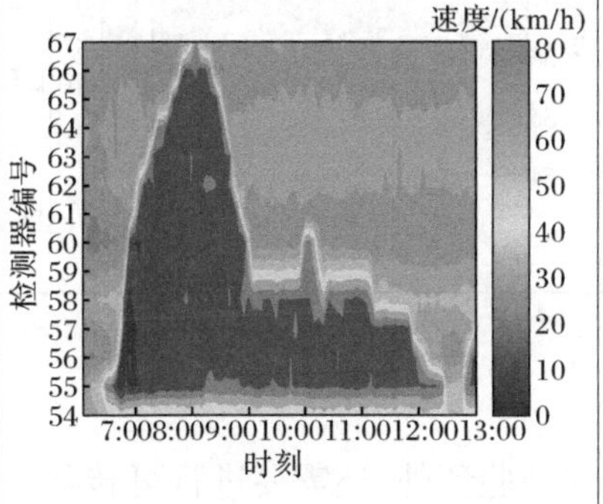 | 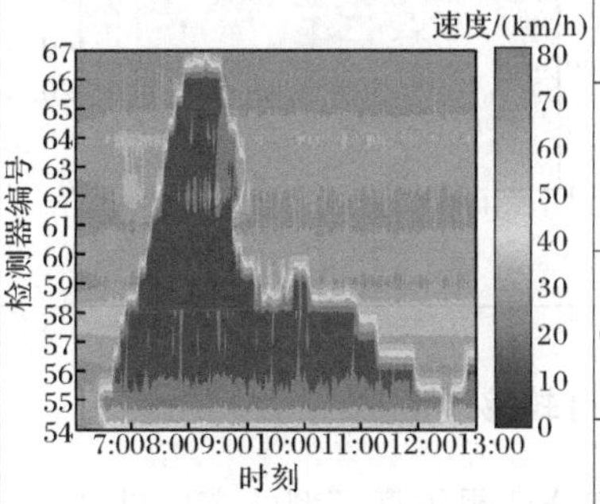 | $C_1$ | 0.93 |
| | | | $C_2$ | 0.68 |
| | | | GEH | 4.03 |
| | | | DevS | 0.10 |

续表

<table>
<tr><th>日期和时间</th><th>实际数据</th><th>校正模型</th><th colspan="2">评价指标</th></tr>
<tr><td rowspan="4">2010 年<br>2 月<br>25 日<br>6:00～<br>12:00</td><td rowspan="4">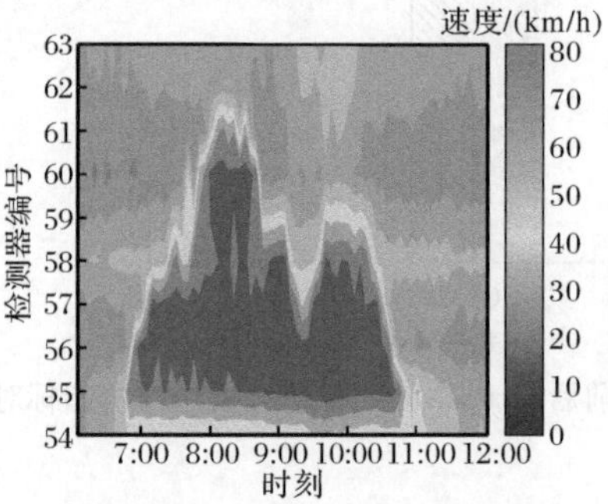</td><td rowspan="4">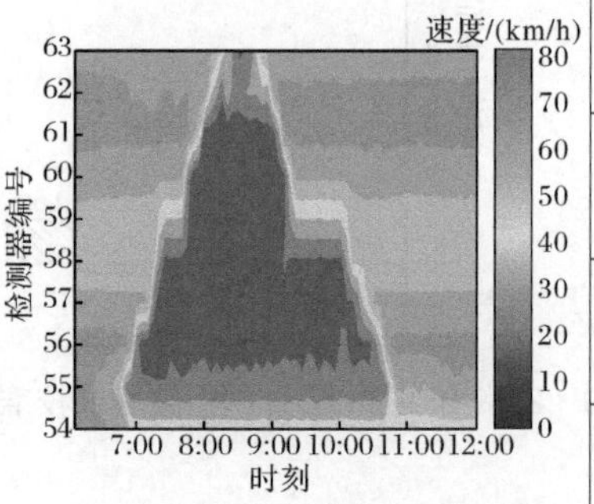</td><td>$C_1$</td><td>0.91</td></tr>
<tr><td>$C_2$</td><td>0.65</td></tr>
<tr><td>GEH</td><td>4.37</td></tr>
<tr><td>Dev$S$</td><td>0.13</td></tr>
<tr><td rowspan="4">2010 年<br>2 月<br>26 日<br>6:00～<br>12:00</td><td rowspan="4">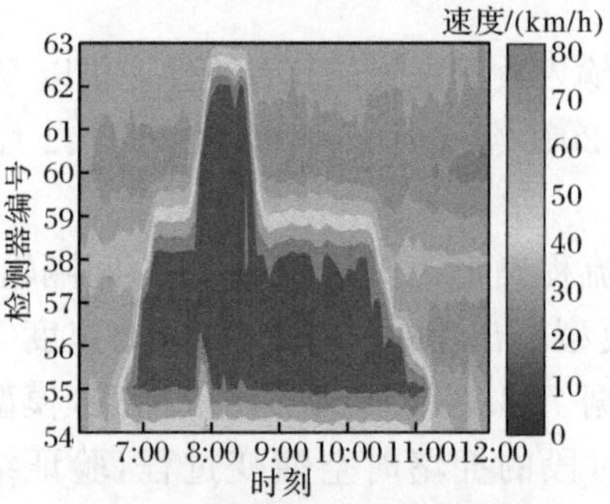</td><td rowspan="4">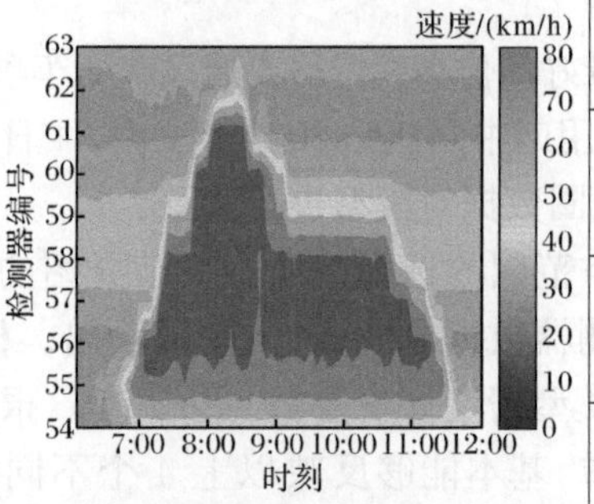</td><td>$C_1$</td><td>0.92</td></tr>
<tr><td>$C_2$</td><td>0.67</td></tr>
<tr><td>GEH</td><td>3.66</td></tr>
<tr><td>Dev$S$</td><td>0.13</td></tr>
<tr><td rowspan="4">2010 年<br>2 月<br>28 日<br>9:00～<br>13:00</td><td rowspan="4">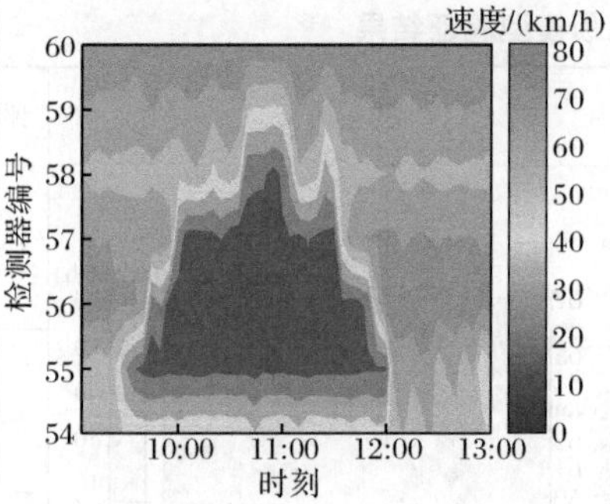</td><td rowspan="4">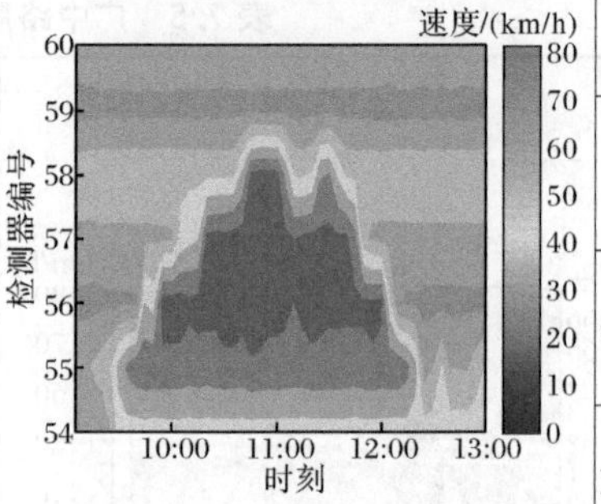</td><td>$C_1$</td><td>0.95</td></tr>
<tr><td>$C_2$</td><td>0.75</td></tr>
<tr><td>GEH</td><td>4.02</td></tr>
<tr><td>Dev$S$</td><td>0.14</td></tr>
</table>

### 7.2.5 可转移性测试

要充分证明仿真模型的有效性，除了模型验证外，还需要进行可转移性测试。选取另一个相似的瓶颈，只改变设施及车辆输入，不改变驾驶行为参数，如果模型仍具有较高的精度，则足以说明其具有可转移性。本节选择上海市快速内环外线武宁路瓶颈作为可转移性测试的实例，其线圈布置及车道变化示意图如图 7.10 所示。分别选择 2009 年 9 月 23 日、9 月 25 日及 9 月 27 日线圈数据进行实验。表 7.6 列出了 VISSIM 精度的评价指标，以及与实际速度等高线图的对比。

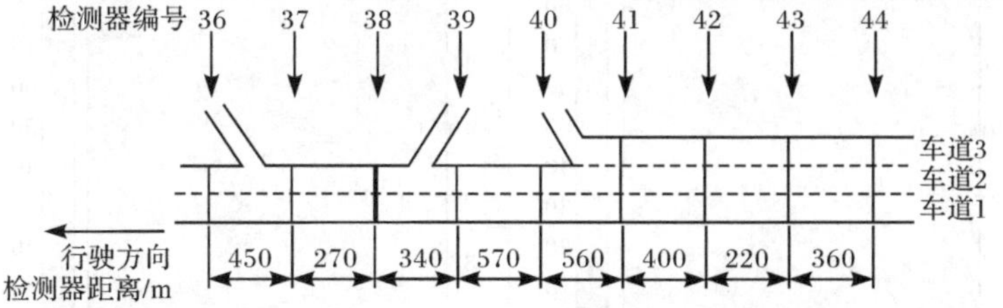


图 7.10 内环外线武宁路瓶颈示意图

**表 7.6 武宁路瓶颈可转移性测试结果**

| 日期和时间 | 实际数据 | 校正模型 | 评价指标 | |
|---|---|---|---|---|
| 2009 年 9 月 23 日 6:00～9:00 | 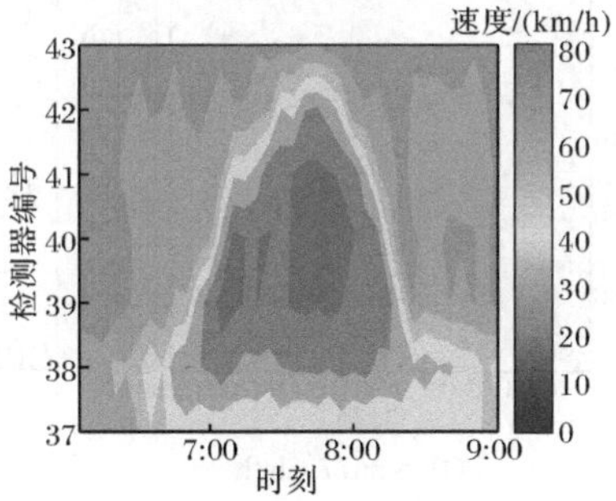 PQF=3480veh/h QDF=3872veh/h | 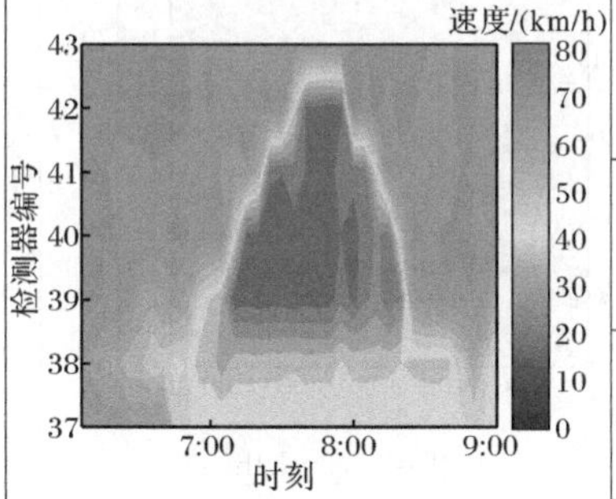 PQF=3192veh/h QDF=3764veh/h | $C_1$ | 0.85 |
| | | | $C_2$ | 0.77 |
| | | | GEH | 3.15 |
| | | | DevS | 0.12 |
| 2009 年 9 月 23 日 9:00～11:00 | 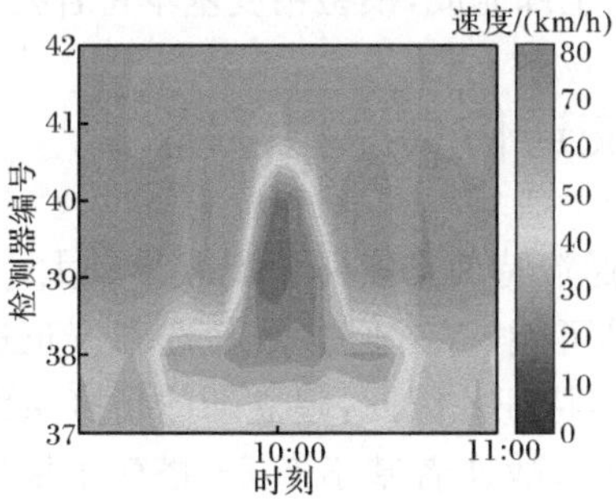 PQF=3690veh/h QDF=3789veh/h | 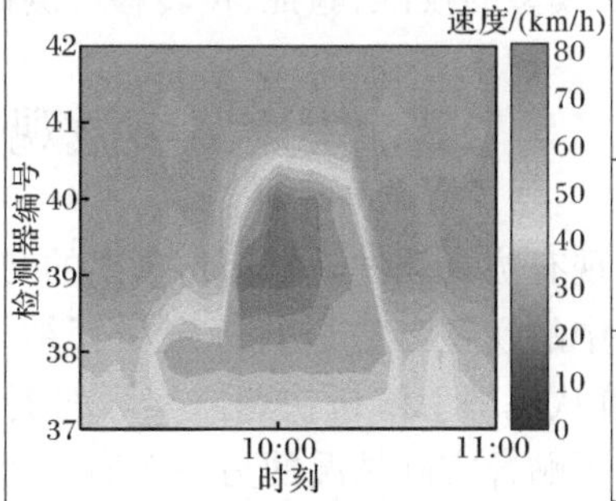 PQF=3528veh/h QDF=3756veh/h | $C_1$ | 0.80 |
| | | | $C_2$ | 0.72 |
| | | | GEH | 4.59 |
| | | | DevS | 0.14 |

续表

| 日期和时间 | 实际数据 | 校正模型 | 评价指标 | |
|---|---|---|---|---|
| 2009 年 9 月 25 日 6:00～10:00 | 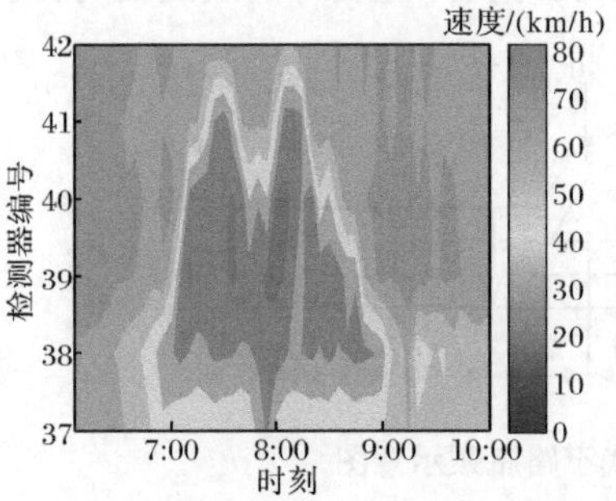<br>PQF=3556veh/h<br>QDF=3821veh/h | 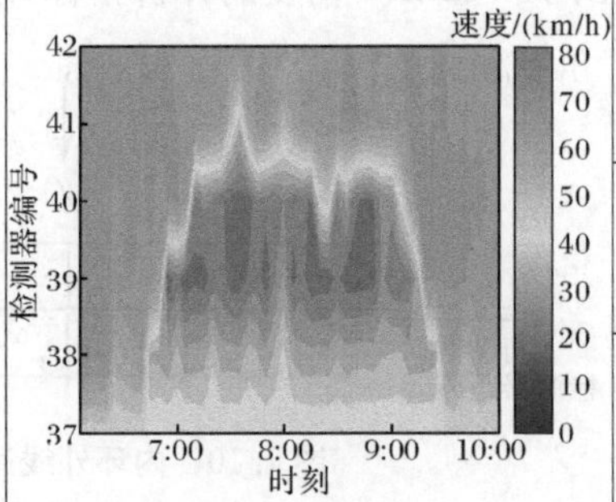<br>PQF=3342veh/h<br>QDF=3733veh/h | $C_1$ | 0.90 |
| | | | $C_2$ | 0.67 |
| | | | GEH | 2.93 |
| | | | Dev$S$ | 0.08 |
| 2009 年 9 月 27 日 6:00～12:00 | 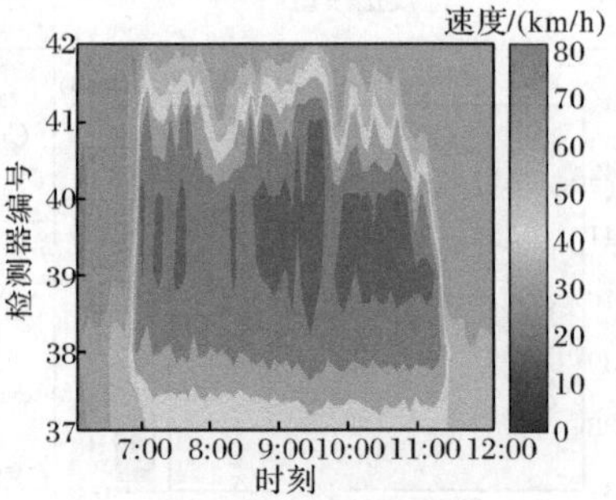<br>PQF=2872veh/h<br>QDF=3744veh/h | 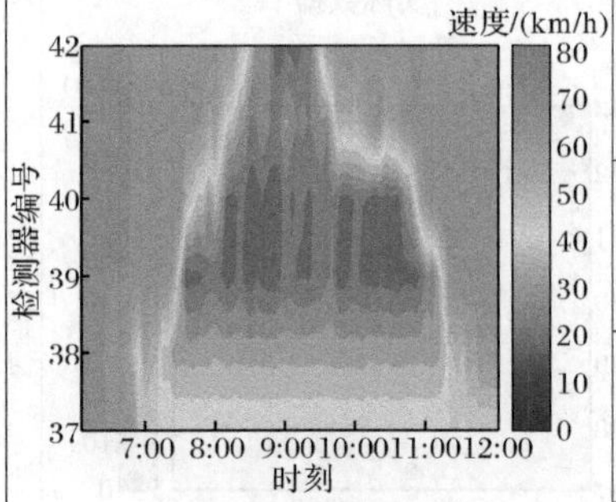<br>PQF=3677veh/h<br>QDF=3740veh/h | $C_1$ | 0.89 |
| | | | $C_2$ | 0.68 |
| | | | GEH | 2.38 |
| | | | Dev$S$ | 0.11 |

至此，模型的校准、验证、可转移性测试全部完成，模型精度基本符合要求。

## 7.3　快速路新微观交通仿真原型系统

鉴于现有仿真软件缺省值仿真出的交通流特性与实际情况差异较大，对现有仿真软件中的模型参数进行标定尽管结果可能有效，但参数筛选和校正过程复杂，且很难从机理上解析快速路实际的拥堵特征。因此，建立新的仿真系统是使仿真结果更贴合实际情况的另一个有效方法，故作者基于 C++ 搭建了快速路匝道汇入区微观交通仿真系统 ORBSIM(on-ramp bottleneck simulation)。

本节对 ORBSIM 原型系统的模块构成和仿真流程进行介绍，同时对仿真结果进行相关分析。

### 7.3.1 仿真模型体系

1. 系统的模块构成

匝道汇入区的微观交通仿真系统主要包括 4 个模块:路网模块、发车模块、跟驰模块和换道模块。

1) 路网模块

路网模块是仿真系统的底层,用来描述路网拓扑关系及道路几何条件。对路网的描述越接近于现实,越能反映驾驶行为及交通流运行特征。

除了路网拓扑关系及道路几何条件外,还应在路网模块中设置检测线圈位置及道路属性,如车道编号、车道类型(主线/匝道)、限制车速等。

2) 发车模块

在发车模块中,首先要对车辆的类型进行定义,包括车型、车身长度、车身宽度、期望速度、加减速特征等;其次要设定各类型车辆所占的比例;最后要给出各 OD 间的流量及车辆到达分布特征。

在该仿真系统中,发车模块是基于车道,并按照车辆的到达率进行发车。该模块共分为两个部分:初始化(初始车辆产生)及车辆的产生。初始化是依据路段长度确定路段上的车辆数,再随机分布其所处位置及初始速度;车辆的产生是在各车道的初始位置处产生车辆,并以某一初速度驶入仿真区域。负指数分布及移位负指数分布适合描述车流量较低时的车头时距分布,但匝道汇入区车流量较高,故在该仿真系统中使用的是适用范围更广泛的 Weibull 分布,负指数分布及移位负指数分布都是 Weibull 分布的特例。在每产生一辆车前,先把所有已产生的车辆都遍历一遍,生成还没达到比例车型的车辆,并随机产生初始速度。主要流程如图 7.11 所示。

3) 跟驰模块

鉴于主线车辆和匝道车辆跟驰行为不同,因此使用不同的模型进行描述。

(1) 主线车辆。

在该仿真系统中,当车辆处于主线时,使用的是智能驾驶员模型(intelligent driver model,IDM),具体如式(7.5)和式(7.6)所示。

$$a_n = a'\left\{1-\left(\frac{v_n}{v_0}\right)^{\alpha}-\left[\frac{S^*(v_n,\Delta v)}{S_n}\right]^{\beta}\right\} \tag{7.5}$$

$$S^*(v_n,\Delta v) = S_0 + v_n T + \frac{v_n \Delta v}{2\sqrt{a'b}} \tag{7.6}$$

式中,$a_n$ 为跟驰车辆的加速度;$a'$为最大加速度;$v_n$ 为跟驰车辆的速度;$v_0$ 为期望速度;$\Delta v$ 为跟驰车辆与引导车辆的速度差;$S_n$ 为跟驰车辆与引导车辆间的车头间

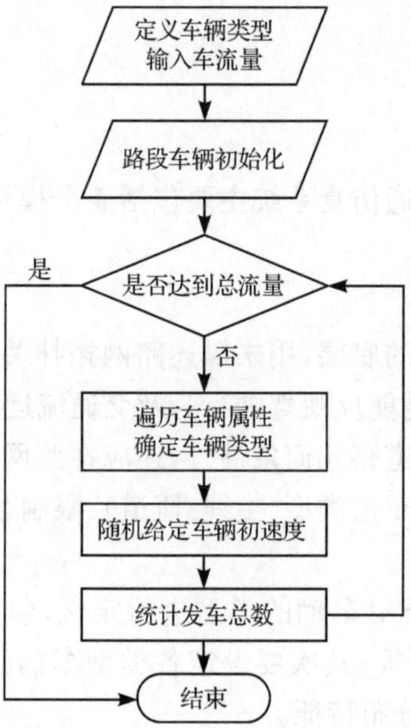


图 7.11 车辆产生流程

距；$S^*(\cdot)$为期望间距；$S_0$ 为停车间距；$T$ 为安全跟车时距；$b$ 为舒适减速度；$\alpha$、$\beta$ 为参数。

使用该模型不用对跟驰状态和自由行驶状态进行区分，且模型中的最大加速度($a'$)和舒适减速度($b$)两项能防止模型产生不符合实际的加速度或减速度。

(2) 匝道车辆。

匝道车辆的跟驰行为会受主线相邻车道车辆的影响，因此在该仿真系统中，使用的是 6.3 节所建立的受侧向影响的跟驰模型。在该模型中，首先需要判断匝道车辆是否处于跟驰状态，使用的是基于当前车辆与当前车道前车的速度相关系数来划分车头时距和跟驰距离的临界值方法，若车头时距和跟驰距离均小于相应的阈值，则车辆处于跟驰状态，使用 6.3.2 节中所提出的受侧向影响的跟驰模型，如式(6.11)所示。如果车头时距或跟驰距离大于相应的阈值，则车辆处于自由行驶状态，将以期望速度行驶。跟驰模型流程如图 7.12 所示。

4) 换道模块

在换道行为中，根据换道意图的不同可分为自主性换道和强制性换道。因其换道过程不同，因此在仿真系统中需设定不同的仿真流程及模型。就快速路匝道汇入区而言，主线上车辆的换道行为属于自主性换道，因此匝道、加速车道上车辆的换道行为属于强制性换道，因此需将流程分开。

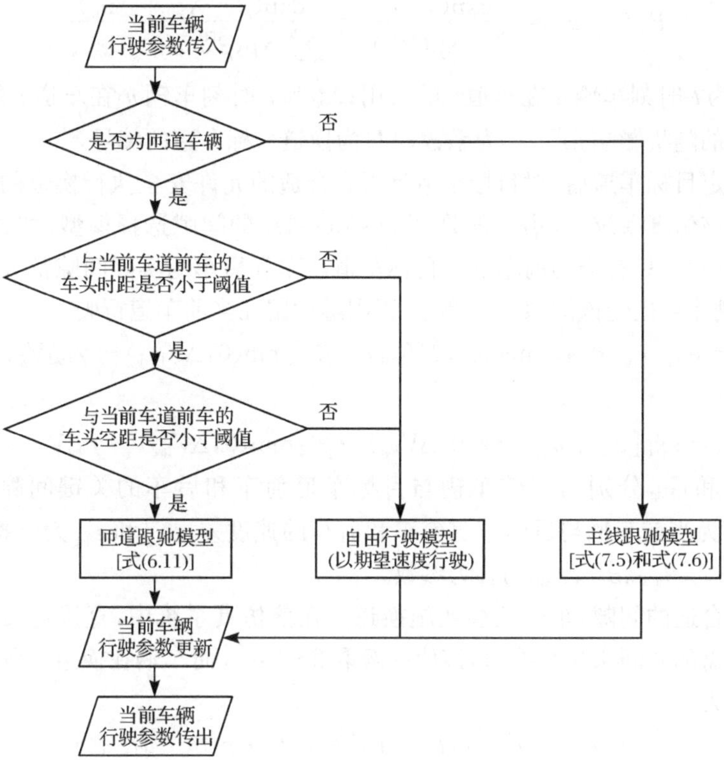


图 7.12 跟驰模型流程

(1) 自主性换道。

自主性换道(discretionary lane changing)的过程一般分为 4 步:换道动机产生;目标车道选择;插车间隙选择;换道实施。

自主性换道首先需要对换道动机的产生进行判断。在该仿真系统中使用的是 6.4.2 节所提出的换道动机模型,如式(6.15)和式(6.18)所示。若根据车辆运动状态所得到的概率值低于概率阈值,则随机性地产生换道动机;如果根据车辆运动状态所得到的概率值大于或等于概率阈值,则根据车辆运动状态产生换道动机。

在产生换道动机后会对目标车道的交通状况进行评价,并选择目标车道。该系统使用的是 Choudhury[4] 提出的模型,车辆 $n$ 在 $t$ 时刻选择车道 $i$ 的概率计算方法如式(7.7)所示。随机产生一个处于[0,1]的随机数,若该随机数小于选择 $i$ 车道的概率,则将 $i$ 车道作为目标车道;否则对其他车道进行相同的判断。若始终没有选择目标车道,则继续留在当前车道行驶。

$$P_{nt}(i \mid v)=\frac{\exp(V_{nt}^{i})}{\sum\exp(V_{nt}^{j})}=\frac{\exp(\beta^{\mathrm{TL}^{T}}X_{nt}^{i}+\alpha^{i}v_{n})}{\sum\exp(\beta^{\mathrm{TL}^{T}}X_{nt}^{j}+\alpha^{j}v_{n})} \tag{7.7}$$

式中，$V_{nt}^{i}$为 $t$ 时刻车辆 $n$ 在车道 $i$ 的效用；$X_{nt}^{i}$为 $t$ 时刻车辆 $n$ 在车道 $i$ 的属性；$v_n$为车辆 $n$ 的随机影响；$\beta^{\mathrm{TL}}$、$\alpha^{i}$ 为系数；TL 为换道目标车道的编号。

在选定目标车道后，对目标车道是否有合适的允许安全执行换道的间隙进行评估。在该仿真系统中，借鉴的是 TransModeler 的间隙选择模型，如式(7.8)和式(7.9)所示。只有当当前车辆与目标车道前车和后车的实际间隙都大于关键间隙时，车辆才会接受该间隙执行换道，否则继续留在当前车道行驶。

$$G_{\mathrm{lead}}=\exp[c_{\mathrm{lead}}+\alpha_{\mathrm{lead}}\max(0,\Delta V_{\mathrm{lead}})+\beta_{\mathrm{lead}}\min(0,\Delta V_{\mathrm{lead}})-\gamma_{\mathrm{lead}}V+\varepsilon_{\mathrm{lead}}] \tag{7.8}$$

$$G_{\mathrm{lag}}=\exp[c_{\mathrm{lag}}+\alpha_{\mathrm{lag}}\max(0,\Delta V_{\mathrm{lag}})+\beta_{\mathrm{lag}}\min(0,\Delta V_{\mathrm{lag}})-\gamma_{\mathrm{lag}}V+\varepsilon_{\mathrm{lag}}] \tag{7.9}$$

式中，$G_{\mathrm{lead}}$和 $G_{\mathrm{lag}}$ 分别为当前车辆与目标车道前车和后车的关键间隙；$\Delta V_{\mathrm{lead}}$和$\Delta V_{\mathrm{lag}}$分别为当前车辆与目标车道前车和后车的速度差；$\varepsilon_{\mathrm{lead}}$和 $\varepsilon_{\mathrm{lag}}$ 为干扰项；$c_{\mathrm{lead}}$、$c_{\mathrm{lag}}$、$\alpha_{\mathrm{lead}}$、$\alpha_{\mathrm{lag}}$、$\beta_{\mathrm{lead}}$、$\beta_{\mathrm{lag}}$、$\gamma_{\mathrm{lead}}$、$\gamma_{\mathrm{lag}}$为参数。

若有合适的间隙，车辆便会实施换道。在该仿真系统中，直接定义了一个完成换道所需的时间来执行换道，该值一般取 2～3s[5]，而车辆在换道过程中轨迹的变化方程为

$$\begin{cases}x(t)=a_6t^6+a_5t^5+a_4t^4+a_3t^3+a_2t^2+a_1t+a_0\\ y(t)=b_5t^5+b_4t^4+b_3t^3+b_2t^2+b_1t+b_0\end{cases} \tag{7.10}$$

式中，$x$ 为车辆的横坐标；$y$ 为车辆的纵坐标；$t$ 为更新步长；$a_i$ 和 $b_j$ 分别为横坐标和纵坐标的系数。

自主性换道流程如图 7.13 所示。

(2) 强制性换道。

强制性换道在该系统中就是匝道车辆的汇入，其有明确的换道动机，即汇入主线，也有明确的目标车道，即与加速车道相邻的主线车道。故对强制性换道的车辆而言，不需要换道动机的产生及目标车道的选择这两个过程，该类型车辆在每一步都会对目标车道上相邻的数个间隙进行评估，选择最优的间隙并不断调整自身的驾驶行为，以完成换道。但匝道车辆的强制性换道行为有其特殊之处，如越接近汇入区尾端，驾驶员的换道动机越强烈。故在该仿真系统中，根据车辆距汇入区尾端的距离设置了不同的换道概率阈值，如式(7.11)所示，当车辆换道动机的强度大于该阈值时，则进行间隙的选择并执行换道。没能在到达汇入区尾端之前汇入主线的车辆将在汇入区尾端排队，依次汇入主线。而关键间隙的计算公式及换道执行过程与自主性换道相同，分别利用式(7.8)～式(7.10)进行计算。

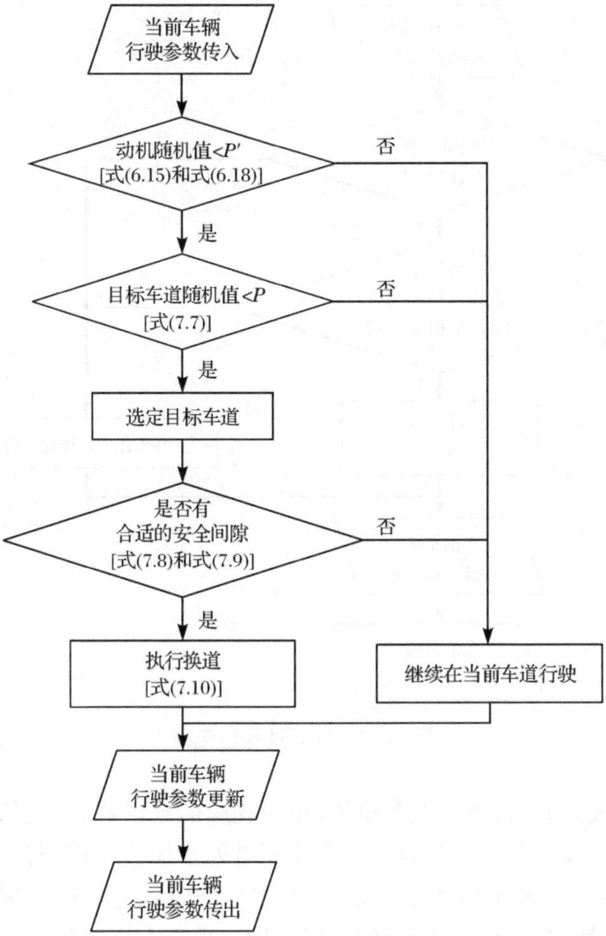


图 7.13 自主性换道流程

$$P=\begin{cases}0.95, & 0\leqslant D\leqslant 0.15L_{\text{acc}}\\ 0.7, & 0.15L_{\text{acc}}< D\leqslant 0.3L_{\text{acc}}\\ 0.5, & 0.3L_{\text{acc}}< D\leqslant 0.6L_{\text{acc}}\\ 0.4, & 0.6L_{\text{acc}}< D\leqslant L_{\text{acc}}\end{cases} \tag{7.11}$$

式中,$P$ 为换道概率;$D$ 为距加速车道尾端距离;$L_{\text{acc}}$为加速车道长度。

强制性换道流程如图 7.14 所示。

2. 仿真流程

在完成上述各模型的设定后,将各模型进行连接,用以仿真车辆进入研究区域的运动状态。图 7.15 所示为每一辆车进入仿真区域所经历的流程。

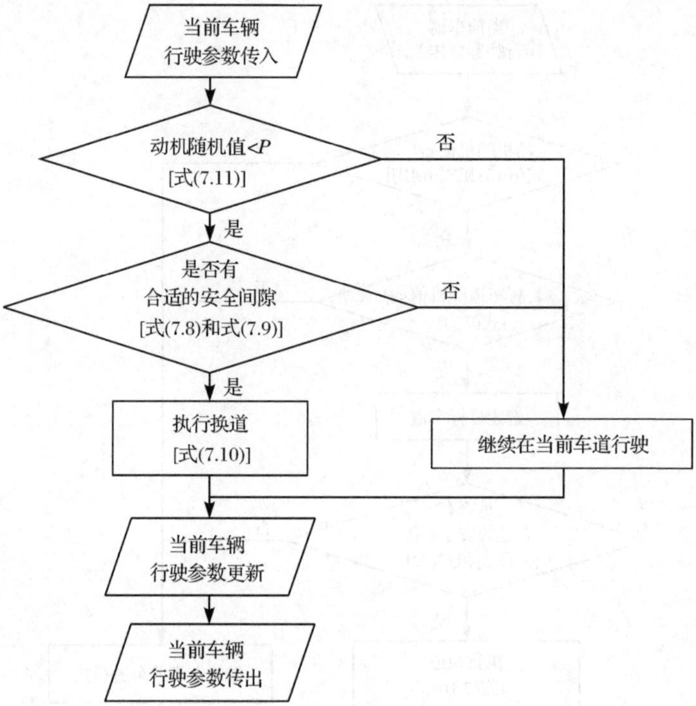


图 7.14　强制性换道流程

每辆车在最开始时，通过发车模块，按照相应的规则，以一定的初始速度进入仿真区域。紧接着判断该辆车是处于主线还是处于加速车道，若处于主线则运用主线的交互规则，若处于加速车道则运用加速车道的交互规则，因两者的流程相同，故仅以进入加速车道的车辆为例进行说明。根据车辆的位置判断其处于加速车道后，调用加速车道的交互规则，先判断该车辆在当前时刻是否换道，若换道则进入换道模块，若不换道则再判断是进入跟驰模块还是自由行驶模块。在经历相应的模块进行时间步迭代后，更新车辆的运动状态，判断更新后车辆的位置是否还处于仿真区域，若不在仿真区域则该车辆的仿真结束，若还在仿真区域则传入车辆更新后的运动状态，并回到第一个判断条件进行判断，如此循环，直到车辆离开仿真区域。

### 7.3.2　案例分析

本节以上海市延安路高架虹许路入匝道瓶颈为研究对象建立仿真，仿真区域道路的几何线形如图 7.16 所示。匝道汇入区按实际道路几何线形进行设置，主线和匝道前端各设置 200m 作为预热。

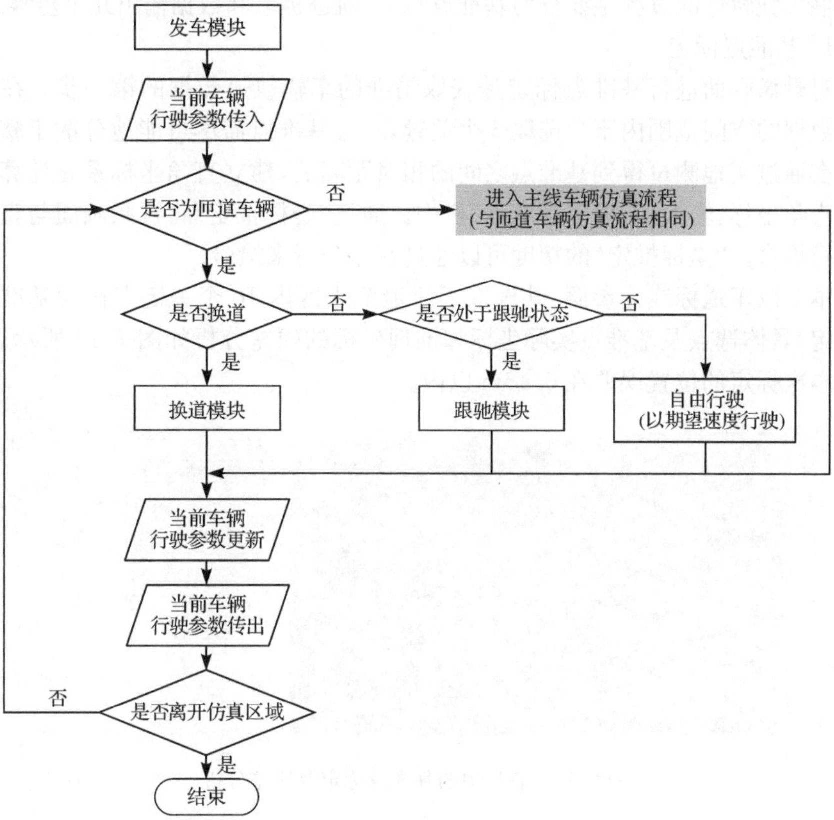


图 7.15　车辆进入仿真区域所经历的流程

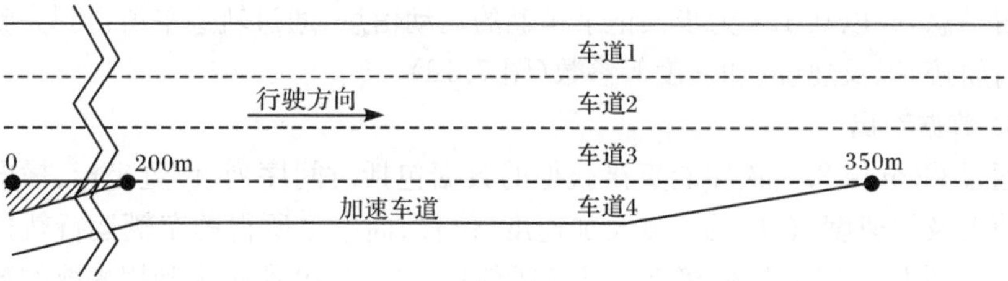


图 7.16　仿真区域道路几何线形

1. 车辆轨迹提取

根据对研究对象所拍摄的视频，本案例采用日本名古屋大学开发的 George 2.0 软件来提取视频中车辆的行驶轨迹。通过该软件，操作员可以获取视频中任一帧任一点的坐标，在确定车辆的初始位置后，跟踪其整个行驶轨迹。利用该软件提取车辆行驶轨迹的过程主要分为基准点标定、轨迹提取和数据输出几个步骤。

1）基准点标定

对录像画面进行基准点标定是获取精准的车辆轨迹数据的第一步。在所需提取数据的空间范围内至少选取 5 个关键点，且基准点需尽可能地分散于整个画面。在通过实地测量得到基准点之间的相对距离后，建立直角坐标系并计算这些点的直角坐标，输入到“标定基准点”栏中。通过“坐标推定”将视频画面与直角坐标进行拟合。“坐标推定”的精度可以通过残差分析来检验。

本节以车道标线为参照，共选取了匝道汇入区内 10 个关键点作为基准点进行标定，具体选点及基准点实际坐标和推理坐标的残差分析如图 7.17 所示，可以看出本次标定的位置误差在 0.15m 以内。

图 7.17　软件中的基准点标定及残差分析

2）轨迹提取

在完成基准点校验后，通过 George 2.0 软件可以手动跟踪车辆在视频画面中的位置信息，并以 0.12s 为步长记录车辆的运动信息，通过轨迹平滑得到完整的车辆运行轨迹，以及速度、加速度等参数(图 7.18)。

3）数据输出

通过 George 2.0 软件能直接获得的数据包括时间序列、位置坐标、横向和纵向的速度及加速度、合成的速度及加速度、位移、曲率。所得的车辆运行轨迹数据可以存入到 Excel 中，以便接下来的分析使用。图 7.19 所示为利用提取的数据所得的加速车道第 3501～4000 帧的车辆运行轨迹图。

图 7.19 中实线圈内车辆轨迹到一半消失的样本为车辆驶离了当前车道；而虚线圈中车辆轨迹到一半出现的样本为车辆驶入了当前车道。

基于上述方法，本章处理了上海市延安路高架虹许路入匝道瓶颈 15min 的视频录像，共提取了 1317 辆车的 205106 行的运行轨迹数据，后续将利用这一数据集对相关模型进行标定。

图 7.18 使用软件提取车辆运行轨迹数据

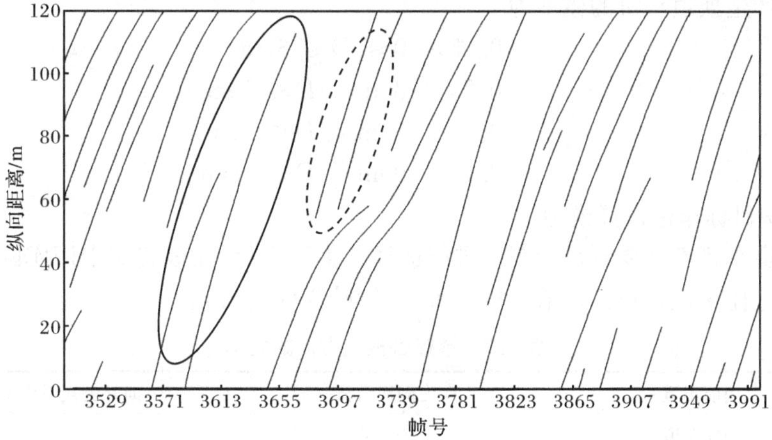


图 7.19 加速车道部分车辆运行轨迹(第 3501～4000 帧)

2. 仿真模型标定

1) 跟驰模块

(1) 主线车辆。

主线车辆所使用的是 IDM,基于上海市的实际轨迹数据用遗传算法对式(7.5)和式(7.6)进行标定,具体结果如下:

$$a_n = 1.35\left\{1-\left(\frac{v_n}{23.63}\right)^4-\left[\frac{S^*(v_n,\Delta v)}{S_n}\right]^2\right\} \tag{7.12}$$

$$S^*(v_n,\Delta v) = 1.50 + 1.04v_n \frac{v_n\Delta v}{2\sqrt{1.35\times1.09}} \tag{7.13}$$

(2) 匝道车辆。

在使用跟驰模型前，需要先对匝道车辆的跟驰状态进行判断。在该案例中，当当前车辆与当前车道前车的车头时距小于 6s 且车头间距小于 60m 时，车辆处于跟驰状态。这里直接使用 6.3.2 节的标定结果，模型的具体形式如式(6.14)所示。

2) 换道模块

(1) 换道动机模型。

主线：在该案例中，主线车辆换道动机模型使用的是 6.4.2 节的研究结果，如式(6.16)所示，利用实际数据对式(6.18)进行标定后得 $\lambda=0.65$，具体结果如式(7.14)所示。

$$P' = \begin{cases} P, & P < 0.65 \\ 1, & P \geqslant 0.65 \end{cases} \tag{7.14}$$

匝道：在该案例中，加速车道的长度设置为 150m，故代入式(7.11)中得到匝道车辆产生换道动机的概率为

$$P = \begin{cases} 0.95, & 0 \leqslant D \leqslant 30\text{m} \\ 0.7, & 30\text{m} < D \leqslant 50\text{m} \\ 0.5, & 50\text{m} < D \leqslant 90\text{m} \\ 0.4, & 90\text{m} < D \leqslant 150\text{m} \end{cases} \tag{7.15}$$

(2) 目标车道选择模型。

匝道车辆不需要对目标车道进行选择。为了简化，在该案例中用实际的换道方向百分比来代替目标车道选择模型，具体设置见表 7.7。

**表 7.7　选择各换道方向的概率**

| 当前车道 | 向内侧换道概率 | 向外侧换道概率 |
| --- | --- | --- |
| 中间车道 | 0.86 | 0.14 |
| 路肩车道 | 0.89 | 0.11 |

(3) 间隙选择模型。

在该案例中主线车辆和匝道车辆均使用 TransModeler 中的间隙选择模型。基于上海的实际数据，利用遗传算法对式(7.8)和式(7.9)进行标定，结果如式(7.16)和式(7.17)所示。

$$\begin{aligned} G_{\text{lead}} = 0.7\{\exp[&1.541 - 6.21\max(0,\Delta V_{\text{lead}}) \\ &- 0.13\min(0,\Delta V_{\text{lead}}) - 0.008V + \varepsilon_{\text{lead}}]\} + 1.5 \end{aligned} \tag{7.16}$$

$$G_{\text{lag}} = 0.7\{\exp[1.426 + 0.640\max(0,\Delta V_{\text{lag}}) - 0.24V + \varepsilon_{\text{lag}}]\} + 1.5 \tag{7.17}$$

式中，$\varepsilon_{\text{lead}}$、$\varepsilon_{\text{lag}}$为干扰项，$\varepsilon_{\text{lead}} \sim N(0,0.854^2)$，$\varepsilon_{\text{lag}} \sim N(0,0.954^2)$。

(4) 换道执行。

在该案例中，将完成换道所需时间设置为 2s，更新步长为 0.1s，换道执行过程车辆轨迹变化的系数矩阵经调整后为

$$\begin{cases} A = [-0.00017, -0.0029032, -0.055397, 0.29579, 0, 14, 0] \\ B = [0.0027, -0.0405, 0.162, 0, 0, 0] \end{cases} \tag{7.18}$$

综上所述，在该案例中，车辆进入换道模块的流程如图 7.20 所示。

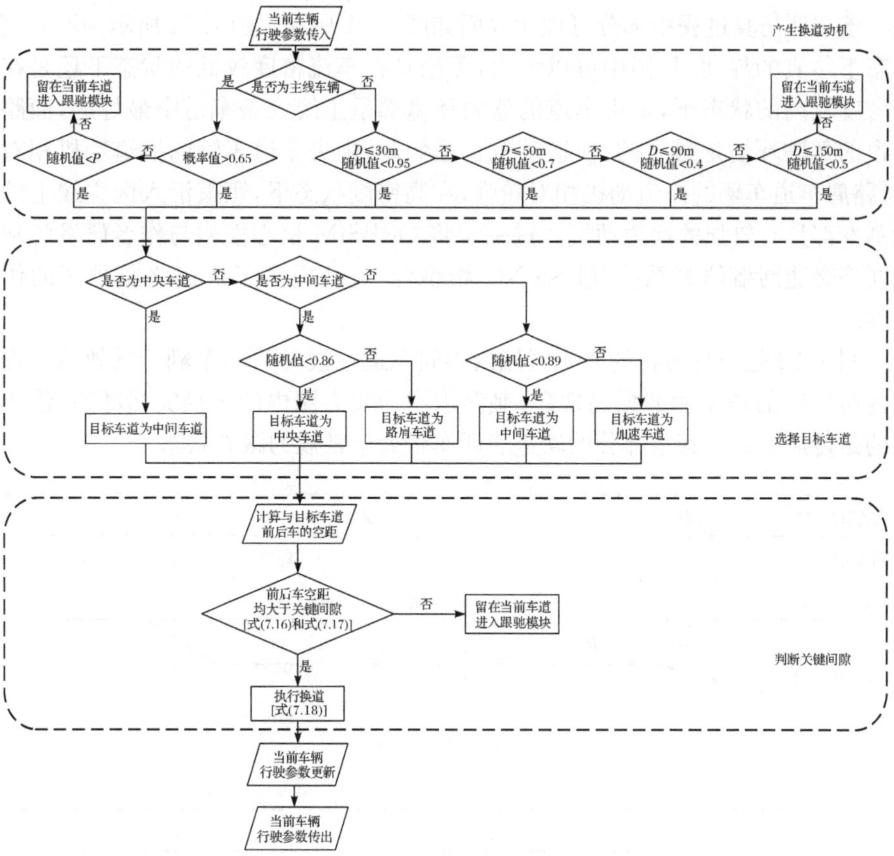


图 7.20 车辆进入换道模块的流程

3. 仿真结果分析

1) 可视化界面

微观仿真系统是以单个车辆为研究对象的，车辆的运动状态以 0.1s 为步长进行迭代和更新，故可通过车辆行驶轨迹的输出，建立可视化界面。以不同的车辆

灰度表征换道动机的强弱程度,具体设置见表 7.8。

**表 7.8　换道动机强弱图例**

| 颜色 | 动机强度 | 换道动机概率值 |
|---|---|---|
| 黑色 | 强 | $P \geqslant 0.7$ |
| 浅灰色 | 中 | $0.5 \leqslant P < 0.7$ |
| 灰色 | 弱 | $P < 0.5$ |

该案例仿真过程中部分可视化界面如图 7.21 所示。图 7.21 所示为不同密度状态下仿真的界面,从图中可以看出,无论是在车流密度较低的状态下还是在车流密度较高的状态下,中央车道的驾驶环境都是主线 3 条车道中最好的,而路肩车道的驾驶环境是最差的;换道动机也是如此,中央车道车辆的换道动机相对较弱,路肩车道车辆的换道动机相对较强,在高密度状态下,匝道汇入区主线上的车辆基本都具有较强的换道动机。进一步将 ORBSIM 核心模型与作者研发的新一代同济交通网络仿真系统 TESS NG 相整合,显著提高了快速路瓶颈区的仿真精度。

图 7.22 是仿真所得的研究区域内中间车道一段时间的车辆行驶轨迹。虚线圈内所反映的是车辆的振荡现象,刺激因素为实心圈内的车辆突然减速,箭头表示的是传播方向。其余部分的轨迹表明车辆处于常规的跟驰状态。

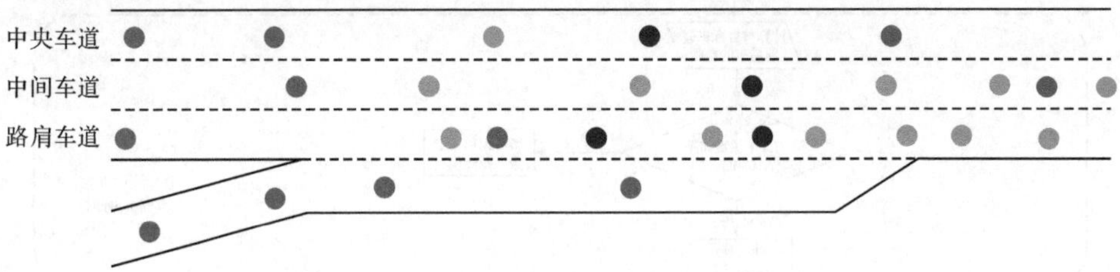


(a) 低密度状态

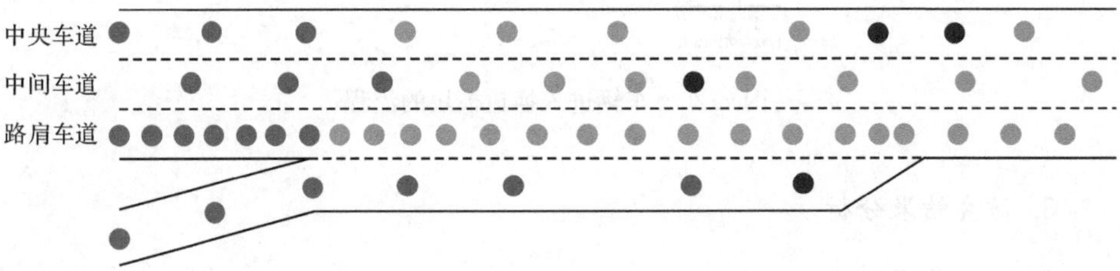


(b) 高密度状态

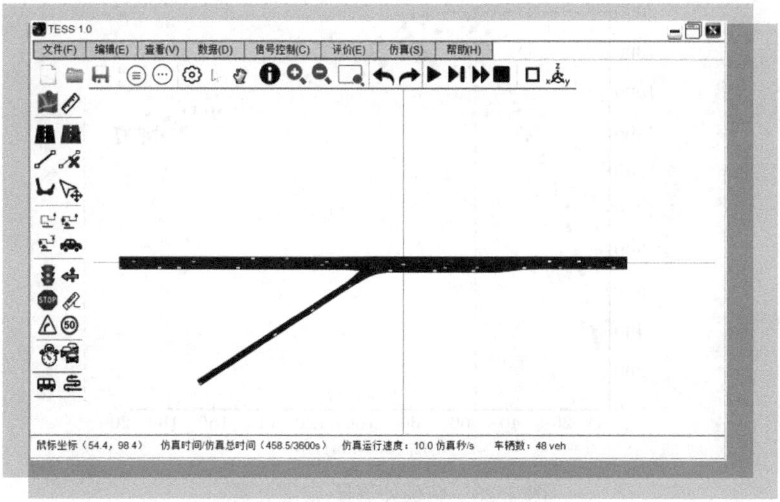


(c) ORBSIM 核心模型与 TESS NG 仿真系统整合

图 7.21 仿真过程的可视化界面

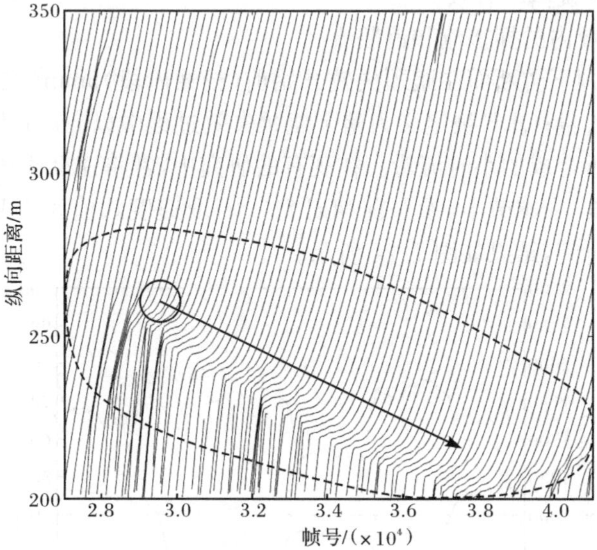


图 7.22 仿真研究区域内中间车道一段时间的车辆行驶轨迹

2) 流量-密度关系

利用该仿真系统，按不同的流量输入进行仿真，获取瓶颈处的流量-密度关系，如图 7.23 所示。

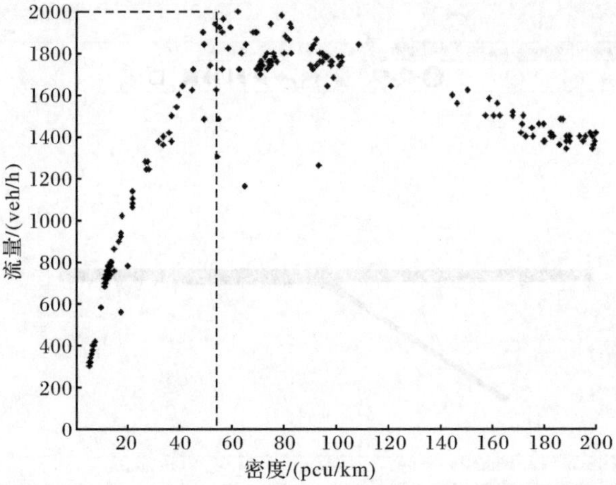


图 7.23　瓶颈处流量-密度关系

由图 7.23 可知，由仿真系统得到的该瓶颈处的最大流量为 2000veh/h，当取最大流量时密度约为 55veh/km，可得失效速度在 36km/h 左右，与实际情况相符，故认为该仿真系统基本有效。

3) 瓶颈区域内的拥挤流和消散流

PQF 为瓶颈下游断面在瓶颈失效开始前(畅通阶段)5min(或 15min)的流量折合成的小时流量；QDF 被定义为整个瓶颈失效过程中以 5min 为间隔所得到流量的平均值所折合成的小时流量。在现有的研究中，常将速度阈值作为判断瓶颈失效的衡量标准，在本节中，参照前期研究[6~9]，取速度阈值为 40km/h 来识别瓶颈失效的起止时间，结果如图 7.24 所示。

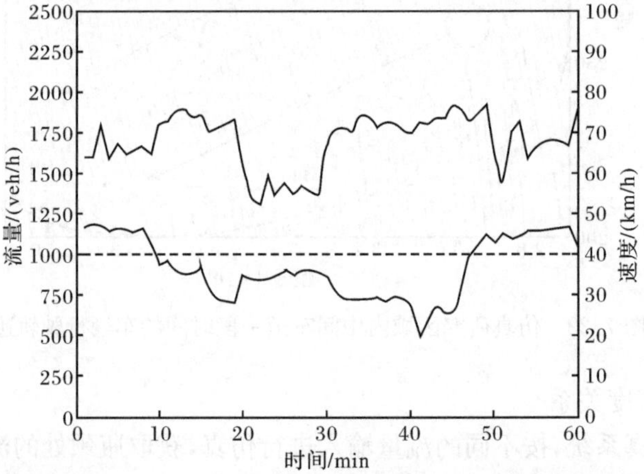


图 7.24　瓶颈失效识别

由图 7.24 可知，该瓶颈从 10min 左右开始失效，一直持续约 38min，直到 48min 左右时才开始慢慢恢复。计算得其 PQF 为 1664veh/h/ln，QDF 为 1890veh/h/ln，PQF 比 QDF 小 11%左右。作者研究团队前期的研究表明，虹许路段 PQF 为 1630veh/h/ln[10]，仿真所得的值与实际相符合，同时该瓶颈发生早发性失效现象（PQF＜QDF），说明仿真系统较为有效。

4) 速度时空图

在仿真模型中可以对照线圈的实际布设位置设置检测器，以记录模型运行过程中的车速、流量、占有率等数据，从而能够实现仿真运行数据与实测数据的对比。速度时空图可作为一种直观且准确的视觉评价方法，仿真和实际的速度时空图对比如图 7.25 所示。

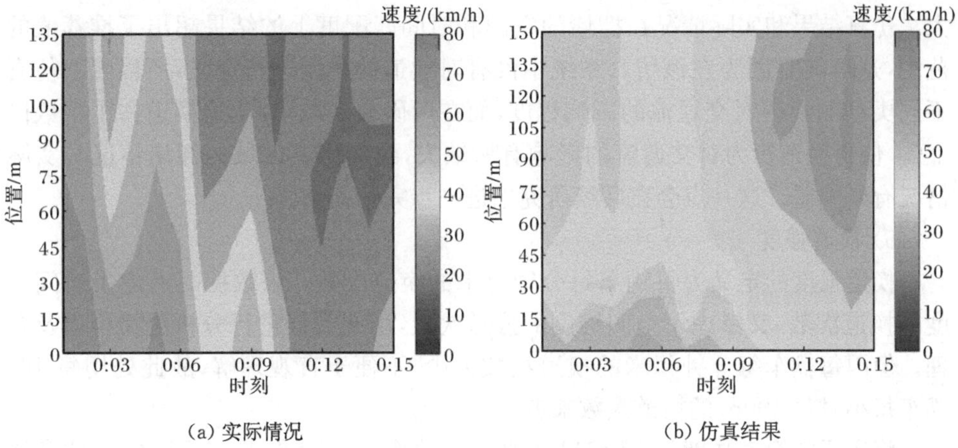


图 7.25 实际情况与仿真结果的速度时空图对比

对比图 7.25 实际情况和仿真结果可以看出，仿真所得的瓶颈区车辆的速度要略高于实际情况，使得仿真的拥堵程度没有实际严重，这也导致了仿真结果与实际情况在拥堵的范围和时间上出现了差异。

除了从速度时空图来评价系统的仿真精度外，还可以通过相应的指标来评价，如 $C_1$、$C_2$、GEH 和 Dev*S*。$C_1$ 和 $C_2$ 分别用来评价拥堵的时空范围匹配程度及拥堵区域的速度匹配程度，而 GEH 和 Dev*S* 用来评价瓶颈区域整体的流量匹配程度和速度匹配程度。$C_1$ 和 $C_2$ 越接近于 1，匹配程度越高；GHE 和 Dev*S* 的值越小，匹配程度越高。各指标的计算公式详见 7.2.2 节，计算结果见表 7.9。

表 7.9　$C_1$、$C_2$、GEH、DevS 指标计算结果

| 项目 | 指标 | | | |
|---|---|---|---|---|
| | $C_1$ | $C_2$ | GEH | DevS |
| 推荐值 | >0.85 | >0.65 | <5 | <15% |
| ORBSIM | 0.8161 | 0.7180 | 0.6094 | 14.63% |

由表 7.9 可得，就拥堵区域而言，仿真结果在时空范围上与实际略有差异，但速度结果却在推荐的范围内；就瓶颈区域整体而言，仿真结果在流量和速度上都达到了推荐值。由此可见，本节所建立的仿真系统是科学有效的，也符合我国的驾驶行为特性。

此外，仿真结果和实际情况在速度的差异上并没有速度时空图所展现的那样大。仿真结果和实际情况在拥堵的空间和时间匹配度上的结果超出了推荐值的范围，这可能是因为在该仿真系统中没有对换道的类型进行定义，所以无法仿真不同类型的换道对交通流的影响程度，而在所研究区域中，压迫换道占了半数以上[1]，使得换道行为对交通流的影响有所缺失，致使仿真区域的拥堵情况与实际情况有所偏差。这一点会在后续研究中进一步完善。

5) 换道强度

换道强度的定义为每辆车每分钟每米的换道次数。该数据既考虑了时间维度的换道次数，又考虑了空间维度的换道次数，用此数据进行分析更为全面及合理。但因每辆车每分钟每米的换道次数太少，不便于直观理解，故此处用每 100 辆车每小时每 100m 的换道次数来表示。

将实际的换道强度、ORBSIM 仿真得到的换道强度及 TransModeler 仿真得到的换道强度进行对比，结果如图 7.26 所示。

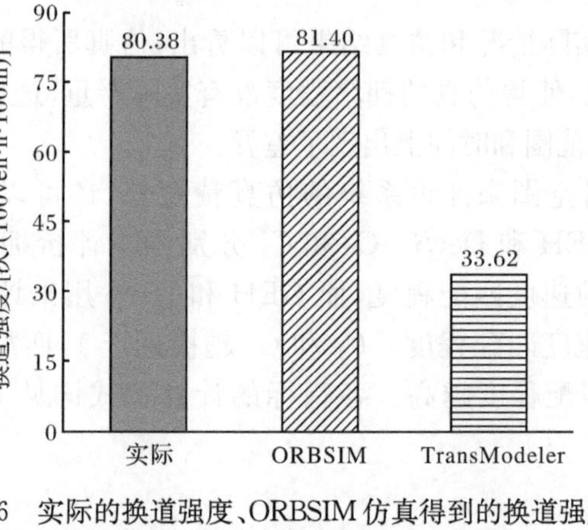


图 7.26　实际的换道强度、ORBSIM 仿真得到的换道强度及 TransModeler 仿真得到的换道强度对比

由图 7.26 可知，实际测得的换道强度为 80.38 次/(100veh · h · 100m)，ORBSIM 仿真得到的换道强度为 81.40 次/(100veh · h · 100m)，与实际的差异仅为 1.27%，而利用 TransModeler 仿真得到的换道强度则仅为 33.62 次/(100veh · h · 100m)，与实际的差异达到 58.17%。由此也可验证，基于 Logistic 回归的换道动机模型更符合实际情况，该仿真系统科学有效。

## 7.4 本章小结

本章介绍了两种准确再现快速路实际交通流特性的方法：一种是对现有仿真软件中的模型参数进行校正；另一种是研发新的仿真系统。

在对现有仿真软件中的模型参数进行校正方面，本章基于常发性瓶颈的形成过程和交通流特性，提出了新的评价指标体系，此外还建立了简单有效的微观仿真模型校正流程，并以上海市延安路高架广中路入匝道瓶颈为研究对象，对 VISSIM 和 TransModeler 仿真软件中驾驶行为模型的关键参数进行校正，同时给出了关键参数的推荐值，校正结果表明，校准后的模型精度显著提高，模型验证和可转移性测试的结果也令人满意。

在研发新的仿真系统方面，本章介绍了 ORBSIM 原型系统的模块构成和仿真流程，并以上海市延安高架虹许路入匝道瓶颈为研究对象对系统进行了测试。结果显示，该仿真原型系统可以模拟在车流受到刺激下的振荡情形，仿真所得的流量-密度关系以及根据流量-密度关系所推算出的失效速度阈值与实际相仿，且能再现城市快速路典型的早发性失效现象，速度时空图也与实际情况相匹配，仿真所得的换道强度与实际的差异仅为 1.27%，说明该仿真系统科学有效。今后可以将 ORBSIM 核心模型和作者开发的 TESS NG 仿真系统整合，以提供高精度的城市快速路瓶颈区仿真模块。

## 参考文献


[1] Song R, Sun J. Calibration of a micro-traffic simulation model with respect to the spatial-temporal evolution of expressway on-ramp bottlenecks[J]. Simulation, 2016, 92(6): 535－546.

[2] 孙剑. 微观交通仿真分析指南[M]. 上海：同济大学出版社，2014.

[3] Sun J, Zhao L, Zhang M, et al. Mechanism of early-onset breakdown at on-ramp bottlenecks on Shanghai, China, expressways[J]. Transportation Research Record: Journal of the Transportation Research Board, 2014, (2421): 64－73.

[4] Choudhury C F. Modeling Lane-Changing Behavior in Presence of Exclusive Lanes[D]. Cambridge: Massachusetts Institute of Technology, 2004.

[5] 任其亮，刘博航. 交通仿真[M]. 北京：人民交通出版社，2013.
[6] Sun J, Zhang J, Zhang H M. Investigation of the early-onset breakdown phenomenon at urban expressway bottlenecks in Shanghai[J]. Transportmetrica B: Transport Dynamics, 2014, 2(3): 215－228.
[7] 张娟. 城市快速路瓶颈交通流 Breakdown 特征实证研究[D]. 上海：同济大学，2013.
[8] Hu J, Sun J, Zhao L. Some flow features at urban expressway on-ramp bottlenecks in Shanghai[C]//Transportation Research Board 93rd Annual Meeting, Washington DC, 2014.
[9] 胡家琦. 城市快速路交织区瓶颈交通运行特征分析[D]. 上海：同济大学，2015.
[10] 赵莉. 城市快速路入匝道瓶颈交通流失效机理研究[D]. 上海：同济大学，2013.

# 第 8 章 城市快速路通行能力与服务水平

通行能力是交通系统规划、设计及运行管理的核心参数，各国均持续地投入大量人力、物力对这一关键参数进行研究，其中以美国 HCM 最具代表性。目前我国还未建立起完整的道路通行能力分析体系，特别是对城市快速路这一重要基础设施，由于在设施设计参数、驾驶行为及管控条件等方面都与国外高速公路有很大差别，直接参考国外的研究成果将导致较大的应用误差。本章以大量实测数据为基础，首先从期望通行能力、随机通行能力、动态通行能力与运行通行能力 4 个方面系统梳理了快速路通行能力计算方法，依次提出采用失效前稳定流率、考虑删失数据的生存分析方法、综合考虑动态和静态影响因素的多层统计分析模型、不同占有率或速度区间下的 Weibull 分布来估计上述 4 类通行能力；然后结合国内外对比分析结果，从规划设计角度给出基本通行能力的新定义；最后构建一套适用于城市快速路规划设计、运行管理与实时控制不同阶段的通行能力分析体系。此外，本章还梳理了道路服务水平研究发展历史，提出了适用于我国快速路的服务水平划分方法与标准。

## 8.1 引　言

从 20 世纪 30 年代开始，通行能力就一直是交通领域的研究重点。理解快速路设施通行能力，可以更好地揭示快速路交通运行规律，对于在规划阶段确定设施规模、精细化道路设计参数，以及在运行管理阶段提出高效的管控措施均至关重要。美国自 50 年代发布第一版 HCM 以来，迄今为止已更新至第五版 HCM2010[1~7]①。德国、英国、加拿大等都结合本国道路设施运行特性，出版了各自的通行能力手册。而目前我国通行能力分析主要借鉴美国 HCM 研究成果。一方面，我国快速路匝道出入口间距小、进出匝道辅路通行能力有限、驾驶行为差异大导致与美国高速公路交通流运行特征迥异[8]；另一方面，虽然 HCM1985、HCM2000、HCM2010 中对公路通行能力的定义没有变化，但研究内涵、方法及目标均发生了较大变化。这对我国城市快速路通行能力研究提出了新的要求和挑战，主要表现在以下 4 点。

(1) 我国现有关于通行能力的研究大部分是在有限观测条件下获得的有限样

① 2016 年，HCM 发布第六版，但 HCM2010 仍为当前主流通用版本。

本基础上进行的，鲜有基于大量实测数据分析通行能力的研究。

(2) 目前我国使用的流量-密度-速度关系仍以 Greenshields 曲线为主[9]，在对 HCM 中基本通行能力定义的认识上，只强调最大通过量，忽视交通流运行服务水平，即没有考虑驾驶员一定的服务质量期望(没有发生交通流失效)。

(3) 若按照目前国际流行的定义[10~12]，将交通流失效前稳定流率作为通行能力的新定义，需要重新认识交通流运行与失效的随机性以及由此导致的通行能力随机性。

(4) 通行能力研究重视规划设计阶段的应用，其表现为快速路规划设计规范中对基本通行能力推荐值的研究[13,14]，而忽视实际通行能力的计算方法及运行管理阶段通行能力的动态变化特性。

鉴于此，本章首先回顾了以美国 HCM2010 为代表的经典通行能力的定义，进一步结合中国上海市快速路和美国加利福尼亚州萨克拉门托城区快速路的实测数据，分别从期望通行能力、随机通行能力、动态通行能力与运行通行能力 4 个方面分析了通行能力的定义及不同计算方法；然后，结合国内外对比分析结果，构建了一套适用于我国城市快速路基本路段通行能力的分析体系，旨在为快速路规划设计、运行管理与实时管控的生命周期全过程通行能力计算提供关键技术支撑。此外，考虑到现有快速路规划设计规范对基本通行能力定义的迫切需求，本章最后从规划设计角度给出了基本通行能力的新定义。

## 8.2　城市快速路通行能力研究概述

### 8.2.1　通行能力定义及估计方法

通行能力的研究最早始于美国，20 世纪 30 年代初，为了适应经济发展的需要，美国加快了全国公路网的建设，在建设中，针对公路在规划、设计、建设、养护、运营中出现的问题，开始了对道路交通通行能力等基本问题的研究。当时对通行能力的定义尚不明确，直至 1950 年，美国交通运输研究委员会(Transportation Research Board，TRB)在第一版 HCM 中对通行能力进行了定义。HCM1950 将通行能力划分为基本通行能力(理论通行能力)、可能通行能力(实测通行能力)与设计通行能力三类。根据通行能力定义可知，当时的通行能力统计时间段是 1h[1]。以下分别是三类通行能力的定义。表 8.1 给出了通行能力的推荐值。

**表 8.1　HCM1950 通行能力值**　　(单位：veh/h/ln)

| 公路类别 | 基本通行能力 | 可能通行能力① | 设计通行能力 |
|---|---|---|---|
| 郊区公路 | 2000 | — | 1000② |

续表

| 公路类别 | 基本通行能力 | 可能通行能力① | 设计通行能力 |
|---|---|---|---|
| 城市公路 | 2000 | — | 1500③ |

注：① 可能通行能力为基本通行能力在实际道路条件下的折减值；

② 郊区公路的可能通行能力运行速度为 45～50mi/h(1mi/h=1.609km/h)；

③ 城市公路的可能通行能力运行速度为 35～40mi/h。

基本通行能力是指在最接近理想的道路和交通条件下，一条车道或道路在 1h 内所能通过的最大标准车辆数。

可能通行能力是指在实际道路和交通条件下，一条车道或道路在 1h 内所能通过的最大车辆数。

设计通行能力是指在实际道路和交通条件下，不引起交通密度过大导致过渡延误、危险、约束驾驶自由度等情况下，一条车道或道路在 1h 内所能通过的最大车辆数。

1965 年，美国修订出版了第二版 HCM，考虑到三种通行能力划分不够明确，将通行能力的定义进行了统一，进而提出了"服务水平"的概念[2]。相比于第一版 HCM，新的通行能力定义体现了通行能力并非一个定值，而是在多数时间、多数地点都能够达到的统计值。其定义为：通行能力是指在实际道路和交通条件下，一条车道或道路的均匀路段，在特定时间段内所能合情合理通过的最大车辆数。

1985 年，再次修订出版的第三版 HCM 首次提出了以最大小时流率代替小时流量，随着车辆性能的提升，道路通行能力也随之提高，因此，在 1994 年和 1997 年两次修订了 HCM1985，对理想通行能力值进行了不同水平的修改[3~5]。表 8.2 给出了通行能力的推荐值，HCM1985 对通行能力的定义：通行能力是指在实际道路、交通和控制条件下，一条车道的均匀路段或典型横断面上，在特定时间段内所能合情合理通过的最大小时流率。

**表 8.2 HCM1985 通行能力推荐值** (单位：veh/h/ln)

| 自由流速度/(mi/h) | HCM1985 | 1994 年修订 HCM1985 | 1997 年修订 HCM1985 |
|---|---|---|---|
| 75 | — | 2200 | 2400 |
| 70 | 2200 | 2200 | 2400 |
| 65 | — | 2200 | 2350 |
| 60 | 2000 | 2200 | 2300 |
| 55 | — | 2200 | 2250 |
| 50 | 1900 | — | — |

此后 2000 年与 2010 年美国相继修订出版的第四版、第五版 HCM 在通行能力的定义与理想通行能力建议值上延续了 1997 年修订后的 HCM1985[6,7]。

同国外相比,我国对通行能力的研究起步较晚。从 20 世纪 80 年代起,随着国家对交通的投入增加,以及交通运输业的迅猛发展,我国才开始重视道路通行能力的研究。经过 20 余年的研究发展,同时借鉴各国通行能力研究成果,交通运输部组织编写了我国首部《公路通行能力手册》。关于通行能力的定义和分类我国则保留了 HCM1950 中的划分标准,将通行能力定义分为理想通行能力、实际通行能力与设计通行能力,但在定义上同样强调了通行能力并非一个固定值,而是一个统计值,即在交通需求充足的条件下能反复达到的某个交通流率。可见,对通行能力的定义已经比较明确,均指在通常的道路、交通和管制条件下,在一定时间段内能合情合理地期望车辆通过车道、道路中某一点或均匀断面的最大小时流率。

以上的通行能力研究认为通行能力是一个确定值。然而,自 20 世纪 90 年代以来许多研究都表明,瓶颈路段通行能力具有随机性,其起源是将交通流失效时的流量定义为通行能力。随机性是指交通流失效是以一定的期望概率达到特定流率值,即在特定的交通流率下并不一定发生交通流失效,其失效时的交通流率时高时低,并非确定值。

众多学者对通行能力的随机性展开了广泛研究,Hall 和 Agyemang-Duah[15]、Zhang 和 Levinson[16]、Cassidy 和 Bertini[17] 及 Persaud 等[18] 对瓶颈失效前后的流量特性进行了实证研究,都发现瓶颈存在双通行能力现象;Elefteriadou 等[19] 对失效随机性进行建模,构建了瓶颈失效与交通流特征之间的函数关系,如主线流量等;Banks[20] 和 Elefteriadou 等[19] 在预防与延迟瓶颈失效上进行了探究,提出通过匝道控制车辆汇入可以降低失效概率。由此,Lorenz 和 Elefteriadou[10] 结合随机性提出了新的通行能力概念:在通常的道路和交通条件下,高速公路某一均匀路段,在期望的失效概率下,所容许通过的特定时间间隔的流率。

伴随着通行能力定义的发展,通行能力估计方法也在一直更新。通常分为两大类,分别是直接经验法和间接经验法。

### 1. 直接经验法

(1) 车头时距法(time headway method)。车头时距法是利用流量与车头时距的关系来确定通行能力,需要注意的是该方法只适用于单车道。同时,许多研究[21,22] 表明该方法会高估道路通行能力。

(2) 双峰分布法(bimodal distribution method)。双峰分布法是利用观测到的交通需求分布与最大流率分布来估计通行能力,该方法仅需要流量数据,同时考虑了自由流和拥堵流状态,最终得到的是通行能力分布。在分析过程中,最大流率分布可采用正态分布或高斯分布,但是交通需求分布却受到数据采集时段的影响,没有明确的分布[23]。

(3) 最大值选择法(selected maxima method)。最大值选择法假定道路通行能力等于观测到的最大流率(分布),该方法必须具备大量样本,同时需要保证观测期间道路交通达到通行能力状态。Minderhoud 等[24]建议采用第 90 分位值作为通行能力。

(4) 期望极值法(expected extreme value method)。期望极值法是一种利用通行能力观测值来预测尚未观测到的可能通行能力极值的方法,分为直接概率法与渐近法。该方法对流量采集间隔十分敏感,实际应用价值较低[25]。

(5) 经验分布法(empirical distribution)。经验分布法是一种最简单、最直接的通行能力确定方法,该方法通过采集消散流状态的通行能力来构造通行能力分布,是有限乘积法的基础[24]。

(6) 乘积极限法(product limit method)。乘积极限法需要设定一个速度或密度阈值来判断交通是否失效。该方法综合考虑了自由流状态和拥堵状态的流量数据,最终得到一个通行能力分布函数[24]。

(7) 基本图法(fundamental diagram method)。基本图法[26]是利用流量-速度-密度关系来确定通行能力的方法,该方法需要选择合适的流量-速度-密度模型。应用该方法来估计通行能力时需要不同流量下的交通数据来保证模型拟合的可靠性。

2. 间接经验法

间接经验法[24]通常包括两类:一是基于指导手册或规范来确定的通行能力值,以美国 HCM 为例,手册中给出了理想通行能力,然后根据实际的道路、交通与环境影响因素对理想通行能力进行修正,便能得到实际通行能力值,需要说明的是,该方法需要先基于直接经验法得到一套完整的通行能力分析流程;二是基于交通仿真模型,如 VISSIM、TransModeler 等,根据设定的仿真场景分析道路通行能力值。

### 8.2.2 通行能力影响因素

从通行能力的定义可知,通行能力通常会受道路、交通、环境与气候等多方面因素的影响,国内外学者对此展开大量研究,其中很多成果都已经被美国 HCM 所采纳。表 8.3 是关于国内外通行能力影响因素的研究总结[7,27~35]。

**表 8.3 国内外通行能力影响因素的研究总结**

| 文献 | 研究对象 | 考虑的影响因素 | 研究方法 | 主要结论 |
|---|---|---|---|---|
| Ibrahim 和 Hall[27] | 高速公路 | 恶劣天气 | 对比分析 | 大雨与大雪天气分别使最大流率降低 10%~20%与 30%~48% |

续表

| 文献 | 研究对象 | 考虑的影响因素 | 研究方法 | 主要结论 |
| --- | --- | --- | --- | --- |
| Brilon 和 Ponzlet[28] | 高速公路 | 日夜、路面湿度、星期特性 | 对比分析 | 不同条件下的通行能力折减比例 |
| Chandra 和 Kumar[29] | 双车道公路 | 车道宽度 | 回归分析 | 通行能力随车道宽度增大而增大 |
| 温学钧[30] | 快速路 | 车道宽度、车道分布 | 回归分析 | 通行能力与车道宽度存在二次函数关系；外侧车道通行能力可通过内侧车道折减 0.85～0.95 得到 |
| Agarwal 等[31] | 城市高速公路 | 雨雪天气 | 对比分析 | 不同降雨、降雪强度下的通行能力折减比例 |
| 钟连德等[32] | 快速路 | 车道位置 | 对比分析 | 不同车道的通行能力修正系数 |
| 胡章立[33] | 快速路 | 道路、交通、设施与环境等 20 个因素 | 层次分析法 | 得到各因素对通行能力影响的相对权重；主要因素包括车道宽度、道路线形与交通组成等 |
| 茹红蕾[34] | 快速路 | 车道位置、车道数、车道宽度、路段 S 线形、主线段长度 | 对比分析、回归分析 | 车道 2 通行能力最大；通行能力随车道数的增加而有所降低；通行能力与车道宽度和主线段长度均符合三次函数；路段 S 线形对上游通行能力影响很明显 |
| 杨中良等[35] | 快速路 | 恶劣天气 | 对比分析 | 恶劣天气下通行能力折减系数 |
| HCM2010[7] | 高速公路 | 道路、交通、环境与气候 | — | 不同条件下的通行能力折减比例 |

从表 8.3 可以发现，目前，关于通行能力影响因素的研究既有针对静态因素的(如车道宽度)也有针对动态因素的(如天气)，在研究方法上则大部分采用对比分析得到通行能力修正系数，缺乏从统计学视角展开的动态、静态因素的统筹研究。鉴于此，本章针对城市快速路通过静态因素与动态因素相结合的方法进行系统的通行能力影响因素分析。

### 8.2.3　瓶颈通行能力

Hall 和 Agyemang-Duah[15]、Banks[20]、Dong 和 Mahmassani[36]、Zhang 和 Levinson[16]、Cassidy 和 Bertini[17]、Oh 和 Yeo[37]及 Persaud 等[18]都基于交通流检测数据证实了通行能力下降现象，即 QDF 小于 PQF。同时，Dong 和 Mahmassani[36]、Sun 等[38]、Hall 和 Agyemang-Duah[15]在研究中则发现了 QDF 大于 PQF 现象，有学者称之为早发性失效现象[38,39]。随着双通行能力现象的发现，即 PQF 不等于 QDF，瓶颈通行能力尤其是 PQF 与 QDF 的关系及通行能力计算方法成为广大学者的研究热点。

Cassidy 和 Bertini[17] 的研究建议 QDF 作为瓶颈路段通行能力，他们认为 QDF 通常比较稳定，同一地点每天 QDF 值相差不多。而 Lorenz 和 Elefteriadou[10] 认为，通行能力应该取 PQF，因为存在通行能力下降现象，PQF 才能体现断面所能通过的最大流率。Zhang 和 Levinson[16] 提出用 PQF 与 QDF 的加权值作为通行能力，其表达式为：$QDF \cdot \theta + PQF(1-\theta)$，$0<\theta<1$，通行能力值介于 QDF 与 PQF 之间，具体取决于参数 $\theta$，可根据实际分析来决定 $\theta$ 值。

从随机性角度上看，Minderhoud 等[24] 认为需要用随机理论来估计通行能力，Hurdle 等[40] 提出了概率分布来反映通行能力的分布情况，针对给定的道路和交通条件，连续流设施的通行能力分布是近似对称的，可用正态分布或伽玛分布来刻画。Minderhoud 等[41] 提出用乘积极限法(product limit method)来估计通行能力，应用该方法既可以预先设定通行能力分布函数，也可以采用非参数分布。Evans 等[42] 提出用马尔可夫链来预测瓶颈失效概率和估计通行能力，结果表明，上游到达率越大，失效概率也越大。通行能力的定义需要充分考虑双通行能力现象，这一思想已经得到一致认可，但关于通行能力该如何定义与取值尚无定论，仍然需要进一步研究探讨。

综上所述，伴随双通行能力现象而来的通行能力定义与计算方法是近几年的研究热点，而且国际上尚未形成统一认识，国内在该领域则鲜有研究。此外，由于受检测技术、观测条件及数据获取难度等客观条件限制，在通行能力影响因素研究上，缺乏综合考虑道路、交通与环境条件的通行能力研究及其影响分析。随着快速路系统信息化建设越来越完善，实证分析的应用越来越广泛，其研究结果将适用性更强、可信度更高。本章首先结合最新的研究方法提出一套适合于我国的快速路通行能力分析体系，并基于海量实测数据建立通行能力影响因素模型，最后对快速路服务水平划分提出新的认识。

## 8.3　快速路通行能力分析体系构建

### 8.3.1　选择研究瓶颈与数据说明

本节数据来源于 2011 年全年上海市快速路与 2012 年 11 月 24 日至 12 月 24 日美国加利福尼亚州萨克拉门托城区快速路感应线圈检测数据，检测参数包括以车道为基础的分车型流量、分车型速度与占有率，数据采集间隔为 5min。本节选取了 9 个上海市快速路监测路段与 3 个加利福尼亚州城区快速路监测路段来论述国内外通行能力的异同，如图 8.1 所示，粗实线为检测器位置，灰色线为瓶颈失效位置，同时也是本节研究交通流数据的采集点。所选择地点交通流组成中小型车均占比 90%以上。

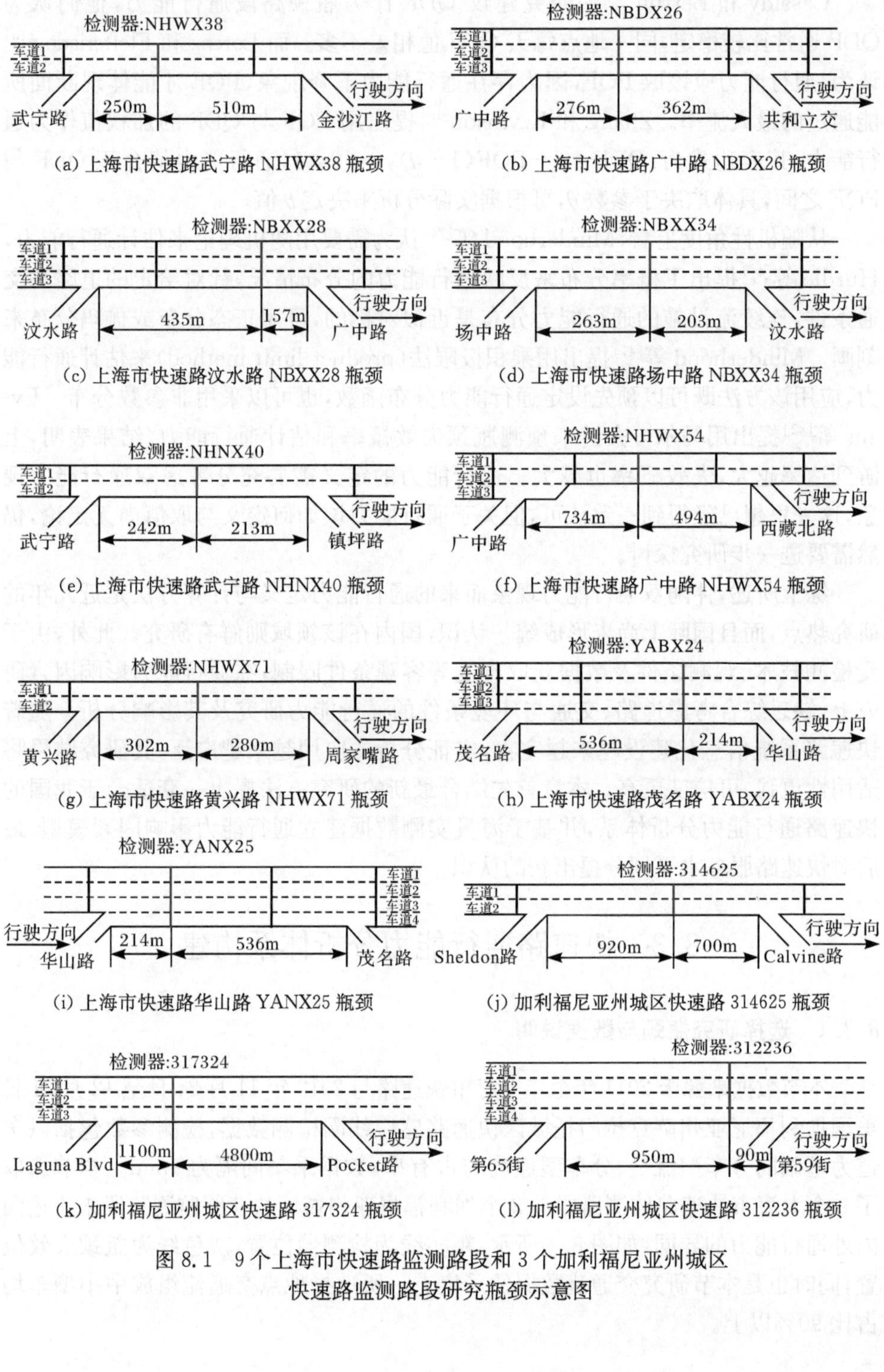


(a) 上海市快速路武宁路 NHWX38 瓶颈　(b) 上海市快速路广中路 NBDX26 瓶颈

(c) 上海市快速路汶水路 NBXX28 瓶颈　(d) 上海市快速路场中路 NBXX34 瓶颈

(e) 上海市快速路武宁路 NHNX40 瓶颈　(f) 上海市快速路广中路 NHWX54 瓶颈

(g) 上海市快速路黄兴路 NHWX71 瓶颈　(h) 上海市快速路茂名路 YABX24 瓶颈

(i) 上海市快速路华山路 YANX25 瓶颈　(j) 加利福尼亚州城区快速路 314625 瓶颈

(k) 加利福尼亚州城区快速路 317324 瓶颈　(l) 加利福尼亚州城区快速路 312236 瓶颈

图 8.1　9 个上海市快速路监测路段和 3 个加利福尼亚州城区快速路监测路段研究瓶颈示意图

瓶颈失效识别采用阈值法，根据美国加利福尼亚州瓶颈失效特征，同时参考Banks[43]的研究，本节采用速度阈值 80km/h 来识别加利福尼亚州瓶颈失效；根据我国上海市瓶颈失效特征，同时参考 Sun 等[38]与 Hu 等[44]的研究，本节采用速度阈值 50km/h 与占有率阈值 20%双阈值法来识别瓶颈失效。

### 8.3.2 城市快速路通行能力回顾

为了全面了解通行能力，本节结合国内外通行能力研究的最新进展，从规划、设计、运行与管理多个维度回顾城市快速路通行能力研究成果。本节对期望通行能力、随机通行能力、动态通行能力与运行通行能力进行系统对比和分析。

1. 期望通行能力

根据 HCM2010[7]，通行能力定义为在实际道路、交通和控制条件下，一条车道的均匀路段或典型横断面上，在特定时间段内所能合情合理通过的最大小时流率。通常，通行能力的取值有两种观点：不考虑交通流运行状态，道路所能通过的最大车辆数，称为理论最大通行能力，在本节也称为极值(extreme value)；在一定的交通流运行质量下(没有发生失效)，道路所能合情合理通过的最大车辆数，称为期望值(desired value)。目前，城市快速路基本通行能力的研究与定义往往只强调最大通过量，忽视了合情合理，没有保证一定的期望服务质量，即没有发生交通流失效。基于极值的通行能力定义夸大了设施的服务能力，往往造成较低的设施服务水平。

1) 极值通行能力

根据 HCM2010 中 15min 最大小时流率估计方法可以得到上海市与加利福尼亚州的极值通行能力分别为 1900veh/h/ln 与 1950veh/h/ln，可见上海市的极值通行能力与加利福尼亚州十分接近，仅相差 50veh/h/ln，但取得极值通行能力时对应的关键速度差异却很大。如图 8.2 所示，在上海市，关键速度只有 44.8km/h，比自由流速度 76.4km/h 降低了 41.4%；而在加利福尼亚州，关键速度为 93.6km/h，自由流速度为 106.5km/h，仅降低了 12.1%。同时参考美国 HCM2010 可以发现，自由流速度 105km/h 与 88km/h 对应的关键速度分别为 84km/h 与 80km/h，关键速度相对自由流速度分别只降低了 20%与 9.1%。可见，在我国如果仅仅使用极值通行能力来进行城市快速路规划、设计甚至是运行管理工作，必将导致交通运行质量和驾驶员行车舒适度降低。

2) 期望通行能力

为给出行者提供合理的驾驶舒适度，在交通流研究中提出了交通失效来判别道路是否产生拥堵。通常，交通失效是指道路独立瓶颈在短时间内由畅通交通流状态变化到拥挤交通流状态。本节将 PQF 与 QDF 称为期望通行能力。

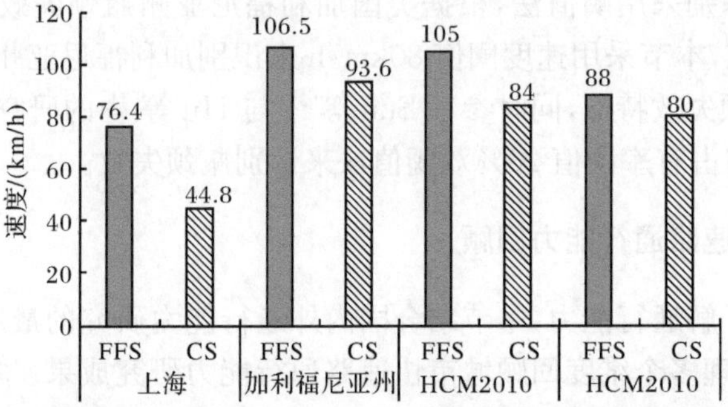


图 8.2　上海市快速路与加利福尼亚州高速公路极值通行能力对应关键速度比较

大量实测数据研究表明，瓶颈失效前后通行能力可能存在不一致现象，即PQF 不等于 QDF，通常称为双通行能力[15,16,36~38,44]。根据研究结果，国外普遍存在通行能力下降现象[15,16,36,37]，即瓶颈失效后通行能力 QDF 明显低于瓶颈失效前通行能力 PQF。国内则相反，Sun 等[38,39,44,45]的研究表明，PQF 明显低于 QDF，见表 8.4，QDF 平均值比 PQF 平均值高 154veh/h/ln，称为早发性失效现象，即国内快速路存在未达到期望最大(极值)通行能力就发生交通流失效的现象。可见，国内快速路期望通行能力与极值通行能力存在明显差异，其本质是国内外达到传统极值通行能力时的交通流运行速度存在差异。

图 8.3 进一步展示了加利福尼亚州与上海市的期望通行能力与极值通行能力。从图 8.3(a)可以看出，加利福尼亚州的极值通行能力与 PQF 更为接近，两者对应的速度都很高，取值均在速度阈值 80km/h 以上。反观图 8.3(b)所示上海的三类通行能力可知，其极值通行能力 $C_P$ 与 QDF 较为接近，由于存在早发性失效现象，极值通行能力明显高于 PQF。而两者对应的关键速度恰恰相反，极值通行能力对应的关键速度远低于 PQF 对应的速度阈值。为了更为严谨地说明上海市极值通行能力与期望通行能力的关系，本节归纳整理了 9 个瓶颈数据，见表 8.4。根据表 8.5 中数据可知，极值通行能力明显高于 PQF 和 QDF，平均值分别高出327veh/h/ln 与 174veh/h/ln，该差值对设施规划设计及动态运行管理的影响是十分显著的。

表 8.4　快速路极值与期望值通行能力统计

| 编号 | 瓶颈 | 通行能力/(veh/h/ln) | | | | | |
|---|---|---|---|---|---|---|---|
| | | PQF | QDF | 极值 $C_P$ | QDF－PQF | $C_P$－PQF | $C_P$－QDF |
| 1 | YABX24 | 1630 | 1713 | 1890 | 83 | 260 | 177 |
| 2 | NBXX28 | 1745 | 1859 | 1945 | 114 | 200 | 86 |
| 3 | YANX25 | 1510 | 1696 | 1941 | 186 | 431 | 245 |

续表

| 编号 | 瓶颈 | 通行能力/(veh/h/ln) | | | | | |
|---|---|---|---|---|---|---|---|
| | | PQF | QDF | 极值 $C_P$ | QDF−PQF | $C_P$−PQF | $C_P-C_{QDF}$ |
| 4 | NBXX34 | 1640 | 1774 | 2115 | 134 | 475 | 341 |
| 5 | NHWX71 | 1664 | 1770 | 1896 | 106 | 232 | 126 |
| 6 | NBDX26 | 1676 | 1811 | 1924 | 135 | 248 | 113 |
| 7 | NHNX40 | 1688 | 1851 | 1984 | 163 | 296 | 133 |
| 8 | NHWX38 | 1683 | 1855 | 2006 | 172 | 323 | 151 |
| 9 | NHWX54 | 1596 | 1877 | 2070 | 281 | 474 | 193 |
| 10 | 平均值 | 1648 | 1801 | 1975 | 153 | 327 | 174 |

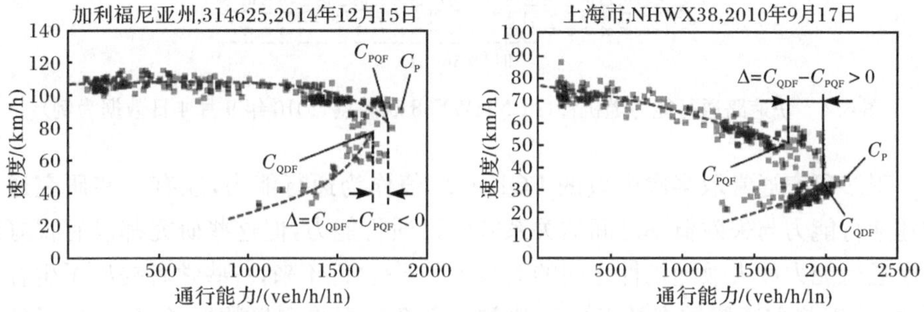


(a) 加利福尼亚州　　(b) 上海市

图 8.3 瓶颈失效与双通行能力现象

在设施规划、设计甚至是运行管理中,国内外都是采用经典的极值通行能力。在国外,由于极值通行能力与 PQF 相差无几,采用极值通行能力进行相应的工程设计与运行管理不会存在太大问题;而在国内,由于极值通行能力与 PQF 相差甚远,通行能力取值及其对应的速度都存在明显差异,极值通行能力取值显然高于 PQF,极值通行能力对应的关键速度显然低于 PQF 对应的速度,在该背景下依然基于经典的极值通行能力进行规划、设计与运行管理势必造成过高估计通行能力,导致道路服务水平过低,严重影响道路运行效率。因此,有必要纠正目前快速路基本通行能力研究中只强调极值最大通过量,忽视驾驶员期望交通流提供一定服务质量保障下的最大通过量的误区。

2. 随机通行能力

随机通行能力是从交通失效角度提出的,由于 PQF 不一定是失效前所有统计时段中的最大值,出现随机性特征。如图 8.4 所示,根据瓶颈失效阈值速度 50km/h 与占有率 20%,该观测点发生了两次交通失效,PQF(称为完全数据)用圆圈表示,仔细观察失效之前瓶颈流率可以发现,在两次失效前都存在流率(三角形,称为删失数据)高于 PQF,但是没有发生失效的现象,该现象即为典型的通行能力随机性。

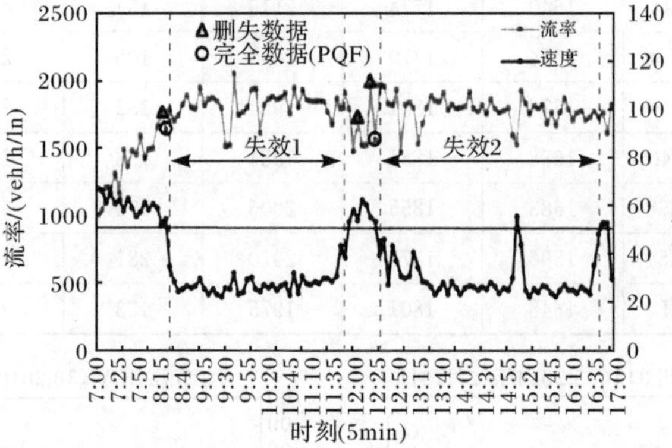


图 8.4　快速路通行能力随机性(以 NHWX38 观测点,2010 年 9 月 4 日数据为例)

很多研究通常取多次失效的 PQF 平均值作为通行能力,还有一些研究通过构建通行能力与失效概率之间的关系来估计通行能力,但这些研究都没有很好地考虑通行能力和失效随机性之间的关系[10,46~48]。近年来,一些学者提出了生存分析法,由于该方法能够有效考虑失效前的完全数据与删失数据,得到了广泛的应用。图 3.9 是基于生存分析得到的累计生存曲线,从图中可以看出,在 50%瓶颈失效概率下,不考虑删失数据与考虑删失数据的生存曲线对应的瓶颈通行能力分别为 1530veh/h/ln 与 1610veh/h/ln。可见考虑随机得到的通行能力分布与不考虑随机得到的通行能力分布存在明显差异[49]。由于城市快速路多由瓶颈构成,驾驶行为的随机性导致交通流运行的随机性,进而导致通行能力随机性。本节建议在通行能力研究中采用生存分析方法考虑随机性来预估瓶颈通行能力。

3. 动态通行能力

在经典的 HCM 定义中,通行能力为静态值,普遍的做法是对观测点多天通行能力观测值取平均作为设施的通行能力。然而,实际上通行能力并不是静态值,而是随影响因素动态变化的。决定通行能力动态变化的影响因素有很多,如图 8.5 所示,道路条件与管控条件一般都是固定不变的,但是交通条件、行驶环境及驾驶员特性与驾驶员行为是随时间变化的,由此导致通行能力也是动态变化的。

图 8.6 是以上海市快速路 NHWX38 观测点极值通行能力为例,基于 2011 年全年线圈数据绘制的不同天气条件通行能力统计图。由图可知,晴天、雨天与雪天条件下的通行能力平均值分别为 2061veh/h/ln、1962veh/h/ln 与 1756veh/h/ln,

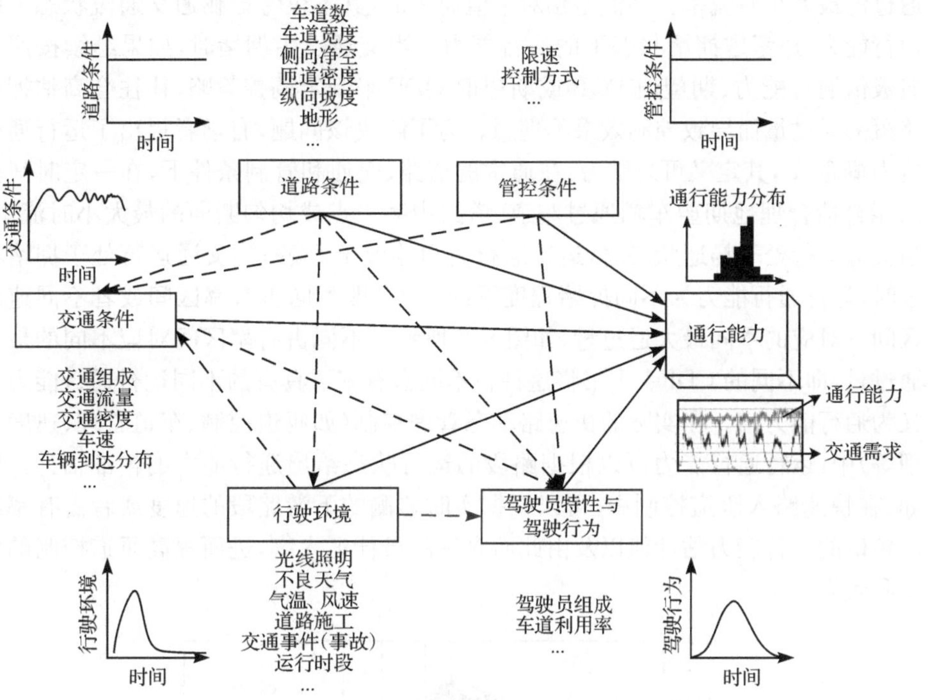


图 8.5 通行能力动态和静态影响因素

不同天气条件下的通行能力差异十分明显。因此,需要提出一种考虑动态影响因素的通行能力估计方法。由于多层统计分析模型能够综合考虑动态与静态因素的影响,本节推荐使用该方法来计算动态通行能力。

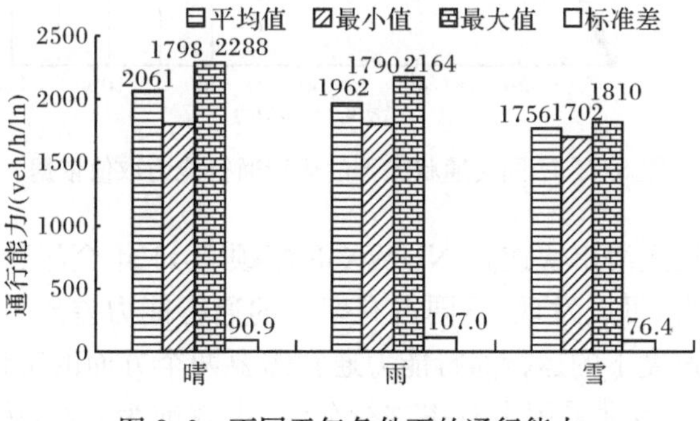


图 8.6 不同天气条件下的通行能力

4. 运行通行能力

单值在本节是指经典极值通行能力,通常为畅通交通流状态下所能合情合理通过的最大小时流率。多值是相对单值而言的,其不仅考虑畅通交通流状态下的通行能力,还考虑拥堵状态下的通行能力。当交通发生拥堵时,如果继续按照经典极值通行能力、期望值 PQF 或期望值 QDF 来制定调控策略,往往会高估拥堵路段的通过量而导致控制效果不理想。为了解决该问题,有学者提出了运行通行能力概念[50],其定义可总结为:在通常的道路、交通和管制条件下,在一定时间段内能合情合理地期望车辆通过车道、道路中某一点或均匀断面的最大小时流率。当交通运行处于畅通状态时,运行通行能力等效于 PQF;当交通运行处于拥堵状态时,运行通行能力为不同拥堵程度下的 CDF,即不同占有率区间或者不同速度区间下对应的不同最大通过量,如图 8.7 所示。不同占有率区间对应不同的最大通过量,即不同的 CDF。本书将这种在不同占有率下具有的不同运行通行能力定义为通行能力谱。在实际的快速路动态管理控制(如匝道控制、车道管理、速度管理等)中,运行通行能力可以根据路段的运行状态给出通行能力的精准估计。例如,在快速路入匝道控制中,可以根据实时监测的下游路段的速度或者占有率给出精确的通行能力估计值以及由此而允许的最佳汇入率,进而提高匝道控制的效率和效果。

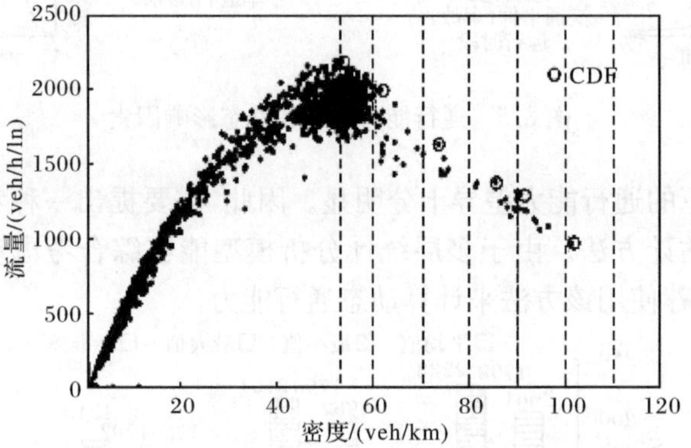


图 8.7　不同交通状态下的运行通行能力取值依据

表 8.5 是根据上海市快速路 NHWX38 瓶颈 2011 年全年数据得到的不同占有率下的通行能力,可以发现,不同占有率下的通行能力差异十分明显。为了得到不同占有率或速度下的运行通行能力通常需要两个方面的工作:一是占有率或速度区间的划分。通常采用占有率进行分组,失效前为一组,失效后以 5%占有率[50]间隔进行划分,根据上海市快速路失效判别阈值及运行特点,占有率可以划分成 0～20%、20%～25%、25%～30%、30%～35%、35%～40%、40%～45%、45%～50%与 50%以上 8 组,若以速度进行划分可参考胡家琦[51]的论文。二是运行通行能力分布的确定。失效前估计方法同随机通行能力生存分析方法;失效

后不同占有率下的运行通行能力 CDF 取其对应的 5min 最大小时流率，即最大值选择法。根据 Brilon 等[46]、孙剑和张娟[49]的研究，推荐采用 Weibull 分布估计运行通行能力，NHWX38 不同占有率区间下 CDF 分布函数见表 8.6。

**表 8.5 上海市快速路 NHWX38 瓶颈 2011 年运行通行能力基本统计数据**

| 项目 | 占有率/% | 样本量 | 通行能力/(veh/h/ln) | | | |
|---|---|---|---|---|---|---|
| | | | 最大值 | 平均值 | 方差 | 最小值 |
| PQF | 0～20 | 718 | 1663 | 135.46 | 1270 | 2000 |
| CDF | 20～25 | 292 | 1875 | 77.56 | 1554 | 2060 |
| | 25～30 | 288 | 1936 | 96.92 | 1552 | 2176 |
| | 30～35 | 284 | 1977 | 109.95 | 1506 | 2268 |
| | 35～40 | 279 | 2033 | 113.67 | 1618 | 2288 |
| | 40～45 | 266 | 1982 | 123.94 | 1376 | 2244 |
| | 45～50 | 163 | 1719 | 121.13 | 1322 | 2068 |
| | >50 | 68 | 1494 | 182.82 | 980 | 1960 |

**表 8.6 NHWX38 不同占有率区间下 CDF 分布函数**

| 占有率/% | 速度/(km/h) | | | 分布函数 |
|---|---|---|---|---|
| | 平均值 | 标准差 | 区间 | |
| 20～25 | 45.34 | 2.91 | 36.87～54.58 | $F(q)=1-e^{-\left(\frac{q}{1978}\right)^{24}}$ |
| 25～30 | 38.12 | 2.90 | 30.88～48.82 | $F(q)=1-e^{-\left(\frac{q}{2027}\right)^{20}}$ |
| 30～35 | 31.88 | 2.70 | 25.20～49.29 | $F(q)=1-e^{-\left(\frac{q}{2084}\right)^{21}}$ |
| 35～40 | 28.86 | 2.31 | 24.00～43.01 | $F(q)=1-e^{-\left(\frac{q}{2034}\right)^{20}}$ |
| 40～45 | 26.57 | 2.58 | 19.32～33.54 | $F(q)=1-e^{-\left(\frac{q}{1775}\right)^{15}}$ |
| 45～50 | 24.66 | 4.21 | 13.21～35.59 | $F(q)=1-e^{-\left(\frac{q}{1574}\right)^{9}}$ |
| >50 | 21.70 | 6.73 | 8.52～37.98 | $F(q)=1-e^{-\left(\frac{q}{1335}\right)^{6}}$ |

### 8.3.3 城市快速路通行能力分析体系构建

通行能力是快速路规划设计与运行管理的核心参数，本节结合通行能力对比分析结果，从规划设计与运行管理角度建立了符合城市快速路实际运行特点的通行能力分析体系，该体系可为快速路生命周期全过程的通行能力计算分析提供技术支持[52]。基于我国城市快速路早发性失效与随机性特征定义的基本通行能力可为规划设计提供支撑;基于多层统计分析模型考虑静态与动态影响因素的动态通行能力可为日常管理提供参考依据;基于不同占有率或速度区间下的运行通行能力可为动态管控提供准确的通行能力预测,如图 8.8 所示。

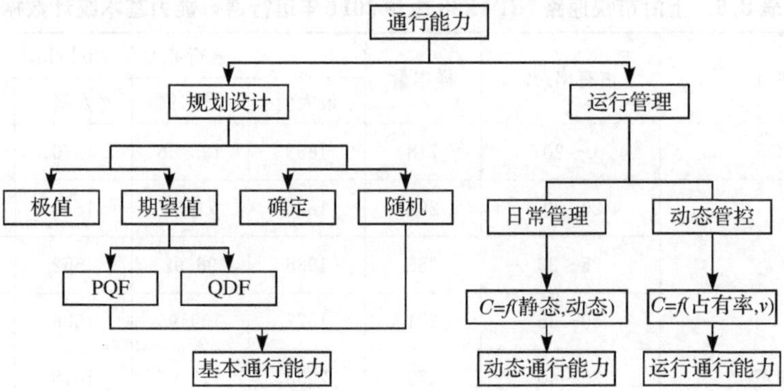


图 8.8　通行能力分析体系

考虑到基本通行能力在规范中[13,14]的重要性,以及目前城市快速路基本通行能力的研究与定义只强调最大通过量,没有保证一定的期望服务质量的现状,本节结合期望通行能力与随机通行能力讨论分析结果,以及与国内外最新基本通行能力研究的对比分析,给出适用于城市快速路的基本通行能力定义。

美国佛罗里达交通部在高速公路通行能力估计研究中提出了采用第 85%位 15min PQF 作为通行能力[11];德国的研究提出,在通行能力估计时需要同时考虑完全数据与删失数据构建 PQF 失效风险概率函数,建议采用 15%失效风险概率水平下 15min PQF 作为通行能力[12]。本节分别对通过上述两种定义得到的城市快速路通行能力进行分析。

Sun 等[38]的研究表明,上海市快速路瓶颈普遍都是在交通需求快速上升阶段发生失效,往往不存在瓶颈失效前 15min 稳定流量。因此,本节采用 5min PQF 作为城市快速路通行能力估计标准。鉴于使用的是 5min 统计数据,将考虑 50%失效风险概率水平下 5min PQF 作为比较方案进行通行能力分析。

表 8.7 所示为基于上海市快速路实测数据通过 5min PQF 数值统计法与生存分析法分析得到的通行能力,而美国佛罗里达交通部(FDOT)采用第 85%位 PQF 作为通行能力;德国方法是基于生存分析方法同时考虑完全数据与删失数据采用 15%失效概率下的 PQF 而得;比较方案方法则是基于生存分析方法同时考虑完全数据与删失数据采用 50%失效概率下的 PQF 而得。

表 8.7 不同方法基本通行能力对比

| 瓶颈 | 基本通行能力/(veh/h/ln) | | | |
|---|---|---|---|---|
| | 中国规范 | FDOT 方法 | 德国方法 | 比较方案 |
| NBDX26 | 2100 | 1762 | 1613 | 1738 |
| NBXX28 | 2100 | 1767 | 1590 | 1739 |
| NBXX34 | 2100 | 1712 | 1538 | 1674 |
| NHNX40 | 2100 | 1810 | 1582 | 1718 |
| NHWX38 | 2100 | 1792 | 1574 | 1750 |
| NHWX54 | 2100 | 2010 | 1644 | 1884 |
| NHWX71 | 2100 | 1760 | 1574 | 1740 |
| YABX24 | 2100 | 1899 | 1636 | 1816 |
| YANX25 | 2100 | 1694 | 1490 | 1619 |
| 平均值 | 2100 | 1800 | 1582 | 1742 |

如图 8.9 所示，佛罗里达交通部建议的基本通行能力、德国建议的基本通行能力与比较方案建议的基本通行能力都明显低于中国规范的建议值[13,14]。德国建议的基本通行能力与比较方案建议的基本通行能力都普遍低于佛罗里达交通部建议的基本通行能力。城市快速路通行能力预测主要考虑两方面：一方面，由于瓶颈失效存在随机性，建议在通行能力预测时同时考虑失效数据与删失数据，采用生存分析方法构建通行能力失效概率函数；另一方面，由于中国交通需求上升迅猛，同时考虑到研究采用的是 5min 数据进行通行能力预测，故建议采用 15％失效风险概率水平 PQF 作为通行能力。综上所述，本节建议同时考虑失效数据与删失数据，使用 15％失效风险概率水平下 5min PQF 作为城市快速路通行能力的定义，即德国方法。具体可表述为：在通常的道路、交通与管控条件下，某一点或均匀断面，在 15％的失效概率下所容许通过的 5min PQF。根据该定义方法，由表 8.7 可知，上海市快速路通行能力约为 1582veh/h/ln。

根据《城市道路工程设计规范》(CJJ 37—2016)[13]，设计速度为 80km/h 的城市快速路基本通行能力为 2100veh/h/ln，按照规范建议的三级设计服务水平(饱和度 0.83)，设计通行能力为 1750veh/h/ln。而本节新提出的方法建议的城市快速路通行能力为 1580veh/h/ln，考虑到城市快速路 90％以上是小客车，另外 10％为中型和大型客车(根据上海市、北京市快速路统计，小客车比例均占 95％以上，保守起见按 90％假设)，按照车辆转换系数平均为 1.5 计算，典型快速路基本通行能力仅为 1660veh/h/ln。如果以规范建议的三级服务水平进行设计，规划设计年的实际饱和度为 1750/1660＝1.05，服务水平为 F 级。可以发现，如果按照现行规范建议的通行能力设计基础设施，很容易导致服务水平“先天不足”。

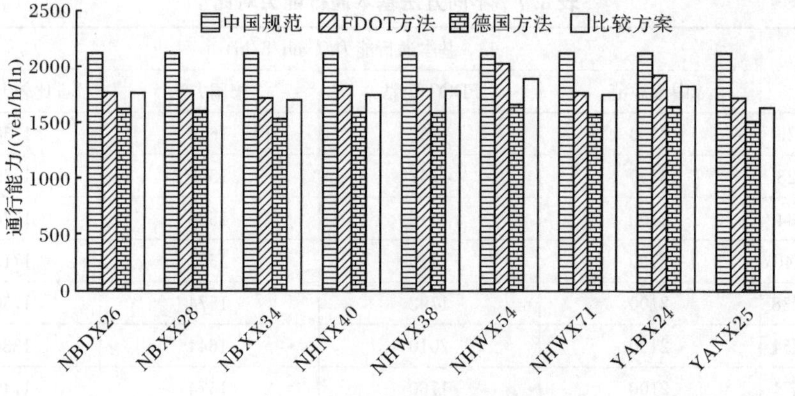


图 8.9　基本通行能力比较

## 8.4　动态通行能力建模

本节以快速路汇入区、汇出区为例，研究通行能力的动态影响因素，以及利用多层统计回归模型标定城市快速路汇入区、汇出区动态通行能力模型，并对主要的通行能力修正系数进行讨论。

### 8.4.1　通行能力影响因素分析

通行能力影响因素通常包括道路条件、交通条件、环境条件及管控条件等。参考美国 HCM2010、中国《公路通行能力分析细则》及工程经验，结合上海市快速路特点，本节研究选取了以下可能影响因素进行分析。

1. 车道数

车辆在快速路上行驶，随着车道数的增加，车辆之间的干扰增大，可能影响道路通行能力，因此将车道数作为变量分析其对通行能力的影响。

2. 车道宽度

尽管 HCM2010 中规定了车道宽度对通行能力的影响系数，但仍有众多研究发现，车道宽度对通行能力并没有显著影响。上海市在过去的 10 年中，通过偏移中央隔离设施、重新渠化等手段，对快速路车道宽度进行了大幅缩减，这为研究车道宽度对通行能力影响提供了绝好的样本，但非常遗憾的是快速路宽度信息并没有准确的记录。在本节研究中，为了获得详细的车道宽度数据，根据上海市路政局道路封闭养护信息，调查员在凌晨 0:30～5:00 进行大量人工测量。用半年时间,共测量了 82 个断面,其中断面平均车道宽度最小值为 2.89m,最大值为 3.86m(均含划线宽度 15cm),图 8.10 所示为调查员正在测量车道宽度,其分布如图 8.11 所示。

图 8.10 调查员正在测量车道宽度

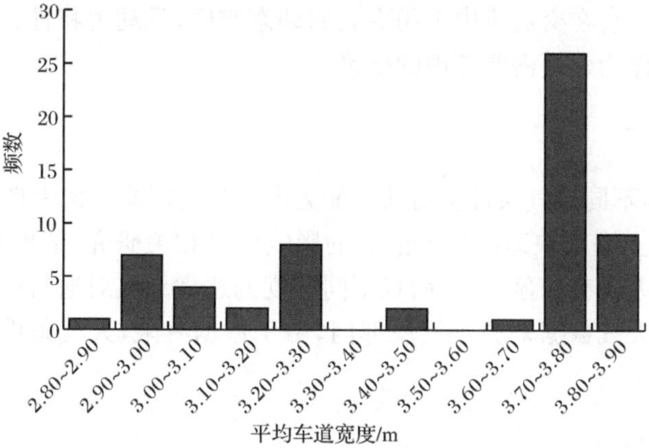


图 8.11 上海市快速路车道宽度分布

3. 匝道密度

研究表明,匝道密度对交通流会产生较大影响,主要体现在路段上车辆可能受上、下游匝道的影响。本节研究中,匝道密度是指汇入点上、下游各 1km 路段内的匝道数。

4. 平曲线曲率

平曲线曲率是指影响区范围内路段的弯曲程度,该值为平曲线半径的倒数。

5. 汇入、汇出长度

为了与加、减速车道长度的概念进行区分，引入了汇入长度和汇出长度。在快速路中，很多加速车道都有石墩等物理隔离，因此在这里汇入长度是指匝道车辆汇入主线实际可以利用的长度。汇出长度是指等效减速车道长度。汇入长度和汇出长度的获取主要依靠设计图纸、街景地图等。

6. 汇入比、汇出比

汇入比是指匝道汇入主线的车辆占主线车辆与匝道汇入主线车辆总数的比例。该因素表明了匝道汇入主线车辆数对通行能力的影响，以及不同到达模式对通行能力的影响。同理，汇出比是指主线汇出的车辆占主线车辆的比例。

7. 车型比例

由于中型车和大型车在外形尺寸和车辆行驶性能上与小客车存在显著差别，中型车和大型车会在交通流中占用更大的动态空间，且动力特性比小客车差。所以车型比例也作为建模需要考虑的变量。

8. 天气特性

研究表明，不同天气条件会对通行能力产生显著影响。杨中良等[35]曾经就恶劣天气条件对上海市快速路通行能力的影响做过相关研究，结果表明，不同天气条件下通行能力具有明显差异，而且不同程度的恶劣天气对通行能力的影响程度也不同。本节天气数据来源于气象部门，由于数据有限，天气条件只分为晴、雨、雪三种天气。

9. 工作日特性

工作日与非工作日的区别本质就是驾驶员总体特征的不同，驾驶员技术越熟练、越熟悉所行驶的快速路段，则越容易以较高且一致的速度行驶；反之，则会使交通流的速度降低，同时导致流量-密度-速度关系曲线产生变化，进而导致通行能力降低。

10. 时段特性

上海市快速路在高峰时段(7:30～9:30 与 16:30～18:30)对外地牌照进行限行，因此本节将考虑这种差异，区别早高峰、晚高峰及平峰对通行能力的影响，具体时段划分见表 8.8。

表 8.8 时段划分

| 类别 | 1 | 2 | 3 | 4 | 5 | 6 | 7 |
|---|---|---|---|---|---|---|---|
| 时段 | 6:00～7:30 | 7:30～9:30 | 9:30～10:30 | 10:30～16:30 | 16:30～18:30 | 18:30～19:30 | 19:30～6:00 |

在以往研究中，往往是针对某种影响因素进行特定分析，进而得到该影响因素对通行能力的修正系数，尚缺乏系统地综合考虑多种可能影响因素的分析方法，鉴于此，本节提出一种综合考虑上述多种影响因素的通行能力回归模型，旨在更加准确地预测通行能力。

上述通行能力影响因素可以分为两类：一类是针对特定观测点保持不变的，如车道宽度、车道数等，由于其在短时间内无法改变，称为静态因素；另一类是动态变化的，如天气、车型比例等，称为动态因素。与传统回归分析不同的是，在本节研究的数据组成中包括多个观测点的多天数据，即针对一个观测点，车道数与车道宽度是一样的，而天气与车型比例等却有数百条，正是由于这种数据结构特点，不同观测点间的通行能力可能存在差异性，传统的回归分析模型将不能使用。据此，本节研究提出了多层统计分析方法来构建汇入区、汇出区通行能力模型。

### 8.4.2 多层统计分析模型

多层统计分析模型被广泛应用于社会科学各领域，如教育学、社会学和经济学等学科。多层统计分析模型所分析的多层数据不仅包括在微观水平所观察到的信息，也包括从宏观角度所得到的数据，可用于纵向数据的处理。所谓纵向数据是指对同一批个体对象进行多次重复测量所获得的数据，这类数据可看成是多层数据，其中重复测量嵌套在个体对象中。

在多层模型分析中，被解释变量是在个体水平测量的变量，而解释变量则既在个体水平测量，也在组群水平测量。首先，需要通过组内相关系数(ICC)判断是否组间异质。当 ICC 趋于 1 时，组间方差相对于组内方差非常大，组间方差统计显著，需进行多层模型分析。相反，当 ICC 趋于 0 时，组内各个体间趋于相互独立，表示没有组群效应，组间方差统计不显著，可对该数据集进行多元回归模型分析。

$$\mathrm{ICC}=\frac{\sigma_{\mathrm{b}}^{2}}{\sigma_{\mathrm{w}}^{2}+\sigma_{\mathrm{b}}^{2}} \tag{8.1}$$

式中，$\sigma_{\mathrm{w}}^{2}$为组内方差；$\sigma_{\mathrm{b}}^{2}$为组间方差；$\sigma_{\mathrm{w}}^{2}+\sigma_{\mathrm{b}}^{2}$为总方差；ICC 为组间方差与总方差之比或组间方差占总方差的比例。

如果 ICC 检验具有统计显著性，则可将解释变量纳入模型进行分层模型分析。为了简便起见，下面是在一个两水平多层模型中包括两个水平 1 解释变量和一个水平 2 解释变量：

$$y_{ij}=\beta_{0j}+\alpha_1 x_{1ij}+\beta_{1j}z_{1ij}+e_{ij} \tag{8.2}$$

$$\beta_{0j}=\gamma_{00}+\gamma_{01}\omega_{1j}+\mu_{0j} \tag{8.3}$$

$$\beta_{1j}=\gamma_{10}+\gamma_{11}\omega_{1j}+\mu_{1j} \tag{8.4}$$

式中，$y_{ij}$ 为在第 $j$ 个水平 2 单位(如第 $j$ 个检测点)中的第 $i$ 个个体的水平 1 结局测量，其中，$i=1,2,\cdots,N$，$N$ 为总样本量，$j=1,2,\cdots,J$，$J$ 为水平 2 的单位数。

从概念上讲，可以把两水平多层模型看成是通过两个步骤进行估计的：

第一步，分别在每个水平 2 观察单位中进行水平 1 观察的回归运算，即同样的回归模型在 $J$ 个组群中运算 $J$ 次，产生 $J$ 组回归系数，组成 $J$ 个水平 1 截距和斜率的数据集。

第二步，将水平 1 随机回归系数看成是某些水平 2 变量(如 $\omega_{ij}$)的函数，生成水平 2 方程或宏观模型。

将式(8.3)和式(8.4)代入式(8.2)得到

$$y_{ij}=\gamma_{00}+\gamma_{01}\omega_{1j}+\alpha_1 x_{1ij}+\gamma_{10}z_{1ij}+\gamma_{11}\omega_{1j}z_{1ij}+(\mu_{0j}+\mu_{1j}z_{1ij}+e_{ij}) \tag{8.5}$$

式(8.5)是一个组合模型或复合模型，它是多层模型的单一公式表述。该模型看起来与带有一个交互作用项的普通回归模型有些相似。然而，与固定效应模型不同，以上组合模型具有一个复合残差结构，即式(8.5)中括弧内的各项，包括水平 2 误差项 $u_{0j}$ 和 $u_{1j}$，水平 1 误差项，以及水平 1 解释变量 $z_{1ij}$。需要注意的是，水平 2 误差项 $u_{0j}$ 和 $u_{1j}$ 的下标不是“$ij$”，而只有“$j$”，表示其值在各组群内并没有变化，只是在组间有变化。换言之，各组内的观察值共同分享非解释性水平 2 随机变异，因而各组内观测值互补独立。

考虑到本节数据具有多层数据特点，既包括静态变量因素，如车道数、车道宽度等，又包括动态变量因素，如天气、车型比例等，本节采用多层统计分析，通过 ICC 检验表明检测点之间存在明显差异，数据特点适合构建多层统计模型。

首先，为了保证多层统计分析模型回归的有效性，避免出现共线性问题，需要对解释变量进行 Spearman 相关性检验。以汇入区为例，备选的解释变量有汇入长度 ml、车道数 $n$、车道宽度 lw、左侧侧向净空 llc、右侧侧向净空 rlc、匝道密度 rd、平曲线曲率 cur、工作日特性 $w$、时段特性 pd、天气特性 wer、大型车比例 lv 及中型车比例 mv 等，Spearman 相关性检验结果见表 8.9。由表可以看出，车道宽度 lw 和左侧侧向净空 llc、右侧侧向净空 rlc 与平曲线曲率 cur 的相关度很高，此外，汇入长度 ml 和匝道密度 rd 也高度相关。为了确保模型的准确性，本节研究将选用车道宽度与汇入长度而放弃另外 4 个变量来进行模型的构建；然后，把自变量分为两层，汇入长度、车道数与车道宽度为一层，星期特性、时段特性、天气、大型车比例与中型车比例为另外一层。基于 SAS 数据分析软件对备好的分层数据进行多层统计分析模型构建，模型结果形式如式 8.6 所示。

表 8.9 Spearman 相关性检验结果

| 变量 | ml | $n$ | lw | llc | rlc | rd | cur | $w$ | pd | wer | lv | mv |
|---|---|---|---|---|---|---|---|---|---|---|---|---|
| ml | 1.000 | | | | | | | | | | | |
| $n$ | −0.298 | 1.000 | | | | | | | | | | |
| lw | 0.325 | −0.648 | 1.000 | | | | | | | | | |
| llc | 0.454 | −0.471 | 0.880 | 1.000 | | | | | | | | |
| rlc | 0.171 | −0.497 | 0.860 | 0.793 | 1.000 | | | | | | | |
| rd | −0.812 | 0.395 | −0.379 | −0.379 | −0.038 | 1.000 | | | | | | |
| cur | 0.257 | −0.734 | 0.834 | 0.640 | 0.645 | −0.348 | 1.000 | | | | | |
| $w$ | −0.007 | 0.0300 | −0.016 | −0.004 | −0.023 | −0.016 | −0.016 | 1.000 | | | | |
| pd | −0.037 | −0.065 | 0.0030 | −0.193 | −0.124 | −0.011 | 0.131 | −0.050 | 1.000 | | | |
| wer | −0.027 | 0.003 | −0.006 | 0.004 | 0.021 | 0.037 | −0.022 | −0.053 | −0.009 | 1.000 | | |
| lv | −0.160 | −0.200 | 0.217 | 0.149 | 0.268 | 0.065 | 0.250 | −0.024 | −0.283 | −0.014 | 1.000 | |
| mv | 0.352 | 0.016 | 0.132 | 0.405 | 0.233 | −0.182 | −0.057 | 0.007 | −0.575 | −0.001 | 0.447 | 1.000 |

汇入区通行能力多层统计分析模型：

$$\begin{aligned}\text{cap} = & 1462 + 0.72\text{ml} - 39n + 58\text{lw} + 72w + 136p_1 + 107p_2 + 41p_3 \\ & + 46p_4 + 88p_5 + 55p_6 + 209\text{sun} + 135\text{rain} - 522\text{lv} - 314\text{mv}\end{aligned} \tag{8.6}$$

汇出区通行能力多层统计分析模型分析过程与汇入区是一致的，在此不再赘述，最终模型结果如式 8.7 所示。

汇出区通行能力多层统计分析模型：

$$\begin{aligned}\text{cap} = & 1559 - 125\text{rm} + 1.22\text{dl} - 52n + 77w + 99p_1 + 79p_2 + 32p_3 \\ & + 31p_4 + 39p_5 + 17p_6 + 196\text{sun} + 108\text{rain} - 607\text{lv}\end{aligned} \tag{8.7}$$

式中，cap 为通行能力；ml、dl 分别为汇入长度、汇出长度；$n$ 为车道数；lw 为车道宽度；rm 为匝道类型；$w$ 当日期为工作日时取 1，反之取 0；sun 当天气为晴时取 1，反之取 0；rain 当天气为雨时取 1，反之取 0；$p_1$ 当通行能力在 6:00～7:30 达到时取 1，反之取 0；$p_2$ 当通行能力在 7:30～9:30 达到时取 1，反之取 0；$p_3$ 当通行能力在 9:30～10:30 达到时取 1，反之取 0；$p_4$ 当通行能力在 10:30～16:30 达到时取 1，反之取 0；$p_5$ 当通行能力在 16:30～18:30 达到时取 1，反之取 0；$p_6$ 当通行能力在 18:30～19:30 达到时取 1，反之取 0；mv 为中型车比例；lv 为大型车比例；sm 为小型车比例。

### 8.4.3 通行能力影响因素修正系数

1. 修正系数建议值

基于多层统计分析模型，对通行能力影响因素模型中的系数进行进一步分析，最终通行能力影响因素修正系数见表 8.10～表 8.18。

**表 8.10　车道数修正系数**

| 区域 | 车道数 | | | |
|---|---|---|---|---|
| | 1 | 2 | 3 | 4 |
| 汇入区 | 1.000 | 0.982 | 0.965 | 0.947 |
| 汇出区 | 1.000 | 0.976 | 0.952 | 0.929 |

**表 8.11　车道宽度修正系数**

| 区域 | 车道宽度/m | | | | |
|---|---|---|---|---|---|
| | 2.75 | 3.00 | 3.25 | 3.50 | 3.75 |
| 汇入区 | 0.974 | 0.980 | 0.987 | 0.993 | 1.000 |

**表 8.12　汇入长度和汇出长度修正系数**

| 区域 | 汇入长度/m、汇出长度/m | | | | | | |
|---|---|---|---|---|---|---|---|
| | 50m | 100m | 150m | 200m | 250m | 300m | 350m |
| 汇入区 | 0.902 | 0.918 | 0.935 | 0.951 | 0.967 | 0.984 | 1.000 |
| 汇出区 | 0.834 | 0.861 | 0.889 | 0.917 | 0.945 | 0.972 | 1.000 |

**表 8.13　工作日特性修正系数**

| 区域 | 工作日 | 非工作日 |
|---|---|---|
| 汇入区 | 1.000 | 0.967 |
| 汇出区 | 1.000 | 0.965 |

**表 8.14　时段修正系数**

| 区域 | 时段 | | | | | | |
|---|---|---|---|---|---|---|---|
| | 6:00～7:30 | 7:30～9:30 | 9:30～10:30 | 10:30～16:30 | 16:30～18:30 | 18:30～19:30 | 19:30～6:00 |
| 汇入区 | 1.000 | 0.987 | 0.957 | 0.959 | 0.978 | 0.963 | 0.938 |
| 汇出区 | 1.000 | 0.991 | 0.970 | 0.969 | 0.973 | 0.963 | 0.955 |

**表 8.15　天气修正系数**

| 区域 | 晴 | 雨 | 雪 |
|---|---|---|---|
| 汇入区 | 1.000 | 0.966 | 0.905 |
| 汇出区 | 1.000 | 0.960 | 0.911 |

表 8.16 大型车比例修正系数

| 区域 | 大车比例/% | | | | |
|---|---|---|---|---|---|
| | 1 | 2 | 3 | 4 | 5 |
| 汇入区 | 0.998 | 0.995 | 0.993 | 0.991 | 0.988 |
| 汇出区 | 0.997 | 0.994 | 0.992 | 0.989 | 0.986 |

表 8.17 中型车比例修正系数

| 项目 | 中车比例/% | | | |
|---|---|---|---|---|
| | 5 | 10 | 15 | 20 |
| 修正系数 | 0.993 | 0.986 | 0.979 | 0.971 |

表 8.18 匝道类型修正系数

| 项目 | 匝道类型 | |
|---|---|---|
| | 类型一 | 类型二 |
| 修正系数 | 1.000 | 0.943 |

2. 影响因素讨论

1) 车道数

在 HCM2010 中,没有明确提出车道数对通行能力的影响;而在我国《公路通行能力分析细则》中规定了车道数对自由流速度的影响,车道数越少,自由流速度越低。由于通行能力与自由流速度存在一定关系,进而可以推出车道数越少,通行能力也越低。从多层统计分析模型可以得知,通行能力随车道数的增加而降低,该趋势与 HCM2010 和《公路通行能力分析细则》相反。

2) 车道宽度

本节得出车道宽度对通行能力存在正影响,该结果与 HCM2010 及《公路通行能力分析细则》是一致的。在 HCM2010 中,针对施工区提供了专门的车道宽度修正系数,见表 8.19。比较本节研究得出的修正系数与 HCM2010 修正系数可知,本节研究得出的修正系数总体小于 HCM2010,以 2.75～3.00m 为例,HCM2010 的车道宽度修正系数为 0.86,本节研究结果为 0.974～0.980,远远高于 HCM2010 修正系数推荐值。

表 8.19 HCM2010 车道宽度修正系数

| 车道宽度 | 修正系数 |
|---|---|
| ≥12ft① (≥3.65m) | 1.00 |
| 10.0～11.9ft(3.00～3.65m) | 0.91 |
| 9.0～9.9ft(2.75～3.00m) | 0.86 |

①1ft=3.048×10⁻¹m,下同。

3) 工作日特性

模型结果显示汇入区与汇出区工作日通行能力比非工作日分别高 72veh/h/ln 与 77veh/h/ln，工作日通行能力明显高于非工作日。同时，在 HCM2010 中可以发现，工作日与非工作日通行能力差值在 109～188veh/h/ln。对比国内外数据可知，我国工作日与非工作日通行能力差值略低于国外研究值，但研究结果均体现了驾驶员总体特征的影响，鉴于工作日多数是通勤交通，驾驶员总体上技术更熟练，同时也更熟悉行驶的路段，因此通行能力也相应地高于非工作日。

4) 天气特性

研究表明，恶劣天气对通行能力具有显著影响。根据上海市数据研究显示，在恶劣天气情况下，雨天通行能力折减 3.4%～4%，雪天通行能力折减 8.9%～9.5%，与 HCM2010 研究结果较一致，见表 8.20。

**表 8.20　HCM2010 恶劣天气通行能力折减**

| 天气 | 强度/(in[①]/h) | 通行能力折减百分比/% | |
|---|---|---|---|
| | | 平均值 | 范围 |
| 雨 | 0<强度≤0.10 | 2.01 | 1.17～3.43 |
| | 0.10<强度≤0.25 | 7.24 | 5.67～10.10 |
| | 强度>0.25 | 14.13 | 10.72～17.67 |
| 雪 | 0<强度≤0.05 | 4.29 | 3.44～5.51 |
| | 0.05<强度≤0.10 | 8.66 | 5.48～11.53 |
| | 0.10<强度≤0.50 | 11.04 | 7.45～13.35 |
| | 强度>0.50 | 22.43 | 19.53～27.82 |

①1in=2.54cm，下同。

5) 时段特性

从时段特性回归结果可以得知，早高峰时段(6:00～7:30、7:30～9:30)与晚高峰时段(16:30～18:30)通行能力修正系数明显高于其他时段，造成此差异可能有两方面原因：一是上海市快速路施行高峰时段禁止外地牌照车辆通行；二是高峰时段主要由通勤交通组成，与平峰时段交通组成存在差异。这两方面因素促使高峰时段与平峰时段的驾驶员特征不同，由此造成高峰时段与平峰时段通行能力存在差异。

6) 中型车比例与大型车比例

在 HCM2010 与我国《公路通行能力分析细则》中，中型车与大型车对通行能力的影响均是通过交通组成修正系数来实现的。交通组成修正系数如下：

$$f_{HV} = \frac{1}{1+\sum_i p_i(E_i-1)} \tag{8.8}$$

式中，$f_{HV}$为交通组成修正系数；$p_i$ 为车型 $i$ 的交通量占总交通量的百分比；$E_i$ 为车型 $i$ 的车辆折算系数。

通常上海市快速路达到通行能力时最大通过量高于 1600veh/h/ln，参考表 8.21所示《公路通行能力分析细则》的车辆折算系数，中型车与大型车分别取 2.5 与 4.0。在 HCM2010 中未针对车型进行详细划分，因此大型车与中型车折算系数取值均为 1.5。表 8.22、表 8.23 为本节研究、《公路通行能力分析细则》与 HCM2010 修正系数值，可以发现本节研究得到的大型车与中型车修正系数值均大于 HCM2010 与《公路通行能力分析细则》，与 HCM2010 更为接近，但远高于我国《公路通行能力分析细则》规定的修正系数值。此外，大型车修正系数与 HCM2010 规定的修正系数值差值较小，而中型车修正系数差值比较明显，这可能与美国只考虑货车与巴士车辆有关。由于上海市快速路禁止货车通行，中型车基本上是中型客车，中型车修正系数明显较高，即对通行能力影响较小。

**表 8.21 《公路通行能力分析细则》车辆折算系数**

| 车型 | 交通量/(veh/h/ln) | 自由流速度/(km/h) | | |
|---|---|---|---|---|
| | | 110 | 100 | ≥80 |
| 中型车 | ≤800 | 1.5 | 1.5 | 2.0 |
| | 800～1200 | 2.0 | 2.5 | 3.0 |
| | 1200～1600 | 2.5 | 3.0 | 4.0 |
| | >1600 | 1.5 | 2.0 | 2.5 |
| 大型车 | ≤800 | 2.0 | 2.5 | 3.0 |
| | 800～1200 | 3.5 | 4.0 | 5.0 |
| | 1200～1600 | 4.5 | 5.0 | 6.0 |
| | >1600 | 2.5 | 3.0 | 4.0 |

**表 8.22 交通组成修正系数比较(大型车修正系数)**

| 项目 | 大型车比例/% | | | | |
|---|---|---|---|---|---|
| | 1 | 2 | 3 | 4 | 5 |
| 汇入区 | 0.998 | 0.995 | 0.993 | 0.991 | 0.988 |
| 汇出区 | 0.997 | 0.994 | 0.992 | 0.989 | 0.986 |
| 《公路通行能力分析细则》 | 0.971 | 0.943 | 0.917 | 0.893 | 0.870 |
| HCM2010 | 0.995 | 0.990 | 0.985 | 0.980 | 0.976 |

表 8.23　交通组成修正系数比较(中车修正系数)

| 项目 | 中型车比例/% | | | |
|---|---|---|---|---|
| | 5 | 10 | 15 | 20 |
| 本节研究 | 0.993 | 0.986 | 0.979 | 0.971 |
| 《公路通行能力分析细则》 | 0.930 | 0.870 | 0.816 | 0.769 |
| HCM2010 | 0.976 | 0.952 | 0.930 | 0.909 |

7) 匝道类型

上海市快速路出匝道分为两类,如图 8.12 所示,对应上述模型中的类型一与类型二。研究结果表明,类型二出匝道通行能力修正系数为 0.943,即类型二通行能力略低于类型一。结合匝道设计形式及实测数据,类型二汇出流量较高,大量的车辆汇出对交通流干扰高于类型一,由此造成类型二通行能力存在折减。这和 Sun 等[45]的研究结论是一致的,即消散流率随汇出比的下降而上升。

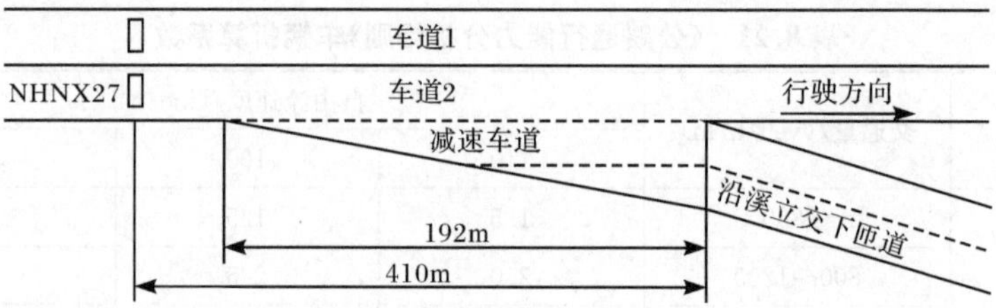


沿溪立交下匝道(NHNX27)

(a) 类型一

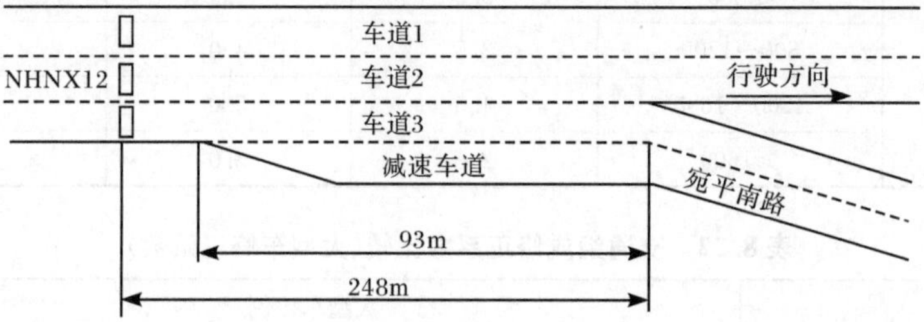


宛平南路下匝道(NHNX12)

(b) 类型二

图 8.12　上海市快速路出匝道类型

8) 汇入长度、汇出长度

在 HCM2010 与《公路通行能力分析细则》没有提出汇入长度、汇出长度对通行能力的影响,根据本节研究发现,通行能力随汇入长度、汇出长度的减小而降低,充分说明车辆汇入、汇出时提供足够的加速段、减速段可以使快速路运行更高效。

# 8.5 快速路服务水平

## 8.5.1 服务水平的定义与发展

服务水平的概念最早可追溯至 HCM1965，当时为了描述交通流运行状况，首度提出了服务水平定义[2]。服务水平是描述交通流运行状况的一种质量标准，通常用速度、行程时间、交通中断、驾驶自由度、安全、舒适、方便和费用等度量。

根据定义描述，服务水平应当包含上述所有涉及因素，但由于当时技术条件的限制，HCM1965 仅使用速度和行程时间来度量服务水平。在 HCM1985[3]中又增加了驾驶自由度，以密度指标来替代。安全和费用一直都没有被用来定义服务水平。舒适和方便仅在替代指标上得到体现。

在驾驶员看来，在相同道路上低流率(低流量)意味着比高流率(高流量)能提供更高的服务水平。但由于相同的流率在流量-密度-速度曲线上对应两种交通状态，一种相对较好的服务质量，一种则是相对较差的服务质量，因此在服务水平定义上从未考虑流率(流量)。另外，流率(流量或饱和度)只能在观测点观测，不能被驾驶员所感知。因此，HCM1965 提出了把行程速度作为主要指标，饱和度作为次要指标来划分服务水平。具体划分标准见表 8.24。

1985 年发布的第三版 HCM 中对服务水平定义进行了微妙而关键的改变，服务水平定义为从驾驶员或乘客的视角来定性度量交通流运行状况，通常用速度、行程时间、驾驶自由度、交通中断、舒适和方便与安全等来描述。

HCM1985 首次从驾驶员的视角出发，舍弃了基于流量划分服务水平的方式，提出使用基于道路使用者能够感知的密度参数来描述服务水平。详细划分标准见表 8.24。

在 2000 年发布的第四版 HCM 中，服务水平定义取消了与安全相关的参数。在服务水平划分上，针对 F 级提出了新的界定方法，不论是饱和度大于 1，还是密度大于 45veh/h/ln，都认为是 F 级服务水平[6]。其新定义为：服务水平是描述交通流运行状况的一种质量标准，通常用速度、行程时间、驾驶自由度、交通中断、舒适和方便等条件来度量这种服务指标。

HCM2000 虽然在定义上未提及使用者视角，但在叙述中仍然强调了从驾驶员视角来对服务水平进行划分。

在 HCM2010 中[7]，服务水平定义没有新的变化，其划分标准沿用了 HCM2000。详细标准见表 8.24。

从美国服务水平发展历程可以发现，自第二版 HCM1965 后放弃了 $v/c$ 指标。与美国不同，德国的现行通行能力手册仍在采用 $v/c$ 划分服务水平，服务水平划分

**表 8.24　服务水平划分标准**

<table>
<tr><th>划分指标</th><th>划分标准</th><th>文献</th><th>考虑</th></tr>
<tr><td>运行速度，饱和度($v/c$)</td><td>
<table>
<tr><th rowspan="3">LOS</th><th rowspan="3">运行速度/(mi/h)</th><th colspan="5">$v/c$</th></tr>
<tr><th colspan="3">70mi/h</th><th rowspan="2">60mi/h</th><th rowspan="2">50mi/h</th></tr>
<tr><th>4 车道</th><th>6 车道</th><th>8 车道</th></tr>
<tr><td>A</td><td>≥60</td><td>≤0.35</td><td>≤0.40</td><td>≤0.43</td><td>—</td><td>—</td></tr>
<tr><td>B</td><td>≥55</td><td>≤0.50</td><td>≤0.58</td><td>≤0.63</td><td>≤0.25</td><td>—</td></tr>
<tr><td>C</td><td>≥50</td><td>≤0.75PHF</td><td>≤0.80PHF</td><td>≤0.83PHF</td><td>≤0.45PHF</td><td>—</td></tr>
<tr><td>D</td><td>≥40</td><td colspan="3">≤0.90PHF</td><td>≤0.80PHF</td><td>≤0.45PHF</td></tr>
<tr><td>E</td><td>30～35</td><td colspan="5">≤1.00</td></tr>
<tr><td>F</td><td><30</td><td colspan="5">无意义</td></tr>
</table>
</td><td>HCM1965</td><td>假设:高流量意味着低服务水平流量(流率，$v/c$)不能完全表示服务质量。一、在流量-密度-速度曲线上，一个流量值对应两点，另一点则服务质量高，另一点则服务质量低;二、不能为驾驶员/乘客所感知。<br>引进了运行速度作为服务水平划分主要指标，$v/c$则作为次要指标。</td></tr>
<tr><td>密度</td><td>
<table>
<tr><th>LOS</th><th>密度范围/(veh/m/ln)</th></tr>
<tr><td>A</td><td>0～10.0</td></tr>
<tr><td>B</td><td>10.1～16.0</td></tr>
<tr><td>C</td><td>16.1～24.0</td></tr>
<tr><td>D</td><td>24.1～32.0</td></tr>
<tr><td>E</td><td>32.1～45.0</td></tr>
<tr><td>F</td><td>>45.0</td></tr>
</table>
</td><td>HCM1985 (HCM1994，HCM 1997)</td><td>速度与驾驶自由度都是驾驶员关心的指标;<br>在美国，速度没有辨识度，而密度随着流量的增大而增大，可以更有效的体现服务质量</td></tr>
</table>

续表

<table>
<tr><th>划分指标</th><th>划分标准</th><th>文献</th><th>考虑</th></tr>
<tr><td>密度</td><td><table><tr><th>LOS</th><th>密度范围/(veh/m/ln)</th></tr><tr><td>A</td><td>0～11</td></tr><tr><td>B</td><td>>11～18</td></tr><tr><td>C</td><td>>18～26</td></tr><tr><td>D</td><td>>26～35</td></tr><tr><td>E</td><td>>35～45</td></tr><tr><td>F</td><td>>45</td></tr></table></td><td>HCM2000</td><td>速度与驾驶自由度都是驾驶员关心的指标；<br>在美国，速度没有辨识度，而密度随着流量的增大而增大，可以更有效的体现服务质量</td></tr>
<tr><td>密度</td><td><table><tr><th>LOS</th><th>密度范围/(veh/m/ln)</th></tr><tr><td>A</td><td>≤11</td></tr><tr><td>B</td><td>>11～18</td></tr><tr><td>C</td><td>>18～26</td></tr><tr><td>D</td><td>>26～35</td></tr><tr><td>E</td><td>>35～45</td></tr><tr><td>F</td><td>需求超过通行能力值>45</td></tr></table></td><td>HCM2010</td><td>—</td></tr>
<tr><td>饱和度(v/c)</td><td><table><tr><th>LOS</th><th>v/c</th></tr><tr><td>A</td><td>≤0.30</td></tr><tr><td>B</td><td>≤0.55</td></tr><tr><td>C</td><td>≤0.75</td></tr><tr><td>D</td><td>≤0.90</td></tr><tr><td>E</td><td>≤1.00</td></tr><tr><td>F</td><td>—</td></tr></table></td><td>HBS2015</td><td>—</td></tr>
</table>

界限与 HCM1965 中的建议值几乎一样。他们认为密度无法充分反映服务质量，当密度相同时，不同路段上的车流速度未必一样，因此利用密度来划分存在一定缺陷。此外，密度在应用上没有 $v/c$ 方便，鉴于此，采用 $v/c$ 表示交通拥堵程度。

### 8.5.2　快速路服务水平划分指标

从服务水平的发展与使用来看，划分指标的选取考虑以下三个方面：

(1) 基于驾驶员感受，速度是驾驶员最直接、最具体的感知，其次是密度，最后是饱和度。

(2) 为规划与设计提供服务，饱和度是工程技术人员使用起来最容易理解且最方便的划分指标，其次是密度，最后是速度。

(3) 基于指标辨识度考虑。由于我国快速路速度随流量的增加迅速下降，速度的辨识度最高，其次是密度，最后是饱和度。

综上所述，从驾驶员感受及辨识度来看速度指标是最佳选择。但快速路服务水平主要是为规划与设计服务的，故建议选取饱和度作为快速路服务水平划分指标。

### 8.5.3　快速路服务水平划分标准

目前，国内外服务水平划分通常都分为 6 级，因此本节快速路服务水平也依据 6 级标准展开研究。在服务水平划分中，若饱和度大于 1 则认为交通流处于拥堵状态，服务质量最差，认定为 F 级。所以，本节需要研究的是如何对饱和度介于 0 与 1 之间的服务水平进行进一步分级。

为了获得适用于我国国情的快速路服务水平划分标准，本节严格选取了 5 个基本路段。基于 2010 年 7 月 1～31 日共 31 天 5min 线圈检测数据，应用 $K$-均值聚类方法对 F 级以上的数据进行深入研究，其聚类分析结果见表 8.25。服务水平从 A～E 级的饱和度划分标准平均值依次为 0.26、0.52、0.76、0.93、1.00，根据各研究地点划分标准及标准差可知，不同地点间的划分标准相差不大，由此表明聚类分析结果可以很好地体现服务水平分级标准。

**表 8.25　服务水平聚类分析**

| 服务水平 | 研究地点 | | | | | 平均值 | 标准差 |
|---|---|---|---|---|---|---|---|
| | NHNX14 | NHWX20 | YABX09 | YANX22 | YANX03 | | |
| A | 0.26 | 0.24 | 0.27 | 0.27 | 0.27 | 0.26 | 0.012 |
| B | 0.53 | 0.51 | 0.54 | 0.49 | 0.52 | 0.52 | 0.017 |
| C | 0.79 | 0.77 | 0.78 | 0.70 | 0.73 | 0.76 | 0.034 |
| D | 0.94 | 0.94 | 0.94 | 0.90 | 0.91 | 0.93 | 0.017 |
| E | 1.00 | 1.00 | 1.00 | 1.00 | 1.00 | 1.00 | — |
| F | >1.00 | >1.00 | >1.00 | >1.00 | >1.00 | >1.00 | — |

表 8.26 为本节研究结果与我国《公路通行能力分析细则》、美国 HCM1950、德国 HBS2015 所采用的服务水平划分标准。可以发现，本节研究 A、B 级划分标准略低于其他手册标准值，C 级划分标准与其他手册的标准值十分接近，D 级划分标准则略高于其他手册标准值。因此，本节研究建议 A、B 级服务水平划分标准向上取值（以 0.05 划分），分别取 0.30 与 0.55；D 级服务水平划分标准向下取值，取 0.90；由于我国很多交通设施设计时是以 C 级服务水平为标准的，为了避免资源浪费，建议 C 级服务水平向上取值，取 0.80。由此，快速路服务水平 A～E 级的划分标准依次为 0.30、0.55、0.80、0.90 与 1.00。

**表 8.26 服务水平划分标准比较**

| 服务水平 | 美国 HCM1950 | 德国 HBS2015 | 中国《公路通行能力分析细则》 | 平均值 | 建议值 |
|---|---|---|---|---|---|
| A | 0.35 | 0.30 | 0.35 | 0.26 | 0.30 |
| B | 0.50 | 0.55 | 0.55 | 0.52 | 0.55 |
| C | 0.75 | 0.75 | 0.75 | 0.76 | 0.80 |
| D | 0.90 | 0.90 | 0.90 | 0.93 | 0.90 |
| E | 1.00 | 1.00 | 1.00 | 1.00 | 1.00 |
| F | >1.00 | >1.00 | >1.00 | >1.00 | >1.00 |

## 8.6 本章小结

本章基于上海市快速路瓶颈与美国加利福尼亚州城区瓶颈实测数据从期望通行能力、随机通行能力、动态通行能力与运行通行能力 4 个方面回顾并分析了通行能力最新研究成果。提出了一套适用于城市快速路基本路段全生命周期过程的通行能力分析体系；然后基于 2011 年全年交通流检测数据分别构建了汇入区、汇出区通行能力多层统计分析模型，该模型综合考虑动态因素与静态因素，能够更好地预测通行能力；最后，梳理了服务水平研究发展历史，同时提出我国快速路服务水平划分方法与标准。

## 参考文献

[1] Transportation Research Board. Highway Capacity Manual[M]. Washington DC: National Research Council, 1950.

[2] Transportation Research Board. Highway Capacity Manual[M]. Washington DC: National Research Council, 1965.

[3] Transportation Research Board. Highway Capacity Manual[M]. Washington DC: National Research Council,1985.

[4] Transportation Research Board. Highway Capacity Manual[M]. Washington DC: National Research Council,1994.

[5] Transportation Research Board. Highway Capacity Manual[M]. Washington DC: National Research Council,1998.

[6] Transportation Research Board. Highway Capacity Manual[M]. Washington DC: National Research Council,2000.

[7] Transportation Research Board. Highway Capacity Manual[M]. Washington DC: National Research Council,2010.

[8] Li Z,Sun J,Li J. Comparison of speed-flow relationships on freeways at US and china and digging into the roots of differences[C]//Transportation Research Board 94th Annual Meeting,Washington DC,2015.

[9] 周荣贵,荣建,任福田. 公路通行能力分析细则[R]. 北京:交通运输部科学研究院,2015.

[10] Lorenz M,Elefteriadou L. Defining freeway capacity as function of breakdown probability[J]. Transportation Research Record,2001,1776(1):43—51.

[11] Elefteriadou L,Kondyli A,George B S. Estimation of capacities on Florida freeways[R]. Gainesville: The University of Florida,2014.

[12] Brilon W,Wu N. New models for estimating freeway capacity-consideration of stochastic properties in traffic flow[R]. Bochum:Ruhr-Universität Bochum,2004.

[13] 中华人民共和国住房和城乡建设部. CJJ 37—2016　城市道路工程设计规范[M]. 北京:中国建筑工业出版社,2016.

[14] 中华人民共和国住房和城乡建设部. CJJ 129—2009　城市快速路设计规程[M]. 北京:中国建筑工业出版社,2009.

[15] Hall F L,Agyemang-Duah K. Freeway capacity drop and the definition of capacity[J]. Transportation Research Record,1991,(1320):1—98.

[16] Zhang L,Levinson D. Some properties of flows at freeway bottlenecks[J]. Transportation Research Record,2004,(1883):122—131.

[17] Cassidy M J,Bertini R L. Some traffic features at freeway bottlenecks[J]. Transportation Research Part B:Methodological,1999,33(1):25—42.

[18] Persaud B,Yagar S,Brownlee R. Exploration of the breakdown phenomenon in freeway traffic[J]. Transportation Research Record,1998,(1634):64—69.

[19] Elefteriadou L,Roess R P,McShane W R. Probabilistic nature of breakdown at freeway merge junctions[J]. Transportation Research Record,1995,(1484):80—89.

[20] Banks J H. Two-capacity phenomenon at freeway bottlenecks: A basis for ramp metering[J]. Transportation Research Record,1991,(1320):83—90.

[21] Hoogendoorn S P,Botma H. On the estimation of parameters in headway distributions[C]// Proceeding of the 2nd TRAIL PhD Congress,Delft,1996.

[22] Botma H, Papendrecht J H, Westland D. Validation of Capacity Estimators Based on the Decomposition of the Distribution of Headways: Summarized Report[M]. Delft: Delft University of Technology, 1980.

[23] Cohen S. Méthodes d'estimation de la capacité des autoroutes[R]. Paris: Institut Francais des Sciences et Technologies des Transports, 1983.

[24] Minderhoud M, Botma H, Bovy P. Assessment of roadway capacity estimation methods[J]. Transportation Research Record, 1997, (1572): 59－67.

[25] Hyde T, Wright C C. Extreme value methods for estimating road traffic capacity[J]. Transportation Research Part B: Methodological, 1986, 20(2): 125－138.

[26] May A D. Traffic Flow Fundamentals[M]. Englewood: Prentice-Hall, 1990.

[27] Ibrahim A T, Hall F L. Effect of adverse weather conditions on speed-flow-occupancy relationships[J]. Transportation Research Board, 1994, (1457): 184－191.

[28] Brilon W, Ponzlet M. Auswirkungen von zeitlich veraenderlichen leistungsfahigkeiten[J]. Forschung straβenbau und straβenverkehr stechnik, 1996: 718.

[29] Chandra S, Kumar U. Effect of lane width on capacity under mixed traffic conditions in India[J]. Journal of Transportation Engineering, 2003, 129(2): 155－160.

[30] 温学钧. 上海城市快速路通行能力的研究[J]. 上海建设科技, 2005, 25(1): 21－23.

[31] Agarwal M, Maze T H, Souleyrette R. Impacts of weather on urban freeway traffic flow characteristics and facility capacity[C]//Proceedings of the 2005 Mid-Continent Transportation Research Symposium, Ames, 2005.

[32] 钟连德，李秀文，荣建，等. 城市快速路基本路段通行能力的确定[J]. 北京工业大学学报，2006, 32(7): 605－609.

[33] 胡章立. 快速路基本路段通行能力影响因素研究[D]. 长沙：长沙理工大学, 2007.

[34] 茹红蕾. 城市道路通行能力的影响因素研究[D]. 上海：同济大学, 2008.

[35] 杨中良，林瑜，高霄. 恶劣天气条件下城市快速路通行能力研究[J]. 交通信息与安全，2010, 28(1): 75－78.

[36] Dong J, Mahmassani H S. Predicting flow breakdown probability and duration in stochastic network models: Impact on travel time reliability[C]//Presented at 90th Annual Meeting of Transportation Research Board, Washington DC, 2011.

[37] Oh S, Yeo H. Estimation of capacity drop in highway merging sections[J]. Transportation Research Record, 2012, 2286(1): 111－121.

[38] Sun J, Zhang J, Zhang H M. Investigation of the early-onset breakdown phenomenon at urban expressway bottlenecks in Shanghai[J]. Transportmetrica B: Transport Dynamics, 2014, 2(3): 215－228.

[39] Sun J, Zhao L, Zhang H. Mechanism of early-onset breakdown at on-ramp Bottlenecks on Shanghai, China, expressways[J]. Transportation Research Record, 2014, 2421(1): 64－73.

[40] Hurdle V F, Merlo M I, Robertson D. Study of speed-flow relationships on individual freewaylanes[J]. Transportation Research Record, 1997, 1591(1): 7－13.

[41] Minderhoud M M, Botma H, Bovy P H L. Roadway capacity estimation using the product-limit approach[C]//Transportation Research Board 77th Annual Meeting, Washington DC, 1998.

[42] Evans J L, Elefteriadou L, Gautam N. Probability of breakdown at freeway merges using Markov chains[J]. Transportation Research Part B: Methodological, 2001, 35(3): 237—254.

[43] Banks J. Flow breakdown at freeway bottlenecks: Evidence from automated flow analysis[J]. Transportation Research Record, 2009, (2099): 14—21.

[44] Hu J, Sun J, Zhao L. Some flow features at urban expressway on-ramp bottlenecks in Shanghai[C]//Transportation Research Board 93th Annual Meeting, Washington DC, 2014.

[45] Sun J, Ma Z, Li Z. Some observed details of traffic flow phase transition at urban expressway off-ramp bottlenecks in Shanghai[C]//Transportation Research Board 94th Annual Meeting, Washington DC, 2015.

[46] Brilon W, Geistefeldt J, Regler M. Reliability of freeway traffic flow: A stochastic concept of capacity[C]//Proceedings of the 16th International Symposium on Transportation and Traffic Theory, Washington DC, 2005: 125—144.

[47] Persaud B, Yagar S, Tsui D, et al. Breakdown-related capacity for freeway with ramp metering[J]. Transportation Research Record, 2001, (1748): 110—115.

[48] Ramakreshnan V, Banks J H. Relationship between mean flow rate and probability of breakdown at freeway bottlenecks[C]//Transportation Research Board 85th Annual Meeting, Washington DC, 2006.

[49] 孙剑，张娟. 城市快速路瓶颈交通流失效生存分析[J]. 同济大学学报(自然科学版)，2013，41(4)：530—535.

[50] Wu X, Michalopoulos P, Liu H X. Stochasticity of freeway operational capacity and chance-constrained ramp metering[J]. Transportation Research Part C: Emerging Technologies, 2010, 18(5): 741—756.

[51] 胡家琦. 城市快速路交织区瓶颈交通运行特征分析[D]. 上海：同济大学，2015.

[52] 郑进炫. 基于海量数据的城市快速路瓶颈区通行能力研究[D]. 上海：同济大学，2016.

# 第 9 章　城市快速路交织区通行能力与速度预测

交织区是城市快速路的重要组成部分，由于流向复杂和大量的交织换道操作导致其运行状态极不稳定，容易形成常发性拥堵瓶颈。如何准确地评价交织区服务水平对交织区规划、设计与运行管理至关重要，而交织区通行能力与车辆速度预测则是确定服务水平的关键所在。因此，本章基于上海市和北京市快速路大量实测数据构建了交织区通行能力模型与速度预测模型。在交织区通行能力模型构建方面，利用一年交通流检测数据，基于 20 个交织区瓶颈，研究典型因素对通行能力的影响趋势，进一步提出了适合城市快速路交织区运行特征的新通行能力估计模型，并与 HCM2010 交织区通行能力回归模型和理论模型进行对比分析。在交织区速度预测模型构建方面，选取上海市快速路 4 个典型交织区瓶颈作为研究对象，利用遗传算法分别对 HCM2010 模型、分段模型和改进的回归模型展开标定，结果表明，改进的回归模型预测精度最高。基于仿真实验方法进一步对改进回归模型进行测试，仿真结果表明本章所提出的速度预测模型具有很好的适用性。

## 9.1　引　　言

行驶方向相同的两股或多股交通流，沿一定长度的道路区段，不借助交通控制设施进行的交叉运行，定义为交织。交织区通行能力与速度预测一直以来都是连续流设施研究的重点与难点，几乎每一版 HCM 都会对通行能力估计模型与速度预测模型进行更新与改进。但现有研究仍然存在一定缺陷，主要体现在以下几个方面：

第一，现有关于交织区的研究大多是在有限观测条件下获得的有限样本基础上进行的，样本数据大多仅用来作为研究结果验证；不论是通行能力估计模型还是速度预测模型，均鲜有基于大量实测数据分析交织区影响因素规律并依此建模的研究。

第二，相比于美国，我国在这方面的研究比较匮乏，考虑到国内外在设施设计参数、交织组成与驾驶行为等诸多方面存在一定的差异，HCM 模型形式是否适用于我国城市快速路有待进一步研究。

第三，传统的研究中大多只考虑交织流量比对通行能力的影响。由于车辆在交织区汇入和汇出主线的难度不同导致它们对交织区运行影响程度也不同，故提出分别考虑汇入和汇出交通流对交织区通行能力影响的研究。

同其他快速路设施相比，交织区交通流流向更为复杂，数据获取难度更大。随着交通检测技术的提升，我国城市快速路已经建立了完善的交通流检测系统，使基于大量实测数据的交织区通行能力与速度预测建模有可能得以实现。因此，本章在分析快速路交织区通行能力影响因素特征的基础上建立了城市快速路交织区通行能力新估计模型，在分析 HCM2010 交织区速度预测模型及其存在问题的基础上提出了三种改进思路并进行评判，确立了最终模型。

## 9.2　交织区通行能力与速度预测研究概述

### 9.2.1　交织区通行能力

最近几十年，很多学者对快速路或高速公路交织区通行能力估计方法进行了大量深入研究，主要包括基于实测数据估算方法[1~5]、仿真建模分析[6,7]及理论解析[8~10]三大类。

应用实测数据进行分析是交通工程研究领域最常用的方法。自 1950 年美国 HCM 问世以来，交织区通行能力一直是众多学者关注的重点，比较有代表性的是 HCM1985 和 HCM2000。HCM1985 考虑了交织区的构造形式对交通流运行的影响，建立了交通流运行分析公式，并验证了其适用性和准确性[11]。HCM2000 中分析交织区的方法则是基于速度估计和密度分析，并给出了交织区构型、交织区长度、交织流量比和车道数不同组合下的通行能力建议值[12]。以上研究大多都是基于某个交织区，或者是对某一地区的实例进行分析，给出建议值或图表，缺少更加直接的方法确定交织区通行能力。Roess 和 Ulerio[1] 利用美国各地高速公路共 14 个典型交织区的实测数据建立了交织区通行能力估计的一般模型，这种直接估计交织区通行能力的方法后来替代了 HCM2000 中冗长复杂的查询表格方法并被收录进 HCM2010[13]。赵婧等[14] 针对以往交织区通行能力回归分析模型设计盲目性较大的问题，利用 HCM2000 中交织区通行能力查询表格中的数据，通过数据挖掘进行模型设计，建立了交织区通行能力双曲线模型的基本形式。

为了使模型具有更广泛的适用性，研究人员通过分析交织区运行机理，提出可以采用理论解析的方法建立交织区通行能力计算模型。Lertworawanich 和 Elefteriadou[3,4] 提出了应用线性规划理论来求解交织区通行能力，以交织区最大通过量(通行能力)为目标函数，限制条件中考虑了交织区各流向比例和通行能力；还有一些研究人员利用间隙接受理论或结合车道变换理论推导交织区通行能力计算模型[15~18]。但理论解析的方法往往假设条件较多，计算复杂，且难以反映各个地区的交通运行特性。

随着计算机模拟技术的发展,学者采用仿真模拟的方法对交织区进行研究。Vermijs 和 Schuurman[19,20] 用高速公路运行模拟模型(freeway operation simulation model,FOSIM)计算交织区和入匝道的通行能力;Skabardonis 等[21] 应用 CORSIM 模型通过在 8 个交织区的模拟分析,找到了对 CORSIM 模型结果有显著影响的参数;Awad[22] 用神经网络技术估计交织段的通行能力并与线性回归的方法进行比较,发现神经网络技术在预测和概括能力上超过了线性回归。Rakha 和 Zhang[5] 利用 INTEGRATION 仿真软件分析了 34 种构型交织区通行能力影响因素变化特征,并基于仿真实验数据建立了交织区通行能力估计分析方法。江金胜和董力耘[23] 利用元胞自动机模型分析了快速路 C 型交织区的交通流特性。总的来说,仿真模拟的优势在于成本低、直观易操作并且易于控制变量。然而,不同地区驾驶行为有较大差别,使用仿真软件时若采用默认参数,实验结果往往与实际情况有很大差异。因此,要保证交通仿真模型的有效性,必须根据实测数据进行大量的模型参数标定工作。

综上所述,我国由于受到检测技术、观测条件及数据获取难度等客观条件限制,基于海量实测数据的交织区通行能力实证研究仍较匮乏。

### 9.2.2 交织区速度预测

由于交织区对快速路或高速公路系统运行的重要影响,在每个版本的 HCM 中均对其有重点阐述和分析。本节以 HCM 中交织区速度预测历史演变为主线,回顾其在长达 60 余年研究中的三类主要方法:图表法、回归分析法和交通仿真方法。

20 世纪中后期主要采用图表法对速度预测进行研究。在 HCM1950 中,以美国华盛顿附近 6 个地点的实测数据为基础,通过对交织区长度、车道数和交通量的分析来计算交织车辆的车速,结果以诺模图的形式表示。但是,由于 HCM1950 中用于标定和建立分析方法的数据绝大多数是 1948 年所收集的,该方法现今已不再适用。HCM1965 将交织区分为简单交织区和多重交织区两种类型,在该版本中,速度取决于交织区的长度和宽度,结果仍以诺模图的形式表示。1975 年,Pignataro 等[24] 开发出 PINY 方法,包括对于给定的车道数、交织区长度、交织流量、非交织流量分别使用诺谟图预测交织车辆、非交织车辆速度。1979 年,Leisch[25] 提出了 HCM1965 诺谟图的扩展,类似于 PINY 方法,Leisch 的扩展预测交织车辆的速度,这个速度是交织区长度、车道数、交织流量的函数。

然而用户发现,诺谟图很难应用,不同的方法常产生不同的预测结果。因此,1984 年,Reilly 等提出了 JHK 模型,该模型用于预测交织车辆和非交织车辆平均运行速度的回归方程[26]。此后,大量的回归分析法被应用。1986 年,Fazio 和 Rouphail[27] 提出一种新的基于回归的速度预测方法,他们把换车道变量引用到回归方程中来预测交织和非交织车辆的速度。但是,该研究的目的是基于车速估计交织区的服务水平,速度的预测并不是关键。1985 年及以后修订的 HCM 中,速度的预测模型均采用了回归方程的形式。其中,HCM1985 采用了 JHK 的修正模型,与以前的版本相比,HCM1985 中交织区分析方法的改进在于考虑了设施构型对交织区速度的影响,从而使得该方法中运行分析公式的适用性和准确性都较 HCM1965 方法有了很大提高[11]。HCM1997 中,对交织区速度的分析方法基于 Pignataro 等的研究,基本保持与 HCM1985 的分析方式一致,但交织区的运行被分为约束运行和非约束运行。HCM2000 中,根据交织车辆进行车道变换的次数将交织区分为 A 型、B 型、C 型三种类型。根据不同的交织类型及运行是否受约束,得到非交织车流运行速度和交织车流运行速度模型[12]。由于 HCM2000 需要校准 12 个不同的方程预测交织区速度,这显著增加了模型校正的难度。为了建立一个更简单、更准确的模型对交织区服务水平进行分析,美国在 NCHRP3-75 项目中进行了新的研究,并将研究成果用于 HCM2010 中[13]。HCM2010 与 HCM2000 的最大差异是:HCM2010 对于交织车流运行速度和非交织车流运行速度预测采用了不同的模型形式,并在该模型中使用最小换道次数和单车道流量来解释非交织车流运行速度的变化,而交织车流运行速度则依赖于车道的变化率[28]。在国内,蔡雯娟[29]分析了交织区的交通流特性,发现交织区车辆运行速度在同一断面上会从外侧向内侧逐次增加,且随着流率的增大,每条车流的车速离散程度会减小。然而,研究中并未对交织区的交织车流运行速度、非交织车流运行速度进行探索。周晨静等[30]提出 HCM2010 对交织区速度的预测会出现预测得到的交织车流运行速度远大于非交织车流运行速度的情况,并对 HCM2010 交织区速度计算模型进行了改进,但是改进模型并没有通过大量的实测数据进行验证,其可靠性有待考证。

20 世纪 90 年代后,随着计算机技术的发展,交通仿真的方法大量运用于交织区速度分析中。1989 年,Skabardonis 等[31]利用综合交通仿真模型(integrated traffic simulation,INTRAS)测试了 6 种交织区速度预测模型(HCM1965、Leisch、PINY、JHK、HCM1985 和 Fazio),结果表明,INTRAS 得到的预测平均速度比解析方法得到的预测速度更接近实测数据。由此得出结论,微观分析在分析交织段时是一个有用的工具。随后,Fazio 和 Rouphail[32]也将仿真模型应用于交织区的研究。钟连德等[33]通过 CORSIM 仿真模型对非交织车流运行速度和交织车流运行速度进行标定发现,交织流量比越大,车流运行速度越低。但对于交织车流运行速度和非交织车流运行速度的预测并未进行研究。

综上所述,我国交织区研究起步较晚,多借鉴 HCM 的研究成果,而依托于实测数据进行的研究非常稀少。本章首先对 HCM2010 模型进行敏感性分析,并在大量实测数据的基础上采用多因素分析方法,分析我国交织区速度的影响因素及适合的速度预测模型形式;同时采用新交织区和仿真实验的方法系统验证所提出的改进模型的有效性,以克服 HCM2010 模型所存在的缺陷,同时客观真实地反映快速路交织区的车流运行特征,指导对快速路系统交织区进行科学合理的规划设计[34~36]。

## 9.3 城市快速路交织区通行能力估计

### 9.3.1 交织区参数定义及数据来源

1. 参数定义

图 9.1 所示为一个快速路交织区路段,$L_s$ 表示交织区的长度,其包括 4 种流向的 OD 需求:主线到主线(freeway-to-freeway,FF,*A*-*C*)、主线到匝道(freeway-to-ramp,FR,*A*-*D*)、匝道到主线(ramp-to-freeway,RF,*B*-*C*)和匝道到匝道(ramp-to-ramp,RR,*B*-*D*)。交织区通行能力受多种因素影响和制约,HCM2010 模型主要分析了交织区长度、交织流量比及交织车道数对交织区通行能力的影响。本节除上述指标外,还考虑了汇出流量比的影响,各影响因素说明如下:

交织区长度($L_s$)决定了驾驶员完成所需要的全部车道变换可利用的时间和空间,对交织运行的影响主要表现为车辆通过交织区时完成车道变换的紧迫程度。

交织流量比(VR)反映了总交织交通量的大小,一定意义上也可以表征交织区交通流的紊乱程度。

汇出流量比(WR)表示汇出流量占总交织流量的比例,该因素和交织流量比一起决定着交织区车流运行的交织程度。

交织流量比和汇出流量比的计算公式为

$$\mathrm{VR}=\frac{V_{\mathrm{FR}}+V_{\mathrm{RF}}}{V_{\mathrm{FF}}+V_{\mathrm{FR}}+V_{\mathrm{RF}}+V_{\mathrm{RR}}} \tag{9.1}$$

$$\mathrm{WR}=\frac{V_{\mathrm{FR}}}{V_{\mathrm{FR}}+V_{\mathrm{RF}}} \tag{9.2}$$

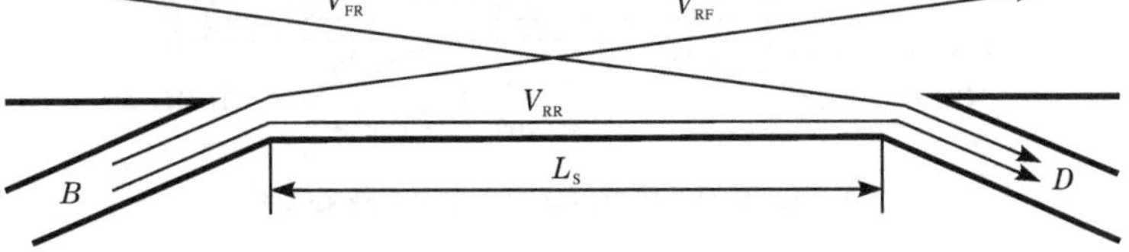


图 9.1 快速路交织区路段构成

2. 数据来源

研究数据源为 2010 年 7 月和 2011 年全年上海市快速路的线圈检测交通流数据。检测参数包括以车道为基础的流量、速度、占有率等，数据集成间隔为 5min。根据 HCM2010 中对交织区的定义及研究内容的需要，采用以下三条规则作为选取交织区瓶颈的原则：①交织区长度小于 750m，同时考虑模型敏感性分析所需，增加了长度不超过 1km 的严重交织路段；②交通流量-速度散点图证实可以测到实际最大通行能力；③能够获得交织区不同 OD 流向的流量数据。本节选取了上海市快速路内环高架、南北高架及延安高架的 60 个交织区瓶颈作为研究对象，根据选点规则共有 20 个交织区瓶颈基本满足要求。所有交织区的交通组成接近，小汽车比例均占到 95%以上。各交织区的基本信息及布置类型如图 9.2所示。

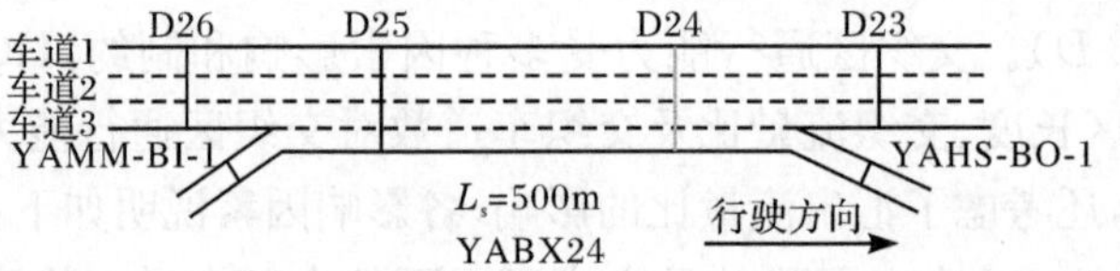


(a) 延安高架北线茂名路—华山路交织区

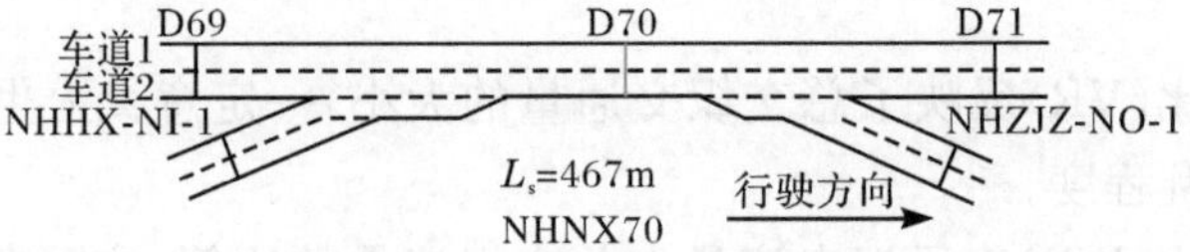


(b) 内环快速路内圈黄兴路—周家嘴路交织区

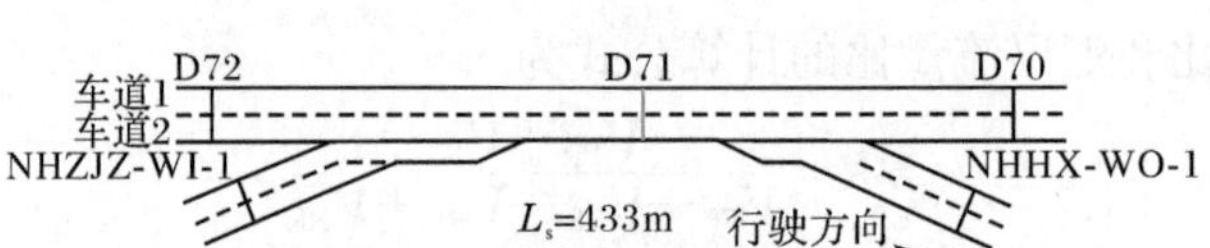


(c) 内环快速路外圈周家嘴路—黄兴路交织区

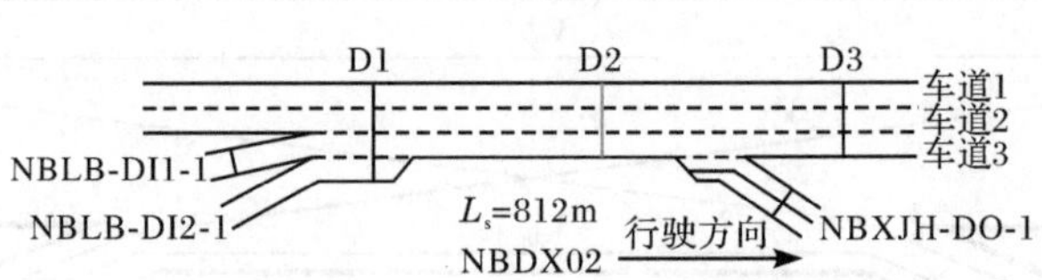


(d) 南北高架东线鲁班立交—徐家汇路交织区

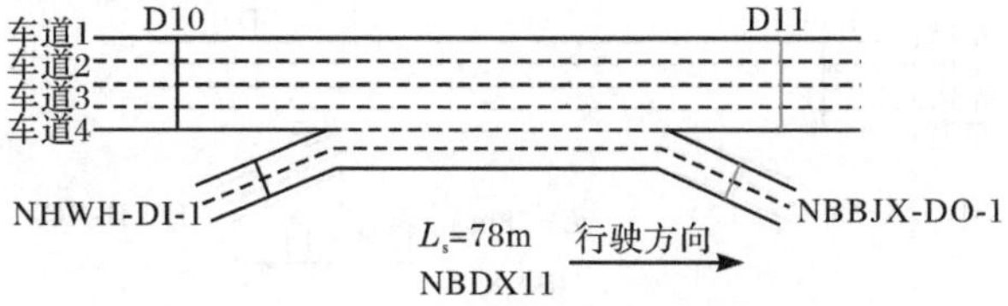


(e) 南北高架东线威海路—北京西路交织区

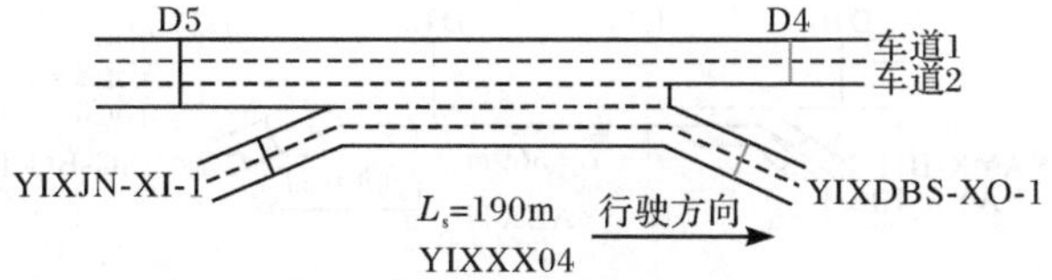


(f) 逸仙高架西线纪念路—大柏树立交交织区

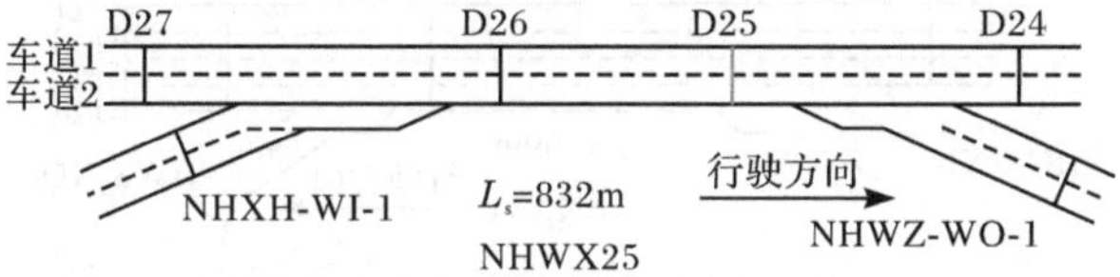


(g) 内环外线新华路—吴中路交织区

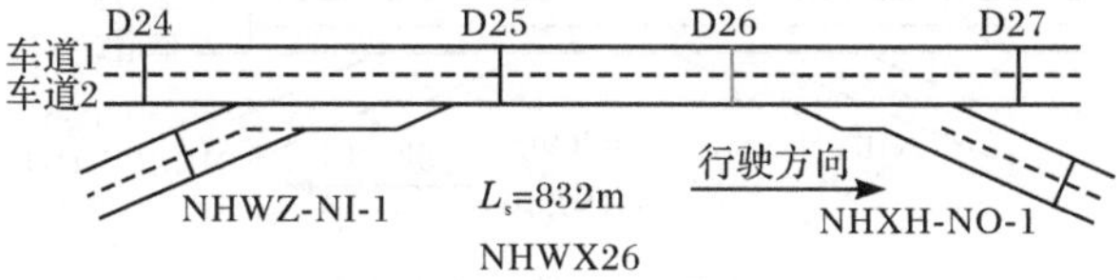


(h) 内环内线吴中路—新华路交织区

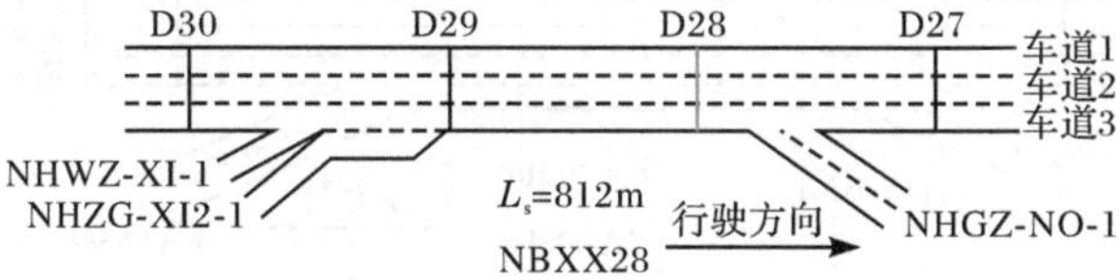


(i) 南北高架西线共和立交—广中路交织区

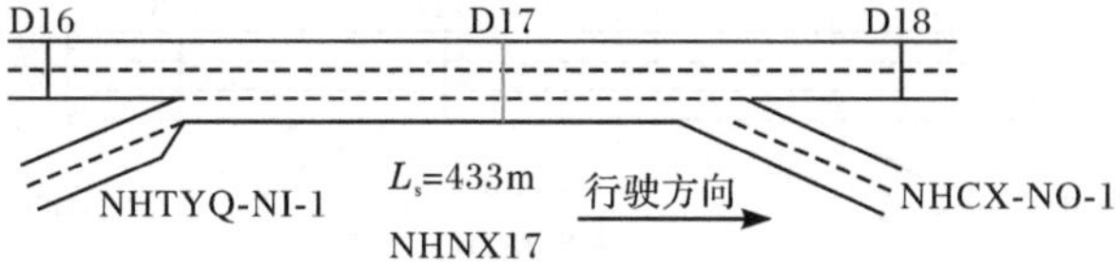


(j) 内环内线天钥桥路—曹溪立交交织区

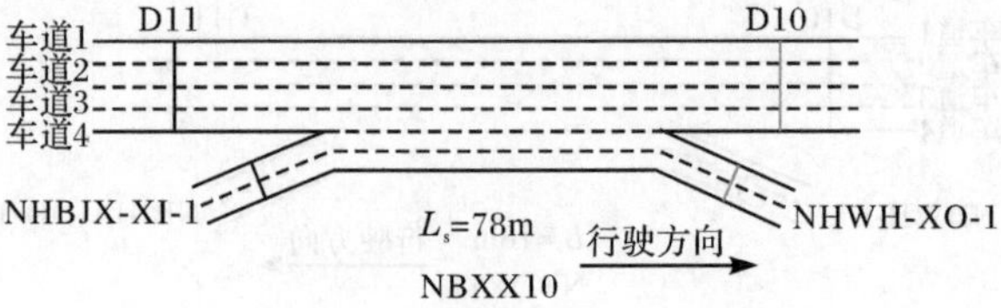


(k) 南北高架西线北京西路—威海路交织区

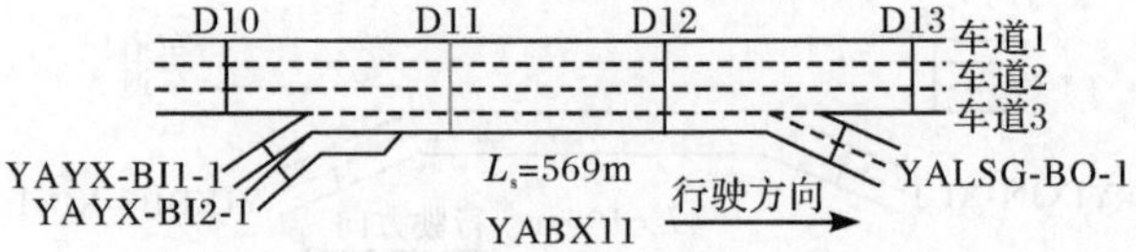


(l) 延安高架北线延西立交—娄山关路交织区

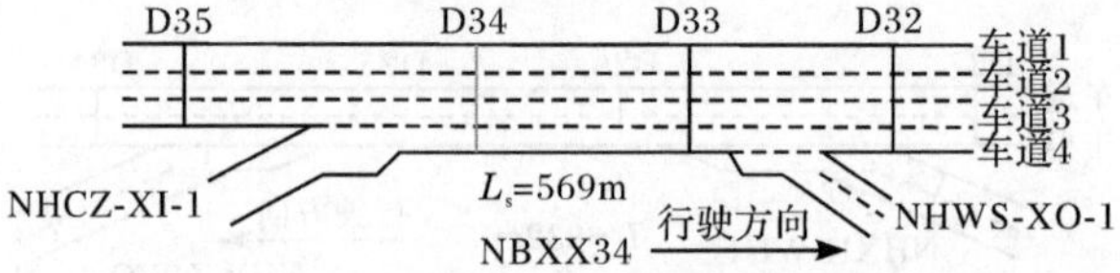


(m) 南北高架西线场中路—中环高架交织区

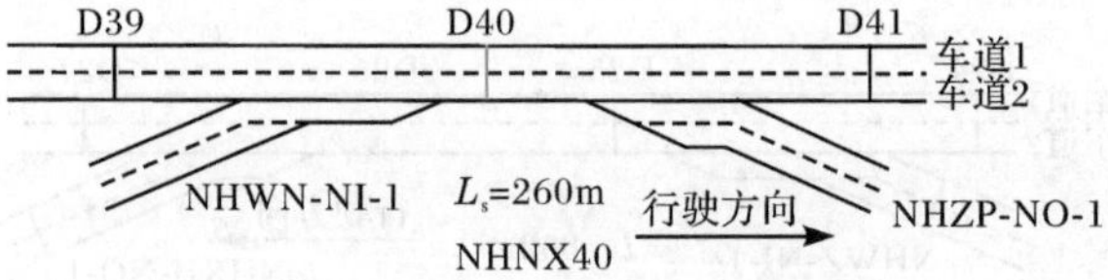


(n) 内环内线武宁路—镇坪路交织区

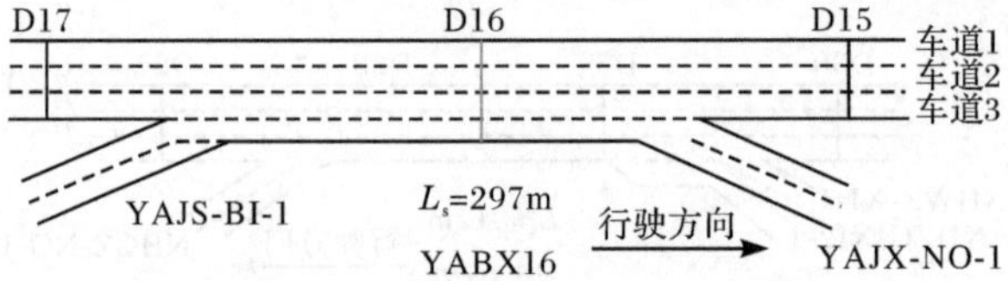


(o) 延安高架北线江苏路—凯旋路交织区

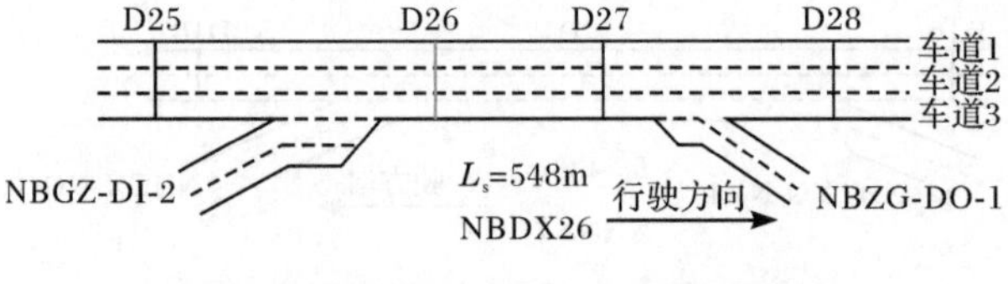


(p) 南北高架东线广中路—共和立交交织区

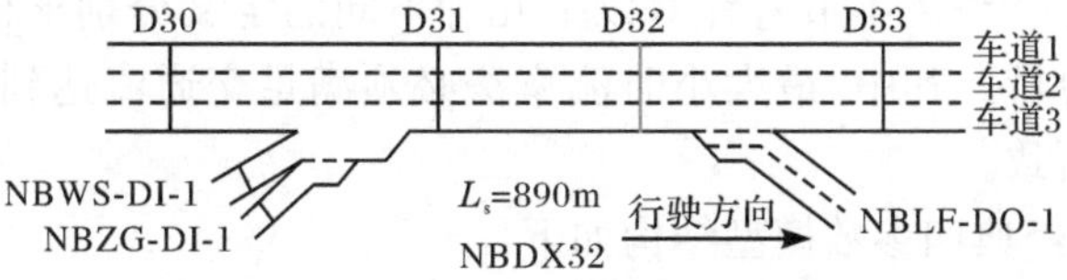


(q) 南北高架东线汶水路—临汾路交织区

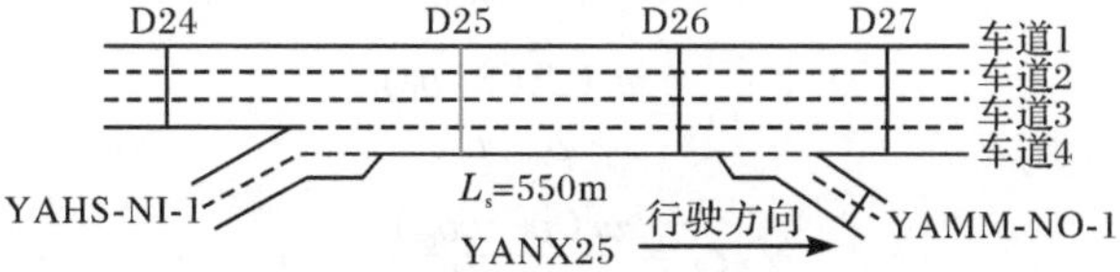


(r) 延安高架南线华山路—茂名路交织区

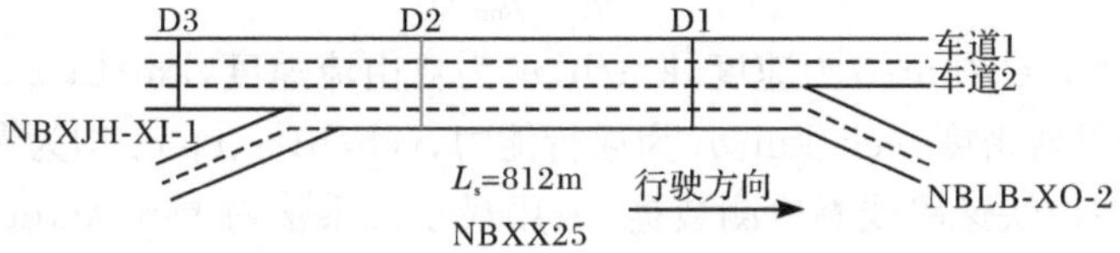


(s) 南北高架西线徐家汇路—鲁班立交交织区

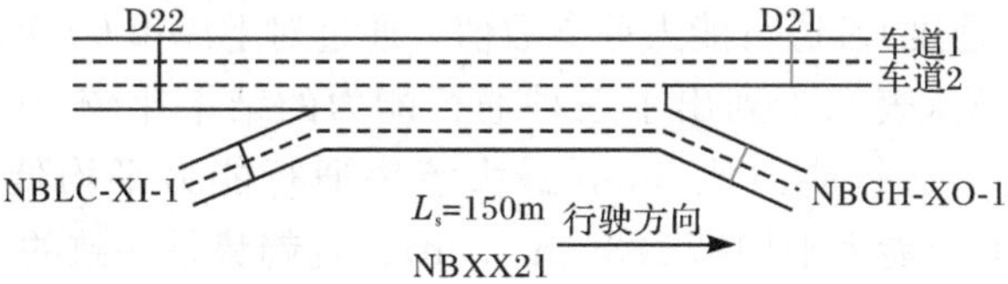


(t) 南北高架西线洛川路—共和立交交织区

图 9.2 上海市 20 个交织区瓶颈基本信息及布置类型

图中灰色线圈为交织区通行能力数据采集点，交织区内未布置线圈时则选取下游最靠近线圈及对应出匝道线圈数据

### 9.3.2 通行能力影响因素分析

本节将首先基于实测交通流数据计算交织区通行能力并分析特征，然后以大量实测通行能力数据为样本，分析影响交织区通行能力因素的作用规律。

1. 实测通行能力计算方法

HCM2010 中将通行能力定义为在通常的道路和交通条件下，高速公路某一均匀路段所容许通过的持续 15min 最大小时流率[13]。而 Zhang 和 Levinson 等[37]则使用 5min 最大小时流率作为通行能力。van Aerde 模型则利用曲线拟合法计算通行能力[38,39]。本节将针对以上几种不同的定义分别求得相应通行能力值并进行比较分析。其中,最大小时流率法必须满足交通流达到拥堵状态,且非下游排队蔓延所致。

van Aerde 经典四参数模型结构如下:

$$\rho=\frac{1}{c_1+\frac{c_2}{v_{\mathrm{f}}-v}+c_3 v} \tag{9.3}$$

$$c_1=\frac{v_{\mathrm{f}}(2v_{\mathrm{c}}-v_{\mathrm{f}})}{\rho_{\max}v_{\mathrm{c}}^2} \tag{9.4}$$

$$c_2=\frac{v_{\mathrm{f}}(v_{\mathrm{f}}-v_{\mathrm{c}}^2)}{\rho_{\max}v_{\mathrm{c}}^2} \tag{9.5}$$

$$c_3=\frac{1}{q_{\mathrm{c}}}-\frac{v_{\mathrm{f}}}{\rho_{\max}v_{\mathrm{c}}^2} \tag{9.6}$$

式中,$\rho$ 为密度,veh/km;$v$ 为速度,km/h;$v_{\mathrm{f}}$ 为自由流速度,km/h;$v_{\mathrm{c}}$ 为关键速度,km/h;$\rho_{\max}$为阻塞密度,veh/km;$q_{\mathrm{c}}$ 为通行能力,veh/h;$c_1$、$c_2$、$c_3$ 均为参数。

根据上海市快速路线圈检测数据,采用最小二乘法对 van Aerde 模型进行标定。图 9.3 为一个交织区某天交通流数据的标定结果,van Aerde 模型拟合度 $R^2$ 为 0.95,表示拟合效果非常理想,同时还计算得到自由流速度、关键速度(达到通行能力时对应的速度)及通行能力等参数值。通过对上海市 60 个瓶颈近 1 个月的通行能力进行分析,表 9.1 列出了三种通行能力的结果比较,从表中可以发现,①15min 最大流率通行能力比 5min 最大流率通行能力平均低 73veh/h/ln,比 van Aerde 模型通行能力平均高 123veh/h/ln,并且趋势是一致的,没有显著差异;②达到通行能力时对应的关键速度只有 35～45km/h,关键速度比较低;③对多个瓶颈的通行能力进行分布拟合,结果证明 Weibull 分布能够较好地拟合实测通行能力。另外,由于 van Aerde 模型只适用于按车道观测的交通数据,不适用于交织区通行能力分析,故与 HCM2010 保持一致,本节采用连续 15min 最大流率作为交织区实际最大通行能力。

**表 9.1　实测通行能力比较**

| 方法 | 瓶颈数 | 测量天数/d | 通行能力/(veh/h/ln) | | | | 关键速度/(km/h) | | | |
|---|---|---|---|---|---|---|---|---|---|---|
| | | | 平均值 | 最小值 | 最大值 | 标准差 | 平均值 | 最小值 | 最大值 | 标准差 |
| 5min 最大流率 | 60 | 30 | 1974 | 1677 | 2205 | 113 | 45.2 | 30.2 | 60.9 | 6.3 |
| 15min 最大流率 | 60 | 30 | 1901 | 1613 | 2110 | 112 | 44.8 | 30.0 | 59.4 | 6.7 |
| van Aerde | 60 | 30 | 1778 | 1602 | 1892 | 117 | 38.5 | 34.0 | 44.0 | 5.6 |

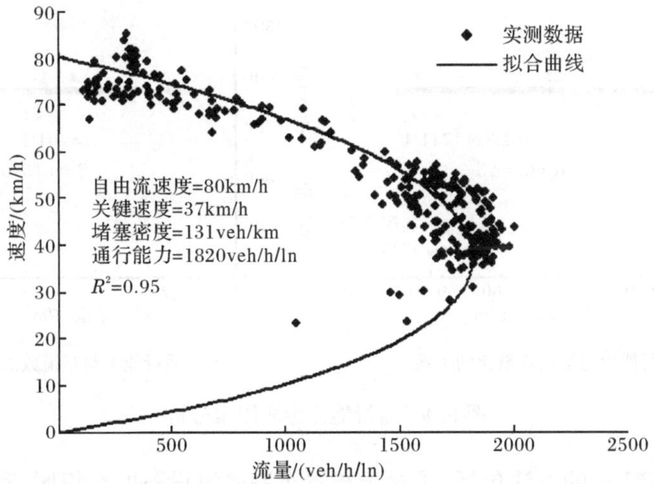


图 9.3 van Aerde 模型拟合结果(以 2010 年 7 月 8 日 YABX24 交织区为例)

2. 影响因素特征分析

分析快速路交织区通行能力影响因素的作用规律是构建通行能力估计模型的基础,下面将针对各影响因素进行具体分析。

1) 交织区长度

图 9.4(a)为交织区实测通行能力受交织区长度影响变化图,可以发现,随着交织区长度的增加,交织区通行能力有增加趋势,但增加幅度并不大,这与 HCM2010 模型中通行能力受交织区长度影响的敏感性分析结果基本一致。

2) 交织流量比和汇出流量比

由于无法直接从检测线圈数据准确推算交织区 OD,如何将汇入、汇出匝道流量转化为交织区的交织流量比和汇出流量比为本节研究的难点之一,而转化的重点在于确定从汇入匝道进入后直接从汇出匝道离开主线的交通流量($V_{RR}$)比例。

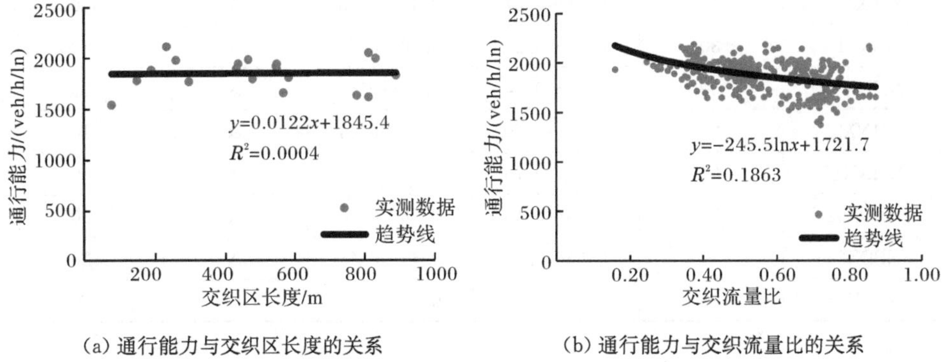

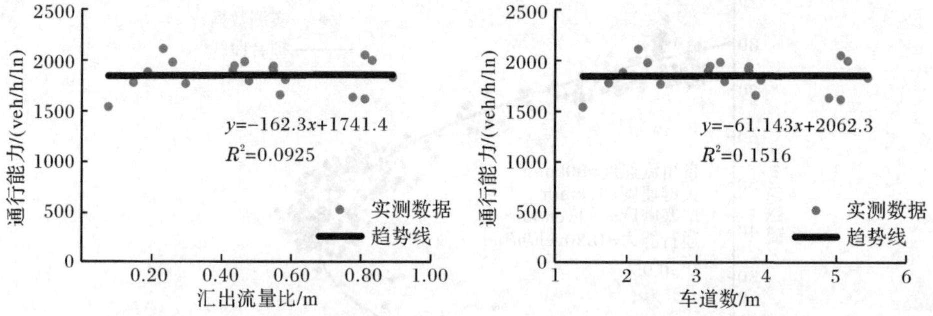


(c) 通行能力与汇出流量比的关系　　(d) 通行能力与车道数的关系

图 9.4　通行能力影响因素分析

本节确定 $V_{RR}$ 的方法包括：①对于布置车牌检测设备的交织区，利用车牌数据匹配；②对于汇入、汇出均为地面道路的匝道，通过人工调查车牌匹配获得；③对于无法人工调查的交织区（如互通立交区），综合考虑各交织区瓶颈所处位置（进出匝道是否存在立交匝道）及地面道路情况（长交织区范围内地面道路是否存在多个大型交叉口）来确定各交织区 $V_{RR}$ 比例，然后根据推算公式确定交织流量比和汇出流量比的取值范围，估计结果见表 9.2。

**表 9.2　交织流量比和汇出流量比估计结果**

| 检测器编号 | 样本量 | 交织流量比 | 汇出流量比 | 类型 | $V_{RR}$比例/% |
|---|---|---|---|---|---|
| YABX24 | 28 | 0.45～0.55 | 0.56～0.57 | A | 20 |
| YABX16 | 20 | 0.50～0.57 | 0.35～0.37 | A | 10 |
| NHNX70 | 22 | 0.65～0.73 | 0.42～0.43 | A | 10 |
| NHWX71 | 23 | 0.64～0.72 | 0.46～0.46 | A | 10 |
| NHWX25 | 25 | 0.30～0.35 | 0.35～0.37 | A | 10 |
| NBDX10 | 30 | 0.34～0.38 | 0.50～0.50 | A | 10 |
| YIXXX04 | 19 | 0.41～0.57 | 0.40～0.43 | A | 40 |
| NBXX10 | 30 | 0.23～0.25 | 0.53～0.53 | A | 10 |
| NHNX40 | 30 | 0.50～0.54 | 0.28～0.30 | A | 10 |
| NHNX26 | 26 | 0.48～0.50 | 0.44～0.44 | A | 10 |
| NHNX17 | 27 | 0.68～0.75 | 0.63～0.64 | A | 30 |
| NBDX02 | 25 | 0.33～0.40 | 0.56～0.70 | A | 20 |
| NBDX32 | 7 | 0.65～0.84 | 0.44～0.45 | A | 20 |
| NBDX26 | 20 | 0.42～0.47 | 0.52～0.52 | B | 10 |

续表

| 检测器编号 | 样本量 | 交织流量比 | 汇出流量比 | 类型 | $V_{RR}$比例/% |
|---|---|---|---|---|---|
| NBXX28 | 11 | 0.53～0.66 | 0.50～0.50 | B | 20 |
| YANX25 | 21 | 0.47～0.50 | 0.39～0.39 | B | 5 |
| NBXX34 | 27 | 0.47～0.55 | 0.38～0.41 | B | 30 |
| YABX11 | 27 | 0.64～0.84 | 0.37～0.40 | B | 20 |
| NBXX21 | 24 | 0.39～0.46 | 0.45～0.46 | C | 15 |

注:交织区类型与 HCM2000 的交织区类型划分标准一致,分为 A、B、C 三种类型。

图 9.4(b)、(c)分别描述了交织流量比和汇出流量比对通行能力的影响,从图中可以看出,交织流量比、汇出流量比与通行能力之间存在对数函数关系。由于数据源包括所有交织区的多天样本数据,且通行能力服从 Weibull 分布,所以拟合优度 $R^2$ 并不是太高,若只取平均值,对数函数关系会更明显。

3) 车道数

HCM2010 模型中用 $N_{WL}$ 作为车道数对交织区通行能力影响的表征量,定义为交织操作只需要一次换道或不换道完成的车道数。但本节在分析中发现,多种不同类型的交织区布局结构可能会有相同的 $N_{WL}$,并且由于非交织车辆大量的车道变换行为导致很难严格划分交织车道和非交织车道,故 $N_{WL}$ 并不能很好地表征车道数对通行能力的影响。本节直接选取交织区车道数($N$)作为表征量。从图 9.4(d)可以看出,单车道实测通行能力与车道数有明显的负相关性,即随着车道数增多,单车道通行能力有明显的下降趋势。

### 9.3.3 通行能力估计模型

本节将在上述交织区通行能力影响因素作用规律的基础上构建城市快速路交织区通行能力模型。考虑到实际应用和理论分析两方面的需求,分别提出多元回归模型和理论经验模型。两个模型分别从不同的角度出发对交织区通行能力进行估计,旨在提高通行能力估计模型的可靠性与适用性。

1. 多元回归模型

目前并没有公认的利用实测数据进行交织区通行能力回归分析的基本模型形式,因此本节基于对交织区通行能力影响因素分析的数据挖掘结果建立模型的基本形式,得到能够反映快速路交织区运行特征并具有较强移植性的基本模型,然后利用一部分交织区实测通行能力数据标定模型参数,最后对标定后模型的适用性做进一步验证并与其他模型的计算结果进行对比分析。

1) 模型提出

从交织区影响因素分析中可以发现，对数函数能够很好地描述交织流量比、汇出流量比与通行能力之间的函数关系，而交织区长度、车道数则与通行能力之间存在线性关系，因此提出交织区基本模型形式如下：

$$C_{IWL}=C_{IFL}-a_1\ln(1+VR)-a_2\ln(1+WR)+a_3L_s+a_4N \tag{9.7}$$

式中，$C_{IWL}$为交织区通行能力；$C_{IFL}$为基本通行能力；VR 为交织流量比；WR 为汇出流量比；$L_s$ 为交织区长度；$N$ 为交织区总车道数；$a_1$、$a_2$、$a_3$、$a_4$ 为模型待标定系数。

2) 模型检验

本节采用一部分交织区实测通行能力数据标定新模型的参数值，其中基本通行能力 $C_{IFL}$取值为 2300veh/h/ln。由于基本模型形式为非线性的，本节采用基于最小二乘法的非线性回归方法进行标定，拟合优度 $R^2$ 为 0.413，表明拟合结果基本可以接受。最终标定的结果如下：

$$C_{IWL}=C_{IFL}-495.6\ln(1+VR)-103.4\ln(1+WR)+0.05L_s-60.38N \tag{9.8}$$

3) 模型验证

为进一步验证所提出模型的有效性，本节建立了 HCM2010 通行能力计算模型，以及 Zhang 和 Rakha 所提出的理论模型，并与 20 个交织区实测通行能力进行比较分析。两个模型的具体形式如下：

(1) HCM2010 模型。

HCM2010 依据 NCHRP 3-75 中 14 个交织区的交通流数据，给出了高速公路交织区通行能力回归模型的一般形式，模型基本形式如下：

$$C_{IWL}=C_{IFL}-438.2\,(1+VR)^{1.6}+0.0765L_s+119.8N_{WL} \tag{9.9}$$

式中，$N_{WL}$为只需要一次换道或不需要换道就可以完成交织操作的车道数；其他参数含义同上。

(2) 理论模型。

Zhang 和 Rakha 利用仿真模型分析了高速公路 34 种构型的交织区，获得了不同影响因素水平下各交织区的通行能力，并由此构造了高速公路交织区通行能力估计模型，其基本模型形式如下：

$$C_{IWL}=C_{IFL}F \tag{9.10}$$

$$F=a_0\mathrm{e}^{(a_1\ln L_s+a_2)^{VR}}+\sin(a_3WR-a_4)\sin(a_5VR) \tag{9.11}$$

下面分别利用本节模型和上述两个模型计算交织区通行能力并进行误差统计，结果见表 9.3。从表 9.3 可以看出，新模型将估计误差分别从理论模型的 25％和 HCM2010 模型的 10.4％降低到了 3.6％。图 9.5 所示为本节模型、HCM2010 模型及实测通行能力结果对比，可以发现，实测通行能力普遍高于 HCM2010 模型估计值，而本节模型估计值更加接近实际值。考虑到 HCM2010 中设施设计参数、驾驶行为及交通组成等因素的差异，出现这种趋势可能是因为两种模型对交织流量比影响因子的权重考虑不同。

表 9.3 不同模型通行能力估计误差对比

| 模型 | 理论模型 | HCM2010 模型 | 本节模型 |
|---|---|---|---|
| 平均估计误差/% | 25 | 10.4 | 3.6 |

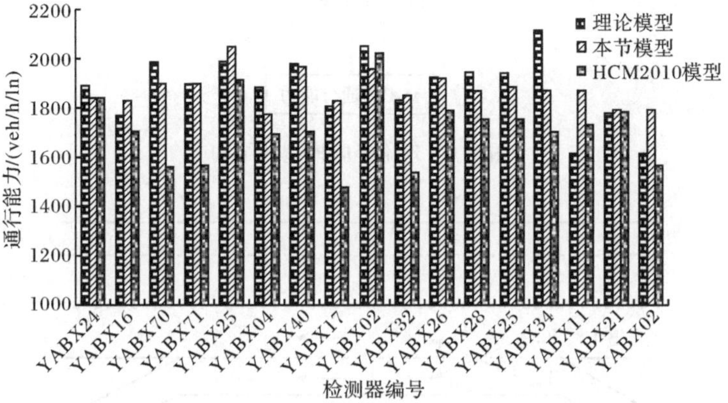


图 9.5 本节模型、HCM2010 模型及理论模型结果对比

2. 交织区通行能力理论经验模型

1) 模型提出

结合针对交织区通行能力估计的相关研究，本节提出了一般性的经验估计模型形式，主要考虑的影响因素包括交织区长度、交织流量比、汇出流量比及车道数等。其中，交织流量比和汇出流量比对通行能力的影响是通过针对交织区运行机理理论建模分析得到的。理论建模的出发点即认为快速路交织区通行能力由内部 4 种流向流量组合的最大值决定，约束条件则为每个车道的基本通行能力和各车道最大可允许换道车辆数。因此考虑以可间隙接受理论和线性优化相结合的组合模型方法计算获得在不同的交织流量比和汇出流量比水平下对应的交织区通行能力，进一步可拟合得到它们与通行能力的函数关系。最后，通过实测通行能力样本完成经验模型其余参数的标定，并验证模型的可靠性和适用性。理论经验模型的结构如图 9.6 所示。

(1) 线性规划算法。

交织区示意图如图 9.7 所示。

① 目标函数。

$$\text{Capacity}=\max(V_{\mathrm{FF}}+V_{\mathrm{RR}}+V_{\mathrm{RF}}+V_{\mathrm{FR}}) \tag{9.12}$$

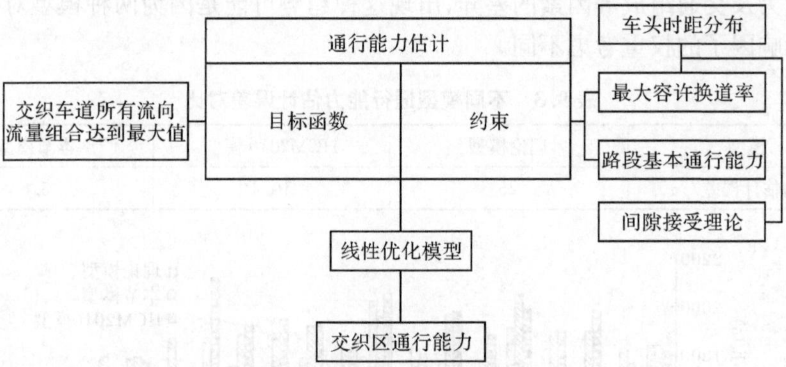


图 9.6　理论经验模型的结构

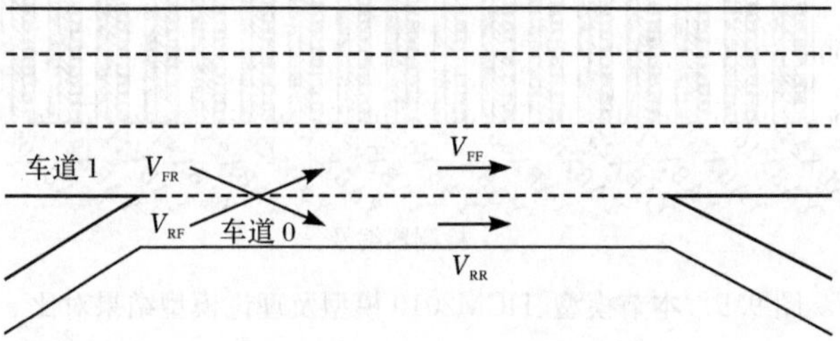


图 9.7　交织区示意图

② 约束条件。

A. 通行能力约束。

$$V_{FF}+V_{RF}\leqslant BFC \tag{9.13}$$

$$V_{RR}+V_{FR}\leqslant BFC \tag{9.14}$$

$$V_{FF}+V_{FR}\leqslant BFC \tag{9.15}$$

$$V_{RR}+V_{RF}\leqslant BFC \tag{9.16}$$

式中，BFC 为高速公路基本路段通行能力。

B. 流量比约束。

车道 1 流量比：

$$\frac{V_{FR}}{V_{FR}+V_{FF}}=W_1 \tag{9.17}$$

车道 0 流量比：

$$\frac{V_{RF}}{V_{RF}+V_{RR}}=W_0 \tag{9.18}$$

C. 边界约束。

$$0\leqslant V_{FF}\leqslant BFC \tag{9.19}$$

$$0\leqslant V_{RR}\leqslant \mathrm{BFC} \tag{9.20}$$

$$0\leqslant V_{RF}\leqslant \max V_{RF} \tag{9.21}$$

$$0\leqslant V_{FR}\leqslant \max V_{FR} \tag{9.22}$$

(2) 间隙接受理论。

根据路肩车道和相邻外侧车道的车头时距分布特征，利用可间隙接受理论，可以推算出理论最大容许换道率。

研究表明，快速路交织区车头时距服从 Cowan M3 分布，车头时距分布函数为

$$F_{HL0}(t)=\begin{cases}1-\alpha e^{-\lambda(t-t_m)}, & t>t_m\\ 0, & t<t_m\end{cases} \tag{9.23}$$

式中，$t_m$ 为关键车头时距，即最小可插入间隙。

在车头时距服从 Cowan M3 分布，且估算饱和的条件下，最大容许换道率公式如下。

车道 0 至车道 1 最大容许换道率：

$$\max V_{RF}=\frac{q_1\alpha_1 e^{-\lambda_1(t_0-t_m)}}{\lambda^2\left(\dfrac{\alpha}{\lambda}+t_m\right)t_1} \tag{9.24}$$

车道 1 至车道 0 最大容许换道率：

$$\max V_{RF}=\frac{q_0\alpha_0 e^{-\lambda_0(t_0-t_m)}}{\lambda^2\left(\dfrac{\alpha}{\lambda}+t_m\right)t_1} \tag{9.25}$$

(3)理论经验模型形式。

参考 Zhang 和 Rakha 所提出的理论模型形式，并考虑加入汇出流量比和车道数两个重要影响因素，重新建立以下模型形式：

$$C_{IWL}=C_{IFL}F \tag{9.26}$$

$$F=a_0 e^{(a_1\ln L_s+a_2)(k_1\mathrm{VR}+k_2\mathrm{WR}+b)+a_3(N-2)/N} \tag{9.27}$$

式中，$F$ 为基本通行能力折减系数；$L_s$ 为交织区长度；VR 为交织流量比；WR 为汇出流量比；$N$ 为交织区总车道数。

2) 模型检验

下面通过间隙接受理论模型标定、线性规划模型求解和理论经验模型标定三步获得城市快速路交织区通行能力估计理论经验模型的基本形式。

(1) 间隙接受理论标定。

标定数据源为南北高架西线共和立交汇入匝道至广中路汇出匝道交织区的数据(检测器编号为 NBXX28)，数据集成间隔为 20s。

裴玉龙等[40]研究了城市快速路交织区车头时距的分布特征，结果发现，当断面流量为 750～1500veh/h/ln 时，Cowan M3 分布能够较好地描述快速路交织区

断面车头时距特征。因此，本节拟采用该分布进行交织区车头时距分布拟合。由于 Cowan M3 分布不属于常见分布函数，依据车头时距数据经验分布函数，利用非线性回归的方法标定其分布参数，最后用 $\chi^2$ 分布确定拟合优度。

假设车头时距服从 Cowan M3 分布，其分布函数如式(9.23)所示。利用实测数据的统计分布结果进行非参数回归，可以得到分布函数中参数 $\alpha$ 和 $\beta$ 的取值，$t_m$ 取车头时距的最小值 1.0s，非参数回归结果如式(9.28)所示，$R^2$ 为 0.969，说明该模型可以很好地说明车头时距的分布。车道 0 的车头时距分布如图 9.8 所示。

$$F_{HL0}(t)=\begin{cases}1-0.641e^{-0.233(t-1.0)}, & t>1.0\\ 0, & t<1.0\end{cases} \tag{9.28}$$

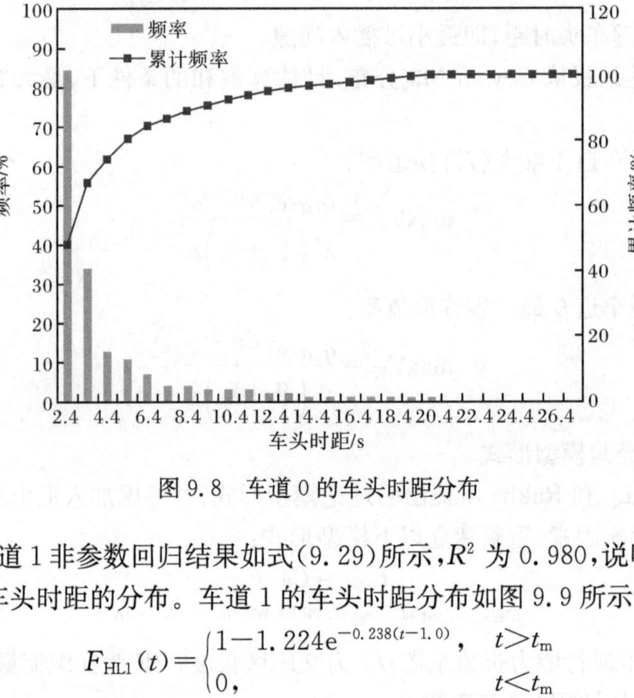


图 9.8　车道 0 的车头时距分布

同理，车道 1 非参数回归结果如式(9.29)所示，$R^2$ 为 0.980，说明该模型可以很好地说明车头时距的分布。车道 1 的车头时距分布如图 9.9 所示。

$$F_{HL1}(t)=\begin{cases}1-1.224e^{-0.238(t-1.0)}, & t>t_m\\ 0, & t<t_m\end{cases} \tag{9.29}$$

(2) 最大容许换道率计算。

有了交织区各车道的车头时距经验分布函数，便可进行最大容许换道率计算。其中，关键车头时距 $t_m$ 取 3.0s，汇入车流饱和车头时距 $t_1$ 取数据序列中最小的车头时距值，计算结果如下。

车道 0 至车道 1 最大容许换道率：

$$\max V_{RF}=\frac{q_1\alpha_1 e^{-\lambda(t_0-t_m)}}{\lambda^2\left(\dfrac{\alpha}{\lambda}+t_m\right)t_1}=1056\text{veh/h}$$

车道 1 至车道 0 最大容许换道率：

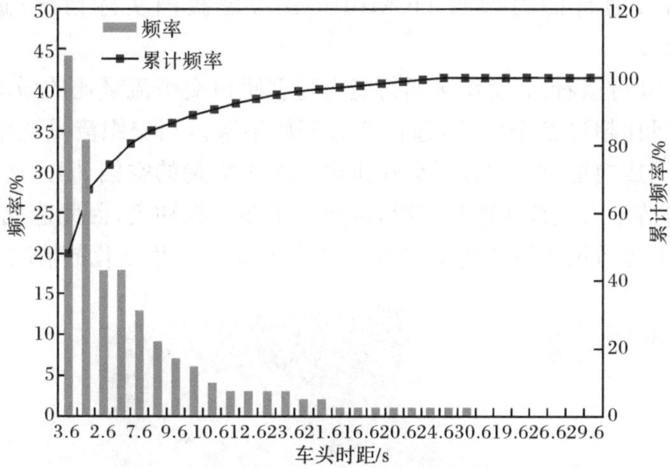


图 9.9 车道 1 的车头时距分布

$$\max V_{\mathrm{RF}}=\frac{q_1\alpha_0\mathrm{e}^{-\lambda(t_0-t_{\mathrm{m}})}}{\lambda^2\left(\dfrac{\alpha}{\lambda}+t_{\mathrm{m}}\right)t_1}=1595\mathrm{veh/h}$$

(3) 线性规划模型求解。

将以上计算结果代入线性规划模型，利用 Matlab 工具对模型进行求解，考虑将交织流量比 $W_0$ 和汇出流量比 $W_1$ 都在 0～1.0 范围内取值，每间隔 0.1 对模型求解 1 次，结果见表 9.4。

**表 9.4 不同交织流量比和汇出流量比下交织区通行能力** (单位：veh/h/ln)

| $W_1$ \ $W_0$ | 0 | 0.1 | 0.2 | 0.3 | 0.4 | 0.5 | 0.6 | 0.7 | 0.8 | 0.9 | 1.0 |
|---|---|---|---|---|---|---|---|---|---|---|---|
| 0 | 4200 | 4200 | 4200 | 3955 | 3292 | 2895 | 2630 | 2441 | 2299 | 2188 | 2100 |
| 0.1 | 3990 | 4200 | 4200 | 4100 | 3437 | 3040 | 2775 | 2586 | 2444 | 2333 | 2310 |
| 0.2 | 3780 | 3967 | 4200 | 4200 | 3619 | 3221 | 2956 | 2767 | 2625 | 2567 | 2520 |
| 0.3 | 3570 | 3733 | 3937 | 4200 | 3852 | 3454 | 3189 | 3000 | 2887 | 2800 | 2730 |
| 0.4 | 3360 | 3500 | 3675 | 3900 | 4087 | 3690 | 3425 | 3236 | 3094 | 2983 | 2895 |
| 0.5 | 3150 | 3267 | 3412 | 3600 | 3850 | 3690 | 3425 | 3236 | 3094 | 2983 | 2895 |
| 0.6 | 2893 | 2994 | 3120 | 3283 | 3500 | 3572 | 3307 | 3117 | 2975 | 2865 | 2777 |
| 0.7 | 2610 | 2711 | 2837 | 3000 | 3284 | 3289 | 3024 | 2834 | 2692 | 2582 | 2494 |
| 0.8 | 2397 | 2498 | 2625 | 2956 | 3122 | 3076 | 2811 | 2622 | 2480 | 2370 | 2281 |
| 0.9 | 2232 | 2333 | 2625 | 2922 | 2996 | 2911 | 2646 | 2457 | 2315 | 2204 | 2116 |
| 1.0 | 2100 | 2333 | 2625 | 2895 | 2895 | 2779 | 2514 | 2325 | 2183 | 2072 | 1984 |

基本路段通行能力参照 HCM2010 并考虑我国实际情况，适当缩减取 2100veh/h/ln。

从图 9.10 可以看出，交织区通行能力随着匝道交织流量比的增加而增加，但是当交织流量比超过某个值后，通行能力开始下降。当交织流量比增加时，大量的匝道车辆完成换道进入主线后会在匝道上产生大量的空档，因此通行能力会增加；但是当等待汇入主线车辆过多时，会产生很多交织冲突，因此造成通行能力下降。同样的道理适用于匝道流量比不变、主线流量比发生变化的情况。

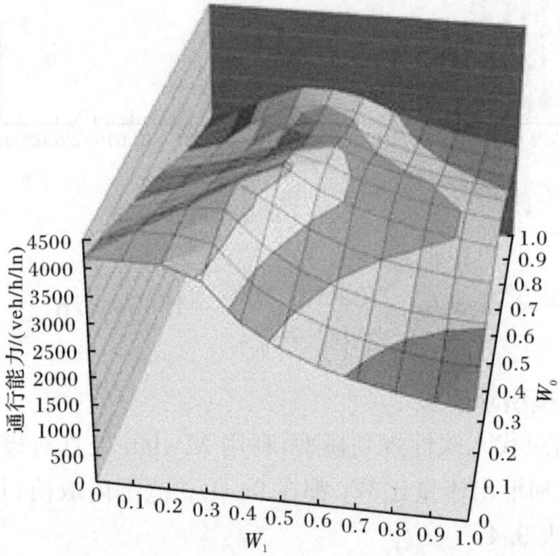


图 9.10　不同交织流量比和汇出流量比下交织区通行能力分布图

(4) 理论经验模型标定。

根据线性规划和间隙接受模型的计算结果，可针对理论经验模型中的参数交织流量比和汇出流量比进行标定。选取非线性回归的方法确定通行能力与交织流量比和汇出流量比的关系：

$$C_{\mathrm{IWL}} = C_{\mathrm{IFL}} \mathrm{e}^{k_1 \mathrm{VR} + k_2 \mathrm{WR} + b}$$

标定结果为：$k_1 = 0.842$，$k_2 = 0.077$，$b = 0.038$，$R^2 = 0.741$。

因此，参数交织流量比和汇出流量比标定后的理论经验模型形式如下：

$$F = a_0 \mathrm{e}^{(a_1 \ln L_s + a_2)(0.842\mathrm{VR} + 0.077\mathrm{WR} + 0.038) + a_3 (N-2)/N}$$

选取一部分交织区实测通行能力样本标定模型中其余参数组合，最终标定完成的理论经验模型形式为

$$F = 0.882\mathrm{e}^{(0.004\ln L_s - 0.077)(0.842\mathrm{VR} + 0.077\mathrm{WR} + 0.038) - 0.118(N-2)/N}$$

3) 模型验证

进一步利用其余的数据样本验证理论经验模型的可靠性和适用性。模型计

算结果见表 9.5 和图 9.11，从表中可以看出，理论经验模型的求解结果与实测通行能力基本一致，所有交织区总平均误差只有约 4.6%，因此，该模型可用作城市快速路交织区通行能力估计模型。

**表 9.5 理论经验模型通行能力计算结果**

| 检测器编号 | 样本量 | 实测通行能力/(veh/h/ln) | 模型结果/(veh/h/ln) | 估计误差/% |
|---|---|---|---|---|
| YABX24 | 28 | 1890 | 1867 | −1 |
| YABX16 | 20 | 1768 | 1862 | 5 |
| NHNX70 | 22 | 1985 | 1964 | −1 |
| NHWX71 | 23 | 1896 | 1996 | 5 |
| NHWX25 | 25 | 1988 | 1881 | −5 |
| NBDX10 | 30 | 1612 | 1770 | 10 |
| YIXXX04 | 19 | 1883 | 1846 | −2 |
| NBXX10 | 30 | 1638 | 1762 | 8 |
| NHNX40 | 30 | 1979 | 1976 | 0 |
| NHNX17 | 27 | 1807 | 1884 | 4 |
| NBDX26 | 20 | 1924 | 1903 | −1 |
| NBXX28 | 11 | 1945 | 1890 | −3 |
| YANX25 | 21 | 1941 | 1866 | −4 |
| NBXX34 | 27 | 2115 | 1895 | −10 |
| NBXX21 | 24 | 1779 | 1845 | 4 |
| NBXX02 | 29 | 1616 | 1846 | 14 |
| NBDX02 | 25 | 2051 | 1915 | −7 |
| NBDX32 | 7 | 1810 | 1880 | 4 |
| YABX11 | 27 | 1616 | 1840 | 14 |
| NHNX26 | 26 | 1930 | 1916 | −2 |
| 平均值 | — | 1883 | 1887 | 4.6 |

3. 模型结果分析

本节对 HCM2010 模型、多元回归模型和理论经验模型的可靠性进行比较分析，并结合上海市快速路交织区实测交通运行数据初步研究不同模型结果差异的根源。

1) 模型精度对比

表 9.6 列出了不同模型的计算误差，HCM2010 模型、多元回归模型和理论经验模型的计算误差分别为 10.1%、3.6%、4.6%。结合上海快速路交织区实际交通运行特征及实证检测线圈数据可知，理论经验模型的可靠性要好于 HCM2010 模型。

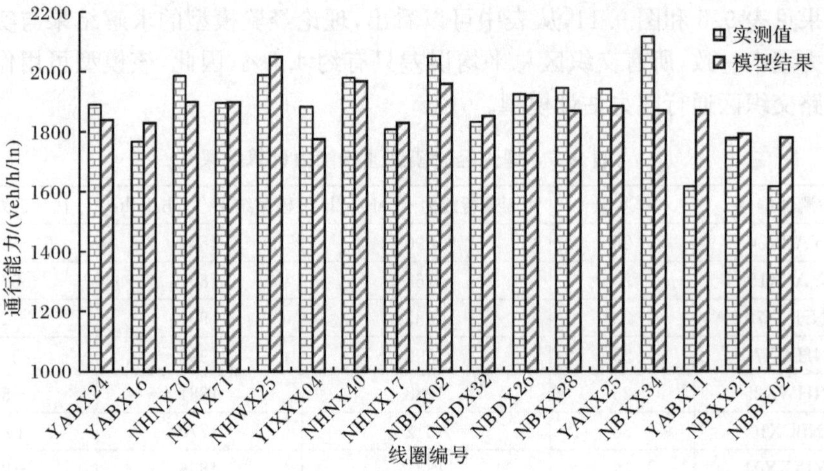


图 9.11　理论经验模型估计结果

**表 9.6　三种模型计算结果误差**

| 模型 | HCM2010 模型 | 多元回归模型 | 理论经验模型 |
|---|---|---|---|
| 计算误差/% | 10.1 | 3.6 | 4.6 |

2) 敏感性分析

为进一步验证新提出模型的可靠性，本节分别对新提出模型和对比模型进行敏感性分析。由于 HCM2010 模型未考虑汇出流量比因素，理论经验模型中未考虑车道数因素，所以本节不针对这两个因素进行对比分析。图 9.12 所示为针对一个三车道交织区进行的敏感性分析对比结果：随着交织区长度的增加，通行能力都只有微弱的增加趋势，说明各个估计模型对交织长度均不敏感，尤其是当交织区长度超过 200m 时更不敏感；然而，随着交织流量比的增加，通行能力会显著下降，但是 4 个模型下降的形式和速度均不一致，新提出的两个模型下降速度较

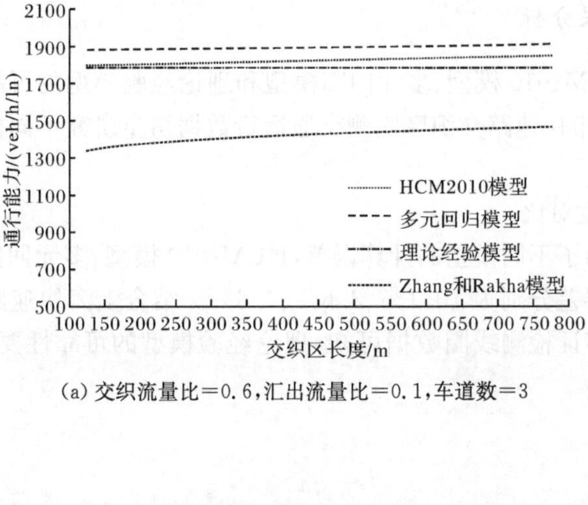


(a) 交织流量比＝0.6，汇出流量比＝0.1，车道数＝3

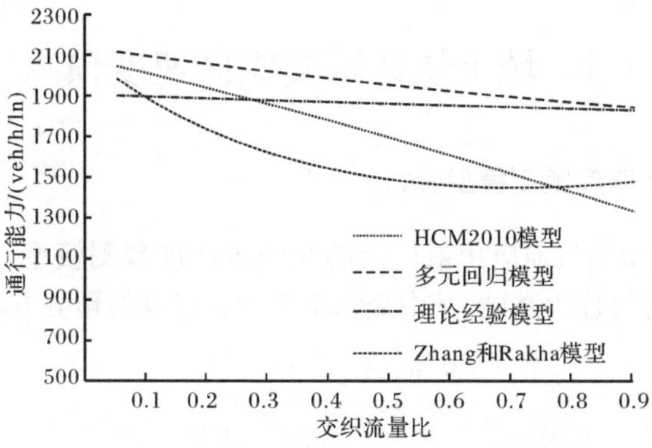


(b) 交织区长度=200,汇出流量比=0.3,车道数=3

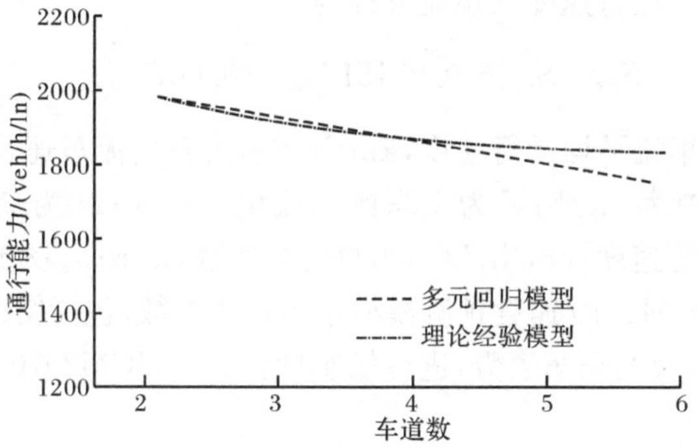


(c) 模型敏感性分析

图 9.12 HCM2010 模型、多元回归模型、理论经验模型、Zhang 和 Rakha 提出的理论模型的敏感性分析

为缓慢,而 Zhang 和 Rakha 提出的理论模型则呈指数形式衰减。实证数据表明,上海市快速路交织区交织流量比取值普遍较高,但是实测通行能力并不是很低。HCM2010 模型和理论经验模型在交织流量比>0.5 时,通行能力下降到 1600veh/h/ln 左右,这明显与上海市实际情况不符。因此新提出的模型在交织流量比较高时相较其他模型更有优势。而上海市快速路在交织流量比较高时实测通行能力仍然较大,其主要原因可能是与国外相比,我国城市快速路交织区关键速度(取得通行能力时的速度)较低[41]。在较低的速度下,驾驶员的交织效率会更高,而这有待于进一步的研究证实。

# 9.4　城市快速路交织区速度预测

### 9.4.1　HCM2010 速度预测模型分析

HCM2010 模型是目前应用最广泛的交织区速度预测模型，分别以交织车流和非交织车流运行特性为基础，其中交织车流运行速度的预测方程为

$$S_w=24+\frac{S_{FFS}-24}{1+w} \tag{9.30}$$

$$w=0.0884\left(\frac{LC_{all}}{L_s}\right)^{0.789} \tag{9.31}$$

非交织车流平均运行速度的预测方程为

$$S_{nw}=S_{FFS}-0.0115LC_{min}-0.0077\frac{V}{N} \tag{9.32}$$

式中，$S_{nw}$为非交织车流平均运行速度，km/h；$S_{FFS}$为自由流车速，km/h；$LC_{min}$为交织车流强制性换道次数，lc/h；$V$ 为交织区总流量，veh/h；$N$ 为交织区车道数；$S_w$为交织车流平均运行速度，km/h；$LC_{all}$为总交织次数，lc/h；$L_s$ 为交织区长度，m。

本节首先对 HCM2010 速度预测模型中的重要参数，包括交织区总流量 $V$、交织流量比、交织长度及交织车道数，进行敏感性分析。HCM2010 敏感性分析设置条件见表 9.7。

**表 9.7　HCM2010 敏感性分析设置条件**

| 交织区车道数($N$) | 交织区总流量($V$) | 交织流量比(VR) | 交织区长度($L_s$) |
|---|---|---|---|
| 3 | $V$=(800−1700)$N$，<br>间隔 300veh/h | VR=0.1～0.7，<br>间隔 0.1s | $L_s$=150～2150m，<br>间隔 400m |
| 4 | $V$=(800−1700)$N$，<br>间隔 300veh/h | VR=0.1～0.7，<br>间隔 0.1s | $L_s$=150～2150m，<br>间隔 400m |
| 5 | $V$=(800−1700)$N$，<br>间隔 300veh/h | VR=0.1～0.7，<br>间隔 0.1s | $L_s$=150～2150m，<br>间隔 400m |

根据 HCM2010 的速度预测模型和表 9.7 中的敏感性分析设置条件，得到交织车流运行速度的变化范围、非交织车流运行速度的变化范围及非交织车流运行速度与交织车流运行速度差的变化范围。研究结果表明，不同车道数敏感性分析趋势一致，本节仅以四车道交织区为例进行说明，如图 9.13 所示。

敏感性分析结果显示：①当交织区长度一定，交织区总流量为 500～8000veh/h，交织流量比为 0.2～0.8 时，预测得到的交织车流运行速度范围较小，为 70～90km/h，维持在较高水平，预测值偏高。②当交织区长度一定，交织区总流量较低

时，交织流量比在 0.2～0.8 都不会出现 $S_w > S_{nw}$ 的情况；但当交织区总流量较高时，交织流量比小于某一值，则 $S_w < S_{nw}$；交织流量比大于此值，则 $S_w > S_{nw}$。交织区总流量、交织流量比两者的共同作用可以用参数 $V_w$ 代替，即可以认为当 $V_w$ 小于某一临界值时，$S_w < S_{nw}$；大于此临界值时，$S_w > S_{nw}$。同时从图 9.13 还可以发现，HCM2010 模型交织车流速度预测值分布为 60～90km/h，显著高于交织区失效时的平均速度 40km/h；非交织车流速度预测值分布为 20～90km/h，流量较大时预测速度较低。

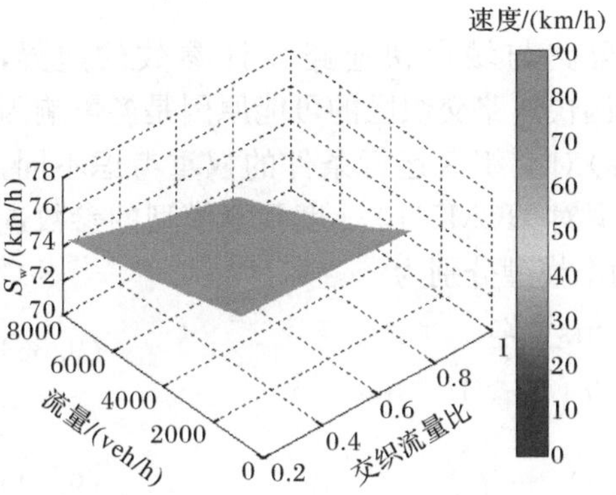


(a) 交织车流运行速度变化范围图

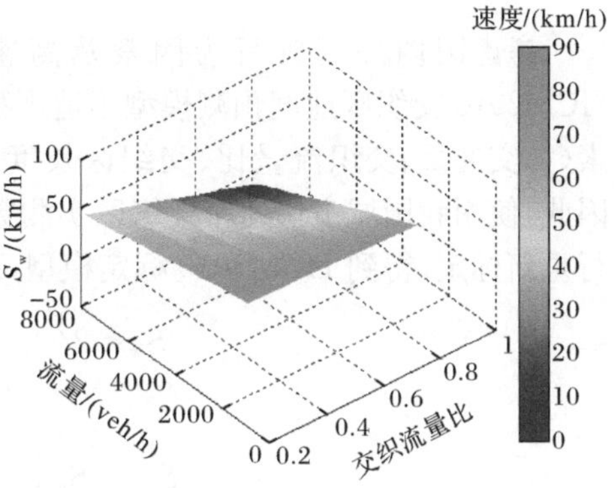


(b) 非交织车流运行速度变化范围图

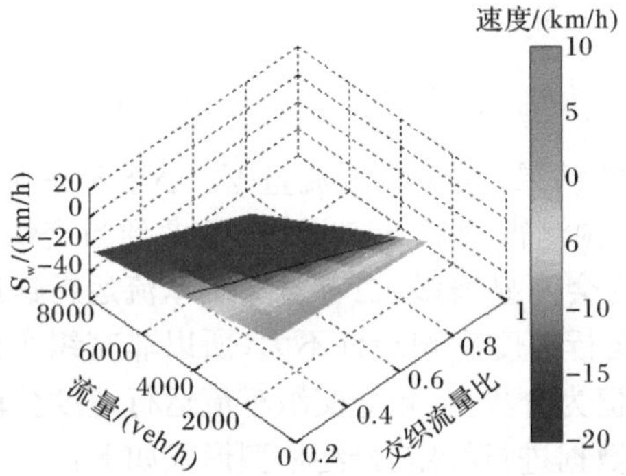


(c) 非交织车流运行速度与交织车流运行速度差变化范围图

图 9.13 HCM2010 速度预测敏感性分析结果(四车道，交织区长度 100m)

综上所述，HCM2010 交织区速度预测模型存在严重缺陷：流量较高时，交织流量比超过一定值后，预测得到的交织车流运行速度大于非交织车流运行速度。此模型对高流量、大交织流量比的交织区是不适用的。

### 9.4.2　模型构建

9.4.1 节对 HCM2010 交织区速度预测模型的分析表明，此模型不适用于类似于中国快速路这种交织区流量及交织流量比均比较大的情况。为此，本节考虑对 HCM2010 交织区速度预测模型进行改进。主要提出了三种建模思路：HCM2010 标定模型、分段模型、改进的回归模型。

1. HCM2010 标定模型

考虑国内外驾驶行为因素及高速公路与城市快速路设计参数的差异，HCM2010 交织区速度预测模型不适用我国快速路交织区的可能原因是各影响因素(如交通量、交织流量比、交织区长度等)对交织区运行条件的权重考虑不同。因此，使用我国城市快速路交织区实测数据对 HCM2010 速度预测模型的参数进行重新标定，得到 HCM2010 标定模型，两个模型分别为

$$S_{\mathrm{w}}=24+\frac{S_{\mathrm{FFS}}-24}{1+a\left(\dfrac{\mathrm{LC}_{\mathrm{all}}}{L_{\mathrm{s}}}\right)^{b}} \tag{9.33}$$

$$S_{\mathrm{nw}}=S_{\mathrm{FFS}}-c\mathrm{LC}_{\min}-d\,\frac{V}{N} \tag{9.34}$$

式中，各参数含义及单位同 9.4.1 节 HCM2010 交织区速度预测模型，$a$、$b$、$c$、$d$ 为待标定参数。

2. 分段模型

根据敏感性分析的结果，当交织区流量 $V_{\mathrm{w}}$ 小于某一临界值时，预测得到的 $S_{\mathrm{w}}<S_{\mathrm{nw}}$；大于此值时，预测得到的 $S_{\mathrm{w}}>S_{\mathrm{nw}}$。考虑到当交织流量 $V_{\mathrm{w}}$ 从较低至较高时，车辆的换道行为会明显增多，二者对交织车流运行速度的影响会有显著差别，而对非交织车流运行速度影响差别不大，所以非交织车流运行速度模型形式保持不变。以此临界值为分界点，建立交织车流运行速度分段模型，与 HCM2010 标定模型采用同样的数据进行标定，最终模型形式如下：

$$S_{\mathrm{w}}=\begin{cases}24+\dfrac{S_{\mathrm{FFS}}-24}{1+0.0884\left(\dfrac{\mathrm{LC}_{\mathrm{all}}}{L_{\mathrm{s}}}\right)^{0.789}}, & V_{\mathrm{w}}\leqslant V_{\mathrm{w1}}\\[2ex] 24+\dfrac{S_{\mathrm{FFS}}-24}{1+a\left(\dfrac{\mathrm{LC}_{\mathrm{all}}}{L_{\mathrm{s}}}\right)^{b}}, & V_{\mathrm{w}}>V_{\mathrm{w1}}\end{cases}$$

$$V_{\mathrm{w1}}=\begin{cases}1400+2(1400-L_{\mathrm{s}}/0.3048), & 90\mathrm{m}\leqslant L_{\mathrm{s}}\leqslant 420\mathrm{m}\\ 1400-(L_{\mathrm{s}}/0.3048-1400), & 420\mathrm{m}\leqslant L_{\mathrm{s}}\leqslant 550\mathrm{m}\\ 1000, & L_{\mathrm{s}}>550\mathrm{m}\end{cases} \tag{9.35}$$

$$S_{nw}=S_{FFS}-c\text{LC}_{min}-d\frac{V}{N} \tag{9.36}$$

式中，$a$、$b$、$c$、$d$ 为待标定系数。

3. 改进的回归模型

通过 HCM 各版本的模型分析，得知交织区长度、交织区流量、交织区换道次数及车道数等因素对交织区速度影响较大。对这些可能的因素做多因素分析，确定重要影响因素及函数形式，最终得到改进的回归模型。由于交织车流和非交织车流运行特征差异较大，针对两类预测分别进行多因素分析。

1) 交织车流运行速度影响因素分析

交织车流运行速度可能影响因素包括交织区长度($L_s$)、交织区流量($V$)、车道数($N$)、交织车辆车道数($N_{wl}$)、交织区换道次数($\text{LC}_{all}$)，本节主要探索这些影响因素与交织车流运行速度之间的函数关系。

影响因素分析分为两类：单因素分析和多因素分析。单因素分析是指分析单一影响因素与交织车流运行速度之间的关系，本节主要分析 $V$ 与 $S_w$ 之间的关系及 $\text{LC}_{all}$ 与 $S_w$ 之间的关系，选择指数函数、对数函数、幂次函数、线性函数描述它们与交织车流运行速度的关系，结果表明，$V$、$\text{LC}_{all}$ 与 $S_w$ 之间分别以指数函数、线性函数关系进行描述时，拟合优度最好。多因素分析是分析以函数形式组合的多个变量与交织车流运行速度之间的关系，主要分析了 $V/N$、$V/L_s$、$\text{LC}_{all}/N_{wl}$、$\text{LC}_{all}/L_s$、$\text{LC}_{all}/(N_{wl}L_s)$ 与 $S_w$ 之间的关系。选择指数函数、对数函数、幂次函数、线性函数描述它们与交织车流运行速度的关系，结果见表 9.8。

**表 9.8 交织车流运行速度影响因素拟合结果**

| 影响因素 | 最优函数形式 | 拟合优度 $R^2$ |
|---|---|---|
| $V$ | 指数函数 | 0.5585 |
| $\text{LC}_{all}$ | 线性函数 | 0.6389 |
| $V/N$ | 线性函数 | 0.6218 |
| $V/L_s$ | 对数函数 | 0.3309 |
| $\text{LC}_{all}/N_{wl}$ | 对数函数 | 0.5309 |
| $\text{LC}_{all}/L_s$ | 对数函数 | 0.3561 |
| $\text{LC}_{all}/(N_{wl}L_s)$ | 对数函数 | 0.2690 |

通过交织车流运行速度影响因素的分析，得到如下结论。

考虑 $V/N$ 作为影响因素，拟合优度高于 $V$ 和 $V/L_s$ 作为影响因素；且 $V/N$ 与 $S_w$ 为线性函数关系时，拟合最佳，$R^2$ 约为 0.62。

$\text{LC}_{all}$作为影响因素单独考虑，拟合优度高于 $\text{LC}_{all}/N_{wl}$，$\text{LC}_{all}/L_s$，$\text{LC}_{all}/(N_{wl}L_s)$作为影响因素；且 $\text{LC}_{all}$与 $S_w$ 为线性函数关系时，拟合最佳，$R^2$ 约为 0.64。

根据以上分析，HCM2010 交织区速度预测模型不适用于中国快速路可能是

由于两个国家不同的交通运行条件所导致的。故可以得到改进回归模型的 $S_w$ 预测模型形式为

$$S_w = S_{FFS} - a\mathrm{LC}_{all} - b\frac{V}{N} \tag{9.37}$$

2) 非交织车流运行速度影响因素分析

采用与交织车流运行速度影响因素分析相同的方法，针对可能存在的非交织车流运行速度影响因素：交织区长度($L_s$)、交织区流量($V$)、车道数($N$)、交织车辆车道数($N_{wl}$)、交织区换道次数($\mathrm{LC}_{min}$)进行分析，探索这些影响因素与非交织车流运行速度之间的函数关系。最终拟合结果见表 9.9。

**表 9.9　非交织车流运行速度影响因素拟合结果**

| 影响因素 | 最优函数形式 | 拟合优度 $R^2$ |
|---|---|---|
| $V$ | 指数函数 | 0.7342 |
| $\mathrm{LC}_{min}$ | 指数函数 | 0.6354 |
| $\mathrm{LC}_{min}$ | 线性函数 | 0.6430 |
| $V/N$ | 线性函数 | 0.7715 |
| $V/L_s$ | 对数函数 | 0.6068 |
| $V/(NL_s)$ | 对数函数 | 0.6146 |
| $\mathrm{LC}_{min}/N_{wl}$ | 指数函数 | 0.5763 |
| $\mathrm{LC}_{min}/L_s$ | 指数函数 | 0.4891 |
| $\mathrm{LC}_{min}/(N_{wl}\mathrm{L}_s)$ | 指数函数 | 0.4573 |

通过非交织车流运行速度影响因素的分析，得到如下结论：

考虑 $V/N$ 作为影响因素，拟合优度高于 $V$、$V/L_s$、$V/(NL_s)$ 作为影响因素；且 $V/N$ 与 $S_{nw}$ 为线性函数关系时，拟合最佳，$R^2$ 约为 0.77，这与 HCM2010 速度预测模型是一致的。

$\mathrm{LC}_{min}$ 作为影响因素单独考虑，拟合优度高于 $\mathrm{LC}_{min}/N_{wl}$，$\mathrm{LC}_{min}/L_s$，$\mathrm{LC}_{min}/(N_{wl}L_s)$ 作为影响因素；且 $\mathrm{LC}_{min}$ 与 $S_{nw}$ 为线性函数或指数函数关系时，拟合最佳，$\mathrm{LC}_{min}$ 作为影响因素单独考虑，拟合最佳，$R^2$ 约为 0.64。

$\mathrm{LC}_{min}$ 与 $S_{nw}$ 为指数函数关系时，非交织车流运行速度预测模型形式如下：

$$S_{nw} = \frac{S_{FFS}}{e^{\mathrm{LC}_{min}}} - c\frac{V}{N} \tag{9.38}$$

根据指数函数的性质，当 $\mathrm{LC}_{min}$ 超过 3 时，可能得到的速度为负值，这与实际不符，所以指数函数关系是不恰当的，应该选择线性关系，这与 HCM2010 基本模型是一致的。因此，得到改进的回归模型 $S_{nw}$ 的预测模型形式为

$$S_{nw} = S_{FFS} - c\mathrm{LC}_{min} - d\frac{V}{N} \tag{9.39}$$

### 9.4.3 研究路段和数据

为校正及验证本章所提出模型的有效性，选择 7 个典型交织区进行模型参数估计和验证。在进行交织区选择时，选点规则如下：①有辅助车道的典型交织区；②交织区及与其相连的入匝道、出匝道交通流检测数据完整；③交织比数据容易估计和测量。根据以上规则，最终确定 7 个典型交织区。选取其中 4 个交织区 2010 年 7 月 1～7 日 F 级以上服务水平共 5227 条数据进行模型重构及模型参数标定[图 9.14(a)～(d)]，另外 3 个交织区 YABX11、NBDX02、北京 3039 内环的 3 天数据用于验证改进模型的精度[图 9.14(e)、(f)、(g)]。各交织区线形及线圈检测器布设图如图 9.14 所示。

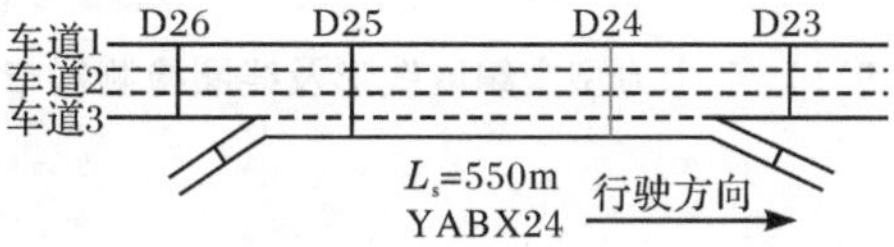


(a) 延安高架北线茂名路—华山路交织区

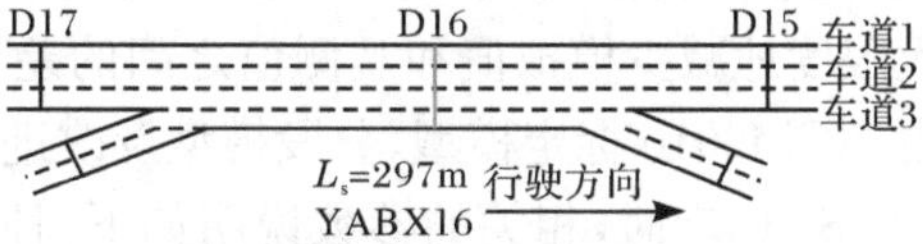


(b) 延安高架北线江苏路—凯旋路交织区

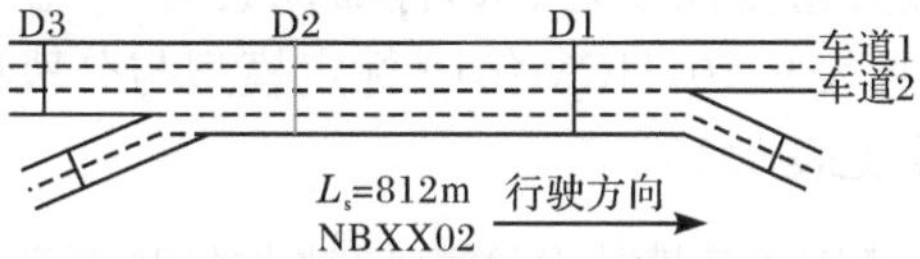


(c) 南北高架西线徐家汇路—鲁班立交交织区

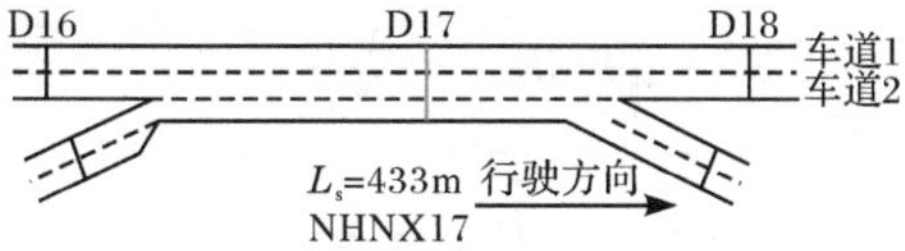


(d) 内环内线天钥桥路—曹溪立交交织区

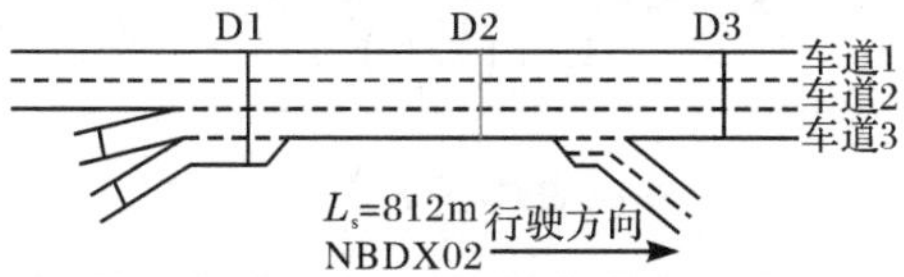


(e) 南北高架东线鲁班立交—徐家汇路交织区

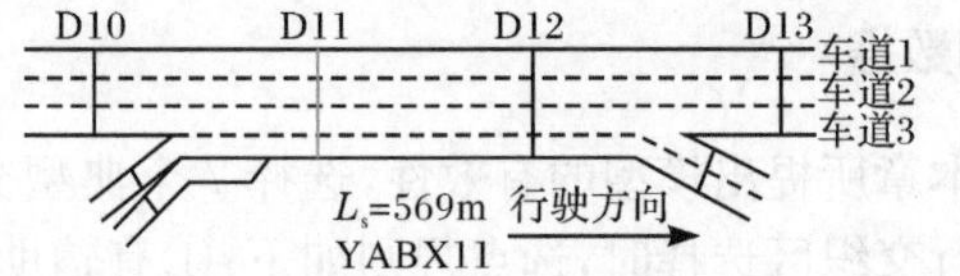


(f) 延安高架北线延西立交—娄山关路交织区

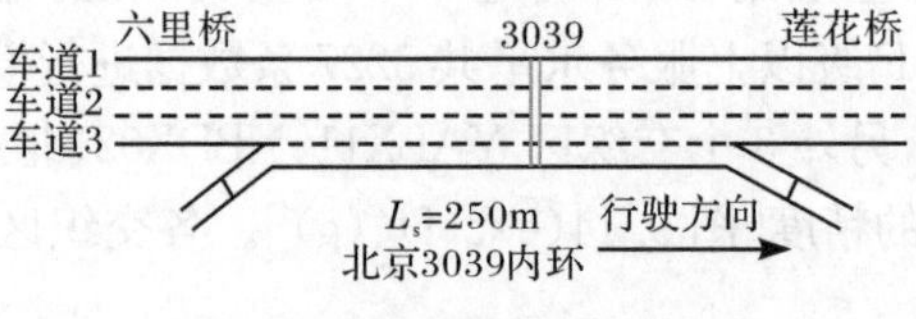


(g) 北京 3039 内环交织区

图 9.14　7 个典型交织区线形及线圈检测器布设

1. 模型参数标定

为了得到模型的最优形式需要对模型参数进行标定。标定就是寻找一组模型参数系数，从而最大限度地减少模拟值和观测值之间的差异。本节使用遗传算法进行标定，分别求得 HCM2010 标定模型、分段模型及改进的回归模型的最优解系数。改进的回归模型 $S_w$ 标定时，相关的参数说明如下：种群大小为 20，最大遗传代数为 100，停滞代数为 100。改进的回归模型 $S_{nw}$ 标定时，相关的参数说明如下：种群大小为 20，最大遗传代数为 300，停滞代数为 300。fval 为取得最优解时的值。最终标定结果见表 9.10，HCM2010 标定模型与分段模型标定方法同改进的回归模型，标定结果见表 9.10。

**表 9.10　HCM 标定模型、分段模型及改进的回归模型标定结果**

| 模型 | 模型形式 | 标定结果 | fval |
|---|---|---|---|
| 改进的回归模型 | $S_w=S_{FFS}-a\mathrm{LC}_{all}-b\dfrac{V}{N}$ | $a=0.0077$ | 6.4753 |
| | | $b=0.0032$ | |
| | $S_{nw}=S_{FFS}-c\mathrm{LC}_{min}-d\dfrac{V}{N}$ | $c=0.0047$ | 4.8912 |
| | | $d=0.01$ | |
| HCM2010 标定模型 | $S_w=24+\dfrac{S_{FFS}-24}{1+a\left(\dfrac{\mathrm{LC}_{all}}{L_s}\right)^b}$ | $a=0.780$ | 7.8711 |
| | | $b=0.229$ | |
| | $S_{nw}=S_{FFS}-c\mathrm{LC}_{min}-d\dfrac{V}{N}$ | $c=0.0047$ | 4.8912 |
| | | $d=0.01$ | |

续表

| 模型 | 模型形式 | 标定结果 | fval |
|---|---|---|---|
| 分段模型 | $S_{\mathrm{w}}=\begin{cases}24+\dfrac{S_{\mathrm{FFS}}-24}{1+0.0884\left(\dfrac{\mathrm{LC_{all}}}{L_{\mathrm{s}}}\right)^{0.789}}, & V_{\mathrm{w}}\leqslant V_{\mathrm{wl}}\\ 24+\dfrac{S_{\mathrm{FFS}}-24}{1+a\left(\dfrac{\mathrm{LC_{all}}}{L_{\mathrm{s}}}\right)^{b}}, & V_{\mathrm{w}}>V_{\mathrm{wl}}\end{cases}$ | $a=0.419$ | 6.5417 |
| | | $b=0.391$ | |
| | $V_{\mathrm{wl}}=\begin{cases}1400+2(1400-L_{\mathrm{s}}/0.3048), & 90\mathrm{m}\leqslant L_{\mathrm{s}}\leqslant 420\mathrm{m}\\ 1400-(L_{\mathrm{s}}/0.3048-1400), & 420\mathrm{m}<L_{\mathrm{s}}\leqslant 550\mathrm{m}\\ 1000, & L_{\mathrm{s}}>550\mathrm{m}\end{cases}$ | — | — |
| | $S_{\mathrm{nw}}=S_{\mathrm{FFS}}-c\mathrm{LC_{min}}-d\dfrac{V}{N}$ | $c=0.0047$ | 4.8912 |
| | | $d=0.01$ | |

2. 四种模型预测精度比较

基于 4 个交织区实测数据对 HCM2010 模型、HCM2010 标定模型、分段模型和改进的回归模型预测精度进行比较,如图 9.15 所示。

根据图 9.15 所示四种模型预测精度的比较,得到如下结论:

(1) HCM2010 模型、HCM2010 标定模型、分段模型、改进的回归模型的交织车流速度估计误差平均值分别为 19.24%、10.34%、15.24%、9.52%。

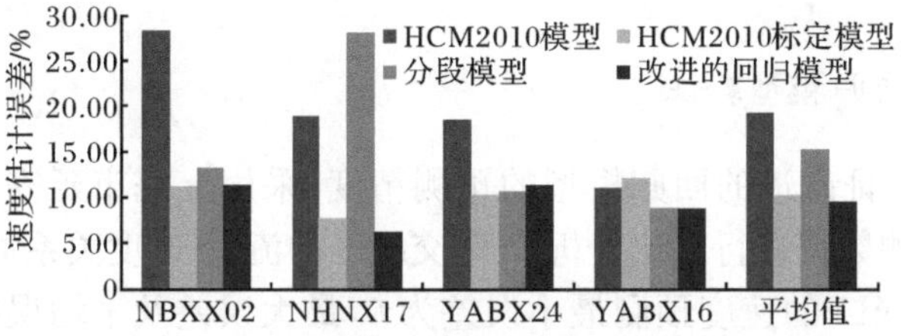


(a) 交织车流速度估计误差

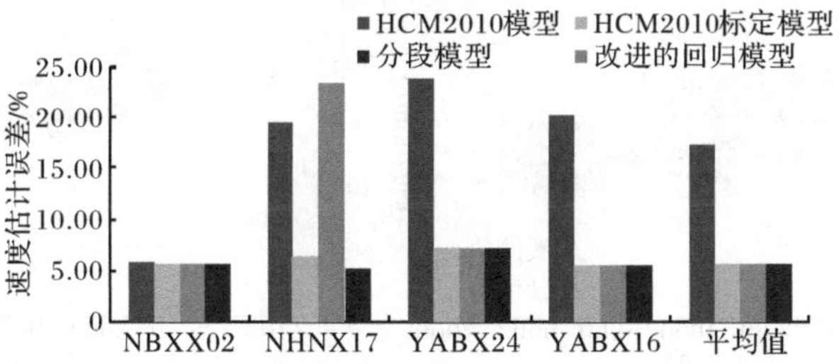


(b) 非交织车流速度估计误差

图 9.15 四种模型速度预测精度比较

(2) HCM2010 模型、HCM2010 标定模型、分段模型、改进的回归模型的非交织车流速度估计误差平均值分别为 17.31%、6.64%、6.64%、6.64%。

(3) 改进的回归模型预测精度远高于 HCM2010 标定模型和分段模型。

(4) HCM2010 标定模型和改进的回归模型对非交织车流运行速度的预测是一致的，但交织车流运行速度的预测公式有很大差别，精度相差不大。

通过比较流量-速度关系进一步比较两者的优劣，如图 9.16 所示。从图中可以看出，HCM2010 标定模型 $S_w$ 预测值虽然预测误差较小，但存在一个明显问题，即预测得到的 $S_w$ 分布范围较小，为 51～59km/h，显然不适合城市快速路交织区的交织车流速度预测，改进的回归模型则能更好地反映实际速度变化趋势。

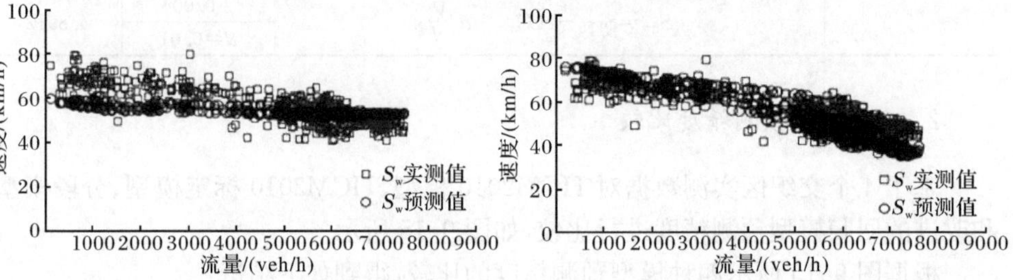


(a) HCM2010 标定模型　　(b) 改进的回归模型

图 9.16　HCM2010 标定模型和改进的回归模型流量-速度关系

3. 改进的回归模型验证

为进一步验证改进的回归模型的预测精度，采用上海市延安高架 NBDX02、YABX11 的实测数据进行对比分析，2 个交织区的流量-速度关系如图 9.17 所示。NBDX02、YABX11 的速度预测最小误差为 0，最大误差及平均误差如图 9.18 所示。结果表明，交织车流运行速度的平均误差为 9.91%，非交织车流运行速度的

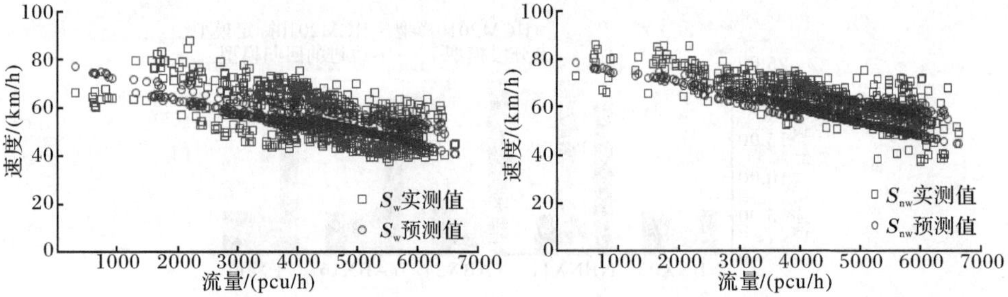


(a) 交织车流　　(b) 非交织车流

图 9.17　交织车流和非交织车流流量-速度关系

平均误差为 9.16%,改进的回归模型估计误差基本可以控制在 10%以内,相比于 HCM2010 模型,改进的回归模型更适合于中国交织区速度的预测。

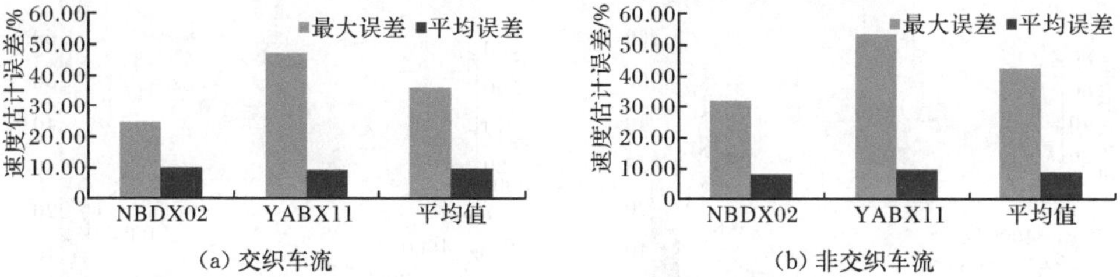


图 9.18 交织区和非交织区速度预测精度分析图

### 9.4.4 速度预测模型仿真实验

实测数据由于受实际交通流影响,其参数(如交织区总流量、交织流量比)取值空间有限,为了验证改进模型对不同参数取值的适用性,本节还进行了 VISSIM 仿真实验。首先以交织区 YABX16 为研究对象,输入交织区总流量、交织流量比等实测数据,调整相应的仿真参数,使得仿真预测结果与实际运行状况基本一致。仿真结果表明,仿真数据与实测断面速度的平均误差为 6.66%,交织车流运行速度平均误差为 10.33%,非交织车流运行速度平均误差为 5.35%,仿真值与实测值的对比如图 9.19 所示,仿真能较好地反映实际情况。

以交织区总流量和交织流量比为控制指标进行敏感性分析,敏感性分析设置条件见表 9.11。计算交织区运行速度,结果如图 9.20 所示。

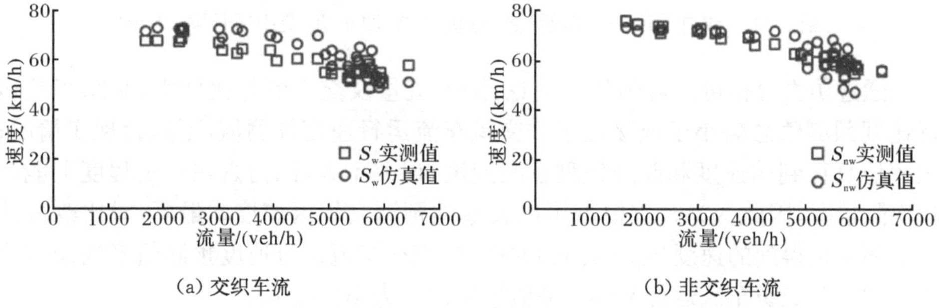


图 9.19 交织车流与非交织车流速度实测值与仿真值对比图

**表 9.11 改进速度预测模型敏感性分析设置条件**

| 交织区长度($L_s$)/m | 交织区总流量(V)/(veh/h) | 交织流量比(VR) |
|---|---|---|
| 297 | 500~7500,间隔 200 | 0.5 |
| 297 | 5800 | 0.01~0.71,间隔 0.1 |

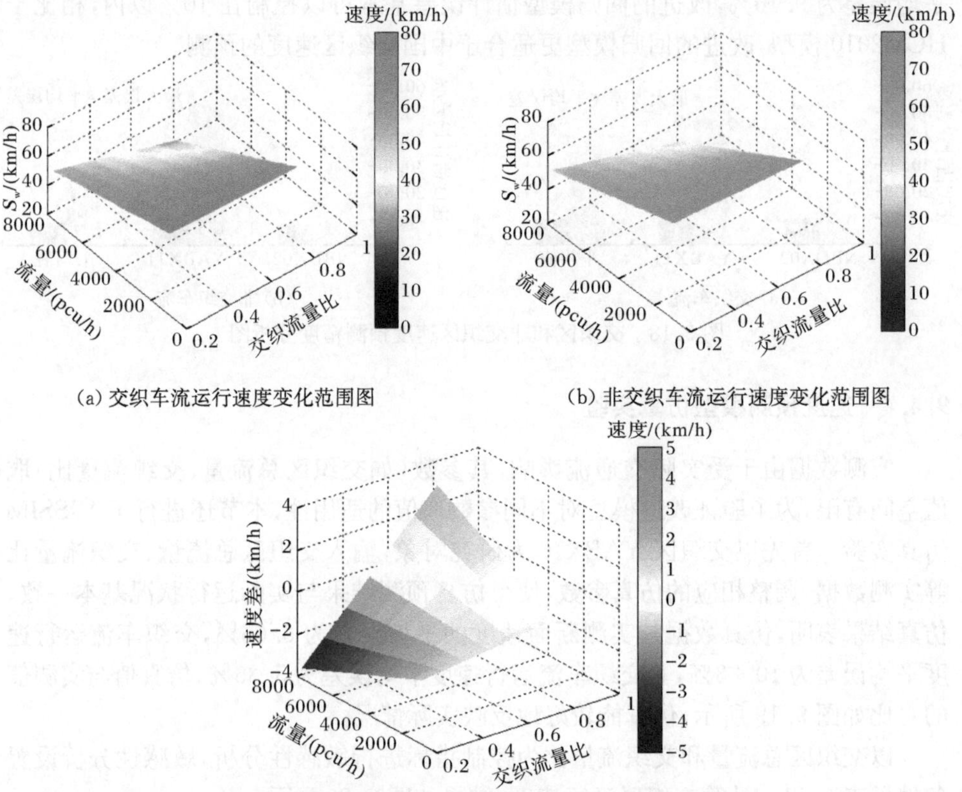


(a) 交织车流运行速度变化范围图

(b) 非交织车流运行速度变化范围图

(c) 非交织车流运行速度与交织车流运行速度差变化范围图

图 9.20　改进的回归模型敏感性分析结果(四车道,交织区长度 297m)

通过仿真分析可以得到如下结论:随着流量及交织流量比增大,交织车流运行速度预测值总略小于或接近于非交织车流运行速度预测值,不违背现实情况;比较仿真得到的速度和改进模型预测速度,误差不大,因仿真在一定程度上能反映实际情况,因此认为改进模型可以较好地预测交织区速度。最后,对比改进速度预测模型得到的速度与仿真得到的速度,交织车流运行速度预测值平均误差为 12.85%、非交织车流运行速度预测值平均误差为 10.51%。

## 9.5　本章小结

本章基于快速路大量实测数据分别构建了城市快速路交织区通行能力模型与速度预测模型。

在交织区通行能力建模中,首先分析了交织区长度、交织流量比、汇出流量比和车道数等因素对通行能力的影响,然后在此基础上提出了新的交织区通行能力估计模型，包括多元回归模型与理论经验模型，最后对比分析了两个新提出模型、HCM2010 模型以及理论模型的敏感性。交织区通行能力影响因素分析表明，交织流量比、汇出流量比与通行能力之间存在对数函数关系，而交织区长度、车道数则与通行能力存在线性关系。

模型敏感性分析表明，本节所提出的模型具有更好的适用性，尤其是在交织比较大的交织段，模型估计结果则更符合城市快速路交织区运行特征。

研究结果表明，新提出的多元回归模型与理论经验模型通行能力估计误差仅为 3.6%与 4.6%，而 HCM2010 及仿真所得理论模型误差则分别为 10%和 25%。综合考虑交织流量比、汇出流量比及交织路段总车道数的新通行能力回归模型能更好地反映城市快速路交织区通行能力运行特征。

在交织区速度预测建模中，针对 HCM2010 交织区速度预测模型存在的三个问题，①预测得到的交织车流运行速度存在大于非交织车流运行速度的情况；②交织车流预测值偏高；③非交织车流预测值偏低，本章提出了三种模型改进思路，包括 HCM 标定模型、分段模型与改进的回归模型，基于上海市 4 个典型交织区实测数据，利用遗传算法对三种模型进行参数标定，结果表明改进的回归模型能较好地反映城市快速路实际交织区速度运行特性。新交织区实测数据验证和 VISSIM 多参数仿真实验敏感性分析表明，本章所提出的模型具有一定的适用性。

## 参考文献

[1] Roess R P, Ulerio J M. Capacity of freeway weaving segments[J]. Transportation Research Record, 2009, (2130): 34-41.

[2] Ponlathep L. Capacity Estimation for Weaving Areas Based on Gap Acceptance and Linear Optimization[D]. State College: The Pennsylvania State University, 2003.

[3] Lertworawanich P, Elefteriadou L. Capacity estimations for type B weaving areas based on gap acceptance[J]. Transportation Research Record, 2001, (1776): 24-34.

[4] Lertworawanich P, Elefteriadou L. A methodology for estimating capacity at ramp weaves based on gap acceptance and linear optimization[J]. Transportation Research Part B: Methodological, 2003, 37(5): 459-483.

[5] Rakha H, Zhang Y. Analytical procedures for estimating capacity of freeway weaving, merge, and diverge sections[J]. Journal of Transportation Engineering, 2006, 132(8): 618-628.

[6] 孟祥燕. 高等级道路交织区通行能力研究[D]. 南京：东南大学，2006.

[7] 王华. 城市快速路匝道及交织区交通特性研究[D]. 南京：东南大学，2007.

[8] Persaud B, Yagar S, Brownlee R. Exploration of the breakdown phenomenon in freeway traffic[J]. Transportation Research Record, 1998, (1634): 64-69.

[9] Lorenz M, Elefteriadou L. A Probabilistic Approach to Defining Freeway Capacity and

Breakdown[D]. State College: The Pennsylvania State University, 2000.

[10] Brilon W, Geistefeldt J, Regler M. Reliability of freeway traffic flow: A stochastic concept of capacity[C]//Proceedings of the 16th International Symposium on Transportation and Traffic Theory, Washington DC, 2005: 125－144.

[11] Transportation Research Board. Highway Capacity Manual[M]. Washington DC: Transportation Research Board, 1985.

[12] Transportation Research Board. Highway Capacity Manual[M]. Washington DC: Transportation Research Board, 2000.

[13] Transportation Research Board. Highway Capacity Manual[M]. Washington DC: Transportation Research Board, 2010.

[14] 赵靖，白玉，杨晓光. 基于回归分析的交织区通行能力模型[J]. 城市交通，2009，7(5)：85－90.

[15] Wang X, Luo Y, Qiu T Z, et al. Capacity estimation for weaving segments using a lane-changing model[J]. Transportation Research Record: Journal of the Transportation Research Board, 2014, (2461): 94－102.

[16] 覃煜，晏克非. 高架道路上匝道通行能力理论模型研究[J]. 武汉交通科技大学学报，2000，24(6)：611－614.

[17] 马海峰，王炜，李文权. 高速公路流量与入口匝道流量间的相互关系[J]. 交通运输工程与信息学报，2005，1(2)：87－90.

[18] 项乔君，王炜，陈冰，等. 环形交叉口通行能力理论模型研究[J]. 中国公路学报，1999，12(4)：69－72.

[19] Vermijs R, Schuurman H. Evaluating capacity of freeway weaving section and on-ramps using the microscopic simulation model FOSIM[C]//Proceeding of the Second International Symposium on Highway Capacity, Vermont South, 1994: 651－670.

[20] Vermijs R. New dutch capacity standards for freeway weaving sections based on microsimulation[C]//Proceeding of the Third International Symposium on Highway Capacity, Copenhagen, 1998: 1065－1080.

[21] Skabardonis A, Cassidy M, May A D, et al. Application of simulation to evaluate the operation of major freeway weaving sections[J]. Transportation Research Record: Journal of the Transportation Research Board, 1989, (1225): 91－98.

[22] Awad W H. Estimating traffic capacity for weaving segments using neural networks technique[J]. Applied Soft Computing, 2004, 4(4): 395－404.

[23] 江金胜，董力耘. 基于元胞自动机模型的 C 型交织区交通流特性[J]. 力学学报，2012，44(6)：996－1004.

[24] Pignataro L J, McShane W R, Roess R P, et al. Weaving areas: Design and analysis[R]. Washington DC: National Research Council, 1975.

[25] Leisch J. Completion of procedures for analysis and design of traffic weaving segments[R]. Washington DC; Federal Highway Administration, 1983.

[26] Reilly W R, Kell J H, Johnson P J. Weaving analysis procedures for the new highway capacity manual[R]. Washington DC: Federal Highway Administration, 1984.

[27] Fazio J, Rouphail N. Freeway weaving sections: Comparison and refinement of design and operations analysis procedures[J]. Transportation Research Record, 1986, (1091): 101—109.

[28] Transportation Research Board. Analysis of freeway weaving sections[R]. Washington DC: Transportation Research Board. 2008.

[29] 蔡雯娟. 城市快速路A类交织区交通流特性与通行能力研究[D]. 西安:长安大学,2013.

[30] 周晨静,荣建,冯星宇. 2010HCM交织区通行能力分析方法适用性研究[J]. 公路交通科技,2015,32(4):118—124.

[31] Skabardonis A, Cassidy M, May A D, et al. Application of simulation to evaluate the operation of major freeway weaving sections[J]. Transportation Research Record, 1989, (1225): 91—98.

[32] Fazio J, Rouphail N M. Conflict simulation in INTRAS: Application to weaving area capacity analysis[J]. Transportation Research Record, 1990, (1287): 96—107.

[33] 钟连德,荣建,孙小端,等. 仿真求解快速路交织区通行能力[J]. 公路交通科技,2006,23(4):88—93.

[34] 胡家琦. 城市快速路交织区瓶颈交通运行特征分析[D]. 上海:同济大学,2015.

[35] 孙剑,胡家琦,孙杰. 城市快速路交织区通行能力估计模型[J]. 中国公路学报,2016,29(4):114—122.

[36] 孙剑,姜静茹,郑进炫. 城市快速路交织区速度预测模型改进[J]. 中国公路学报,2017,30(1):83—91.

[37] Zhang L, Levinson D. Some properties of flows at freeway bottlenecks[J]. Transportation Research Record, 2004, (1883): 122—131.

[38] van Aerde M. Single regime speed-flow-density relationship for congested and uncongested highways[C]//Transportation Research Board 74th Annual Meeting, Washington DC, 1995.

[39] van Aerde M, Rakha H. Multivariate calibration of single regime speed-flow-density relationships[C]//Proceedings of the 6th Vehicle Navigation and Information Systems Conference, Piscataway, 1995: 334—341.

[40] 裴玉龙,李松龄,薛长龙. 快速路交织区车头时距分布特征[J]. 公路交通科技,2008,25(6):111—114.

[41] Zheng J, Sun J, Yang J. Relationship of lane width to capacity for urban expressways[J]. Transportation Research Record, 2015, (2483): 10—19.

# 第 10 章　城市快速路主动交通管理

城市快速路的运行状况制约着整个城市交通系统的通行效率，在交通需求不断增长而快速路里程无法进一步增加的条件下，对交通需求及交通流运行进行管理和控制是缓解拥堵及提升系统运行可靠性的有效方法。其中快速路主动交通管理(active traffic management，ATM)是应对交通问题的重要途径，即根据实时的交通运行状况，通过采取一系列动态管控手段对交通需求进行有效引导，以提高车流运行的效率和安全性，并减少能源消耗和碳排放等。另外，快速路瓶颈是快速路的“咽喉”，是导致拥堵的直接诱因，其运行特征与国外有明显差异，具有早发性失效现象。在国内外有大量研究传统的主动交通管理措施，如匝道控制、速度引导等，由于国内外快速路设施条件、交通流运行特征和驾驶习惯的差异等，在我国快速路上应用效果有限。本章在结合传统的主动交通管理措施的基础上研究多种主动管理方法，包括匝道控制与速度引导联合控制方法、匝道与主线协同控制方法，以期开发适应我国快速路交通流运行规律的主动交通管理措施，为交通管理部门的措施制定提供理论依据。

## 10.1　引　言

随着快速路信息采集系统的日益完备，利用实时采集的快速路交通流数据对快速路实施主动管理措施是缓解常发性拥堵的有效手段。传统的主动管理措施主要有匝道控制(ramp metering，RM)、可变车速限制(variable speed limit，VSL)、车道管理(lane management)等。研究表明，主动管理措施在缓解快速路交通拥堵方面能起到一定的作用，然而管理措施与实施地点交通流特征密切相关，如果缺乏对实施地点交通流特征的全面认识，管理措施的有效性将不能得到充分发挥，甚至可能引起负面效应。例如，在上海市快速路上经常发生的早发性失效现象与国外研究的失效机制不同，因此在应用快速路主动管理措施时，就有必要在研究这一特殊的拥堵机制的基础上制定对应的交通管理方法。另外，传统的主动交通管理措施一般是对快速路匝道或主道进行单一管理控制，由于匝道控制和速度引导各自都存在着一定的缺陷，所以随着智能交通系统相关技术的不断发展，不同控制策略的联合使用成为研究热点。本章在结合快速路交通流特征的基础上，主要研究协调控制方法，包括匝道控制与速度引导联合控制方法、匝道与主线协同控制方法。而关于传统的控制方法只在本节作简单概述。

### 10.1.1 匝道控制

作为一种行之有效的主动交通管理方法,匝道控制是指在考虑匝道车辆排队延误的情况下,通过控制出匝道、入匝道汇入、汇出主线的车流量,以达到减少主线交通拥堵、提高主线通行能力及行车安全性的目的。经过大量的研究,匝道控制先后经历了三个有代表性的阶段:静态控制、单点动态控制和动态协调控制[1]。Papageorgiou 等[2]提出的 ALINEA 方法是其中最经典的控制方法。ALINEA 方法是利用自动控制理论建立起来的一种反馈控制方法,它将主线位于入匝道下游处断面的占有率作为控制变量与期望占有率进行比较,根据两者之差确定入匝道的汇入率,以使主线位于入匝道下游处的密度或占有率尽量维持在理想状态。该算法的特点在于控制方式比较平缓,适合于快速路或高速公路的单个入匝道控制。表 10.1 列出了国外关于匝道控制的一些经典算法[3]。

**表 10.1 匝道控制典型算法**

| 年份 | 研究人员 | 算法名称 | 类型 |
|---|---|---|---|
| 1989 | Jacobsen 等 | 瓶颈路段算法 | 协同型 |
| 1990 | Papageorgiou 等 | METALINE 算法 | 协同型 |
| 1991 | Lipp 等 | Helper 算法 | 协同型 |
| 1991 | Papageorgiou 等 | ALINEA 算法 | 单独型 |
| 1993 | Banks | Linked-Ramp 算法 | 协同型 |
| 1994 | Stephanedes | Zone 算法 | 单独型 |
| 1995 | Meldrum 和 Taylor | 模糊逻辑算法 | 协同型 |
| 1995 | Yoshino 等 | 线性规划控制算法 | 协同型 |
| 1996 | Wei 和 Wu | 神经网络算法 | 单独型 |
| 1997 | Paesani 等 | SWARM 算法 | 协同型 |

国内学者近年来也在此领域进行了大量研究,其中有代表性的主要包括:杨晓光[4,5]研究了城市快速路动态交通控制问题,提出了匹配入匝道交通需求及路网交通状态,同时考虑多路径条件下驾驶员路径选择行为影响的控制模型与方法。宋一凡和高自友[6]采用双层规划模型,设计了一种基于灵敏度分析的网络交通分配控制问题启发式算法,解决了路网中出匝道、入匝道之间存在多条路径环境下的交通控制问题。姜紫峰和荆便顺[1]利用计算机仿真的方法对匝道控制系统进行了研究。陈德望等[7]将模糊控制理论和神经网络算法结合起来,提出了基于模糊神经网络的城市高速公路入匝道控制算法。

匝道控制的优点和缺点都十分明显。匝道控制可以通过调节汇入率来减轻或避免主线的交通拥挤,使得主线车流运行更为顺畅。同时,匝道控制在提高车辆汇入安全性、降低燃油消耗和减少尾气排放等方面也发挥着极大作用。从整个路网的角度来说,匝道控制客观上还对驾驶员的路径选择行为造成了一定影响,使得交通流在路网的分布更为均匀。但同时也应该看到,不恰当的匝道控制可能会导致在匝道上形成过长的排队,使得匝道车辆的延误增加,甚至影响匝道上游路网的通行效率。

### 10.1.2 速度引导

速度引导,又称为可变限速,其核心在于通过人为的对驾驶员行驶速度加以恰当干预,从而达到降低相邻车辆之间的速度差、减少车辆的加减速次数、减轻车辆冲突的严重程度和提高路网通行效率等目的。近年来,速度引导已经在欧洲的英国、德国、荷兰等国家得到了实际的应用[8],但其实行的最初目的主要是为了改善交通安全[9,10]。Bertini 等[8]利用实际数据对德国 A5 高速公路的可变速度限制措施进行了评估,结果表明,速度引导对于缓解瓶颈拥堵和提高行车安全有明显的作用。van den Hoogen 和 Smulders[11]通过实验验证指出,速度引导对于减少车辆间的速度差异和拥堵激波数量有显著作用。Davey[12]针对改善交通安全和改善交通流运行效率两种目的分别进行了可变速度引导实验,实验结果表明,在不同目的下,速度引导会产生积极和消极两种截然不同的影响。

国内学者中,梁新荣等[13]采用模糊控制算法来解决高速公路的可变速度控制问题,并通过仿真进行了验证;之后又提出将神经网络算法应用到速度引导控制领域,设计了高速公路可变速度神经网络控制器[14]。刘庆全和黄春平[15]提出了一种新的模糊控制方法,该控制方法旨在针对高速公路位于匝道上游的主线进行实时速度控制,并基于 METANET 及其扩展模型计算路网运行质量评价指标,结果表明,与无控制的情况相比,该控制方法能够得到更优的评价指标。而国内关于速度引导的实际应用主要集中在高速公路上。通常是在路旁设有速度限制标志,上面的速度值一般根据经验而定,且只能通过手工的方式更改。这种控制方式不随路面状况、气象条件和交通状况的变化而更改,不具有动态性和实时性。

速度引导的具体实施方法可以分为两类:第一类是基于交通流模型的方法;第二类是基于交通流失效理论的方法。第一类方法首先需要构建交通流模型对交通流进行模拟,并利用相关交通流参数表示交通流随时间和空间演变的动态过程;在此基础上,建立目标函数进行数值优化计算,最终得到模型中各路段的速度控制值,根据该数值实施速度引导控制。第二类方法首先需要根据历史交通流数据建立路段失效概率预测模型,然后根据检测得到的实时交通流数据,同时结合路段发生失效的期望概率,在满足路段发生失效的概率低于期望值的条件下,通过失效概率预测模型计算出路段的速度引导值,进而实施速度引导控制。

## 10.2 匝道控制与速度引导联合控制

### 10.2.1 匝道控制与速度引导研究概述

针对匝道控制和速度引导单一应用时存在不足的，将匝道控制和速度引导相结合进行联合控制的方法得到研究人员的大量关注，按照不同的优化策略，这些方法大致可以分为以下三类。

类型 1：先进行匝道控制优化计算，然后根据计算的结果和其他一些辅助交通信息决定接下来是否采取速度引导策略及采取何种速度引导方案。

类型 2：先根据事先确定好的目标函数对速度引导策略进行最优化计算，然后基于计算得到的速度引导值进一步进行匝道控制的优化计算。

类型 3：通过包含有速度及占有率变量组合的交通流模型求解所构造目标函数的最优解，从而得到匝道控制及速度引导联合控制策略的具体方案。

表 10.2 列出了国内外在匝道控制和速度引导联合控制领域中有代表性的研究。

**表 10.2 匝道控制和速度引导联合控制代表性研究**

| 策略类型 | 研究学者 | 研究对象 | 应用交通流模型 | 研究方法 |
|---|---|---|---|---|
| 类型 1 | Hegyi 等[16,17] | 虚拟路段 | 二阶 METANET 模型 | 基于交通流参数基础图 |
| | Lu 等[18] | 高速路段 | 考虑速度控制参数的改进 METANET 模型 | 仿真研究 |
| 类型 2 | Lu 等[19] | 高速路段 | 线性动态密度流量模型 | 仿真研究 |
| 类型 3 | Alessandri 等[20] | 高速路段 | 加入卡尔曼滤波状态估计的二阶模型 | 蒙特卡罗法 |
| | Caligaris 等[21] | 高速路段 | 针对不同车辆分类的改进 METANET 模型 | 数值模拟 |
| | Abdel-Aty 和 Dhindsa[22] | 实际路段 | 基于速度决定逻辑，无交通流模型 | 仿真研究 |
| | Papamichail 等[23] | 虚拟路段 | 包含速度引导控制因素的扩展 METANET 模型 | 数值模拟 |
| | Schelling 等[24] | 虚拟路段 | 基于 SPECIALIST 理论，无交通流模型 | 数值解析 |
| | Carlson 等[25,26] | 虚拟快速路段 | 包含 METANET 模型与速度引导因素非线性宏观时空离散模型 | 利用最优控制工具 AMOC 的运算法则 |

另外，除为了提高交通流运行效率外，一些研究也致力于将匝道控制和速度引导联合控制用于主动安全管理，以保证在实现较高通行效率的目标下，同时兼

顾行车安全[27]。

上述关于匝道控制与速度引导联合控制的研究中,大部分都是基于交通流模型构建控制策略。基于交通流模型的联合控制策略有很多优点,如实时性高、适用范围广和控制效果显著等。但是也存在一些明显的不足,主要表现在以下四个方面:一是现有的交通流模型对于一些微观的驾驶行为还不能进行很准确的描述,特别是对于非平衡交通场景的模拟,模型的模拟精度不足;二是随着路网规模的扩大,联合控制策略所需的计算时间也成倍增长;三是联合控制策略的实施需要大量的实时数据支持,布设交通检测设备的成本较高;四是由于交通流模型中参数较多,模型的标定工作比较复杂。基于此,一些学者也提出基于数据驱动的联合控制方法,即通过已有的数据和信息来决定当前时刻应该采取的控制方案。例如,Elefteriadou 等[28]将瓶颈失效的概念引入匝道控制算法中,通过瓶颈失效概率预测模型选择合适的匝道汇入率,以使瓶颈失效的概率低于事先确定的阈值。本节分别阐述基于交通流模型和基于数据驱动的匝道控制与速度引导联合控制方法,并结合在线仿真平台和实际快速路数据对上述两种方法进行测试评价。

### 10.2.2 基于交通流模型的匝道控制与速度引导联合控制

1. 基本思路

解决快速路瓶颈区域的交通拥挤问题,必须首先通过对瓶颈区域相关交通流参数的时变特性、参数相互关系及瓶颈特征进行分析来把握交通流演化的时空规律,从而明确改善目的及控制思路,制定合适的控制策略[29,30]。

本节所提出的基于交通流模型的联合控制策略,其基本思路是将匝道控制与速度引导同时应用于瓶颈交通流控制,以延迟或防止瓶颈的早发性失效和拥挤现象,提高瓶颈失效前流量。同时,通过速度引导使车流运行更为平稳,降低车辆碰撞的可能性。匝道控制和速度引导在其中发挥着不同的作用:匝道控制用于限制进入瓶颈区域的车辆数量;速度引导用于改变流量-密度的基本曲线关系,使受控路段的车流运行更为平稳。

如图 10.1 所示,对本节所提出的基于交通流模型的联合控制策略的基本思路及目标进行说明。图 10.1(a)绘出了在有匝道控制及可变车速限制联合控制和无控制两种控制策略下的流量-密度关系基本曲线,图 10.1(b)为在快速路瓶颈路段设置的多个速度引导区域的示意图。由图可以看出,假设主线交通流现在处于状态 1,且主线上游流量在此时增加,在无任何控制的条件下,主线交通流会直接从状态 1 变为状态 3,如图 10.1(a)中的虚线所示,此种控制策略使得主线交通流变得不再稳定,可能会诱发早发性失效现象的产生。然而,如果在主线交通流还处于状态 1 时给予主线一个恰当的速度限制(如 60km/h),同时控制匝道进入主线的流量，则随着速度降低，主线的密度增加，主线交通流能够很平稳地从状态 1 变为状态 2；如果在后期当主线交通流处于状态 2 时再给予主线一个恰当的限速值(如 50km/h)，主线交通流则能够很自然地从状态 2 过渡到状态 3，如图 10.1(a)中的实线所示。通过匝道控制及可变车速限制联合控制，可使瓶颈区域的交通流运行更为平稳、顺畅，降低瓶颈发生早发性失效的可能性，实现瓶颈区域通行能力的利用最大化。

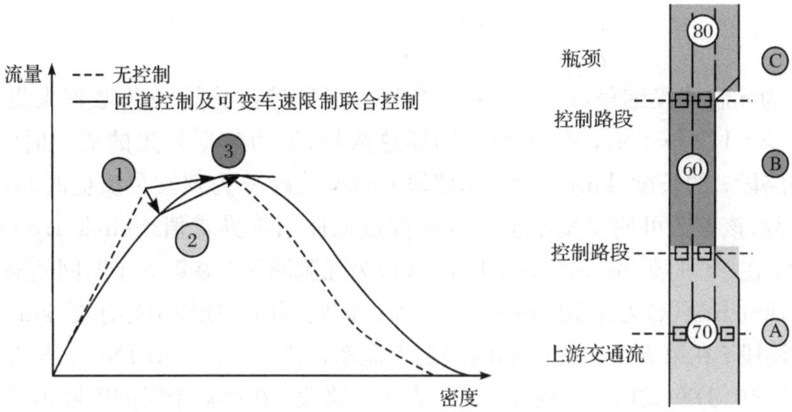


(a) 流量-密度关系基本曲线　　(b) 速度引导区域示意图

图 10.1 不同控制策略下的流量-密度关系基本曲线及快速路瓶颈路段速度引导区域示意图

2. 联合控制模型

在对匝道控制与速度引导联合控制的研究中，大部分都会在控制系统中嵌入一个交通流模型，用来描述和预测交通流的动态变化过程。由于宏观交通流模型形式简单，且特别适合于数值计算，故被大部分研究者所采用。

本节所介绍的联合控制模型的基本框架是一个改进的二阶交通流模型——METANET 模型，并将匝道控制和速度引导两种控制方式嵌入模型中，以此来描述在联合控制方式作用下的交通流运行状况。随后通过求解已建立的多目标函数，即可得到最优的匝道控制与速度引导策略。联合控制模型中关于匝道控制采用 ALINEA 算法，包含一个 ALINEA 算法的基本控制公式。联合控制模型中所用到的 METANET 模型与基本 METANET 模型存在两个主要差异：一是如式(10.1)和式(10.2)所示，匝道汇入率和期望速度引导值被嵌入一组封闭的表达式中，因此可以联合求解最优汇入率和速度引导值；二是考虑到现实交通系统其交通状态受到多种因素的影响，因此模型中的参数将会由实际检测器数据经过校准、验证得到。联合控制模型主要包括三个部分：动态交通流模型、目标函数和约束条件。

1) 动态交通流模型

$$\rho_i(k+1)=\rho_i(k)+\frac{T}{L_i\lambda_i}[\rho_{i-1}(k)v_{i-1}(k)-\rho_i(k)v_i(k)+r_i(k)-s_i(k)] \tag{10.1}$$

$$v_i(k+1)=v_i(k)+\frac{T}{\tau}[\mu_i(k)-v_i(k)]+\frac{T}{L_i}v_i(k)[v_{i-1}(k)-v_i(k)]-\frac{1}{\tau}\left[\frac{\nu}{L_i}\frac{\rho_{i+1}(k)-\rho_i(k)}{\rho_i(k)+k}\right] \tag{10.2}$$

式中,$i$ 为元胞路段编号,$i=1,2,\cdots,M$,$M$ 为元胞路段总量;$k$ 为数据采集时间间隔编号,$k=1,2,\cdots,N_p$,$N_p$ 为时间间隔总数量;$T$ 为数据采集的周期时间,h;$L_i$ 为元胞路段 $i$ 的长度,km;$\lambda_i$ 为元胞路段 $i$ 的车道数;$\tau$ 为驾驶员反应时间,h;$k$ 为模型参数,该参数可使模型不会因为密度过低而出现异常值,veh/km;$\rho_i(k)$为元胞路段 $i$ 在 $kT$ 时刻的密度,veh/km;$v_i(k)$为元胞路段 $i$ 在第 $k$ 个时间间隔内的平均速度,km/h;$\mu_i(k)$为元胞路段 $i$ 在第 $k$ 个时间间隔内的期望引导速度,km/h;$r_i(k)$为元胞路段 $i$ 在第 $k$ 个时间间隔内的汇入流率,veh/h,通过 ALINEA 方法计算得到,如式(10.3)和式(10.4)所示;$s_i(k)$为元胞路段 $i$ 在第 $k$ 个时间间隔内的汇出流率,veh/h。

$$r_i(k)=r_i(k-1)+K_R[O_{cr}-O_i(k-1)] \tag{10.3}$$

$$O_i(k-1)=l\rho_i(k-1) \tag{10.4}$$

式中,$K_R$ 为反馈增益系数;$O_{cr}$ 为主线位于匝道下游的关键占有率;$O_i(k-1)$为元胞路段 $i$ 在$(k-1)T$ 时刻的占有率;$l$ 为车辆平均长度,km。

2) 目标函数

选取的目标函数是使总行程时间(total travel time,TTT)和总行驶里程(total travel distance,TTD)的差值最小,如式(10.5)所示。在式中,第一项是使 TTT 最小,如可以通过最大化主线流量实现;第二项是使 TTD 最大,如可以通过让主线容纳更多的车辆予以实现。这个目标函数与 Lu 等[19]在 2010 年所提出的目标函数一致。

$$J=\min\left\{T\sum_{j=1}^{N_p}\sum_{i=1}^{M}L_i\lambda_i[\alpha_{TTT}\rho_i(k+j)-\alpha_{TTD}v_i(k+j)\times\rho_i(k+j)]\right\} \tag{10.5}$$

式中,$J$ 为目标函数值;TTT 为总行程时间,h;TTD 为总行驶里程,km;$\alpha_{TTT}$ 为 TTT 系数;$\alpha_{TTD}$为 TTD 系数。

3) 约束条件

基于交通流理论的基本原则和城市快速路瓶颈的实际交通状况,在联合控制模型中考虑了5个约束条件。第1个约束条件是主线上游流量要小于实际的瓶颈通行能力,如式(10.6)所示。第2个和第3个约束条件是基于安全考虑,速度在时间和空间上应该是平缓变化的,速度引导值在同一时刻的相邻引导点和同一引导点的相邻时刻其变化幅度均应该小于10km/h,如式(10.7)和式(10.8)所示。第4个约束条件是匝道排队长度约束,匝道最大排队长度必须小于匝道长度,如式(10.9)所示。第5个约束条件是从确保流量稳定的角度考虑,匝道汇入率不应该出现太大波动,如式(10.10)所示。

$$\lambda_i \rho_i(k+j+1) v_i(k+j+1) \leqslant C_b \tag{10.6}$$

$$-10 \leqslant v_{i-1}(k) - v_i(k) \leqslant 10 \tag{10.7}$$

$$-10 \leqslant v_i(k+1) - v_i(k) \leqslant 10 \tag{10.8}$$

$$\xi \leqslant L \tag{10.9}$$

$$\frac{|r(k+1) - r(k)|}{r(k)} \leqslant 20\% \tag{10.10}$$

式中,$C_b$ 为瓶颈路段通行能力,veh/h,它是一个随瓶颈失效概率而变化的概率通行能力[31,32];$\xi$ 为入匝道排队长度,km;$L$ 为入匝道可供车辆排队的最大长度,km。

3. 模型预测控制方法

图10.2所示为本节所提出的基于交通流模型的匝道控制与速度引导联合控制策略的预测控制方法,图中各步骤的具体含义如下:

步骤1 基于改进的METANET模型预测元胞路段的占有率和速度。

步骤2 根据目标函数及约束条件求解最优的匝道汇入率及速度引导值。

步骤3 根据步骤2计算得到最优汇入率实行匝道控制。

步骤4 根据步骤2计算得到最优速度引导值实行速度引导控制。

步骤5 运行仿真模型,获取联合控制后的交通流状态参数。

步骤6 跳到下一个时间间隔,重复上述步骤,实现滚动优化。

4. 在线仿真平台开发

交通仿真是对交通控制策略进行评价的主要方法之一,为对匝道控制与速度引导联合控制策略进行评价,本节介绍一个基于VISSIM、MATLAB、Visual Basic和数据库等软件联合构建的在线仿真平台。它不仅能够实现对联合控制策略的实时在线仿真,而且能够存储仿真运行结果,以便对仿真结果进行分析评价。在该仿真平台中,VISSIM软件用来模拟“现实”的交通世界;二阶交通流模型的构建及目标函数的求解在MATLAB软件中实现;通过Visual Basic软件和VISSIM、MATLAB的API接口来实现数据交换及控制命令的发送和接收。按照以上功能定位该仿真平台可以划分为四大模块:微观交通仿真模块、策略实现模块、接口模

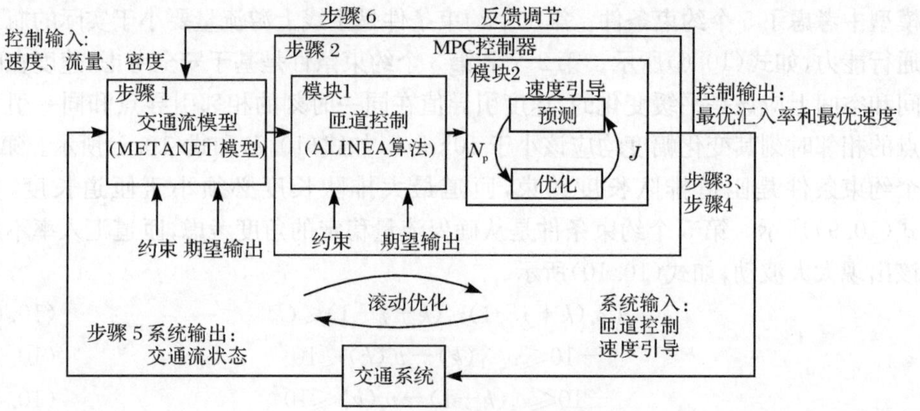


图 10.2　联合控制策略实施流程

块和数据库模块。仿真平台的框架结构及各模块之间的关系如图 10.3 所示。各个模块的功能具体如下所述。

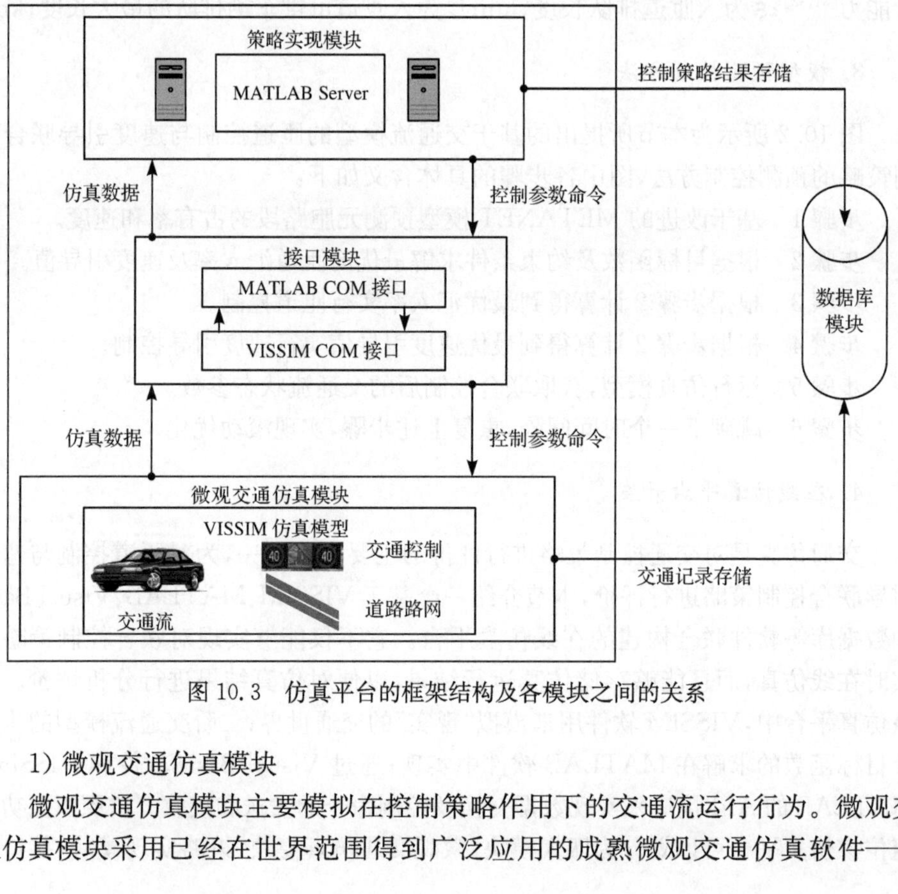


图 10.3　仿真平台的框架结构及各模块之间的关系

1) 微观交通仿真模块

微观交通仿真模块主要模拟在控制策略作用下的交通流运行行为。微观交通仿真模块采用已经在世界范围得到广泛应用的成熟微观交通仿真软件——

VISSIM 5.1 版本，并对 VISSIM 中的相关参数进行标定使其更符合实际交通运行规律。通过对 VISSIM 的 COM 接口进行二次开发即可在 VISSIM 中实施匝道控制和速度引导联合控制策略。

微观交通仿真模块的工作流程为：首先运行 VISSIM 微观仿真软件，对快速路交通流的运行情况进行模拟；然后将仿真软件得到的实时交通流数据通过接口模块传送至系统的策略实现模块；策略实现模块利用 MATLAB 软件服务端计算出最优的控制参数组合，随后通过接口模块将控制参数反馈给微观交通仿真模块；微观交通仿真模块根据接收到的控制参数在 VISSIM 中实施相应的交通管理控制命令，从而完成微观交通仿真模块运行的整个过程。

2) 策略实现模块

策略实现模块是匝道控制与速度引导联合控制策略在线仿真平台的核心模块，其功能是对联合控制模型进行优化计算。对目标函数的求解属于非线性最优化计算问题，策略实现模块通过调用 MATLAB 软件服务端，利用 MATLAB 软件优化工具箱中求解有约束优化问题的 fmincon 函数对目标函数进行求解，微观交通仿真模块得到的检测数据将作为策略实现模块的输入。计算完毕后，再将输出结果通过接口模块反馈给微观交通仿真模块。

微观交通仿真模块与策略实现模块之间的数据交换应保证同步。两者的同步性通过对 VISSIM 软件采用单步仿真方式、利用时钟推进仿真运行的方式获得。在每个数据采集时刻，仿真时钟推动一次单步仿真，待策略实现模块成功将控制参数反馈给微观交通仿真模块后，仿真时钟再推动下一次单步仿真，以此来确保微观交通仿真模块与策略实现模块运行的同步性。

3) 接口模块

接口模块通过 VISSIM 软件及 MATLAB 软件的 COM 接口实现，其功能是为微观交通仿真模块和策略实现模块之间的动态数据交换提供服务。接口模块既要确保将微观交通仿真模块的检测数据传送给策略实现模块，同时也要保证将策略实现模块计算得到的控制参数及时反馈给微观交通仿真模块。在 Visual Basic 工作环境下，接口模块利用汇编语言将 MATLAB 软件作为一个 ActiveX 部件进行调用，从而得以在工作空间上执行 MATLAB 命令，以及直接在工作空间读取、储存矩阵等服务，实现模块之间的数据交换功能。

4) 数据库模块

数据库模块的主要功能是为其他三个模块的计算结果提供储存空间，对仿真运行的结果进行统计运算和存储，并为联合控制策略的滚动优化提供临时数据。该模块存储的统计值包括每个元胞路段在每一时间步长内的最优匝道汇入率和速度引导值，以及一些路网运行的评价指标（车均延误、行程时间、瓶颈流量等）。

5. 测试地点

本案例采用的测试地点是上海市内环高架快速路位于广中路附近一条长约 5.2km 的路段，该路段共包括 4 个入匝道和 2 个出匝道，如图 10.4 所示。该路段上布置了 16 个基于车道的环形线圈检测器，编号从 WX54 到 WX69，检测的数据包括速度、流量、占有率和车辆类型等。在线圈 WX55 处，由于入匝道车辆的汇入和主线车道数的减少，成为了上海市快速路一个常发性拥挤瓶颈。在早高峰期间，瓶颈在 6:30 左右开始出现排队现象，此后，排队一直向上游蔓延，在 8:15 左右达到最高峰，到达上游线圈 WX66 处。通过生存分析发现，该瓶颈的 PQF 仅为 1340veh/h/ln，主线车道数目的减少及入匝道车辆汇入行为的干扰是造成该瓶颈早发性失效的主要原因[31]。

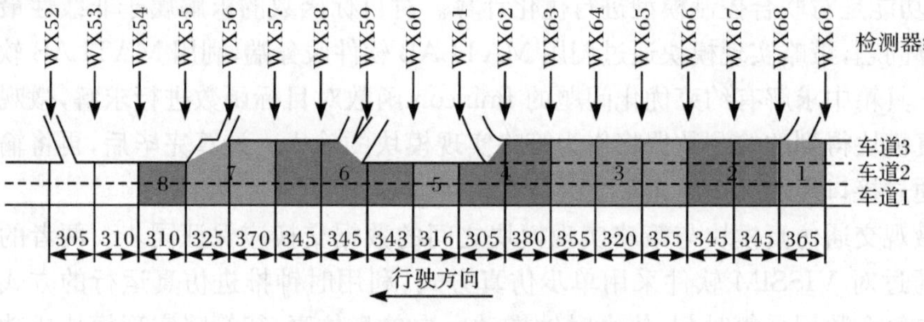


图 10.4　测试地点示意图(单位:m)

在应用 METANET 模型进行仿真计算时，必须首先将仿真路网在空间离散化。根据线圈的布设位置及道路的几何设计，将研究路段划分为 8 个元胞路段，各个元胞路段的位置及编号如图 10.4 所示。本节假定各个元胞路段的模型参数取值相同。同时，在 METANET 模型中，还需对时间也进行离散化。本节假设 METANET 模型中的时间步长和 VISSIM 仿真模型中交通流数据采集的周期都为 20s，而联合控制策略的变化周期为 1min。因此，在每个控制周期内交通流模型迭代 3 次。仿真模型中所用到的流量、占有率等数据均来源于实际线圈检测器，包括 15 个主线线圈检测器和 6 个匝道线圈检测器。这些实际数据的应用可以更准确地评价联合控制策略的控制效果。

6. 模型参数标定

为了更准确地实施联合控制策略及对策略进行评价，必须对 VISSIM 仿真模型和 METANET 模型中的有关参数进行标定，标定又分为校准和验证两个步骤[33]。本节采用上海市高架快速路交通采集系统 2009 年 9 月 27 日的数据来对 VISSIM 仿真模型和 METANET 模型中的有关参数进行标定，该数据采集间隔时间为 20s，包括分车道的流量、速度和占有率等信息。

1) VISSIM 仿真模型参数标定

(1) 待标定参数的选取。

VISSIM 仿真模型中的参数较多，难以对每个参数都进行准确标定，因此必须从中选取一些对车流运行影响较大的参数进行标定。在快速路瓶颈区域，驾驶员往往会采取激进的驾驶行为，同时，该区域内的换道行为也更为复杂。因此，影响车辆运行的主要是跟车模型和换道模型中的一些参数。根据已有的研究结论和经验判断，本节选取如下参数进行标定。

平均停车距离(CC0)。平均停车距离的定义为车辆停车时与前方车辆或者与停车线之间的距离。由于所选取的仿真时段路网较为拥挤，驾驶员倾向于采取更为冒险的驾驶行为，所以将 CC0 的取值范围定为 1～4m。

期望车头时距(CC1)。期望车头时距的定义为车辆在行驶过程中期望与前车保持的车头时距，其值越大，表明驾驶员越保守。期望车头时距决定了车辆的安全距离，其计算公式为

$$\text{dx}-\text{safe}=\text{CC0}+\text{CC1}\times x \tag{10.11}$$

式中，dx－safe 为车辆在行驶过程中，前后车辆之间期望保持的安全距离。期望车头时距对路段通行能力有很大影响，本节将该参数的范围设为 0.5～2m。

跟驰随机振荡距离(CC2)。当车辆处于跟驰状态时，驾驶员会在安全距离的基础上增加一个随机振荡距离。该偏差用以反映不同驾驶员的驾驶偏好和意识误差。在快速路瓶颈区域，车流密度较大，故此距离应当小一些，本节将该参数的范围设为 2～4m。

最大协同减速度。表示当前车发生换道行为后，目标车道的跟随车辆所能采取的最大减速度。该参数是换道模型中的关键参数，本节将该参数的范围设为 $-5\sim-2\text{m/s}^2$。

期望车道变换距离(DLCD)。期望车道变换距离的定义为驾驶员为变换到理想车道(强制性换道)而开始试图变换车道的位置，它是与紧急停车距离相互关联的一个参数。考虑到上海市快速路汇入区的长度，本节将该参数的范围设为50～200m。

(2) 模型校准。

采用拉丁正交实验法安排实验方案并进行多次仿真实验，最后得到待标定参数的最优取值，见表 10.3。

**表 10.3 VISSIM 仿真模型参数标定结果**

| 标定参数 | 最优取值 |
|---|---|
| 平均停车距离/m | 1.5 |
| 期望车头时距/m | 0.9 |

续表

| 标定参数 | 最优取值 |
|---|---|
| 跟驰随机振荡距离/m | 4 |
| 最大协同减速度/(m/s²) | −3 |
| 期望车道变换距离/m | 100 |

(3) 模型验证。

针对上述校准过程得到的参数组合进行验证。选取速度和占有率作为验证指标,结果见表 10.4,表中只列出了 WX66、WX63 和 WX61 三个位置的验证结果。

**表 10.4　VISSIM 仿真模型参数标定验证结果**

| 检测器编号 | 参数 | 实际平均值 | 仿真平均值 | 平均相对误差/% |
|---|---|---|---|---|
| WX66 | 占有率/% | 6.43 | 8.4 | 9.6 |
| | 速度/(km/h) | 73.1 | 76.9 | 6.8 |
| WX63 | 占有率/% | 11.89 | 13.4 | 12.4 |
| | 速度/(km/h) | 66.9 | 76.5 | 14.6 |
| WX61 | 占有率/% | 6.86 | 8.7 | 13.1 |
| | 速度/(km/h) | 71.5 | 69.7 | 14.0 |

从表 10.4 中可以看到,经过标定后的仿真模型其占有率和速度仿真平均值与实际平均值的平均相对误差都小于 15%,其可信度达到既定要求,能够作为仿真测试与分析的基础。

2) METANET 模型参数标定

在使用 METANET 模型前,需要提前确定以下参数的值:$\tau$ 为驾驶员反应时间,h;$\nu$ 为敏感性参数,km²/h;$k$ 为模型参数,veh/km,避免过低密度对模型的计算精度产生影响;$K_R$ 为匝道控制算法中的反馈增益系数;$O_{cr}$ 为主线位于入匝道下游的关键占有率;$\alpha_{TTT}$ 为 TTT 系数;$\alpha_{TTD}$ 为 TTD 系数;$\rho_{max}$ 为匝道的阻塞密度,veh/km;$\rho_{crit,u}$ 为匝道取得最大流量时所对应的临界密度,veh/km;$Q_0$ 为匝道通行能力,veh/h;$\rho_{u,1}$ 为主线取得最大流量时所对应的临界密度,veh/km;$v_{free}$ 为主线车辆自由流速度,km/h;$v_{crit,m}$ 为主线取得最大流量时所对应的关键速度,km/h;$\alpha$、$\alpha_m$ 为所选用速度-密度函数中的参数。

(1) 模型校准。

本节采用最优化理论中的非线性拟合方法来估计上述参数的取值。非线性拟合方法是解决非线性最优化问题的一种有效方法,它的基本思想是根据模型拟合值与实际值差距越小越好这一基本原则来对参数进行估计。通过使用 MAT-

LAB 软件中的非线性拟合函数——lsqnonlin 函数进行计算，各参数的估计结果见表 10.5。

**表 10.5 METANET 模型参数估计结果**

| 参数类型 | 参数名称 | 估计值 |
|---|---|---|
| 全局参数 | $\tau$/h | 0.02 |
| | $\nu$/(km$^2$/h) | 8.5 |
| | $k$/(veh/km) | 32 |
| | $K_R$ | 70 |
| | $O_{cr}$ | 0.28 |
| | $\alpha_{TTT}$ | 55 |
| | $\alpha_{TTD}$ | 1 |
| 与入匝道相关参数 | $\rho_{max}$/(veh/km/ln) | 75 |
| | $\rho_{crit,u}$/(veh/km/ln) | 37.5 |
| | $Q_0$/(veh/h) | 1850 |
| 与主线相关参数 | $\rho_{u,1}$/(veh/km/ln) | 32.5 |
| | $v_{free}$/(km/h) | 80 |
| | $v_{crit,m}$/(km/h) | 50 |
| | $\alpha$ | 0.05 |
| | $\alpha_m$ | 1.87 |

(2) 模型验证。

模型验证选取速度和流量作为验证指标。将通过校准过程得到的各参数估计值代入 METANET 模型，利用 MATLAB 软件实现 METANET 模型的数值模拟功能，得到研究区域内各线圈对应位置的速度和流量仿真结果，并与实际数据进行比较。选用平均相对误差(mean absolute percent error，MAPE)作为偏离程度的衡量标准，以线圈检测器 WX66、WX63、WX61、WX57、WX56 和 WX55 为例，计算出这些位置对应的平均相对误差，结果如图 10.5 所示。同时，为了进行更直观的比较，图 10.6 展示了分别由实际数据和 METANET 模型仿真数据所绘的速度时空关系。

从图 10.5 可知，各线圈位置速度和流量估计的平均相对误差均低于 15%。同时，从图 10.6 中可以看出，METANET 模型能够较好地模拟出排队起始、结束的时刻以及拥堵的整个时空范围(图 10.6 中深色区域)。因此，基于上述分析，可以认为经过标定后的 METANET 模型能够较好地模拟实际交通流运行情况。

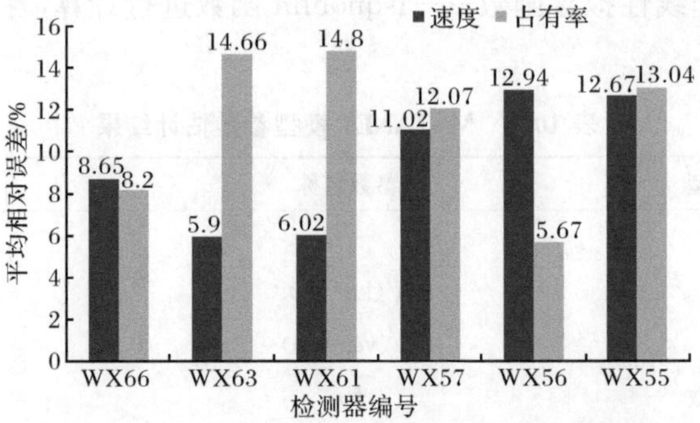


图 10.5　METANET 模型参数标定验证结果

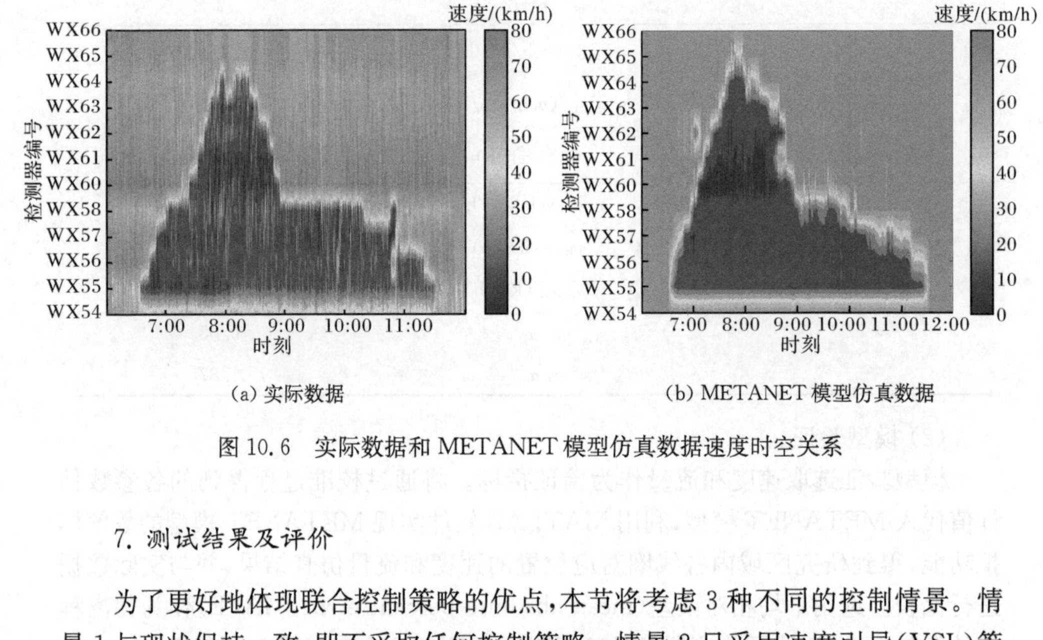


图 10.6　实际数据和 METANET 模型仿真数据速度时空关系

7. 测试结果及评价

为了更好地体现联合控制策略的优点，本节将考虑 3 种不同的控制情景。情景 1 与现状保持一致，即不采取任何控制策略。情景 2 只采用速度引导(VSL)策略。由于已有研究中已经出现了大量针对匝道控制策略有效性的分析，本节案例不再对只采用匝道控制策略的控制情景进行考虑。情景 3 同时采用匝道控制策略和速度引导策略，即本节所提出的基于交通流模型的联合控制策略。为了与实际交通场景尽可能保持一致，本节采用上海市高架快速路交通采集系统 2009 年 9 月21 日 6:00～7:00、时间间隔为 1min 的流量数据作为仿真系统的需求输入。同时，为了消除 VISSIM 软件中随机种子对仿真结果造成的影响，针对每个情景都采用 6 个随机种子数进行多次仿真，然后取其平均值用于最后的分析。

1) 评价指标比较

为了定量评价不同控制策略的控制效果,本节选取车辆通过瓶颈路段的总行程时间和瓶颈 PQF 作为运行效率的评价指标,同时,选取相邻元胞路段之间的平均速度差作为运行安全性的评价指标,在 Lee 等[9]、Garber 和 Gadirau[34] 及 Quddus[35] 的研究中,发现这一指标与事故发生有着紧密联系。另外,瓶颈失效时刻也被用于本节案例不同控制策略的比较。表 10.6 列出了上述评价指标的比较结果。从表 10.6 中可知,相较于无控制(情景 1),在实行联合控制策略后(情景 3),总行程时间和相邻元胞路段的平均速度差分别下降了 8.6%和 41.4%;与此同时,瓶颈 PQF 增加了 14.7%。联合控制策略相较于单一的速度引导控制(情景 2)在运行效率和安全性两方面都有一定的提升。这些研究结果与 Carlson 等[26] 在 2014 年得出的结论一致。

**表 10.6　不同控制情景下的评价指标比较**

| 评价指标 | 情景 1 | 情景 2 | 情景 3 |
|---|---|---|---|
| 总车辆数/veh | 4460 | 4460 | 4460 |
| 总车小时/(veh · h) | 326 | 314 | 298 |
| 主线车辆行程时间/s | 192 | 178 | 173 |
| 瓶颈失效时刻/s | 320 | 380 | 680 |
| 瓶颈 PQF/(veh/h) | 2580 | 2770 | 2960 |
| 速度差 $\Delta V$/(km/h) | 14.0 | 9.1 | 8.2 |

2) 速度时空关系比较

图 10.7 所示为研究路段在仿真时间内不同控制情景下的速度时空关系。图 10.7(a)表示情景 1,图 10.7(b)表示情景 3。从图中可以看出,相较于现状场景(情景 1),在实行了联合控制策略后(情景 3),瓶颈拥堵产生的时刻被往后延迟了,相邻路段之间的速度差异也变得更小了。结果表明,联合控制策略能够有效地减少车辆通过瓶颈路段的行驶时间,通过控制上游流量降低瓶颈发生失效的概率,以及平顺交通流预防追尾事故的发生,从而提高整个快速路交通运行的效率。

3) 交通流参数的时变曲线比较

图 10.8 所示分别在不同控制情景下入匝道瓶颈的流量和占有率随时间变化曲线。图 10.8(a)表示情景 1,图 10.8(b)表示情景 3。在瓶颈失效前,从图 10.8(a)、(b)中都可以看到流量和占有率随时间急剧增长的现象。然而,在控制情景 1 中,可以看到瓶颈 PQF 较低,且在 320s 时就发生了早发性失效现象。在实行联合控制策略后(情景 3),瓶颈失效时刻被往后推迟了 320～680s,同时 PQF 也有一定的增加。

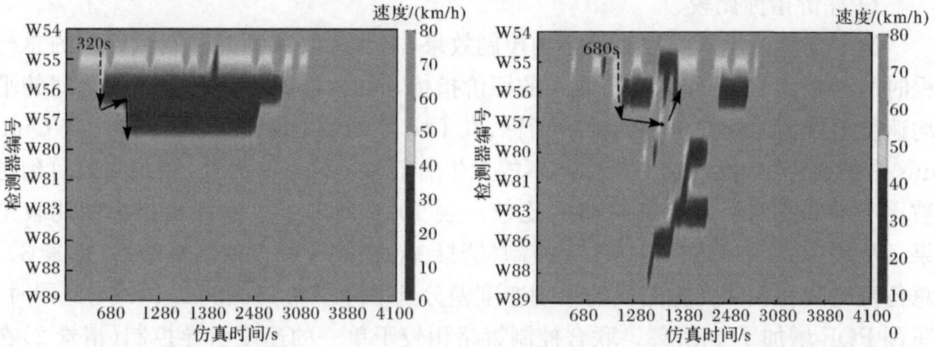


(a) 情景 1　　(b) 情景 3

图 10.7　不同控制情景下的速度时空关系

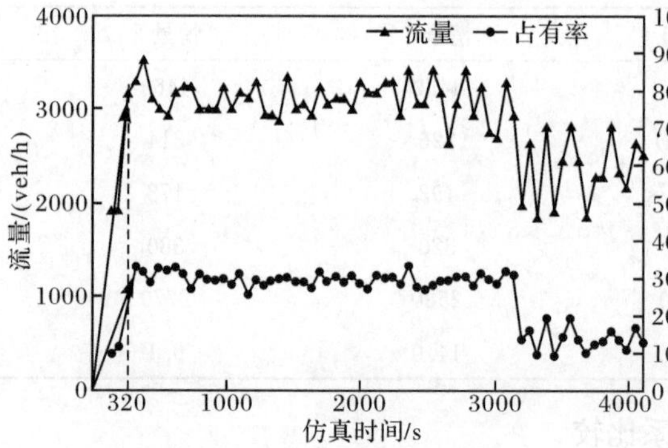


(a) 情景 1

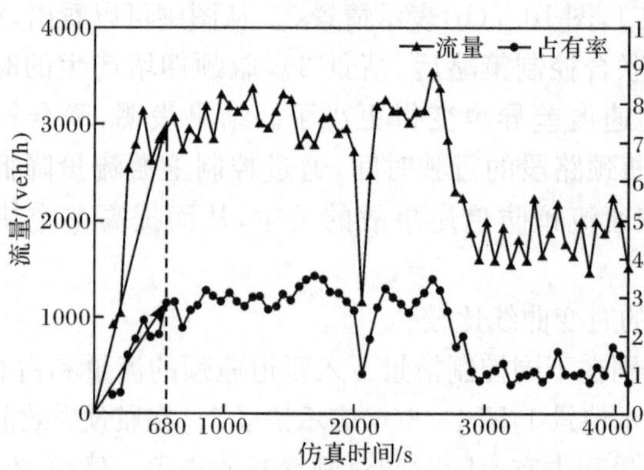


(b) 情景 3

图 10.8　不同控制情景下入匝道瓶颈的流量和占有率随时间变化曲线

通过以上对比分析可知，本节所提出的基于交通流模型的匝道控制与速度引导联合控制策略可以有效延迟上海市快速路入匝道瓶颈早发性失效的发生时刻，提高瓶颈通行能力，缓解快速路交通拥挤程度，与此同时也提高了入匝道汇入区域的行车安全。

### 10.2.3 基于数据驱动的匝道控制与速度引导联合控制

1. 基本思路

相关实证研究表明，快速路瓶颈的失效概率与瓶颈上游主线流量、瓶颈上游主线速度和瓶颈上游入匝道流量之间存在着密切联系[31]。相对频率法(frequency-relative approach)[36~38]、Logistic 模型[39]、负指数失效时刻模型[40,41]和生存分析(life time data analysis)[28]等许多方法都被应用于瓶颈失效概率的分析中。本节所介绍的基于数据驱动的联合控制方法，其基本思路是：利用快速路瓶颈区域的海量历史交通检测数据，选用合适的方法，建立瓶颈上游主线流量、瓶颈上游主线速度和瓶颈上游入匝道流量与瓶颈失效概率之间定量关系的模型；在任意时刻，对于一个给定的瓶颈失效概率，利用已有模型即可求解得到该失效概率所对应的瓶颈上游主线和入匝道的交通状态；根据瓶颈失效概率模型的计算结果，分别利用匝道控制和速度引导调整入匝道汇入率及主线车辆期望车速，从而使瓶颈失效的概率低于事先设定的期望值，以达到延迟瓶颈失效发生时刻的目的[42]。

2. 联合控制模型

本节所提出的基于数据驱动的联合控制策略，其目标是通过匝道控制和速度引导使得瓶颈失效概率低于给定阈值，从而延迟瓶颈发生失效的时刻。因此，该联合控制策略对应的联合控制模型包括一个扩展的瓶颈失效概率预测模型。

本节采用的瓶颈失效概率预测模型是 Logistic 模型。在模型中，考虑了瓶颈上游主线流量和瓶颈上游入匝道流量对瓶颈失效概率的影响，同时，在模型中对时间进行了离散化，离散时间间隔为 $T$(单位：h)，模型的具体形式为

$$P(k)=\frac{\exp[\beta_0+\beta_1 q_{\mathrm{u}}(k)+\beta_2 q_{\mathrm{r}}(k)]}{1+\exp[\beta_0+\beta_1 q_{\mathrm{u}}(k)+\beta_2 q_{\mathrm{r}}(k)]} \tag{10.12}$$

式中，$k$ 为时间间隔编号；$P(k)$为第 $k$ 个时间间隔内瓶颈发生失效的概率；$q_{\mathrm{u}}(k)$为第 $k$ 个时间间隔内瓶颈上游主线流量，veh/h；$q_{\mathrm{r}}(k)$为第 $k$ 个时间间隔内瓶颈上游入匝道流量，veh/h；$\beta_0$、$\beta_1$ 和 $\beta_2$ 为模型系数。

根据瓶颈失效概率预测模型，即可绘得瓶颈失效概率等高线图。当设定一个失效概率时，从等高线图中可以很直观地看出该失效概率对应的瓶颈上游主线和入匝道流量。

为了利用瓶颈失效概率预测模型对入匝道汇入量和主线期望速度进行估计，

需要对原始模型进行扩展，本节主要有三处扩展。

第一处和第二处扩展是通过交通检测数据预测瓶颈上游主线和入匝道流量，分别如式(10.13)和式(10.14)所示：

$$q_u(k)=d_u(k)+d_u(k-1)-s_u(k-1) \tag{10.13}$$

$$q_r(k)=d_r(k)+\frac{w(k-1)}{T} \tag{10.14}$$

式中，$d_u(k)$、$d_u(k-1)$分别为预测的第$k$个时间间隔和第$k-1$个时间间隔的瓶颈上游主线需求量，veh/h；$s_u(k-1)$为第$k-1$个时间间隔内瓶颈上游主线的实际流量；$d_r(k)$为预测的第$k$个时间间隔内入匝道需求量，veh/h；$w(k-1)$为第$k-1$个时间间隔内入匝道的排队长度，veh。

瓶颈失效概率预测模型的第三处扩展描述的是对主线限速值的选取。本节采用一个改进的基于流量的调整模型来控制瓶颈上游主线的流量和速度，使主线上游流量接近于期望流量，车辆间的速度差异变小。假设驾驶员完全服从速度引导，模型的第三处扩展可以表述为

$$v(k)=v(k-1)+\gamma[\hat{q}_u(k)-q_u(k)] \tag{10.15}$$

式中，$v(k)$、$v(k-1)$分别为第$k$个时间间隔和第$k-1$个时间间隔内瓶颈上游主线的限速值；$\hat{q}_u(k)$为利用瓶颈失效概率预测模型计算得到的第$k$个时间间隔内瓶颈上游主线的期望流量；$\gamma$为调整系数，$\gamma>0$。

联合控制策略的目标是在当前时刻使得通过模型预测得到的瓶颈失效概率小于预先确定的期望值，对应的目标函数为

$$\Delta P(k)=\hat{P}-\frac{\exp[\beta_0+\beta_1 q_u(k)+\beta_2 q_r(k)]}{1+\exp[\beta_0+\beta_1 q_u(k)+\beta_2 q_r(k)]} \tag{10.16}$$

式中，$\Delta P(k)$为目标函数值；$\hat{P}$为预先确定的瓶颈失效概率期望值。

联合控制模型的约束条件主要考虑限速值的取值范围和入匝道最大排队长度约束。基于实用和灵活的双重考虑，本节所采用的限速值为有限个整数的集合，具体取值如式(10.17)所示。入匝道最大排队长度约束表述为式(10.18)和式(10.19)。同时，基于安全考虑，策略所采用的匝道汇入率必须不低于最小值，如式(10.20)所示。

$$v(k)\in\{50,60,70,80\} \tag{10.17}$$

$$w(k+1)=w(k)+T[d_r(k)-s_r(k)]\leqslant w_{\max} \tag{10.18}$$

$$s_r(k)=\min\left[d_r(k)+\frac{w(k)}{T},\hat{q}_r(k),Q\right] \tag{10.19}$$

$$\hat{q}_r(k)\geqslant q_{r,\min} \tag{10.20}$$

式中，$w_{\max}$为入匝道可供车辆排队的最大长度，veh；$\hat{q}_r(k)$为根据瓶颈失效概率预测模型计算得到的第$k$个时间间隔内入匝道的期望汇入率，veh/h；$Q$为入匝道通

行能力；$q_{r,\min}$为基于安全考虑的入匝道最小汇入率，veh/h。

3. 模型预测控制方法

本节提出的基于数据驱动的匝道控制与速度引导联合控制策略以瓶颈失效概率为重要依据，在以下两种情形下所采取的控制方式不同：当利用瓶颈失效概率预测模型预测得到的失效概率高于期望值时，则启动联合控制策略，调整入匝道汇入率，同时对驾驶员发布限速信息；若通过模型预测得到的失效概率低于期望值或是瓶颈失效已经发生，则关闭或不采取联合控制策略。

当启动联合控制策略时，完整的预测控制方法如图 10.9 所示。模型计算所需的实时数据通过安装在主线和入匝道上的交通检测器获取，交通检测器采集的参数包括流量、占有率和速度等，其布设位置及联合控制示意图如图 10.10 所示。图 10.9 中各步骤的含义具体如下：

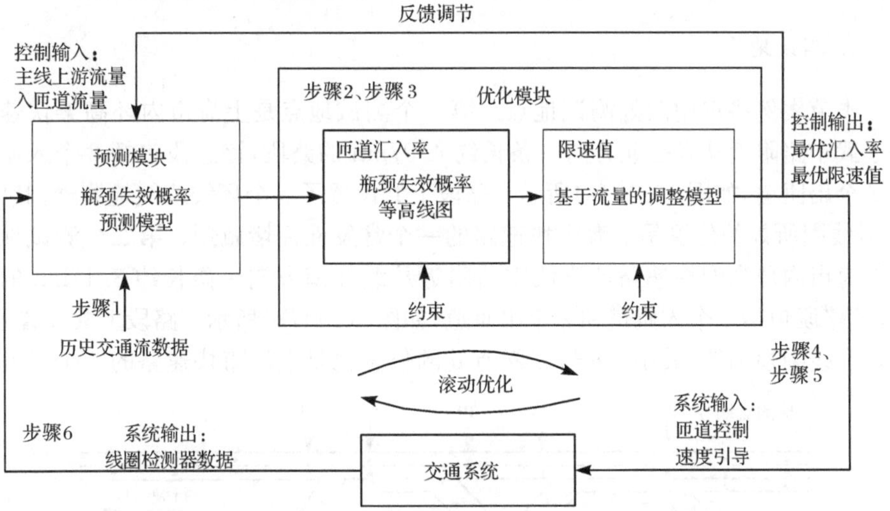


图 10.9 联合控制策略实施流程

步骤 1 根据历史交通流数据建立瓶颈失效概率预测模型，并利用模型绘出相应的瓶颈失效概率等高线图。

步骤 2 根据瓶颈失效等高线图，选择低于期望失效概率所对应的瓶颈上游主线和匝道流量，进一步计算得到最优汇入率。

步骤 3 根据步骤 2 得到的瓶颈上游主线期望流量，利用基于流量的调整模型计算最优限速值。

步骤 4 根据步骤 2 计算得到最优汇入率实行匝道控制。

步骤 5 根据步骤 3 计算得到最优限速值实行速度引导控制。

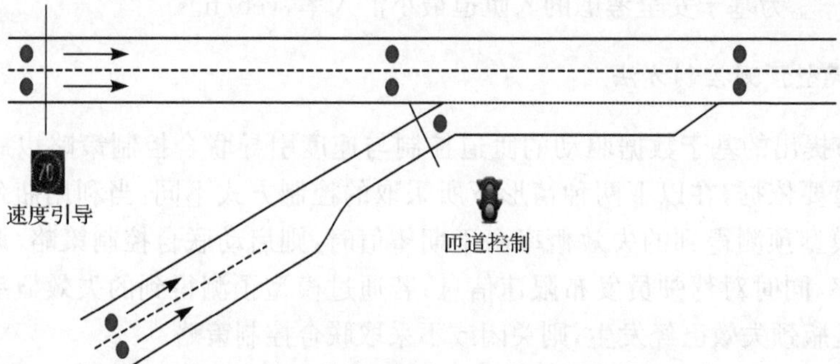


图 10.10　检测器布设位置及联合控制示意图

步骤 6　运行仿真模型,获取联合控制后的系统状态参数。

步骤 7　跳到下一个时间间隔,重复步骤 2～步骤 5,实现滚动优化。

4. 测试地点

本节案例将选用两处测试地点。第一个测试地点是上海市内环高架快速路位于武宁路附近从南往北方向一条长约 4.97km 的路段,该路段包括 2 个入匝道和 2 个出匝道,如图 10.11(a)所示。路段上共设置了 5 个环线线圈检测器,其中,40 号线圈所处的位置是上海市快速路的一个常发性拥堵瓶颈。第二个测试地点是上海市内环高架快速路位于武宁路附近从北往南方向一条长约 3.17km 的路段,该路段包括 1 个入匝道和 2 个出匝道,如图 10.11(b)所示。路段上共设置了 6 个环形线圈检测器,其中,38 号线圈所处的位置也是上海市快速路的一个常发性

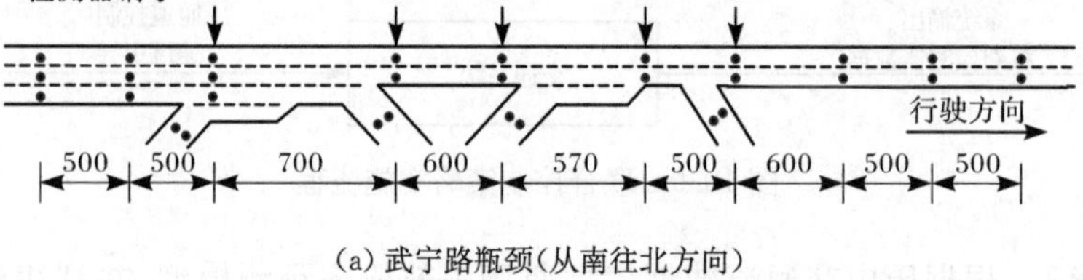


(a) 武宁路瓶颈(从南往北方向)

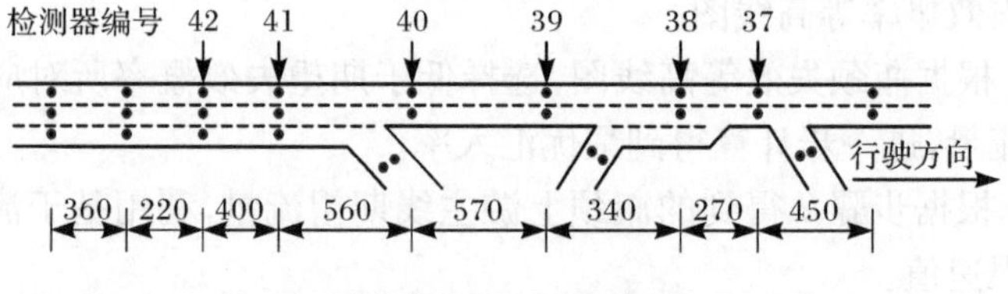


(b) 武宁路瓶颈(从北往南方向)

图 10.11　测试地点示意图(单位:m)

拥堵瓶颈。在上海市早高峰期间，两处入匝道瓶颈均发生了早发性失效现象。目前，两处地点均未实行匝道控制或速度引导控制。

案例采用了两处测试地点 39 天的数据，数据采集的时间为 2009 年 9 月 21～30 日及 2010 年 7 月 1～30 日。该部分数据采集的间隔时间为 20s，包括分车道的流量、速度、占有率和有效性等信息。通过数据的筛选和清洗工作，将雨天、无效及不合理数据剔除，整理后的数据用于仿真模型参数的标定、瓶颈失效概率预测模型参数的估计及后续的仿真测试。

5. 瓶颈失效概率预测模型参数估计

对于案例中的两处测试地点，必须分别对其建立瓶颈失效概率预测模型，即根据每处测试地点的实际数据对模型的参数进行估计。参考 Zhang 和 Levinson[43] 的做法，本节将速度低于 55km/h，同时占有率高于 20%视作一次瓶颈失效事件的发生。采用瓶颈失效时刻前 5min 的流量作为此次瓶颈失效所对应的瓶颈上游主线和入匝道流量。两处测试地点的瓶颈失效概率预测模型参数估计结果见表 10.7。

**表 10.7 上海市快速路两处测试地点瓶颈失效概率预测模型参数估计结果**

| 模型 | 武宁路瓶颈(从南往北方向) | | | 武宁路瓶颈(从北往南方向) | | |
|---|---|---|---|---|---|---|
| 自变量 | 系数 | $p$ 值 | exp($B$) | 系数 | $p$ 值 | exp($B$) |
| 主线流量 | 0.003 | 0.000 | 1.003 | 0.003 | 0.000 | 1.003 |
| 匝道流量 | 0.003 | 0.000 | 1.003 | 0.004 | 0.000 | 1.004 |
| 常数项 | −11.281 | 0.000 | 0.000 | −12.375 | 0.000 | 0.000 |
| 失效事件样本量 | | 278 | | | 159 | |
| 对数似然值 | | 2595.785 | | | 1097.579 | |
| Nagelkerke $R^2$ | | 0.683 | | | 0.569 | |
| 模型准确率 | | 0.898 | | | 0.908 | |

在表 10.7 中，exp($B$)中的“$B$”指自变量系数，该项表示以常数 e 为底的指数函数值。例如，以武宁路瓶颈(从南往北方向)预测模型中的自变量主线流量为例，1.003=exp(0.003)。从表 10.7 可以看出，在两处瓶颈的模型估计结果中，主线流量和匝道流量的 $p$ 值都小于 0.05，即可认为这两者对瓶颈失效的发生是有显著影响的，且系数的估计值都为正，表明随着主线流量和匝道流量的增加，瓶颈失效的概率也相应增加。在表 10.7 的最后一行，两个模型预测的准确率都接近于 0.9，其可信度达到既定要求，可以作为接下来仿真测试与分析的基础。

利用估计好的瓶颈失效概率预测模型，可以绘制出瓶颈失效概率等高线图。在基于数据驱动的联合控制策略中，通过瓶颈失效概率等高线图，可以很方便地选择一组瓶颈上游主线流量和入匝道流量，使得瓶颈失效的概率低于期望值。两处瓶颈的瓶颈失效概率等高线图如图 10.12 所示。

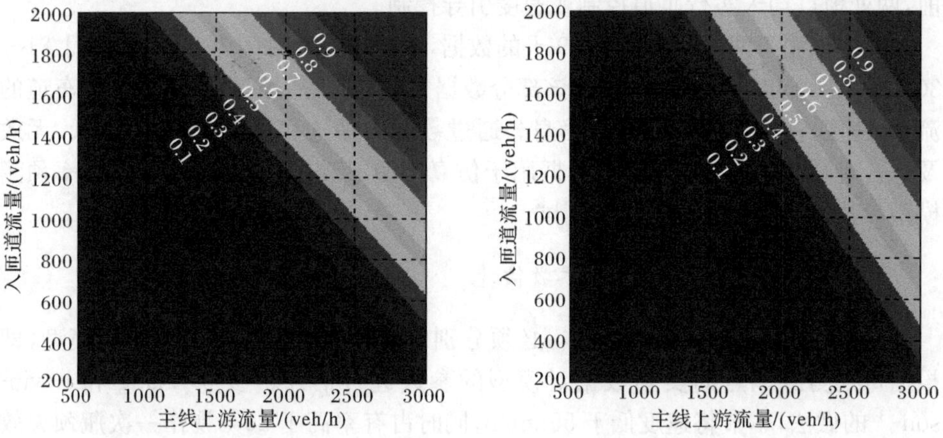


(a) 武宁路瓶颈(从南往北方向)　　　　(b) 武宁路瓶颈(从北往南方向)

图 10.12　上海市快速路两处测试地点瓶颈失效概率等高线图

在图 10.12 中,横坐标表示主线上游流量,纵坐标表示入匝道流量,图中颜色表示相应主线上游流量和入匝道流量组合情况下瓶颈失效的概率。图 10.12(a)表示武宁路瓶颈(从南往北方向),图 10.12(b)表示武宁路瓶颈(从北往南方向)。以武宁路瓶颈(从南往北方向)为例,当主线流量为 2500veh/h,且要求瓶颈失效的概率低于 20%时,则入匝道流量应该控制在 800veh/h 左右。

6. 测试结果及评价

与基于交通流模型的匝道控制与速度引导联合控制方法案例类似,在本节案例中,基于在线仿真平台对上述基于数据驱动的联合控制策略进行仿真测试及评价,模型标定步骤与 10.2.2 节相同。本节案例同样采用上海市高架快速路交通采集系统一个发生瓶颈失效早高峰的数据作为需求输入。同时,为了更好地评价联合控制策略的控制效果,本节案例也将考虑 3 种不同的控制情景。情景 1 与现状保持一致,即不采取任何控制策略。情景 2 同时采用匝道控制策略和速度引导策略,即本节所提出的基于数据驱动的联合控制策略。情景 3 只采取匝道控制策略,匝道控制算法采用 ALINEA 算法。为了对不同控制策略的控制效果进行评价,选取瓶颈失效时间、PQF、QDF、总行程时间和总行驶里程作为评价指标。为了消除 VISSIM 软件中随机种子对仿真结果造成的影响,针对每个情景都采用 6 个随机种子数进行多次仿真,然后取其平均值用于最后的分析。同时,VISSIM 仿真软件中前 600s 用做预热时间,该部分数据不用于相应分析。需要说明的是,当瓶颈失效发生后,将关闭入匝道的匝道控制。

1) 武宁路瓶颈(从南往北方向)测试结果及评价

武宁路瓶颈(从南往北方向)的仿真时间为早上 6:20～7:35,时长为 75min。为了尽可能延迟瓶颈失效发生的时间和缩短入匝道车辆的排队长度,在基于数据驱动的联合控制策略中(情景 3),瓶颈失效概率期望值、可接受的排队长度阈值和入匝道最大排队长度分别设为 70%、30veh 和 100veh。

表 10.8 列出了不同控制情景下各评价指标的比较结果,表中第 5 列和第 6 列分别表示情景 2、情景 3 相对于情景 1 各评价指标变化的幅度。从表 10.8 中可知,联合控制和匝道控制(情景 3)所对应的 PQF 分别为 3522veh/h 和 3119veh/h,联合控制策略在 PQF 上有 18.1%的增加,远高于单独匝道控制的 4.6%。同时,在实行了联合控制策略后,总行程时间下降约 15%,而采用单独匝道控制时总行程时间反而增加了 5.8%,这是由于匝道需求量过高所导致的。

**表 10.8 武宁路瓶颈(从南往北方向)不同控制情景下的评价指标比较**

| 评价指标 | 情景 1 | 情景 2 | 情景 3 | 情景 2 相对于情景 1 的变化幅度(比例) | 情景 3 相对于情景 1 的变化幅度(比例) |
|---|---|---|---|---|---|
| 瓶颈失效时刻 /s | 2400 | 3000 | 2520 | 600 | 120 |
| PQF/(veh/h) | 2981 | 3522 | 3119 | 18.1% | 4.6% |
| QDF/(veh/h) | 3551 | 3614 | 3586 | — | — |
| 总行程时间/h | 191 | 163 | 202 | −14.7% | 5.8% |
| 总行驶里程/km | 5136 | 5136 | 5120 | — | — |

图 10.13 绘出了研究瓶颈区域在仿真时间内,在不同控制情景下的速度时空关系。从图中可以看出,相较于单独匝道控制(情景 3),基于数据驱动的联合控制策略(情景 2)能够更大程度地延迟瓶颈失效发生时刻。与现状场景(情景 1)进行比较,基于数据驱动的联合控制策略和单独匝道控制能够分别使瓶颈失效时间延迟 10min 和 2min。

2) 武宁路瓶颈(从北往南方向)测试结果及评价

武宁路瓶颈(从北往南方向)的仿真时间为早上 6:15～7:45,时长为 90min。在基于数据驱动的联合控制策略中,瓶颈失效概率期望值、可接受的排队长度阈值和入匝道最大排队长度分别设为 60%、20veh 和 60veh。武宁路瓶颈(从北往南方向)的测试结果见表 10.9 和图 10.14。表 10.9 为不同控制情境下各评价指标的比较结果,图 10.14 为不同控制情景下的速度时空关系比较。

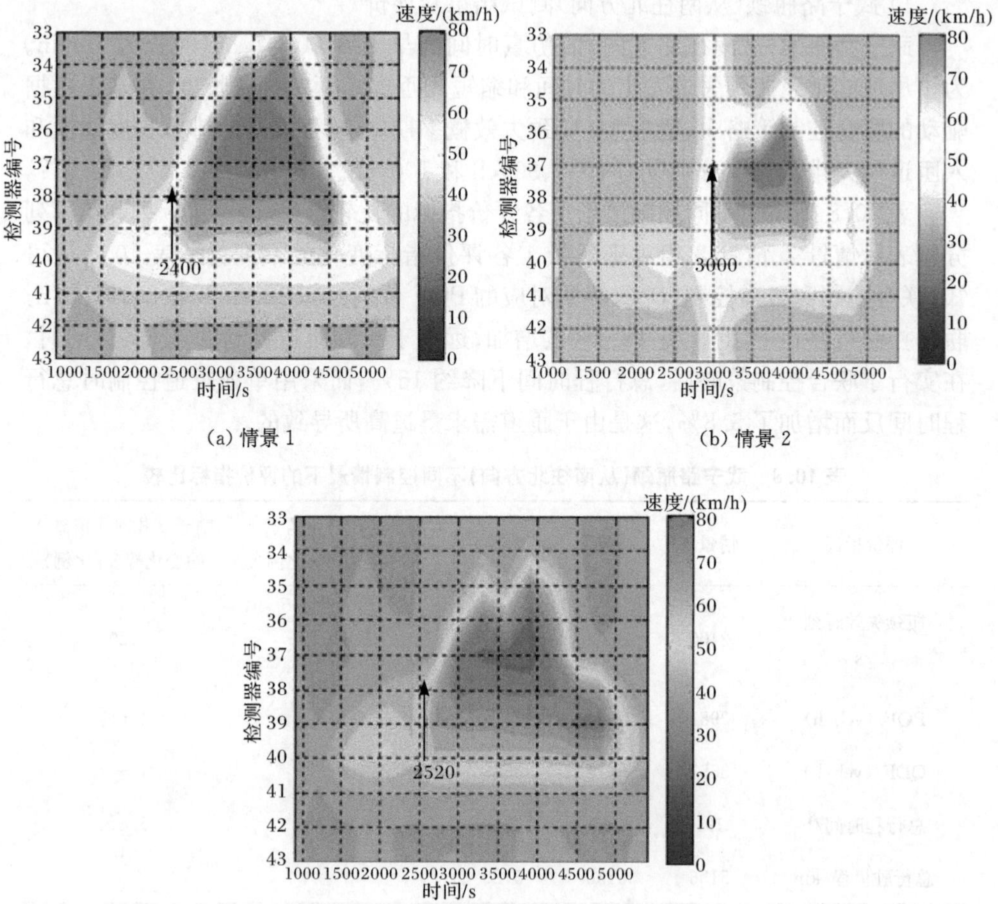


(a) 情景 1　　(b) 情景 2

(c) 情景 3

图 10.13　武宁路瓶颈(从南往北方向)不同控制情景下的速度时空关系

**表 10.9　武宁路瓶颈(从北往南方向)不同控制情景下的评价指标比较**

| 评价指标 | 情景 1 | 情景 2 | 情景 3 | 情景 2 相对于情景 1 的变化幅度(比例) | 情景 3 相对于情景 1 的变化幅度(比例) |
|---|---|---|---|---|---|
| 瓶颈失效时刻/s | 2100 | 2700 | 2400 | 600 | 300 |
| PQF/(veh/h) | 2910 | 3284 | 3140 | 12.9% | 7.9% |
| QDF/(veh/h) | 3549 | 3588 | 3590 | — | — |
| 总行程时间/h | 215 | 205 | 219 | −4.7% | 1.9% |
| 总行驶里程/km | 5149 | 5151 | 5144 | — | — |

从表 10.9 和图 10.14 中均可以看出，与现状场景(情景 1)相比，基于数据驱动的联合控制策略(情景 2)和单独匝道控制(情景 3)能够分别使瓶颈失效时间延迟 10min 和 5min。同时，与武宁路瓶颈(从南往北方向)的分析结果类似，联合控制策略在提高瓶颈失效前流量 PQF 和降低总行程时间两方面都要优于单独匝道控制。以 PQF 为例，联合控制策略实施后 PQF 的提高幅度为 12.9%，高于单独匝道控制的结果(7.9%)。

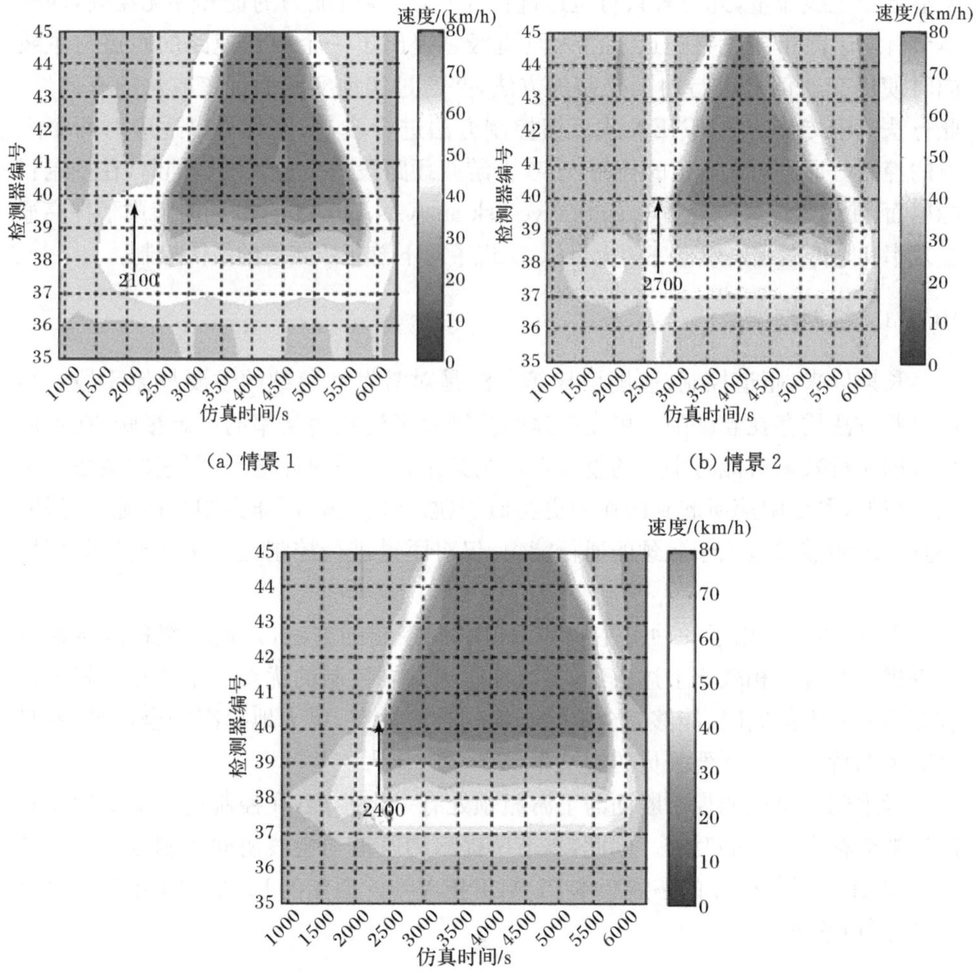


(a) 情景 1

(b) 情景 2

(c) 情景 3

图 10.14 武宁路瓶颈(从北往南方向)不同控制情景下的速度时空关系

通过对以上两处测试地点测试结果的分析，可知本节提出的基于数据驱动的匝道控制与速度引导联合控制方法在达到既定的延迟瓶颈失效发生时刻目标的同时，也能够有效地提高瓶颈失效前流量，降低车辆行程总时间，进而提升整个快速路网运行的效率。

## 10.3　快速路匝道与主线协同控制

由于通行需求，在某些特殊匝道区域（如过江隧道上游匝道），匝道流量并不明显低于主线流量，此时若只对匝道进行控制，对通行能力的提升并无益处，因此本节针对上海市翔殷路隧道上游入匝道区域提出了一个对快速路的匝道与主线同时使用交通信号进行协同控制的方法，并通过实地实验验证该方法的有效性。此方法基于传统的 ALINEA 式反馈控制方法进行改进，使其得以适应对两个入口的控制。通过对入匝道的控制，改善下游瓶颈路段的交通状况。同时，在控制目标层面，使用定量风险分析（quantitative risk analysis，QRA）方法，同时考虑了提高通过效率和降低瓶颈失效概率两大目标，实现了对下游瓶颈路段的最优控制。

### 10.3.1　控制框架

长期以来，匝道控制、速度引导等方法是对常发性瓶颈的主要控制手段。然而这些方法均存在着缺陷。可变限速的控制效果受到遵从率的一定影响，在不同地区的实行效果可能有很大的差异性。尤其是在中国的环境下，限速的执法强度相对较低，可变限速所起到的作用更类似于建议性措施，而非强制性措施。另外，一旦主线的需求量大于瓶颈的通行能力，仅对匝道进行控制也无法达到消除拥堵的目的。

因此，本节提出了一种对主线和匝道共同控制的方法，以期对瓶颈区域通行效率进行改善。相较于上述方法，主线和匝道共同控制的优点在于其在更好地控制车辆汇入率的同时，能够完全消除车辆的合流冲突，更大地提高安全水平，并且无需考虑特定环境下驾驶员的遵从率。

考虑到入匝道的控制断面与下游瓶颈处有一定距离，在控制过程中交通状态的反馈会存在一定的时滞。因此，本节所提出的匝道与主线协同控制方法基于传统 ALINEA 适应时滞的拓展版本 PI-ALINEA[44]。原始的 PI-ALINEA 算法可由式(10.21)给出：

$$q_r(k)=q_r(k-1)-K_p[O(k)-O(k-1)]+K_R[\hat{O}-O(k-1)] \tag{10.21}$$

式中，$k=1,2,\cdots$为离散的时间索引；$q_r(k)$、$q_r(k-1)$分别为在时段 $k$、$k-1$ 内的入匝道控制交通流量；$O(k)$、$O(k-1)$分别为在控制时段 $k$、$k-1$ 内的目标控制点平均占有率；$K_R>0$ 为整体的调节参数；$K_p>0$ 为用于应对时滞的额外调节参数；$\hat{O}$是目标控制点的期望占有率，其预设值反映了整个策略的控制目标。

在匝道与主线协同控制方法的框架下，主线与匝道的车辆在一个固定的信号周期内交替通行。因此，根据匝道与主线协同控制方法的算法结构，需要对PI-ALINEA进行一定改进。首先，对于一个特定的入匝道，匝道总通过量 $q_{\mathrm{sum}}(k)$ 是匝道控制通过量 $q_{\mathrm{r}}(k)$ 与主线控制通过量 $q_{\mathrm{m}}(k)$ 的和，即 $q_{\mathrm{sum}}(k)=q_{\mathrm{r}}(k)+q_{\mathrm{m}}(k)$。PI-ALINEA框架中，可以认为 $q_{\mathrm{m}}(k)$ 不受 $q_{\mathrm{r}}(k)$ 的影响，因此，$q_{\mathrm{sum}}(k)$ 随着 $q_{\mathrm{r}}(k)$ 的增加而增加，也即 $q_{\mathrm{r}}(k)$ 的增大对占有率是正向反馈。在主线与匝道协同控制框架中，由于主线和匝道轮流通行，在一个固定周期内，$q_{\mathrm{m}}(k)$ 随着 $q_{\mathrm{r}}(k)$ 的增大而减小；同时，由于主线的通行能力大于匝道通行能力，$q_{\mathrm{m}}(k)$ 减小的数量大于 $q_{\mathrm{r}}(k)$ 增大的数量，所以 $q_{\mathrm{sum}}(k)$ 随着 $q_{\mathrm{r}}(k)$ 的增加而减少，也即 $q_{\mathrm{r}}(k)$ 的增大对占有率是反向反馈。基于此，主线与匝道协同控制方法中 $q_{\mathrm{r}}(k)$ 的反馈改变方向与 PI-ALINEA 恰好相反，据此对 PI-ALINEA 的算式进行修改，其中反馈项的符号正负皆与式(10.21)相反，如式(10.22)所示：

$$q_{\mathrm{r}}(k)=q_{\mathrm{r}}(k-1)+K_{\mathrm{p}}[O(k)-O(k-1)]-K_{\mathrm{R}}[\hat{O}-O(k-1)] \tag{10.22}$$

控制方案中匝道处的控制信号灯周期为定长 $C$，一旦控制时段 $k$ 内的匝道通行量 $q_{\mathrm{r}}(k)$ 确定后，匝道绿灯时长为 $\frac{q_{\mathrm{r}}(k)}{Q_{\mathrm{r}}}\cdot C+L_{\mathrm{s}}$，主线绿灯时长为 $C-I-\left[\frac{q_{\mathrm{r}}(k)}{Q_{\mathrm{r}}}\cdot C+L_{\mathrm{s}}\right]$。式中，$Q_{\mathrm{r}}$ 为匝道绿灯饱和通行能力；$L_{\mathrm{s}}$ 为启动损失时间，一般取 3s；$I$ 为信号周期全红时间，一般取 3s。

### 10.3.2 控制目标

在本节所提出的主线与匝道协同控制方法框架中，目标控制点的期望占有率 $\hat{O}$ 是控制目标的主要体现。总的来说，本节同时考虑了两个基本的目标：避免失效的发生。由于隧道内环境差，驾驶员在隧道内暴露时间越长，越容易受到干扰而导致发生更多的事故。同时，隧道内的拥堵也会导致对隧道通风等设备的更大需求。因此，需要使关键拥堵点发生失效的概率相对较低。保证尽量高的通过效率。信号控制必然会导致通过效率的损失，要尽量减少这种损失。

本节采用了定量风险分析方法来共同考虑这两个控制目标。基于该方法，对于控制目标的定量化基于两个部分：失效未发生的概率 $P$ 和失效未产生的收益 $G$。则总收益 $R_{\mathrm{profit}}$ 可通过风险的方式表示，即 $R_{\mathrm{profit}}=P\cdot G$。对于一个特定的瓶颈希望 $R_{\mathrm{profit}}$ 尽量大。因此，期望占有率 $\hat{O}$ 的预设值应该即为最大总收益的对应占有率值。

控制地点的失效发生可视为一个失败事件，因此，其发生的概率 $P$ 可利用生存函数求得，其等式为

$$P(O_i) = 1 - \prod_{O_i \leqslant O} \frac{m_i - d_i}{m_i} \tag{10.23}$$

式中，$P(O_i)$为占有率 $O_i$ 下的失效概率；$m_i$ 为历史记录中密度大于占有率$O_i$ 的记录条数；$d_i$ 为在占有率 $O_i$ 下处于失效状态的记录数。

另外，交通状态的效益采用里程生产量衡量，里程生产量由 Brilon[45] 提出，用以衡量道路的效率，表示为路段流量与速度的乘积，公式为

$$G(O_i) = q_i \cdot v_i \tag{10.24}$$

式中，$G(O_i)$为控制地点在占有率 $O_i$ 下的效益，即平均里程生产量；$q_i$ 为占有率$O_i$ 下记录的平均流量；$v_i$ 为占有率$O_i$ 下历史记录的平均速度。

基于式(10.23)和式(10.24)，可计算得到 $R_{\text{profit}}$。$R_{\text{profit}}$的最大值所对应的占有率 $O_i$ 即为本控制方法中最佳期望占有率 $\hat{O}$ 的预设值。

### 10.3.3　实地案例

基于如上的控制框架及目标，本节所提出的主线与匝道协同方案于 2014 年 10 月应用于实地实验中，施用地点为上海市翔殷路隧道北线。翔殷路隧道北线入匝道处为主线 2 车道-匝道 2 车道的平衡布置。入匝道处信号灯与下游检测器间的距离为 1600m，具体的设施布置如图 10.15 所示。

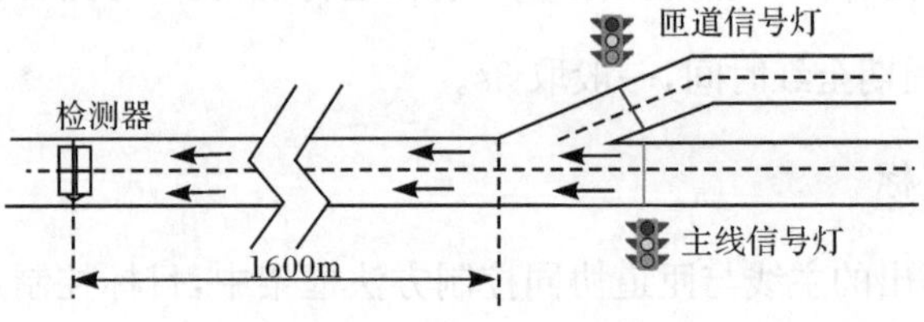


图 10.15　设施布置图

图 10.16 展示了实地的信号灯设置场景。

实地实验中，主线与匝道协同方案中的控制参数设置为：$K_R = 100$，$K_p = 4$。同时，为保持与常规的信号相位设置规则一致，$L_s$ 和 $I$ 设置为 3s。另外，由于入匝道与下游瓶颈间的距离为 1600m，在非拥堵条件下，车辆以 40km/h 以上的速度巡航，行程时间一定小于 140s。因此，为保证控制方案的反馈特征，信号周期长 $C$ 设置为 140s。同时，匝道的饱和通行流率 $Q_r$ 设为 1200veh/h/ln。值得注意的是，此处的设置值可以随实际情况进行调节，并且无需十分精准。这是由于反馈式控制方案能够自发的对控制参数进行小范围的修正，从而保证了该主线与匝道协同控制方案在各类交通环境下均可有效工作。

依据如上所提出的控制框架，基于历史的交通流线圈数据(2013 年 10 月 D46 线圈数据)，通过速度阈值法进行失效判别，速度阈值取为 40km/h。依据收益风

图 10.16 翔殷路隧道信号灯实地布置效果

险计算方法得到各个密度下的平均里程生产量值和失效概率如图 10.17(a)所示，收益风险指标如图 10.17(b)所示。为使收益风险最大，对于该控制点，主线与匝道协同控制方案最佳的控制点为 $\hat{O}=17$。

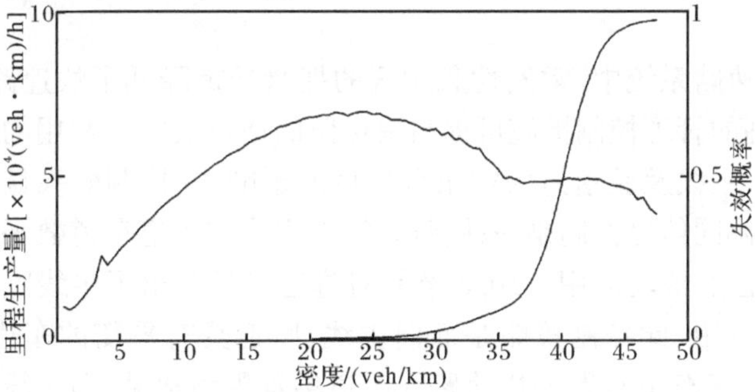


(a) 控制点各密度下的里程生产量和失效概率

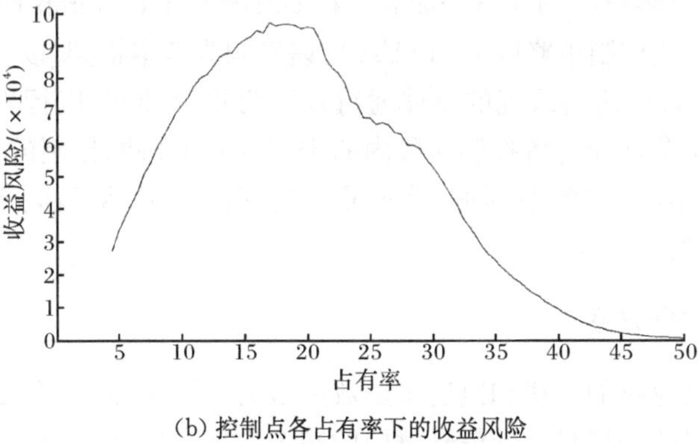


(b) 控制点各占有率下的收益风险

图 10.17 控制结果

经过 1 个月的实地实验，2013 年 10 月(控制前)与 2014 年 10 月(控制后)的交通流运行状况见表 10.10。各项指标均显示控制后的交通效率得到了显著提升。通过该实地实验，该主线与匝道协同控制方法的有效性得到了良好的验证。

**表 10.10　实施主线与匝道控制方法前后交通流运行状况比较**

| 位置 | | 隧道入口 | 下坡段 | 坡底 | 上坡段 | 隧道出口 |
|---|---|---|---|---|---|---|
| 速度/(km/h) | 未控制 | 31 | 24 | 28 | 41 | 54 |
| | 控制 | 49 | 50 | 46 | 47 | 53 |
| 流量/(veh/h/ln) | 未控制 | 1136 | 1138 | 1319 | 1324 | 1288 |
| | 控制 | 1364 | 1339 | 1496 | 1470 | 1444 |
| 里程生产量/[$\times 10^3$(veh · km)/h] | 未控制 | 70 | 55 | 74 | 109 | 139 |
| | 控制 | 134 | 134 | 138 | 138 | 153 |

## 10.4　考虑非平衡车道布置的快速路主线与匝道协同控制

在城市快速路系统中，常发性瓶颈区的拥堵严重降低了快速路的通行效率，通过有效、合理的管理控制措施可提高快速路的通行效率。常用的匝道控制受到匝道排队空间、主线及匝道过大需求等约束的影响，其控制效果显著降低。对主线和匝道进行协同信号控制是一种新途径，在主线和匝道车道数平衡的大型立交及隧道入口等已有成功应用。10.3 节针对隧道场景提出了主线匝道协同控制方法并得以实际应用，此控制策略是面向主线、匝道具有平衡的车道数量的场景。而在我国，非平衡车道布置的快速路入匝道场景更为常见，即主线和入匝道车道数量不相等，因此本节介绍考虑非平衡车道布置的行程时间均衡的快速路主线与匝道协同控制策略(travel time balanced-mainstream & ramp coordinated control，T-MRC)。该控制策略以 ALINEA 反馈控制为基本框架，以优化瓶颈下游的里程生产量，提高快速路系统的整体通行效率为目标，同时以行程时间调节项和匝道排队长度调节项作为各控制时段内的主线和匝道协同控制的相位分配依据，起到均衡主线两类车道行程时间，降低匝道延误的作用，从而提高驾驶员对控制策略的接受程度。

### 10.4.1　信号布置方案

由于我国快速路的主线和匝道车道数量多为非平衡布置，在提出具体的控制算法前需要针对这一场景设计信号(灯)的布置方案。以常见的非平衡车道(主线三车道，匝道两车道)为例介绍信号布置方案。

(1) 入匝道两车道与主线外侧两车道设置等车道数的信号控制；主线最内侧

车道不设置信号控制。

(2) 主线车道分为两类：第一类为信号控制车道，如图 10.18 所示的主线上游白色外侧两车道，该区域自主线上游车道选择区域出口位置至主线信号灯位置，根据主线高峰时期车辆到达率、主线限速、高峰时排队长度以及主线基础设施布局等综合考虑得到；第二类为不可换道车道，此处为最内侧车道 1，如图 10.18 所示的深灰色区域，该区域自主线上游车道选择区域出口位置至下游瓶颈区出口位置，长度为信号控制车道长度与合流区域长度之和。

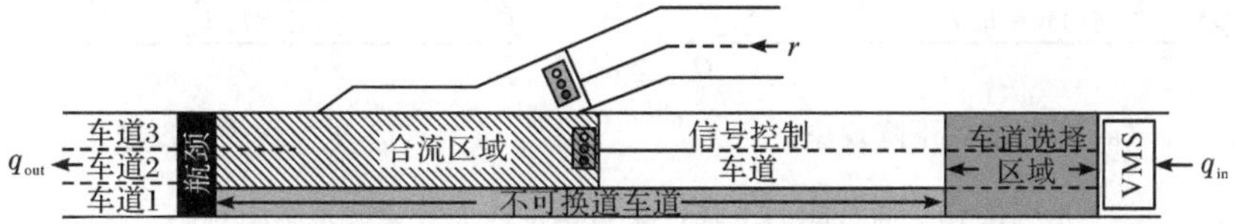


图 10.18 T-MRC 控制策略信号布置

(3) 在信号控制车道与不可换道车道上游，利用可变信息板(variable message sign，VMS)设置提示信息，提示驾驶员前方两类车道，并为驾驶员预留充足的车道选择空间，如图 10.18 所示的浅灰色区域，该区域长度根据主线限速、本地驾驶员驾驶特性等因素综合考虑得到。

### 10.4.2 控制目标

由于我国快速路入匝道瓶颈存在与通行能力下降现象不同的早发性失效现象[46,47]，由此导致控制目标不再是下游通行能力最大，需要确定新的指标作为判断快速路通行效率标准。通行能力下降现象与早发性失效现象基本图对比如图 10.19 所示。

通行能力下降现象出现的原因是瓶颈失效后，瓶颈上游车辆速度下降，车辆通过瓶颈区域后从较低车速开始加速，引起瓶颈下游的通行能力下降，研究表明通过量降低 1%～10%[48~50]。如图 10.19(a)所示，瓶颈失效前最大通过量 $q_1$ 大于瓶颈失效后的排队消散量 $q_2$，且瓶颈失效前平均车速 $v_1$ 大于瓶颈失效后 $v_2$。

在早发性失效现象中，由于瓶颈失效前换道行为增多且换道行为激烈，导致车辆行驶速度和交通流量均下降很快，在未达到最大通行能力前便发生瓶颈失效，产生两种不同现象的原因主要在于驾驶行为差异[46,47,51]。如图 10.19(b)所示，在 $A$ 点，瓶颈失效前最大通过量 $q_1'$ 还未达到最大通行能力，导致 $q_1'<q_2'$，$v_1'>v_2'$，而瓶颈失效后的 $B$ 点虽然通行能力最大，却不是通行效率最大点。

由于早发性失效现象的产生，快速路的通行效率最大点 $C$(位置不确定)不再由通行能力决定，研究表明，里程生产量可作为判断快速路通行效率的有效指标[45]，里程生产量＝流量×速度，其公式如式(10.25)所示，在图 10.19(b)中里程

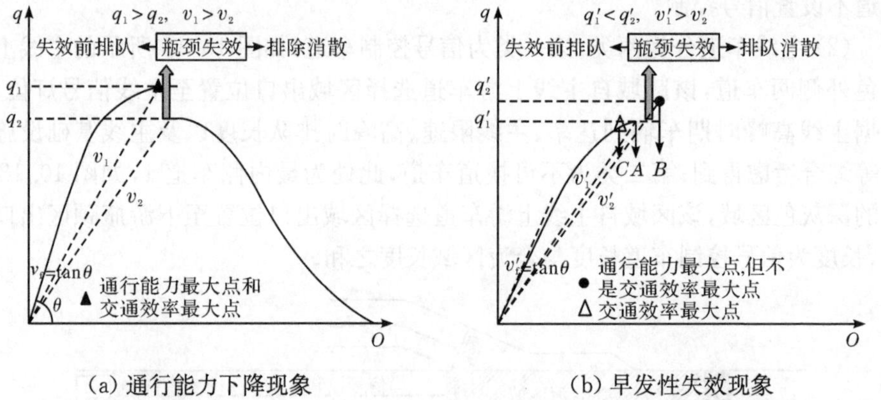


图 10.19　通行能力下降现象与早发性失效现象基本图对比

生产量的关系为 $G_B>G_A<G_C$ 或 $G_B<G_A<G_C$。

$$G_k=q_kv_k \tag{10.25}$$

式中，$G_k$ 为 $k$ 时段内的里程生产量，是独立瓶颈断面通行效率指标；$q_k$ 为 $k$ 时段内断面平均通过流量；$v_k$ 为 $k$ 时段内的断面平均速度。

### 10.4.3　T-MRC 控制策略框架

通过上述内容确定了针对非平衡车道布置的快速路主线和匝道协同控制信号(灯)布局方案，同时确定了以优化瓶颈下游的里程生产量、提高快速路系统的整体通行效率为控制目标。

T-MRC 控制算法分为两个层面：第一层面确定信号周期内的总绿灯时长；第二层面分配主线和匝道受控制车道的绿灯时间。

第一层面，以下游瓶颈断面的占有率为反馈，确定进入下游瓶颈断面的总车辆数，进而确定总绿灯时长。

如图 10.20 所示，借鉴经典的匝道控制算法 ALINEA 的反馈控制思想，以瓶颈的临界占有率为反馈控制，确定控制进入下游的总车辆数 $Q(k)$，进而依照主线和匝道交替放行的原则，根据受控车道饱和流率 $nQ_s$ 和信号周期时长 $C$，确定本控制时段内的总绿灯时长 $G_{FC}(k)$。

$$Q(k)=Q(k-1)-K_R[\hat{O}-O(k-1)] \tag{10.26}$$

$$G_{FC}(k)=\frac{Q(k)}{nQ_s}C \tag{10.27}$$

$$C=G_{FC}(k)+2I(k) \tag{10.28}$$

式中，$Q(k)$、$Q(k-1)$ 分别为在时段 $k$、$k-1$ 内进入下游瓶颈断面的控制交通流量；

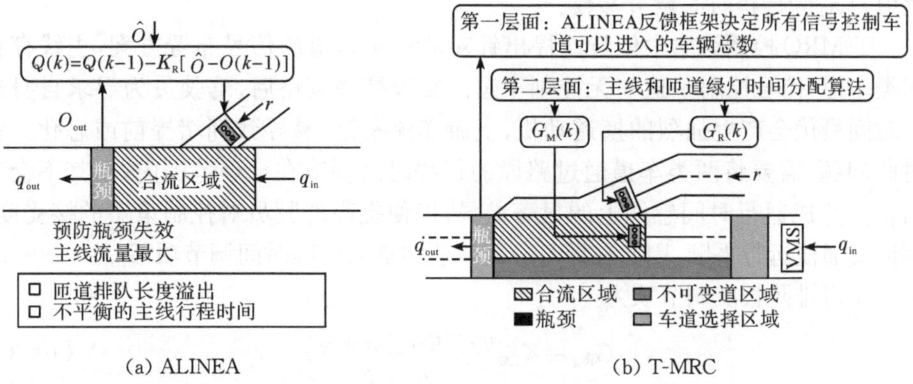


图 10.20 ALINEA 与 T-MRC 控制策略对比

$O(k)$、$O(k-1)$分别为在时段 $k$、$k-1$ 内瓶颈断面的占有率；$\hat{O}$ 为临界占有率；$K_R$ 为整体调节参数；$C$ 为信号周期；$G_{FC}(k)$、$I(k)$分别为信号周期内的总绿灯时长和全红时间；$Q_s$为受控制车道的绿灯饱和通行能力；$n$ 为主线或匝道受控制车道数。

信号相位如图 10.21 所示，在信号周期中存在全红时间 $I(k)$，即主线和匝道的受控车道同时红灯。为保证$(k)$在驾驶员可接受范围内，在确定信号周期 $C$ 时，添加约束条件全红时间 $I(k)$小于某阈值。

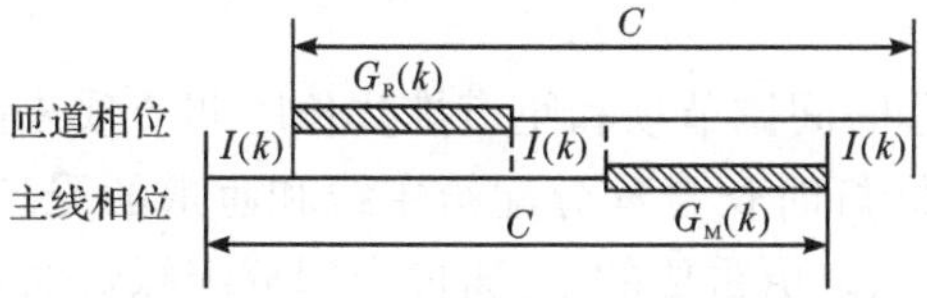


图 10.21 信号相位示意图

第二层面，分配主线和匝道受控制车道的绿灯时间。

针对 ALINEA 控制算法中易出现的匝道排队溢出和主线行程时间不均衡导致的车流紊乱问题，在 T-MRC 控制算法中，以行程时间调节项 $G_{TT}$和匝道排队长度调节项 $G_{RQ}$作为各控制时段内的主线和匝道协同控制的相位分配依据：

$$G_{FC}(k)=G_M(k)+G_R(k) \tag{10.29}$$

$$G_R(k)=G_{FC}(k)\times\frac{G_{RQ}(k)}{G_{TT}(k)+G_{RQ}(k)} \tag{10.30}$$

行程时间调节项为

$$G_{TT}=K_{TT}(TT_{sc}-K_{ETT}TT_{nc}) \tag{10.31}$$

式中，$TT_{sc}$、$TT_{nc}$分别为主线受控制车道和主线无控制车道的车均行程时间；$K_{ETT}$为基于实际无控制平峰时段的主线外侧受控制车道与内侧无控制车道行程时间比值；$K_{TT}$为行程时间调节参数。

T-MRC 控制策略中创新地提出针对非平衡车道的信号布置方案，主线存在两类车道：信号控制车道与无控制车道。实施控制策略后，驾驶员为寻求自身通行时间最优会产生强烈的换道动机，上游车流紊乱，易导致拥堵提前或恶化。针对此问题，需要将两类车道通过路段的行程时间调节在合理范围内，使其不会对驾驶员造成通行时间感知上的显著差异，以便提高驾驶员对控制策略的接受度，保证交通流运行平顺，因此在绿灯分配算法中加入行程时间调节项 $G_{TT}$。

匝道排队长度调节项为

$$G_{RQ}=K_{RQ}\frac{q_{lr}-q_{lm}-q_{addmissble}}{h_s+\bar{l}} \tag{10.32}$$

式中，$q_{lr}$、$q_{lm}$分别为受信号控制的匝道车道和主线信号控制车道的平均排队长度；$q_{addmissble}$为可容许的匝道排队长度（预设值）；$K_{RQ}$为匝道排队长度调节参数；$h_s$为平均车头间距；$\bar{l}$ 为平均车长。

ALINEA 控制算法将匝道排队长度作为约束项，但在匝道流量同样较大时无法有效约束排队长度，导致匝道上车辆排队严重甚至溢出。因此针对高匝道流量情况，在 T-MRC 控制策略中添加匝道排队长度调节项 $G_{RQ}$。提出可容许的匝道排队长度的概念，并折算为可容许匝道排队车辆数。当匝道排队车辆数与主线排队车辆数之差超过可容许匝道排队车辆数，则对信号控制方案进行微调，增加匝道绿灯通过时间。

从实质上讲，行程时间调节项和匝道排队长度调节项未改变进入主线下游的车辆总数，而是将总绿灯时长合理分配给主线和匝道的受控车道，因此不会对下游的通行效率产生影响。更重要的是，通过合理分配绿灯时长可以调节主线不同车道间的行程时间差异，在一定程度上减少主线上游不同车道间的换道动机；同时缓解匝道排队严重现象，缩小匝道与主线延误的差距。

### 10.4.4 仿真验证

为检验 T-MRC 控制策略有效性，以具有典型早发性失效现象的快速路瓶颈路段进行仿真实验。仿真路段为上海市内环高架锦绣路至南浦大桥路段由东至西方向，如图 10.22 所示，主线全长约 1900m，包括杨高南路入匝道（YGN）和浦东南路入匝道（PDN），其中主线在 YGN 入匝道下游路段主线三车道减少为两车道。目前该路段实施定时信号控制，控制实施时间为工作日早高峰 7:00～10:00，根据实证数据得到主线或匝道受控制车道绿灯饱和流率 $Q_s=1800$veh/h/ln，同时根据驾驶员对主线匝道同时红灯时间的接受程度，确定全红时间 $I(k)<5$s，由此结合式（10.27）和式（10.28）确定信号周期为 100s。

利用 VISSIM 仿真软件建立上海市内环高架快速路锦绣路至南浦大桥仿真

模型,实现 T-MRC 控制策略的示意图如图 10.22 所示,仿真模型需要达到以下三个要求:

(1) 准确表达快速路基础设施线性及信号控制布置。

(2) 反映典型的早发性失效现象。早发性失效现象主要由驾驶行为导致,需要对仿真模型进行驾驶行为参数校正[51],使其符合我国典型的快速路交通特征,具有较高可信度。

(3) VMS 反映车道选择比例。在信号控制布置中,主线上游两类车道不可换道区域上游利用 VMS 提示驾驶员不可换道区域及前方信号控制。在仿真中通过路径决策比例实现,由实证数据得到车道 1、车道 2、车道 3 的车道选择比例。

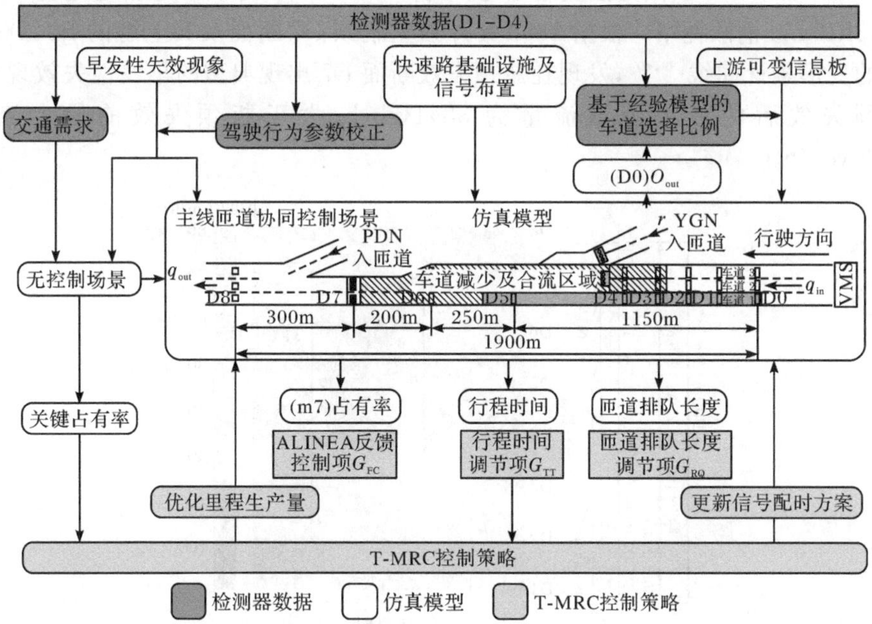


图 10.22 在仿真模型中实现 T-MRC 控制策略的流程

图 10.22 中,实际线圈检测器断面为 D1～D4,在仿真模型中添加 D5～D8 断面检测器,D0 断面为车辆车道选择决策断面。

仿真模型基本设置见表 10.11,在每个反馈控制周期从仿真模型中获取 D7 断面的占有率、主线两类车道的行程时间、匝道排队长度,经过 T-MRC 控制算法得到新的信号配时方案;获取 D0 断面的占有率数据,基于实证数据模型得到该占有率下的车道选择比例,更新仿真模型中的信号配时和路径决策比例。同时,在每个数据采集周期获取 D1～D8 断面的流量、占有率、平均速度等数据。

表 10.11　仿真模型基本设置

| | |
|---|---|
| 仿真时间 | 4h |
| 交通需求 | 梯形需求场景 |
| 信号控制更新周期 $k$/s | 100(与信号周期相等) |
| 数据采集时间间隔/s | 300 |

1. 仿真模型中的早发性失效现象

为保证仿真模型的可信度，首先对无控制场景下的仿真模型进行分析。采集无控制仿真模型中 5min 集计的主线 D1～D8 断面数据，绘制速度等高线图如图 10.23所示，D7 断面为独立瓶颈，拥堵自 1h45min 形成，并向上游蔓延至 D3 断面，3h10min 消散拥堵。根据 1min 集计独立瓶颈 D7 断面及其上游的 D5、D6 断面的变形累计曲线[39,40]，发现在瓶颈失效断面 D7 出现典型的早发性失效现象：瓶颈失效后的最大消散流量为 3841veh/h，大于瓶颈失效前最大流量 3320veh/h。

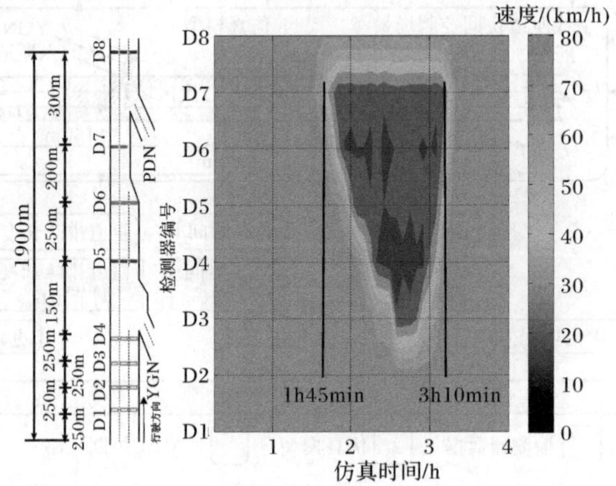


图 10.23　无控制场景下的速度等高线图(PQF=3320veh/h，QDF=3841veh/h)

2. T-MRC 参数设置

根据仿真模型中的交通需求输入，结合图 10.23 中独立瓶颈断面 D7 的瓶颈失效的起止时间，在 1h25min～3h10min 对主线外侧两车道和 YGN 入匝道实施信号控制。下面将详细介绍如何在仿真模型中实现 T-MRC 控制策略。

1) T-MRC 控制算法及参数确定

T-MRC 控制算法由反馈控制项 $G_{FC}$、行程时间调节项 $G_{TT}$、匝道排队长度调

节项 $G_{RQ}$组成。

(1) 反馈控制项 $G_{FC}$。

在本节案例中 YGN 入匝道下游存在车道减少，瓶颈断面不再是合流区域的 D5 断面，分析无控制场景图 10.23 确定独立瓶颈断面 D7 为反馈控制断面。研究表明，在存在下游长距离瓶颈的情况下，传统的 ALINEA 算法控制效果不理想，而具有时滞项的 PI-ALINEA 算法控制效果稳定[44]，因此根据式(10.33)采用 PI-ALINEA 算法计算 $Q(k)$。

$$Q(k)=\begin{cases}Q(k-1)-K_R[\hat{O}-O(k-1)], & \text{临近瓶颈时}\\ Q(k-1)-K_R[\hat{O}-O(k-1)]+K_P[O(k)-O(k-1)], & \text{下游长距离瓶颈时}\end{cases} \tag{10.33}$$

式中，$O(k)$、$O(k-1)$分别为在时段 $k$、$k-1$ 内的瓶颈断面占有率；$K_R$为整体调节参数；$K_P$为时滞调节参数。

绘制 D7 断面的里程生产量-占有率关系，确定临界占有率 $\hat{O}=0.13$，此时独立瓶颈断面的里程生产量最大，如图 10.24 所示。整体调节参数 $K_R=4$，时滞调节参数 $K_P=100$，实验表明，两参数对控制效果的影响不敏感[44]。

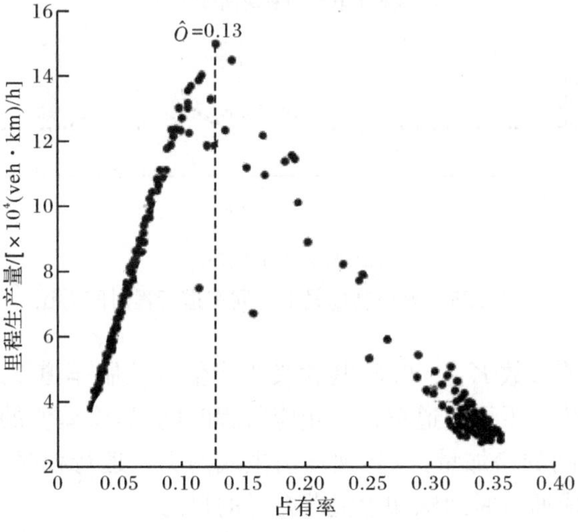


图 10.24 D7 断面里程生产量-占有率关系

(2) 行程时间调节项 $G_{TT}$。

计算行程时间调节项 $G_{TT}$的式(10.31)中，$TT_{sc}$、$TT_{nc}$分别为主线 D0～D8 路段受控制车道和主线无控制车道的车均行程时间，$k_{ETT}$为基于实际无控制平峰时段的主线外侧受控制车道与内侧无控制车道行程时间比值。通过对无控制模型的仿真，分别采集车道 1、车道 2、车道 3 的行程时间，如图 10.25 所示，发现在平峰时段，车道 1 上车辆的行程时间与车道 2、车道 3 车辆行程时间基本一致；但是在高峰时段，车道 2、车道 3 上车辆的行程时间明显高于车道 1 上车辆的行程时间，这是由于车道 2、车道 3 受 YGN 入匝道车辆汇入和下游车道减少的影响，两类车道的行程时间比值在 1.2 附近波动。如式(10.34)所示，平峰时段 $K_{ETT}=1$，在实施 T-MRC 控制策略的高峰时段 $K_{ETT}=1.2$。

$$\begin{cases} \dfrac{TT_{sc}(k)}{TT_{nc}(k)}=1, & k\text{ 为平峰时段} \\ \dfrac{TT_{sc}(k)}{TT_{nc}(k)}=1.2, & k\text{ 为高峰时段} \end{cases} \tag{10.34}$$

式中，$TT_{sc}(k)$ 和 $TT_{nc}(k)$ 分别为在 $k$ 时段行驶在车道 2、车道 3 和车道 1 上的车辆的平均行程时间。

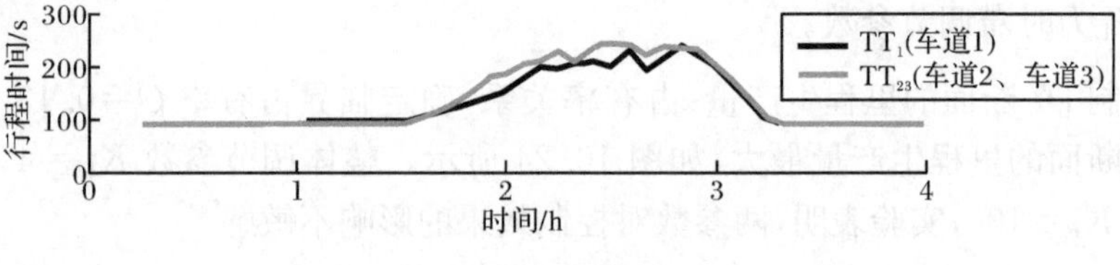


(a) 无控制场景行程时间(D0～D8)

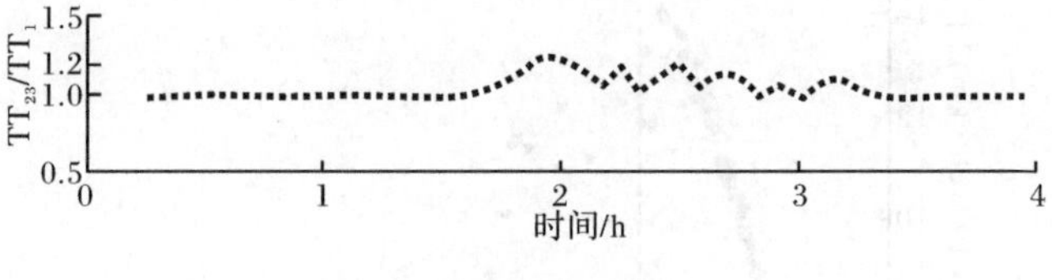


(b) 无控制场景 $K_{ETT}$

图 10.25　无控制场景下不同车道行程时间对比

行程时间调节参数 $K_{TT}=0.5$，其含义为当信号控制车道 2、车道 3 行程时间大于实际无控制状况不可变道车道 1 相应行程时间时，将差值的 0.5 倍作为主线信号控制绿灯时间的增加量，以实现均衡主线两类车道行程时间，保证控制策略不会对驾驶员造成通行时间感知上显著差异的目的。

(3) 匝道排队长度调节项 $G_{RQ}$。

计算匝道排队长度调节项 $G_{RQ}$ 的式(10.32)中，$q_{lr}$、$q_{lm}$ 分别为受信号控制的匝道车道和主线信号控制车道的平均排队长度；$q_{addmissable}$ 为可容许的匝道排队长度，转化为车辆数，预设值 $q_{addmissable}=10(h_s+\bar{l})$。平均车头间距 $h_s=2\text{m}$，平均车长 $\bar{l}=4.8\text{m}$。匝道排队长度调节参数 $K_{RQ}=\dfrac{3600}{nQ_s}=1$，其含义为基于当前匝道绿灯饱

和通行能力 $Q_s$，匝道两车道上排队长度减少一辆车所需要的时间，即应增加的匝道绿灯时长。

2) 基于经验模型的车道选择比例

由于主线存在信号控制车道与不可换道车道两类车道，为使仿真模型能够反映驾驶员在信号控制策略实施后对不同车道的选择，利用实际线圈数据(采用 15 个工作日早 7:00～9:00 实施定时信号控制期间的 5min 集计流量、占有率)分析在上游到达断面不同占有率下车辆选择最内侧不受控制车道(车道 1)的比例，如图 10.26 所示，并在仿真模型的实施控制时段反映为 D0 断面的车道选择比例，分为以下三个部分。

(1) 上游 D0 断面占有率小于 0.1。此时车辆选择车道 1 的比例随着占有率的升高升高，当上游 D0 断面占有率达到 0.1 时三车道的利用率趋于均衡。在车辆较少的情况下，车辆可自由选择车道。

(2) 上游 D0 断面占有率为 0.1～0.5。此时处于拥堵状态，由于主线车辆数量增多，车辆倾向于选择在最内侧无控制车道行驶，车道 1 选择比例维持在 0.4 附近，随占有率升高而缓慢升高。

(3) 上游 D0 断面占有率大于 0.5。此时主线进入严重拥堵状态，车辆为减少汇入行为的干扰，更加倾向于选择最内侧车道 1，选择车道 1 的比例进一步提升。

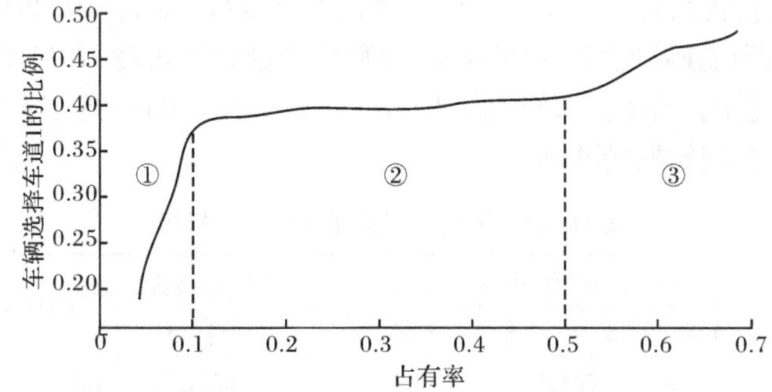


图 10.26 定时控制场景下基于经验模型的车道选择比例

基于上述实证数据分析，在仿真模型中根据上游 D0 断面的占有率，实时调节车辆选择车道 1 的比例，如式(10.35)所示。

$$D_1=\begin{cases}\text{自由选择}, & O(\mathrm{D0})<0.1\\ 0.36+0.1O(\mathrm{D0}), & 0.1\leqslant O(\mathrm{D0})<0.5\\ 0.21+0.4O(\mathrm{D0}), & O(\mathrm{D0})\geqslant 0.5\end{cases} \tag{10.35}$$

### 10.4.5 仿真结果分析

本节分别建立无控制场景、主线匝道协同控制场景两个仿真模型对不同控制算法进行仿真评测，控制场景及控制算法的具体设置见表 10.12。其中主线匝道协同控制场景采取图 10.18 所示的信号布置，分别采取定时控制和 T-MRC 两种不同的信号配时方案计算方法，其中定时控制算法根据历史交通需求设定主线和匝道的绿灯时长。

**表 10.12　三种控制策略的对比**

| 仿真场景 | 控制策略 | 信号控制 | 信号控制算法 |
| --- | --- | --- | --- |
| 无控制场景 | 无控制 | — | — |
| 主线匝道协同控制场景 | 定时控制 | 信号布置(图 10.18) | $G_R=\frac{Demand_R}{Demand_{M\&R}}C=45s$ |
| | T-MRC | $C=100s$，损失时间 $L_s=3s$，黄灯时间 Amber=3s<br>控制时段：1h25min～3h10min | $G_R(k)=G_{FC}(k)\frac{G_{RQ}(k)}{G_{TT}(k)+G_{RQ}(k)}$ |

## 1. 结果分析

从整体系统角度，选取车辆整体延误(vehicle total delay，VTD)作为衡量系统运行评价指标，分别采集 5min 集计的主线不可换道车道 1，信号控制车道 2、车道 3 以及 YGN 入匝道两车道的总延误，各项延误对比如表 10.13 和图 10.27(a)所示。从快速路上独立瓶颈断面角度，以 D7 的里程生产量 $G_k$[如式(10.25)]作为早发性失效现象下判断快速路通行效率的指标，里程生产量对比如表 10.14 和图 10.27(b)所示，其中里程生产量的计算时段为 1h35min～3h10min(迟于控制实施时段 10min，以消除控制初期的波动)。

**表 10.13　不同控制策略下的延误指标**

| 控制策略 | 主线延误/s | | YGN 入匝道延误/s | VTD/s | 延误降低比例/% |
| --- | --- | --- | --- | --- | --- |
| | 车道 1 延误 | 车道 2、车道 3 延误 | | | |
| 无控制 | 794313.00 | | 266871.00 | 1061184.00 | — |
| 定时控制 | 51037.80 | 189064.99 | 554035.46 | 794138.26 | 25.16 |
| T-MRC | 110938.96 | 151768.11 | 430758.81 | 693465.89 | 34.65 |

**表 10.14　实施控制时段 D7 断面里程生产量均值对比**

| 控制策略 | $\overline{G}_k$ | 里程生产量提高比例/% |
| --- | --- | --- |
| 无控制 | 0.821 | — |
| 定时控制 | 1.523 | 85.37 |
| T-MRC | 1.550 | 88.70 |

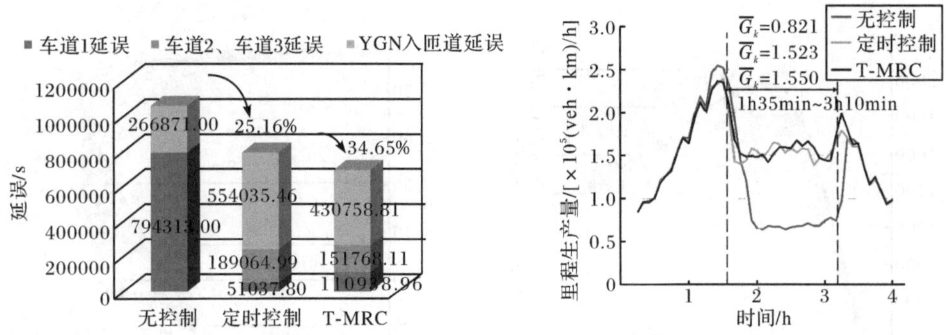


(a) 三种控制策略下 VTD 对比　　(b) 三种控制策略下 D7 断面里程生产量

图 10.27　三种控制策略延误对比与独立瓶颈断面 D7 里程生产量

2. 结果分析

1) 无控制时下游瓶颈失效形成大面积拥堵

在高峰时段(1h25min～3h10min)，若不进行控制，从图 10.23 可以看出，在独立瓶颈断面 D7 发生瓶颈失效，拥堵自 D7 断面蔓延至上游，与 YGN 入匝道连成大面积的拥堵并最终蔓延至 D3 断面。无控制时，高峰时段通过量低，流量仅为 1392～1572veh/h/ln，如图 10.28(a)方块所构成的曲线所示，且车辆行驶速度低，高峰时段的里程生产量平均值仅为 $0.821\times10^5$(veh · km)/h，如图 10.27 所示。下游瓶颈断面 D7 的通行效率低，系统各项延误大，尤其是主线外侧车道 2、车道 3 受 YGN 入匝道和下游车道减少路段的影响，排队延误严重，与主线内侧的延误(或行程时间)严重不平衡，如图 10.27 所示。

2) T-MRC 控制策略实施效果

对主线匝道协同控制后，VTD 大幅度降低(＞25％)，瓶颈断面里程生产量大幅度提升(＞85％)，其中 T-MRC 控制策略的效果表现为：高峰时段的断面通过量由无控制时的 1392～1572veh/h/ln 提升到 1896～2034veh/h/ln，车辆行驶速度由 20～38km/h 提升至 30～50km/h，如图 10.28 所示；平均里程生产量提升至 $1.550\times10^5$(veh · km)/h，如图 10.28 所示，相较于无控制时提升 88.70％；同时大幅度改善系统 VTD，如图 10.27(a)所示，相较于无控制时降低 34.65％，相较于定时控制下降 12.68％。

相较于定时控制，一方面 T-MRC 控制策略采取实时调节的反馈控制，根据交通需求变化实时调整信号控制方案，具有更强的适用性；另一方面T-MRC控制策略根据行程时间调节项和匝道排队长度调节项分配主线和匝道的绿灯时长，在不改变进入主线下游的车辆总数，不影响下游独立瓶颈的通行效率的基础上合理分

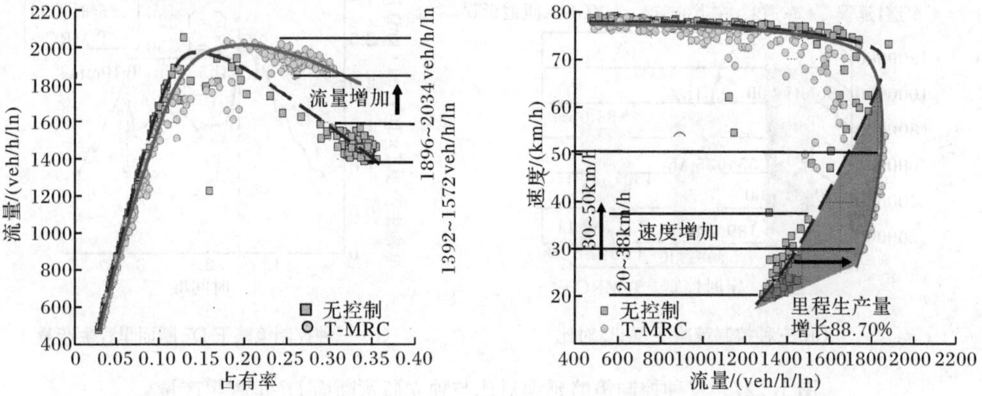


(a) D7 断面占有率-流量对比图　　(b) D7 断面流量-速度对比图

图 10.28　无控制与 T-MRC 控制策略独立瓶颈断面 D7 基本图

配主线匝道绿灯时间。

(1) 行程时间调节项。通过微调绿灯时长使主线两类车道的行程时间在合理范围内，减少驾驶员换道冲动、保证交通流运行平顺；同时提高驾驶员对控制策略的接受度，保证控制策略不会对车道选择产生额外干预。经过该项调节后，主线两类车道延误的差值由原来的 21.74s(36.22－14.48)减少为 2.13s(31.07－28.94)，如图 10.29 所示，主线两类车道的行程时间趋于均衡。

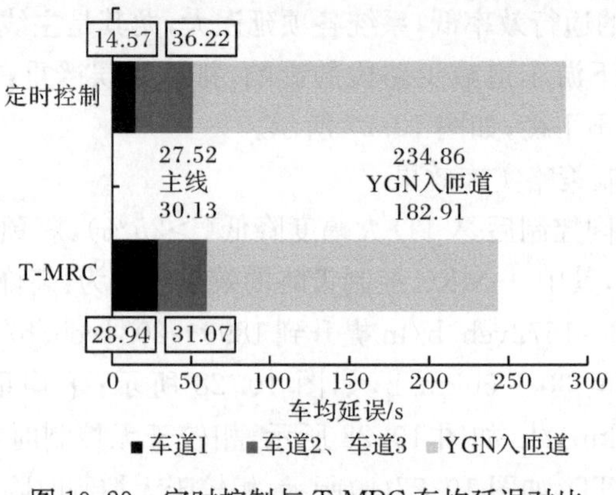


图 10.29　定时控制与 T-MRC 车均延误对比

(2) 匝道排队长度调节项。将原本在匝道排队的车辆等待的时间(排队延误)部分转移到主线车辆上，如图 10.29 所示，匝道延误由 234.86s 减少到 182.91s，下降 22.12%。尽管主线的车均延误从 27.52s/veh 上升至 30.13s，略有上升，但是以主线的少量延误为代价获取匝道极大延误降低，不仅可以使匝道与主线延误的差距缩小，更使得系统整体 VTD 下降。

## 10.5 本章小结

本章在传统城市快速路主动交通管理方法的基础上首先提出两种匝道控制与速度引导联合控制的主动交通管理方法：第一种是基于交通流模型的方法通过一个改进的 METANET 模型对交通状态进行预测，再利用该模型对目标函数进行求解以得到最优的控制参数组合；第二种是基于数据驱动的方法根据历史检测数据建立入匝道瓶颈失效概率模型，然后利用该瓶颈失效概率模型计算期望失效概率所对应的匝道汇入率和主线期望流量，再计算最佳引导速度。其次提出了对快速路的匝道与主线同时使用交通信号进行协同控制的方法，通过扩展的 ALINEA 控制算法既可以避免失效发生又提高了车辆通过效率，并实地实验验证了该方法的有效性。最后考虑非平衡车道布置，提出一种快速路主线与匝道协同控制的新方法，提高快速路的通行效率，均衡各类车道的行程时间，使控制策略更易于被驾驶员接受。

## 参考文献

[1] 姜紫峰，荆便顺. 高速公路入口匝道控制的仿真研究[J]. 中国公路学报，1997，10(2)：83－89.

[2] Papageorgiou M，Hadj-Salem H，Blosseville J M. ALINEA：A local feedback control law for on-ramp metering[J]. Transportation Research Record：Journal of the Transportation Research Board，1991，1320：58－64.

[3] Papageorgiou M，Kotsialos A. Freeway ramp metering：An overview[C]//Proceedings of 2000 IEEE Intelligent Transportation Systems Conference，Dearborn，2000：228－239.

[4] 杨晓光. 考虑进出口匝道排队约束的城市快速道路交通系统动态控制方法[J]. 西安公路交通大学学报，1999，19(2)：20－26.

[5] 杨晓光. 关于城市高速道路交通动态控制问题的研究[J]. 中国公路学报，1998，11(2)：74－85.

[6] 宋一凡，高自友. 城市高速公路网络入口流量控制的双层规划模型及求解算法[J]. 北方交通大学学报，1999，23(3)：86－89.

[7] 陈德望，王飞跃，陈龙. 基于模糊神经网络的城市高速公路入口匝道控制算法[J]. 交通运输工程学报，2003，3(2)：100－105.

[8] Bertini R L，Boice S，Bogenberger K. Dynamics of variable speed limit system surrounding bottleneck on German autobahn[J]. Transportation Research Record：Journal of the Transportation Research Board，2006，1978(1)：149－159.

[9] Lee C，Hellinga B，Saccomanno F. Evaluation of variable speed limits to improve traffic safety[J].

Transportation Research Part C:Emerging Technologies,2006,14(3):213－228.
[10] Lee C, Hellinga B, Saccomanno F. Assessing safety benefits of variable speed limits[J]. Transportation Research Record: Journal of the Transportation Research Board, 2004, 1897(1):183－190.
[11] van den Hoogen E,Smulders S. Control by variable speed signs:Results of the Dutch experiment[J]. Road Traffic Monitoring and Control,1994,391:145－149.
[12] Davey W. Variable speed limits:Making work zones work better workshop. Accessible at: http://ops. fhwa. dot. gov/wz/workshops/originals/Warren. ppt. 2003. 9. 17[2003-09-17].
[13] 梁新荣,刘智勇,吴今培,等. 高速公路可变速度标志模糊逻辑控制及其仿真研究[J]. 计算机应用研究,2004,10:136－138.
[14] 梁新荣,刘智勇,毛宗源. 高速公路模糊神经网络限速控制与仿真研究[J]. 公路交通科技,2005,22(11):123－125,129.
[15] 刘庆全,黄春平. 高速公路主线可变限速模糊控制及仿真研究[J]. 计算机仿真,2010,(12):335－338.
[16] Hegyi A,de Schutter B,Hellendoorn H,et al. Optimal coordination of ramp metering and variable speed control-An MPC approach[C]//Proceedings of 2002 IEEE American Control Conference,Anchorage,2002:3600－3605.
[17] Hegyi A,de Schutter B,Hellendoorn H. Model predictive control for optimal coordination of ramp metering and variable speed limits[J]. Transportation Research Part C:Emerging Technologies,2005,13(3):185—209.
[18] Lu X Y,Qiu T Z,Varaiya P,et al. Combining variable speed limits with ramp metering for freeway traffic control[C]//Proceedings of 2010 IEEE American Control Conference,Baltimore,2010:2266－2271.
[19] Lu X Y,Varaiya P,Horowitz R,et al. A new approach for combined freeway variable speed limits and coordinated ramp metering[C]//Proceedings of 2000 IEEE Intelligent Transportation Systems Conference,Madeira Island,2010:491－498.
[20] Alessandri A,di Febbraro A,Ferrara A,et al. Optimal control of freeways via speed signalling and ramp metering[J]. Control Engineering Practice,1998,6(6):771－780.
[21] Caligaris C,Sacone S,Siri S. Optimal ramp metering and variable speed signs for multiclass freeway traffic[C]//2007 European Control Conference,Kos Island,2007:1780－1785.
[22] Abdel-Aty M A,Dhindsa A. Coordinated use of variable speed limits and ramp metering for improving safety on congested freeways[C]//Transportation Research Board 86th Annual Meeting,Washington DC,2007.
[23] Papamichail I,Kampitaki K,Papageorgiou M,et al. Integrated ramp metering and variable speed limit control of motorway traffic flow[C]//17th IFAC World Congress,Seoul,2008:14084－14089.
[24] Schelling I,Hegyi A,Hoogendoorn S P. SPECIALIST-RM-Integrated variable speed limit control and ramp metering based on shock wave theory[C]//Proceedings of 2011 IEEE In-

telligent Transportation Systems Conference, Washington DC, 2011: 2154－2159.

[25] Carlson R C, Papamichail I, Papageorgiou M, et al. Optimal motorway traffic flow control involving variable speed limits and ramp metering[J]. Transportation Science, 2010, 44(2): 238－253.

[26] Carlson R C, Papamichail I, Papageorgiou M. Integrated feedback ramp metering and mainstream traffic flow control on motorways using variable speed limits [J]. Transportation Research Part C: Emerging Technologies, 2014, 46: 209－221.

[27] Li Z, Liu P, Wang W. et al. Development of a control strategy of variable speed limits to reduce rear-end collision risks near freeway recurrent bottlenecks[J]. IEEE Transactions on Intelligent Transportation Systems, 2014, 15(2): 866－877.

[28] Elefteriadou L, Kondyli A, Brilon W, et al. Ramp metering enhancements for postponing freeway-flow breakdown[C]//Transportation Research Board 90th Annual Meeting, Washington DC, 2011.

[29] Sun J, Zhang S, Tang K. 2014. Online evaluation of an integrated control strategy at on-ramp bottleneck for urban expressways in Shanghai[J]. IET Intelligent Transport Systems, 8(8): 648－654.

[30] 陈大山，孙剑，李克平. 城市快速路速度引导预测控制模型[J]. 交通运输工程学报，2012，12(1): 106—111.

[31] Sun J, Zhang J, Zhang H M. Investigation of the early-onset breakdown phenomenon at urban expressway bottlenecks in Shanghai[J]. Transportmetrica B: Transport Dynamics, 2014, 2(3): 215—228.

[32] Wu X, Michalopoulos P, Liu H X. Stochasticity of freeway operational capacity and chance-constrained ramp metering[J]. Transportation Research Part C: Emerging Technologies, 2010, 18(5): 741—756.

[33] Song R, Sun J. Calibration of a micro-traffic simulation model with respect to the spatial-temporal evolution of expressway on-ramp bottlenecks [J]. Simulation, 2016, 92(6): 535－546.

[34] Garber N J, Gadirau R. Speed variance and its influence on accidents[R]. Washington DC: AAA Foundation for Traffic Safety, 1988.

[35] Quddus M. Exploring the relationship between average speed, speed variation, and accident rates using spatial statistical models and GIS[J]. Journal of Transportation Safety and Security, 2013, 5(1): 27－45.

[36] Lorenz M R, Elefteriadou L. Defining freeway capacity as function of breakdown probability[J]. Transportation Research Record: Journal of the Transportation Research Board, 2001, 1776(1): 43－51.

[37] Persaud B, Yagar S, Brownlee R. Exploration of the breakdown phenomenon in freeway traffic[J]. Transportation Research Record: Journal of the Transportation Research Board, 1998, 1634(1): 64－69.

[38] Brilon W, Geistefeldt J, Regler M. Reliability of freeway traffic flow: A stochastic concept of capacity[C]//16th International Symposium on Transportation and Traffic Theory, College Park, 2005.

[39] Persaud B, Yagar S, Tsui D, et al. Breakdown-related capacity for freeway with ramp metering[J]. Transportation Research Record: Journal of the Transportation Research Board, 2001, 1748(1): 110—115.

[40] Ramakrishnan V, Banks J H. Relationship between mean flow rate and probability of breakdown at freeway bottlenecks[C]//Transportation Research Board 85th Annual Meeting, Washington DC, 2006.

[41] Banks J H. Flow breakdown at freeway bottlenecks[J]. Transportation Research Record: Journal of the Transportation Research Board, 2009, 2099(1): 14—21.

[42] Yang X, Yang J, Sun J. Data-driven integrated control strategy for postponing early-onset breakdowns on urban expressway on-ramp bottlenecks in Shanghai[C]//15th COTA International Conference of Transportation Professionals, Beijing, 2015: 2486—2497.

[43] Zhang L, Levinson D. Some properties of flows at freeway bottlenecks[J]. Transportation Research Record: Journal of the Transportation Research Board, 2004, 1883(1): 122—131.

[44] Wang Y, Kosmatopoulos E B, Papageorgiou M, et al. Local ramp metering in the presence of a distant downstream bottleneck: Theoretical analysis and simulation study[J]. IEEE Transactions on Intelligent Transportation Systems, 2014, 15(5): 2024—2039.

[45] Brilon W. Traffic flow analysis beyond traditional methods[C]//Proceedings of the 4th International Symposium on Highway Capacity, Washington DC, 2000: 26—41.

[46] Sun J, Zhang J, Zhang H M. Investigation of early-onset breakdown phenomenon at urban expressway bottlenecks in Shanghai, China[J]. Transportmetrica B: Transport Dynamics, 2014, 2(3): 215—228.

[47] Sun J, Zhao L, Zhang H M. The mechanism of early-onset breakdown at on-ramp bottlenecks on Shanghai, China, expressways[J]. Transportation Research Record: Journal of the Transportation Research Board, 2014, 2421(1): 64—73.

[48] Banks J H. Two-capacity phenomenon at freeway bottlenecks: A basis for ramp metering[J]. Transportation Research Record: Journal of the Transportation Research Board, 1991, 1320: 83—90.

[49] Bertini R L, Cassidy M J. Some observed queue discharge features at a freeway bottleneck downstream of a merge[J]. Transportation Research Part A: Policy and Practice, 2002, 36(8): 683—697.

[50] Zhang L, Levinson D M. Some properties of flows at freeway bottlenecks[J]. Transportation Research Record: Journal of the Transportation Research Board, 2004, 1883(1): 122—131.

[51] Song R, Sun J. Calibration of a micro-traffic simulation: model with respect to the spatial-temporal evolution of expressway on-ramp bottlenecks[J]. Simulation: Transactions of the Society for Modeling and Simulation International, 2016, 92(6): 535—546.

# 第 11 章　快速路交通流运行安全管理

对城市快速路系统的关注，除着眼于其交通运行效率之外，也需对其安全态势有良好的认知，并实施相应的管理措施。传统安全分析着重于从设施设计层面，对设施的安全水平做静态的评估。然而，作为城市交通的主动脉，城市快速路系统交通流运行环境复杂多变，道路的安全水平也实时的受到影响。因此，交通流运行安全管理是当前的研究热点之一。在动态安全管理中，对交通流运行特性的考量不可或缺，而这些特征往往是决定快速路系统运行安全服务水平的关键。

本章首先考虑道路的交通流拥堵状态、几何线形、空间区位信息等因素，建立了快速路安全影响因素模型，为安全管理提供基础；其次，考虑到事故带来的间接损失和直接损失，以社会总损失为评价标准，提出了基于风险评估的综合事故黑点识别方法，提供对快速路系统内运行安全管理优先级的评价准则；最后，以快速路事故常发路段为监测对象，构建了快速路实时事故风险预测模型，实现对易发生事故位置的即时预警。

## 11.1　引　　言

在城市快速路系统中，往往既存在高速运行的自由交通流，又存在慢速运行的拥堵交通流，交通流环境变化迅速，特征不一。在不同的交通条件下，交通事故的发生机制也存在显著差异，并在宏观上显现出明显的时变特征。以上海市快速路系统为例，图 11.1 所示为上海市快速路系统中事故发生频率分布图（排除快速路凌晨 0:00～5:00 的养护时段）。从图中可以看到，事故的发生分布在时间上体

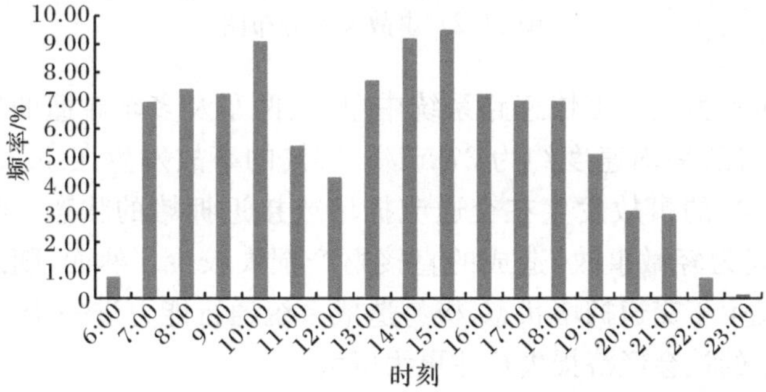


图 11.1　事故发生频率分布图

现出明显的峰谷趋势，并且与通勤交通的早晚高峰重合度较高，近 70%的事故发生在早晚高峰时段。

事故发生所体现出的时间分布，本质上是交通流环境发生了改变，从而导致事故发生风险的改变；进一步说，高风险的事故类型也可能存在差异。图 11.2 所示为上海市快速路系统中的事故发生分布情况。如图 11.2(a)所示，事故大多数为碰撞事故，其中两车碰撞占到事故总数的 85%，多车碰撞占 11%，单车碰撞仅占 1%；如图 11.2(b)所示，拥堵交通流事故占全部事故的一半以上，畅通交通流事故占 35%。考虑到交通环境对事故的影响，事故在拥堵与非拥堵环境下的发生机制与事故后影响往往都会有很大差异。

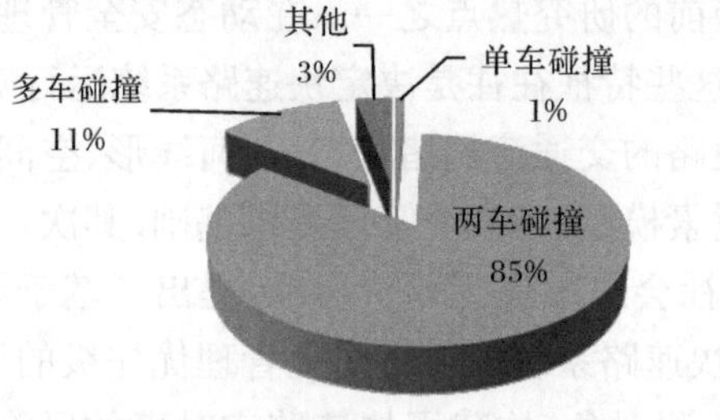


(a) 基于事故类型的事故频率分布

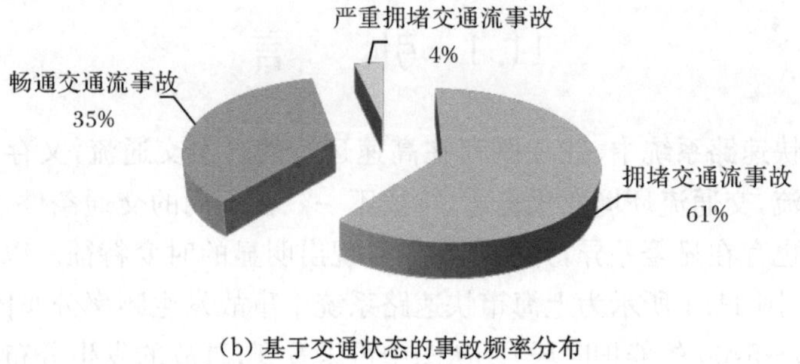


(b) 基于交通状态的事故频率分布

图 11.2　事故发生分布图

图 11.3 所示为上海市快速路系统中单车、两车及多车碰撞的速度概率分布图。事故发生时的平均速度约为 37km/h，56%的事故发生在 40km/h 以下。这就是说，超过一半的事故发生在交通流拥堵或接近拥堵的状态。在较低的速度下，事故多体现为轻微事故，造成的直接财产损失较少。然而，随之而来的问题是，由于事故发生于交通拥堵状态，极易造成系统通行能力进一步下降，路段拥堵加剧，由此带来的社会经济损失往往更为巨大。

总的来说，相较于其他道路设施，城市快速路事故最显著的特点是其所处的交通环境十分复杂。仅考虑几何设施的静态影响，忽略交通流环境的动态影响，

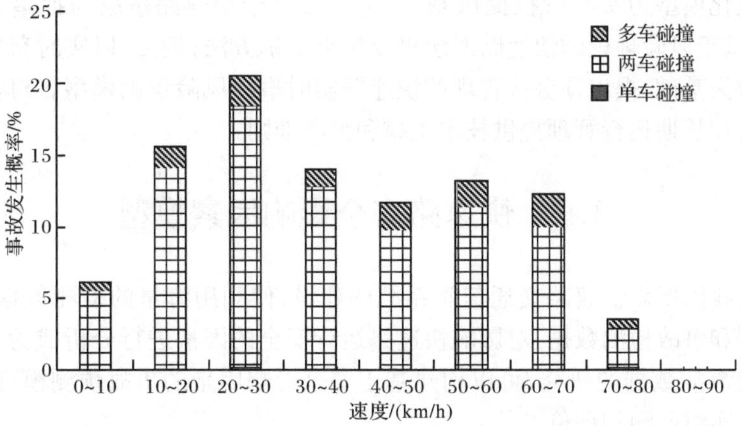


图 11.3 不同速度区间主要事故类型发生概率分布图

无法对其进行合理的认知与管理。同时,由于许多事故发生在高流量、低速度的场景,除造成涉事车辆本身的损失外,也造成严重的车辆排队和阻塞,极大地浪费社会成本。基于此,本章提出了以下三个快速路交通流运行安全管理策略。

在进行交通流运行安全管理的过程中,首先要对城市快速路的交通安全影响因素进行研究。传统的安全分析大部分将设施的安全水平仅与几何特征因素相关联,从而给出其静态安全水平。然而,如前所述,考虑到城市快速路系统中多变的交通环境,静态的安全水平估计远远无法满足管理与控制的需求。在进行安全影响因素分析的过程中,需要对不同的交通状态分别进行分析,从而为动态的安全管理提供理论基础和理论依据。

另外,对快速路系统的运行安全管理仍涉及对现有设施的黑点识别和对症整治。同样的,由于快速路事故大部分发生在交通流拥堵或接近拥堵的状态,一旦事故发生,除涉事车辆本身的损伤之外,也易造成额外的拥堵和排队延误。在大流量的背景下,后者所损失的总时间成本更大于前者。因此,在进行快速路的事故黑点识别时,需综合考虑直接财产损失和拥堵所致的社会损失,建立归一化的评估体系。

同时,随着交通信息化建设的发展,我国快速路系统已经大量布设了交通流检测设备,提供了海量的实时监测数据,使得对快速路系统进行微观实时安全管理成为可能。在实时管理层面,传统的反应式管理往往生效于事故发生之后。为了对路段事故风险进行提前预测,预警式管理近年来被重点关注。其主要是在事故发生之前预测事故风险,并施以对应的预防措施。考虑到快速路系统中交通环境对事故的影响,在进行预警式管理时,主要的评估对象是目标路段的交通状态。

综上所述,本章首先区分不同的交通流状态,建立快速路安全影响因素模型,通过参数化模型为实时管控提供基础;进一步基于快速路事故与拥堵关联的特点,提出基于风险理论的快速路系统事故黑点识别方法;最后,以实时获取的交通状态参数为基础,提出预警式管理的快速路实时事故风险预测模型。对快速路设施的动态和长期运行管理提供技术支撑和参考准则。

## 11.2　快速路安全影响因素模型

随着我国城市快速路交通信息系统的建设,使利用海量的检测数据(包括交通流数据和事故检测数据)对影响快速路运行安全的因素进行分析成为可能。基于对历史事故数据的研究,可以构建基于安全影响因素的事故预测模型,反作用于设施的实时监测和评价[1~3]。

道路交通涉及人、车、路和环境等诸多因素。良好的交通流环境、设计合理的几何线形能够为驾驶员提供安全行车的可靠条件。相反,紊乱的交通流环境,以及道路几何线形的缺陷,常常是导致事故发生的潜在原因。通过分析道路特征、交通流特征与事故的统计关系,可以发现影响事故发生的显著因素。同时,由于上、下游交通流的交互影响,以及一些区域性的事故易发诱因,使得城市快速路事故还具有空间分布的特征。在研究中加入对空间相关性的考虑,可以提高事故回归的准确性。另外,考虑到事故在拥堵与非拥堵交通流下的不同特征,其各自的安全影响因素也会存在较大差异,需要在研究中对两种情况分别建立模型。

### 11.2.1　快速路安全影响因素模型概述

在交通安全领域,国外已经有许多研究致力于使用不同的建模方法来分析和预测在各类道路上的交通事故风险及影响因素。早期的许多研究应用了泊松模型[4,5],它能够契合事故发生频率随机、离散、非负的特点。但事故数据除以上特点外,还具有过度离散性,即方差大于期望,这与泊松分布的基本假设不符。之后的研究通过在泊松模型中引入一个误差项,使得泊松模型离散成为负二项模型[6~8],满足了数据过度离散性的特点。除此之外,还有一些对以上两个模型的改良[9~11]。

然而,在城市快速路中由于存在空间异质性,单纯的泊松模型、负二项模型可能造成有偏差的统计推断。因此一些学者基于事故地点间的邻近关系或距离关系,在模型中加入了表征空间影响的变量[12,13],可提升模型的拟合精度。

另外,对于道路安全影响因素的筛选和表征是安全研究的重点,其关注点集中于道路几何设计因素和交通流因素。

许多研究在模型中加入了道路的平面曲线指标,并分析其对于事故数的影响[14~16]。Haynes 等[17]专门研究了道路曲率特征对道路交通事故的影响,考虑了每公里曲线数、绕行比、直线所占比例、每公里累计转角及路段平均转角 5 个平面因素对于事故数的影响，采用负二项模型进行回归，发现每公里累计转角与死亡事故的相关关系最为显著，每公里累计转角增加 1%，死亡事故减少约 5%。

此外，宽度指标也作为重要的变量出现在各种研究中[2,6,11,13,18]。Noland 和 Oh[19] 基于负二项模型，以美国伊利诺伊州为研究区域，对道路几何线形及人口变量与死亡事故之间的关系做了研究。研究表明，车道数、车道宽度及外侧露肩宽度的延长与所有事故及死亡事故的增长均存在相关关系。而中央分隔带宽度、内侧路肩宽度则没有表现出对事故统计的有效影响差异。

交通流的特性与事故的发生频率有着很强的联系。一系列的研究都表明[6,11,15,16]，年均日交通量(annual average daily traffic，AADT)与事故数呈显著正相关。Vieira[6] 分别用全变量模型和纯暴露变量模型对道路基础设施变量与城市道路中路段和交叉口的关系做了研究，并做了拟合优度的比较。结果发现，AADT 在模型中具有非常重要的作用，与两种事故(是否在事故中涉及行人)都显著正相关。

也有少量研究着眼于探究道路拥堵程度与事故之间的关系。Noland 和 Quddus[20] 分别探寻了拥堵和非拥堵时段的安全影响因素。Quddus 等[21] 进一步研究了拥堵对事故严重程度的影响。Wang 等[22] 基于伦敦市的绕城高速事故数据，得出拥堵对轻微事故影响较小的结论。Harwood 等[23] 的研究则给出了事故率与拥挤程度之间的 U 形曲线关系。总而言之，尽管结论各有异同，但这些研究在一个点上达成了一致：事故的机制在不同的交通流环境下有明显的差异，也就是说，在进行动态管控时，随着交通流环境的变化，所应用的模型也应该做相应的改变。

### 11.2.2　研究区域及数据来源

本节选取上海市 4 条城市快速路：南北快速路、内环快速路、中环快速路、延安快速路。在这 4 条城市快速路内已布置有交通流检测线圈和事故监控系统的路段作为研究对象。以匝道入口为分段标准，将相邻匝道之间的路段作为研究的分段单元。基于这种方法划分单元后，通过检验可以发现，路段内道路横截面变化不显著，路段内差异明显小于路段间差异，由此可将各个路段的内部视为同质，符合同质路段划分法。同时，由于上述 4 条快速路都有中央分隔带严格分隔，同一条道路的不同方向之间可视为相互无影响，道路两侧入匝道、出匝道的布置位置存在差别，路段划分不是严格对称，因此适合于对道路两侧分别进行分析。由此，可将这 4 条快速路分为 8 个道路分组，每个分组内的路段视为相互之间存在空间相关影响。图 11.4 所示为研究路段的分布及对应的年均事故数。

本节提取了 2010 年 10 月～2013 年 9 月共 48325 起事故的信息，并依据对应的交通流数据将其区分为拥堵事故与非拥堵事故。交通流数据来源于 4 条快速

图 11.4　研究路段空间分布

路上所布置的实时监测线圈。监测线圈的工作频率为 20s，每一个数据点记录当前时刻下的流量、速度及占有率。

基于交通流数据，首先可以获取的指标是路段日均交通量(average daily traffic，ADT)。同时，由于拥堵模型与非拥堵模型需要分别建立，还分别计算了日均拥堵交通量(average daily congestion traffic，ADCT)和日均非拥堵交通量(average daily not congestion traffic，ADNCT)。此 3 个指标的计算公式分别为

$$\mathrm{ADCT}=\frac{c_1+\cdots+c_i+\cdots+c_n}{n} \tag{11.1}$$

$$\mathrm{ADNCT}=\frac{f_1+\cdots+f_i+\cdots+f_n}{n} \tag{11.2}$$

$$\mathrm{ADT}=\frac{v_1+\cdots+v_i+\cdots+v_n}{n}=\mathrm{ADCT}+\mathrm{ADNCT} \tag{11.3}$$

式中，$v_i$ 为研究区段内第 $i$ 天的交通量，$i=1,2,\cdots,n$，veh/d；$c_i$ 为第 $i$ 天的拥堵流量(以 40km/h 为阈值区分拥堵流与非拥堵流)，$i=1,2,\cdots,n$，veh/d；$f_i$ 为第 $i$ 天的非拥堵流量 $i=1,2,\cdots,n$，veh/d。显然，$v_i=c_i+f_i$。

使用拥堵指数(congestion index，CI)来衡量每个研究路段的整体拥堵水平，计算公式如下：

$$\mathrm{CI}=\frac{\text{自由流速度}-\text{实际速度}}{\text{实际速度}} \tag{11.4}$$

式中，自由流速度在上海市快速路系统内被设为 80km/h；实际速度为实际获取的

路段交通流平均速度(根据流量加权)。显然,CI 的值越高,路段的拥堵情况越严重。

进一步考虑路段的汇入与汇出影响,所使用的指标为入比(MR)和出比(DR),其计算公式分别为

$$MR=\frac{\text{on ramp ADT}}{\text{mainline ADT}} \tag{11.5}$$

$$DR=\frac{\text{off ramp ADT}}{\text{mainline ADT}} \tag{11.6}$$

式中,on ramp ADT 为入匝道日均交通量;off ramp ADT 为出匝道日均交通量;mainline ADT 为主线日均交通量。显然,MR 和 DR 的值越大,表征该路段所受到的汇入或汇出影响越大。

除事故数据与交通流数据外,道路的几何设计数据,包括长度、车道数、每公里转角(CA)等可基于地理信息系统提取。道路宽度由于需要更为精确的数值,在道路养护时间内采用人工测量的方法获取。同时,为了反映汇入和汇出的影响,本模型还纳入了匝道密度(RD)的影响。一般来说,匝道的影响范围是其上、下游 500m。因此,将 RD 定义为在路段中点前后 1km 内的匝道数量。进一步考虑到匝道数与其密集程度并非线性关系,将 RD 转化为 0～1 哑形变量。当 1km 内匝道数量小于 3 时,匝道密度小,RD 设为 0;反之匝道密度大,RD 设为 1。

表 11.1 列出了 2010 年 10 月 1 日～2013 年 9 月 30 日研究时段模型回归中变量的均值、最小值、最大值和方差。

**表 11.1 模型回归中的变量统计**

| 变量 | 描述 | 均值 | 最小值 | 最大值 | 方差 |
|---|---|---|---|---|---|
| 事故数/起 | 年平均事故 | 96.5 | 2 | 433 | 100.8 |
| 非拥堵事故数/起 | 非拥堵环境下年平均事故 | 33.1 | 1 | 214 | 37.09 |
| 拥堵事故数/起 | 拥堵环境下年平均事故 | 63.4 | 0 | 370 | 78.83 |
| 安全影响因素 | — | — | — | — | — |
| CA/[(°)/km] | 每公里转角 | 24.7 | 0 | 166.3 | 29.6 |
| MR | 汇入比 | 0.13 | 0 | 0.57 | 0.16 |
| DR | 汇出比 | 0.14 | 0 | 0.65 | 0.16 |
| CI | 拥堵指数 | 0.33 | 0 | 1.06 | 0.23 |
| ALW/m | 平均车道宽度 | 3.43 | 2.87 | 3.91 | 0.28 |
| 车道数 | — | 3.35 | 2 | 6 | 0.89 |
| ADT/(veh/d) | 日均交通量 | 68797 | 23443 | 147849 | 23810 |
| ADNCT/(veh/d) | 日均非拥堵交通量 | 55990 | 12385 | 104410 | 17224 |

续表

| 变量 | 描述 | 均值 | 最小值 | 最大值 | 方差 |
|---|---|---|---|---|---|
| ADCT/(veh/d) | 日均拥堵交通量 | 12807 | 10 | 48077 | 12132 |
| 路段长度/m | — | 953.4 | 133 | 2400 | 519.0 |
| 0～1 哑形变量 | 描述 | 频次(变量=1) | | 占比(变量=1) | |
| RD | 匝道密度 | 77 | | 46% | |
| 南北快速路 | 该路段是否位于南北快速路上,是,RD=1;否,RD=0 | 37 | | 22% | |
| 内环快速路 | 该路段是否位于内环快速路上,是,RD=1;否,RD=0 | 42 | | 25% | |
| 中环快速路 | 该路段是否位于中环快速路上,是,RD=1;否,RD=0 | 60 | | 36% | |
| 延安快速路 | 该路段是否位于延安快速路上,是,RD=1;否,RD=0 | 28 | | 17% | |

Spearman 系数检验结果显示,除 RD 与路段长度间关联性大于 0.5,体现较强的关联性外,其他变量间均不体现明显的关联性。考虑到路段长度与 RD 同时作为变量不利于影响因素的分析,且 RD 可以很好地表征匝道出入交通流导致的交互混杂因素,因此本节在初始回归模型中保留 RD,并另外给模型施加一个约束条件,将路段长度作为纯粹的暴露变量参与回归,即其回归的参数被定为 1。

### 11.2.3 模型建立

本章的研究对象为以入匝道分割的同质路段,假设同一路段差异性较小,但是相邻路段仍存在一定的空间关联性。例如,路段线性是一个渐变过程,相邻路段的转角较小,其交通状态波动幅度不大。因此,本章所选取的模型既考虑了事故的随机性特征,又考虑了主线的空间相关性特征。

交通事故是小概率随机事件,事故频率具有非负性、离散性、非正态分布等特点,因此传统的线性回归模型不能有效地拟合这类数据,而泊松分布及负二项分布是适合此类数据特性的模型。泊松模型是最基础的计数模型,但其假设数据均值与方差相等,即均匀离散;而事故数据常出现过度离散现象,即方差远大于均值,负二项模型能很好地处理事故数据过度离散的问题,故本节选用负二项模型。其函数表达式一般有以下两种情形:

一是被预测量与解释变量呈线性关系，即

$$\mu_i = \exp(\beta_0 + \beta_1 x_{i1} + \cdots + \beta_j x_{ij}) \tag{11.7}$$

二是被预测量与解释变量的对数呈线性关系，即

$$\mu_i = \beta_0 x_{i1}^{\beta_1} x_{i2}^{\beta_2} \cdots x_{ik}^{\beta_k} \tag{11.8}$$

根据已有研究，日均交通量的对数与事故数呈线性关系；路段长度通常作为纯粹的暴露变量参与回归，其回归的参数被提前设定为 1，从而结合式(11.7)、式(11.8)，则可得到事故数负二项表达式：

$$\mu_i = x_{i0} x_{i1}^{\beta_1} \exp(\beta_0 + \beta_2 x_{i2} + \cdots + \beta_j x_{ij}) \tag{11.9}$$

式中，$\beta_0$、$\beta_j$ 为待估参数系数；$x_{i0}$ 为长度值；$x_{i1}$ 为日交通量值；其他的 $x_{ij}$ 为各个解释变量。

在考虑路段的空间相关性特征时，由于路段的交通流特征不仅与相邻的路段相关，而且与邻近的一系列路段都有所联系，并且距离越远，空间关系越弱。将这种关系用多元正态分布的协方差矩阵可表示为

$$\omega_{ij} = \exp(-\tau_d d_{ij}) \tag{11.10}$$

式中，$\omega_{ij}$ 为多元正态分布的协方差矩阵中的因子；$d_{ij}$ 为路段 $i$ 与路段 $j$ 中点间的道路距离；$\tau_d$ 为控制空间关系随距离衰减速度的参数 $\tau_d > 0$，$\tau_d$ 越大，衰减越快，路段的影响距离也就越小。从数据中通常无法很好地确定 $\tau_d$ 的大小，经过尝试后可以得到先验分布 $\tau_d \sim \text{uniform}(0.0005, 0.005)$ 下模型的表现最好。

综上所述，在模型中引入条件自回归项反映空间关联，事故数仍然符合负二项分布，即在连接函数中加入一个空间随机影响项，即表达式为

$$\mu_i = x_{i0} x_{i1}^{\beta_1} \exp(\beta_0 + \beta_2 x_{i2} + \cdots + \beta_j x_{ij} + \varphi_i) \tag{11.11}$$

式中，$\varphi_i$ 服从如下先验分布：

$$\varphi_i \sim N(\bar{\varphi}_i, 1/\tau_i) \tag{11.12}$$

$$\bar{\varphi}_i = \frac{\sum_{i \neq j} \varphi_i \omega_{ij}}{\sum_{i \neq j} \omega_{ij}} \tag{11.13}$$

$$\tau_i = \frac{\tau_c}{\sum_{i \neq j} \omega_{ij}} \tag{11.14}$$

式中，$\tau_c$ 为自回归模型的精度参数。

### 11.2.4 安全影响因素模型

安全影响因素模型的回归结果见表 11.2。

表 11.2　安全影响因素模型回归结果

| 变量 | 均值 | 方差 |
|---|---|---|
| 截距 | −12.70** | 1.48 |
| CA/[(°)/km] | −0.0011 | 0.0021 |
| MR | 0.9140** | 0.4358 |
| DR | 0.0934 | 0.2395 |
| CI | 3.0940** | 0.4100 |
| ALW/m | −0.0645 | 0.1256 |
| 车道数 | −0.0010 | 0.0839 |
| ln(ADT) | 0.8680** | 0.1400 |
| RD | 0.1558* | 0.1268 |
| 南北快速路 | 0.0504 | 0.1268 |
| 内环快速路 | 0.003412 | 0.128800 |
| 中环快速路 | −0.2536* | 0.1998 |

* 表示该变量在 90%置信水平下显著。

** 表示该变量在 95%置信水平下显著。

由上述模型回归结果可知，影响事故风险的最显著因素(在 95%置信水平下显著)主要有日均交通量(ADT)、拥堵指数(CI)及汇入比(MR)。最后所构建出的事故预测模型为

$$y_i = \text{LM} \times \text{ADT}^{0.8060} e^{(-12.700 + 3.0940\text{CI} + 0.9140\text{MR})} \tag{11.15}$$

各显著变量的意义如下：事故数随着主线流量的增加而增加，这个结论与国外研究结论完全一致。CI 与事故数呈显著正相关，与国外研究结论一致。当交通处于拥堵状态时，频繁换道及走走停停驾驶模式潜在增加了冲突和事故的发生。MR 的系数为正值，表明随着汇入交通量的增加，快速路主线安全风险增加。主要是因为一方面汇入速度与主线的速度不同；另一方面，汇入行为的复杂性导致冲突和事故风险增加。

### 11.2.5　拥堵、非拥堵环境安全影响因素模型

在上述安全影响因素模型中，CI 为一个重要的显著影响因素。也就是说，在快速路系统中，拥堵与非拥堵环境下事故的机制很可能不同。为了更清晰地认知交通环境对事故作用机制的影响，以及为实时的管理控制提供依据，本节将分别构建拥堵环境与非拥堵环境下的安全影响因素模型。所采用的建模方法与此前一致，不再赘述。在两个模型中，交通流暴露变量分别设置为 ADCT 和 ADNCT。由于 CI 考虑的是路段的整体拥堵情况，不再在两个模型中考量。其他所使用变

量均无变化。模型的回归结果见表 11.3。

**表 11.3 拥堵、非拥堵环境安全影响因素模型回归结果**

| 模型变量 | 非拥堵环境 | | 拥堵环境 | |
|---|---|---|---|---|
| | 均值 | 方差 | 均值 | 方差 |
| 截距 | −8.723** | 3.004 | −7.923** | 0.737 |
| CA | 0.00109 | 0.00224 | −0.00050 | 0.0021 |
| MR | 1.2710** | 0.4521 | 1.5180** | 0.4141 |
| DR | 1.4090** | 0.4060 | 0.070 | 0.2304 |
| ALW | −0.3680 | 0.2722 | −0.0417 | 0.1474 |
| 车道数 | −0.0041 | 0.0849 | 0.1025 | 0.1018 |
| ln(ADNCT)或 ln(ADCT) | 0.5676** | 0.2123 | 0.5330** | 0.0374 |
| RD | 0.3743** | 0.1440 | 0.1814* | 0.1359 |
| 南北快速路 | 0.1199 | 0.1691 | 0.4256** | 0.2092 |
| 内环快速路 | 0.1140 | 0.2070 | −0.1152 | 0.1819 |
| 中环快速路 | −0.4939** | 0.2188 | −0.0626 | 0.1679 |

* 表示该变量在 90%置信水平下显著。

** 表示该变量在 95%置信水平下显著。

在对比中，最值得关注的是在两个模型中显现出差异影响的变量。这其中，DR 在非拥堵环境模型中展现出了正向的影响，也就是说，非拥堵环境下，汇出行为的增多会增大事故风险。这一现象显然与自由流下的高车速紧密相关。在高车速下，后车驾驶员的反应时间缩短，从而导致前车高风险汇出行为，如出匝道处的突然变道或刹车等，对后车的行车安全产生更大的影响。

为了更详尽地比较 DR 和 MR 在两个模型中的影响程度，需要进行弹性分析。弹性表征了因变量对于一个自变量变化响应的一种测度，即自变量变化一定程度后，因变量能够随之发生多大的变化，通常用于检验各个自变量的边际效应。在安全研究中，它用于研究各个变量对事故数的作用程度，即变量变化 1%，预测的事故率的变化百分比。弹性的定义式如下：

$$E(y)=\frac{\partial\lambda}{\partial x}\frac{x}{\lambda} \tag{11.16}$$

可转化为

$$E(y)=\beta x \tag{11.17}$$

式中，$E(y)$为模型计算得出的年均事故数；$x$ 为变量的平均值；$\beta$ 为变量的回归系数。

由于样本中 MR 和 DR 的最大值均小于 0.5，弹性分析范围定为 0～0.5。弹性分析的结果如图 11.5 和图 11.6 所示。从图中可以看到，MR 在两个模型中表现出类似的弹性影响，而 DR 则表现出显著不一致的弹性影响。图 11.5 中，当 DR 从 0 增加到 0.5 后，期望的非拥堵事故数从 27 增加到 55。也就是说，随着汇出车辆的增加，非拥堵环境下的事故风险会十分迅速的增加。与此同时，图 11.6 显示，随着 DR 的增加，期望的拥堵事故数并未发生大变化，也就是说，拥堵环境下的事故受汇出影响不大。相反，随着 MR 的增加，图中的期望事故数均发生了显著的变化。这其中，非拥堵事故的增加更为显著，表现了汇入行为对非拥堵环境的严重影响。

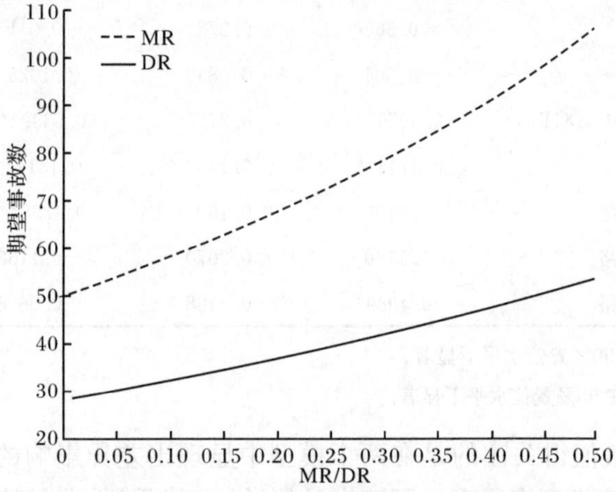


图 11.5　MR 和 DR 对非拥堵环境的弹性影响

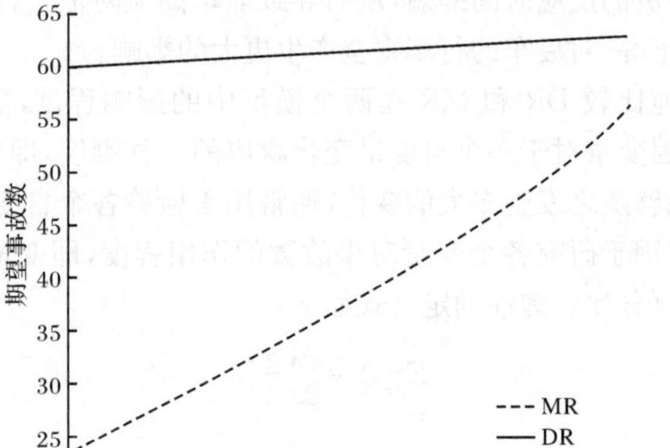


图 11.6　MR 和 DR 对拥堵环境的弹性影响

除显著变量外，在两个模型中影响相异的非显著变量同样值得关注。CA 在非拥堵环境模型中表现为正影响，而在拥堵环境模型中表现为负影响。这表明在拥堵环境下，平曲线事实上帮助司机提升了注意力，降低事故发生的风险。车道数与 CA 的影响恰恰相反。在拥堵环境下，更多的车道鼓励了车辆的换道行为，从而增加了事故风险。然而由于相邻车道的车辆行为对本车道也会产生影响，非拥堵环境下，换道行为较少，车道数减少会增加司机受相邻车道影响的频率，从而导致事故风险上升。

随着智能交通系统的发展，许多城市快速路都应用了可变信息板系统，用于帮助驾驶员实时了解路网的交通情况。基于本节所识别出的拥堵、非拥堵环境下的城市快速路安全影响因素，可变信息板中同样可以展示路段实时的安全情况，从而实现对快速路交通流的运行安全管理。例如，DR 在非拥堵环境下会增大路段的事故风险，因此，在拥堵环境下汇出比大的路段不仅标记为高延误区域，也应标记为高事故风险区域，从而增强驾驶员的警惕，进而提升区域安全水平。另外，基于汇入与汇出行为对快速路安全水平有极大的影响，也可根据其在模型中表现出的影响大小，实施更为具体和有针对性的匝道控制及管理措施。

通过对上海市快速路系统中事故的建模分析结果，本章给出了影响城市快速路系统安全的主要因素，并建立了事故预测模型。结果表明，汇入与汇出行为对快速路的安全水平具有显著影响。更为重要的是，通过分别建立模型，研究了拥堵环境与非拥堵环境下影响因素的差异，从而使实施更具有针对性的实时运行安全管理措施成为可能。

## 11.3 基于风险评估的事故黑点识别方法

在城市快速路系统的安全管理体系中，重要的是识别系统内的交通事故黑点，并有针对性的实施重点管控。通过黑点识别，能够更有效地分配资源，有针对性地进行改善和治理，从而显著地减少事故发生，提高道路的交通安全管理水平。

由于在城市快速路系统中，事故与拥堵之间存在很强的关联性。在大流量下，事故的发生不仅导致涉事车辆本身的损失，也可能导致断面失效，对交通效率有极大的影响。在考虑事故造成的后果、识别事故黑点的过程中，不能忽略此类拥堵对社会造成的影响。在本节的研究中，将事故发生视作一种风险，共同考虑事故发生概率、直接财产损失与社会拥堵损失，建立了归一化的事故黑点评估体系[24]。

### 11.3.1 基于风险评估的事故黑点识别方法研究概述

关于事故黑点识别(hotspot identification，HID)的研究有很多，常用的方法包括依据事故数[25]或事故率[26]的简单排序法、置信区间法、安全可提高空间法及经验贝叶斯法(empirical Bayes,EB)。依据历史事故数据的简单排序法不能消除事故的随机性[27],这种随机性在道路安全中被称为事故数的回归均值现象(regression to the mean,RTM)。

为了解决简单排序法所存在的问题,Hauer 等[28]提出了经验贝叶斯法,通过建模研究事故数与设施几何特性、交通特征、环境因素等的关系,并将回归模型得到的事故数与观测事故数结合得出事故期望,解决观测事故数随机波动的问题。Cheng 和 Washington[29]使用实验得到的模拟交通数据,对比分析了简单排序法、置信区间法及经验贝叶斯法,相较于另外两种方法,经验贝叶斯方法效果最好。

与依据绝对事故数或事故率的简单排序法相比,安全可提高空间(potential for safety improvement,PSI)[30]考虑了相似对象的事故均值,更适合作为判定黑点的指标。安全可提高空间是指某地点的事故期望值与类似地点平均事故期望值之间的差值,如果该差值大于零,那么事故肯定由该地点的相关特征所引起,采取一定的改善措施可以将这部分超出的事故降低到平均值。Persaud 等[31]研究发现,以事故减少潜能为评价指标,全贝叶斯安全可提高空间法优于经验贝叶斯法。王雪松等[32]基于全贝叶斯安全可提高空间法判别上海市事故多发信号控制交叉口,并与事故绝对数法、经验贝叶斯法、全贝叶斯法、全贝叶斯安全可提高空间法的判别结果进行对比,发现全贝叶斯安全可提高空间法最优。

等效物损法(equivalent property damage only,EPDO)是依据事故后果的严重程度,将事故按照仅有财产损失(property damage only,PDO)、受伤及致命三类分别计数,并根据其造成直接经济损失的不同而赋予不同的权重系数。Tarko 和 Kanodia[33]在运用等效物损法的同时,对不同的事故类型分别建立相应的事故数回归模型,但此方法会随着事故类型的增多而需要建立更多的回归模型。Ma 等[14]提出了同时考虑事故严重程度及事故数的多元泊松对数正态模型,但因该模型过于复杂而很难运用于实践中。

综上所述,目前的事故黑点判别方法主要依赖于事故本身,即从事故数和事故后果严重程度(人身伤害及财产损失)两方面来判别事故黑点,而忽略了事故本身对交通流运行产生的影响,但实际上由事故造成的非常发性延误及经济损失往往是巨大的且不容忽视的。

另外,近来量化风险评估(quantitative risk assessment,QRA)理论已被广泛应用于交通系统的安全评估。Meng 等[34]运用 QRA 对城市道路隧道交通流运行风险进行评估;Tu 等[35]运用风险评估方法对高速公路行程时间可靠性进行建模。基于风险评估理论,本章提出的安全风险评估模型不仅考虑了事故数及事故严重程度,还考虑了事故所造成的非常发性拥堵。

### 11.3.2 数据来源

本节以上海市快速路系统为研究对象，选取了南北高架、内环、中环、延安高架内同时布置有交通流检测线圈和事故监控系统的路段进行安全态势分析。

交通安全态势分析主要涉及两部分基础数据：一部分是主线事故数据；一部分是主线交通流检测数据，这两部分数据的采集主要是从上海市城市快速路监控中心的数据库进行提取。2005 年建设完成的交通信息采集系统接入上海市快速路监控中心，覆盖了上海城市高架快速路网。分车道埋设的感应线圈能够全天提供 20s 间隔的实时交通流数据；设在快速路周围高层建筑顶端的电子监控设备可以 24h 实时记录快速路上事件发生的详细信息。

事故数据记录时间从 2010 年 4 月 1 日～2013 年 9 月 30 日共三年半，数据内容包括事故发生的路段、事故处理开始时间、事故处理结束时间、事故类型、影响车道、天气情况、交通流状态等信息，其中事故发生的路段也是以匝道为标准来划分的；事故类型包括单车抛锚、货物抛洒、单车碰撞、两车碰撞、多车碰撞及其他共 6 类。

交通流检测数据为 2010～2011 年上海市快速路的感应线圈数据，数据内容包括以车道为基础的断面流量、平均速度和占有率，数据采集间隔为 20s。

### 11.3.3 事故特征分析

图 11.7 和图 11.8 分别为上海市中心城区快速路路段年均事故数的降序直方图及空间分布图。图 11.7 中的虚线为路段的年平均交通事故数(97 起)，相当于每周平均发生 1.87 起。从图 11.7 及图 11.8 可以看出，路段间的事故数有很大的离散度，事故发生频率最高的路段是南北高架西侧洛川路入匝道—共和立交入匝道，年均事故高达 433 起，平均每天发生 1.19 起事故；而事故发生频率最低的路段为中环内侧北翟路立交出匝道—天山西路入匝道，年平均事故数仅为 2 起。

就城市快速路而言，事故多发于高峰时段，且发生事故时的路段流量高、速度低。相较而言，发生严重人员伤亡事故的概率较低，其所造成的拥堵延误损失却不容忽视。特别是对于出入匝道间距较短，汇入、汇出瓶颈高度关联的快速路，一起轻微的事故就可导致较长区域内的多关联瓶颈阻塞。

目前，国内外大多数针对快速路或高速公路的研究都将交通事故后果分为致命的(fatal crash)、受伤的(injury crash)及财产损失(property damage only)三大类，传统上的事故黑点识别方法也主要依赖于事故本身，即从事故数、事故率和事故后果严重程度(如人身伤害、财产损失等)等方面来进行事故黑点判别，却忽略了事故对交通流运行所带来的影响。故本节提出了一种新的用于城市快速路的事故黑点识别方法——基于安全风险评估的黑点识别法，该方法既考虑了交通事

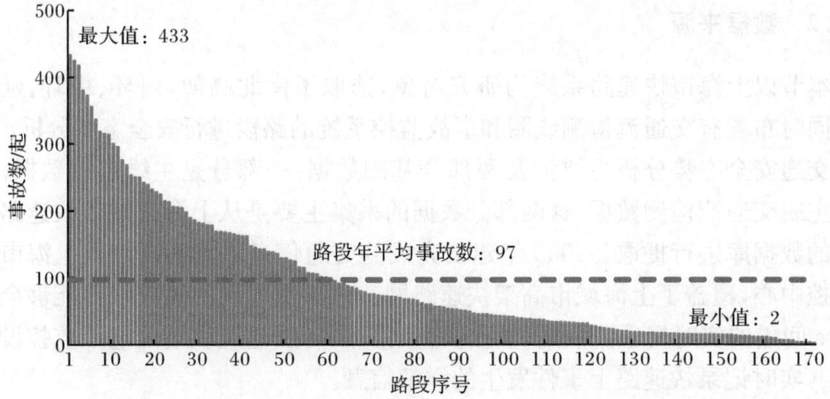


图 11.7　上海市中心城区快速路路段年均事故数的降序直方图

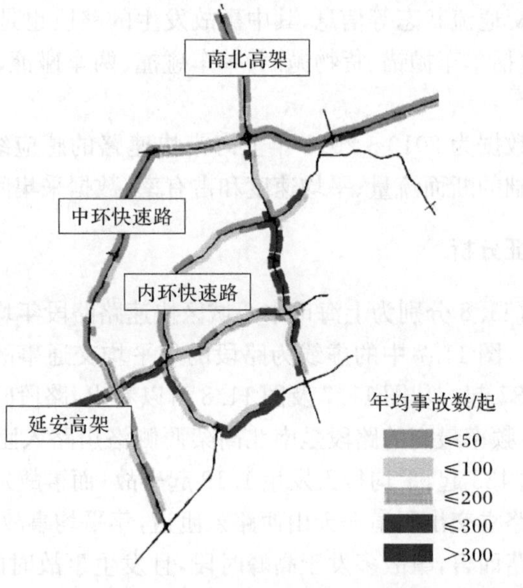


图 11.8　上海市中心城区快速路路段年均事故数空间分布图

故数，又考虑了交通事故所造成的直接后果（人身伤害、财产损失）及对快速路交通流运行所造成的间接后果（延误）。通过该方法可以准确识别高风险路段即事故黑点，进而使交通管理部门对黑点路段或区域进行重点交通管控及工程改善，同时保证快速路更加舒适、安全、高效地运行。

### 11.3.4　风险评估方法

风险评估方法已被广泛应用于事故风险和自然灾害风险的建模中。若要对风险进行定量化评估，就需要计算有关风险 $R$ 的两个部分：一个是潜在损失 $L$；另一个是损失可能发生所对应的概率 $p$，风险 $R$ 的通用量化公式为

$$R_i = L_i p(L_i) \tag{11.18}$$

式中，$i$ 为风险 $R$ 的序号。

本章将路段发生事故的随机性看作风险，风险所带来的潜在损失即事故后果主要包括直接损失和间接损失两个部分，其中直接损失包括事故本身对特定的驾驶员以及车辆、道路基础设施所造成的人身伤害和财产损失，间接损失包括事故间接造成的交通拥堵(非常发性延误)，并且两部分损失都转化为费用来表示；损失发生的可能性即事故发生的概率可通过对路段可能发生的事故数进行估计来表示。

### 11.3.5 安全风险评估模型

假设将要进行安全风险评估的路段总数为 $m$，事故类型总数为 $l$，路段 $i(i=1,2,\cdots,m)$ 的事故数估计值 $N_i$ 可以看作损失概率 $p$，且假设 $N_i$ 服从统一的根据历史事故数据得到的事故发生时间和类型分布。对于某一确定的路段 $i$ 而言，每一起事故所发生的时间段 $t(t=1,2,\cdots,24)$ 以及事故类型 $s(s=1,2,\cdots,l)$ 可通过蒙特卡罗抽样法来确定，且由于每起事故所造成的事故后果因发生的时段 $t$ 及所属类型 $s$ 的不同而不同，故潜在损失 $L$ 可表示为不同时段 $t$ 和不同类型 $s$ 事故后果的数学期望值。建模步骤如图 11.9 所示。

步骤 1　事故发生概率的确定。

经验贝叶斯法因同时运用观测与预测事故数来对路段的长期事故数进行估计，有效地克服了观测事故数的短期波动问题，即回归均值现象，故在事故黑点识别中得到广泛运用。

对于快速路某个确定的路段 $i$ 而言，事故发生的概率可通过式(11.19)来确定：

$$N_i = \beta \widetilde{N}_i + (1-\beta)\overline{N}_i \tag{11.19}$$

$$\beta = \frac{1}{1+(\widetilde{N}_i/k)} \tag{11.20}$$

式中，$\widetilde{N}_i$ 为路段 $i$ 的事故数预测值；$\overline{N}_i$ 为路段 $i$ 的事故数观测值，可通过历史事故数据得到；$\beta$ 为权重调整系数；$k$ 为负二项系数，也称为离散系数的倒数。

预测事故数 $\widetilde{N}_i$ 可通过建立相应的事故预测模型(crash prediction model, CPM)来获得，即对事故数与交通量、路段的几何特性、环境因素等建模。$k$ 对于给定的 CPM 而言是个常数，可通过在 CPM 的校正过程中运用最大似然函数的方法求出。

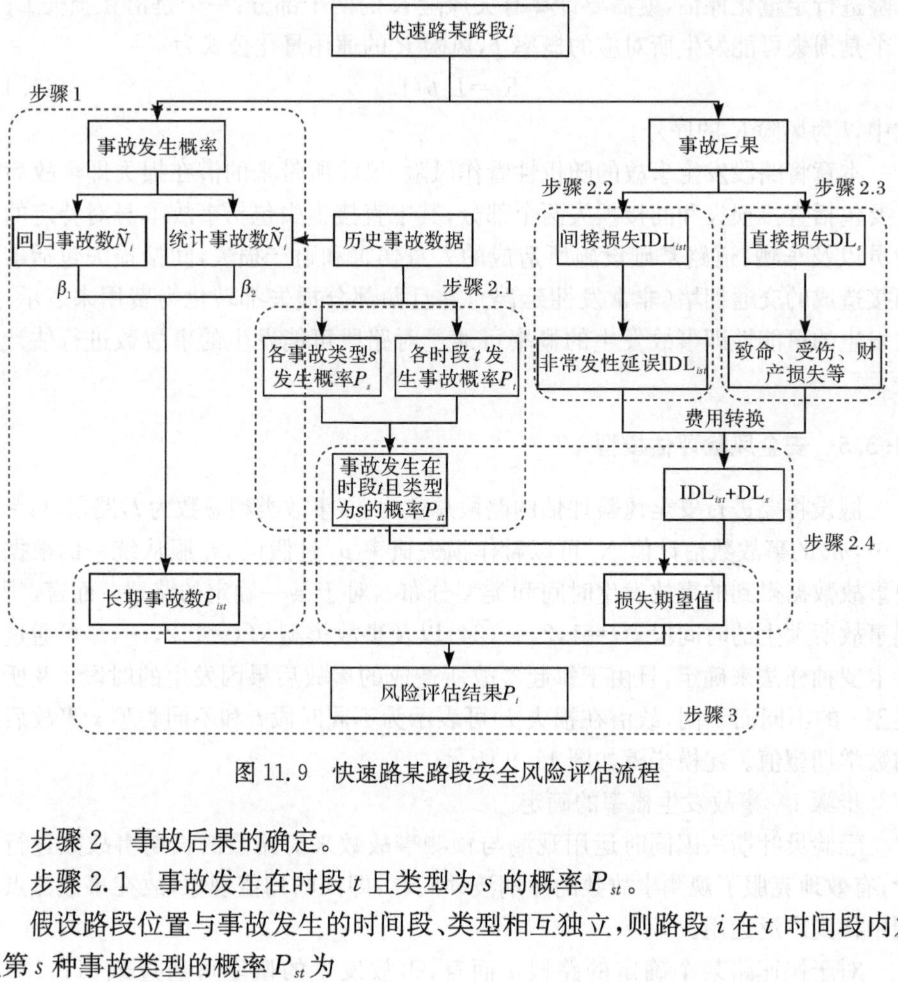


图 11.9　快速路某路段安全风险评估流程

步骤 2　事故后果的确定。

步骤 2.1　事故发生在时段 $t$ 且类型为 $s$ 的概率 $P_{st}$。

假设路段位置与事故发生的时间段、类型相互独立，则路段 $i$ 在 $t$ 时间段内发生第 $s$ 种事故类型的概率 $P_{st}$ 为

$$P_{st}=P_sP_t,\quad s=1,2,\cdots,l;\quad t=1,2,\cdots,24 \tag{11.21}$$

式中，$P_s$ 为事故类型 $s$ 发生的概率；$P_t$ 为 $t$ 时段发生事故的概率。$P_s$ 与 $P_t$ 均可由历史事故数据分别作事故类型频率分布图（图 11.2）和事故发生频率分布图（图 11.1）而近似得到。$P_{st}$ 的分布确定之后，由步骤 1 计算得到的路段事故数预测值 $N_i$，便可据此运用蒙特卡罗随机抽样方法确定事故发生的时间及类型。

步骤 2.2　间接损失 $IDL_{ist}$ 的计算。

关于事故所造成的非常发性延误的计算，国外针对高速公路在这方面的研究较早，大致可分为以下四类方法：基于排队理论方法、冲击波理论方法、启发式方法及仿真方法。本节采用基于排队理论方法。

基于排队理论方法的基础是假设事故发生前后事故发生地上游车辆的到达和离开曲线呈阶段线性趋势，其车辆累计到达与离开示意图如图 11.10 所示。

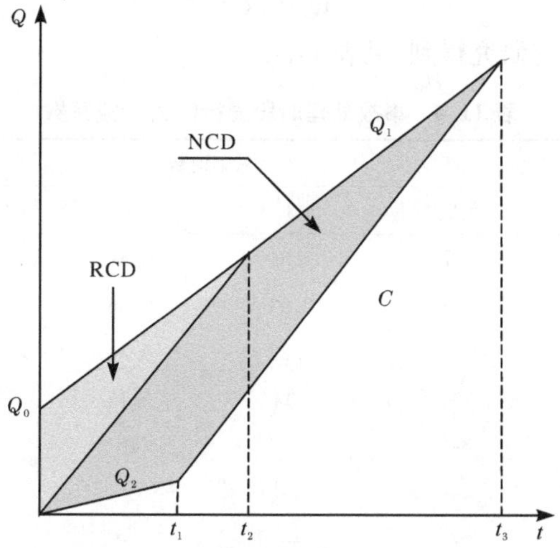


图 11.10 车辆累计到达与离开示意图

在图 11.10 中，NCD 为非常发性拥堵延误；RCD 为常发性拥堵延误；$t_1$ 为事故处理时间，仅包括事件响应和事件清除时间，不包括事故发现和消散恢复时间；$t_2$ 为常发性拥堵时间；$t_3$ 为事故持续总时间；$Q_0$ 为当前路段排队车辆；$Q_1$ 为上游车辆到达率；$Q_2$ 为事故处理时段的消散流率；$C$ 为事故清除后路段消散流率，本章取通行能力值。

### 1. 当前路段排队车辆 $Q_0$

当前路段排队车辆 $Q_0$ 可通过路段行驶时间与路段断面检测流量得到，即

$$Q_0 = \frac{L}{\bar{v}}\overline{Q}_i \tag{11.22}$$

式中，$L$ 为路段长度；$\bar{v}$ 为路段平均行驶速度；$\overline{Q}_i$ 为路段所有检测器的平均流量。

### 2. 上游车辆到达率 $Q_1$

上游车辆到达率 $Q_1$ 是随时间变化而变化的，可由所研究路段的上游线圈数据得到。

### 3. 事故处理时段的消散流率 $Q_2$

交通事故导致通行能力部分损失，该损失取决于路段总车道数及事故影响车道数，其中事故影响车道数是在假设其仅与事故类型有关的基础上，通过历史事故数据分类统计得到的。因此，事故处理时段的消散流率 $Q_2$ 等于路段通行能力 $C$ 乘以折减系数 $k$，即

$$Q_2=kC \tag{11.23}$$

式中，$k$ 根据国外已有研究得到，见表 11.4。

**表 11.4　事故处理时段通行能力折减系数**

| 事故影响车道数 | 总车道数 | | | | | |
|---|---|---|---|---|---|---|
| | 1 | 2 | 3 | 4 | 5 | 6 |
| 0 | 0.45 | 0.75 | 0.84 | 0.89 | 0.93 | 0.93 |
| 1 | 0 | 0.32 | 0.53 | 0.56 | 0.75 | 0.75 |
| 2 | — | 0 | 0.22 | 0.34 | 0.50 | 0.50 |
| 3 | — | — | 0 | 0.15 | 0.20 | 0.20 |
| 4 | — | — | — | 0 | 0.10 | 0.10 |
| 5 | — | — | — | — | 0 | 0.10 |
| 6 | — | — | — | — | — | 0 |

4. *事故清除后路段消散流率*

在运用确定性排队理论方法计算车辆非常发性延误时，首先假设路段事故清除后，车辆以路段通行能力进行消散，本章均通过绘制流量-速度曲线来确定通行能力。

5. *总事故持续时间及非常发性拥堵延误*

由图 11.10 可得事故持续总时间 $t_3$：

$$t_3=\frac{Q_0+(C-Q_2)t_1}{C-Q_1} \tag{11.24}$$

从而得出事故造成的非常发性拥堵延误为

$$\text{NCD}=\frac{(Q_1-Q_2)(C-Q_2)t_1^2+2Q_0(C-Q_2)t_1}{2(C-Q_1)} \tag{11.25}$$

车均延误为

$$d=\frac{\text{NCD}}{Q_1t_3+Q_0} \tag{11.26}$$

本章将发生在时段 $t$ 且类型为 $s$ 的事故所造成的非常发性拥堵延误 $\text{NCD}_{ist}$ 根据当地居民人均收入，按一年 365 天、每天 8 小时工作时间折算。计算公式为

$$\text{IDL}_{ist}=\text{NCD}_{ist}\frac{c}{365\times8\times3600} \tag{11.27}$$

式中，$\text{NCD}_{ist}$ 为非常发性拥堵延误，s；$c$ 为人均收入，元。

步骤 2.3　直接损失 $\text{DL}_s$ 的计算。

本章用到的事故数据无事故严重程度这一项，但根据 11.1 节对快速路事故

特征的分析可知,大部分为轻微事故且仅有财产损失,故假设交通事故所造成的直接损失(包括人身伤害和财产损失等)只与事故类型 $s$ 有关,而与事故发生的路段 $i$、时段 $t$ 无关,且不同事故类型 $s$ 所造成的直接损失应依据当地的交通安全法规及经济发展水平来确定。

步骤 2.4 损失的期望值计算。

综合步骤 2.1~步骤 2.3,便可计算路段 $i$ 上不同时段 $t$ 和事故类型 $s$ 后果的数学期望值,即

$$\sum_{s=l}^{l}\sum_{t=1}^{24}(\mathrm{IDL}_{ist}+\mathrm{DL}_{s})P_{st} \tag{11.28}$$

步骤 3 风险的评估结果。

综合步骤 1 的事故发生概率和步骤 2 的事故发生后果便可得路段 $i$ 的最终风险评估结果 $R_i$,即

$$R_i=N_i\sum_{s=l}^{l}\sum_{t=1}^{24}(\mathrm{IDL}_{ist}+\mathrm{DL}_{s})P_{st},\quad i\in m \tag{11.29}$$

式中,$N_i$ 为路段 $i$ 的事故数估计值;$\mathrm{DL}_s$、$\mathrm{IDL}_{ist}$ 分别为路段 $i$ 在 $t$ 时段内发生事故类型 $s$ 造成的直接损失和间接损失,元;$P_{st}$ 为事故发生在时段 $t$ 且事故类型为 $s$ 的概率。

## 11.3.6 案例及结果分析

1. 案例计算

由于本章所用到的事故及交通流检测数据均来源于上海市快速路信息采集系统,故运用本章提出的安全风险评估模型来对上海市快速路进行事故黑点识别。

以相邻出入匝道为分段标准,上海市中心城区快速路的总路段数 $m$ 为 167,事故类型总数 $l$ 取 3,即主要考虑单车、两车及多车碰撞,并用 $s=1$、2、3 分别表示。由于上海市快速路路段 0:00~5:00 多处于养护阶段,流量较低,事故发生时段 $t$ 取 6:00~24:00。

步骤 1 事故发生概率的确定。

对于某一确定的路段 $i$ 而言,$\overline{N}_i$ 可通过历史事故数据得到,如图 11.7 所示,$\widetilde{N}_i$ 可通过建立基于经验贝叶斯法的条件自回归负二项模型求得。经验贝叶斯法具有灵活自由的分层特性,能够很好地反映随机变量间的空间相关性,负二项模型又可以很好地处理事故数据过度离散的问题,因此事故预测模型可通过式(11.30)表达:

$$\widetilde{N}_i = \text{LM} \times \text{ADT}^{0.8060} \mathrm{e}^{(-12.700+3.0940\text{CI}+0.9140\text{MR})} \tag{11.30}$$

式中，LM 为相邻匝道间的路段长度，m；ADT 为路段的日均交通量，veh/d；CI 为拥堵指数；MR 为汇入比。

$N_i$ 可通过式(11.19)和式(11.20)计算得到，其中 $\beta$ 取 0.283，计算结果如图 11.8 所示。

步骤 2　事故后果的确定。

步骤 2.1　事故发生在时段 $t$ 且事故类型为 $s$ 的概率 $P_{st}$。

结合图 11.1 及图 11.2，可以确定事故发生在不同时段 $t$ 的概率 $P_t$，同时单车、两车及多车的碰撞概率分别为 87%、12% 和 1%。$P_{st}$ 可通过式(11.21)计算得到。

步骤 2.2　间接损失 $\text{IDL}_{ist}$ 的计算。

非常发性拥堵延误 $\text{NCD}_{ist}$ 的值可通过基于确定性排队理论方法求得，同时为了验证该方法的准确性，现以内圈镇坪路出匝道至沪太路出匝道路段发生的一起事故为例进行延误计算，然后与实际影响时间进行对比。

该路段全长 2.3km，包括两个车道，共布设 6 组线圈检测器，检测器编号为 41～46，其线圈布置如图 11.12 所示。

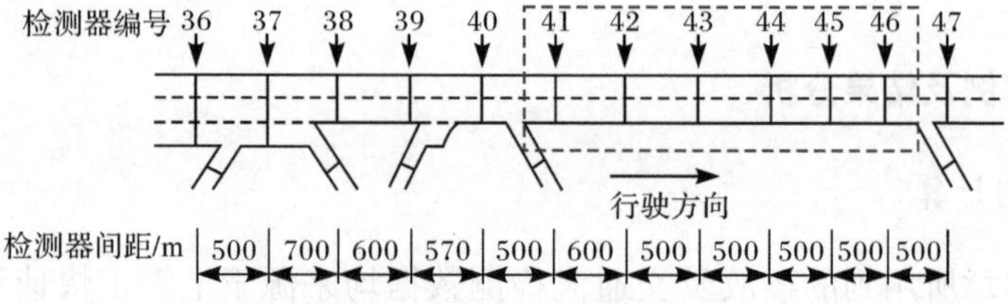


图 11.11　内圈镇坪路出匝道至沪太路出匝道线圈布置示意图

从事故数据记录来看，该事故发生于 2010 年 7 月 7 日 20:27:37，事故处理结束于 2010 年 7 月 7 日 20:37:12。结合检测器编号为 41～46 线圈所采集的交通流数据，并运用式(11.25)可得非常发性拥堵延误 NCD 为 64.27veh · h。然而基于确定性排队理论的延误计算方法需要以一定的假设为前提。例如，车辆的到达与驶离随时间线性变化，且事故发生后通行能力折减系数 $k$ 的选定在一定程度上也会影响 NCD 的计算精度。为验证其方法的可靠性，可根据实际交通流数据运用基于时空影响范围的方法来计算 NCD。

该事故的时空影响范围如图 11.12(a)所示，路段的年平均交通运行状况如图 11.12(b)所示，基于时空影响范围的 NCD 计算方法为

$$\text{NCD} = L_i \left[ \frac{1}{V_i(t_m)} - \frac{1}{\overline{V}_i(t_m)} \right] Q_i(t_m) \tag{11.31}$$

式中，$L_i$ 为相邻线圈 $i$ 和 $i+1$ 之间的距离，km；$Q_i(t_m)$ 为在第 $i$ 个线圈 $m$ 间隔时

段内的断面流量，veh/h；$V_i(t_m)$为第 $i$ 个线圈 $m$ 间隔时段内受事故影响的断面速度，km/h；$\overline{V}_i(t_m)$为第 $i$ 个线圈 $m$ 间隔时段内年平均断面速度，km/h。

基于时空影响范围的 NCD 计算结果为 74veh · h，与基于确定性排队理论方法的计算结果相比，相对误差为 13.1%，该误差在可接受范围内，故基于确定性排队理论的延误计算方法是可以应用的。

根据 2014 年上海经济运行报告，上海市拥车人均年收入 $c$ 为 80000 元，由此便可根据式(11.27)将由事故所引发的非常发性拥堵延误 $NCD_{ist}$ 转化为相应的间接损失 $IDL_{ist}$。

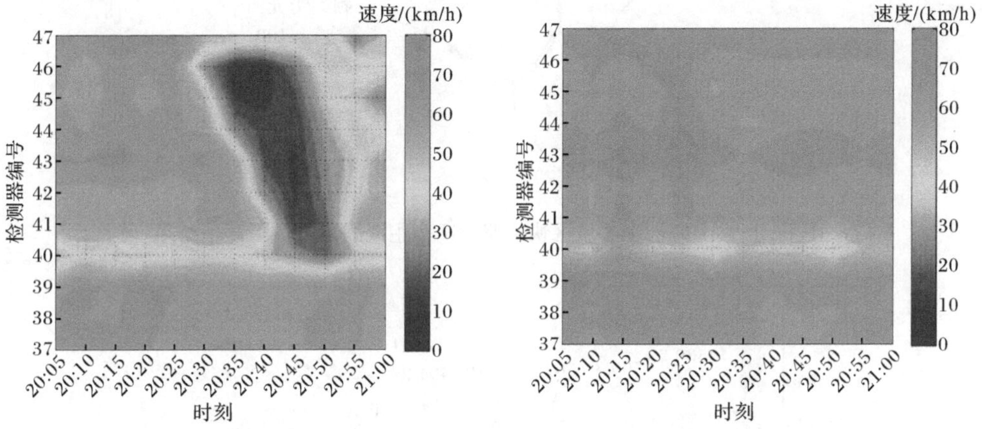


(a) 事故拥堵时空变化关系 (b) 年平均交通运行状况

图 11.12 20:00～21:00 线圈 37～47 的时空变化关系

步骤 2.3 直接损失 $DL_s$ 的计算。

根据我国《道路交通安全法实施条例》，并结合上海市当地居民的生活水平，假设单车、两车及多车的直接损失分别为 2000 元、4000 元及 8000 元。

步骤 2.4 损失的期望值计算。

对于快速路不同路段的损失期望值可通过式(11.28)确定。

步骤 3 风险的评估结果。

上海市中心城区快速路 167 个主线路段最终的安全风险评估结果可通过式(11.29)计算得到，如图 11.13 所示。

### 2. 结果分析

在运用安全风险评估模型对上海市中心城区快速路 167 个主线路段完成评估的基础上，再采用排序的方法确定评估结果中排名前 10 的主线路段为事故黑点，如图 11.14(a)所示。

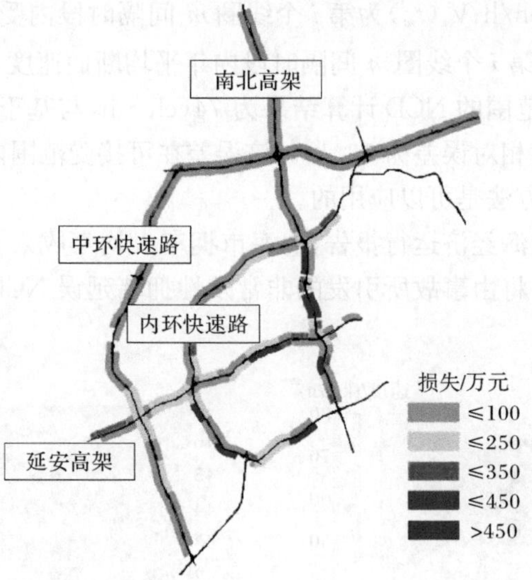


图 11.13　上海市中心城区快速路 167 个主线路段的风险评估结果

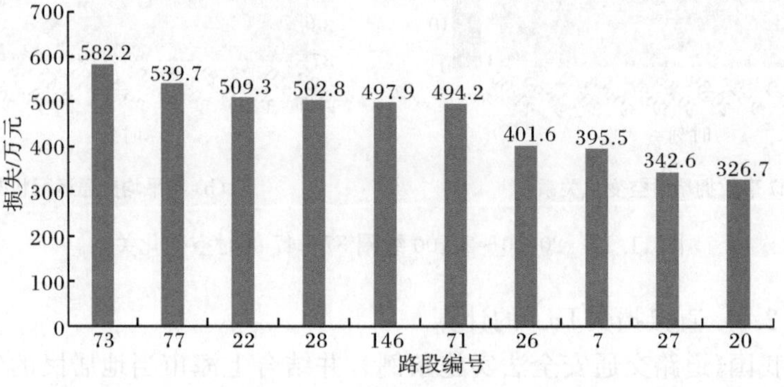


(a) 安全风险评估模型结果

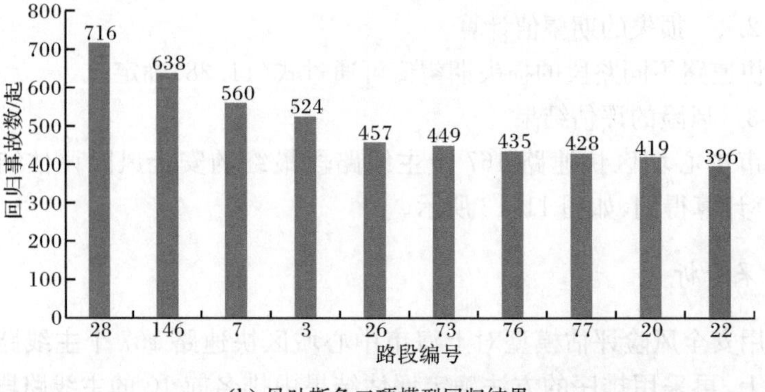


(b) 贝叶斯负二项模型回归结果

图 11.14　安全风险评估模型与贝叶斯负二项模型回归结果对比(排名前 10)

将基于安全风险评估模型的事故黑点识别法与贝叶斯负二项模型相比，若二者均取前10名为事故黑点，则相同路段所占比例为80%，如图11.14所示；若取前15名，则相同的为73.3%；若取前20名，则相同的为70%。故上述两种识别方法所得结果具有相似性。但从图11.14(a)、(b)的对比上又可发现，同一路段在两种不同方法中的排名上存在较大差异，例如，28号路段在贝叶斯负二项模型中排名第一，在安全风险评估模型中却排名第4，原本在贝叶斯负二项模型中排名第6的73号路段却在安全风险评估模型中排名第一，现以这两个路段为例进行具体分析。

从安全风险评估模型上看，路段 $i$ 的总风险 $R_i$ 可以表示为以下两部分：一部分是路段的直接损失 $DL_i$；一部分是路段的间接损失 $IDL_i$。就其中的 $DL_i$ 而言，由于 $DL_s$ 与 $P_{st}$ 仅与事故发生的时段 $t$ 及类型 $s$ 有关，而与路段 $i$ 无关，且 $t$、$s$ 均服从统一的整体分布，故 $DL_i$ 随事故数 $N_i$ 的变化而变化；但对于 $IDL_i$ 而言，由于事故所引起的非常发性拥堵延误 $NCD_{ist}$ 不仅与时段 $t$ 及类型 $s$ 有关，还与事故所发生的路段 $i$ 有关，即考虑了路段的需求与供给关系，故 $IDL_i$ 不严格随 $N_i$ 的变化而变化。将上述两种判别方法所涉及的12个路段的直接损失 $DL_i$、间接损失 $IDL_i$ 与事故数 $N_i$ 的关系表示于图11.15中。

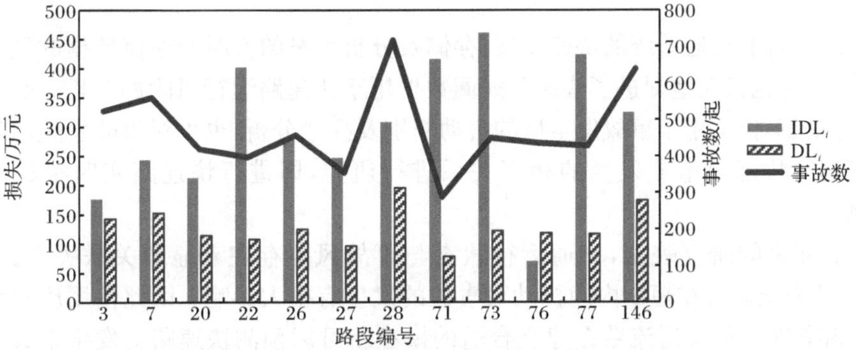


图11.15 路段直接损失、间接损失与事故数的关系

从图11.15可以看出，大部分路段的间接损失要多于直接损失，这也是由于快速路上的事故多为轻微事故的缘故。28号路段的事故数要远高于73号路段，直接损失也要比73号路段略多，但73号路段的间接损失却要远大于28号路段，才使其在安全风险评估中排名第一。通过视频观察，73号路段车道数为两车道，且交通量较大，一旦发生事故，将造成大面积拥堵，给人们出行带来了严重的交通时间损失。

图11.16所示为对事故造成的直接损失及时间损失的对比，可以看出大多数路段的时间损失远大于直接损失，仅用事故造成的直接后果对快速路高危险路段

进行判别具有片面性，这主要是由于其忽略了快速路与其他道路事故后果的差异性。本章提出基于安全风险的新事故黑点识别方法，既考虑了事故造成的直接财产损失，又考虑了事故引起的时间延误损失。

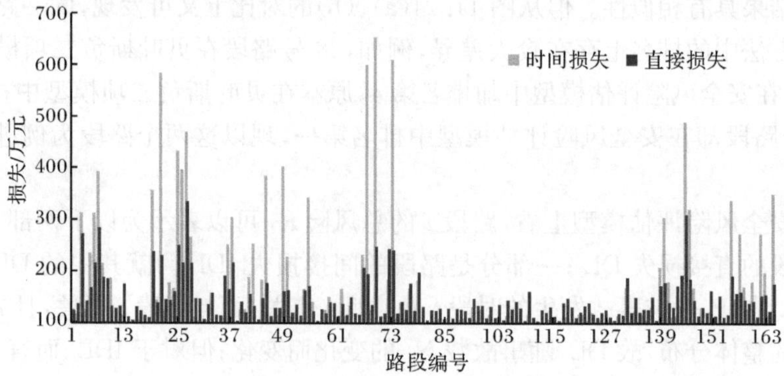


图 11.16　路段直接损失与时间损失对比

## 11.4　快速路实时事故风险预测

随着智能交通系统的快速发展，存储及分析大量的实时交通流数据的能力得到增强，这也极大地促进了快速路线圈数据用于快速路运行风险的分析。交通流运行数据不仅可用于事故发生后的自动判别及拥堵分析，也可对事故发生前的交通流运行状态与事故发生的相互关系进行研究，即进行快速路实时事故风险预测。

近年来的研究表明，交通运行状态与事故风险存在着显著关联关系。Lee 等[36]认为交通流在短期内的扰动对事故的发生有很大影响。因此使用历史事故数据和相对应的交通流数据建立合适的模型就可以预测快速路上发生事故的风险，并且及时发现有可能发生事故的高风险运行态势。这里识别可能发生事故的交通条件的问题可以简化为将可能发生事故和不会发生事故的交通状态进行分类，分类模型的输入数据是事故发生前(或正常)的道路交通流数据，输出结果则是发生事故的风险，进而分辨出是否可能发生事故。

本节首先以事故地点附近的线圈检测器采集到的基本交通流数据(流量、速度和占有率)表示交通流状态，并使用支持向量机(support vector machine，SVM)模型预测事故风险[37]。另外，为研究交通流运行状态与交通事故发生之间的动态关系，本节对事故发生前多个时段内的交通状态进行分析并将其用于事故预测模型的输入。另外，当道路上未安装定点检测器或检测器损坏无法获取流量、占有率等数据时，只使用速度数据(可通过浮动车、手机 GPS 数据采集)是否能有效预测事故的发生也是本节的研究内容。本节基于动态贝叶斯网络(dynamic Bayesian network,DBN)模型针对只使用速度数据的情况,在对交通运行状态分类后对事故进行预测[38]。

### 11.4.1 快速路实时事故风险预测研究概述

目前,国外在快速路或高速公路的事故风险预测,特别是基于历史数据的回归统计分析方面已经有了大量研究。而针对实时交通流运行风险的评估这一问题则是近年来理论研究的热点,其聚焦于如何利用不同的建模方法来分析和预测快速路或高速公路的事故风险。

在最早有关实时事故预测的研究中,Oh 等[39]使用了非参数贝叶斯统计针对美国加利福尼亚州 I-880 快速路上的交通数据和 52 条事故数据来预测事故发生的可能性。结果表明,使用 5min 内每 30s 的平均速度的标准差可以预测 55.8%将发生事故的交通状况。Lee 等[36]使用事故发生前的速度变化、交通密度和其他变量建立了集计对数线性模型,发现交通流短期的动荡会显著影响交通事故发生的可能性。

2003 年,Golob 和 Recker[40]使用非线性典型相关分析(nonlinear canonical correlation analysis,NLCCA)详细分析了不同类型的交通事故和交通流状况以及天气和光线条件之间的关系。随后 Golob 等[41]使用了加利福尼亚州橙县的 1000 多条事故数据开发了一款软件——交通流对交通安全影响(flow impacts on traffic safety,FITS)来预测不同交通流条件下可能发生的不同类型事故。

2006 年,Songchitruksa 和 Balke[42]同时使用了天气、环境和线圈检测器数据来分析这些因素与事故发生的关系。结果表明,5min 的平均占有率和车速的变化与事故风险之间有着最紧密的关系,而可视度、时间和光线等条件则会影响事故的类型。

在实时事故风险预测方面,Abdel-Aty 等和 Pande 等做了一系列的研究工作[43~47],许多不同的建模方法也被应用于不同的事故预测模型中。例如,Abdel-Aty 等基于实时交通流数据利用病例对照逻辑回归(matched case-control logistic regression)[43]和概率神经网络[44]来辨别可能发生事故的交通状态;而分别建立的模型则被用来预测两种不同交通条件下的多车事故[45];此外,广义估计方程被用来预测事故时考虑了道路几何条件[46];而分类树和多层感知器神经网络则被用来预测与换道相关的事故[47]。这些研究所使用的数据是从美国奥兰多 4 号州际公路的一段 13.2km 长的走廊上采集的,包括 1999～2002 年的 1528 条事故数据。其中效果最好的模型能预测 73.9%的事故,而误报率为 28.7%[44]。

2012 年,Hossain 和 Muromachi[48]使用贝叶斯网络针对日本东京的快速路基本路段和匝道数据建立了实时的事故预测模型。结果表明,快速路基本路段上误报率低于 20%时,事故的预测准确率达到 66%。Pande 等[49]使用逻辑回归和分类树建立了事故预测模型,对包括 Route 101 南北双向、I-880 南北双向的 4 条美国快速路进行事故预测和可转移性测试(使用一条快速路的数据建立的模型应用于其他类似快速路的可行性)。结果显示,逻辑回归和分类树分别能预测 61.9%和 61.7%的事故,而可转移性测试结果分别为 55.84%和 50.37%。

另外,研究人员还使用一些事故预测模型针对特定的场景进行事故预测,如预测不同严重程度的事故[50],或者在不同的交通状态下进行预测[45,41]。交通状态不同时事故模型参数也不相同。在建模数据使用上,除了使用线圈检测器采集的交通数据(流量、速度、占有率)外,还有研究人员应用从自动车辆识别系统中提取的交通流数据建立实时事故预测模型[52,53]。

### 11.4.2　基于支持向量机的事故预测模型

本节基于事故发生前(正常状态)的交通流数据,采用支持向量机模型对可能事故点前后 2 组 4 个检测器和 2 个时段的 8 组线圈检测器数据进行建模,并测试了支持向量机模型的可转移性。并将支持向量机模型与逻辑回归(logistic regression,LR)、静态贝叶斯网络(Bayesian network,BN)、朴素贝叶斯分类(naive Bayes,NB)、$K$ 近邻($k$-nearest neighbors,KNN)、反向传播神经网络(back propagation neural network,BPNN)等经典分类算法进行了对比分析。

*1. 研究路段和数据准备*

本节主要研究快速路主线基本路段交通运行状态对事故风险的影响。考虑到快速路的线形以及出匝道、入匝道的影响,分别选取上海市延安高架四段及南北高架三段线形和匝道类型类似的主线路段。路段均以被隔开的连续两处匝道命名,车道数均为 3 车道,线圈检测器的间隔为 300～500m。延安高架的数据用于模型建立,南北高架的数据用于对模型的可转移性测试。路段详细信息见表 11.5。

**表 11.5　事故数据统计表**

| 快速路 | 路段 | 车道数 | 事故数/起 | 所占比例/% |
|---|---|---|---|---|
| 延安高架北线 | 延东立交入匝道至茂名路入匝道 | 3 | 23 | 25.6 |
| 延安高架南线 | 虹许路入匝道至娄山关路入匝道 | 3 | 17 | 18.9 |
| | 延西立交入匝道至凯旋路入匝道 | 3 | 11 | 12.2 |
| | 江苏路入匝道至华山路入匝道 | 3 | 20 | 22.2 |
| 南北高架东线 | 延长路出匝道至广中路入匝道 | 3 | 5 | 5.6 |

续表

| 快速路 | 路段 | 车道数 | 事故数/起 | 所占比例/% |
|---|---|---|---|---|
| 南北高架西线 | 广中路出匝道至洛川路入匝道后段 | 3 | 11 | 12.2 |
| | 共江路入匝道至场中路入匝道 | 3 | 3 | 3.3 |
| | 合计 | | 90 | 100 |

本节的事故数据从事故视频监控系统和事故报警后救援车辆数据中提取。由于需要将每条事故信息与相应地点和时间的交通流状态信息对应起来，经过交通流检测数据和事故数据的质量控制及无效信息剔除后，采用了 2010 年 7 月研究路段上发生的 90 条两车相撞或多车相撞的事故数据，其中延安高架上 71 条，南北高架上 19 条。每条事故数据的信息包括事故的发生时间、事故地点、事故类型、事故发生时的天气等信息，不同地点的事故数据数量和比例见表 11.5。

本节使用的交通流运行数据采集于快速路上铺设的线圈检测器，为 5min 间隔的数据。采集到的交通信息包括 5min 内通过该检测器的车辆流量、所有车辆的平均速度及平均占有率。由于选取的快速路主线路段长度较短，为了降低出匝道、入匝道对主线交通流的影响，每条事故数据对应的交通信息只来自于事故发生地附近的 4 个检测器——事故上、下游最近的检测器各 2 个。检测器空间布置如图 11.17 所示。4 个检测器也可以分为 2 组：一组是事故发生地上、下游最近的 2 个检测器（图 11.17 中 D2、D3 检测器）；另外一组是所有 4 个检测器（图 11.17 中 D1～D4 检测器）。

在时间轴上，事故发生前后的一段时间可以分为 5 个 5min 的时间片段[49]。时间段 0：事故发生后 0～5min；时间段 1：事故发生前 0～5min；时间段 2：事故发生前 5～10min；时间段 3：事故发生前 10～15min；时间段 4：事故发生前 15～20min。由于时间段 0 处于事故发生后，故只适合用作事故检测，而不能用于事故风险预估。此外交通管理中心必须要有一段识别事故即将发生和采取相应措施的反应时间，故只有通过利用时间段 2、3 和 4 中交通检测信息建立的模型对主动安全管理才有实际的价值，时间段 1 的模型只具有参考意义。

事故数据和交通流数据获取后还需要一一对应，每条事故数据对应一系列的交通流检测数据，包括 4 个检测器在 4 个时间段内的数据。通过 2 组检测器和 4 个时间段的搭配，可以得到 8 种组合的输入数据。分别对这 8 组输入数据进行建模，获得不同模型间的比较。每组的名称使用 PredX_Y 的格式来命名，X 代表检测器的数量，Y 代表时间段。例如，Pred2_3 表示使用 2 个检测器在时间段 3 内的交通检测信息来建模和预测。

由于是对可能发生事故和不会发生事故的交通状态进行分类，所以同时需要收集未发生事故条件下快速路的交通检测信息。与事故数据类似，非事故数据也需要有不同的交通条件，如高峰时刻和平峰时刻的交通，因此非事故数据是在不同交通条件下随机选择的。根据 Pande 等[49]的研究，为了能够基本表现实际事故发生与否的交通状态比例，同时满足本方法建模的数据需求，随机生成了非事故数据 702 条，使得事故数据与非事故数据的比例接近 1：10。

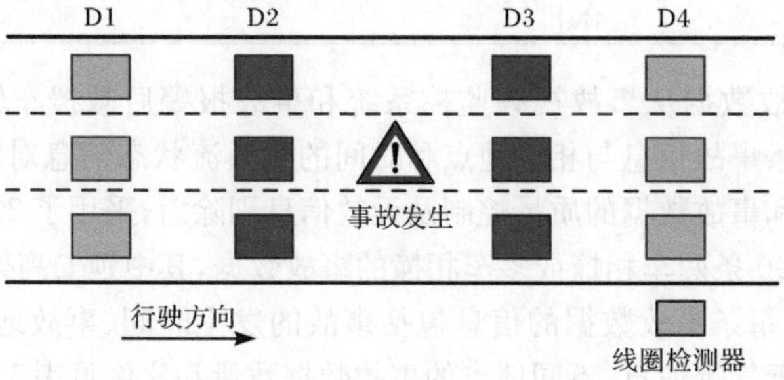


图 11.17 事故发生点检测器空间布置示意图

2. SVM 模型构建

鉴于 SVM 模型在机器学习模型中对小规模数据分类方面的有效性，本节采用 SVM 模型实现实时事故风险预测。SVM 模型的基本原理是通过一个非线性映射，把输入向量映射到一个高维乃至无穷维的特征空间中，使得在原来的样本空间中将非线性可分问题转化为在特征空间中的线性可分问题。

根据不同的使用目标 SVM 模型有不同的形式，由于本节使用 SVM 模型用于二元分类，故采用 LIBSVM 工具包中的 C-SVM 模型。当使用 C-SVM 模型时，数据分为训练集和测试集。其中，训练集由向量集表示，$x_1$ 表示交通状态变量，$y_1=0/1$ 表示是否发生事故。建模的目标是找到一个最优超平面来分辨每个输入向量的类别：

$$w \cdot x + b = 0 \tag{11.32}$$

式中，$w$ 为正交于超平面的向量；$b$ 为常量。由于最优超平面的目的是最大化两类变量之间的间隔，寻找超平面可以转化为寻找最大间隔。另外，由于输入数据比例不平衡（事故数据与非事故数据比例为 1：10），本节针对不同类别变量使用不同的惩罚参数，最后整个问题成为一个二次规划问题，包括主问题和对偶问题。

主问题：

$$\begin{aligned} &\min_{w,b,\xi}\left(\frac{1}{2}w^{\mathrm{T}}w + C_{+}\sum_{y_i=1}\xi_i + C_{-}\sum_{y_i=0}\xi_i\right) \\ &\text{s.t.}\quad y_i\left[w^{\mathrm{T}}\varphi(x_i)+b\right] \geqslant 1-\xi_i \\ &\qquad \xi_i \geqslant 0,\quad i=1,\cdots,l \end{aligned} \tag{11.33}$$

对偶问题：

$$\min_{\alpha}\left(\frac{1}{2}\alpha^{\mathrm{T}}Q\alpha - e^{\mathrm{T}}\alpha\right)$$

$$\text{s. t.}\quad \begin{aligned} & y^{\mathrm{T}}\alpha = 0 \\ & 0 \leqslant \alpha_i \leqslant C_+, \quad y_i = 1, \\ & 0 \leqslant \alpha_i \leqslant C_-, \quad y_i = 0 \end{aligned} \tag{11.34}$$

式中，$e=[1,\cdots,1]^{\mathrm{T}}$ 为全为 1 的向量；$C_+$ 为事故数据的惩罚参数；$C_-$ 为非事故数据的惩罚参数；$Q$ 为一个 $l\times l$ 非负半正定矩阵，而 $Q_{ij}=y_iy_jK(x_i,x_j)$，$K(x_i,x_j)=\varphi(x_i)^{\mathrm{T}}\varphi(x_j)$ 是核函数。训练集向量 $x_i$ 通过 $\varphi$ 映射到一个高维空间. 这里采用了最常用的核函数径向基函数：

$$K(x_i,x_j)=\exp(-\gamma\,\|x_i-x_j\|^2),\quad \gamma>0 \tag{11.35}$$

最后进行二分类的决策函数为

$$\operatorname{sgn}\left[\sum_{i=1}^{l} y_i\alpha_i K(x_i,x)+b\right] \tag{11.36}$$

整个 C-SVM 模型有三个参数需要确定（$C_+$、$C_-$、$\gamma$），从而找到一个全局最优的 $w$ 和 $b$。本节采用网格搜索法来确定最后使分类效果最优的一组参数。

整个 SVM 事故预测模型的构建分为三个步骤：首先是数据准备阶段，主要是输入事故数据与非事故数据以及相对应的交通流数据，使用随机的方法确定训练数据和测试数据，为保证模型检验的可靠性，训练数据和测试数据的比例为 1∶1；其次是分类模型的训练，基于训练数据和必要的参数，SVM 分类模型建立交通流数据和事故数据之间的关联；最后是分类模型的应用，使用分类模型对测试数据进行分类，其输入是已经构建好的 SVM 分类模型和测试数据，根据测试数据中的交通流数据，判断其是否可能发生事故。

### 3. 模型检验

由于本节使用的事故数据与非事故数据的比例接近 1∶10，相对于现实中事故发生概率（现实中事故发生概率小于 0.001%）[49]，这个比例较高，不能仅用整体的分类准确率来判断模型的好坏。因为即使模型把所有的事故都分类成非事故，由于事故数据相对较少，整体的分类准确率也可以高达 90.8%。所以本节分别使用事故数据的分类准确率、非事故数据的分类准确率及整体的分类准确率 3 个标准来检验模型的有效性。其中事故数据的分类准确率为分类正确的事故数据占总事故数据的比例；同样的，非事故数据的分类准确率为分类正确的非事故数据占总的非事故数据的比例。考虑到事故的发生会带来严重的影响，判断指标优先考虑模型对事故数据的分类率。

由于每条事故数据对应 8 组交通流数据（4 个时间段和 2 组检测器的组合），本节建立 8 个事故预测模型，以分析哪组数据建立的事故预测模型的效果最好。

另外，训练数据和测试数据是从同一数据集随机分成的比例相同的两部分，为减小每次随机分组带来的误差，在对 8 组数据分别进行建模时，对每类组合都分别测试 10 次，最后以平均预测准确率和标准差来评判模型优劣性。

4. SVM 模型结果

基于延安高架 4 个主线基本路段的 71 条事故和 702 条非事故数据，对分成的 8 类交通流组合分别建立 SVM 模型后分类，得到如下结果。

由表 11.6 可以看出，SVM 模型在小规模数据的条件下表现出理想的事故分类准确率，所有模型的事故分类准确率都比较理想，均超过 70%，最高达到 80%（模型 Pred4_1、Pred2_1 和 Pred2_2）。考虑到时间段 1 数据的模型不具有实际价值，那么模型 Pred2_2 的事故分类率结果最好，即采用事故地点最近的 2 个检测器在事故发生前 5～10min 的交通流数据建立的 SVM 模型在分辨是否会发生事故方面具有最好的效果。

**表 11.6 不同组合下的分类结果统计表**

| 模型 | 时间段 | 事故分类准确率/% | | 非事故分类准确率/% | | 整体分类准确率/% | |
|---|---|---|---|---|---|---|---|
| | | 平均值 | 标准差 | 平均值 | 标准差 | 平均值 | 标准差 |
| Pred4_1 | 1 | 80.00 | 5.99 | 75.81 | 2.56 | 76.19 | 2.19 |
| Pred2_1 | 1 | 80.00 | 5.27 | 71.65 | 2.11 | 72.41 | 1.59 |
| Pred4_2 | 2 | 78.86 | 4.98 | 75.61 | 2.09 | 75.91 | 1.72 |
| Pred2_2 | 2 | 80.00 | 3.61 | 73.87 | 2.10 | 74.43 | 1.82 |
| Pred4_3 | 3 | 74.29 | 5.42 | 74.44 | 2.79 | 74.43 | 2.23 |
| Pred2_3 | 3 | 78.00 | 3.39 | 69.54 | 2.01 | 70.31 | 1.64 |
| Pred4_4 | 4 | 77.14 | 7.11 | 72.85 | 2.79 | 73.24 | 2.40 |
| Pred2_4 | 4 | 77.71 | 5.54 | 69.74 | 2.83 | 70.47 | 2.26 |
| 平均值 | | 78.25 | — | 72.94 | — | 73.42 | — |

需要注意的是，使用 2 个检测器的数据建立的 SVM 模型比使用 4 个检测器的数据对事故数据分类效果普遍要好，而对整体分类和非事故数据的分类则显示了相反的结果。这可能是所选路段的进出匝道对主线交通流的干扰造成的。

5. SVM 模型可转移性测试

本节对 SVM 模型的可转移性进行了测试，以分析使用一条快速路上数据建立的 SVM 模型用于其他类似快速路的可行性。本节使用通过延安高架上的数据建立的 SVM 模型测试南北高架的数据。基于南北高架上的 19 条事故数据和 202 条非事故数据，SVM 模型的可转移性测试结果见表 11.7。

表 11.7 SVM 模型的可转移性测试结果

| 模型 | 时间段 | 事故分类准确率/% | 非事故分类准确率/% | 整体分类准确率/% |
|---|---|---|---|---|
| Pred4_1 | 1 | 73.7 | 94.6 | 92.8 |
| Pred2_1 | 1 | 57.9 | 98.5 | 95.0 |
| Pred4_2 | 2 | 63.2 | 98.0 | 95.0 |
| Pred2_2 | 2 | 52.6 | 98.5 | 94.6 |
| Pred4_3 | 3 | 68.4 | 91.6 | 89.6 |
| Pred2_3 | 3 | 68.4 | 98.0 | 95.5 |
| Pred4_4 | 4 | 68.4 | 99.0 | 96.4 |
| Pred2_4 | 4 | 68.4 | 99.0 | 96.4 |
| 平均值 | | 65.1 | 97.2 | 94.4 |

由表 11.7 可知，SVM 模型在测试南北高架的数据时也表现较好。尽管相对于原始数据，事故分类准确率有所下降，但非事故分类准确率却有很大提高，并使整体分类准确率达到 94.4%。与原始测试结果相比，使用 10～20min 数据的模型预测效果优于使用 5～10min 数据的模型。

6. 不同算法结果对比

为了进一步验证 SVM 模型的有效性，本节选取了几种经典分类算法与 SVM 模型进行了对比，选取的经典分类算法包括 LR、BN、NB、KNN 和 BPNN。这些算法已经被广泛应用于各项研究中。几种典型分类算法的简单描述如下[54]：

(1) LR。在线性回归的基础上，引入一个逻辑函数建立事故发生概率与交通变量之间的模型，从而对给定的交通状态计算事故概率，然后判定事故是否发生。这里判定事故发生的方法与 Pande 等[49]的方法一致，即认为前 30%的事故概率下发生事故。

(2) BN。一种有效地用于不确定推理的机器学习算法，在交通研究中已广泛应用。

(3) NB。根据贝叶斯理论，对于一个类别待定的样本，计算该样本属于不同类别的概率，然后选择其中概率最大的类别作为其类别。

(4) KNN。其基本思想是在给定新样本后，考虑在训练数据集中与该新样本距离最近(最相似)的 $K$ 个样本，根据这 $K$ 个样本所属的类别判定新样本所属的类别。经过敏感性分析，这里 $K$ 取 3。

(5) BPNN。BPNN 是采用反向传播算法进行训练的多层感知器网络。该网络具有一个输入层、输出层和至少一个隐藏(中间)层。本节隐藏层数量为 15，经过输入层、输出层和隐藏层后，测试数据被分为两类。

基于本节所用的数据集，图 11.18 给出了 SVM 模型与 LR、BN、NB、KNN 和 BPNN 等算法在分类准确率方面的结果比较。为了简化结果显示，图 11.18 中只列出了分别针对 8 组数据中(除了时间段 1 的 2 组)分类结果最好的模型组合。由于事故分类准确性对研究的意义更大，而非事故数据的分类准确率带来的影响远小于事故数据，所以选择事故分类准确率最高的那组模型为最优模型。

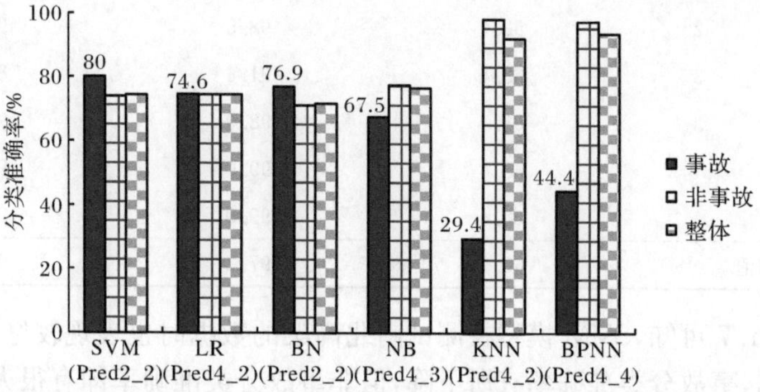


图 11.18　SVM 模型与 LR、BN、NB、KNN 和 BPNN 等算法在分类准确率方面的结果比较

由图 11.18 可知，SVM、LR、BN 和 NB 具有较高的事故分类准确率，表现出较高的事故分类准确性，而 KNN 和 BPNN 算法对事故的分类效果不明显。由于事故数据的特殊性、事故数据与非事故数据容量的不平衡及总样本量偏少，KNN 和 BPNN 算法的样本学习不够充分，无法获得较高的分类准确率。

另外，对这 4 个表现较好的模型的可转移性也进行了对比，结果如图 11.19 所示，SVM 模型的可转移性优于其他模型，这不仅体现在事故预测准确率上，也体现在非事故预测准确率上。因此，综合上述结果，表明了 SVM 模型用于事故风险预测的适宜性。

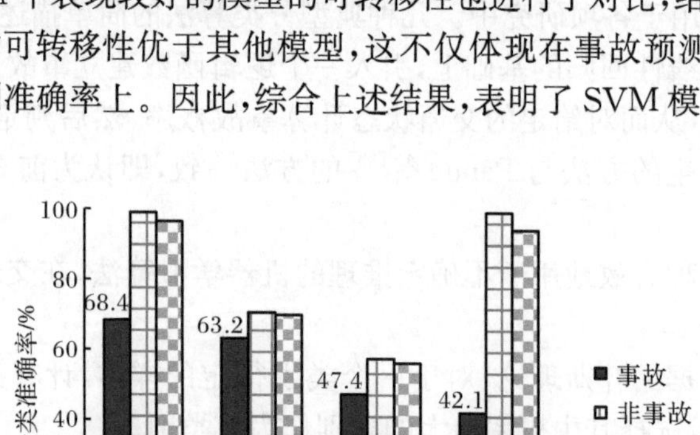


图 11.19　SVM、LR、BN 和 NB 可转移性结果对比

另外,本节只使用了样本量较小的数据集,且只使用了最基本的线圈检测参数进行预测,并未对模型自变量进行进一步的处理,如重要变量筛选。进一步的研究请参见文献[55]、[56]。

### 11.4.3　基于交通状态的事故预测模型

本节主要针对交通状态与事故发生之间的联系,研究快速路上定点检测器失效时,无法获取流量、占有率等数据,只使用速度数据(可通过浮动车、手机 GPS 数据采集)是否能有效预测事故的发生。考虑到快速路事故发生前的交通状态是时变的,因此本节首先基于速度数据对事故发生前多时段的交通状态进行分辨,再使用 DBN 模型同时对多时段的数据进行建模,从而对事故进行预测。

1. 研究路段和数据准备

本节研究范围与 11.3 节研究范围类似,但由于数据获取原因,本节只选取了上海市延安高架三段及南北高架三段线形和匝道类型类似的主线路段。延安高架的数据用于建立模型,南北高架的数据用于测试模型的可转移性。共采用了 2010 年 4～12 月研究路段上发生的 551 条两车相撞或多车相撞的事故数据,其中延安高架上 411 条、南北高架上 140 条。每条事故数据的信息包括事故的发生时间、事故地点、事故类型、事故时的天气等信息,不同地点的事故数和比例见表 11.8。

**表 11.8　事故数据统计表**

| 快速路 | 路段 | 车道数 | 事故数/起 | 比例/% |
|---|---|---|---|---|
| 延安高架北线 | 延东立交入匝道至茂名路入匝道 | 3 | 103 | 18.7 |
| 延安高架南线 | 虹许路入匝道至娄山关路入匝道 | 3 | 202 | 36.7 |
| | 江苏路入匝道至华山路入匝道 | 3 | 106 | 19.2 |
| 南北高架东线 | 延长路出匝道至广中路入匝道 | 3 | 28 | 5.1 |
| 南北高架西线 | 广中路出匝道至洛川路入匝道后段 | 3 | 52 | 9.4 |
| | 共江路入匝道至场中路入匝道 | 3 | 60 | 10.9 |
| | 合计 | — | 551 | 100 |

由于只使用速度数据对事故风险进行预测,每条事故数据发生前对应的速度都需要搜集。如图 11.20 所示,针对每条事故,考虑上游和下游两个区域。鉴于其他数据采集方式的复杂性,这里依然以事故上、下游区域中多个线圈采集的平均速度数据作为上、下游区域的路段速度,接着判别上、下游区域的交通状态,并和上、下游区域速度差一起作为模型的输入数据(3 个变量)。

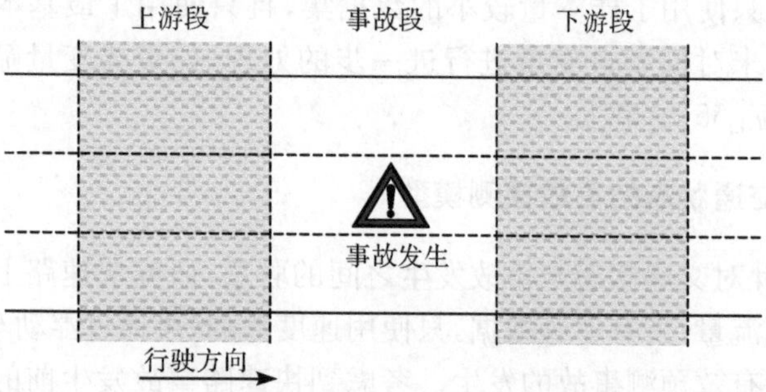


图 11.20　数据采集方式示意图

作为对比，也采集基本线圈数据(流量、速度、占有率)进行建模。根据 11.4.2 节研究结果，只采取了 2 个检测器的数据(图 11.18 中的 D2、D3)。这样，使用检测器数据建立的模型有 6 个变量。在时间段方面，由于时间段 1 的数据不具有实际应用价值，采用时间段 2～时间段 4 的数据(事故前 5～20min)。

同样的，也需要采集非事故数据，由于数据源的问题，本节针对每条事故数据，只采集了 5 条对应的非事故数据，共计 2755 条。

2. 交通状态与事故的关系

研究人员认为事故的发生与事故发生前不停变化的交通状态有密切关系，为研究不同交通状态与事故发生的关系，首先需要划分不同的交通状态。根据前人研究，对事故的发生和交通状态采用两种交通状态分类方法。

一种是根据速度阈值将交通状态分为两类：自由流和拥堵[57]。无论是通过上海市快速路流量-密度-速度基本图分析，还是通过连续速度数据分析，都可以得出上海市快速路交通流关键速度(取得通行能力时的速度)为 45km/h[58]，因此将 45km/h 作为自由流和拥堵状态的分隔阈值。通过事故上、下游区域的状态组合，共有 4 种情况：自由流(FF)、拥堵(CT)、瓶颈(BN)、排队(BQ)，具体各状态组合信息见表 11.9。

另一种是将交通状态分为 3 种：自由流(FF)、拥堵(CT)和堵塞(JF)。此方法是采用上海市快速路上的状态提示板所使用的状态划分方式，分别以 45km/h 和 20km/h 作为 3 种状态的分界值，超过 45km/h 为自由流，低于 20km/h 为堵塞，介于两者之间则为拥堵。这样事故上、下游区域共有 9 种状态组合，采用 AB-XY 命名各状态组合，上游状态为 AB，下游状态为 XY，AB、XY 可取为 FF、CT、JF，见表 11.9。

表 11.9 事故上、下游区域的状态组合

| 项目 | 状态组合 | 上游交通状态 | 下游交通状态 |
| --- | --- | --- | --- |
| 4 种状态组合 | FF | 自由流 | 自由流 |
| | BN | 拥堵 | 自由流 |
| | BQ | 自由流 | 拥堵 |
| | CT | 拥堵 | 拥堵 |
| 9 种状态组合 | FF-FF | 自由流 | 自由流 |
| | FF-CT | 自由流 | 拥堵 |
| | FF-JF | 自由流 | 堵塞 |
| | CT-FF | 拥堵 | 自由流 |
| | CT-CT | 拥堵 | 拥堵 |
| | CT-JF | 拥堵 | 堵塞 |
| | JF-FF | 堵塞 | 自由流 |
| | JF-CT | 堵塞 | 拥堵 |
| | JF-JF | 堵塞 | 堵塞 |

其次，分析不同状态组合下的事故风险值(事故和非事故的比值)，同样分为 4 种状态组合和 9 种状态组合，见表 11.10。

表 11.10 不同状态组合下的事故统计表

| 项目 | 状态组合 | 事故数/起 | 非事故数/起 | 事故风险值 | 事故比例/% |
| --- | --- | --- | --- | --- | --- |
| 4 种状态组合 | FF | 54 | 1451 | 0.04 | 13.1 |
| | BN | 25 | 17 | 1.47 | 6.1 |
| | BQ | 68 | 223 | 0.30 | 16.5 |
| | CT | 264 | 415 | 0.64 | 64.2 |
| 9 种状态组合 | FF-FF | 54 | 1451 | 0.04 | 13.1 |
| | FF-CT | 68 | 223 | 0.31 | 16.5 |
| | FF-JF | 0 | 0 | 0 | 0 |
| | CT-FF | 20 | 14 | 1.43 | 4.9 |
| | CT-CT | 176 | 203 | 0.87 | 42.8 |
| | CT-JF | 2 | 58 | 0.03 | 0.5 |
| | JF-FF | 5 | 3 | 1.67 | 1.2 |
| | JF-CT | 77 | 109 | 0.71 | 18.7 |
| | JF-JF | 9 | 74 | 0.12 | 2.2 |

由表 11.10 可知，4 种状态组合下，大部分的事故(64.2%)发生在 CT 状态下(上、下游都处于拥堵状态)，其次是 BQ 状态和 FF 状态，分别是 16.5%和 13.1%。事故风险值在 4 种状态组合下也有很大差异：至少包括一段拥堵区域的 BN、BQ、CT 状态下的事故风险值显著大于 FF 状态。而 BN 状态有最高的事故风险值，与参考文献[59]中的结论一致。在 9 种状态组合下，事故主要发生在 CT-CT 状态下，而很少发生在 JF-JF 状态下。同时，事故风险值最高的 CT-CT 状态和 JF-CT 状态也都是 BN 状态的子集。以上结果也表明了交通状态分成 3 类的必要性。所有事故发生前的上、下游区域平均速度散点图如图 11.21 所示，横轴是上游速度，纵轴是下游速度。

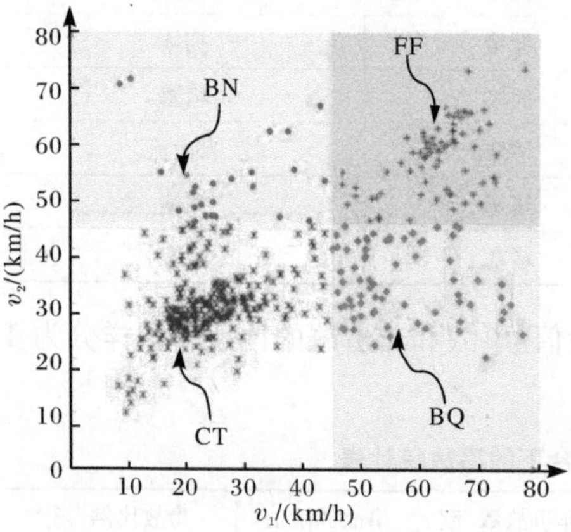


(a) 4 种状态组合

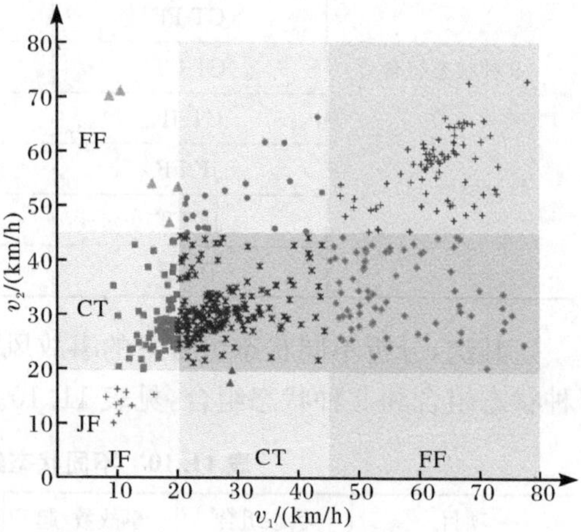


(b) 9 种状态组合

图 11.21　事故和不同状态组合关系

上述结果是使用事故发生前 5～10min 的数据进行分析的，当使用 10～15min 前的数据分析时结果类似。但是有一部分事故发生前的这两个时间段内交通状态会发生变化，其中 4 种状态组合时有 78 个事故(19%)发生了状态变化，而在 9 种状态组合时有 115 个事故(28%)发生了状态变化。因此，利用连续交通数据来捕捉这些状态变化过程对事故预测模型来说至关重要。

3. DBN 模型构建

贝叶斯网络(Bayesian network，BN)模型是一种有效地用于不确定推理的机器学习算法，在交通研究中已有广泛应用，在事故预测领域，不仅有其他学者使用静态贝叶斯网络模型(static Bayesian network，SBN)，11.4.2 节中也将其与 SVM 模型进行了对比。而对于本节研究中所使用的多个时段的连续数据，SBN 模型无法处理，必须采用可以处理连续数据的 DBN 模型。

一个贝叶斯网络包括一个有向无环图(directed acyclic graph,DAG)和一个条件概率表集合。DAG中每一个节点表示一个随机变量,可以是直接观测变量或隐藏状态,而有向边表示随机变量间的条件依赖;条件概率表中的每一个元素对应DAG中唯一的节点,存储此节点对于其所有直接前驱节点的联合条件概率。

在一个DBN中,每个时间片$t$中的隐藏状态可由$N_h$个随机变量$H_t^{(i)}$表示,$i\in\{1,\cdots,N_h\}$,可以为离散变量或连续变量。类似地,$N_o$个直接观测变量由$E_t^{(j)}$表示,$j\in\{1,\cdots,N_o\}$,可以为离散变量或连续变量。整个DBN可以由$(B_0,B_{\rightarrow})$组成,其中$B_0$代表先验概率$P(Z_1)$,$B_{\rightarrow}$是一个两时间片的临时贝叶斯网络(2TBN),并且表达这个2TBN中所有的观测模型和转移模型:

$$P(Z_t \mid Z_{t-1}) = \prod_{i=1}^{N} P(Z_t^{(i)} \mid \pi(Z_t^{(i)})) \tag{11.37}$$

式中,$Z_t^{(i)}$为时间片$t$中的第$i$个节点,可以是隐藏状态节点或直接观测变量节点,$N=N_h+N_o$;$\pi(Z_t^{(i)})$为$Z_t^{(i)}$的父节点,可以在时间片$t$或$t-1$内。每个2TBN中第一个时间片中的节点都没有参数,而第二个时间片中的每个节点都有一个条件概率分布(CPD)。对一个有$T$个时间片的DBN来说,联合概率分布可以通过滚动计算2TBN的CPD来获得

$$P(Z_{1:T}^{(1:N)}) = \prod_{i=1}^{N} P_{B_0}(Z_1^{(i)} \mid \pi(Z_t^{(i)})) \times \prod_{t=2}^{T}\prod_{i=1}^{N} P_{B_{\rightarrow}}(Z_t^{(i)} \mid \pi(Z_t^{(i)})) \tag{11.38}$$

如图11.22所示,BN中的节点能表示隐藏状态或直接观测变量。本节中时间片表示事故发生前的某一时间段,隐藏变量是一个二元离散变量,表示当前交通状态是否会导致事故的发生,直接观测变量则表示道路交通状态,这样只使用速度数据建立的模型有3个直接观测变量,而使用检测器数据的模型有6个直接观测变量。因此,事故发生与否可以通过计算观测到的交通数据推断得到。考虑到5min数据用于事故预测的有效性,每个时间片为5min。

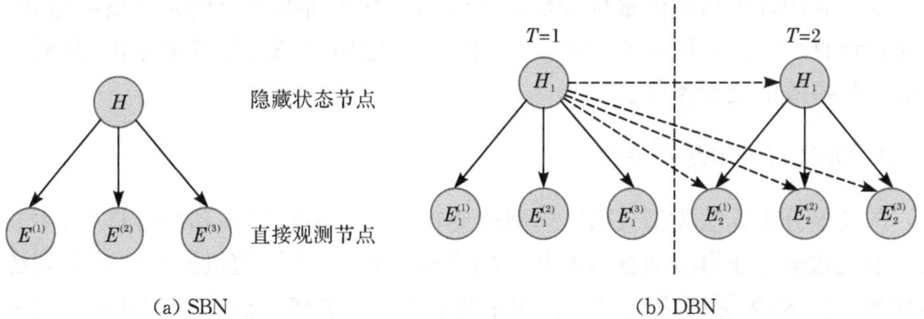


(a) SBN (b) DBN

图11.22 不同BN的结构

实线箭头表示时间片内连接;虚线箭头表示时间片间连接

构建一个 BN 一般包括以下 3 个方面[60]：①能够描述该领域的变量及其取值范围，本节为事故发生与否及对应的交通数据。②结构学习，学习变量间的依赖关系，并以图形化的方式表示出来。由于 DBN 不仅考虑时间片内节点的结构关系，而且考虑时间片间节点之间的依赖关系，一些用于 SBN 的结构学习算法，如爬山算法、蚁群算法、遗传算法等无法用于 DBN 中。而本节的 DBN 节点数较少，因此采用事先定义的结构建立 DBN。③参数学习，学习变量间的分布函数，获得各节点的条件概率分布。DBN 的参数学习与 SBN 类似，由于交通数据可能存在缺失状况，本节使用可以有效应对缺失数据的最大期望（EM）算法对 DBN 和 SBN 进行参数学习。建立一个贝叶斯网络是上述 3 个过程迭代、反复地交互进行。

使用 EM 算法对 DBN 进行参数学习，即通过迭代的方式计算各节点之间的条件概率分布。令 $\theta$ 为 DBN 模型所有未知参数的集合，通过迭代找到一组能使输入数据的极大似然值（直接观测数据边际概率的对数）最大的参数：

$$\ell(\theta;E)=\log p(E\mid\theta)=\log\sum_{H}p(H,E\mid\theta) \tag{11.39}$$

首先初始化一个 $\theta$ 的分布并定义一个分布 $Q(H)=P(H|E;\theta)$，由此计算 DBN 每个时间片内的条件概率分布，并且由 Jensen 不等式可知：

$$\ell(\theta;E)=\log\sum_{H}Q(H)\,\frac{p(H,E\mid\theta)}{Q(H)}\geqslant\sum_{H}Q(H)\log\frac{p(H,E\mid\theta)}{Q(H)} \tag{11.40}$$

然后在直接观测变量和当前参数集的基础上计算隐藏状态变量的联合概率分布 $Q(H)=P(H|E;\theta)$，再由计算的条件概率分布得到一组新的优化参数集使 $\theta^{\text{new}}=\arg\max_{\theta}\sum_{H}Q(H)\log\frac{p(H,E|\theta)}{Q(H)}$；再通过多次重复上述步骤，直到超过最大迭代次数 $N_{\max}$ 或连续两次迭代得到的极大似然值之差小于预先设定阈值 $\ell_{\text{err}}$，认为此时得到最优的参数集。其中，$H$ 表示所有隐藏状态的值，$E$ 表示所有可观测变量的值。

最后利用计算得到的最优参数集，计算 DBN 内所有节点的条件概率分布，并且通过计算 $P(H_{1:T}|E_{1:T};\theta)$ 推出不同时间片中隐藏状态变量的概率值，从而预测可能发生事故的交通条件。

4. DBN 模型训练和评估

与其他分类算法类似，DBN 模型需要首先确定训练样本和测试样本，主要是输入事故数据与非事故数据以及相应的交通流数据，使用随机的方法确定训练样本和测试样本，为保证模型检验的可靠性，训练样本和测试样本的比例为 1∶1。由于样本选取的随机性，每次建模都进行 10 次实验，以平均的测试结果为模型的评价指标。

同样的，由于事故样本与非事故样本数量的不均衡，整体预测准确率无法准确描述模型的分类性能，故基于表 11.11 的混淆矩阵建立一组可用于非均衡数据的评价指标。

**表 11.11 混淆矩阵**

| 事故类型 | 预测的事故 | 预测的非事故 |
|---|---|---|
| 真实的事故 | $T_{crash}$ | $F_{non\_crash}$ |
| 真实的非事故 | $F_{crash}$ | $T_{non\_crash}$ |

灵敏度和特效度表示分类器对不同类别的识别能力，即为事故预测准确率和非事故预测准确率，而精度和召回率代表模型对某一类别的分类能力。$G$ 值为事故预测准确率和非事故预测准确率的几何平均值，计算 $F$ 值是为了综合评价模型对事故预测的能力。使用事故预测准确率、误报率、整体预测准确率、$G$ 值和 $F$ 值来评价事故预测模型的性能。考虑到事故发生会带来严重的影响，判断指标优先考虑 $F$ 值。

$$\text{整体预测准确率}=\frac{T_{crash}+T_{non\_crash}}{T_{crash}+F_{crash}+F_{non\_crash}+T_{non\_crash}} \tag{11.41}$$

$$\text{灵敏度}=\frac{T_{crash}}{T_{crash}+F_{non\_crash}} \tag{11.42}$$

$$\text{特效度}=\frac{T_{non\_crash}}{T_{non\_crash}+F_{crash}} \tag{11.43}$$

$$\text{精度}=\frac{T_{crash}}{T_{crash}+F_{crash}} \tag{11.44}$$

$$\text{召回率}=\frac{T_{crash}}{T_{crash}+F_{non\_crash}} \tag{11.45}$$

$$G=\sqrt{\text{灵敏度}\times\text{特效度}} \tag{11.46}$$

$$F=\frac{2\times\text{精度}\times\text{召回率}}{\text{精度}+\text{召回率}} \tag{11.47}$$

5. 模型结果和对比

本节基于 411 条事故数据和 2055 条非事故数据以及对应的交通流数据，建立并对比了不同输入参数(只使用速度数据和使用检测器数据)的 DBN 模型，并且对比了不同交通状态划分方式所产生的不同模型。每种模型都通过训练数据得到，再分别测试原始的训练数据和单独的测试数据，得到表 11.12 的结果。其中测试数据的结果才是模型的真实结果和分析重点，训练数据的结果只为对比之用。

表 11.12　DBN 模型结果　（单位：%）

| 数据类型 | | 事故预测准确率 | 误报率 | 整体预测准确率 | $G$ | $F$ |
|---|---|---|---|---|---|---|
| 使用检测器数据 | 训练数据 | 75.1 | 23.2 | 76.6 | 76.0 | 51.1 |
| | 测试数据 | 75.7 | 26.0 | 74.3 | 74.9 | 49.0 |
| 使用速度数据（4 种状态组合） | 训练数据 | 76.9 | 26.3 | 74.2 | 75.2 | 49.2 |
| | 测试数据 | 74.4 | 24.1 | 75.7 | 75.1 | 49.9 |
| 使用速度数据（9 种状态组合） | 训练数据 | 76.1 | 23.7 | 76.2 | 76.2 | 51.1 |
| | 测试数据 | 76.4 | 23.7 | 76.3 | 76.3 | 51.2 |

由表 11.12 可知，所有的 DBN 模型都有较好的预测结果，大部分模型能准确预测 75%左右的事故和非事故。对不同类型的输入数据，DBN 模型有不同的结果。当使用检测器数据建立模型时，测试数据得到的结果相比于训练数据事故预测准确率有微小提升的同时，误报率模型上升，整体结果体现了模型的过拟合。而使用速度数据建立模型时，训练数据的结果保持稳定，甚至略有提升。结果表明，使用较少的输入参数能有效应对过拟合。另外，从所有模型测试数据的 $F$ 值结果来看，使用速度数据模型的事故预测能力要优于使用检测器数据的模型，进一步表明仅使用速度数据，模型依然可以可靠地预测事故发生。

针对不同交通状态组合，使用 9 种状态组合的模型无论是事故预测准确率还是误报率都要优于使用 4 种状态组合的模型，证明了 3 种拥堵状态能更好地描述交通状态，而这也与上海市快速路交通状态划分吻合。

为进行 DBN 与 SBN 之间的对比，DBN 模型中表现最好的数据也用于 SBN 模型的建立，考虑到 SBN 只能对一个时间段的数据进行建模，根据 DBN 的模拟结果选择使用时间段 2（事故前 5～10min）的数据。对比结果如图 11.23 所示。

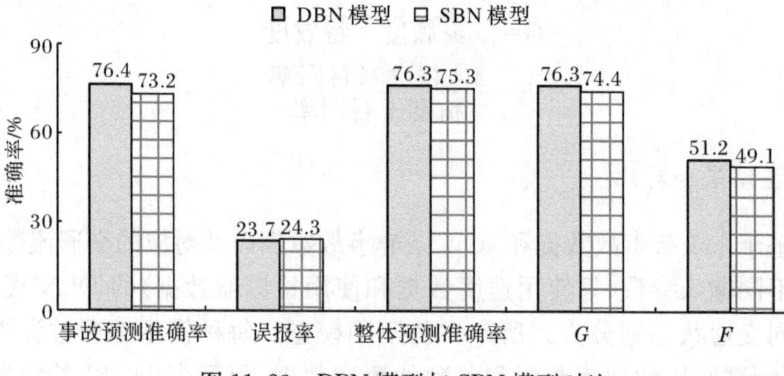


图 11.23　DBN 模型与 SBN 模型对比

如图 11.23 所示，在事故预测准确率和误报率方面，DBN 模型表现得更好，能多预测 3%的事故并减少 0.6%的误报率。结果表明，连续时间序列的交通数据间存在的密切关系可以被DBN模型捕捉,交通状态的变化会影响事故的发生。

使用南北高架上采集的140条事故数据和700条非事故数据对延安高架数据建立的DBN模型进行可转移性测试,对比不同输入参数建立的模型,结果见表11.13。

**表11.13 DBN模型可转移性测试结果** (单位:%)

| 数据类型 | 事故预测准确率 | 误报率 | 整体预测准确率 | $G$ | $F$ |
|---|---|---|---|---|---|
| 使用检测器数据 | 70.0 | 27.1 | 72.4 | 71.4 | 45.8 |
| 使用速度数据(4种状态组合) | 67.4 | 22.8 | 75.6 | 72.1 | 48.2 |
| 使用速度数据(9种状态组合) | 67.0 | 20.8 | 77.2 | 72.8 | 49.5 |

由表11.13可知,DBN模型能在较低的误报率下预测较多的事故。与模型原始结果对比可知,事故预测准确率下降程度在一个可控的范围内,同时误报率也有微弱下降。当使用交通状态变量和速度数据时,DBN模型的可转移性有所提升,表现最好的模型能在误报率为20.8%的条件下预测67%的事故,且使用9种状态组合的模型结果要优于使用4种状态组合的模型。

在前人的可转移性测试研究中,Pande等[49]使用Logistics回归建立的模型能预测55.84%的事故,Xu等[61]使用贝叶斯更新方法能在20%的误报率下预测59.3%的事故。研究表明,DBN模型具有较好的事故预测可转移性。

## 11.5 本章小结

本章首先考虑道路的交通流拥堵状态、几何设施、空间区位信息等因素,建立了快速路安全影响因素模型,与现有模型相比,重点考虑了不同拥堵状态下的影响因素识别。其次,考虑到事故带来的间接损失和直接损失,以社会总损失为评价标准,提出了基于风险评估的综合事故黑点识别方法,提供对快速路系统内运行安全管理优先级的评价准则。最后,以快速路实时检测的交通流参数为基础,利用SVM模型构建了快速路实时事故风险预测模型;随后仅利用速度状态信息,构建了考虑不同交通流状态组合的DBN模型,实现了对快速路交通流运行的即时安全预警。

## 参考文献

[1] Sun J, Li T, Li F, et al. Analysis of safety factors for urban expressways considering the

effect of congestion in Shanghai, China[J]. Accident Analysis and Prevention, 2016, 95: 503－511.

[2] Wu L. Relationship of lane width to safety for urban expressways[C]//Transportation Research Board 94th Annual Meeting, Washington DC, 2015.

[3] Zhang X, Wang J, Li T, et al. Safety factors of exit slip roads on China's urban motorways[C]//Proceedings of the Institution of Civil Engineers-Transport, Telford, 2016: 1－11.

[4] Li L, Zhu L, Sui D Z. A GIS-based Bayesian approach for analyzing spatial-temporal patterns of intra-city motor vehicle crashes [J]. Journal of Transport Geography, 2007, 15 (4): 274－285.

[5] MacNab Y C. Bayesian spatial and ecological models for small-area accident and injury analysis[J]. Accident Analysis & Prevention, 2004, 36(6): 1019－1028.

[6] Gomes S V. The influence of the infrastructure characteristics in urban road accidents occurrence[J]. Accident Analysis & Prevention, 2013, 60(1): 289－297.

[7] Mitra S, Washington S. On the nature of over-dispersion in motor vehicle crash prediction models[J]. Accident Analysis & Prevention, 2007, 39(3): 459－468.

[8] Abdel-Aty M A, Radwan A E. Modeling traffic accident occurrence and involvement[J]. Accident Analysis & Prevention, 2000, 32(5): 633－642.

[9] Zhang Y, Xie Y, Li L. Crash frequency analysis of different types of urban roadway segments using generalized additive model[J]. Journal of Safety Research, 2012, 43(2): 107－114.

[10] Sun J, Wang J, Sun J. Safety influencing factors assessment of expressway exit ramps in Shanghai[C]//Transportation Research Board 93rd Annual Meeting, Washington DC, 2014.

[11] Aguerovalverde J. Full Bayes Poisson gamma, Poisson lognormal, and zero inflated random effects models: Comparing the precision of crash frequency estimates[J]. Accident Analysis & Prevention, 2013, 50(1): 289－297.

[12] Miaou S P, Song J J. Bayesian ranking of sites for engineering safety improvements: Decision parameter, treatability concept, statistical criterion, and spatial dependence[J]. Accident Analysis & Prevention, 2005, 37(4): 699－720.

[13] Wang C, Quddus M A, Ison S G. Impact of traffic congestion on road accidents: a spatial analysis of the M25 motorway in England[J]. Accident Analysis & Prevention, 2009, 41(4): 798－808.

[14] Ma J, Kockelman K M, Damien P. A multivariate Poisson-lognormal regression model for prediction of crash counts by severity, using Bayesian methods[J]. Accident Analysis & Prevention, 2008, 40(3): 964－975.

[15] Karlaftis M G, Golias I. Effects of road geometry and traffic volumes on rural roadway accident rates[J]. Accident Analysis & Prevention, 2002, 34(3): 357－365.

[16] Garber N J, Wu L. Stochastic models relating crash probabilities with geometric and corresponding traffic characteristics data[R]. Charlottesville: The University of Virginia, 2001.

[17] Haynes R, Jones A, Kennedy V, et al. District variations in road curvature in England and

Wales and their association with road-traffic crashes[J]. Environment and Planning A, 2007,39(5):1222—1237.

[18] Milton J, Mannering F. The relationship among highway geometrics, traffic-related elements and motor-vehicle accident frequencies[J]. Transportation, 1998, 25(4):395—413.

[19] Noland R B, Oh L. The effect of infrastructure and demographic change on traffic-related fatalities and crashes: A case study of illinois county-level data[J]. Accident Analysis & Prevention, 2004, 36(4):525—532.

[20] Noland R B, Quddus M A. Congestion and safety: A spatial analysis of London[J]. Transportation Research Part A: Policy and Practice, 2005, 39(7):737—754.

[21] Quddus M A, Wang C, Ison S G. Road traffic congestion and crash severity: Econometric analysis using ordered response models[J]. Journal of Transportation Engineering, 2009, 136(5):424—435.

[22] Wang C, Quddus M, Ison S. A spatio-temporal analysis of the impact of congestion on traffic safety on major roads in the UK[J]. Transportmetrica A: Transport Science, 2013, 9(2):124—148.

[23] Harwood D W, Bauer K M, Potts I B. Development of relationships between safety and congestion for urban freeways[J]. Transportation Research Record: Journal of the Transportation Research Board, 2013, 2398(1):28—36.

[24] Chen C, Li T, Sun J, et al. Hotspot identification for Shanghai expressways using the quantitative risk assessment method[J]. International Journal of Environmental Research and Public Health, 2016, 14(1):20.

[25] Deacon J A, Zegeer C V, Deen R C. Identification of hazardous rural highway locations[J]. Transportation Research Record: Journal of the Transportation Research Board, 1974, (543):16—33.

[26] Persaud B. Statistical methods in highway safety analysis[R]. Washington DC: Transportation Research Board, 2001.

[27] Huang H, Chin H, Haque M. Empirical evaluation of alternative approaches in identifying crash hot spots: Naive ranking, empirical bayes, and full bayes methods[J]. Transportation Research Record: Journal of the Transportation Research Board, 2009, (2103):32—41.

[28] Hauer E, Harwood D, Council F, et al. Estimating safety by the empirical bayes method: A tutorial[J]. Transportation Research Record: Journal of the Transportation Research Board, 2002, (1784):126—131.

[29] Cheng W, Washington S P. Experimental evaluation of hotspot identification methods[J]. Accident Analysis & Prevention, 2005, 37(5):870—881.

[30] Montella A. A comparative analysis of hotspot identification methods[J]. Accident Analysis & Prevention, 2010, 42(2):571—581.

[31] Persaud B, Lyon C, Nguyen T. Empirical bayes procedure for ranking sites for safety investigation by potential for safety improvement[J]. Transportation Research Record: Journal of

the Transportation Research Board,1999,(1665):7－12.
[32] 王雪松,李佳,谢琨.基于安全可提高空间的事故多发信控交叉口判别[J].同济大学学报(自然科学版),2015,43(3):410.
[33] Tarko A,Kanodia P M. Hazard elimination program manual on improving safety of indiana road intersections and section[R]. West Lafayette:Purdue University,2004.
[34] Meng Q,Qu X,Yong K T,et al. QRA model-based risk impact analysis of traffic flow in urban road tunnels[J]. Risk Analysis,2011,31(12):1872－1882.
[35] Tu H,Li H,van Lint H,et al. Modeling travel time reliability of freeways using risk assessment techniques[J]. Transportation Research Part A: Policy and Practice,2012,46(10):1528－1540.
[36] Lee C,Saccomanno F,Hellinga B. Analysis of crash precursors on instrumented freeways[J]. Transportation Research Record: Journal of the Transportation Research Board,2002,(1784):1－8.
[37] Sun J,Sun J,Chen P. Use of support vector machine models for real-time prediction of crash risk on urban expressways[J]. Transportation Research Record:Journal of the Transportation Research Board,2014,(2432):91－98.
[38] Sun J,Sun J. A dynamic Bayesian network model for real-time crash prediction using traffic speed conditions data[J]. Transportation Research Part C: Emerging Technologies,2015,54:176－186.
[39] Oh C,Oh J S,Ritchie S G,et al. Real-time estimation of freeway accident likelihood[C]// 80th Annual Meeting of the Transportation Research Board,Washington DC,2001.
[40] Golob T F,Recker W W. Relationships among urban freeway accidents,traffic flow,weather,and lighting conditions[J]. Journal of Transportation Engineering,2003,129(4):342－353.
[41] Golob T F,Recker W W,Alvarez V M. Tool to evaluate safety effects of changes in freeway traffic flow[J]. Journal of Transportation Engineering,2004,130(2):222－230.
[42] Songchitruksa P,Balke K N. Assessing weather,environment,and loop data for real-time freeway incident prediction[J]. Transportation Research Record:Journal of the Transportation Research Board,2006,(1959):105－113.
[43] Abdel-Aty M,Uddin N,Pande A,et al. Predicting freeway crashes from loop detector data by matched case-control logistic regression[J]. Transportation Research Record:Journal of the Transportation Research Board,2004,(1897):88－95.
[44] Abdel-Aty M,Pande A. Identifying crash propensity using specific traffic speed conditions[J]. Journal of Safety Research,2005,36(1):97－108.
[45] Abdel-Aty M,Uddin N,Pande A. Split models for predicting multi-vehicle crashes during high-speed and low-speed operating conditions on freeways[J]. Transportation Research Record:Journal of the Transportation Research Board,2005,(1908):51－58.
[46] Abdel-Aty M,Abdalla F M. Linking roadway geometrics and real-time traffic characteristics

to model daytime freeway crashes: Generalized estimating equations for correlated data[J]. Transportation Research Record: Journal of the Transportation Research Board, 2004, (1897): 106－115.

[47] Pande A, Abdel-Aty M. Assessment of freeway traffic parameters leading to lane-change related collisions[J]. Accident Analysis & Prevention, 2006, 38(5): 936－948.

[48] Hossain M, Muromachi Y. A Bayesian network based framework for real-time crash prediction on the basic freeway segments of urban expressways [J]. Accident Analysis & Prevention, 2012, 45: 373－381.

[49] Pande A, Nuworsoo C, Shew C. Proactive assessment of accident risk to improve safety on a system of freeways[R]. San Jose: San Jose State University, 2012.

[50] Xu C, Tarko A P, Wang W, et al. Predicting crash likelihood and severity on freeways with real-time loop detector data[J]. Accident Analysis & Prevention, 2013, 57: 30－39.

[51] Xu C, Wang W, Liu P. A genetic programming model for real-time crash prediction on freeways[J]. IEEE Transactions on Intelligent Transportation Systems, 2013, 14(14): 574－586.

[52] Ahmed M M, Abdel-Aty M A. The viability of using automatic vehicle identification data for real-time crash prediction[J]. IEEE Transactions on Intelligent Transportation Systems, 2012, 13(2): 459－468.

[53] Ahmed M M, Abdel-Aty M, Yu R. Bayesian updating approach for real-time safety evaluation with automatic vehicle identification data[J]. Transportation Research Record: Journal of the Transportation Research Board, 2012, 2280(1): 60－67.

[54] 孙剑，孙杰. 城市快速路实时交通流运行安全主动风险评估[J]. 同济大学学报(自然科学版)，2014，42(6)：873－879.

[55] Sun J, Sun J. Real-time crash prediction on urban expressways: Identification of key variables and a hybrid support vector machine model[J]. IET Intelligent Transport Systems, 2016, 10(5): 331－337.

[56] 贾丰源，孙杰，孙剑. 快速路交通流运行安全关键参数识别与评估[J]. 同济大学学报(自然科学版)，2015，43(2)：221－225.

[57] Yeo H, Jang K, Skabardonis A, et al. Impact of traffic states on freeway crash involvement rates[J]. Accident Analysis & Prevention, 2013, 37(4): 305－311.

[58] Hu J, Sun J, Zhao L. Some flow features at urban expressway on-ramp bottlenecks in Shanghai[C]//Transportation Research Board 93rd Annual Meeting, Washington DC, 2014.

[59] Hossain M, Muromachi Y. Understanding crash mechanism on urban expressways using high-resolution traffic data[J]. Accident Analysis & Prevention, 2013, 57(3): 17－29.

[60] 李艳美. 基于贝叶斯网络的数据挖掘应用研究[D]. 西安：西安电子科技大学，2008.

[61] Xu C, Wang W, Liu P, et al. Using the Bayesian updating approach to improve the spatial and temporal transferability of real-time crash risk prediction models[J]. Transportation Research Part C: Emerging Technologies, 2014, 38(1): 167－176.

# 《交通与数据科学丛书》书目

1.超越引力定律——空间交互和出行分布预测理论与方法　闫小勇　著　2019 年 3 月
2.时间序列混合智能辨识、建模与预测　刘　辉　著　2020 年 3 月
3.城市快速路交通流理论与运行管理　孙　剑　著　2020 年 6 月